김앤북의 체계적인

합격 알고리즘

기초 학습 → 문제 풀이 → 실전 적용 → 합격

김영편입 영어

MVP Vocabulary 시리즈

MVP Vol.1 | MVP Vol.1 워크북 | MVP Vol.2 | MVP Vol.2 워크북 | MVP Starter

기초 이론 단계

문법 이론 | 구문독해

기초 실력 완성 단계

어휘 기출 1단계 | 문법 기출 1단계 | 독해 기출 1단계 | 논리 기출 1단계 | 문법 워크북 1단계 | 독해 워크북 1단계 | 논리 워크북 1단계

심화 학습 단계

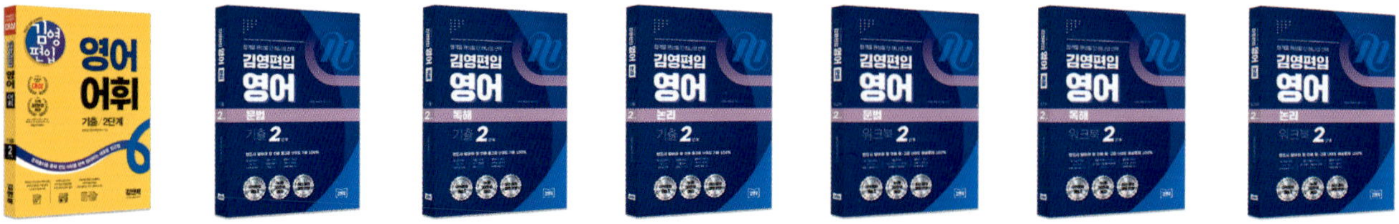

어휘 기출 2단계 | 문법 기출 2단계 | 독해 기출 2단계 | 논리 기출 2단계 | 문법 워크북 2단계 | 독해 워크북 2단계 | 논리 워크북 2단계

2021 대한민국 우수브랜드 대상
2024, 2023, 2022 대한민국 브랜드 어워즈 대학편입교육 대상 (한경비즈니스)

실전 단계

연도별 기출문제 해설집

TOP6 대학 기출문제 해설집

김영편입 수학

편입 수학 이론 & 문제 적용 단계

미분법 | 적분법 | 선형대수 | 다변수미적분 | 공학수학

편입 수학 필수 공식 한 권 정리

공식집

편입 수학 핵심 유형 정리 & 실전 연습 단계

미분법 워크북 | 적분법 워크북 | 선형대수 워크북 | 다변수미적분 워크북 | 공학수학 워크북

실전 단계

연도별 기출문제 해설집

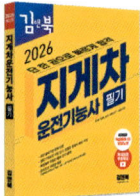

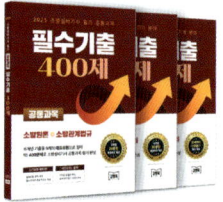

2026

김앤북

위험물 산업기사

김앤북 위험물 자격 연구소 편저
前 출제위원 박동기 기술사 검수

핵심이론 + 유형별 10개년 기출

필기

이론 ▸ 유형별 기출 ▸ 모의고사

1권 | 이론 ▸ 유형별 기출

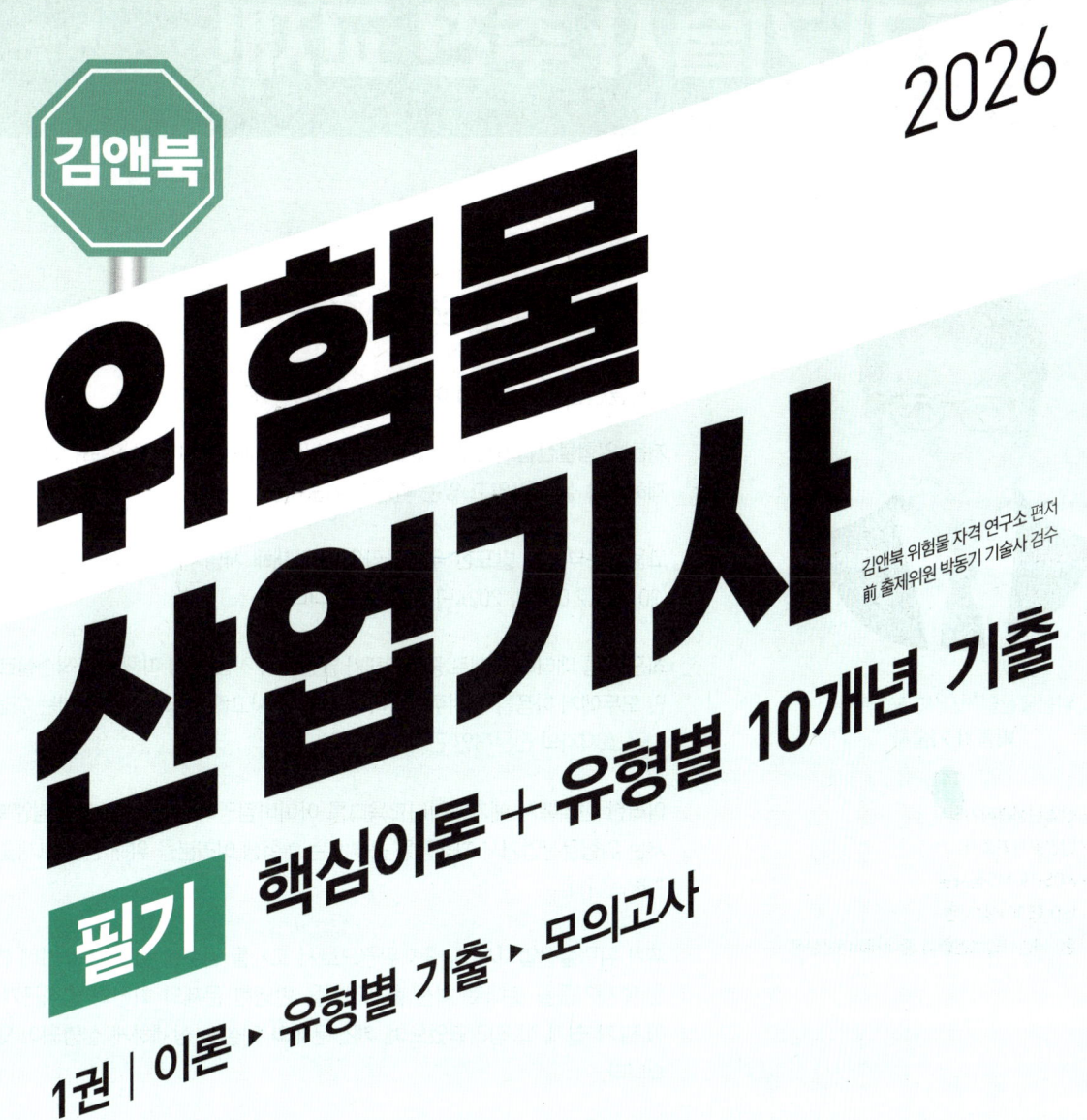

김앤북
KIM&BOOK

위험물산업기사 前 출제위원

박동기 기술사 추천 교재!

위험물산업기사 前 출제위원
박동기 기술사

· 산업위생관리기술사
· 인간공학기술사
· KOSHA-MS심사원
· ISO 45001 심사원
· 현) 대한산업보건협회 중대재해예방실장

前 출제위원의 추천사

위험물산업기사 수험생 여러분, 안녕하십니까?

저는 위험물산업기사 前 출제위원으로서 현재는 (사)대한산업보건협회 중대재해예방 실장을 맡고 있는 박동기 기술사입니다.

고용노동부에서 발표한 우리나라의 산업재해 사망자 수는 매년 2천명 이상(2023년 2,016명, 2024년 2,098명)입니다.

최근 리튬 배터리 화재로 중대재해가 발생하여 **많은 인명 피해**와 물적손실로 국민 모두에게 아픔을 안겨주었습니다. 이러한 사고를 예방하기 위해서는 **위험물 자격 소지자의 전문적인 관리**가 필요합니다.

이러한 현실에서 메가스터디교육그룹 아이비김영의 출판 브랜드인 김앤북에서는 위험물산업기사 자격증을 공부하는 수험생 여러분을 위해 신간 교재를 출간했습니다.

제가 위험물산업기사 前 출제위원으로서 교재를 검수한 결과 **2025년에 변경된 출제기준**을 토대로 최신 출제경향을 반영한 문제와 최신의 법적근거 등이 알기 쉽게 잘 정리되었으며, 계산문제의 해설도 상세하게 설명되어 있었습니다.

위험물산업기사 수험생 여러분! 김앤북에서 출간한 위험물산업기사 교재로 공부하셔서 쉽게 시험에 합격하시기를 기원합니다.

위험물산업기사 前 출제위원 박동기 기술사

2025년 6월 19일

김앤북 위험물산업기사 필기

기대평 보기!

임○화님 ★★★★★

유형별 기출 위주로 핵심이론을 다뤄주고, 2025년 변경된 출제기준에 맞춰 10개년 기출문제를 한 권에 담아 개념과 문제를 완벽히 잡을 수 있을 것 같아 기대됩니다!

장○선님 ★★★★★

한 번의 합격을 위한 단 한 권의 책을 고르라면 이 책을 고르고 싶습니다. 10개년 기출문제 분석과 필수 암기내용 만을 모아 핵심정리가 잘 되어 있네요! 초보자를 위한 기초화학과 위험물 특강이 포함되어 있어 구성이 정말 알찹니다!

유○수님 ★★★★★

수험생 입장에서 꼭 필요한 핵심내용만 콕 집어 정리해 줘서 매우 기대됩니다. 최신 출제경향을 반영한 이론 정리와 과년도 기출문제 분석이 균형 있게 구성되어 있어, 초보자도 체계적으로 학습할 수 있을 것 같습니다.

허○정님 ★★★★★

대학교 졸업을 앞두고 있는데, 실무와도 밀접하게 연결된 위험물산업기사 자격증을 꼭 취득하고 싶어 어떤 교재로 준비할지 고민이 많았어요. 이번에 출간되는 《2026 김앤북 위험물산업기사 필기》로 준비하면 되겠네요. 10개년 기출문제 유형별 수록, CBT 복원 모의고사, 필수 암기노트까지 포함된 구성이 마음에 들어 혼자 공부해도 방향을 잡기 쉽고, 시간도 아낄 수 있을 것 같아요.

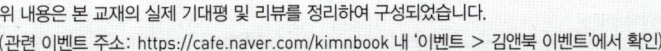

위 내용은 본 교재의 실제 기대평 및 리뷰를 정리하여 구성되었습니다.
(관련 이벤트 주소: https://cafe.naver.com/kimnbook 내 '이벤트 > 김앤북 이벤트'에서 확인)

단기합격을 위한 3단계 구성

핵심이론 ▸ 유형별 기출 ▸ 기출복원 모의고사

1 시험에 나오는 내용만 압축하여 수록한 핵심이론

합격 치트키

01 원자의 구조

핵심이론+기출

원자의 구조는 약 15% 정도의 출제비율을 가지는 중요한 유형입니다. 이 유형에 나오는 내용은 다른 유형을 공부할 때에도 기본개념이 되기 때문에 암기보다는 이해 위주로 공부해야 합니다.
내용 위주로 보면 원자의 중성자수와 질량수, 전자수, 주기율표에 따른 원자의 성질, 전자배치, 수소결합과 관련된 문제가 많이 출제됩니다.

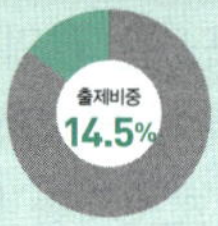

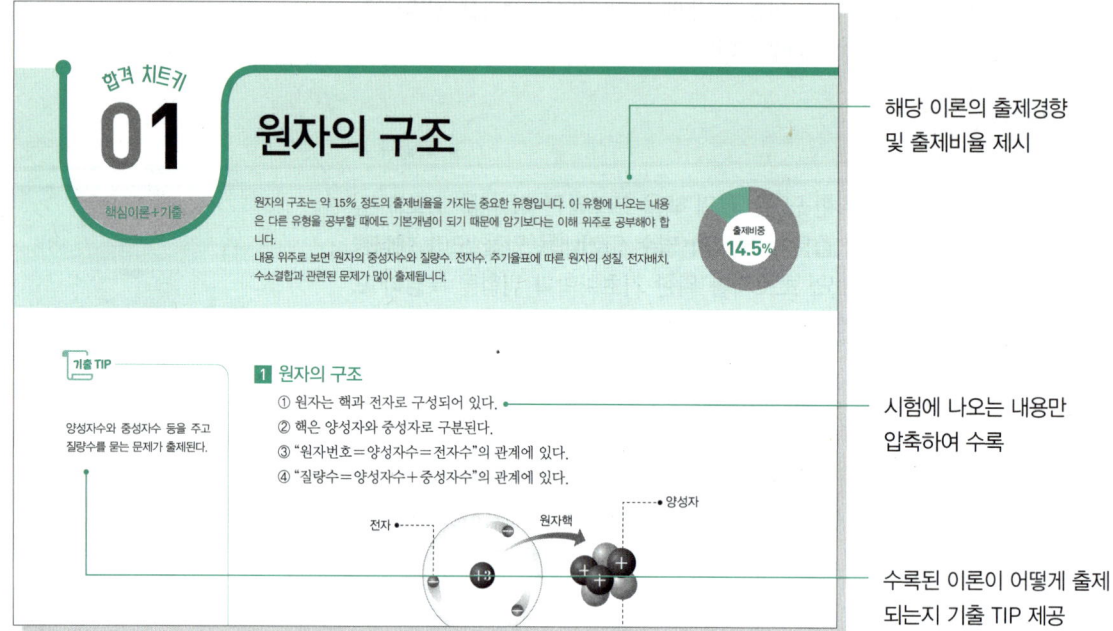

해당 이론의 출제경향 및 출제비율 제시

기출 TIP

양성자수와 중성자수 등을 주고 질량수를 묻는 문제가 출제된다.

1 원자의 구조

① 원자는 핵과 전자로 구성되어 있다.
② 핵은 양성자와 중성자로 구분된다.
③ "원자번호=양성자수=전자수"의 관계에 있다.
④ "질량수=양성자수+중성자수"의 관계에 있다.

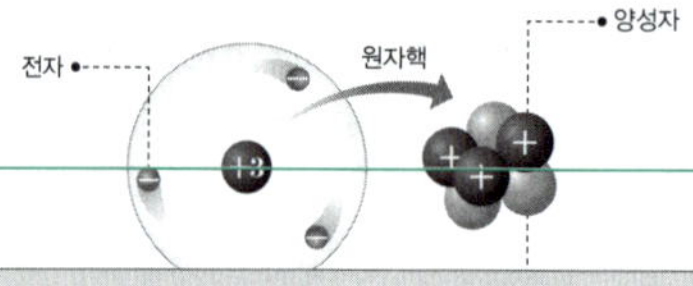

시험에 나오는 내용만 압축하여 수록

수록된 이론이 어떻게 출제되는지 기출 TIP 제공

2 10개년 기출을 유형별로 분류하여 수록

32 ★★★ CBT 복원

$CuCl_2$의 용액에 5A 전류를 1시간 동안 흐르게 한 경우 몇 g의 구리가 석출되는가? (단, Cu의 원자량은 63.54이며 전자 1개의 전하량은 1.602×10^{-19}C이다.)

① 3.17 ② 5.93
③ 6.12 ④ 6.35

33 ★★☆ 19년 1회 기출

20%의 소금물을 전기분해하여 수산화나트륨 1몰을 얻는 데는 1A의 전류를 몇 시간 통해야 하는가?

① 13.4 ② 26.8

36 ★★☆ 19년 1회 기출

다음 중 불균일 혼합물은 어느 것인가?

① 공기 ② 소금물
③ 화강암 ④ 사이다

37 ★★☆ 17년 2회 기출

불꽃 반응 시 보라색을 나타내는 금속은?

① Li ② K
③ Na ④ Ba

SUBJECT 01

기출문제는 연도 표기 CBT 문제는 CBT 복원으로 표기

전 문항을 중요도에 따라 별3개~별1개로 표기

3 실제 시험처럼 풀어볼 수 있는 기출복원 모의고사 3회 수록

문제

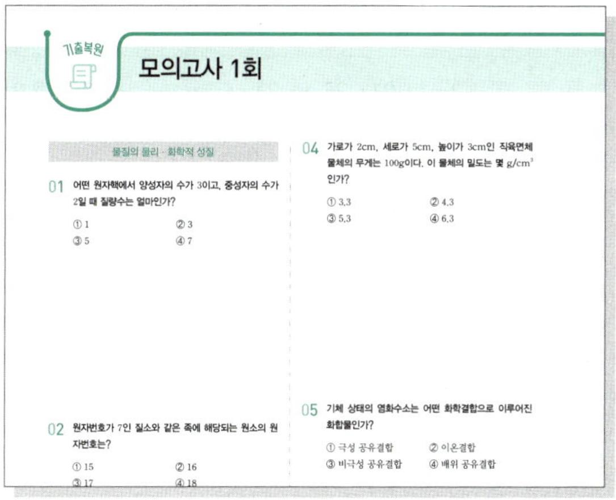
기출복원

모의고사 1회

물질의 물리 · 화학적 성질

01 어떤 원자핵에서 양성자의 수가 3이고, 중성자의 수가 2일 때 질량수는 얼마인가?

① 1 ② 3
③ 5 ④ 7

02 원자번호가 7인 질소와 같은 족에 해당되는 원소의 원자번호는?

① 15 ② 16
③ 17 ④ 18

04 가로가 2cm, 세로가 5cm, 높이가 3cm인 직육면체 물체의 무게는 100g이다. 이 물체의 밀도는 몇 g/cm^3인가?

① 3.3 ② 4.3
③ 5.3 ④ 6.3

05 기체 상태의 염화수소는 어떤 화학결합으로 이루어진 화합물인가?

① 극성 공유결합 ② 이온결합
③ 비극성 공유결합 ④ 배위 공유결합

정답 및 해설

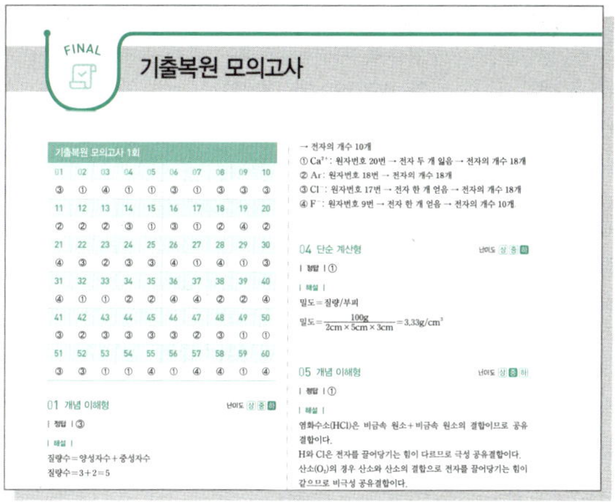
FINAL

기출복원 모의고사

기출복원 모의고사 1회

01	02	03	04	05	06	07	08	09	10
③	①	④	①	①	③	①	③	③	③
11	12	13	14	15	16	17	18	19	20
②	②	②	③	①	③	①	②	④	②
21	22	23	24	25	26	27	28	29	30
④	③	②	③	③	④	①	④	①	③
31	32	33	34	35	36	37	38	39	40
④	①	①	②	②	④	④	②	②	④
41	42	43	44	45	46	47	48	49	50
③	②	③	③	③	③	②	③	①	①
51	52	53	54	55	56	57	58	59	60
③	③	①	①	④	①	④	④	①	④

01 개념 이해형 난이도 상 중 하

| 정답 | ③

| 해설 |

질량수 = 양성자수 + 중성자수

질량수 = 3 + 2 = 5

→ 전자의 개수 10개

① Ca^{2+} : 원자번호 20번 → 전자 두 개 잃음 → 전자의 개수 18개

② Ar : 원자번호 18번 → 전자의 개수 18개

③ Cl^- : 원자번호 17번 → 전자 한 개 얻음 → 전자의 개수 18개

④ F^- : 원자번호 9번 → 전자 한 개 얻음 → 전자의 개수 10개

04 단순 계산형 난이도 상 중 하

| 정답 | ①

| 해설 |

밀도 = 질량/부피

$$밀도 = \frac{100g}{2cm \times 5cm \times 3cm} = 3.33g/cm^3$$

05 개념 이해형 난이도 상 중 하

| 정답 | ①

| 해설 |

염화수소(HCl)은 비금속 원소 + 비금속 원소의 결합이므로 공유결합이다.

H와 Cl은 전자를 끌어당기는 힘이 다르므로 극성 공유결합이다.

산소(O_2)의 경우 산소와 산소의 결합으로 전자를 끌어당기는 힘이 같으므로 비극성 공유결합이다.

3단계 구성 + 단계별 맞춤 해설로 학습 완성!

문제유형 ▶ 난이도 ▶ 정답 ▶ 접근 POINT ▶ 공식 CHECK ▶ 해설 ▶ 유사문제 또는 관련개념

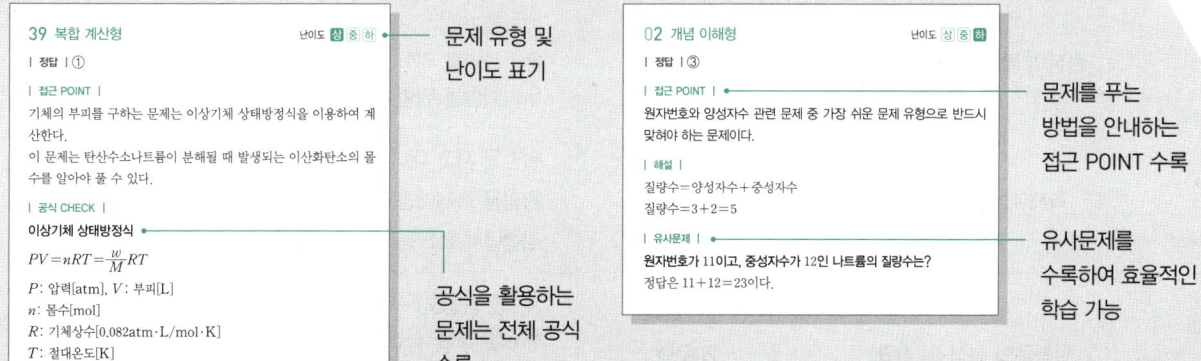

39 복합 계산형 난이도 상 중 하

| 정답 | ①

| 접근 POINT |

기체의 부피를 구하는 문제는 이상기체 상태방정식을 이용하여 계산한다.

이 문제는 탄산수소나트륨이 분해될 때 발생되는 이산화탄소의 몰수를 알아야 풀 수 있다.

| 공식 CHECK |

이상기체 상태방정식

$$PV = nRT = \frac{w}{M}RT$$

P: 압력[atm], V: 부피[L]

n: 몰수[mol]

R: 기체상수[0.082atm·L/mol·K]

T: 절대온도[K]

w: 질량[g], M: 분자량[g/mol]

문제 유형 및 난이도 표기

공식을 활용하는 문제는 전체 공식 수록

02 개념 이해형 난이도 상 중 하

| 정답 | ③

| 접근 POINT |

원자번호와 양성자수 관련 문제 중 가장 쉬운 문제 유형으로 반드시 맞혀야 하는 문제이다.

| 해설 |

질량수 = 양성자수 + 중성자수

질량수 = 3 + 2 = 5

| 유사문제 |

원자번호가 11이고, 중성자수가 12인 나트륨의 질량수는?

정답은 11 + 12 = 23이다.

문제를 푸는 방법을 안내하는 접근 POINT 수록

유사문제를 수록하여 효율적인 학습 가능

위험물산업기사 필기

시험정보

시험 일정

구분	필기시험	필기 합격자 발표	실기시험	실기 합격자 발표
1회	25.02.07~25.03.04	25.03.12	25.04.19~25.05.09	25.06.13
2회	25.05.10~25.05.30	25.06.11	25.07.19~25.08.06	25.09.12
3회	25.08.09~25.09.01	25.09.10	25.11.01~25.11.21	25.12.24

응시자격

· 기능사 등급 이상의 자격을 취득한 후 1년 이상 실무에 종사한 사람

· 관련학과의 2년제 또는 3년제 전문대학 졸업자 등 또는 그 졸업예정자

· 응시하려는 종목이 속하는 동일 및 유사 직무분야에서 2년 이상 실무에 종사한 사람

합격기준 및 출제기준

(1) 합격기준

· 합격기준: 각 과목별 40점 이상, 전체 평균 60점 이상

· 시험시간: 1시간 30분

(2) 출제기준

과목명	문제수	주요항목
물질의 물리·화학적 성질	20문항	· 기초화학 · 유기화합물 위험성 파악 · 무기화합물 위험성 파악
화재예방과 소화방법	20문항	· 위험물 사고 대비·대응 · 위험물 화재예방·소화방법 · 위험물제조소 등의 안전계획
위험물의 성상 및 취급	20문항	· 제1류 위험물~제6류 위험물 취급 · 위험물 운송·운반 · 위험물 제조소 등의 유지관리 · 위험물 저장·취급

수험자 동향 분석

20대에서 가장 많이 응시

*위험물산업기사 필기 응시인원(2024년 기준)

남성이 많이 응시

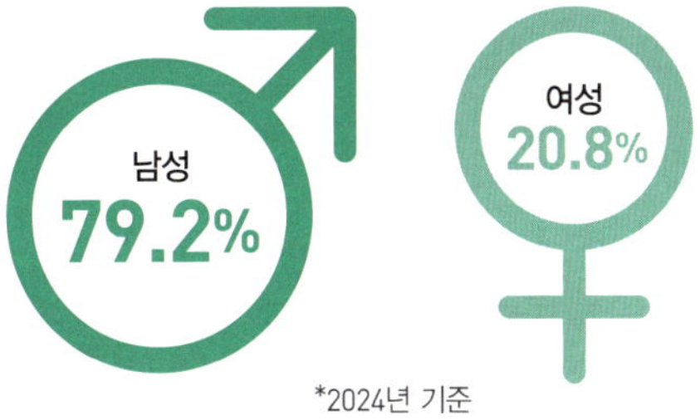

*2024년 기준

최근 3년간 필기시험 합격률 평균

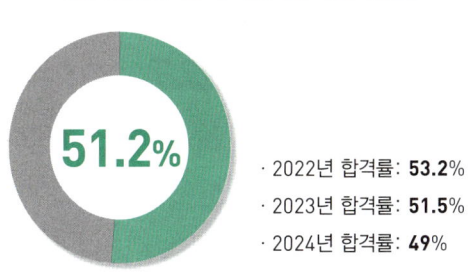

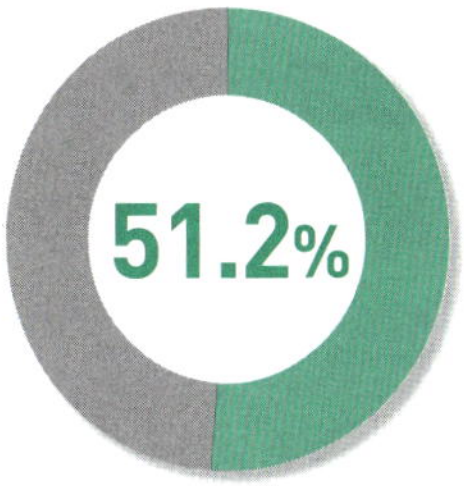

- 2022년 합격률: **53.2%**
- 2023년 합격률: **51.5%**
- 2024년 합격률: **49%**

이슈 체크, 2025년 위험물산업기사 필기 출제기준 변경!

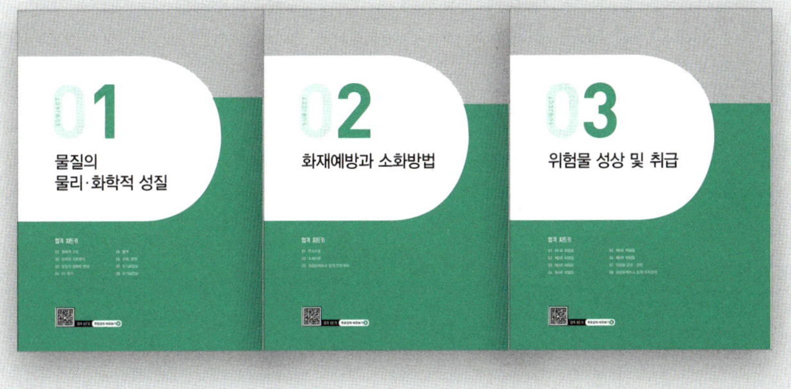

2025년에 위험물산업기사 필기 출제기준이 과목명을 포함하여 일부 변경되었습니다. 《김앤북 위험물산업기사 필기》는 2025년에 변경된 출제기준을 모두 반영하여 출간된 교재입니다.
최신 출제경향이 반영된 《김앤북 위험물산업기사 필기》로 공부하면 빠르게 합격할 수 있습니다.

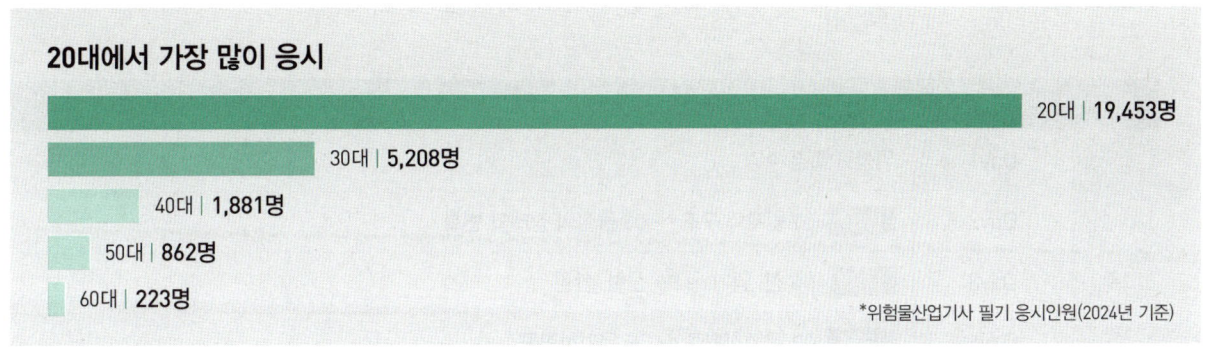

4주/8주 맞춤형 학습플랜

화학 관련 전공자 4주 학습플랜

위험물 특강 수강 ▶▶▶ 교재 2회독 ▶▶▶ 기출복원 모의고사 응시

주차	날짜	학습내용	완료
1주	Day1	위험물 특강 수강	☐
	Day2	1과목 01 원자의 구조 ~ 03 물질의 상태와 변화	☐
	Day3	1과목 04 산, 염기 ~ 06 산화, 환원	☐
	Day4	1과목 07 무기화합물 ~ 08 유기화합물	☐
	Day5	2과목 01 연소이론 ~ 02 소화이론	☐
2주	Day1	2과목 03 위험물제조소 등의 안전계획	☐
	Day2	3과목 01 제1류 위험물 ~ 03 제3류 위험물	☐
	Day3	3과목 04 제4류 위험물 ~ 06 제6류 위험물	☐
	Day4	3과목 07 위험물 운송·운반 ~ 08 위험물제조소 등의 유지관리 1회독	☐
	Day5	전체 복습	☐
3주	Day1	1과목 01 원자의 구조 ~ 03 물질의 상태와 변화	☐
	Day2	1과목 04 산, 염기 ~ 06 산화, 환원	☐
	Day3	1과목 07 무기화합물 ~ 08 유기화합물	☐
	Day4	2과목 01 연소이론 ~ 03 위험물제조소 등의 안전계획	☐
	Day5	3과목 01 제1류 위험물 ~ 03 제3류 위험물	☐
4주	Day1	3과목 04 제4류 위험물 ~ 06 제6류 위험물	☐
	Day2	3과목 07 위험물 운송·운반 ~ 08 위험물제조소 등의 유지관리 2회독	☐
	Day3	전체 복습	☐
	Day4	기출복원 모의고사 1회~3회	☐
	Day5	전체 복습	☐

비전공자 8주 학습플랜

기초화학 특강 수강 ▶▶▶ 1과목 2회독 ▶▶▶ 위험물 특강 수강 ▶▶▶ 교재 3회독 ▶▶▶ 기출복원 모의고사 응시

주차	날짜	학습내용	완료
1주	Day1	기초화학 특강 수강	☐
	Day2	기초화학 특강 수강	☐
	Day3	1과목 01 ~ 03	☐
	Day4	1과목 04 ~ 06	☐
	Day5	1과목 07 ~ 08 1회독	☐
2주	Day1	1과목 01 ~ 03	☐
	Day2	1과목 04 ~ 06	☐
	Day3	1과목 07 ~ 08 2회독	☐
	Day4	위험물 특강 수강	☐
	Day5	1과목 01 ~ 03	☐
3주	Day1	1과목 04 ~ 06	☐
	Day2	1과목 07 ~ 08	☐
	Day3	2과목 01 ~ 02	☐
	Day4	2과목 03	☐
	Day5	3과목 01 ~ 03	☐
4주	Day1	3과목 04 ~ 06	☐
	Day2	3과목 07 ~ 08 1회독	☐
	Day3	전체 복습	☐
	Day4	1과목 01 ~ 03	☐
	Day5	1과목 04 ~ 06	☐

주차	날짜	학습내용	완료
5주	Day1	1과목 07 ~ 08	☐
	Day2	2과목 01 ~ 02	☐
	Day3	2과목 03	☐
	Day4	3과목 01 ~ 03	☐
	Day5	3과목 04 ~ 06	☐
6주	Day1	3과목 07 ~ 08 2회독	☐
	Day2	전체 복습	☐
	Day3	1과목 01 ~ 03	☐
	Day4	1과목 04 ~ 06	☐
	Day5	1과목 07 ~ 08	☐
7주	Day1	2과목 01 ~ 02	☐
	Day2	2과목 03	☐
	Day3	3과목 01 ~ 03	☐
	Day4	3과목 04 ~ 06	☐
	Day5	3과목 07 ~ 08 3회독	☐
8주	Day1	전체 복습	☐
	Day2	기출복원 모의고사 1회	☐
	Day3	기출복원 모의고사 2회	☐
	Day4	기출복원 모의고사 3회	☐
	Day5	전체 복습	☐

김앤북 교재 후기 이벤트

김앤북 신간 교재에 대한

여러분의 소중한 의견을 듣고 싶습니다!

설문조사 참여

| 참여 방법 | QR 코드 스캔을 통해 참여
| 이벤트 기간 | 2025년 6월 19일 ~ 2026년 6월 18일
| 당첨 발표 | 매월 5명씩 선정 후 김앤북 카페 내 공지
| 상 품 | 네이버페이 5,000원 상품권

QR 코드를 통해서 설문에 응모하신 분 중 추첨을 통해 상품을 드립니다.
여러분이 주신 소중한 의견은 교재 개정 시 반영하여 더 좋은 교재를 만들 수 있도록
최선을 다하겠습니다.

김앤북
KIM&BOOK

김앤북 카페 활용법

01 기초화학, 위험물 무료특강 30강 제공

- 김앤북 네이버 카페(https://cafe.naver.com/kimnbook)에 가입하세요.
- 구매인증 게시판에서 교재 이미지를 게시한 후 등업하세요.
- 구매자 전용 기초화학 및 위험물에 관한 내용을 총 30강 무료로 학습할 수 있습니다.
  (무료특강은 2025년 6월 중 네이버 카페에 순차적으로 업로드됩니다.)

02 신간 이벤트 및 자격증 정보 교류

- 신간 이벤트 등 다양한 이벤트에 참여하고, 상품을 받아보세요.
- 무료로 제공되는 자격증 관련 학습 자료를 받아보고, 활용해 보세요.
- 자격증 취득 및 같은 관심사를 가진 사람들과 교류해 보세요.

김앤북
KIM&BOOK

차례

SUBJECT 01 물질의 물리·화학적 성질

합격 치트키 01 | 원자의 구조 16
합격 치트키 02 | 화학의 기초법칙 24
합격 치트키 03 | 물질의 상태와 변화 34
합격 치트키 04 | 산, 염기 42
합격 치트키 05 | 용액 48
합격 치트키 06 | 산화, 환원 56
합격 치트키 07 | 무기화합물 60
합격 치트키 08 | 유기화합물 68

SUBJECT 02 화재예방과 소화방법

합격 치트키 01 | 연소이론 80
합격 치트키 02 | 소화이론 90
합격 치트키 03 | 위험물제조소 등의 안전계획 106

SUBJECT 03

위험물 성상 및 취급

합격 치트키 01 | 제1류 위험물 122

합격 치트키 02 | 제2류 위험물 128

합격 치트키 03 | 제3류 위험물 134

합격 치트키 04 | 제4류 위험물 142

합격 치트키 05 | 제5류 위험물 154

합격 치트키 06 | 제6류 위험물 160

합격 치트키 07 | 위험물 운송·운반 166

합격 치트키 08 | 위험물제조소 등의 유지관리 172

FINAL

기출복원 모의고사

기출복원 모의고사 01회 186

기출복원 모의고사 02회 196

기출복원 모의고사 03회 206

SUBJECT 01

물질의 물리·화학적 성질

합격 치트키

01 원자의 구조
02 화학의 기초법칙
03 물질의 상태와 변화
04 산, 염기
05 용액
06 산화, 환원
07 무기화합물
08 유기화합물

합격 치트키 무료강의 바로보기

최신 10개년 기출문제 분석결과

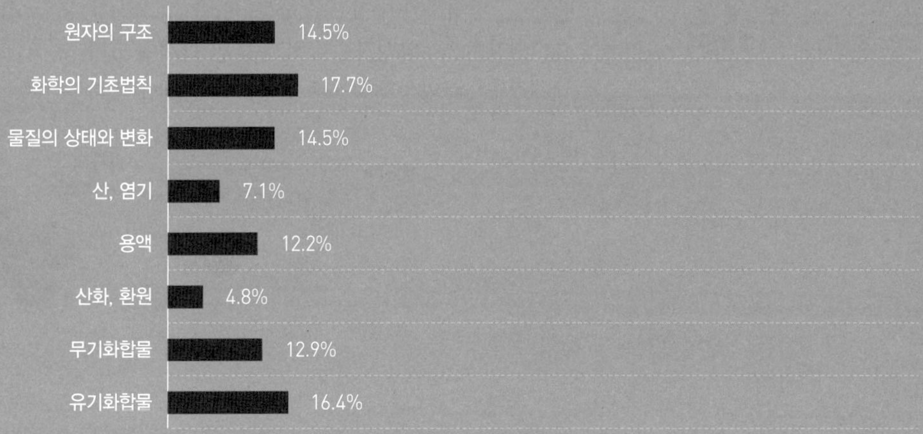

※ 문항 분류방법에 따라 세부 수치는 달라질 수 있음

학습전략

❶ 원자의 구조, 화학의 기초법칙은 다른 유형 학습의 기본개념이 되므로 확실하게 이해

원자의 구조, 화학의 기초법칙을 합하면 전체 출제비중의 약 32% 정도를 차지할 정도로 중요한 유형입니다.

이 유형의 내용을 잘 이해하면 다른 유형의 문제도 쉽게 접근할 수 있으므로 암기보다는 이해 위주로 공부해야 합니다.

❷ 산화, 환원 유형은 위험물 과목과도 연관되는 중요한 유형

산화, 환원 부분은 단순히 출제비율만 보면 약 4.8% 정도로 작다고 할 수 있지만 이 유형의 기본개념을 이해하면 제1류~제6류 위험물 관련 내용을 쉽게 접근할 수 있습니다.

❸ 무기화합물, 유기화합물은 범위가 넓어 기출문제에 나온 내용 위주로 학습

무기화합물, 유기화합물 유형은 출제비율은 높지 않지만 출제범위가 넓은 편입니다. 이 유형의 모든 내용을 학문적으로 공부하기보다는 기출문제에 나온 내용 위주로 공부하는 것이 좋습니다.

합격 치트키 01

원자의 구조

핵심이론+기출

원자의 구조는 약 15% 정도의 출제비율을 가지는 중요한 유형입니다. 이 유형에 나오는 내용은 다른 유형을 공부할 때에도 기본개념이 되기 때문에 암기보다는 이해 위주로 공부해야 합니다.
내용 위주로 보면 원자의 중성자수와 질량수, 전자수, 주기율표에 따른 원자의 성질, 전자배치, 수소결합과 관련된 문제가 많이 출제됩니다.

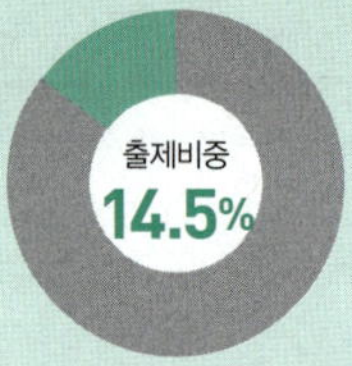

기출 TIP

양성자수와 중성자수 등을 주고 질량수를 묻는 문제가 출제된다.

1 원자의 구조

① 원자는 핵과 전자로 구성되어 있다.
② 핵은 양성자와 중성자로 구분된다.
③ "원자번호＝양성자수＝전자수"의 관계에 있다.
④ "질량수＝양성자수＋중성자수"의 관계에 있다.

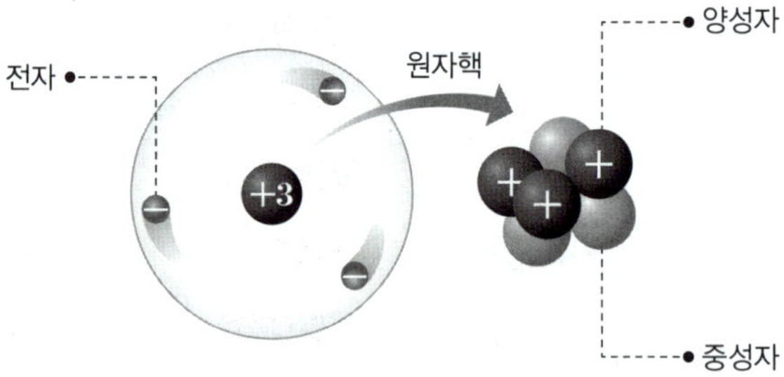

같은 족의 원자를 묻는 문제와 같은 주기에서 원소의 성질 변화를 묻는 문제가 주로 출제된다.

2 주기율표

① 원자를 양성자수의 순서대로 차례로 나열한 표이다.
② 세로줄을 족, 가로줄을 주기라고 한다.
③ 같은 족에서는 원자의 화학적 성질이 비슷하다.
④ 같은 주기에서 오른쪽으로 갈수록 원자 반지름은 줄어든다.
⑤ 전형원소: 1～2족, 13～18족의 원소이다.
⑥ 전이원소: 3～12족의 원소이다.

1 H																	2 He
3 Li	4 Be											5 B	6 C	7 N	8 O	9 F	10 Ne
11 Na	12 Mg											13 Al	14 Si	15 P	16 S	17 Cl	18 Ar
19 K	20 Ca	21 Sc	22 Ti	23 V	24 Cr	25 Mn	26 Fe	27 Co	28 Ni	29 Cu	30 Zn	31 Ga	32 Ge	33 As	34 Se	35 Br	36 Kr
37 Rb	38 Sr	39 Y	40 Zr	41 Nb	42 Mo	43 Tc	44 Ru	45 Rh	46 Pd	47 Ag	48 Cd	49 In	50 Sn	51 Sb	52 Te	53 I	54 Xe
55 Cs	56 Ba	57 La •	72 Hf	73 Ta	74 W	75 Re	76 Os	77 Ir	78 Pt	79 Au	80 Hg	81 Tl	82 Pb	83 Bi	84 Po	85 At	86 Rn
87 Fr	88 Ra	89 Ac •	104 Rf	105 Db	106 Sg	107 Bh	108 Hs	109 Mt	110 Ds	111 Rg	112 Cn	113 Nh	114 Fl	115 Mc	116 Lv	117 Ts	118 Og

3 전자배치

① 오비탈: 전자가 존재할 확률이 높은 공간을 나타낸 것이다.

② 전자는 에너지 준위가 낮은 오비탈부터 차곡차곡 채워진다.

$$1s < 2s < 2p < 3s < 3p < 4s < 3d < 4p < 5s < 4d < 5p$$

예 원자번호 8번 산소(O)의 원자배치: $1s^2 2s^2 2p^4$

원자번호 11번 나트륨(Na)의 원자배치: $1s^2 2s^2 2p^6 3s^1$

③ 원자에서 복사되는 빛이 선스펙트럼을 만드는 이유는 전자껍질의 에너지가 불연속성을 가지기 때문이다.

기출 TIP

에너지준위 순서는 암기해야 문제를 풀 수 있다.
4p까지만 암기해도 대부분의 문제를 풀 수 있다.

4 수소결합과 배위결합

(1) 수소결합

① 물(H_2O) 분자 사이에 존재하는 결합이다.

② 수소결합이 있는 화합물은 비슷한 분자량의 화합물에 비하여 끓는점, 녹는점 등이 높게 나타난다.

③ 물 분자 사이에 수소결합이 있어 끓는점이 높기 때문에 물은 소화약제로 잘 쓰인다.

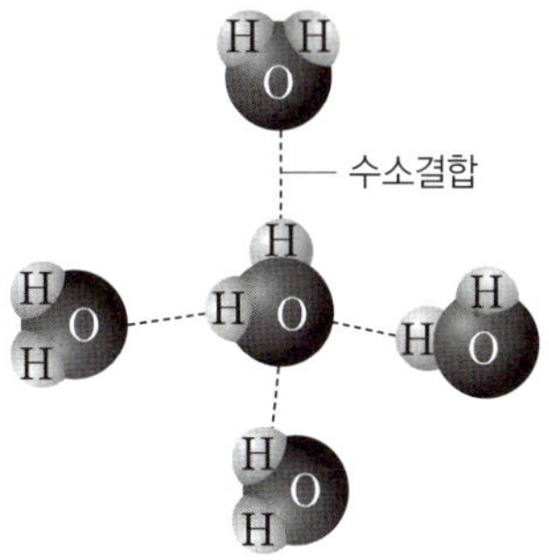

물 분자 사이의 결합의 종류를 묻는 문제가 자주 출제된다.

(2) 배위결합

① 결합에 참여하는 공유전자를 한 쪽의 원자에서 일방적으로 제공하면서 생기는 결합이다.

② NH_4Cl에서는 NH_3와 H^+과의 결합에서 배위결합이 이루어진다.

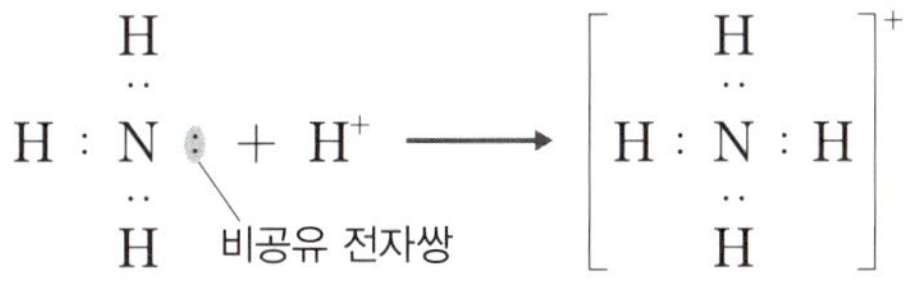

배위결합과 관련된 문제는 대부분 NH_4Cl이 예시로 출제된다.

5 화학결합의 종류

① 공유결합: 비금속 원소+비금속 원소의 결합 예 흑연, 다이아몬드 등

② 금속결합: 금속 원소+금속 원소의 결합 예 철, 구리 등

③ 이온결합: 금속 원소+비금속 원소의 결합 예 염화나트륨 등

이온결합 또는 공유결합을 이루고 있는 화합물을 묻는 문제가 출제된다.

01 ★★★

20년 1회 기출

중성원자가 무엇을 잃으면 양이온으로 되는가?

① 중성자　② 핵전하
③ 양성자　④ 전자

02 ★★★

19년 4회 기출

어떤 원자핵에서 양성자의 수가 3이고, 중성자의 수가 2일 때 질량수는 얼마인가?

① 1　② 3
③ 5　④ 7

03 ★★★

20년 3회 기출

질량수 52인 크롬의 중성자수와 전자수는 각각 몇 개인가? (단, 크롬의 원자번호는 24이다.)

① 중성자수 24, 전자수 24
② 중성자수 24, 전자수 52
③ 중성자수 28, 전자수 24
④ 중성자수 52, 전자수 24

04 ★★☆

18년 4회 기출

20개의 양성자와 20개의 중성자를 가지고 있는 것은?

① Zr　② Ca
③ Ne　④ Zn

05 ★★☆

15년 2회 기출

알루미늄 이온(Al^{3+}) 한 개에 대한 설명으로 틀린 것은?

① 질량수는 27이다.
② 양성자수는 13이다.
③ 중성자수는 13이다.
④ 전자수는 10이다.

06 ★★☆

17년 2회 기출

주기율표에서 원소를 차례대로 나열할 때 기준이 되는 것은?

① 원자의 부피　② 원자핵의 양성자수
③ 원자가 전자수　④ 원자 반지름의 크기

07 ★☆☆

20년 3회 기출

원자번호가 7인 질소와 같은 족에 해당되는 원소의 원자번호는?

① 15 ② 16
③ 17 ④ 18

08 ★☆☆

17년 4회 기출

다음 중 산소와 같은 족의 원소가 아닌 것은?

① S ② Se
③ Te ④ Bi

09 ★★★

16년 4회 기출

원소의 주기율표에서 같은 족에 속하는 원소들의 화학적 성질에는 비슷한 점이 많다. 이것과 관련 있는 설명은?

① 같은 크기의 반지름을 가지는 이온이 된다.
② 제일 바깥의 전자 궤도에 들어 있는 전자의 수가 같다.
③ 핵의 양하전의 크기가 같다.
④ 원자번호를 8a+b라는 일반식으로 나타낼 수 있다.

10 ★★☆

17년 2회 기출

전형원소 내에서 원소의 화학적 성질이 비슷한 것은?

① 원소의 족이 같은 경우
② 원소의 주기가 같은 경우
③ 원자번호가 비슷한 경우
④ 원자의 전자수가 같은 경우

11 ★☆☆

19년 4회 기출

제3주기에서 음이온이 되기 쉬운 경향성은? (단, 18족 기체는 제외한다.)

① 금속성이 큰 것
② 원자의 반지름이 큰 것
③ 최외각 전자수가 많은 것
④ 염기성 산화물을 만들기 쉬운 것

12 ★★★

18년 4회 기출

주기율표에서 제2주기에 있는 원소 성질 중 왼쪽에서 오른쪽으로 갈수록 감소하는 것은?

① 원자핵의 하전량 ② 원자의 전자의 수
③ 원자 반지름 ④ 전자껍질의 수

SUBJECT 01

13 ★★★

18년 2회 기출

주기율표에서 3주기 원소들의 일반적인 물리 · 화학적 성질 중 오른쪽으로 갈수록 감소하는 성질들로만 이루어진 것은?

① 비금속성, 전자흡수성, 이온화에너지
② 금속성, 전자 방출성, 원자 반지름
③ 비금속성, 이온화에너지, 전자친화도
④ 전자친화도, 전자흡수성, 원자 반지름

14 ★★☆

18년 1회 기출

다음 중 아르곤(Ar)과 같은 전자수를 갖는 양이온과 음이온으로 이루어진 화합물은?

① NaCl ② MgO
③ KF ④ CaS

15 ★★☆

CBT 복원

다음 중 전자의 수가 서로 같은 것끼리 짝지어진 것은 무엇인가?

① Ne, Cl^- ② F, Ne
③ Mg^{2+}, O^{2-} ④ Na, Cl^-

16 ★☆☆

17년 1회 기출

p오비탈에 대한 설명 중 옳은 것은?

① 원자핵에서 가장 가까운 오비탈이다.
② s오비탈보다는 약간 높은 모든 에너지 준위에서 발견된다.
③ x, y의 2방향을 축으로 한 원형 오비탈이다.
④ 오비탈의 수는 3개, 들어갈 수 있는 최대 전자수는 6개이다.

17 ★☆☆

16년 1회 기출

d오비탈이 수용할 수 있는 최대 전자의 총수는?

① 6 ② 8
③ 10 ④ 14

18 ★☆☆

20년 1회 기출

ns^2np^5의 전자구조를 가지지 않는 것은?

① F(원자번호 9) ② Cl(원자번호 17)
③ Se(원자번호 34) ④ I(원자번호 53)

19 ★★☆

20년 3회 기출

전자배치가 $1s^2 2s^2 2p^6 3s^2 3p^5$인 원자의 M껍질에는 몇 개의 전자가 들어 있는가?

① 2
② 4
③ 7
④ 17

20 ★★★

12년 2회 기출

Si 원소의 전자배치를 옳게 나타낸 것은?

① $1s^2 2s^2 2p^6 3s^2 3p^2$
② $1s^2 2s^2 2p^6 3s^1 3p^2$
③ $1s^2 2s^2 2p^5 3s^1 3p^2$
④ $1s^2 2s^2 2p^6 3s^2$

21 ★★★

16년 4회 기출

Ca^{2+} 이온의 전자배치를 옳게 나타낸 것은?

① $1s^2 2s^2 2p^6 3s^2 3p^6 3d^2$
② $1s^2 2s^2 2p^6 3s^2 3p^6 4s^2$
③ $1s^2 2s^2 2p^6 3s^2 3p^6 4s^2 3d^2$
④ $1s^2 2s^2 2p^6 3s^2 3p^6$

22 ★★☆

CBT 복원

Cl 원자의 최외각 전자수는 몇 개인가?

① 2
② 4
③ 7
④ 8

23 ★☆☆

16년 2회 기출

원자가 전자배열이 $as^2 ap^2$인 것은? (단, a=2, 3이다.)

① Ne, Ar
② Li, Na
③ C, Si
④ N, P

24 ★★☆

18년 2회 기출

다음과 같은 전자배치를 갖는 원자 A와 B에 대한 설명으로 옳은 것은?

A: $1s^2 2s^2 2p^6 3s^2$
B: $1s^2 2s^2 2p^6 3s^1 3p^1$

① A와 B는 다른 종류의 원자이다.
② A는 홑원자이고, B는 이원자 상태인 것을 알 수 있다.
③ A와 B는 동위원소로서 전자배열이 다르다.
④ A에서 B로 변할 때 에너지를 흡수한다.

25 ★★☆

16년 2회 기출

원자에서 복사되는 빛은 선스펙트럼을 만드는데 이것으로 부터 알 수 있는 사실은?

① 빛에 의한 광전자의 방출
② 빛이 파동의 성질을 가지고 있다는 사실
③ 전자껍질의 에너지의 불연속성
④ 원자핵 내부의 구조

26 ★☆☆

19년 1회 기출

다음은 원소의 원자번호와 원소기호를 표시한 것이다. 전이원소만으로 나열된 것은?

① $_{20}Ca$, $_{21}Sc$, $_{22}Ti$
② $_{21}Sc$, $_{22}Ti$, $_{29}Cu$
③ $_{26}Fe$, $_{30}Zn$, $_{38}Sr$
④ $_{21}Sc$, $_{22}Ti$, $_{38}Sr$

27 ★★★

19년 2회 기출

H_2O가 H_2S보다 끓는점이 높은 이유는?

① 이온결합을 하고 있기 때문에
② 수소결합을 하고 있기 때문에
③ 공유결합을 하고 있기 때문에
④ 분자량이 적기 때문에

28 ★★★

CBT 복원

물 분자 사이에 작용하는 수소결합에 의해 나타나는 현상으로 설명하기 어려운 것은?

① 물의 기화열이 크다.
② 물의 끓는점이 높다.
③ 무색투명한 액체이다.
④ 얼음이 되면 물 위에 뜬다.

29 ★★★

19년 2회 기출

NH_4Cl에서 배위결합을 하고 있는 부분을 옳게 설명한 것은?

① NH_3의 N－H 결합
② NH_3와 H^+과의 결합
③ NH_4^+과 Cl^-
④ H^+과 Cl^-과의 결합

30 ★★★

18년 2회 기출

한 분자 내에 배위결합과 이온결합을 동시에 가지고 있는 것은?

① NH_4Cl
② C_6H_6
③ CH_3OH
④ NaCl

31 ★☆☆

16년 1회 기출

최외각 전자가 2개 또는 8개로써 불활성인 것은?

① Na과 Br　② N와 Cl
③ C와 B　④ He와 Ne

32 ★☆☆

18년 1회 기출

결합력이 큰 것부터 작은 순서로 나열한 것은?

① 공유결합 > 수소결합 > 반데르발스결합
② 수소결합 > 공유결합 > 반데르발스결합
③ 반데르발스결합 > 수소결합 > 공유결합
④ 수소결합 > 반데르발스결합 > 공유결합

33 ★★☆

19년 2회 기출

비금속 원소와 금속 원소 사이의 결합은 일반적으로 어떤 결합에 해당되는가?

① 공유결합　② 금속결합
③ 비금속결합　④ 이온결합

34 ★★☆

19년 2회 기출

다음 물질 중 이온결합을 하고 있는 것은?

① 얼음　② 흑연
③ 다이아몬드　④ 염화나트륨

35 ★★☆

19년 1회 기출

기체 상태의 염화수소는 어떤 화학결합으로 이루어진 화합물인가?

① 극성 공유결합　② 이온결합
③ 비극성 공유결합　④ 배위 공유결합

36 ★★☆

18년 1회 기출

다음 중 비극성 분자는 어느 것인가?

① HF　② H_2O
③ NH_3　④ CH_4

37 ★★☆

CBT 복원

다음 중 비극성 분자는 어느 것인가?

① CO　② CO_2
③ NH_3　④ H_2O

38 ★☆☆

17년 2회 기출

이온결합물질의 일반적인 성질에 관한 설명 중 틀린 것은?

① 녹는점이 비교적 높다.
② 단단하며 부스러지기 쉽다.
③ 고체와 액체 상태에서 모두 도체이다.
④ 물과 같은 극성용매에 용해되기 쉽다.

합격 치트키

02 화학의 기초법칙

핵심이론+기출

화학의 기초법칙의 출제비율은 약 18%로 1과목에서 가장 많은 문제가 출제되는 유형입니다. 이 유형에서는 단순 암기형 문제도 출제되지만 산화수와 기체의 부피를 계산하는 문제도 출제됩니다.
특히, 이상기체 상태방정식을 이용한 문제는 필기 뿐만 아니라 실기에도 자주 출제되는 내용이므로 풀이과정을 정확하게 이해해야 합니다.

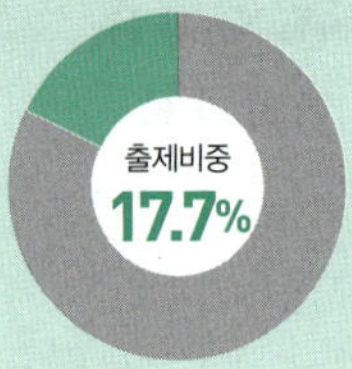

기출 TIP

확산속도를 구하는 문제와 분자량을 구하는 문제가 출제된다.

1 그레이엄의 확산속도 법칙

① 기체 분자의 확산속도는 일정 온도와 압력에서 분자량의 제곱근에 반비례한다.
② 미지의 기체의 확산속도를 알면 이 법칙으로 기체의 분자량을 계산할 수 있다.

$$\frac{v_1}{v_2}=\sqrt{\frac{M_2}{M_1}}$$

v_1, v_2: 기체의 확산속도, M_1, M_2: 기체의 분자량

열역학 법칙에 대한 내용을 문제에서 알려주고 어떤 법칙에 해당되는지 묻는 형태로 출제된다.

2 열역학 법칙

구분	내용
열역학 제0법칙	열평형의 법칙으로 A와 B가 열적 평형상태에 있고, B와 C가 열적 평형상태에 있으면 A와 C도 열평형 상태이다.
열역학 제1법칙	에너지 보존의 법칙으로 에너지가 다른 에너지로 전환될 때 전환 전후의 에너지 총합은 항상 일정하게 보존된다.
열역학 제2법칙	엔트로피(무질서도) 증가의 법칙으로 고립계에서는 엔트로피가 증가하는 반응만 일어난다.
열역학 제3법칙	0K(절대영도)에서 물질의 엔트로피는 0이다.

동소체 관계에 해당되는 물질을 묻는 문제가 자주 출제된다.

3 동소체

① 한 종류의 원자로 이루어졌으나 그 결합방식이 달라 성질이 다른 것이다.
② 예 적린(P)과 황린(P_4), 산소(O_2)와 오존(O_3), 다이아몬드와 흑연

4 반응속도식 작성

$A+B \longrightarrow C+D$ 반응에서 반응속도를 v라고 하고, 반응속도 상수를 k라고 하면 반응속도식은 다음과 같다.

$$v=k[A][B]$$

[A]: A의 농도, [B]: B의 농도

5 산화수 계산의 기본원칙

① 화합물 또는 하나의 원자로 이루어진 분자의 전체 산화수는 0이다.

예 $KMnO_4$의 전체 산화수=0, O_2의 전체 산화수=0

② 화합물 내에서 Na, K와 같은 알칼리금속의 산화수는 +1이다.

예 $KMnO_4$에서 K의 산화수=+1

③ 화합물 내에서 산소의 산화수는 −2이다.

예 $KMnO_4$에서 산소의 산화수=−2

④ 과산화물 내에서 산소의 산화수는 −1이다.

예 H_2O_2에서 산소의 산화수=−1

⑤ 이온의 산화수는 이온의 전하와 같다.

예 시안화이온(CN^-)의 산화수=−1, 은이온(Ag^+)의 산화수=+1

기출 TIP

산화수를 계산하는 문제는 자주 출제되는 편이고, 수치가 변형되어 출제되는 경향이 있다.

6 이상기체 상태방정식

① 이상기체는 분자 사이에 작용하는 인력을 무시한 기체이다.

② 실제 기체의 온도를 높게 하고, 압력을 낮게 하면 기체 분자 사이의 거리가 멀어져 분자 사이의 인력이 거의 작용하지 않게 되므로 이상기체와 비슷해진다.

③ 이상기체 상태방정식 공식

$$PV=nRT=\frac{w}{M}RT$$

P: 압력[atm], V: 부피[L]
n: 몰수[mol]
R: 기체상수[0.082atm·L/mol·K]
T: 절대온도[K]
w: 질량[g]
M: 분자량[g/mol]

④ 온도(T)는 절대온도이므로 문제에서 섭씨온도(℃)로 주어지면 273을 더해서 절대온도로 환산해야 한다.

⑤ 압력(P)의 단위는 atm이므로 문제에서 mmHg로 주어지면 760을 나누어서 atm 단위로 환산해야 한다.

이상기체 상태방정식은 자주 출제되고 중요한 내용이므로 풀이 과정을 이해해야 한다.

7 보일–샤를의 법칙

① 반응 전후의 부피나 압력 변화는 보일−샤를의 법칙으로 계산한다.

② 보일−샤를의 법칙에 대한 공식

$$\frac{P_1V_1}{T_1}=\frac{P_2V_2}{T_2}$$

P_1: 처음 압력[atm], P_2: 나중 압력[atm]
V_1: 처음 부피[L], V_2: 나중 부피[L]
T_1: 처음 온도[K], T_2: 나중 온도[K]

압력과 온도 중 하나의 조건만 주어지고 반응 후의 부피나 압력을 구하는 문제가 출제된다.

01 ★★★
20년 1회 기출

"기체의 확산속도는 기체의 밀도(또는 분자량)의 제곱근에 반비례한다."라는 법칙과 연관성이 있는 것은?

① 미지의 기체 분자량을 측정에 이용할 수 있는 법칙이다.
② 보일－샤를이 정립한 법칙이다.
③ 기체상수 값을 구할 수 있는 법칙이다.
④ 이 법칙은 기체상태 방정식으로 표현된다.

02 ★★★
18년 2회 기출

어떤 기체의 확산속도는 SO_2의 2배이다. 이 기체의 분자량은 얼마인가? (단, SO_2의 분자량은 64이다.)

① 4　② 8
③ 16　④ 32

03 ★★★
CBT 복원

어떤 기체의 분자량이 4배가 된다면 확산속도는 몇 배가 되는가?

① 0.5배　② 1배
③ 2배　④ 4배

04 ★★☆
19년 4회 기출

다음은 열역학 제 몇 법칙에 대한 내용인가?

> 0K(절대영도)에서 물질의 엔트로피는 0이다.

① 열역학 제0법칙　② 열역학 제1법칙
③ 열역학 제2법칙　④ 열역학 제3법칙

05 ★★☆
CBT 복원

다음은 어떤 법칙에 대한 내용인가?

> 화학반응에서 발생 또는 흡수되는 열량은 그 반응 전의 물질의 종류와 상태 및 반응 후의 물질의 종류와 상태가 결정되면 그 도중의 경로와는 관계가 없다.

① 반트－호프의 법칙　② 르샤틀리에의 법칙
③ 아보가드로의 법칙　④ 헤스의 법칙

06 ★★☆
CBT 복원

다음은 어떤 법칙에 대한 내용인가?

> 묽은 용액의 삼투압은 용매나 용질의 종류에 상관없이 용액의 몰농도와 절대온도에 비례한다.

① 반트－호프의 법칙　② 르샤틀리에의 법칙
③ 아보가드로의 법칙　④ 헤스의 법칙

07 ★★☆

20년 3회 기출

다음에서 설명하는 법칙은 무엇인가?

> 일정한 온도에서 비휘발성이며, 비전해질인 용질이 녹은 묽은 용액의 증기압력 내림은 일정량의 용매에 녹아 있는 용질의 몰수에 비례한다.

① 헨리의 법칙　② 라울의 법칙
③ 아보가드로의 법칙　④ 보일－샤를의 법칙

08 ★★★

19년 4회 기출

다음 중 배수비례의 법칙이 성립되지 않는 것은?

① H_2O와 H_2O_2　② SO_2와 SO_3
③ N_2O와 NO　④ O_2와 O_3

09 ★★★

18년 2회 기출

배수비례의 법칙이 적용가능한 화합물을 옳게 나열한 것은?

① CO, CO_2　② HNO_3, HNO_2
③ H_2SO_4, H_2SO_3　④ O_2, O_3

10 ★★☆

16년 2회 기출

다음 화학반응으로부터 설명하기 어려운 것은?

$$2H_2(g)+O_2(g) \longrightarrow 2H_2O(g)$$

① 반응물질 및 생성물질의 부피비
② 일정 성분비의 법칙
③ 반응물질 및 생성물질의 몰수비
④ 배수비례의 법칙

11 ★★☆

19년 1회 기출

분자식이 같으면서도 구조가 다른 유기화합물을 무엇이라고 하는가?

① 이성질체　② 동소체
③ 동위원소　④ 방향족 화합물

12 ★★☆

19년 1회 기출

다음 중 동소체 관계가 아닌 것은?

① 적린과 황린　② 산소와 오존
③ 물과 과산화수소　④ 다이아몬드와 흑연

13 ★☆☆

18년 4회 기출

다음 물질 중 동소체의 관계가 아닌 것은?

① 흑연과 다이아몬드 ② 산소와 오존
③ 수소와 중수소 ④ 황린과 적린

14 ★☆☆

CBT 복원

Cl은 다음과 같이 2가지 동위원소로 구성되어 있다. Cl의 평균원자량은 얼마인가?

> 원자량이 35인 Cl는 75% 존재하고, 원자량이 37인 Cl은 25% 존재한다.

① 33.5 ② 34.5
③ 35.5 ④ 36.5

15 ★★☆

17년 4회 기출

공기 중에 포함되어 있는 질소와 산소의 부피비는 0.79 : 0.21이므로 질소와 산소의 분자수의 비도 0.79 : 0.21이다. 이와 관계있는 법칙은?

① 아보가드로 법칙 ② 일정 성분비의 법칙
③ 배수비례의 법칙 ④ 질량보존의 법칙

16 ★★★

16년 1회 기출

표준상태에서 11.2L의 암모니아에 들어있는 질소는 몇 g인가?

① 7 ② 8.5
③ 22.4 ④ 14

17 ★★☆

17년 1회 기출

다음 분자 중 가장 무거운 분자의 질량은 가장 가벼운 분자의 몇 배인가? (단, Cl의 원자량은 35.5이다.)

> H_2, Cl_2, CH_4, CO_2

① 4배 ② 22배
③ 30.5배 ④ 35.5배

18 ★★☆

17년 1회 기출

CH_4 16g 중에는 C가 몇 mol 포함되었는가?

① 1 ② 4
③ 16 ④ 22.4

19 ★★☆

16년 1회 기출

에탄(C_2H_6)을 연소시키면 이산화탄소(CO_2)와 수증기(H_2O)가 생성된다. 표준상태에서 에탄 30g을 반응시킬 때 발생하는 이산화탄소와 수증기의 분자수는 모두 몇 개인가?

① 6×10^{23}개
② 12×10^{23}개
③ 18×10^{23}개
④ 30×10^{23}개

20 ★★★

19년 1회 기출

제1종 분말소화약제가 1차 열분해되어 표준상태를 기준으로 $2m^3$의 탄산가스가 생성되었다. 몇 kg의 탄산수소나트륨이 사용되었는가? (단, 나트륨의 원자량은 23이다.)

① 15
② 18.75
③ 56.25
④ 75

21 ★☆☆

18년 4회 기출

열의 전달에 있어서 열전달면적과 열전도도가 각각 2배로 증가한다면, 다른 조건이 일정한 경우 전도에 의해 전달되는 열의 양은 몇 배가 되는가?

① 0.5배
② 1배
③ 2배
④ 4배

22 ★☆☆

20년 1회 기출

다음은 표준 수소전극과 짝지어 얻은 반쪽반응 표준환원 전위값이다. 이들 반쪽전지를 짝지었을 때 얻어지는 전지의 표준 전위차 E^0는?

$$Cu^{2+}+2e^- \longrightarrow Cu \qquad E^0=0.34V$$
$$Ni^{2+}+2e^- \longrightarrow Ni \qquad E^0=-0.23V$$

① +0.11V
② −0.11V
③ +0.57V
④ −0.57V

23 ★☆☆

19년 1회 기출

다음 반응식을 이용하여 구한 $SO_2(g)$의 몰 생성열은?

$$S(s)+1.5O_2(g) \longrightarrow SO_3(g) \quad \triangle H^o=-94.5kcal$$
$$2SO_2(g)+O_2(g) \longrightarrow 2SO_3(g) \quad \triangle H^o=-47kcal$$

① −71kcal
② −47.5kcal
③ 71kcal
④ 47.5kcal

24 ★★☆

18년 1회 기출

다음 중 전리도가 가장 커지는 경우는?

① 농도와 온도가 일정할 때
② 농도가 진하고 온도가 높을수록
③ 농도가 묽고 온도가 높을수록
④ 농도가 진하고 온도가 낮을수록

25 ★☆☆

18년 1회 기출

반투막을 이용하여 콜로이드 입자를 전해질이나 작은 분자로부터 분리정제하는 것을 무엇이라 하는가?

① 틴들현상　② 브라운 운동
③ 투석　④ 전기영동

26 ★★☆

20년 3회 기출

일정한 온도하에서 물질 A와 B가 반응을 할 때 A의 농도만 2배로 하면 반응속도가 2배가 되고 B의 농도만 2배로 하면 반응속도가 4배로 된다. 이 경우 반응속도식은? (단, 반응속도 상수는 k이다.)

① $v=k[A][B]^2$　② $v=k[A]^2[B]$
③ $v=k[A][B]^{0.5}$　④ $v=k[A][B]$

27 ★★☆

CBT 복원

다음 반응에서 메테인의 농도를 일정하게 하고 산소의 농도를 2배로 하면 동일한 온도에서 반응속도는 몇 배로 되는가?

$$CH_4(g)+2O_2(g) \longrightarrow CO_2(g)+2H_2O(g)$$

① 2배　② 4배
③ 6배　④ 8배

28 ★★☆

19년 2회 기출

다음 반응속도식에서 2차 반응인 것은?

① $v=k[A]^{\frac{1}{2}}[B]^{\frac{1}{2}}$
② $v=k[A][B]$
③ $v=k[A][B]^2$
④ $v=k[A]^2[B]^2$

29 ★★★

19년 4회 기출

다음 중 $KMnO_4$의 Mn의 산화수는?

① +1　② +3
③ +5　④ +7

30 ★★★

18년 4회 기출

$K_2Cr_2O_7$에서 Cr의 산화수는?

① +2　② +4
③ +6　④ +8

31 ★★★
17년 2회 기출

화약제조에 사용되는 물질인 질산칼륨에서 N의 산화수는 얼마인가?

① +1　② +3
③ +5　④ +7

32 ★★★
20년 3회 기출

다음 밑줄 친 원소 중 산화수가 +5인 것은?

① $Na_2\underline{Cr}_2O_7$　② $K_2\underline{S}O_4$
③ $K\underline{N}O_3$　④ $\underline{Cr}O_3$

33 ★★★
17년 4회 기출

밑줄 친 원소의 산화수가 +5인 것은?

① $H_3\underline{P}O_4$　② $K\underline{Mn}O_4$
③ $K_2\underline{Cr}_2O_7$　④ $K_3[\underline{Fe}(CN)_6]$

34 ★★★
18년 1회 기출

다음 중 밑줄 친 원자의 산화수 값이 나머지 셋과 다른 하나는?

① $\underline{Cr}_2O_7^{2-}$　② $H_3\underline{P}O_4$
③ $H\underline{N}O_3$　④ $H\underline{Cl}O_3$

35 ★★★
18년 1회 기출

산소의 산화수가 가장 큰 것은?

① O_2　② $KClO_4$
③ H_2SO_4　④ H_2O_2

36 ★★★
20년 3회 기출

황의 산화수가 나머지 셋과 다른 하나는?

① Ag_2S　② H_2SO_4
③ SO_4^{2-}　④ $Fe_2(SO_4)_3$

37 ★★☆
19년 2회 기출

실제 기체는 어떤 상태일 때 이상기체 방정식에 잘 맞는가?

① 온도가 높고 압력이 높을 때
② 온도가 낮고 압력이 낮을 때
③ 온도가 높고 압력이 낮을 때
④ 온도가 낮고 압력이 높을 때

38 ★☆☆
18년 4회 기출

이상기체상수 R값이 0.082라면 그 단위로 옳은 것은?

① $\frac{atm \cdot mol}{L \cdot K}$　② $\frac{mmHg \cdot mol}{L \cdot K}$
③ $\frac{atm \cdot L}{mol \cdot K}$　④ $\frac{mmHg \cdot L}{mol \cdot K}$

39 ★★★

20년 1회 기출

분말소화약제인 탄산수소나트륨 10kg이 1기압, 270℃에서 방사되었을 때 발생하는 이산화탄소의 양은 약 몇 m^3인가?

① 2.65 ② 3.65

③ 18.22 ④ 36.44

40 ★★★

19년 1회 기출

27℃에서 부피가 2L인 고무풍선 속의 수소 기체 압력이 1.23atm이다. 이 풍선 속에 몇 mol의 수소 기체가 들어 있는가? (단, 이상기체라고 가정한다.)

① 0.01 ② 0.05

③ 0.10 ④ 0.25

41 ★★★

20년 1회 기출

1기압, 100℃에서 물 36g이 모두 기화되었다. 생성된 기체는 약 몇 L인가?

① 11.2 ② 22.4

③ 44.8 ④ 61.2

42 ★★★

20년 3회 기출

1기압 27℃에서 아세톤 58g을 완전히 기화시키면 부피는 약 몇 L가 되는가?

① 22.4 ② 24.6

③ 27.4 ④ 58.0

43 ★★★

17년 2회 기출

표준상태에서 기체 A 1L의 무게는 1.964g이다. A의 분자량은?

① 44 ② 16

③ 4 ④ 2

44 ★★★

20년 3회 기출

액체 0.2g을 기화시켰더니 그 증기의 부피가 97℃, 740mmHg에서 80mL였다. 이 액체의 분자량에 가장 가까운 값은?

① 40 ② 46

③ 78 ④ 121

45 ★★★

17년 1회 기출

기체 A 5g은 27℃, 380mmHg에서 부피가 6,000mL이다. 이 기체의 분자량(g/mol)은 약 얼마인가? (단, 이상기체로 가정한다.)

① 24 ② 41

③ 64 ④ 123

46 ★☆☆

CBT 복원

다음 중 밀도에 대한 설명으로 옳은 것은? (단, 이상기체를 기준으로 산정한다.)

① 절대온도와 압력에 비례한다.

② 절대온도와 압력에 반비례한다.

③ 절대온도에 반비례하고 압력에 비례한다.

④ 절대온도에 비례하고 압력에 반비례한다.

47 ★★☆

CBT 복원

다음이 모두 기체 상태일 때 밀도가 가장 큰 것은?

① 수소　② 질소
③ 산소　④ 이산화탄소

48 ★★★

19년 4회 기출

프로판 1kg을 완전연소시키기 위해서는 표준상태의 산소가 약 몇 m^3가 필요한가?

① 2.55　② 5
③ 7.55　④ 10

49 ★★☆

16년 4회 기출

0℃, 1기압에서 1g의 수소가 들어 있는 용기에 산소 32g을 넣었을 때 용기의 총 내부압력은? (단, 온도는 일정하다.)

① 1기압　② 2기압
③ 3기압　④ 4기압

50 ★★☆

16년 1회 기출

27℃에서 500mL에 6g의 비전해질을 녹인 용액의 삼투압은 7.4기압이었다. 이 물질의 분자량은 약 얼마인가?

① 20.78　② 39.89
③ 58.16　④ 77.65

51 ★☆☆

16년 4회 기출

액체 상태의 물이 1기압, 100℃ 수증기로 변하면 체적이 약 몇 배 증가하는가?

① 530~540　② 900~1,100
③ 1,600~1,700　④ 2,300~2,400

52 ★★★

18년 1회 기출

1기압에서 2L의 부피를 차지하는 어떤 이상기체를 온도의 변화 없이 압력을 4기압으로 하면 부피는 얼마가 되겠는가?

① 8L　② 2L
③ 1　④ 0.5L

53 ★★★

19년 1회 기출

20℃에서 600mL의 부피를 차지하고 있는 기체를 압력의 변화 없이 온도를 40℃로 변화시키면 부피는 얼마로 변하겠는가?

① 300mL　② 641mL
③ 836mL　④ 1,200mL

54 ★★★

17년 4회 기출

어떤 기체의 부피가 21℃, 1.4atm에서 250mL이다. 온도가 49℃로 상승되었을 때의 부피가 300mL라고 하면 이 기체의 압력은 약 얼마인가?

① 1.35atm　② 1.28atm
③ 1.21atm　④ 1.16atm

SUBJECT 01

합격 치트키

03 물질의 상태와 변화

핵심이론+기출

물질의 상태와 변화의 출제비율은 약 15%입니다.
이 유형의 문제를 풀기 위해서는 분자량, 몰수의 개념, 화학반응식 작성법 정도는 이해하고 있어야 합니다.
전기분해 시 석출되는 금속의 질량은 당량의 개념을 이용하기 보다는 전자 1mol을 이동시킬 수 있는 전기량 기준으로 푸는 것이 좋습니다.

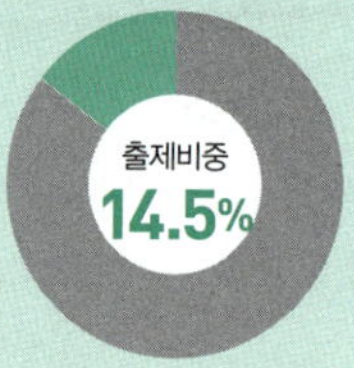

기출 TIP

1 화학반응식 작성

① 반응물은 왼쪽에 표기하고, 생성물은 오른쪽에 표기한다.
② 반응물과 생성물의 양쪽에는 같은 수의 원자가 있어야 한다.
③ 반응식에서 계수는 각 물질의 분자나 원자의 수를 의미한다.

예 수소(H_2)와 산소(O_2)가 만나서 물(H_2O)이 되는 반응의 반응식 작성하기
[1단계] 반응물과 생성물 표기하기
수소와 산소는 반응물이고, 물은 생성물이다.
$H_2+O_2 \longrightarrow H_2O$
[2단계] 계수 맞추기
반응물과 생성물 사이의 원자의 개수가 일치하지 않으므로 계수를 맞춘다.
$2H_2+O_2 \longrightarrow 2H_2O$

2 몰분율 계산

몰분율은 복잡한 형태로 응용되어 출제되지는 않고, 계산방법만 알고 있다면 풀 수 있는 정도로 출제된다.

① 몰분율은 전체 몰수 중에서 특정 물질의 몰수를 나타내는 용어이다.
② 물이 25mol, NaOH가 2mol 있을 때 NaOH의 몰분율은 다음과 같이 계산한다.

$$\text{NaOH의 몰분율}=\frac{\text{NaOH의 몰수}}{\text{전체 몰수}}=\frac{2}{25+2}=0.074$$

3 화학반응식에서 평형상수 작성

① $aA+bB \longleftrightarrow cC+dD$ 화학반응식에서 평형상수 K는 다음과 같다.
② $K=\frac{[C]^c[D]^d}{[A]^a[B]^b}$, [A]: A 물질의 몰농도

4 엔탈피의 정의

엔탈피 값을 보고 흡열반응인지, 발열반응인지 묻는 문제가 출제된다.

① 엔탈피는 물질이 가진 총에너지를 의미한다.
② 엔탈피는 화학반응이나 물리적 변화에서 열의 출입을 계산하는 데 사용된다.

③ 엔탈피는 기호로 H로 표시되며 변화량(△H)는 반응 중 방출되거나 흡수되는 열을 나타낸다.
④ 엔탈피 변화량(△H)가 0보다 큰 경우: 열을 흡수하는 흡열반응
⑤ 엔탈피 변화량(△H)가 0보다 작은 경우: 열을 방출하는 발열반응

5 볼타전지

① 볼타전지는 볼타에 의해 발명된 세계 최초의 전지이다.
② 볼타전지는 묽은 황산(H_2SO_4) 속에 구리(Cu)판(+극)과 아연(Zn)판(−극)을 세워서 만든다.
③ 전자는 (−)극에서 (+)극으로 이동하고, 전류는 (+)극에서 (−)극으로 이동한다.
④ 볼타전지는 약 1.1V의 기전력이 생긴다.
⑤ 볼타전지를 사용하면서 전류가 약해지는 현상을 분극현상이라고 한다.
⑥ 분극현상을 방지해주는 감극제: MnO_2, $KMnO_4$ 등

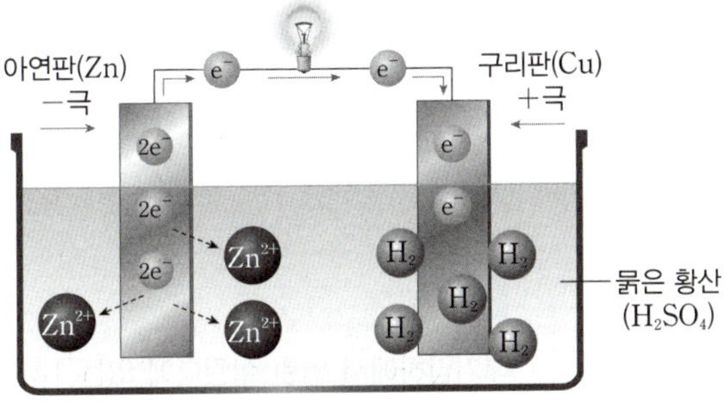

▲ 볼타전지 모형

기출 TIP: 볼타전지에서 전자나 전류의 이동방향, 감극제의 종류 등이 주로 출제된다.

6 물의 전기분해

① 물의 전기분해 반응식은 $2H_2O \longrightarrow 2H_2 + O_2$이다.
② H_2O에서 산소(O) 원자는 O^{2-} 상태이고 산소 원자가 가진 전자 2mol을 수소에게 모두 주어야 물이 전기분해되어 수소 기체 2mol, 산소 기체 1mol이 발생한다.
③ 1F(1패러데이)는 전자 1mol을 이동시키기 위해 필요한 전기량이다.
④ 1F=96,500C이고, 1C=1A×sec(초)이다.
⑤ 물의 전기분해 반응식대로 물이 분해되기 위해서는 4F가 필요하다.
⑥ 물에 4F의 전기를 가하면 수소 2mol, 산소 1mol이 생성된다.

기출 TIP: 물의 전기분해 관련 문제는 자주 출제되고 금속을 전기분해할 경우 석출되는 금속의 질량을 구하는 문제와 기본원리가 같다.

7 금속의 불꽃반응색

구분	색깔
Li	빨간색
K	보라색
Na	노란색
Ba	황록색

기출 TIP: 금속의 불꽃반응색은 주로 K, Na 관련 문제가 출제된다.

01 ★★☆

18년 4회 기출

1몰의 질소와 3몰의 수소를 촉매와 같이 용기 속에 밀폐하고 일정한 온도로 유지하였더니 반응물질의 50%가 암모니아로 변하였다. 이때의 압력은 최초 압력의 몇 배가 되는가? (단, 용기의 부피는 변하지 않는다.)

① 0.5　　② 0.75
③ 1.25　　④ 변하지 않는다.

02 ★★★

16년 4회 기출

표준상태를 기준으로 수소 2.24L가 염소와 완전히 반응했다면 생성된 염화수소의 부피는 몇 L인가?

① 2.24　　② 4.48
③ 22.4　　④ 44.8

03 ★★☆

CBT 복원

수소 1.2몰과 염소 2몰이 반응할 경우 생성되는 염화수소의 몰수는?

① 1.2　　② 2.4
③ 3.6　　④ 4.8

04 ★★☆

16년 2회 기출

17g의 NH_3와 충분한 양의 황산이 반응하여 만들어지는 황산암모늄은 몇 g인가? (단, 원소의 원자량은 H: 1, N: 14, O: 16, S: 32이다.)

① 66g　　② 106g
③ 115g　　④ 132g

05 ★☆☆

16년 2회 기출

대기압하에서 열린 실린더에 있는 1mol의 기체를 20℃에서 120℃까지 가열하면 기체가 흡수하는 열량은 몇 cal인가? (단, 기체 몰열용량은 4.97cal/mol·℃이다.)

① 97　　② 100
③ 497　　④ 760

06 ★★★

20년 3회 기출

다음 각 화합물 1mol이 완전연소할 때 3mol의 산소를 필요로 하는 것은?

① CH_3-CH_3　　② $CH_2=CH_2$
③ C_6H_6　　④ $CH\equiv CH$

07 ★★☆

18년 4회 기출

물 450g에 NaOH 80g이 녹아 있는 용액에서 NaOH의 몰분율은? (단, Na의 원자량은 23이다.)

① 0.074　② 0.178

③ 0.200　④ 0.450

08 ★★☆

18년 1회 기출

에탄올 20.0g과 물 40.0g을 함유한 용액에서 에탄올의 몰분율은 약 얼마인가?

① 0.090　② 0.164

③ 0.444　④ 0.896

09 ★★★

CBT 복원

다음과 같은 반응에서 평형상수 K를 나타내는 식을 바르게 작성한 것은?

$$CO + 2H_2 \longrightarrow CH_3OH$$

① $K = \frac{[CH_3OH]}{[CO][H_2]}$　② $K = \frac{[CH_3OH]}{[CO][H_2]^2}$

③ $K = \frac{[CO][H_2]}{[CH_3OH]}$　④ $K = \frac{[CO][H_2]^2}{[CH_3OH]}$

10 ★★★

20년 1회 기출

다음과 같은 기체가 일정한 온도에서 반응을 하고 있다. 평형에서 기체 A, B, C가 각각 1M, 2M, 4M이라면 평형상수 K의 값은 얼마인가?

$$A + 3B \rightarrow 2C + \text{열}$$

① 0.5　② 2

③ 3　④ 4

11 ★★☆

19년 2회 기출

화학반응속도를 증가시키는 방법으로 옳지 않은 것은?

① 온도를 높인다.
② 부촉매를 가한다.
③ 반응물 농도를 높게 한다.
④ 반응물 표면적을 크게 한다.

12 ★★☆

17년 1회 기출

$CH_3COOH \rightarrow CH_3COO^- + H^+$의 반응식에서 전리평형상수 K는 다음과 같다. K값을 변화시키기 위한 조건으로 옳은 것은?

$$K = \frac{[CH_3COO^-][H^+]}{[CH_3COOH]}$$

① 온도를 변화시킨다.
② 압력을 변화시킨다.
③ 농도를 변화시킨다.
④ 촉매량을 변화시킨다.

13 ★★☆ CBT 복원

다음은 반응식을 여러 형태로 나타낸 것이다. 제시된 반응 중 흡열반응은?

① $CO+\frac{1}{2}O_2 \longrightarrow CO_2+68kcal$

② $N_2+O_2 \longrightarrow 2NO \quad \triangle H=+42kcal$

③ $C+O_2 \longrightarrow CO_2 \quad \triangle H=-94kcal$

④ $H_2+\frac{1}{2}O_2-58kcal \longrightarrow H_2O$

14 ★★☆ 19년 2회 기출

AgCl의 용해도는 0.0016g/L이다. 이 AgCl의 용해도곱(Solubility product)은 약 얼마인가? (단, 원자량은 각각 Ag=108, Cl=35.5이다.)

① 1.24×10^{-10}　② 2.24×10^{-10}

③ 1.12×10^{-5}　④ 4×10^{-4}

15 ★★☆ 17년 1회 기출

25℃에서 $Cd(OH)_2$ 염의 몰용해도는 1.7×10^{-5}mol/L이다. $Cd(OH)_2$ 염의 용해도곱상수(K_{sp})를 구하면 약 얼마인가?

① 2.0×10^{-14}　② 2.2×10^{-12}

③ 2.4×10^{-10}　④ 2.6×10^{-8}

16 ★☆☆ 17년 4회 기출

다음 중 침전을 형성하는 조건은?

① 이온곱>용해도곱　② 이온곱=용해도곱

③ 이온곱<용해도곱　④ 이온곱+용해도곱=1

17 ★★☆ 20년 1회 기출

98%, H_2SO_4 50g에서 H_2SO_4에 포함된 산소 원자수는?

① 3×10^{23}개　② 6×10^{23}개

③ 9×10^{23}개　④ 1.2×10^{24}개

18 ★★☆ 19년 4회 기출

다음과 같은 구조를 가진 전지를 무엇이라 하는가?

$(-)Zn \mid H_2SO_4 \mid Cu(+)$

① 볼타전지　② 다니엘전지

③ 건전지　④ 납축전지

19 ★★☆

17년 2회 기출

볼타전지에 관한 설명으로 틀린 것은?

① 이온화 경향이 큰 쪽의 물질이 (−)극이다.
② (+)극에서는 방전 산화반응이 일어난다.
③ 전자는 도선을 따라 (−)극에서 (+)극으로 이동한다.
④ 전류의 방향은 전자의 이동 방향과 반대이다.

20 ★★☆

16년 2회 기출

볼타전지에서 갑자기 전류가 약해지는 현상을 "분극현상"이라고 한다. 이 분극현상을 방지해주는 감극제로 사용되는 물질은?

① MnO_2　② $CuSO_3$
③ $NaCl$　④ $Pb(NO_3)_2$

21 ★☆☆

19년 2회 기출

네슬러 시약에 의하여 적갈색으로 검출되는 물질은 어느 것인가?

① 질산이온　② 암모늄이온
③ 아황산이온　④ 일산화탄소

22 ★★★

16년 4회 기출

다음의 평형계에서 압력을 증가시키면 반응에 어떤 영향이 나타나는가?

$$N_2(g)+3H_2(g) \rightleftharpoons 2NH_3(g)$$

① 오른쪽으로 진행
② 왼쪽으로 진행
③ 무변화
④ 왼쪽과 오른쪽으로 모두 진행

23 ★★★

20년 1회 기출

질소와 수소로 암모니아를 합성하는 반응의 화학반응식은 다음과 같다. 암모니아의 생성률을 높이기 위한 조건은?

$$N_2+3H_2 \longrightarrow 2NH_3+22.1\text{kcal}$$

① 온도와 압력을 낮춘다.
② 온도는 낮추고, 압력은 높인다.
③ 온도를 높이고, 압력은 낮춘다.
④ 온도와 압력을 높인다.

24 ★★★

18년 4회 기출

다음과 같은 반응에서 평형을 왼쪽으로 이동시킬 수 있는 조건은?

$$A_2(g)+2B_2(g) \rightleftharpoons 2AB_2(g)+\text{열}$$

① 압력 감소, 온도 감소
② 압력 증가, 온도 증가
③ 압력 감소, 온도 증가
④ 압력 증가, 온도 감소

25 ★★★

18년 2회 기출

다음의 반응 중 평형상태가 압력의 영향을 받지 않는 것은?

① $N_2+O_2 \rightleftarrows 2NO$
② $NH_3+HCl \rightleftarrows NH_4Cl$
③ $2CO+O_2 \rightleftarrows 2CO_2$
④ $2NO_2 \rightleftarrows N_2O_4$

26 ★★★

20년 1회 기출

1패러데이(Faraday)의 전기량으로 물을 전기분해하였을 때 생성되는 수소 기체는 0℃, 1기압에서 얼마의 부피를 갖는가?

① 5.6L ② 11.2L
③ 22.4L ④ 44.8L

27 ★★★

20년 3회 기출

백금 전극을 사용하여 물을 전기분해할 때 (+)극에서 5.6L의 기체가 발생하는 동안 (−)극에서 발생하는 기체의 부피는?

① 2.8L ② 5.6L
③ 11.2L ④ 22.4L

28 ★★★

19년 4회 기출

황산구리(II) 수용액을 전기분해할 때 63.5g의 구리를 석출시키는데 필요한 전기량은 몇 F인가? (단, Cu의 원자량은 63.5이다.)

① 0.635F ② 1F
③ 2F ④ 63.5F

29 ★★★

18년 1회 기출

구리를 석출하기 위해 $CuSO_4$ 용액에 0.5F의 전기량을 흘렸을 때 약 몇 g의 구리가 석출되겠는가? (단, 원자량은 Cu: 64, S: 32, O: 16이다.)

① 16 ② 32
③ 64 ④ 128

30 ★★★

19년 2회 기출

황산구리 용액에 10A의 전류를 1시간 통하면 구리(원자량=63.54)를 몇 g 석출하겠는가?

① 7.2g ② 11.85g
③ 23.7g ④ 31.77g

31 ★★★

17년 2회 기출

황산구리 수용액을 Pt 전극을 써서 전기분해하여 음극에서 63.5g의 구리를 얻고자 한다. 10A의 전류를 약 몇 시간 흐르게 하여야 하는가? (단, 구리의 원자량은 63.5이다.)

① 2.36 ② 5.36
③ 8.16 ④ 9.16

32 ★★★ CBT 복원

$CuCl_2$의 용액에 5A 전류를 1시간 동안 흐르게 한 경우 몇 g의 구리가 석출되는가? (단, Cu의 원자량은 63.54이며 전자 1개의 전하량은 1.602×10^{-19}C이다.)

① 3.17 ② 5.93
③ 6.12 ④ 6.35

33 ★★☆ 19년 1회 기출

20%의 소금물을 전기분해하여 수산화나트륨 1몰을 얻는 데는 1A의 전류를 몇 시간 통해야 하는가?

① 13.4 ② 26.8
③ 53.6 ④ 104.2

34 ★★★ 17년 1회 기출

다음 물질의 수용액을 같은 전기량으로 전기분해해서 금속을 석출한다고 가정할 때 석출되는 금속의 질량이 가장 많은 것은? (단, 괄호 안의 값은 석출되는 금속의 원자량이다.)

① $CuSO_4$(Cu=64) ② $NiSO_4$(Ni=59)
③ $AgNO_3$(Ag=108) ④ $Pb(NO_3)_2$(Pb=207)

35 ★☆☆ 19년 2회 기출

자철광 제조법으로 빨갛게 달군 철에 수증기를 통할 때의 반응식으로 옳은 것은?

① $3Fe+4H_2O \longrightarrow Fe_3O_4+4H_2$
② $2Fe+3H_2O \longrightarrow Fe_2O_3+3H_2$
③ $Fe+H_2O \longrightarrow FeO+H_2$
④ $Fe+2H_2O \longrightarrow FeO_2+2H_2$

36 ★★☆ 19년 1회 기출

다음 중 불균일 혼합물은 어느 것인가?

① 공기 ② 소금물
③ 화강암 ④ 사이다

37 ★★☆ 17년 2회 기출

불꽃 반응 시 보라색을 나타내는 금속은?

① Li ② K
③ Na ④ Ba

38 ★★☆ 19년 2회 기출

불꽃 반응 결과 노란색을 나타내는 미지의 시료를 녹인 용액에 $AgNO_3$ 용액을 넣으니 백색침전이 생겼다. 이 시료의 성분은?

① Na_2SO_4 ② $CaCl_2$
③ NaCl ④ KCl

39 ★☆☆ 19년 4회 기출

n그램(g)의 금속을 묽은 염산에 완전히 녹였더니 m몰의 수소가 발생하였다. 이 금속의 원자가를 2가로 하면 이 금속의 원자량은?

① n/m ② 2n/m
③ n/2m ④ 2m/n

합격 치트키 04

핵심이론+기출

산, 염기

산, 염기 유형에서는 용액의 pH를 계산하는 문제의 출제비중이 가장 높습니다. 이러한 문제는 비교적 계산과정이 간단하기 때문에 출제되었을 경우 반드시 맞혀야 하는 문제로 생각해야 합니다.
산, 염기의 정의 관련 문제 중에서는 브뢴스테드 · 로우리의 산과 염기의 정의 기준과 관련된 문제가 자주 출제됩니다.

출제비중 7.1%

기출 TIP

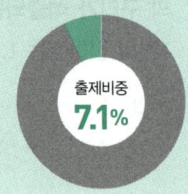

푸른색 리트머스나 붉은색 리트머스의 색깔 변화, 페놀프탈레인 용액의 색깔 변화와 관련된 내용이 출제된다.

1 산과 염기의 기본적인 성질

구분	성질
산성	• 신맛이 난다. • 금속과 반응하여 수소 기체를 발생시킨다. • 푸른색 리트머스 종이를 붉게 변화시킨다. • 메틸오렌지 용액은 산성에서 붉은색을 띠고, 중성(pH 7)과 염기성에서는 원래의 색깔인 노란색을 띤다.
염기성	• 쓴맛이 난다. • 단백질을 녹이는 성질이 있어 손으로 만지면 미끌미끌하다. • 붉은색 리트머스 종이를 푸르게 변화시킨다. • 페놀프탈레인 용액을 붉게 변화시킨다.

2 아레니우스의 산, 염기 정의

① 산은 물에 녹아 수소 이온(H^+)을 내놓는 물질이다.

예 HCl이 물에 녹으면 H^+ 이온과 Cl^- 이온을 내놓으므로 산이다.

② 염기는 물에 녹아 수산화 이온(OH^-)을 내놓는 물질이다.

예 NaOH가 물에 녹으면 Na^+ 이온과 OH^- 이온을 내놓으므로 염기이다.

③ 아레니우스의 산, 염기 정의는 수용액이 아닌 조건과 암모니아(NH_3)와 같이 수소 이온(H^+)이나 수산화 이온(OH^-)를 직접 내놓지 않는 경우에는 적용할 수 없다.

3 브뢴스테드 · 로우리의 산과 염기의 정의

시험문제에는 브뢴스테드 · 로우리의 산과 염기의 정의와 관련된 문제가 자주 출제된다.

① 산: 다른 물질에게 양성자(H^+)를 내놓는 물질이다.

② 염기: 다른 물질로부터 양성자(H^+)를 받는 물질이다.

예 암모니아(NH_3)와 물(H_2O)의 반응에서 산과 염기로 작용한 물질 구분하기

$H_2O + NH_3 \longrightarrow NH_4^+ + OH^-$

물(H_2O)은 양성자(H^+)를 내놓으므로 산이다.

암모니아(NH_3)는 양성자(H^+)를 받아들였으므로 염기이다.

③ 암모니아(NH_3)는 수산화 이온(OH^-)를 가지고 있지 않아 아레니우스의 정의로는 염기로 작용하는 것을 설명할 수 없지만 브뢴스테드·로우리의 정의로는 염기로 작용한 것을 설명할 수 있다.

4 루이스의 산과 염기의 정의

① 전자쌍의 주고받음에 의해 산과 염기를 정의한다.
② 루이스 산: 전자쌍을 받는 물질인 전자쌍 받개이다.
③ 루이스 염기: 전자쌍을 주는 물질인 전자쌍 주개이다.
④ 다음 반응에서 BF_3는 전자쌍을 받는 물질이므로 루이스 산이고, NH_3는 전자쌍을 주는 물질이므로 루이스 염기이다.

$$\begin{array}{c} F \\ | \\ F-B \\ | \\ F \end{array} + \begin{array}{c} H \\ | \\ :N-H \\ | \\ H \end{array} \longrightarrow \begin{array}{c} F \quad H \\ | \quad | \\ F-B-N-H \\ | \quad | \\ F \quad H \end{array}$$

> 루이스의 산과 염기의 출제비중은 산, 염기의 세 가지 정의 중 가장 낮다.

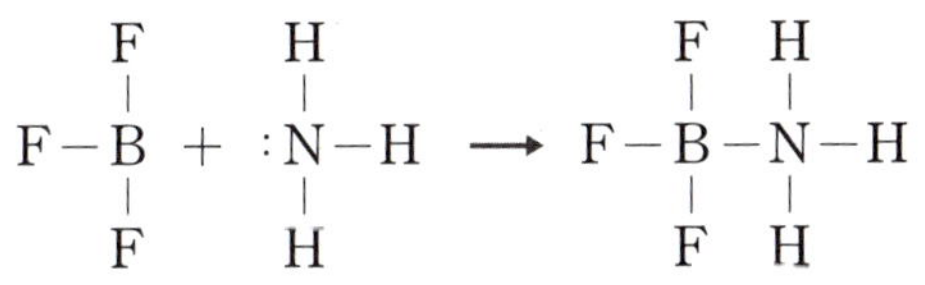

5 pH, pOH 계산

① pH가 7이면 중성이고, 7보다 작으면 산성, 7보다 크면 염기성(알칼리성)이다.
② 수소이온농도$[H^+]$가 주어졌을 경우 pH 계산공식

$$pH = -\log[H^+]$$

$[H^+]$: 수소이온농도

③ 수산화이온농도$[OH^-]$가 주어졌을 경우 pH 계산공식

$$pOH = -\log[OH^-]$$

$[OH^-]$: 수산화이온농도

$$pH + pOH = 14$$
$$pH = 14 - pOH$$

> pH, pOH 계산문제는 자주 출제되고 수치가 변경되어 출제되는 경향이 있으므로 대비가 필요하다.

6 몰농도(M), 노르말농도(N)의 관계

(1) 몰농도(M)

① 온도가 일정할 때 사용하며 용액의 부피 대비 용질의 몰수로 나타낸다.
② 기호로는 M을 사용하며 단위는 [mol/L]이다.

$$몰농도(M) = \frac{용질의\ 몰수[mol]}{용액의\ 부피[L]}$$

(2) 노르말농도(N)

① 용액 1L 속에 녹아 있는 용질의 g당량수로 나타낸다.
② 노르말농도=몰농도×가수로 간단히 정의할 수 있다.
  예) HCl의 몰농도(M) 0.2M ⟶ HCl의 노르말농도(N) 0.2N
  H_2SO_4의 몰농도(M) 0.2M ⟶ H_2SO_4의 노르말농도(N) 0.4N

> pH, pOH를 구하는 문제의 경우 농도가 몰농도(M)와 노르말농도(N)로 모두 주어질 수 있으므로 대비가 필요하다.

01 ★★☆

19년 2회 기출

산(Acid)의 성질을 설명한 것 중 틀린 것은?

① 수용액 속에서 H^+를 내는 화합물이다.
② pH 값이 작을수록 강산이다.
③ 금속과 반응하여 수소를 발생하는 것이 많다.
④ 붉은색 리트머스 종이를 푸르게 변화시킨다.

02 ★★★

18년 1회 기출

지시약으로 사용되는 페놀프탈레인 용액은 산성에서 어떤 색을 띠는가?

① 적색　② 청색
③ 무색　④ 황색

03 ★☆☆

16년 1회 기출

pH에 대한 설명으로 옳은 것은?

① 건강한 사람의 혈액의 pH는 5.7이다.
② pH 값은 산성용액에서 알칼리성용액보다 크다.
③ pH가 7인 용액에 지시약 메틸오렌지를 넣으면 노란색을 띤다.
④ 알칼리성용액은 pH가 7보다 작다.

04 ★★★

20년 3회 기출

다음 중 물이 산으로 작용하는 반응은?

① $NH_4^+ + H_2O \longrightarrow NH_3 + H_3O^+$
② $HCOOH + H_2O \longrightarrow HCOO^- + H_3O^+$
③ $CH_3COO^- + H_2O \longrightarrow CH_3COOH + OH^-$
④ $HCl + H_2O \longrightarrow H_3O^+ + Cl^-$

05 ★★★

20년 3회 기출

다음 화학반응 중 H_2O가 염기로 작용한 것은?

① $CH_3COOH + H_2O \longrightarrow CH_3COO^- + H_3O^+$
② $NH_3 + H_2O \longrightarrow NH_4^+ + OH^-$
③ $CO_2^{2-} + 2H_2O \longrightarrow H_2CO_3 + 2OH^-$
④ $Na_2O + H_2O \longrightarrow 2NaOH$

06 ★★★

17년 2회 기출

다음 반응식에서 브뢴스테드의 산 · 염기 개념으로 볼 때 산에 해당하는 것은?

$$H_2O + NH_3 \rightleftharpoons OH^- + NH_4^+$$

① NH_3와 NH_4^+　② NH_3와 OH^-
③ H_2O와 OH^-　④ H_2O와 NH_4^+

07 ★★★

18년 4회 기출

다음 pH 값에서 알칼리성이 가장 큰 것은?

① pH=1 ② pH=6
③ pH=8 ④ pH=13

08 ★★★

19년 4회 기출

$[H^+]=2\times10^{-6}$M인 용액의 pH는 약 얼마인가?

① 5.7 ② 4.7
③ 3.7 ④ 2.7

09 ★★★

16년 4회 기출

0.001N−HCl의 pH는?

① 2 ② 3
③ 4 ④ 5

10 ★★☆

15년 1회 기출

25℃에서 83% 해리된 0.1N HCl의 pH는 얼마인가?

① 1.08 ② 1.52
③ 2.02 ④ 2.25

11 ★★★

20년 1회 기출

$[OH^-]=1\times10^{-5}$mol/L인 용액의 pH와 액성으로 옳은 것은?

① pH=5, 산성 ② pH=5, 알칼리성
③ pH=9, 산성 ④ pH=9, 알칼리성

12 ★★★

19년 1회 기출

다음 중 수용액의 pH가 가장 작은 것은?

① 0.01N HCl ② 0.1N HCl
③ 0.01N CH_3COOH ④ 0.1N NaOH

SUBJECT 01

13 ★★☆

18년 4회 기출

우유의 pH는 25℃에서 6.4이다. 우유 속의 수소이온농도는?

① 1.98×10^{-7}M
② 2.98×10^{-7}M
③ 3.98×10^{-7}M
④ 4.98×10^{-7}M

14 ★★☆

20년 1회 기출

0.01N CH_3COOH의 전리도가 0.01이면 pH는 얼마인가?

① 2
② 4
③ 6
④ 8

15 ★★☆

20년 1회 기출

pH가 2인 용액은 pH가 4인 용액과 비교하면 수소이온농도가 몇 배인 용액이 되는가?

① 100배
② 2배
③ 10^{-1}배
④ 10^{-2}배

16 ★☆☆

16년 4회 기출

어떤 용액의 pH를 측정하였더니 4이었다. 이 용액을 1,000배 희석시킨 용액의 pH를 옳게 나타낸 것은?

① pH=3
② pH=4
③ pH=5
④ $6 < pH < 7$

17 ★★☆

18년 4회 기출

pH=9인 수산화나트륨 용액 100mL 속에는 나트륨 이온이 모두 몇 개 들어 있는가? (단, 아보가드로수는 6.02×10^{23}이다.)

① 6.02×10^{9}개
② 6.02×10^{17}개
③ 6.02×10^{18}개
④ 6.02×10^{21}개

18 ★★☆

20년 3회 기출

황산 수용액 400mL 속에 순황산이 98g 녹아 있다면 이 용액의 농도는 몇 N인가?

① 3
② 4
③ 5
④ 6

19 ★☆☆

18년 4회 기출

NaOH 1g이 250mL 메스플라스크에 녹아 있을 때 NaOH 수용액의 농도는?

① 0.1N ② 0.3N
③ 0.5N ④ 0.7N

20 ★★☆

16년 1회 기출

0.01N NaOH 용액 100mL에 0.02N HCl 55mL를 넣고 증류수를 넣어 전체 용액을 1,000mL로 한 용액의 pH는?

① 3 ② 4
③ 10 ④ 11

21 ★☆☆

17년 2회 기출

다음 화합물의 0.1mol 수용액 중에서 가장 약한 산성을 나타내는 것은?

① H_2SO_4 ② HCl
③ CH_3COOH ④ HNO_3

22 ★☆☆

19년 4회 기출

다음의 염을 물에 녹일 때 염기성을 띠는 것은?

① Na_2CO_3 ② NaCl
③ NH_4Cl ④ $(NH_4)_2SO_4$

합격 치트키 05

핵심이론+기출

용액

용액 유형에서는 용해도 문제가 가장 많이 출제됩니다. 용해도 관련 문제는 풀이과정이 다소 복잡해서 화학적인 개념을 처음 접하는 수험생이 어려워하는 경향이 있지만 기본적인 개념정리만 된다면 쉽게 풀 수 있습니다.
계산문제 관련해서는 몰랄농도(m)를 이용하여 어는점 내림정도나 끓는점 오름정도를 계산하는 문제가 자주 출제됩니다.

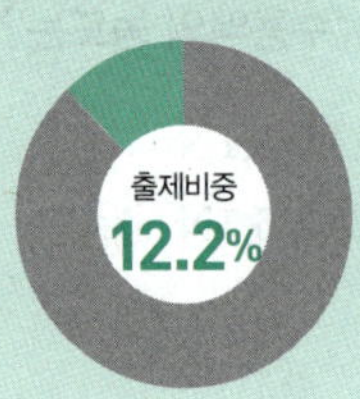

기출 TIP

용질, 용매, 용액의 개념 자체를 묻는 문제도 출제되지만 이 개념을 알아야 용해도 문제를 풀 수 있다.

1 용질, 용매, 용액의 개념

① 용질 : 물과 같은 물질에 녹는 물질이다.

② 용매 : 물과 같이 용질을 녹이는 물질이다.

③ 용액 : 두 가지 이상의 물질이 서로 균일하게 섞여 있는 것이다.

용해도 문제는 용해도 값이 직접 주어지지 않고 그래프로 주어지는 경우가 많다.

2 용해도와 포화용액

① 용해도란 용매(물) 100g에 최대한 녹을 수 있는 용질의 g수이다.

예 80℃에서 용해도가 100이다.

→ 80℃의 물 100g에 용질이 최대 100g 녹을 수 있다.

② 포화용액 : 용해도 만큼 용질이 녹아 있는 용액으로 용질이 최대한 녹아 있는 용액이다.

예 20℃에서 NaCl의 용해도가 36일 때 NaCl의 포화용액

→ 용액 136g 중에 NaCl이 36g 녹아 있다.

3 삼투현상

① 삼투현상은 반투과성막을 사이에 두고 농도가 다른 두 액체가 있을 때 농도가 더 진한 쪽으로 용매(물)이 이동하는 현상이다.

② 삼투현상으로 발생하는 압력을 삼투압이라고 한다.

해리도 문제는 공식만 알면 풀 수 있는 정도의 문제가 출제된다.

4 해리도

① 해리도는 분자가 보다 작은 이온 등으로 변하는 정도를 나타낸 용어이다.

② 해리도 공식

$$a=\sqrt{\frac{K_a}{M}}$$

a : 해리도, K_a : 해리상수, M : 몰농도

5 완충용액

① 외부에서 산과 염기를 가했을 때 크게 영향을 받지 않고 수소이온농도(pH)를 일정하게 유지하는 용액이다.

② 완충용액의 종류: CH_3COONa와 CH_3COOH, NH_4Cl과 NH_4OH 등

기출 TIP

완충용액의 종류를 묻는 문제가 주로 출제된다.

6 콜로이드

① 소금물은 빛이 그대로 투과되는 용액이다.

② 물에 전분을 녹이면 빛이 통과되지 않고 전분 입자가 물에 퍼져 있게 된다.

③ 콜로이드는 전분물처럼 입자가 액체 속에서 퍼져 고르게 분산되어 있는 용액이다.

④ 콜로이드 용액의 종류

구분	내용
친수콜로이드	• 물과 친화력이 높기 때문에 표면에 많은 물 분자를 끌어들이고 물에서 안정적이다. • 종류: 녹말, 아교, 단백질
소수콜로이드	• 물 분자와의 친화성이 낮고 물과 반발하면서 분산되어 있다. • 종류: 수산화철, 황

⑤ 브라운 운동: 콜로이드 용액을 현미경으로 관찰할 경우에 볼 수 있는 입자의 불규칙적인 운동이다.

⑥ 틴들 현상: 콜로이드 용액에 강한 직사광선을 비추었을 때 빛의 진로가 보이는 현상이다.

친수콜로이드와 소수콜로이드를 종류를 묻는 문제가 출제된다.

7 어는점 내림과 끓는점 오름

(1) 어는점과 끓는점의 정의

① 어는점: 고체상의 물질이 액체상과 평형에 있을 때의 온도이다.

② 끓는점: 액체의 증기압과 외부 압력이 같게 되는 온도이다.

(2) 몰랄농도(m)

① 몰랄농도: 용매 1,000g(1kg)에 용해된 용질의 몰수이다.

② $몰랄농도(m) = \frac{용질의\ 몰수(mol)}{용매의\ 질량(kg)}$

(3) 어는점 내림과 끓는점 오름 공식

① 어는점 내림 공식

$$\Delta T_f = m \times K_f$$

ΔT_f: 어는점 내림정도

m: 몰랄농도, K_f: 어는점 내림상수

② 끓는점 오름 공식

$$\Delta T_b = m \times K_b$$

ΔT_b: 끓는점 오름정도

m: 몰랄농도, K_b: 끓는점 오름상수

어는점과 끓는점의 정의를 묻는 문제 보다는 어는점 내림정도 혹은 끓는점 오름정도를 계산하는 문제가 자주 출제된다.

01 ★★★
19년 4회 기출

20℃에서 NaCl 포화용액을 잘 설명한 것은? (단, 20℃에서 NaCl의 용해도는 36이다.)

① 용액 100g 중에 NaCl이 36g 녹아 있을 때
② 용액 100g 중에 NaCl이 136g 녹아 있을 때
③ 용액 136g 중에 NaCl이 36g 녹아 있을 때
④ 용액 136g 중에 NaCl이 136g 녹아 있을 때

02 ★★☆
16년 2회 기출

질산칼륨을 물에 용해시키면 용액의 온도가 떨어진다. 다음 사항 중 옳지 않은 것은?

① 용해시간과 용해도는 무관하다.
② 질산칼륨의 용해 시 열을 흡수한다.
③ 온도가 상승할수록 용해도는 증가한다.
④ 질산칼륨 포화용액을 냉각시키면 불포화용액이 된다.

03 ★★★
17년 4회 기출

25℃의 포화용액 90g 속에 어떤 물질이 30g 녹아 있다. 이 온도에서 이 물질의 용해도는 얼마인가?

① 30　　② 33
③ 50　　④ 63

04 ★★★
20년 1회 기출

다음 그래프는 어떤 고체 물질의 온도에 따른 용해도 곡선이다. 이 물질의 포화용액을 80℃에서 0℃로 내렸더니 20g의 용질이 석출되었다. 80℃에서 이 포화용액의 질량은 몇 g인가?

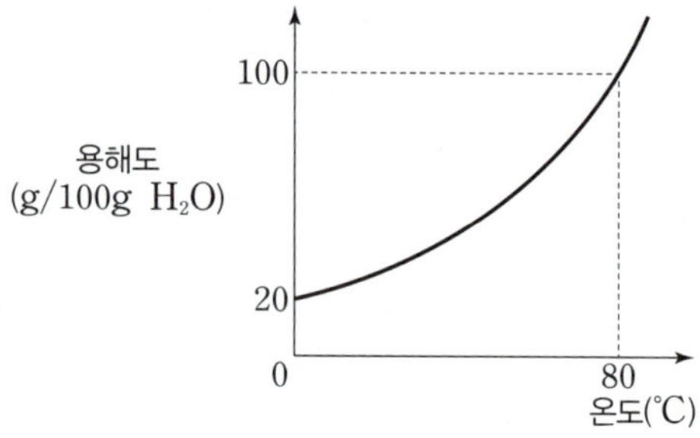

① 50g　　② 75g
③ 100g　　④ 150g

05 ★★★
16년 1회 기출

다음의 그래프는 어떤 고체물질의 용해도 곡선이다. 100℃ 포화용액(비중 1.4) 100mL를 20℃의 포화용액으로 만들려면 몇 g의 물을 더 가해야 하는가?

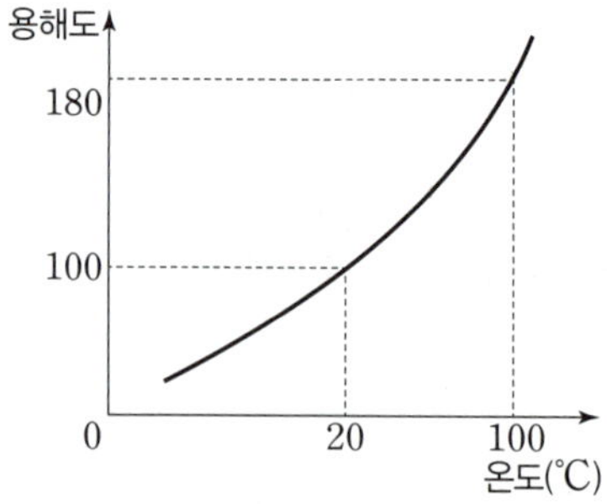

① 20g　　② 40g
③ 60g　　④ 80g

06 ★★★
19년 4회 기출

질산나트륨의 물 100g에 대한 용해도는 80℃에서 148g, 20℃에서 88g이다. 80℃의 포화용액 100g을 70g으로 농축시켜서 20℃로 냉각시키면, 약 몇 g의 질산나트륨이 석출되는가?

① 29.4　② 40.3
③ 50.6　④ 59.7

07 ★☆☆
19년 1회 기출

용매분자들이 반투막을 통해서 순수한 용매나 묽은 용액으로부터 좀 더 농도가 높은 용액 쪽으로 이동하는 알짜이동을 무엇이라 하는가?

① 총괄이동　② 등방성
③ 국부이동　④ 삼투

08 ★☆☆
19년 2회 기출

0.1M 아세트산 용액의 해리도를 구하면 약 얼마인가? (단, 아세트산의 해리상수는 1.8×10^{-5}이다.)

① 1.8×10^{-5}　② 1.8×10^{-2}
③ 1.3×10^{-5}　④ 1.3×10^{-2}

09 ★★☆
17년 1회 기출

다음 중 완충용액에 해당하는 것은?

① CH_3COONa와 CH_3COOH
② NH_4Cl와 HCl
③ CH_3COONa와 NaOH
④ HCOONa와 Na_2SO_4

10 ★☆☆
19년 4회 기출

콜로이드 용액을 친수콜로이드와 소수콜로이드로 구분할 때 소수콜로이드에 해당하는 것은?

① 녹말　② 아교
③ 단백질　④ 수산화철(Ⅲ)

11 ★☆☆
19년 2회 기출

먹물에 아교나 젤라틴을 약간 풀어주면 탄소 입자가 쉽게 침전되지 않는다. 이때 가해준 아교는 무슨 콜로이드로 작용하는가?

① 서스펜션　② 소수
③ 복합　④ 보호

SUBJECT 01

12 ★☆☆

20년 1회 기출

액체나 기체 안에서 미소 입자가 불규칙적으로 계속 움직이는 것을 무엇이라 하는가?

① 틴들 현상 ② 다이알리시스
③ 브라운 운동 ④ 전기영동

13 ★☆☆

19년 1회 기출

질산칼륨 수용액 속에 소량의 염화나트륨이 불순물로 포함되어 있다. 용해도 차이를 이용하여 이 불순물을 제거하는 방법으로 가장 적당한 것은?

① 증류 ② 막분리
③ 재결정 ④ 전기분해

14 ★☆☆

17년 4회 기출

탄산음료수의 병마개를 열면 거품이 솟아오르는 이유를 가장 올바르게 설명한 것은?

① 수증기가 생성되기 때문이다.
② 이산화탄소가 분해되기 때문이다.
③ 용기 내부압력이 줄어들어 기체의 용해도가 감소하기 때문이다.
④ 온도가 내려가게 되어 기체가 생성물의 반응이 진행되기 때문이다.

15 ★★☆

CBT 복원

액체의 증기압과 외부 압력이 같게 되는 온도를 무엇이라고 하는가?

① 어는점 ② 전이점
③ 끓는점 ④ 용융점

16 ★★☆

CBT 복원

다음 중 물의 끓는점을 낮출 수 있는 방법에 해당되는 것은?

① 밀폐된 그릇에서 물을 끓인다.
② 열전도도가 높은 용기를 사용한다.
③ 소금을 넣어준다.
④ 외부 압력을 낮추어 준다.

17 ★★☆

18년 2회 기출

다음 중 물의 끓는점을 높이기 위한 방법으로 가장 타당한 것은?

① 순수한 물을 끓인다.
② 물을 저으면서 끓인다.
③ 감압하에 끓인다.
④ 밀폐된 그릇에서 끓인다.

18 ★★☆

19년 1회 기출

물 500g 중에 설탕($C_{12}H_{22}O_{11}$) 171g이 녹아 있는 설탕물의 몰랄농도(m)는?

① 2.0
② 1.5
③ 1.0
④ 0.5

19 ★★☆

20년 1회 기출

물 200g에 A 물질 2.9g을 녹인 용액의 어는점은? (단, 물의 어는점 내림상수는 1.86℃·kg/mol이고, A 물질의 분자량은 58이다.)

① −0.017℃
② −0.465℃
③ 0.932℃
④ −1.871℃

20 ★★☆

16년 2회 기출

어떤 비전해질 12g을 물 60.0g에 녹였다. 이 용액이 −1.88℃의 빙점강하를 보였을 때 이 물질의 분자량을 구하면? (단, 물의 몰랄 어는점 내림상수 K_f=1.86℃/m 이다.)

① 297
② 202
③ 198
④ 165

21 ★☆☆

20년 3회 기출

다음 물질 1g당 1kg의 물에 녹였을 때 빙점강하가 가장 큰 것은? (단, 빙점강하 상수값(어는점 내림상수)은 동일하다고 가정한다.)

① CH_3OH
② C_2H_5OH
③ $C_3H_5(OH)_3$
④ $C_6H_{12}O_6$

22 ★★☆

CBT 복원

25.0g의 물속에 2.85g의 설탕($C_{12}H_{22}O_{11}$)을 녹였을 경우 이 용액의 끓는점은? (단, 물의 끓는점 오름상수 K_b=0.52℃/m이다.)

① 100.0℃
② 100.08℃
③ 100.17℃
④ 100.34℃

23 ★★☆

CBT 복원

다음 물질 중 비전해질에 해당되는 것은?

① HCl
② C_2H_5OH
③ HNO_3
④ CH_3COOH

SUBJECT 01

24 ★☆☆
17년 2회 기출

같은 몰농도에서 비전해질 용액은 전해질 용액보다 비등점 상승도의 변화추이가 어떠한가?

① 크다. ② 작다.
③ 같다. ④ 전해질 여부와 무관하다.

25 ★☆☆
17년 1회 기출

다음 화합물 수용액 농도가 모두 0.5M일 때 끓는점이 가장 높은 것은?

① $C_6H_{12}O_6$(포도당)
② $C_{12}H_{22}O_{11}$(설탕)
③ $CaCl_2$(염화칼슘)
④ NaCl(염화나트륨)

26 ★☆☆
17년 1회 기출

액체 공기에서 질소 등을 분리하여 산소를 얻는 방법은 다음 중 어떤 성질을 이용한 것인가?

① 용해도 ② 비등점
③ 색상 ④ 압축율

27 ★★☆
19년 2회 기출

순수한 옥살산($C_2H_2O_4 \cdot 2H_2O$) 결정 6.3g을 물에 녹여서 500mL의 용액을 만들었다. 이 용액의 농도는 몇 M인가?

① 0.1 ② 0.2
③ 0.3 ④ 0.4

28 ★★☆
18년 4회 기출

95wt% 황산의 비중은 1.84이다. 이 황산의 몰농도는 약 얼마인가?

① 4.5 ② 8.9
③ 17.8 ④ 35.6

29 ★☆☆
17년 2회 기출

어떤 금속 1.0g을 묽은 황산에 넣었더니 표준상태에서 560mL의 수소가 발생하였다. 이 금속의 원자가는 얼마인가? (단, 금속의 원자량은 40으로 가정한다.)

① 1가 ② 2가
③ 3가 ④ 4가

30 ★★☆

18년 2회 기출

30wt%인 진한 HCl의 비중은 1.1이다. 진한 HCl의 몰농도는 얼마인가? (단, HCl의 화학식량은 36.5이다.)

① 7.21 ② 9.04
③ 11.36 ④ 13.08

31 ★★☆

18년 2회 기출

1N−NaOH 100mL 수용액으로 10wt% 수용액을 만들려고 할 때의 방법으로 다음 중 가장 적합한 것은? (단, 용액 및 물의 비중은 모두 1로 가정한다.)

① 36mL의 증류수 혼합
② 40mL의 증류수 혼합
③ 60mL의 수분 증발
④ 64mL의 수분 증발

32 ★★☆

17년 4회 기출

미지 농도의 염산 용액 100mL를 중화하는데 0.2N NaOH 용액 250mL가 소모되었다. 이 염산의 농도는 몇 N인가?

① 0.05 ② 0.2
③ 0.25 ④ 0.5

33 ★★☆

17년 1회 기출

황산구리 결정 $CuSO_4 \cdot 5H_2O$ 25g을 100g의 물에 녹였을 때 몇 wt% 농도의 황산구리($CuSO_4$) 수용액이 되는가? (단, $CuSO_4$의 분자량은 160이다.)

① 1.28% ② 1.60%
③ 12.8% ④ 16.0%

34 ★☆☆

18년 1회 기출

불순물로 식염을 포함하고 있는 NaOH 3.2g을 물에 녹여 100mL로 한 다음 그중 50mL를 중화하는데 1N 의 염산이 20mL 필요했다. 이 NaOH의 농도(순도)는 약 몇 wt%인가?

① 10 ② 20
③ 33 ④ 50

35 ★☆☆

17년 2회 기출

물 2.5L 중에 어떤 불순물이 10mg 함유되어 있다면 약 몇 ppm으로 나타낼 수 있는가?

① 0.4 ② 1
③ 4 ④ 40

SUBJECT 01

합격 치트키

06 산화, 환원

핵심이론+기출

산화, 환원 유형의 출제비율만 보면 약 5% 정도로 다른 유형에 비해서는 적은 편입니다.
산화, 환원과 관련된 문제 중에서는 화학반응과 연관되어 산화된 물질과 환원된 물질, 산화제와 환원제로 작용한 물질을 고르는 문제가 주로 출제됩니다.
산화, 환원 반응에 대한 기본적인 개념을 정립해 놓으면 제1류~제6류 위험물 관련 내용을 쉽게 접근할 수 있습니다.

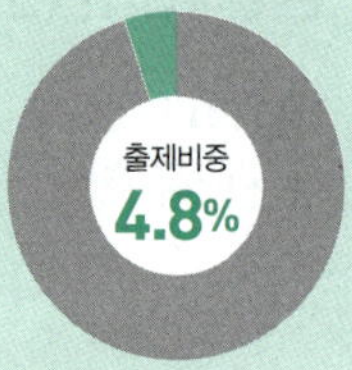

기출 TIP

산소를 기준으로 정리한 산화, 환원반응이 가장 잘 출제된다.

1 산소를 기준으로 정리한 산화, 환원의 개념

① 산화: 어떤 화합물이 산소와 결합하는 것이다.
② 환원: 어떤 화합물이 산소를 잃는 것이다.
③ 철이 녹스는 것이 산화 반응의 일종이다.

$4Fe+3O_2 \longrightarrow 2Fe_2O_3$
철(Fe) → 산소와 결합 → 산화

④ 철광석(Fe_2O_3)을 숯(C)으로 환원시켜 철을 만드는 과정은 환원 반응을 이용하여 순수한 철을 얻는 것이다.

$2Fe_2O_3+3C \longrightarrow 4Fe+3CO_2$
철광석(Fe_2O_3) → 산소를 잃음 → 환원

⑤ 반응식에 산소가 없는 경우 산화, 환원반응을 정의할 수 없는 단점이 있다.

산소와 수소를 모두 고려하여 산화, 환원을 정해야 하는 문제도 출제된다.

2 수소를 기준으로 정리한 산화, 환원의 개념

① 산화: 어떤 화합물이 수소를 잃는 것이다.
② 환원: 어떤 화합물이 수소를 얻는 것이다.
③ 이산화망간(MnO_2)과 염산(HCl)의 반응에서 Cl은 반응 후에 수소를 잃었으므로 산화되었다.

$MnO_2+4HCl \longrightarrow MnCl_2+2H_2O+Cl_2$
Mn: 반응 후 산소를 잃음 → 환원
Cl: 반응 후 수소를 잃음 → 산화

④ 반응식에 수소가 없는 경우 산화, 환원반응을 정의할 수 없는 단점이 있다.

3 전자를 기준으로 정리한 산화, 환원의 개념

① 산화: 전자를 잃는 것이다.
② 환원: 전자를 얻는 것이다.

$4Fe + 3O_2 \longrightarrow 2Fe_2O_3$
철(Fe) → 전자를 3개 잃고 Fe^{3+}가 됨 → 산화
산소(O) → 전자를 2개 얻고 O^{2-}가 됨 → 환원

기출 TIP

4 산화환원 반응 정리

① 산소를 얻으면 산화, 산소를 잃으면 환원이다.
② 수소를 잃으면 산화, 수소를 얻으면 환원이다.
③ 전자를 잃으면 산화, 전자를 얻으면 환원이다.

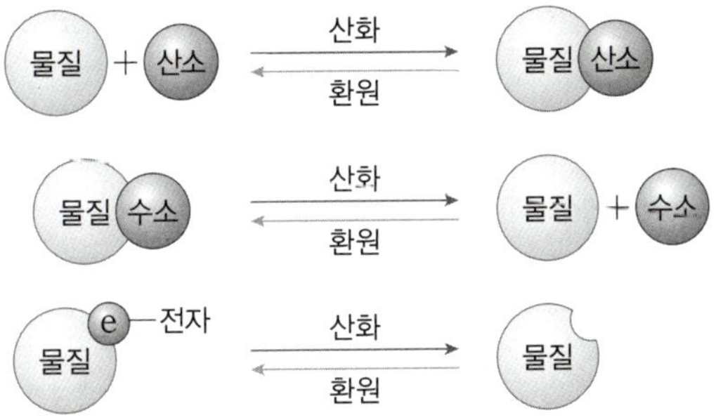

④ 전자를 잃거나 얻는 것은 산화수의 증감에 의한 산화환원 반응과 연계된다.

세 가지 방법 중 적정한 방법을 찾아 산화, 환원반응을 구분해야 한다.

5 산화수를 기준으로 정리한 산화, 환원의 개념

① 산화: 산화수가 증가(전자를 잃음)하는 것이다.
② 환원: 산화수가 감소(전자를 얻음)하는 것이다.

$3Cu + 8HNO_3 \longrightarrow 3Cu(NO_3)_2 + 2NO + 4H_2O$
반응 전후의 산화수 비교

구분	반응 전	반응 후	산화, 환원 여부
Cu	0	+2	산화
N	+5	+2	환원
O	−2	−2	−
H	+1	+1	−

산화수를 기준으로 산화, 환원 반응을 구분하는 것이 가장 어려운 문제에 해당된다.

6 산화제와 환원제

구분	내용
산화제	다른 물질을 산화시키고 자신은 환원되는 물질
환원제	다른 물질을 환원시키고 자신은 산화되는 물질

$MnO_2 + 4HCl \longrightarrow MnCl_2 + 2H_2O + Cl_2$
MnO_2 → 반응 후에 $MnCl_2$가 됨 → 산소를 잃음 → 환원 → 산화제로 작용
HCl → 반응 후에 H_2O가 됨 → 산소를 얻음 → 산화 → 환원제로 작용

산화제와 환원제 문제는 어려운 문제는 잘 출제되지 않지만 내용이 헷갈려서 틀리는 경우가 있으므로 주의가 필요하다.

01 ★★★
19년 2회 기출

황이 산소와 결합하여 SO_2를 만들 때에 대한 설명으로 옳은 것은?

① 황은 환원된다.
② 황은 산화된다.
③ 불가능한 반응이다.
④ 산소는 산화되었다.

02 ★★★
18년 4회 기출

다음 반응식에서 산화된 성분은?

$$MnO_2+4HCl \longrightarrow MnCl_2+2H_2O+Cl_2$$

① Mn ② O
③ H ④ Cl

03 ★★★
19년 1회 기출

다음 반응식은 산화−환원 반응이다. 산화된 원자와 환원된 원자를 순서대로 옳게 표현한 것은?

$$3Cu+8HNO_3 \longrightarrow 3Cu(NO_3)_2+2NO+4H_2O$$

① Cu, N ② N, H
③ O, Cu ④ N, Cu

04 ★★★
16년 4회 기출

다음 화학반응에서 밑줄 친 원소가 산화된 것은?

① $H_2+\underline{Cl_2} \longrightarrow 2HCl$
② $2\underline{Zn}+O_2 \longrightarrow 2ZnO$
③ $2KBr+\underline{Cl_2} \longrightarrow 2KCl+Br_2$
④ $2\underline{Ag}^{+}+Cu \longrightarrow 2Ag+Cu^{2+}$

05 ★★★
20년 1회 기출

다음의 반응에서 환원제로 쓰인 것은?

$$MnO_2+4HCl \longrightarrow MnCl_2+2H_2O+Cl_2$$

① Cl_2 ② $MnCl_2$
③ HCl ④ MnO_2

06 ★★★
18년 2회 기출

다음 반응식에 관한 사항 중 옳은 것은?

$$SO_2+2H_2S \longrightarrow 2H_2O+3S$$

① SO_2는 산화제로 작용
② H_2S는 산화제로 작용
③ SO_2는 촉매로 작용
④ H_2S는 촉매로 작용

07 ★★★

CBT 복원

다음 반응에서 I_2의 역할로 알맞은 것은?

$$H_2S+I_2 \longrightarrow 2HI+S$$

① 산화제이다.
② 환원제이다.
③ 촉매 역할을 한다.
④ 산화제이면서 환원제이다.

08 ★★☆

16년 1회 기출

일반적으로 환원제가 될 수 있는 물질이 아닌 것은?

① 수소를 내기 쉬운 물질
② 전자를 잃기 쉬운 물질
③ 산소와 화합하기 쉬운 물질
④ 발생기의 산소를 내는 물질

09 ★★☆

18년 4회 기출

A는 B 이온과 반응하나 C 이온과는 반응하지 않고, D는 C 이온과 반응한다고 할 때 A, B, C, D의 환원력 세기를 큰 것부터 차례대로 나타낸 것은? (단, A, B, C, D는 모두 금속이다.)

① A>B>D>C
② D>C>A>B
③ C>D>B>A
④ B>A>C>D

10 ★★☆

20년 3회 기출

원자량이 56인 금속 M 1.12g을 산화시켜 실험식이 M_xO_y인 산화물 1.60g을 얻었다. x, y는 각각 얼마인가?

① $x=1$, $y=2$
② $x=2$, $y=3$
③ $x=3$, $y=2$
④ $x=2$, $y=1$

11 ★★☆

18년 1회 기출

어떤 금속(M) 8g을 연소시키니 11.2g의 산화물이 얻어졌다. 이 금속의 원자량이 140이라면 이 산화물의 화학식은?

① M_2O_3
② MO
③ MO_2
④ M_2O_7

합격 치트키

07 무기화합물

핵심이론+기출

무기화합물 유형은 약 13% 정도의 비율로 출제되고 있습니다.
무기화합물 유형에서는 알칼리금속의 성질, 할로젠 원소의 성질과 관련된 문제가 자주 출제됩니다. 이 유형은 출제되는 범위가 다른 유형에 비해서 넓은 편이므로 모든 문제에 대한 이론을 공부하기보다는 기출문제에 나온 내용 위주로 공부하는 전략이 필요합니다.

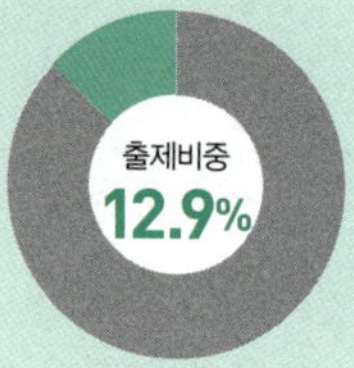

기출 TIP

1 금속의 특징

① 금속은 이온화에너지가 낮아 전자를 쉽게 방출할 수 있다.
② 금속 내에는 자유전자가 있어 반도체, 절연체에 비해 전기전도도가 크다.
③ 고체 상태에서 결정구조를 형성한다.
④ 상온에서 수은(Hg)를 제외하고는 대부분 고체이다.

2 알칼리금속의 특징

알칼리금속과 관련 문제는 자체로도 자주 출제되고 3과목에서 제3류 위험물과 연관된 문제로도 출제된다.

① 주기율표의 1족 원소에서 수소(H_2)를 제외한 원소이다.
② 종류: 리튬(Li), 나트륨(Na), 칼륨(K), 루비듐(Rb), 세슘(Cs) 등
③ 원자가 전자가 1개밖에 없는 원자들이기 때문에 이온화에너지가 낮다.
④ 반응성은 다음과 같이 원자번호가 증가할수록 커진다.

세슘(Cs) > 루비듐(Rb) > 칼륨(K) > 나트륨(Na) > 리튬(Li)

⑤ 원자번호가 증가하면 전자수가 많아지고, 전자껍질 수도 많아지므로 원자 반지름도 커진다.
⑥ 제1차 이온화에너지는 전자를 잃는데 필요한 에너지로 원자번호가 커지고, 전자가 많아질수록 작아진다.

3 금속의 이온화 경향

금속의 이온화 경향 순서는 암기하고 있어야 문제를 풀 수 있다.

① 금속끼리의 반응에서 이온화 경향이 큰 금속은 이온화 경향이 작은 금속에게 전자를 내어 주고 양이온이 된다.
② Zn(아연)은 Pb(납)보다 이온화 경향이 크므로 Pb에게 전자를 내어 주고 양이온이 된다.

K Ca Na Mg Al Zn Fe Ni Sn Pb H Cu Hg Ag Pt Au

← 이온화 경향 ←

크다.	크다.
양이온이 되기 쉽다.	음이온이 되기 쉽다.
전자를 잃기 쉽다.	전자를 얻기 쉽다.
산화되기 쉽다.	환원되기 쉽다.

4 할로젠 원소의 특징

① 주기율표에서 17족의 원소이다.

② 종류: 플루오린(F), 염소(Cl), 브로민(Br), 아이오딘(I) 등

③ 비금속 원소들이며 전자를 하나 얻어 −1가의 음이온이 되기 쉽다.

④ 전기음성도(원자가 전자를 얻고 음이온이 되려는 정도)는 다음과 같다.

> 플루오린(F) > 염소(Cl) > 브로민(Br) > 아이오딘(I)

⑤ 원자 2개가 한 분자를 이루는 이원자 분자상태(F_2, Cl_2 등)로 존재한다.

⑥ 원자번호가 커지면 분자 사이의 결합력이 강해져 녹는점과 끓는점이 높아진다.

⑦ 원자번호가 커지면 전자껍질의 개수가 늘어나 반지름이 커진다.

⑧ 브로민(Br)은 상온에서 액체이다.

⑨ 염소(Cl_2) 기체는 탈색(표백)시키는 성질에 있다.

기출 TIP

할로젠 원소 관련 문제를 풀기 위해서는 전기음성도 순서는 암기하고 있어야 한다.

5 분자모양과 결합각

① 분자모양은 화합물에서 결합하고 있는 원자의 개수, 비공유 전자쌍의 유무 등으로 인해서 정해진다.

② 분자모양은 선형, 평면 정삼각형, 삼각 피라미드형 등이 있다.

구분	H_2, $BeCl_2$	BF_3	NH_3
분자 모양	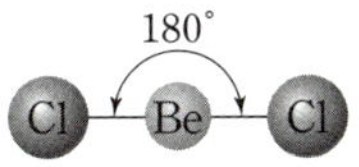	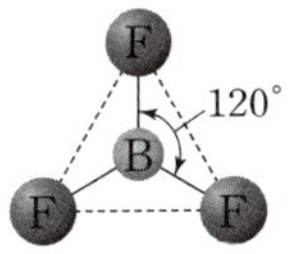	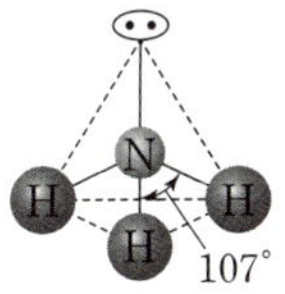
형태	선형	평면 정삼각형	삼각 피라미드형
결합각	180°	120°	107°

분자모양보다는 결합각을 묻는 문제가 자주 출제된다.

6 비공유 전자쌍의 개수

① 쌍을 이루고 있어 공유결합에 참여하지 못하는 전자쌍을 비공유 전자쌍이라고 한다.

② 자주 출제되는 화합물의 비공유 전자쌍의 개수

구분	구조식	비공유 전자쌍
CH_4	H | H−C−H | H	0
NH_3	H−N̈−H | H	1
H_2O	:Ö: H H	2
CO_2	Ö=C=Ö (각 O에 비공유 전자쌍 2개)	4

비공유 전자쌍을 가장 많이 가지고 있는 물질을 묻는 문제가 주로 출제된다.

01 ★★☆

17년 4회 기출

금속의 특징에 대한 설명 중 틀린 것은?

① 고체 금속은 연성과 전성이 있다.
② 고체 상태에서 결정구조를 형성한다.
③ 반도체, 절연체에 비하여 전기전도도가 크다.
④ 상온에서 모두 고체이다.

02 ★☆☆

20년 3회 기출

금속은 열, 전기를 잘 전도한다. 이와 같은 물리적 특성을 갖는 가장 큰 이유는?

① 금속의 원자 반지름이 크다.
② 자유전자를 가지고 있다.
③ 비중이 대단히 크다.
④ 이온화 에너지가 매우 크다.

03 ★☆☆

CBT 복원

다음 중 알칼리금속에 대한 설명으로 틀린 것은?

① 칼륨은 물보다 가볍다.
② 나트륨의 원자번호는 11이다.
③ 나트륨은 칼로도 자를 수 있다.
④ 칼륨은 칼슘보다 이온화에너지가 크다.

04 ★★☆

20년 1회 기출

다음의 금속원소를 반응성이 큰 순서부터 나열한 것은?

Na, Li, Cs, K, Rb

① Cs > Rb > K > Na > Li
② Li > Na > K > Rb > Cs
③ K > Na > Rb > Cs > Li
④ Na > K > Rb > Cs > Li

05 ★★★

19년 4회 기출

다음과 같은 경향성을 나타내지 않는 것은?

Li < Na < K

① 원자번호
② 원자 반지름
③ 제1차 이온화에너지
④ 전자수

06 ★★★

19년 1회 기출

다음 중 반응이 정반응으로 진행되는 것은?

① $Pb^{2+} + Zn \rightleftharpoons Zn^{2+} + Pb$
② $I_2 + 2Cl^- \rightleftharpoons 2I^- + Cl_2$
③ $2Fe^{3+} + 3Cu \rightleftharpoons 3Cu^{2+} + 2Fe$
④ $Mg^{2+} + Zn \rightleftharpoons Zn^{2+} + Mg$

07 ★★★
18년 4회 기출

다음 할로젠족 분자 중 수소와의 반응성이 가장 높은 것은?

① Br_2
② F_2
③ Cl_2
④ I_2

08 ★★☆
19년 1회 기출

할로젠화수소의 결합에너지 크기를 비교하였을 때 옳게 표시한 것은?

① $HI > HBr > HCl > HF$
② $HBr > HI > HF > HCl$
③ $HF > HCl > HBr > HI$
④ $HCl > HBr > HF > HI$

09 ★★☆
17년 2회 기출

다음 화학반응식 중 실제로 반응이 오른쪽으로 진행되는 것은?

① $2KI + F_2 \rightleftarrows 2KF + I_2$
② $2KBr + I_2 \rightleftarrows 2KI + Br_2$
③ $2KF + Br_2 \rightleftarrows 2KBr + F_2$
④ $2KCl + Br_2 \rightleftarrows 2KBr + Cl_2$

10 ★★★
19년 1회 기출

다음과 같은 순서로 커지는 성질이 아닌 것은?

$$F_2 < Cl_2 < Br_2 < I_2$$

① 구성 원자의 전기음성도
② 녹는점
③ 끓는점
④ 구성 원자의 반지름

11 ★★☆
20년 3회 기출

다음 화합물 중에서 가장 작은 결합각을 가지는 것은?

① BF_3
② NH_3
③ H_2
④ $BeCl_2$

12 ★★☆
16년 2회 기출

분자구조에 대한 설명으로 옳은 것은?

① BF_3는 삼각 피라미드형이고, NH_3는 선형이다.
② BF_3는 평면 정삼각형이고, NH_3는 삼각 피라미드형이다.
③ BF_3는 굽은형(V형)이고, NH_3는 삼각 피라미드형이다.
④ BF_3는 평면 정삼각형이고, NH_3는 선형이다.

13 ★★☆

16년 2회 기출

다음 중 비공유 전자쌍을 가장 많이 가지고 있는 것은?

① CH_4　② NH_3
③ H_2O　④ CO_2

14 ★☆☆

CBT 복원

다음 중 sp^3 혼성궤도함수를 형성하는 것은?

① HF　② $BeCl_2$
③ BF_3　④ CH_4

15 ★☆☆

19년 1회 기출

수산화칼슘에 염소가스를 흡수시켜 만드는 물질은?

① 표백분　② 수소화칼슘
③ 염화수소　④ 과산화칼슘

16 ★☆☆

17년 4회 기출

집기병 속에 물에 적신 빨간 꽃잎을 넣고 어떤 기체를 채웠더니 얼마 후 꽃잎이 탈색되었다. 이와 같이 색을 탈색(표백)시키는 성질을 가진 기체는?

① He　② CO_2
③ N_2　④ Cl_2

17 ★☆☆

18년 4회 기출

다음 물질 중 감광성이 가장 큰 것은?

① HgO　② CuO
③ $NaNO_3$　④ AgCl

18 ★★☆

15년 2회 기출

어떤 물질이 산소 50wt%, 황 50wt% 로 구성되어 있다. 이 물질의 실험식을 옳게 나타낸 것은?

① SO　② SO_2
③ SO_3　④ SO_4

19 ★☆☆

17년 2회 기출

탄소와 모래를 전기로에 넣어서 가열하면 연마제로 쓰이는 물질이 생성된다. 이에 해당하는 것은?

① 카보런덤　② 카바이드
③ 카본블랙　④ 규소

20 ★☆☆

16년 4회 기출

발연황산이란 무엇인가?

① H_2SO_4의 농도가 98% 이상인 거의 순수한 황산
② 황산과 염산을 1 : 3의 비율로 혼합한 것
③ SO_3를 황산에 흡수시킨 것
④ 일반적인 황산을 총괄하는 것

21 ★☆☆

16년 4회 기출

다음 중 유리기구 사용을 피해야 하는 화학반응은?

① $CaCO_3 + HCl$
② $Na_2CO_3 + Ca(OH)_2$
③ $Mg + HCl$
④ $CaF_2 + H_2SO_4$

22 ★★☆

18년 2회 기출

다음 중 산성염으로만 나열된 것은?

① $NaHSO_4$, $Ca(HCO_3)_2$
② $Ca(OH)Cl$, $Cu(OH)Cl$
③ $NaCl$, $Cu(OH)Cl$
④ $Cu(OH)Cl$, $CaCl_2$

23 ★★☆

16년 1회 기출

염(Salt)을 만드는 화학반응식이 아닌 것은?

① $HCl + NaOH \longrightarrow NaCl + H_2O$
② $2NH_4OH + H_2SO_4 \longrightarrow (NH_4)_2SO_4 + 2H_2O$
③ $CuO + H_2 \longrightarrow Cu + H_2O$
④ $H_2SO_4 + Ca(OH)_2 \longrightarrow CaSO_4 + 2H_2O$

24 ★★☆

20년 1회 기출

다음 중 파장이 가장 짧으면서 투과력이 가장 강한 것은?

① α선　② β선
③ γ선　④ X선

25 ★★☆

18년 2회 기출

방사성 원소에서 방출되는 방사선 중 전기장의 영향을 받지 않아 휘어지지 않는 선은?

① α선　② β선
③ γ선　④ α, β, γ선

26 ★★☆

17년 4회 기출

방사선에서 γ선과 비교한 α선에 대한 설명 중 틀린 것은?

① γ선보다 투과력이 강하다.
② γ선보다 형광작용이 강하다.
③ γ선보다 감광작용이 강하다.
④ γ보다 전리작용이 강하다.

27 ★★☆

20년 3회 기출

방사성 원소인 U(우라늄)이 다음과 같이 변화되었을 때의 붕괴 유형은?

$$^{238}_{92}U \longrightarrow {}^{234}_{90}Th + {}^{4}_{2}He$$

① α붕괴　② β붕괴
③ γ붕괴　④ R붕괴

28 ★★☆

18년 4회 기출

방사능 붕괴의 형태 중 $^{226}_{88}Ra$이 α붕괴할 때 생기는 원소는?

① $^{222}_{86}Rn$　② $^{232}_{90}Th$
③ $^{231}_{91}Pa$　④ $^{238}_{92}U$

29 ★☆☆

18년 1회 기출

Rn은 α선 및 β선을 2번씩 방출하고 다음과 같이 변했다. 마지막 Po의 원자번호는 얼마인가? (단, Rn의 원자번호는 86, 원자량은 222이다.)

$$Rn \xrightarrow{\alpha} Po \xrightarrow{\alpha} Pb \xrightarrow{\beta} Bi \xrightarrow{\beta} Po$$

① 78　② 81
③ 84　④ 87

30 ★☆☆

CBT 복원

Be의 원자핵에 α선을 충격한 결과 다음과 같이 중성자 n이 방출되었다. 반응식을 완결하기 위해 (　) 안에 들어갈 알맞은 것은?

$$Be + {}^{4}_{2}He \longrightarrow (\quad) + {}^{1}_{0}n$$

① Be　② B
③ C　④ N

31 ★☆☆

CBT 복원

미지의 시료 2g의 반감기가 5일이다. 15일이 지났다면 남은 시료의 양은 몇 g인가?

① 0.25　② 1
③ 2　④ 0.5

32 ★★☆

18년 2회 기출

다음 중 산성 산화물에 해당하는 것은?

① BaO ② CO_2
③ CaO ④ MgO

33 ★★☆

17년 1회 기출

모두 염기성 산화물로만 나타낸 것은?

① CaO, Na_2O ② K_2O, SO_2
③ CO_2, SO_3 ④ Al_2O_3, P_2O_5

34 ★★☆

18년 1회 기출

다음 중 양쪽성 산화물에 해당하는 것은?

① NO_2 ② Al_2O_3
③ MgO ④ Na_2O

35 ★☆☆

19년 4회 기출

수성가스(Water gas)의 주성분을 옳게 나타낸 것은?

① CO_2, CH_4 ② CO, H_2
③ CO_2, H_2, O_2 ④ H_2, H_2O

36 ★☆☆

17년 1회 기출

다음 이원자 분자 중 결합에너지 값이 가장 큰 것은?

① H_2 ② N_2
③ O_2 ④ F_2

37 ★☆☆

17년 1회 기출

비누화 값이 작은 지방에 대한 설명으로 옳은 것은?

① 분자량이 작으며, 저급 지방산의 에스테르이다.
② 분자량이 작으며, 고급 지방산의 에스테르이다.
③ 분자량이 크며, 저급 지방산의 에스테르이다.
④ 분자량이 크며, 고급 지방산의 에스테르이다.

38 ★★☆

16년 2회 기출

시약의 보관방법을 옳지 않은 것은?

① Na: 석유 속에 보관
② NaOH: 공기가 잘 통하는 곳에 보관
③ P_4(흰인): 물속에 보관
④ HNO_3: 갈색병에 보관

39 ★☆☆

13년 4회 기출

$Fe(CN)_6^{4-}$와 4개의 K^+ 이온으로 이루어진 물질 $K_4Fe(CN)_6$을 무엇이라고 하는가?

① 착화합물 ② 할로젠 화합물
③ 유기혼합물 ④ 수소화합물

합격 치트키

08 유기화합물

핵심이론+기출

유기화합물 유형은 약 16% 정도 출제되고 있습니다.
유기화합물 유형은 물질의 물리 · 화학적 성질 중에서 가장 어려운 내용입니다. 대학교에서 전공을 화학을 한 경우 유기화합물을 쉽게 접근할 수 있지만 그렇지 않은 경우 어려운 유형입니다. 이 유형에 나온 모든 개념을 전부 공부한다면 공부범위가 너무 넓어지기 때문에 기출문제에 나온 화학식과 내용 위주로 공부하는 것이 좋습니다.

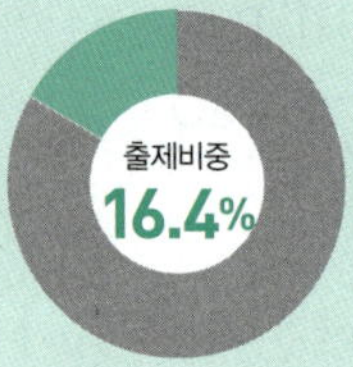

기출 TIP

유기화합물의 명명법은 그 자체로도 출제되지만 다른 문제를 풀기 위해서도 기본적인 명칭은 암기하고 있어야 한다.

1 유기화합물의 명명법(IUPAC 기준)

① 포화 탄화수소는 어미에 '−ane'를 붙여 명명한다.

이름	한글명	분자식
methane	메탄	CH_4
ethane	에탄	C_2H_6
propane	프로판	C_3H_8
butane	부탄	C_4H_{10}
pentane	펜탄	C_5H_{12}
hexane	헥산	C_6H_{14}

② 자주 사용되는 작용기의 명칭

작용기	명칭	해당 물질
CH_3-	메틸기	메틸알코올(CH_3OH)
$-CO$	케톤기(카르보닐기)	아세톤(CH_3COCH_3)
$-OH$	하이드록시기	메틸알코올(CH_3OH)
$-CHO$	알데하이드기	아세트알데하이드(CH_3CHO)
$-NO_2$	나이트로기	나이트로벤젠($C_6H_5NO_2$)
$-NH_2$	아미노기	아닐린($C_6H_5NH_2$)
$-COOH$	카르복실기	아세트산(CH_3COOH)

③ 가지 달린 화합물은 가장 긴 사슬을 기본명으로 하고 가지의 위치가 되도록 작은 번호가 되도록 숫자를 붙인 후 결합위치와 명칭을 기본명 앞에 붙인다.

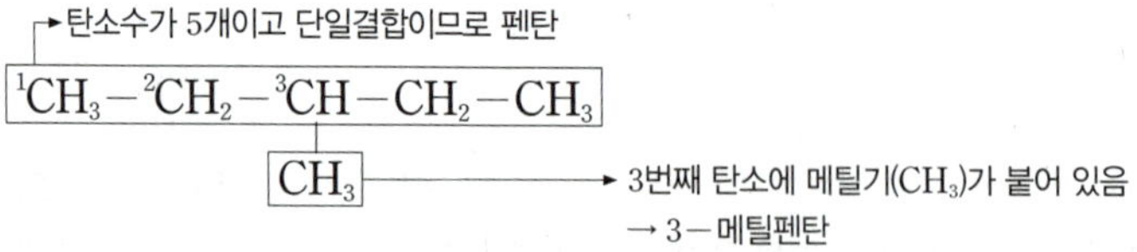

2 알케인, 알켄, 알카인의 구분

구분	일반식	예시
Alkane(알케인)	C_nH_{2n+2}	CH_4
Alkene(알켄)	C_nH_{2n}	C_2H_4
Alkyne(알카인)	C_nH_{2n-2}	C_2H_2

기출 TIP 일반식을 묻는 문제가 주로 출제된다.

3 탄화수소의 종류

구분	내용
파라핀계 탄화수소	탄소가 사슬 모양으로 연결된 탄화수소로 다른 결합은 수소와 결합한 포화결합으로 이루어져 있다.
올레핀계 탄화수소	탄소가 사슬 모양으로 연결되어 있으나 탄소끼리의 결합이 이중결합이 들어 있다.
나프텐계 탄화수소	탄소와 수소가 포화결합으로 이루어져 있고, 골격을 이루는 탄소 원자가 고리 모양으로 결합되어 있다.
방향족 탄화수소	방향족 고리를 포함하고 있는 탄화수소로 벤젠, 톨루엔과 같은 벤젠 고리를 포함한 탄화수소이다.

기출 TIP 올레핀계 탄화수소에 해당되는 물질을 찾는 문제가 주로 출제된다.

4 첨가중합반응과 탈수축합반응

① 첨가중합반응: 화합물 내에 존재하는 이중결합이 끊어지면서 첨가 반응하여 고분자 화합물을 만드는 것이다.

② 탈수축합반응: 2개의 분자에서 물이 빠져나가면서 하나의 분자로 합쳐지는 것으로 다이에틸에터($C_2H_5OC_2H_5$)는 에틸알코올(C_2H_5OH) 2분자에서 물이 빠져나가는 탈수축합반응으로 생성된다.

$$H-\underset{\underset{H}{|}}{\overset{\overset{H}{|}}{C}}-\underset{\underset{H}{|}}{\overset{\overset{H}{|}}{C}}-O-H \quad H-O-\underset{\underset{H}{|}}{\overset{\overset{H}{|}}{C}}-\underset{\underset{H}{|}}{\overset{\overset{H}{|}}{C}}-H \longrightarrow H-\underset{\underset{H}{|}}{\overset{\overset{H}{|}}{C}}-\underset{\underset{H}{|}}{\overset{\overset{H}{|}}{C}}-O-\underset{\underset{H}{|}}{\overset{\overset{H}{|}}{C}}-\underset{\underset{H}{|}}{\overset{\overset{H}{|}}{C}}-H$$

H_2O가 빠짐

기출 TIP 반응에 대한 설명을 주고 이 반응이 첨가중합반응인지 탈수축합반응인지를 묻는 문제가 출제된다.

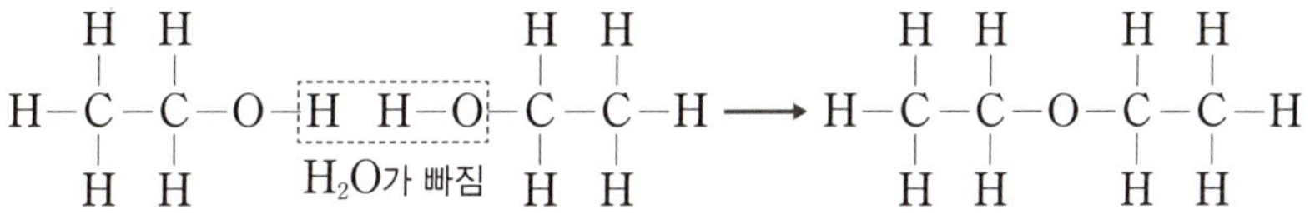

5 구조이성질체와 기하이성질체

① 구조이성질체: 분자식은 동일하지만 원자 사이의 결합 관계가 다른 것이다.

$$-C^1-C^2-C^3-C^4-C^5- \qquad -C^1-\underset{\underset{-C^5-}{|}}{\overset{\overset{-C^4-}{|}}{C^2}}-C^3- \qquad -C^1-C^2-\overset{\overset{-C^5-}{|}}{C^3}-C^4-$$

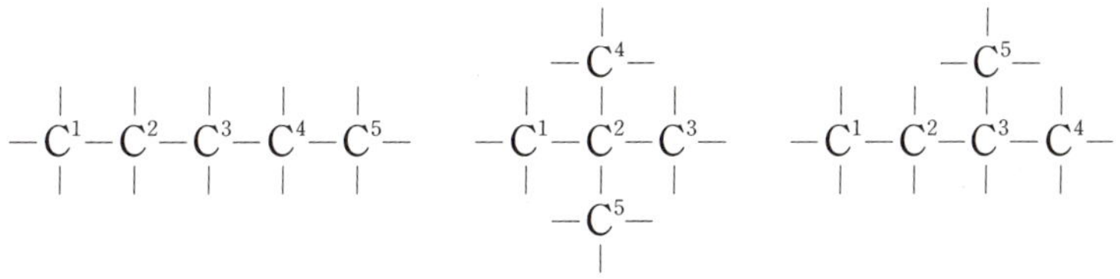

▲ 펜탄(C_5H_{12})의 3가지 구조이성질체

② 기하이성질체: 분자 내에 같은 원자의 위치 차이로 생기는 이성질체로 시스(cis)형과 트랜스(trans)형이 있다.

기출 TIP 구조이성질체와 관련된 문제 중에서는 이성질체의 개수를 묻는 문제가 주로 출제된다.

01 ★☆☆

17년 2회 기출

다음 화학식의 IUPAC 명명법에 따른 올바른 명명법은?

$$CH_3 - CH_2 - \underset{\displaystyle CH_3}{\underset{|}{CH}} - CH_2 - CH_3$$

① 3-메틸펜탄 ② 2, 3, 5-트리메틸 헥산
③ 이소부탄 ④ 1, 4-헥산

02 ★☆☆

17년 1회 기출

C−C−C−C을 부탄이라고 한다면 C=C−C−C의 명명은? (단, C와 결합된 원소는 H이다.)

① 1−부텐 ② 2−부텐
③ 1, 2−부텐 ④ 3, 4−부텐

03 ★☆☆

15년 1회 기출

C_nH_{2n+2}의 일반식을 갖는 탄화수소는?

① Alkyne ② Alkene
③ Alkane ④ Cycloalkane

04 ★☆☆

CBT 복원

다음 중 올레핀계 탄화수소에 해당하는 것은?

① CH_4 ② CH_3CHO
③ $CH \equiv CH$ ④ $CH_2 = CH_2$

05 ★★★

CBT 복원

아세트알데하이드와 아세톤의 시성식을 순서대로 바르게 나타낸 것은?

① CH_3CHO, CH_3COCH_3
② CH_3COOH, CH_3CHO
③ CH_3COOCH_3, CH_3CHO
④ CH_3COCH_3, CH_3CHO

06 ★★☆

CBT 복원

미지의 유기화합물의 성분을 분석한 결과 C가 84%, H가 16%이었다. 이 물질의 실험식은 무엇인가?

① CH ② C_2H_2
③ C_2H_6 ④ C_7H_{16}

07 ★☆☆

16년 1회 기출

다음 물질 중 C_2H_2와 첨가반응이 일어나지 않는 것은?

① 염소　② 수은
③ 브로민　④ 아이오딘

08 ★★☆

19년 1회 기출

메틸알코올과 에틸알코올이 각각 다른 시험관에 들어있다. 이 두 가지를 구별할 수 있는 실험방법은?

① 금속 나트륨을 넣어본다.
② 환원시켜 생성물을 비교하여 본다.
③ KOH와 I_2의 혼합 용액을 넣고 가열하여 본다.
④ 산화시켜 나온 물질에 은거울 반응시켜 본다.

09 ★☆☆

20년 1회 기출

구리줄을 불에 달구어 약 50℃ 정도의 메탄올에 담그면 자극성 냄새가 나는 기체가 발생한다. 이 기체는 무엇인가?

① 포름알데하이드　② 아세트알데하이드
③ 프로판　④ 메틸에터

10 ★☆☆

20년 1회 기출

2차 알코올을 산화시켜서 얻어지며, 환원성이 없는 물질은?

① CH_3COCH_3　② $C_2H_5OC_2H_5$
③ CH_3OH　④ CH_3OCH_3

11 ★☆☆

16년 1회 기출

산화에 의하여 카르보닐기를 가진 화합물을 만들 수 있는 것은?

① $CH_3-CH_2-CH_2-COOH$
② $CH_3-CH(OH)-CH_3$
③ $CH_3-CH_2-CH_2-OH$
④ $CH_2(OH)-CH_2(OH)$

12 ★★☆

18년 2회 기출

공업적으로 에틸렌을 $PbCl_2$ 촉매 하에 산화시킬 때 주로 생성되는 물질은?

① CH_3OCH_3　② CH_3CHO
③ HCOOH　④ C_3H_7OH

13 ★★★
15년 2회 기출

은거울 반응을 하는 화합물은?

① CH_3COCH_3
② CH_3OCH_3
③ HCHO
④ CH_3CH_2OH

14 ★☆☆
15년 1회 기출

프리델－크래프츠 반응에서 사용하는 촉매는?

① $HNO_3+H_2SO_4$ ② SO_3
③ Fe ④ $AlCl_3$

15 ★☆☆
16년 1회 기출

에틸렌(C_2H_4)을 원료로 하지 않은 것은?

① 아세트산 ② 염화비닐
③ 에탄올 ④ 메탄올

16 ★☆☆
18년 2회 기출

다음 중 가수분해가 되지 않는 염은?

① NaCl ② NH_4Cl
③ CH_3COONa ④ CH_3COONH_4

17 ★★☆
18년 1회 기출

다음 물질 중 비점이 약 197℃인 무색 액체이고, 약간 단맛이 있으며 부동액의 원료로 사용하는 것은?

① CH_3CHCl_2 ② CH_3COCH_3
③ $(CH_3)_2CO$ ④ $C_2H_4(OH)_2$

18 ★☆☆
20년 3회 기출

지방이 글리세린과 지방산으로 되는 것과 관련이 깊은 반응은?

① 에스터화 ② 가수분해
③ 산화 ④ 아미노화

19 ★☆☆

20년 3회 기출

다음 보기의 벤젠 유도체 가운데 벤젠의 치환반응으로부터 직접 유도할 수 없는 것은?

ⓐ $-Cl$　ⓑ $-OH$　ⓒ $-SO_3H$

① ⓐ　② ⓑ
③ ⓒ　④ ⓐ, ⓑ, ⓒ

20 ★☆☆

15년 1회 기출

폴리염화비닐의 단위체와 합성법이 옳게 나열된 것은?

① $CH_2=CHCl$, 첨가중합
② $CH_2=CHCl$, 축합중합
③ $CH_2=CHCN$, 첨가중합
④ $CH_2=CHCN$, 축합중합

21 ★☆☆

20년 1회 기출

다이에틸에터는 에탄올과 진한 황산의 혼합물을 가열하여 제조할 수 있는데 이것을 무슨 반응이라고 하는가?

① 중합반응　② 축합반응
③ 산화반응　④ 에스테르화 반응

22 ★☆☆

19년 4회 기출

메탄에 염소를 작용시켜 클로로포름을 만드는 반응을 무엇이라 하는가?

① 중화반응　② 부가반응
③ 치환반응　④ 환원반응

23 ★★☆

17년 1회 기출

포화 탄화수소에 해당하는 것은?

① 톨루엔　② 에틸렌
③ 프로판　④ 아세틸렌

24 ★★★

20년 3회 기출

다음 중 방향족 탄화수소가 아닌 것은?

① 에틸렌　② 톨루엔
③ 아닐린　④ 안트라센

25 ★★★

18년 1회 기출

다음 중 방향족 화합물이 아닌 것은?

① 톨루엔　② 아세톤
③ 크레졸　④ 아닐린

26 ★★☆

CBT 복원

벤젠을 높은 압력과 고온에서 Ni 촉매로 수소와 반응시켰을 때 생성되는 물질은?

① Cyclohexane　② Cyclopropane
③ Cyclopentane　④ Cyclooctane

27 ★★★

19년 1회 기출

다음 물질 중 벤젠 고리를 함유하고 있는 것은?

① 아세틸렌　② 아세톤
③ 메탄　④ 아닐린

28 ★★★

CBT 복원

다음 중 염기성 $-NH_2$기를 가지고 있는 것은?

① 벤조산　② 아닐린
③ 페놀　④ 크레졸

29 ★★☆

16년 2회 기출

다음에서 설명하는 물질의 명칭은?

- HCl과 반응하여 염산염을 만든다.
- 나이트로벤젠을 수소로 환원하여 만든다.
- $CaOCl_2$ 용액에서 붉은 보라색을 띤다.

① 페놀　② 아닐린
③ 톨루엔　④ 벤젠술폰산

30 ★★☆

20년 1회 기출

다음 물질 중에서 염기성인 것은?

① $C_6H_5NH_2$　② $C_6H_5NO_2$
③ C_6H_5OH　④ C_6H_5COOH

31 ★☆☆

17년 4회 기출

다음 물질 중 산성이 가장 센 물질은?

① 아세트산 ② 벤젠술폰산
③ 페놀 ④ 벤조산

32 ★☆☆

16년 2회 기출

벤조산은 무엇을 산화하면 얻을 수 있는가?

① 톨루엔 ② 나이트로벤젠
③ 트리나이트로톨루엔 ④ 페놀

33 ★★☆

17년 4회 기출

다음 중 두 물질을 섞었을 때 용해성이 가장 낮은 것은?

① C_6H_6과 H_2O ② NaCl과 H_2O
③ C_2H_5OH과 H_2O ④ C_2H_5OH과 CH_3OH

34 ★☆☆

18년 1회 기출

다음 중 CH_3COOH와 C_2H_5OH의 혼합물에 소량의 진한 황산을 가하여 가열하였을 때 주로 생성되는 물질은?

① 아세트산에틸 ② 메탄산에틸
③ 글리세롤 ④ 다이에틸에터

35 ★★★

17년 4회 기출

탄소수가 5개인 포화탄화수소 펜탄의 구조이성질체 수는 몇 개인가?

① 2개 ② 3개
③ 4개 ④ 5개

36 ★★★

18년 4회 기출

헥산(C_6H_{14})의 구조이성질체의 수는 몇 개인가?

① 3개 ② 4개
③ 5개 ④ 9개

37 ★★★
16년 2회 기출

디클로로벤젠의 구조이성질체의 수는 몇 개인가?

① 5　　② 4
③ 3　　④ 2

38 ★★☆
CBT 복원

다음 설명에 해당되는 화합물의 이성질체는 몇 개인가?

> 벤젠에 수소 원자 한 개는 $-CH_3$기로, 또 다른 수소 원자 한 개는 $-OH$기로 치환되어 있다.

① 2개　　② 3개
③ 4개　　④ 5개

39 ★★☆
19년 4회 기출

기하이성질체 때문에 극성 분자와 비극성 분자를 가질 수 있는 것은?

① C_2H_4　　② C_2H_3Cl
③ $C_2H_2Cl_2$　　④ C_2HCl_3

40 ★★☆
18년 4회 기출

다음 중 기하이성질체가 존재하는 것은?

① C_5H_{12}　　② $CH_3CH=CHCH_3$
③ C_3H_7Cl　　④ $CH\equiv CH$

41 ★★★
18년 4회 기출

벤젠의 유도체인 TNT의 구조식을 옳게 나타낸 것은?

①
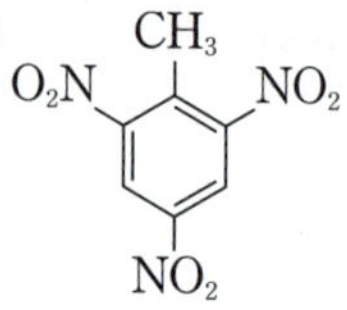

②
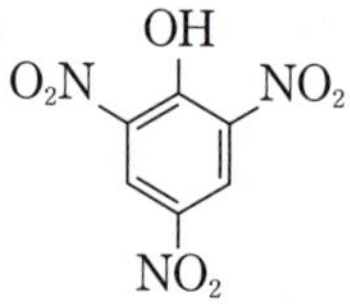

③
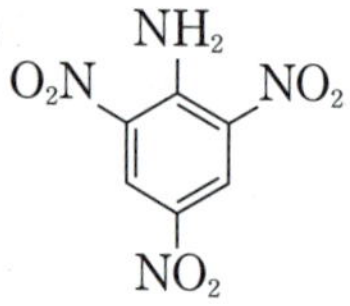

④
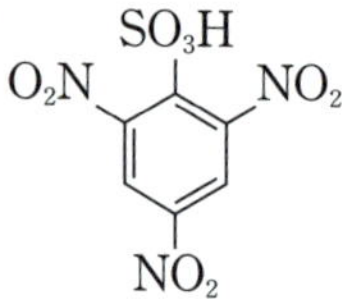

42 ★☆☆
17년 2회 기출

나일론(Nylon 6, 6)에는 다음 중 어느 결합이 들어 있는가?

① $-S-S-$　　② $-O-$
③ $-\overset{O}{\overset{\|}{C}}-O-$　　④ $-\overset{O}{\overset{\|}{C}}-\overset{H}{\overset{|}{N}}-$

43 ★☆☆
16년 4회 기출

축중합반응에 의하여 나일론-66을 제조할 때 사용되는 주원료는?

① 아디프산과 헥사메틸렌디아민
② 이소프렌과 아세트산
③ 염화비닐과 폴리에틸렌
④ 멜라민과 클로로벤젠

44 ★☆☆
16년 4회 기출

다음 화합물 중 펩티드 결합이 들어있는 것은?

① 폴리염화비닐　　② 유지
③ 탄수화물　　④ 단백질

45 ★★★
16년 2회 기출

페놀 수산기(−OH)의 특성에 대한 설명으로 옳은 것은?

① 수용액이 강알칼리성이다.
② −OH기가 하나 더 첨가되면 물에 대한 용해도가 작아진다.
③ 카르복실산과 반응하지 않는다.
④ $FeCl_3$ 용액과 정색반응을 한다.

46 ★★★
17년 1회 기출

염화철(Ⅲ)($FeCl_3$) 수용액과 반응하여 정색반응을 일으키지 않는 것은?

①

②
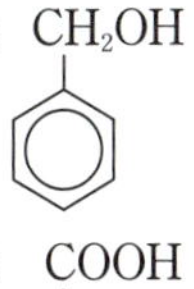

③
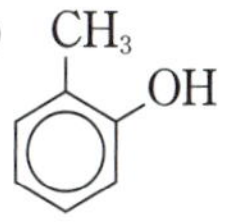

④
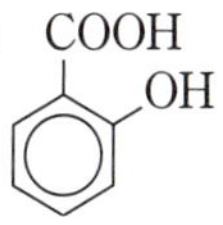

47 ★★☆
17년 4회 기출

탄소와 수소로 되어 있는 유기화합물을 연소시켜 CO_2 44g, H_2O 27g을 얻었다. 이 유기화합물의 탄소와 수소의 몰비율(C : H)은 얼마인가?

① 1 : 3　　② 1 : 4
③ 3 : 1　　④ 4 : 1

48 ★☆☆
18년 4회 기출

다음 화합물 가운데 환원성이 없는 것은?

① 젖당　　② 과당
③ 설탕　　④ 엿당

49 ★☆☆
18년 2회 기출

엿당을 포도당으로 변화시키는데 필요한 효소는?

① 말타아제　　② 아밀라아제
③ 치마아제　　④ 리파아제

50 ★★☆
17년 4회 기출

어떤 기체가 탄소 원자 1개당 2개의 수소 원자를 함유하고 0℃, 1기압에서 밀도가 1.25g/L이다. 이 기체에 해당하는 것은?

① CH_2　　② C_2H_4
③ C_3H_6　　④ C_4H_8

SUBJECT 02

화재예방과 소화방법

합격 치트키

01 연소이론

02 소화이론

03 위험물제조소 등의 안전계획

합격 치트키 무료강의 바로보기

최신 10개년 기출문제 분석결과

※ 문항 분류방법에 따라 세부 수치는 달라질 수 있음

학습전략

❶ 연소이론 유형은 소화이론 유형과 연계하여 학습

출제기준을 기반으로 하여 유형 분류를 해서 연소이론과 소화이론을 구분했지만 내용 위주로 본다면 연소이론과 소화이론은 연결되는 부분이 많습니다.

연소이론은 연소가 일어나는 조건에 대한 이론이고 그 조건을 없애는 것이 소화이론이므로 공부를 할 때에는 다른 유형이라고 생각하기 보다는 연계되는 유형이라고 생각하는 것이 좋습니다.

❷ 소화이론은 가장 많은 문제가 출제되는 중요한 유형

소화이론은 화재예방과 소화방법 과목에서 약 44%의 문제가 출제될 정도로 가장 중요한 유형입니다.

이 유형에서는 소화방법의 종류, 소화약제의 주된 소화효과, 화재 발생 시 사용할 수 있는 소화약제의 종류 등에 대한 문제가 주로 출제됩니다.

❸ 위험물제조소 등의 안전계획은 법에 나온 기준을 묻는 유형으로 암기 위주로 학습

위험물제조소 등의 안전계획은 이론적인 이해나 계산을 해야 하는 문제보다는 법에 있는 기준을 암기하고 있는지 묻는 문제가 주로 출제됩니다.

위험물안전관리법에 나온 기준은 그 내용이 매우 많기 때문에 이 유형을 공부할 때에는 전체 법을 암기하기보다는 기출문제에 나온 기준 위주로 암기해야 합니다.

합격 치트키 01

핵심이론+기출

연소이론

연소이론은 약 21% 정도의 출제비율을 가지고, 매회 약 4~5문제 정도는 출제되는 중요한 유형입니다.
이 유형에서 자주 나오는 내용은 연소의 4요소와 연소의 형태입니다. 이 두 내용은 간단하면서도 자주 출제되기 때문에 기본개념을 이해하면 쉽게 점수를 획득할 수 있습니다.

출제비중 21.3%

기출 TIP

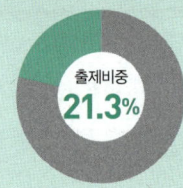

연소와 관련된 문제는 3요소에 대해 주로 출제되지만 소화약제의 종류 문제도 풀기 위해서는 4요소까지 알아야 한다.

1 연소의 4요소

구분	요소	내용
3요소	가연물	위험물과 같이 탈 물질이다.
	산소공급원	공기 또는 산소를 포함한 물질이다.
	점화원	점화원 이상의 온도가 있어야 연소가 일어난다.
4요소	연쇄반응	연소가 지속적으로 유지되기 위한 반응이다.

2 발화점과 인화점의 구분

① 발화점(착화점)은 점화원(외부의 열) 없이 스스로 발화하는 최저의 온도이다.
② 인화점은 제4류 위험물과 같이 휘발성 물질의 증기가 점화원(외부의 열)에 의해 불이 붙는 최저의 온도이다.
③ 발화점과 인화점의 가장 큰 차이점은 점화원의 존재 유무이다.

3 자연발화를 방지하기 위한 방법

① 환기(통풍)가 잘 되게 한다.
② 온도가 낮은 곳에 저장한다.
③ 습도가 높은 장소를 피한다.
④ 열의 축적이 되지 않도록 취급 및 저장한다.
⑤ 표면적을 작게 하여 공기와의 접촉면적을 줄인다.

4 자연발화의 원인

출제빈도로 보면 분해열과 관련된 문제가 자주 출제된다.

구분	종류
분해열	셀룰로이드, 나이트로셀룰로오스
산화열	석탄, 건성유
발효열	퇴비, 먼지
흡착열	목탄, 활성탄

5 완전연소 시 필요한 이론 공기량 계산

① 가연물의 완전연소반응식을 작성한다.

$$C_3H_8 + 5O_2 \longrightarrow 3CO_2 + 4H_2O$$

② 가연물이 완전연소하기 위한 산소의 부피를 계산한다.

③ 공기 중의 산소의 부피비가 21%인 것을 이용하여 이론 공기량을 계산한다.

$$\text{이론 공기량} = \frac{\text{이론 산소량}}{0.21}$$

> 기출 TIP
>
> 이론 공기량 계산문제는 수치나 기준이 변경되어 출제되는 경향이 있으므로 풀이과정을 이해해야 한다.

6 고체의 연소형태

구분	내용
증발연소	고체에서 액체로 변한 후 다시 가연성 기체로 변한 기체가 공기와 혼합하여 연소하는 형태이다. 예 나프탈렌, 유황(황), 양초(파라핀) 등
분해연소	고체가 열에 의해 분해되어 공기와 혼합된 후 생성된 기체가 연소하는 형태이다. 예 종이, 목재, 석탄 등
표면연소	고체가 분해되지 않고 산소와 접촉하는 표면에서 불꽃 없이 연소하는 형태이다. 예 숯(목탄), 코크스, 금속분
자기연소	제5류 위험물처럼 화합물 내부에 산소를 포함하고 있어서 외부의 산소 공급 없이도 연소하는 형태이다. 예 나이트로셀룰로오스, 피크린산 등

> 고체의 연소형태는 자주 출제되므로 의미와 예시를 모두 잘 기억해야 한다.

7 화재의 구분

① A급화재는 물로 소화할 수 있고, B급~D급화재는 물로 소화할 수 없다.

② 화재의 구분과 명칭

구분	명칭
A급화재	일반화재
B급화재	유류화재
C급화재	전기화재
D급화재	금속화재

> 화재의 구분과 명칭은 간단하면서도 자주 출제된다.

8 BLEVE와 Boil Over 현상

① BLEVE 현상: 가연성 액체 저장탱크 외부에서 발생한 화재로 탱크가 파열되고 폭발되는 현상이다.

② Boil Over 현상: 표면의 기름이 열을 동반한 채 하부로 이동하여 물을 가열하면 물의 부피가 팽창한다. 부피가 팽창된 물이 기름을 탱크 외부로 밀어내게 되고 화염의 확산이 일어난다.

01 ★★★
18년 1회 기출

연소의 3요소 중 하나에 해당하는 역할이 나머지 셋과 다른 위험물은?

① 과산화수소 ② 과산화나트륨
③ 질산칼륨 ④ 황린

02 ★★★
15년 1회 기출

다음 중 가연물이 될 수 있는 것은?

① CS_2 ② H_2O_2
③ CO_2 ④ He

03 ★★★
16년 1회 기출

연소반응을 위한 산소공급원이 될 수 없는 것은?

① 과망간산칼륨 ② 염소산칼륨
③ 탄화칼슘 ④ 질산칼륨

04 ★★☆
20년 3회 기출

이산화탄소가 불연성인 이유를 옳게 설명한 것은?

① 산소와의 반응이 느리기 때문이다.
② 산소와 반응하지 않기 때문이다.
③ 착화되어도 곧 불이 꺼지기 때문이다.
④ 산화반응이 일어나도 열 발생이 없기 때문이다.

05 ★★☆
20년 1회 기출

점화원 역할을 할 수 없는 것은?

① 기화열 ② 산화열
③ 정전기불꽃 ④ 마찰열

06 ★★☆
20년 3회 기출

다음 중 발화점에 대한 설명으로 가장 옳은 것은?

① 외부에서 점화했을 때 발화하는 최저온도
② 외부에서 점화했을 때 발화하는 최고온도
③ 외부에서 점화하지 않더라도 발화하는 최저온도
④ 외부에서 점화하지 않더라도 발화하는 최고온도

07 ★★☆

18년 2회 기출

연소이론에 대한 설명으로 가장 거리가 먼 것은?

① 착화온도가 낮을수록 위험성이 크다.
② 인화점이 낮을수록 위험성이 크다.
③ 인화점이 낮은 물질은 착화점도 낮다.
④ 폭발한계가 넓을수록 위험성이 크다.

08 ★☆☆

18년 4회 기출

가연물에 대한 일반적인 설명으로 옳지 않은 것은?

① 주기율표에서 18족의 원소는 가연물이 될 수 없다.
② 활성화에너지가 작을수록 가연물이 되기 쉽다.
③ 산화반응이 완결된 산화물은 가연물이 아니다.
④ 질소는 비활성 기체이므로 질소의 산화물은 존재하지 않는다.

09 ★★☆

17년 2회 기출

위험물의 화재위험에 대한 설명으로 옳은 것은?

① 인화점이 높을수록 위험하다.
② 착화점이 높을수록 위험하다.
③ 착화에너지가 작을수록 위험하다.
④ 연소열이 작을수록 위험하다.

10 ★★★

19년 4회 기출

자연발화가 잘 일어나는 조건에 해당하지 않는 것은?

① 주위 습도가 높을 것
② 열전도율이 클 것
③ 주위 온도가 높을 것
④ 표면적이 넓을 것

11 ★★★

19년 2회 기출

자연발화가 일어날 수 있는 조건으로 가장 옳은 것은?

① 주위의 온도가 낮을 것
② 표면적이 작을 것
③ 열전도율이 작을 것
④ 발열량이 작을 것

12 ★★★

17년 1회 기출

화재예방 시 자연발화를 방지하기 위한 일반적인 방법으로 옳지 않은 것은?

① 통풍을 방지한다.
② 저장실의 온도를 낮춘다.
③ 습도가 높은 장소를 피한다.
④ 열의 축적을 막는다.

13 ★★☆

17년 2회 기출

자연발화에 영향을 주는 인자로 가장 거리가 먼 것은?

① 수분 ② 증발열
③ 발열량 ④ 열전도율

14 ★★☆

18년 2회 기출

다음 중 자연발화의 원인으로 가장 거리가 먼 것은?

① 기화열에 의한 발열
② 산화열에 의한 발열
③ 분해열에 의한 발열
④ 흡착열에 의한 발열

15 ★★★

17년 2회 기출

자연발화가 일어나는 물질과 대표적인 에너지원의 관계로 옳지 않은 것은?

① 셀룰로이드－흡착열에 의한 발열
② 활성탄－흡착열에 의한 발열
③ 퇴비－미생물에 의한 발열
④ 먼지－미생물에 의한 발열

16 ★★★

16년 1회 기출

셀룰로이드류를 다량으로 저장하는 경우, 자연발화의 위험성을 고려하였을 때 다음 중 가장 적합한 장소는?

① 습도가 높고 온도가 낮은 곳
② 습도와 온도가 모두 낮은 곳
③ 습도와 온도가 모두 높은 곳
④ 습도가 낮고 온도가 높은 곳

17 ★★★

19년 2회 기출

탄소 1mol이 완전연소하는 데 필요한 최소 이론 공기량은 약 몇 L인가? (단, 0℃, 1기압 기준이며, 공기 중 산소의 농도는 21vol%이다.)

① 10.7 ② 22.4
③ 107 ④ 224

18 ★★★

20년 1회 기출

표준상태에서 프로판 $2m^3$이 완전연소할 때 필요한 이론 공기량은 약 몇 m^3인가? (단, 공기 중 산소농도는 21vol%이다.)

① 23.81 ② 35.72
③ 47.62 ④ 71.43

19 ★★★

17년 2회 기출

C_3H_8 22.0g을 완전연소시켰을 때 필요한 공기의 부피는 약 얼마인가? (단, 0℃, 1기압 기준이며, 공기 중의 산소량은 21%이다.)

① 56L　② 112L
③ 224L　④ 267L

20 ★★★

17년 4회 기출

표준상태에서 벤젠 2mol이 완전연소하는데 필요한 이론 공기요구량은 몇 L인가? (단, 공기 중 산소는 21vol%이다.)

① 168　② 336
③ 1,600　④ 320

21 ★★☆

20년 3회 기출

마그네슘 분말이 이산화탄소 소화약제와 반응하여 생성될 수 있는 유독기체의 분자량은?

① 26　② 28
③ 32　④ 44

22 ★☆☆

17년 2회 기출

마그네슘리본에 불을 붙여 이산화탄소 기체 속에 넣었을 때 일어나는 현상은?

① 즉시 소화된다.
② 연소를 지속하며 유독성의 기체를 발생한다.
③ 연소를 지속하며 수소 기체를 발생한다.
④ 산소를 발생하며 서서히 소화된다.

23 ★☆☆

16년 4회 기출

산화제와 혼합되어 연소할 때 자외선을 많이 포함하는 불꽃을 내는 것은?

① 셀룰로이드　② 나이트로셀룰로오스
③ 마그네슘　④ 글리세린

24 ★★★

20년 1회 기출

다음 중 고체 가연물로서 증발연소를 하는 것은?

① 숯　② 나무
③ 나프탈렌　④ 나이트로셀룰로오스

25 ★★★

17년 1회 기출

양초(파라핀)의 연소형태는?

① 표면연소 ② 분해연소
③ 자기연소 ④ 증발연소

26 ★★★

20년 3회 기출

주된 연소형태가 분해연소인 것은?

① 금속분 ② 유황
③ 목재 ④ 피크르산

27 ★★★

17년 2회 기출

중유의 주된 연소형태는?

① 표면연소 ② 분해연소
③ 증발연소 ④ 자기연소

28 ★★★

19년 4회 기출

연소의 주된 형태가 표면연소에 해당하는 것은?

① 석탄 ② 목탄
③ 목재 ④ 황

29 ★★★

17년 4회 기출

연소형태가 나머지 셋과 다른 하나는?

① 목탄 ② 메탄올
③ 파라핀 ④ 황

30 ★★☆

17년 2회 기출

고체의 일반적인 연소형태에 속하지 않는 것은?

① 표면연소 ② 확산연소
③ 자기연소 ④ 증발연소

31 ★★☆

18년 4회 기출

고체 가연물의 일반적인 연소형태에 해당하지 않는 것은?

① 등심연소 ② 증발연소
③ 분해연소 ④ 표면연소

32 ★★★

19년 1회 기출

가연성 물질이 공기 중에서 연소할 때의 연소형태에 대한 설명으로 틀린 것은?

① 공기와 접촉하는 표면에서 연소가 일어나는 것을 표면연소라 한다.
② 황의 연소는 표면연소이다.
③ 산소공급원을 가진 물질 자체가 연소하는 것을 자기연소라 한다.
④ TNT의 연소는 자기연소이다.

33 ★★☆

19년 1회 기출

가연성 가스의 폭발범위에 대한 일반적인 설명으로 틀린 것은?

① 가스의 온도가 높아지면 폭발범위는 넓어진다.
② 폭발한계농도 이하에서 폭발성 혼합가스를 생성한다.
③ 공기 중에서보다 산소 중에서 폭발범위가 넓어진다.
④ 가스압이 높아지면 하한값은 크게 변하지 않으나 상한값은 높아진다.

34 ★★☆

CBT 복원

위험물의 탱크화재에서 발생되는 BLEVE 현상에 대한 설명으로 가장 옳은 것은?

① 기름탱크에서의 수증기 폭발 현상
② 비등상태의 액화가스가 기화하여 팽창하고 폭발하는 현상
③ 화재 시 기름 속의 수분이 급격히 증발하여 기름이 거품이 되고 팽창해서 기름탱크에서 밖으로 내뿜어져 나오는 현상
④ 중유 등 고점도의 기름 속에 수증기를 포함한 볼 형태의 물방울이 형성되어 탱크 밖으로 넘치는 현상

35 ★★★

20년 3회 기출

화재 종류가 옳게 연결된 것은?

① A급화재－유류화재
② B급화재－섬유화재
③ C급화재－전기화재
④ D급화재－플라스틱화재

36 ★☆☆

16년 4회 기출

소화기에 'B－2'라고 표시되어 있었다. 이 표시의 의미를 가장 옳게 나타낸 것은?

① 일반화재에 대한 능력단위 2단위에 적용되는 소화기
② 일반화재에 대한 무게단위 2단위에 적용되는 소화기
③ 유류화재에 대한 능력단위 2단위에 적용되는 소화기
④ 유류화재에 대한 무게단위 2단위에 적용되는 소화기

37 ★★★

20년 1회 기출

일반적으로 다량의 주수를 통한 소화가 가장 효과적인 화재는?

① A급화재 ② B급화재
③ C급화재 ④ D급화재

38 ★☆☆

17년 4회 기출

연소 시 온도에 따른 불꽃의 색상이 잘못된 것은?

① 적색: 약 850℃
② 황적색: 약 1,100℃
③ 휘적색: 약 1,200℃
④ 백적색: 약 1,300℃

39 ★☆☆

18년 2회 기출

어떤 가연물의 착화에너지가 24cal일 때 이것을 일에너지의 단위로 환산하면 약 몇 Joule인가?

① 24 ② 42
③ 84 ④ 100

40 ★☆☆

19년 1회 기출

전기불꽃 에너지 공식에서 (　　)에 알맞은 것은? (단, Q는 전기량, V는 방전전압, C는 전기용량을 나타낸다.)

$$E=\frac{1}{2}(\qquad)=\frac{1}{2}(\qquad)$$

① QV, CV　② QC, CV
③ QV, CV^2　④ QC, QV^2

41 ★★☆

16년 2회 기출

불꽃의 표면온도가 300℃에서 360℃로 상승하였다면 300℃보다 약 몇 배의 열을 방출하는가?

① 1.49배　② 3배
③ 7.27배　④ 10배

42 ★☆☆

20년 1회 기출

Na_2O_2와 반응하여 제6류 위험물을 생성하는 것은?

① 아세트산　② 물
③ 이산화탄소　④ 일산화탄소

43 ★☆☆

20년 1회 기출

묽은 질산이 칼슘과 반응하였을 때 발생하는 기체는?

① 산소　② 질소
③ 수소　④ 수산화칼슘

합격 치트키 02

핵심이론+기출

소화이론

소화이론은 화재예방 및 소화방법 문제 중 약 44%의 출제비율을 가질 정도로 가장 중요한 유형입니다.
소화이론에서 가장 자주 나오는 내용은 소화방법의 종류입니다. 이 내용은 간단하게 소화방법의 종류를 묻는 문제도 출제되지만 좀 더 어려운 문제를 풀기 위해서는 분말 소화약제, 이산화탄소 소화약제, 포소화약제 등의 소화원리와 연계하여 이해해야 합니다.

출제비중 44%

기출 TIP

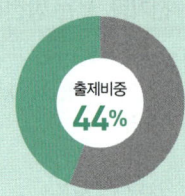

제거소화, 질식소화 등 소화방법의 종류는 간단하면서도 자주 출제된다.

1 소화방법의 종류

① 제거소화, 질식소화, 냉각소화는 물리적 소화이다.

② 억제소화는 화학적 소화이다.

구분	내용
제거소화	탈 물질을 제거하는 것이다.
질식소화	산소공급원을 차단하는 것이다.
냉각소화	물을 뿌리는 것처럼 온도를 낮추어 소화하는 것이다.
억제소화	화재의 연쇄반응을 차단하여 소화하는 것이다.

분말 소화약제는 주성분, 착색, 적응화재, 분해반응식이 모두 잘 출제된다.
분해반응식의 경우 제4종 분말의 분해반응식은 잘 출제되지 않으나 제1종~제3종 분해반응식은 자주 출제된다.

2 분말 소화약제

(1) 주성분, 착색, 적응화재

구분	주성분	착색	적응화재
제1종	탄산수소나트륨($NaHCO_3$)	백색	B, C
제2종	탄산수소칼륨($KHCO_3$)	담회색	B, C
제3종	제1인산암모늄($NH_4H_2PO_4$)	담홍색	A, B, C
제4종	탄산수소칼륨+요소{$KHCO_3+(NH_2)_2CO$}	회색	B, C

(2) 분해반응식

구분	분해반응식
제1종	$2NaHCO_3 \longrightarrow Na_2CO_3+CO_2+H_2O$
제2종	$2KHCO_3 \longrightarrow K_2CO_3+CO_2+H_2O$
제3종	$NH_4H_2PO_4 \longrightarrow HPO_3+NH_3+H_2O$
제4종	$2KHCO_3+(NH_2)_2CO \longrightarrow K_2CO_3+2NH_3+2CO_2$

(3) 분말 소화약제의 소화효과

① 질식효과: 가연물을 덮어 산소의 공급을 차단한다.

② 냉각효과: 이산화탄소와 수증기 발생 시 열을 흡수한다.

③ 방사열 차단효과: 물을 흩어뿌림으로서 화재면 주위를 덮는다.

3 이산화탄소 소화약제

(1) 이산화탄소의 성질

① 무색, 무취이며 비전도성이다.

② 증기 상태의 비중은 약 1.5이다.

③ 임계온도는 약 31℃이다.

④ 고체 상태로 만든 것이 드라이아이스이다.

⑤ 소화기로 사용시 별도의 방출용 동력이 필요하지 않다.

(2) 이산화탄소 소화약제의 소화작용

① 이산화탄소는 가연물에 산소의 공급을 차단하는 질식소화효과가 있다.

② 이산화탄소는 압축된 상태에서 좁은 관을 통해 방출되는데 이때 줄-톰슨효과에 의해 냉각되어 방출하므로 냉각소화효과도 있다.

(3) 마그네슘 분말에 이산화탄소 소화약제를 사용할 수 없는 이유

① 마그네슘(Mg) 분말은 이산화탄소(CO_2)와 반응하여 가연성이 있는 일산화탄소(CO) 또는 탄소(C)를 생성하므로 마그네슘 분말 화재 시 이산화탄소 소화약제는 적응성이 없다.

② 마그네슘과 이산화탄소의 반응식

$$Mg + CO_2 \longrightarrow MgO + CO$$
$$2Mg + CO_2 \longrightarrow 2MgO + C$$

기출 TIP

이산화탄소 소화약제 관련 문제는 소화작용과 관련된 문제가 자주 출제된다.

4 포소화약제

(1) 기본적인 성질

① 물에 첨가제와 공기를 주입하면 거품(포)가 생성된다.

② 거품이 생성된 물은 가연물을 덮어 공기와의 접촉을 차단하는 효과가 있으므로 질식소화효과가 있다.

③ 포소화약제의 주된 소화효과: 질식소화, 냉각소화

(2) 내알코올포 소화약제

① 물에 잘 녹는 알코올과 같은 수용성 액체의 화재에 보통의 포소화약제(수성막포 소화약제)를 사용하면 수용성 액체가 거품(포) 속의 물을 탈취하여 거품(포)를 소멸시키므로 소화효과가 떨어진다.

② 수용성 액체가 거품(포)를 소멸시키는 현상을 방지하기 위해 만든 포소화약제를 내알코올포라고 한다.

③ 내알코올포 소화약제는 수용성 액체의 화재에 사용할 수 있다.

포소화약제 관련 문제는 주된 소화효과와 내알코올포를 사용해야 하는 위험물의 종류에 대한 문제가 자주 출제된다.

5 불활성가스 소화설비의 구성성분

구분	성분
IG-100	질소(N_2) 100%
IG-55	질소(N_2) 50%, 아르곤(Ar) 50%
IG-541	질소(N_2) 52%, 아르곤(Ar) 40%, 이산화탄소(CO_2) 8%

불활성가스 소화설비의 구성성분은 간단하면서도 자주 출제되므로 성분을 정확하게 암기해야 한다.

01 ★★★

20년 1회 기출

소화효과에 대한 설명으로 옳지 않은 것은?

① 산소공급원 차단에 의한 소화는 제거효과이다.
② 가연물질의 온도를 떨어뜨려서 소화하는 것은 냉각효과이다.
③ 촛불을 입으로 바람을 불어 끄는 것은 제거효과이다.
④ 물에 의한 소화는 냉각효과이다.

02 ★★★

18년 1회 기출

물리적 소화에 의한 소화효과(소화방법)에 속하지 않는 것은?

① 제거효과　② 질식효과
③ 냉각효과　④ 억제효과

03 ★☆☆

16년 4회 기출

연소 및 소화에 대한 설명으로 틀린 것은?

① 공기 중의 산소농도가 0%까지 떨어져야만 연소가 중단되는 것은 아니다.
② 질식소화, 냉각소화 등은 물리적 소화에 해당한다.
③ 연소의 연쇄반응을 차단하는 것은 화학적 소화에 해당한다.
④ 가연물질에 상관없이 온도, 압력이 동일하면 한계산소량은 일정한 값을 가진다.

04 ★★☆

16년 2회 기출

가연성 가스나 증기의 농도를 연소한계(하한) 이하로 하여 소화하는 방법은?

① 희석소화　② 제거소화
③ 질식소화　④ 냉각소화

05 ★★★

20년 3회 기출

분말소화기에 사용되는 소화약제의 주성분이 아닌 것은?

① $NH_4H_2PO_4$　② Na_2SO_4
③ $NaHCO_3$　④ $KHCO_3$

06 ★★★

19년 1회 기출

다음 A～D 중 분말 소화약제로만 나타낸 것은?

A. 탄산수소나트륨	C. 황산구리
B. 탄산수소칼륨	D. 제1인산암모늄

① A, B, C, D　② A, D
③ A, B, C　④ A, B, D

07 ★★★
19년 4회 기출

종별 분말 소화약제에 대한 설명으로 틀린 것은?

① 제1종은 탄산수소나트륨을 주성분으로 한 분말
② 제2종은 탄산수소나트륨과 탄산칼슘을 주성분으로 한 분말
③ 제3종은 제1인산암모늄을 주성분으로 한 분말
④ 제4종은 탄산수소칼륨과 요소와의 반응물을 주성분으로 한 분말

08 ★★★
19년 4회 기출

제1인산암모늄 분말 소화약제의 색상과 적응화재를 옳게 나타낸 것은?

① 백색, BC급 ② 담홍색, BC급
③ 백색, ABC급 ④ 담홍색, ABC급

09 ★★★
19년 2회 기출

인산염 등을 주성분으로 한 분말 소화약제의 착색은?

① 백색 ② 담홍색
③ 검은색 ④ 회색

10 ★★★
16년 1회 기출

분말 소화약제로 사용되는 탄산수소칼륨의 착색 색상은?

① 백색 ② 담홍색
③ 청색 ④ 담회색

11 ★★☆
20년 1회 기출

분말 소화약제인 제1인산암모늄(인산이수소암모늄)의 열분해 반응을 통해 생성되는 물질로 부착성 막을 만들어 공기를 차단시키는 역할을 하는 것은?

① HPO_3 ② PH_3
③ NH_3 ④ P_2O_3

12 ★★★
19년 4회 기출

분말 소화약제 중 열분해 시 부착성이 있는 유리상의 메타인산이 생성되는 것은?

① Na_3PO_4 ② $(NH_4)_3PO_4$
③ $NaHCO_3$ ④ $NH_4H_2PO_4$

13 ★★★

17년 1회 기출

분말 소화약제의 분해반응식이다. ( ) 안에 알맞은 것은?

$$2NaHCO_3 \longrightarrow (\quad) + CO_2 + H_2O$$

① $2NaCO$
② $2NaCO_2$
③ Na_2CO_3
④ Na_2CO_4

14 ★★☆

17년 1회 기출

탄산수소칼륨 소화약제가 열분해 반응 시 생성되는 물질이 아닌 것은?

① K_2CO_3
② CO_2
③ H_2O
④ KNO_3

15 ★★☆

17년 2회 기출

소화약제의 열분해 반응식으로 옳은 것은?

① $NH_4H_2PO_4 \longrightarrow HPO_3 + NH_3 + H_2O$
② $2KNO_3 \longrightarrow 2KNO_2 + O_2$
③ $KClO_4 \longrightarrow KCl + 2O_2$
④ $2CaHCO_3 \longrightarrow 2CaO + H_2CO_3$

16 ★★★

17년 4회 기출

제3종 분말 소화약제에 대한 설명으로 틀린 것은?

① A급을 제외한 모든 화재에 적응성이 있다.
② 주성분은 $NH_4H_2PO_4$의 분자식으로 표현된다.
③ 제1인산암모늄이 주성분이다.
④ 담홍색(또는 황색)으로 착색되어 있다.

17 ★★☆

16년 4회 기출

분말 소화약제의 소화효과로 가장 거리가 먼 것은?

① 질식효과
② 냉각효과
③ 제거효과
④ 방사열 차단효과

18 ★☆☆

18년 4회 기출

제1종 분말 소화약제의 소화효과에 대한 설명으로 가장 거리가 먼 것은?

① 열분해 시 발생하는 이산화탄소와 수증기에 의한 질식효과
② 열분해 시 흡열반응에 의한 냉각효과
③ H^+ 이온에 의한 부촉매 효과
④ 분말 운무에 의한 열방사의 차단효과

19 ★☆☆

17년 2회 기출

다음에서 설명하는 소화약제에 해당하는 것은?

- 무색, 무취이며 비전도성이다.
- 증기상태의 비중은 약 1.5이다.
- 임계온도는 약 31℃이다.

① 탄산수소나트륨　② 이산화탄소
③ 할론 1301　④ 황산알루미늄

20 ★★★

18년 2회 기출

이산화탄소 소화약제의 소화작용을 옳게 나열한 것은?

① 질식소화, 부촉매소화
② 부촉매소화, 제거소화
③ 부촉매소화, 냉각소화
④ 질식소화, 냉각소화

21 ★☆☆

17년 4회 기출

이산화탄소 소화기는 어떤 현상에 의해서 온도가 내려가 드라이아이스를 생성하는가?

① 줄-톰슨 효과　② 사이펀
③ 표면장력　④ 모세관

22 ★★☆

18년 1회 기출

CO_2에 대한 설명으로 옳지 않은 것은?

① 무색, 무취 기체로서 공기보다 무겁다.
② 물에 용해 시 약알칼리성을 나타낸다.
③ 농도에 따라서 질식을 유발할 위험성이 있다.
④ 상온에서도 압력을 가해 액화시킬 수 있다.

23 ★★☆

20년 1회 기출

「위험물안전관리법령」상 분말 소화설비의 기준에서 가압용 또는 축압용 가스로 알맞은 것은?

① 산소 또는 수소
② 수소 또는 질소
③ 질소 또는 이산화탄소
④ 이산화탄소 또는 산소

24 ★★★

19년 4회 기출

마그네슘 분말의 화재 시 이산화탄소 소화약제는 소화적응성이 없다. 그 이유로 가장 적합한 것은?

① 분해반응에 의하여 산소가 발생하기 때문이다.
② 가연성의 일산화탄소 또는 탄소가 생성되기 때문이다.
③ 분해반응에 의하여 수소가 발생하고 이 수소는 공기 중의 산소와 폭명반응을 하기 때문이다.
④ 가연성의 아세틸렌가스가 발생하기 때문이다.

25 ★★☆

16년 2회 기출

「위험물안전관리법령」상 이산화탄소 소화기가 적응성이 있는 위험물은?

① 트리나이트로톨루엔　② 과산화나트륨
③ 철분　④ 인화성 고체

26 ★☆☆

16년 4회 기출

이산화탄소를 이용한 질식소화에 있어서 아세톤의 한계산소 농도(vol%)에 가장 가까운 값은?

① 15　② 18
③ 21　④ 25

27 ★★☆

20년 3회 기출

드라이아이스 1kg이 완전히 기화하면 약 몇 몰의 이산화탄소가 되겠는가?

① 22.7　② 51.3
③ 230.1　④ 515.0

28 ★★★

20년 1회 기출

이산화탄소의 특성에 관한 내용으로 틀린 것은?

① 전기의 전도성이 있다.
② 냉각 및 압축에 의하여 액화될 수 있다.
③ 공기보다 약 1.52배 무겁다.
④ 일반적으로 무색, 무취의 기체이다.

29 ★★★

20년 3회 기출

이산화탄소 소화기의 장단점에 대한 설명으로 틀린 것은?

① 밀폐된 공간에서 사용 시 질식으로 인명피해가 발생할 수 있다.
② 전도성이어서 전류가 통하는 장소에서의 사용은 위험하다.
③ 자체의 압력으로 방출할 수가 있다.
④ 소화 후 소화약제에 의한 오손이 없다.

30 ★★★

18년 2회 기출

이산화탄소 소화기에 대한 설명으로 옳은 것은?

① C급화재에는 적응성이 없다.
② 다량의 물질이 연소하는 A급화재에 가장 효과적이다.
③ 밀폐되지 않은 공간에서 사용할 때 가장 소화효과가 좋다.
④ 방출용 동력이 별도로 필요치 않다.

31 ★☆☆

16년 1회 기출

이산화탄소 소화약제에 대한 설명으로 틀린 것은?

① 장기간 저장하여도 변질, 부패 또는 분해를 일으키지 않는다.
② 한랭지에서 동결의 우려가 없고 전기절연성이 있다.
③ 밀폐된 지역에서 방출 시 인명피해의 위험이 있다.
④ 표면화재보다는 심부화재에 적응력이 뛰어나다.

32 ★★☆

19년 4회 기출

이산화탄소 소화기 사용 중 소화기 방출구에서 생길 수 있는 물질은?

① 포스겐 ② 일산화탄소
③ 드라이아이스 ④ 수소가스

33 ★☆☆

16년 2회 기출

「위험물안전관리법령」상 이산화탄소를 저장하는 저압식 저장용기에는 용기 내부의 온도를 어떤 범위로 유지할 수 있는 자동냉동기를 설치하여야 하는가?

① 영하 20℃ ~ 영하 18℃
② 영하 20℃ ~ 0℃
③ 영하 25℃ ~ 영하 18℃
④ 영하 25℃ ~ 0℃

34 ★★☆

16년 4회 기출

0℃의 얼음 20g을 100℃의 수증기로 만드는 데 필요한 열량은? (단, 융해열은 80cal/g, 기화열은 539cal/g이다.)

① 3,600cal ② 11,600cal
③ 12,380cal ④ 14,380cal

35 ★☆☆

18년 2회 기출

10℃의 물 2g을 100℃의 수증기로 만드는 데 필요한 열량은?

① 180cal ② 340cal
③ 719cal ④ 1,258cal

36 ★★★

18년 4회 기출

물을 소화약제로 사용하는 가장 큰 이유는?

① 물은 가연물과 화학적으로 결합하기 때문에
② 물은 분해되어 질식성 가스를 방출하므로
③ 물은 기화열이 커서 냉각능력이 크기 때문에
④ 물은 산화성이 강하기 때문에

37 ★★☆

16년 4회 기출

다음 중 증발잠열이 가장 큰 것은?

① 아세톤
② 사염화탄소
③ 이산화탄소
④ 물

38 ★★☆

19년 4회 기출

강화액 소화기에 대한 설명으로 옳은 것은?

① 물의 유동성을 강화하기 위한 유화제를 첨가한 소화기이다.
② 물의 표면장력을 강화하기 위해 탄소를 첨가한 소화기이다.
③ 산 · 알칼리 액을 주성분으로 하는 소화기이다.
④ 물의 소화효과를 높이기 위해 염류를 첨가한 소화기이다.

39 ★★☆

19년 1회 기출

강화액 소화약제에 소화력을 향상시키기 위하여 첨가하는 물질로 옳은 것은?

① 탄산칼륨
② 질소
③ 사염화탄소
④ 아세틸렌

40 ★★☆

19년 1회 기출

소화약제로서 물이 갖는 특성에 대한 설명으로 옳지 않은 것은?

① 유화효과(Emulsification effect)도 기대할 수 있다.
② 증발잠열이 커서 기화 시 다량의 열을 제거한다.
③ 기화팽창률이 커서 질식효과가 있다.
④ ~~용융~~잠열이 커서 주수 시 냉각효과가 뛰어나다.

41 ★☆☆

18년 1회 기출

물이 일반적인 소화약제로 사용될 수 있는 특징에 대한 설명 중 틀린 것은?

① 증발잠열이 크기 때문에 냉각시키는 데 효과적이다.
② 물을 사용한 봉상수 소화기는 A급, B급 및 C급화재의 진압에 적응성이 뛰어나다.
③ 비교적 쉽게 구해서 이용이 가능하다.
④ 펌프, 호스 등을 이용하여 이송이 비교적 용이하다.

42 ★☆☆

16년 1회 기출

물의 특성 및 소화효과에 관한 설명으로 틀린 것은?

① 이산화탄소보다 기화잠열이 크다.
② 극성분자이다.
③ 이산화탄소보다 비열이 작다.
④ 주된 소화효과가 냉각소화이다.

43 ★☆☆

20년 3회 기출

포소화약제의 종류에 해당되지 않는 것은?

① 단백포 소화약제
② 합성계면활성제포 소화약제
③ 수성막포 소화약제
④ 액표면포 소화약제

44 ★★★

18년 1회 기출

질식효과를 위해 포의 성질로서 갖추어야 할 조건으로 가장 거리가 먼 것은?

① 기화성이 좋을 것
② 부착성이 있을 것
③ 유동성이 좋을 것
④ 바람 등에 견디고 응집성과 안정성이 있을 것

45 ★★☆

17년 1회 기출

포소화약제와 분말 소화약제의 공통적인 주요 소화효과는?

① 질식효과　② 부촉매효과
③ 제거효과　④ 억제효과

46 ★☆☆

20년 3회 기출

수성막포 소화약제에 대한 설명으로 옳은 것은?

① 물보다 비중이 작은 유류의 화재에는 사용할 수 없다.
② 계면활성제를 사용하지 않고 수성의 막을 이용한다.
③ 내열성이 뛰어나고 고온의 화재일수록 효과적이다.
④ 일반적으로 불소계 계면활성제를 사용한다.

47 ★★★

19년 2회 기출

수성막포 소화약제를 수용성 알코올 화재 시 사용하면 소화효과가 떨어지는 가장 큰 이유는?

① 유독가스가 발생하므로
② 화염의 온도가 높으므로
③ 알코올은 포와 반응하여 가연성 가스를 발생하므로
④ 알코올이 포 속의 물을 탈취하여 포가 파괴되므로

48 ★★★

16년 2회 기출

제4류 위험물의 소화방법에 대한 설명 중 틀린 것은?

① 공기차단에 의한 질식소화가 효과적이다.
② 물분무 소화도 적응성이 있다.
③ 수용성인 가연성 액체의 화재에는 수성막포에 의한 소화가 효과적이다.
④ 비중이 물보다 작은 위험물의 경우는 주수소화가 효과가 떨어진다.

49 ★★★

20년 1회 기출

다음 물질의 화재 시 내알코올포를 사용하지 못하는 것은?

① 아세트알데하이드 ② 알킬리튬
③ 아세톤 ④ 에탄올

50 ★☆☆

19년 1회 기출

일반적으로 고급 알코올 황산에스테르염을 기포제로 사용하며 냄새가 없는 황색의 액체로서 밀폐 또는 준밀폐 구조물의 화재 시 고팽창포로 사용하여 화재를 진압할 수 있는 포소화약제는?

① 단백포 소화약제
② 합성계면활성제포 소화약제
③ 알코올형포 소화약제
④ 수성막포 소화약제

51 ★★☆

17년 2회 기출

포소화약제의 혼합방식 중 포원액을 송수관에 압입하기 위하여 포원액용 펌프를 별도로 설치하여 혼합하는 방식은?

① 라인 프로포셔너 방식
② 프레져 프로포셔너 방식
③ 펌프 프로포셔너 방식
④ 프레져 사이드 프로포셔너 방식

52 ★★★

19년 4회 기출

할로젠화합물 소화약제의 구비조건과 거리가 먼 것은?

① 전기절연성이 우수할 것
② 공기보다 가벼울 것
③ 증발 잔유물이 없을 것
④ 인화성이 없을 것

53 ★★★

19년 1회 기출

할로젠화합물 소화약제가 전기화재에 사용될 수 있는 이유에 대한 다음 설명 중 가장 적합한 것은?

① 전기적으로 부도체이다.
② 액체의 유동성이 좋다.
③ 탄산가스와 반응하여 포스겐 가스를 만든다.
④ 증기의 비중이 공기보다 작다.

54 ★★★

CBT 복원

CF_3Br 소화약제의 주된 소화효과는 무엇인가?

① 질식효과 ② 냉각효과
③ 피복효과 ④ 억제효과

55 ★★★

18년 4회 기출

"Halon 1301"에서 각 숫자가 나타내는 것을 틀리게 표시한 것은?

① 첫째 자리 숫자 "1" – 탄소의 수
② 둘째 자리 숫자 "3" – 플루오린의 수
③ 셋째 자리 숫자 "0" – 아이오딘의 수
④ 넷째 자리 숫자 "1" – 브로민의 수

56 ★★★

17년 2회 기출

Halon 1301에 해당하는 화학식은?

① CH_3Br　② CF_3Br
③ CBr_3F　④ CH_3Cl

57 ★★★

17년 4회 기출

할로젠화합물 중 CH_3I에 해당하는 할론번호는?

① 1031　② 1301
③ 13001　④ 10001

58 ★☆☆

20년 1회 기출

Halon 1301에 대한 설명 중 틀린 것은?

① 비점은 상온보다 낮다.
② 액체 비중은 물보다 크다.
③ 기체 비중은 공기보다 크다.
④ 100℃에서도 압력을 가해 액화시켜 저장할 수 있다.

59 ★★☆

20년 3회 기출

전역방출방식의 할로젠화합물 소화설비 중 하론 1301을 방사하는 분사헤드의 방사압력은 얼마 이상이어야 하는가?

① 0.1MPa　② 0.2MPa
③ 0.5MPa　④ 0.9MPa

60 ★★☆

17년 4회 기출

Halon 1301, Halon 1211, Halon 2402 중 상온, 상압에서 액체 상태인 Halon 소화약제로만 나열한 것은?

① Halon 1211
② Halon 2402
③ Halon 1301, Halon 1211
④ Halon 2402, Halon 1211

61 ★☆☆

18년 1회 기출

할로젠화합물 소화약제 중 HFC−23의 화학식은?

① CF_3I
② CHF_3
③ $CF_3CH_2CF_3$
④ C_4F_{10}

62 ★★★

20년 3회 기출

불활성가스 소화약제 중 IG−541의 구성성분이 아닌 것은?

① 질소
② 브로민
③ 아르곤
④ 이산화탄소

63 ★★★

19년 2회 기출

불활성가스 소화약제 중 IG−55의 구성성분을 모두 나타낸 것은?

① 질소
② 이산화탄소
③ 질소와 아르곤
④ 질소, 아르곤, 이산화탄소

64 ★★★

16년 2회 기출

불활성가스 소화약제 중 IG−100의 성분을 옳게 나타낸 것은?

① 질소 100%
② 질소 50%, 아르곤 50%
③ 질소 52%, 아르곤 40%, 이산화탄소 8%
④ 질소 52%, 이산화탄소 40%, 아르곤 8%

65 ★★☆

18년 2회 기출

불활성가스 소화설비에 소화적응성이 없는 것은?

① $C_3H_5(ONO_2)_3$
② $C_6H_4(CH_3)_2$
③ CH_3COCH_3
④ $C_2H_5OC_2H_5$

66 ★★★

19년 4회 기출

과산화수소 보관장소에 화재가 발생하였을 때 소화방법으로 틀린 것은?

① 마른모래로 소화한다.
② 환원성 물질을 사용하여 중화 소화한다.
③ 연소의 상황에 따라 분무주수도 효과가 있다.
④ 다량의 물을 사용하여 소화할 수 있다.

67 ★★★
20년 1회 기출

과산화수소의 화재예방 방법으로 틀린 것은?

① 암모니아의 접촉은 폭발의 위험이 있으므로 피한다.
② 완전히 밀전 · 밀봉하여 외부 공기와 차단한다.
③ 불투명 용기를 사용하여 직사광선이 닿지 않게 한다.
④ 분해를 막기 위해 분해방지 안정제를 사용한다.

68 ★★★
18년 2회 기출

금속 나트륨의 연소 시 소화방법으로 가장 적절한 것은?

① 팽창질석을 사용하여 소화한다.
② 분무상의 물을 뿌려 소화한다.
③ 이산화탄소를 방사하여 소화한다.
④ 물로 적신 헝겊으로 피복하여 소화한다.

69 ★★★
20년 3회 기출

다음 위험물의 저장창고에서 화재가 발생하였을 때 주수에 의한 냉각소화가 적절치 않은 위험물은?

① $NaClO_3$　　② Na_2O_2
③ $NaNO_3$　　④ $NaBrO_3$

70 ★★★
18년 2회 기출

과산화나트륨 저장장소에서 화재가 발생하였다. 과산화나트륨을 고려하였을 때 다음 중 가장 적합한 소화약제는?

① 포소화약제　　② 할로젠화합물
③ 건조사　　④ 물

71 ★★☆
16년 1회 기출

화재발생 시 소화방법으로 공기를 차단하는 것이 효과가 있으며, 연소물질을 제거하거나 액체를 인화점 이하로 냉각시켜 소화할 수도 있는 위험물은?

① 제1류 위험물　　② 제4류 위험물
③ 제5류 위험물　　④ 제6류 위험물

72 ★★★
18년 2회 기출

「위험물안전관리법령」상 마른모래(삽 1개 포함) 50L의 능력단위는?

① 0.3　　② 0.5
③ 1.0　　④ 1.5

73 ★★★
18년 4회 기출

「위험물안전관리법령」에서 정한 다음의 소화설비 중 능력단위가 가장 큰 것은?

① 팽창진주암 160L(삽 1개 포함)
② 수조 80L(소화전용물통 3개 포함)
③ 마른모래 50L(삽 1개 포함)
④ 팽창질석 160L(삽 1개 포함)

SUBJECT 02

74 ★★★

18년 1회 기출

「위험물안전관리법령」상 간이소화용구(기타 소화설비)인 팽창질석은 삽을 상비한 경우 몇 L가 능력단위 1.0인가?

① 70L　② 100L
③ 130L　④ 160L

75 ★★☆

17년 4회 기출

스프링클러설비의 장점이 아닌 것은?

① 소화약제가 물이므로 소화약제의 비용이 절감된다.
② 초기 시공비가 매우 적게 든다.
③ 화재 시 사람의 조작 없이 작동이 가능하다.
④ 초기화재의 진화에 효과적이다.

76 ★★☆

20년 1회 기출

스프링클러설비에 관한 설명으로 옳지 않은 것은?

① 초기화재 진화에 효과가 있다.
② 방사밀도와 무관하게 제4류 위험물에는 적응성이 없다.
③ 제1류 위험물 중 알칼리금속과산화물에는 적응성이 없다.
④ 제5류 위험물에는 적응성이 있다.

77 ★☆☆

18년 4회 기출

위험물의 취급을 주된 작업내용으로 하는 다음의 장소에 스프링클러설비를 설치할 경우 확보하여야 하는 1분당 방사밀도는 몇 L/m^2 이상이어야 하는가? (단, 내화구조의 바닥 및 벽에 의하여 2개의 실로 구획되고, 각 실의 바닥면적은 $500m^2$이다.)

- 취급하는 위험물: 제4류 제3석유류
- 위험물을 취급하는 장소의 바닥면적: $1,000m^2$

① 8.1　② 12.2
③ 13.9　④ 16.3

78 ★★☆

18년 4회 기출

다음 중 소화약제가 아닌 것은?

① CF_3Br　② $NaHCO_3$
③ C_4F_{10}　④ N_2H_4

79 ★★☆

17년 1회 기출

소화약제의 종류에 해당하지 않는 것은?

① CF_2BrCl　② $NaHCO_3$
③ NH_4BrO_3　④ CF_3Br

80 ★★★

20년 1회 기출

소화기와 주된 소화효과가 옳게 짝지어진 것은?

① 포소화기 – 제거소화
② 할로젠화합물 소화기 – 냉각소화
③ 탄산가스 소화기 – 억제소화
④ 분말 소화기 – 질식소화

81 ★★☆

18년 4회 기출

주된 소화효과가 산소공급원의 차단에 의한 소화가 아닌 것은?

① 포소화기　② 건조사
③ CO_2 소화기　④ Halon 1211 소화기

82 ★☆☆

16년 2회 기출

소화약제 제조 시 사용되는 성분이 아닌 것은?

① 에틸렌글리콜　② 탄산칼륨
③ 인산이수소암모늄　④ 인화알루미늄

83 ★★★

20년 1회 기출

「위험물안전관리법령」상 알칼리금속과산화물의 화재에 적응성이 없는 소화설비는?

① 건조사
② 물통
③ 탄산수소염류분말 소화설비
④ 팽창질석

84 ★★★

17년 4회 기출

전기설비에 화재가 발생하였을 경우에 「위험물안전관리법령」상 적응성을 가지는 소화설비는?

① 물분무 소화설비　② 포소화기
③ 봉상강화액소화기　④ 건조사

85 ★☆☆

18년 1회 기출

「위험물안전관리법령」상 소화설비의 구분에서 물분무 등 소화설비에 속하는 것은?

① 포소화설비　② 옥내소화전설비
③ 스프링클러설비　④ 옥외소화전설비

86 ★★☆

16년 1회 기출

「위험물안전관리법령」상 물분무 소화설비가 적응성이 있는 위험물은?

① 알칼리금속과산화물　② 금속분 · 마그네슘
③ 금수성 물질　④ 인화성 고체

87 ★★★

19년 1회 기출

제1류 위험물 중 알칼리금속과산화물의 화재에 적응성이 있는 소화약제는?

① 인산염류분말　② 이산화탄소
③ 탄산수소염류분말　④ 할로젠화합물

88 ★★★

19년 2회 기출

「위험물안전관리법령」상 위험물과 적응성이 있는 소화설비가 잘못 짝지어진 것은?

① K－탄산수소염류분말 소화설비
② $C_2H_5OC_2H_5$－불활성가스 소화설비
③ Na－건조사
④ CaC_2－물통

89 ★★★

CBT 복원

위험물에 따라 적응성이 있는 소화설비를 연결한 것은?

① $C_6H_5NO_2$ － 이산화탄소 소화기
② Ca_3P_2 － 물통(수조)
③ $C_2H_5OC_2H_5$ － 물통(수조)
④ $C_3H_5(ONO_2)_3$ － 이산화탄소 소화기

합격 치트키 03

핵심이론+기출

위험물제조소 등의 안전계획

위험물제조소 등의 안전계획의 출제비율은 약 35%입니다.
이 유형은 법에 있는 기준을 알고 있는지 묻는 문제가 주로 출제되므로 암기 위주로 접근해야 합니다. 위험물 취급 시 표기해야 하는 주의사항과 관련된 문제가 자주 출제되는데 제조소에 표시해야 하는 사항과 운반용기 외부에 표시해야 하는 사항이 차이가 있으므로 둘을 구분해야 합니다.

출제비중 34.7%

기출 TIP

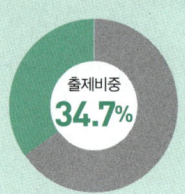

옥외탱크저장소 보다는 제조소 또는 일반취급소 기준이 잘 출제된다.

경보설비를 설치해야 하는 제조소 등의 지정수량 기준이 자주 출제된다.

게시판의 규격보다는 표시사항 및 색상 기준이 더 자주 출제된다.

1 자체소방대를 설치해야 하는 사업소 및 화학소방차의 기준

① 제조소 또는 일반취급소에서 취급하는 제4류 위험물의 최대수량의 합이 지정수량의 3천배 이상인 경우

② 옥외탱크저장소에서 저장하는 제4류 위험물의 최대수량이 지정수량의 50만배 이상인 경우

③ 포수용액을 방사하는 화학소방자동차의 대수는 규정에 의한 화학소방자동차의 대수의 3분의 2 이상으로 하여야 한다.

2 경보설비의 기준

① 지정수량의 10배 이상의 위험물을 저장 또는 취급하는 제조소 등(이동탱크저장소는 제외)에는 화재발생 시 이를 알릴 수 있는 경보설비를 설치하여야 한다.

② 경보설비는 자동화재탐지설비 · 자동화재속보설비 · 비상경보설비(비상벨장치 또는 경종 포함) · 확성장치(휴대용확성기 포함) 및 비상방송설비로 구분한다.

3 위험물제조소의 표지 및 게시판 설치기준

(1) 게시판의 규격 및 색상 기준

구분	내용
표지의 규격	표지는 한 변의 길이가 0.3m 이상, 다른 한 변의 길이가 0.6m 이상인 직사각형으로 할 것
바탕색상	표지의 바탕은 백색으로, 문자는 흑색으로 할 것

(2) 게시판의 표시사항 및 색상 기준

표시사항	해당 위험물	색상 기준
물기엄금	제1류 위험물 중 알칼리금속의 과산화물과 이를 함유한 것 또는 제3류 위험물 중 금수성 물질	청색바탕에 백색문자
화기주의	제2류 위험물(인화성 고체 제외)	적색바탕에 백색문자
화기엄금	제2류 위험물 중 인화성 고체, 제3류 위험물 중 자연발화성물질, 제4류 위험물 또는 제5류 위험물	

4 위험물의 운반용기 외부에 표시해야 하는 주의사항

구분	주의사항
제1류 위험물	• 알칼리금속의 과산화물 또는 이를 함유한 것에 있어서는 화기 · 충격주의, 물기엄금 및 가연물접촉주의 • 그 밖의 것에 있어서는 화기 · 충격주의 및 가연물접촉주의
제2류 위험물	• 철분 · 금속분 · 마그네슘 또는 이들 중 어느 하나 이상을 함유한 것에 있어서는 화기주의 및 물기엄금 • 인화성 고체에 있어서는 화기엄금 • 그 밖의 것에 있어서는 화기주의
제3류 위험물	• 자연발화성물질에 있어서는 화기엄금 및 공기접촉엄금 • 금수성 물질에 있어서는 물기엄금
제4류 위험물	화기엄금
제5류 위험물	화기엄금 및 충격주의
제6류 위험물	가연물접촉주의

기출 TIP

자주 출제되는 내용으로 앞의 제조소 표시사항과 구분할 수 있어야 한다.

5 탱크의 용량

① 탱크의 용량은 해당 탱크의 내용적에서 공간용적을 뺀 용적으로 한다.

② 탱크의 공간용적은 탱크 내용적의 100분의 5이상, 100분의 10 이하의 용적으로 한다.

6 탱크의 내용적 계산방법

탱크의 내용적 공식은 4개 모두 출제될 수 있으므로 정확하게 암기해야 한다.
출제빈도로 보면 양쪽이 볼록한 타원형 탱크, 종으로 설치한 원통형 탱크와 관련된 문제가 자주 출제된다.

① 양쪽이 볼록한 타원형 탱크

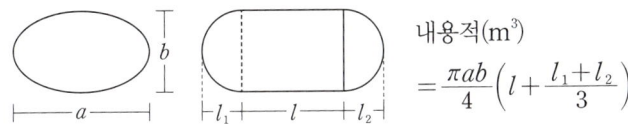

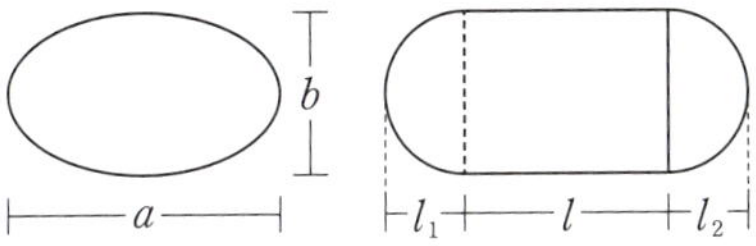

내용적(m^3) $=\dfrac{\pi ab}{4}\left(l+\dfrac{l_1+l_2}{3}\right)$

② 한쪽은 볼록하고 다른 한쪽은 오목한 타원형 탱크

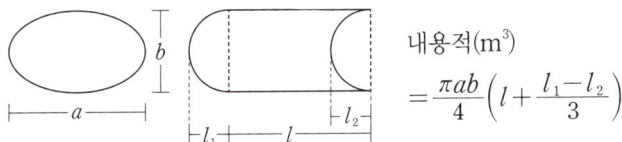

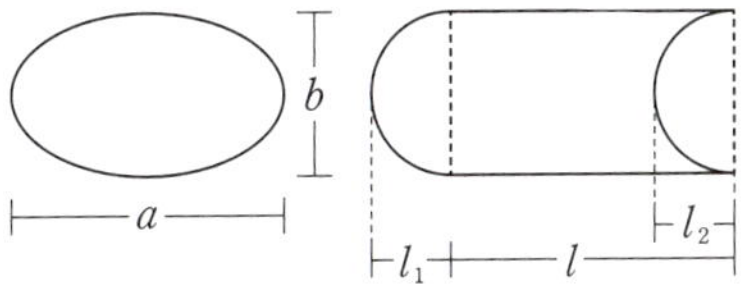

내용적(m^3) $=\dfrac{\pi ab}{4}\left(l+\dfrac{l_1-l_2}{3}\right)$

③ 횡으로 설치한 원통형 탱크

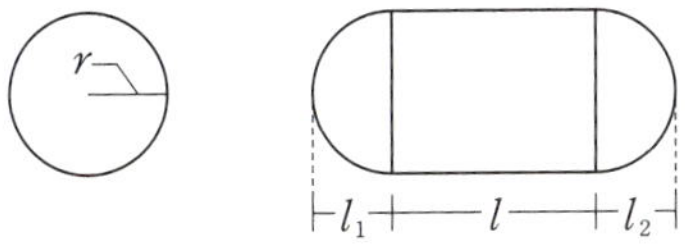

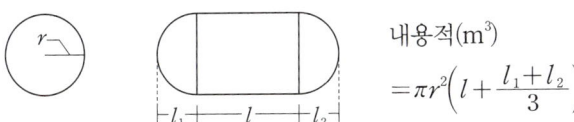

내용적(m^3) $=\pi r^2\left(l+\dfrac{l_1+l_2}{3}\right)$

④ 종으로 설치한 원통형 탱크

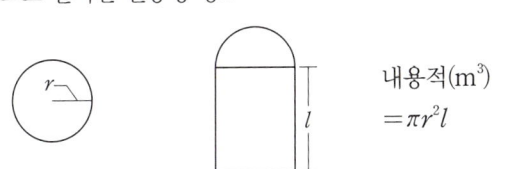

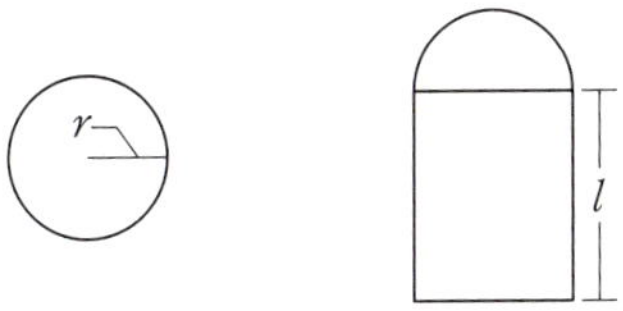

내용적(m^3) $=\pi r^2 l$

SUBJECT 02

01 ★★★

17년 1회 기출

제4류 위험물을 취급하는 제조소에서 지정수량의 몇 배 이상을 취급할 경우 자체소방대를 설치하여야 하는가?

① 1,000배　② 2,000배
③ 3,000배　④ 4,000배

02 ★★☆

19년 4회 기출

「위험물안전관리법령」상 위험물 저장 · 취급 시 화재 또는 재난을 방지하기 위하여 자체소방대를 두어야 하는 경우가 아닌 것은?

① 지정수량의 3천배 이상의 제4류 위험물을 저장 · 취급하는 제조소
② 지정수량의 3천배 이상의 제4류 위험물을 저장 · 취급하는 일반취급소
③ 지정수량의 2천배의 제4류 위험물을 취급하는 일반취급소와 지정수량이 1천배의 제4류 위험물을 취급하는 제조소가 동일한 사업소에 있는 경우
④ 지정수량의 3천배 이상의 제4류 위험물을 저장 · 취급하는 옥외탱크저장소

03 ★☆☆

19년 4회 기출

자체소방대에 두어야 하는 화학소방자동차 중 포수용액을 방사하는 화학소방자동차는 전체 법정 화학소방자동차 대수의 얼마 이상으로 하여야 하는가?

① 1/3　② 2/3
③ 1/5　④ 2/5

04 ★★★

17년 2회 기출

경보설비는 지정수량 몇 배 이상의 위험물을 저장, 취급하는 제조소 등에 설치하는가?

① 2　② 4
③ 8　④ 10

05 ★☆☆

19년 4회 기출

경보설비를 설치하여야 하는 장소에 해당되지 않는 것은?

① 지정수량 100배 이상의 제3류 위험물을 저장 · 취급하는 옥내저장소
② 옥내주유취급소
③ 연면적 $500m^2$이고 취급하는 위험물의 지정수량이 100배인 제조소
④ 지정수량 10배 이상의 제4류 위험물을 저장 · 취급하는 이동탱크저장소

06 ★☆☆

CBT 복원

「위험물안전관리법령」상 지정수량의 10배 이상의 위험물을 저장, 취급하는 제조소 등에 설치하여야 할 경보설비의 종류에 해당되지 않는 것은?

① 확성장치　② 비상방송설비
③ 자동화재탐지설비　④ 무선통신설비

07 ★★☆

17년 4회 기출

대통령령이 정하는 제조소 등의 관계인은 그 제조소 등에 대하여 연 몇 회 이상 정기점검을 실시해야 하는가? (단, 특정옥외탱크저장소의 정기점검은 제외한다.)

① 1　　② 2
③ 3　　④ 4

08 ★★☆

CBT 복원

다음 (　　) 안에 들어갈 알맞은 말은 무엇인가?

> 지정수량의 (　　)배 이상의 위험물을 취급하는 제조소(제6류 위험물을 취급하는 위험물제조소를 제외)에는 피뢰침(「산업표준화법」 제12조에 따른 한국산업표준 중 피뢰설비 표준에 적합한 것을 말함)을 설치하여야 한다. 다만, 제조소의 주위의 상황에 따라 안전상 지장이 없는 경우에는 피뢰침을 설치하지 아니할 수 있다.

① 10배　　② 20배
③ 30배　　④ 40배

09 ★★☆

15년 2회 기출

위험물제조소의 표지의 크기 규격으로 옳은 것은?

① 0.2m × 0.4m　　② 0.3m × 0.3m
③ 0.3m × 0.6m　　④ 0.6m × 0.2m

10 ★★★

18년 2회 기출

제5류 위험물제조소에 설치하는 표지 및 주의사항을 표시한 게시판의 바탕색상을 각각 옳게 나타낸 것은?

① 표지: 백색, 주의사항을 표시한 게시판: 백색
② 표지: 백색, 주의사항을 표시한 게시판: 적색
③ 표지: 적색, 주의사항을 표시한 게시판: 백색
④ 표지: 적색, 주의사항을 표시한 게시판: 적색

11 ★★★

19년 4회 기출

제1류 위험물 중 알칼리금속의 과산화물을 저장 또는 취급하는 위험물제조소에 표시하여야 하는 주의사항은?

① 화기엄금　　② 물기엄금
③ 화기주의　　④ 물기주의

12 ★★★

16년 4회 기출

제3류 위험물 중 금수성 물질의 위험물제조소에 설치하는 주의사항 게시판의 색상 및 표시내용으로 옳은 것은?

① 청색바탕 – 백색문자, "물기엄금"
② 청색바탕 – 백색문자, "물기주의"
③ 백색바탕 – 청색문자, "물기엄금"
④ 백색바탕 – 청색문자, "물기주의"

13 ★★☆

CBT 복원

다음 중 제조소 등의 주의사항을 표기한 게시판에서 표시해야 할 사항이 다른 것은?

① 제2류 위험물 중 인화성 고체
② 제3류 위험물 중 금수성 물질
③ 제4류 위험물
④ 제5류 위험물

14 ★★☆

19년 1회 기출

제6류 위험물의 취급방법에 대한 설명 중 옳지 않은 것은?

① 가연성 물질과의 접촉을 피한다.
② 지정수량의 1/10을 초과할 경우 제2류 위험물과의 혼재를 금한다.
③ 피부와 접촉하지 않도록 주의한다.
④ 위험물제조소에는 "화기엄금" 및 "물기엄금" 주의사항을 표시한 게시판을 반드시 설치하여야 한다.

15 ★★☆

19년 1회 기출

위험물제조소의 배출설비 기준 중 국소방식의 경우 배출능력은 1시간당 배출장소 용적의 몇 배 이상으로 해야 하는가?

① 10배 ② 20배
③ 30배 ④ 40배

16 ★★☆

20년 3회 기출

위험물제조소의 환기설비 설치기준으로 옳지 않은 것은?

① 환기구는 지붕 위 또는 지상 2m 이상의 높이에 설치할 것
② 급기구는 바닥면적 $150m^2$마다 1개 이상으로 할 것
③ 환기는 자연배기방식으로 할 것
④ 급기구는 높은 곳에 설치하고 인화방지망을 설치할 것

17 ★★★

19년 2회 기출

정전기를 유효하게 제거할 수 있는 설비를 설치하고자 할 때 「위험물안전관리법령」에서 정한 정전기 제거방법의 기준으로 옳은 것은?

① 공기 중의 상대습도를 70% 이상으로 하는 방법
② 공기 중의 상대습도를 70% 미만으로 하는 방법
③ 공기 중의 절대습도를 70% 이상으로 하는 방법
④ 공기 중의 절대습도를 70% 미만으로 하는 방법

18 ★★★

18년 1회 기출

제조소에서 위험물을 취급함에 있어서 정전기를 유효하게 제거할 수 있는 방법으로 가장 거리가 먼 것은?

① 접지에 의한 방법
② 공기 중의 상대습도를 70% 이상으로 하는 방법
③ 공기를 이온화하는 방법
④ 부도체 재료를 사용하는 방법

19 ★☆☆

17년 4회 기출

「위험물안전관리법령」상 옥외탱크저장소의 위치 · 구조 및 설비의 기준에서 간막이둑을 설치할 경우 그 용량의 기준으로 옳은 것은?

① 간막이둑 안에 설치된 탱크의 용량의 110% 이상일 것
② 간막이둑 안에 설치된 탱크의 용량 이상일 것
③ 간막이둑 안에 설치된 탱크의 용량의 10% 이상일 것
④ 간막이둑 안에 설치된 탱크의 간막이둑 높이 이상 부분의 용량 이상일 것

20 ★☆☆

17년 1회 기출

특정옥외탱크저장소라 함은 옥외탱크저장소 중 저장 또는 취급하는 액체 위험물의 최대수량이 얼마 이상의 것을 말하는가?

① 50만 리터 이상　② 100만 리터 이상
③ 150만 리터 이상　④ 200만 리터 이상

21 ★☆☆

20년 1회 기출

인화점이 70℃ 이상인 제4류 위험물을 저장 · 취급하는 소화난이도등급I의 옥외탱크저장소(지중탱크 또는 해상탱크 외의 것)에 설치하는 소화설비는?

① 스프링클러소화설비　② 물분무 소화설비
③ 간이소화설비　④ 분말 소화설비

22 ★★★

19년 2회 기출

위험물제조소에 옥내소화전 설비를 3개 설치하였다. 수원의 양은 몇 m^3 이상이어야 하는가?

① $7.8m^3$　② $9.9m^3$
③ $10.4m^3$　④ $23.4m^3$

23 ★★★

18년 1회 기출

「위험물안전관리법령」상 옥내소화전 설비의 설치기준에 따르면 수원의 수량은 옥내소화전이 가장 많이 설치된 층의 옥내소화전 설치개수(설치개수가 5개 이상인 경우는 5개)에 몇 m^3를 곱한 양 이상이 되도록 설치하여야 하는가?

① 2.3　② 2.6
③ 7.8　④ 13.5

24 ★★★

20년 1회 기출

위험물제조소에서 옥내소화전이 1층에 4개, 2층에 6개가 설치되어 있을 때 수원의 수량은 몇 L 이상이 되도록 설치하여야 하는가?

① 13,000　② 15,600
③ 39,000　④ 46,800

25 ★★★

19년 4회 기출

위험물제조소에 옥내소화전을 각 층에 8개씩 설치하도록 할 때 수원의 최소 수량은 얼마인가?

① $13m^3$
② $20.8m^3$
③ $39m^3$
④ $62.4m^3$

26 ★★★

18년 4회 기출

「위험물안전관리법령」상 옥외소화전설비의 옥외소화전이 3개 설치되었을 경우 수원의 수량은 몇 m^3 이상이 되어야 하는가?

① 7
② 20.4
③ 40.5
④ 100

27 ★☆☆

19년 4회 기출

「위험물안전관리법령」상 옥내소화전설비에 관한 기준에 대해 다음 (　　)에 알맞은 수치를 옳게 나열한 것은?

> 옥내소화전설비는 각층을 기준으로 하여 당해 층의 모든 옥내소화전(설치개수가 5개 이상인 경우는 5개의 옥내소화전)을 동시에 사용할 경우에 각 노즐 끝부분의 방수압력이 (ⓐ)kPa 이상이고 방수량이 1분당 (ⓑ)L 이상의 성능이 되도록 할 것

① ⓐ 350, ⓑ 260
② ⓐ 450, ⓑ 260
③ ⓐ 350, ⓑ 450
④ ⓐ 450, ⓑ 450

28 ★☆☆

16년 2회 기출

위험제조소 등에 설치된 옥외소화전설비는 모든 옥외소화전(설치개수가 4개 이상인 경우는 4개의 옥외소화전)을 동시에 사용할 경우에 각 노즐 끝부분의 방수압력은 몇 kPa 이상이어야 하는가?

① 250
② 300
③ 350
④ 450

29 ★☆☆

19년 2회 기출

「위험물안전관리법령」상 소화설비의 설치기준에서 제조소 등에 전기설비(전기배선, 조명기구 등은 제외)가 설치된 경우에는 해당 장소의 면적 몇 m^2마다 소형수동식소화기를 1개 이상 설치하여야 하는가?

① 50
② 75
③ 100
④ 150

30 ★☆☆

17년 4회 기출

「위험물안전관리법령」에서 정한 물분무 소화설비의 설치기준에서 물분무 소화설비의 방사구역은 몇 m^2 이상으로 하여야 하는가? (단, 방호대상물의 표면적이 $150m^2$ 이상인 경우이다.)

① 75
② 100
③ 150
④ 350

31 ★★★

20년 3회 기출

특수인화물이 소화설비 기준 적용상 1소요단위가 되기 위한 용량은?

① 50L ② 100L
③ 250L ④ 500L

32 ★★★

17년 1회 기출

가솔린 저장량이 2,000L일 때 소화설비 설치를 위한 소요단위는?

① 1 ② 2
③ 3 ④ 4

33 ★★★

19년 4회 기출

제조소 건축물로 외벽이 내화구조인 것의 1소요단위는 연면적이 몇 m^2인가?

① 50 ② 100
③ 150 ④ 1,000

34 ★★★

18년 2회 기출

연면적이 1,000m^2이고 외벽이 내화구조인 위험물취급소의 소화설비 소요단위는 얼마인가?

① 5 ② 10
③ 20 ④ 100

35 ★★★

17년 2회 기출

외벽이 내화구조인 위험물저장소 건축물의 연면적이 1,500m^2인 경우 소요단위는?

① 6 ② 10
③ 13 ④ 14

36 ★★★

17년 2회 기출

탄화칼슘 60,000kg을 소요단위로 산정하면?

① 10단위 ② 20단위
③ 30단위 ④ 40단위

37 ★★★

19년 2회 기출

피리딘 20,000리터에 대한 소화설비의 소요단위는?

① 5단위 ② 10단위
③ 15단위 ④ 100단위

38 ★★★

18년 2회 기출

다이에틸에터 2,000L와 아세톤 4,000L를 옥내저장소에 저장하고 있다면 총 소요단위는 얼마인가?

① 5 ② 6
③ 50 ④ 60

39 ★☆☆

16년 2회 기출

「위험물안전관리법령」상 다음 사항을 참고하여 제조소의 소화설비의 소요단위의 합을 옳게 산출한 것은?

가. 제조소 건축물의 연면적은 3,000m^2이다.
나. 제조소 건축물의 외벽은 내화구조이다.
다. 제조소 허가 지정수량은 3,000배이다.
라. 제조소의 옥외 공작물의 최대수평투영면적은 500m^2이다.

① 335 ② 395
③ 400 ④ 440

40 ★☆☆

15년 4회 기출

「위험물안전관리법령」상 자동화재탐지설비를 반드시 설치하여야 할 대상에 해당되지 않는 것은?

① 옥내에서 지정수량 200배의 제3류 위험물을 취급하는 제조소
② 옥내에서 지정수량 200배의 제2류 위험물을 취급하는 일반취급소
③ 지정수량 200배의 제1류 위험물을 저장하는 옥내저장소
④ 지정수량 200배의 고인화점 위험물만을 저장하는 옥내저장소

41 ★★☆

20년 1회 기출

「위험물안전관리법령」상 제조소 등에서의 위험물의 저장 및 취급에 관한 기준에 따르면 보냉장치가 있는 이동저장탱크에 저장하는 다이에틸에터의 온도는 얼마 이하로 유지하여야 하는가?

① 비점 ② 인화점
③ 40℃ ④ 30℃

42 ★★☆

16년 1회 기출

옥외저장탱크 · 옥내저장탱크 또는 지하저장탱크 중 압력탱크에 저장하는 아세트알데하이드 등의 온도는 몇 ℃ 이하로 유지하여야 하는가?

① 30 ② 40
③ 55 ④ 65

43 ★★☆

16년 4회 기출

「위험물안전관리법령」상 위험물의 운반용기 외부에 표시해야 할 사항이 아닌 것은? (단, 용기의 용적은 10L이며 원칙적인 경우에 한한다.)

① 위험물의 화학명 ② 위험물의 지정수량
③ 위험물의 품명 ④ 위험물의 수량

44 ★★★

16년 4회 기출

「위험물안전관리법령」상 제1류 위험물 중 알칼리금속의 과산화물의 운반용기 외부에 표시하여야 하는 주의사항을 모두 나타낸 것은?

① 화기엄금, 충격주의 및 가연물접촉주의
② 화기 · 충격주의, 물기엄금 및 가연물접촉주의
③ 화기주의 및 물기엄금
④ 화기엄금 및 물기엄금

45 ★★★

16년 1회 기출

위험물 운반용기 외부에 표시하여야 하는 주의사항으로 틀린 것은?

① 제1류 위험물 중 알칼리금속의 과산화물: 화기 · 충격주의, 물기엄금 및 가연물접촉주의
② 제2류 위험물 중 인화성 고체: 화기엄금
③ 제4류 위험물: 화기엄금
④ 제6류 위험물: 물기엄금

46 ★★☆

20년 1회 기출

「위험물안전관리법령」에 따른 옥내소화전설비의 기준에서 펌프를 이용한 가압송수장치의 경우 펌프의 전양정(H)을 구하는 식으로 옳은 것은? (단, h_1은 소방용 호스의 마찰손실수두, h_2는 배관의 마찰손실수두, h_3는 낙차이며, h_1, h_2, h_3의 단위는 모두 m이다.)

① $H=h_1+h_2+h_3$
② $H=h_1+h_2+h_3+0.35\text{m}$
③ $H=h_1+h_2+h_3+35\text{m}$
④ $H=h_1+h_2+0.35\text{m}$

47 ★☆☆

19년 4회 기출

위험물제조소 등에 펌프를 이용한 가압송수장치를 사용하는 옥내소화전을 설치하는 경우 펌프의 전양정은 몇 m인가? (단, 소방용 호스의 마찰손실수두는 6m, 배관의 마찰손실수두는 1.7m, 낙차는 32m이다.)

① 56.7　② 74.7
③ 64.7　④ 39.87

48 ★☆☆

16년 4회 기출

「위험물안전관리법령」상 옥내소화전설비의 기준에서 옥내소화전의 개폐밸브 및 호스접속구의 바닥면으로부터 설치높이 기준으로 옳은 것은?

① 1.2m 이하　② 1.2m 이상
③ 1.5m 이하　④ 1.5m 이상

49 ★★☆

19년 2회 기출

「위험물안전관리법령」상 옥내소화전설비의 비상전원은 자가발전설비 또는 축전지 설비로 옥내소화전설비를 유효하게 몇 분 이상 작동할 수 있어야 하는가?

① 10분　② 20분
③ 45분　④ 60분

50 ★★☆

19년 2회 기출

「위험물안전관리법령」상 옥내소화전설비의 기준으로 옳지 않은 것은?

① 소화전함은 화재발생 시 화재 등에 의한 피해의 우려가 많은 장소에 설치하여야 한다.
② 호스접속구는 바닥면으로부터 1.5m 이하의 높이에 설치한다.
③ 가압송수장치의 시동을 알리는 표시등은 적색으로 한다.
④ 별도의 정해진 조건을 충족하는 경우는 가압송수장치의 시동표시등을 설치하지 않을 수 있다.

51 ★☆☆

18년 2회 기출

위험물제조소 등에 옥내소화전설비를 압력수조를 이용한 가압송수장치로 설치하는 경우 압력수조의 최소압력은 몇 MPa인가? (단, 소방용 호스의 마찰손실수두압은 3.2MPa, 배관의 마찰손실수두압은 2.2MPa, 낙차의 환산수두압은 1.79MPa이다.)

① 5.4　② 3.99
③ 7.19　④ 7.54

SUBJECT 02

52 ★☆☆
18년 4회 기출

포소화설비의 가압송수장치에서 압력수조의 압력 산출 시 필요 없는 것은?

① 낙차의 환산수두압
② 배관의 마찰손실수두압
③ 노즐선의 마찰손실수두압
④ 소방용 호스의 마찰손실수두압

53 ★☆☆
19년 1회 기출

위험물제조소 등의 스프링클러설비의 기준에 있어 개방형스프링클러헤드는 스프링클러헤드의 반사판으로부터 하방 및 수평 방향으로 각각 몇 m의 공간을 보유하여야 하는가?

① 하방 0.3m, 수평 방향 0.45m
② 하방 0.3m, 수평 방향 0.3m
③ 하방 0.45m, 수평 방향 0.45m
④ 하방 0.45m, 수평 방향 0.3m

54 ★☆☆
14년 1회 기출

「위험물안전관리법령」에 의거하여 개방형스프링클러헤드를 이용하는 스프링클러설비에 설치하는 수동식 개방밸브를 개방, 조작하는 데 필요한 힘은 몇 kg 이하가 되도록 설치하여야 하는가?

① 5
② 10
③ 15
④ 20

55 ★★☆
17년 1회 기출

폐쇄형스프링클러헤드 부착장소의 평상시의 최고 주위온도가 39℃ 이상 64℃ 미만 일 때 표시온도의 범위로 옳은 것은?

① 58℃ 이상 79℃ 미만
② 79℃ 이상 121℃ 미만
③ 121℃ 이상 162℃ 미만
④ 162℃ 이상

56 ★★☆
14년 1회 기출

「위험물안전관리법령」상 물분무소화설비의 제어밸브는 바닥으로부터 어느 위치에 설치하여야 하는가?

① 0.5m 이상, 1.5m 이하
② 0.8m 이상, 1.5m 이하
③ 1m 이상, 1.5m 이하
④ 1.5m 이상

57 ★☆☆
19년 2회 기출

위험물제조소 등에 설치하는 포소화설비에 있어서 포헤드 방식의 포헤드는 방호대상물의 표면적(m^2) 얼마 당 1개 이상의 헤드를 설치하여야 하는가?

① 3
② 5
③ 9
④ 12

58 ★☆☆

19년 1회 기출

위험물제조소 등에 설치하는 포소화설비의 기준에 따르면 포헤드방식의 포헤드는 방호대상물의 표면적 $1m^2$당 방사량이 몇 L/min 이상의 비율로 계산한 양의 포수용액을 표준방사량으로 방사할 수 있도록 설치하여야 하는가?

① 3.5
② 4
③ 6.5
④ 9

59 ★☆☆

18년 4회 기출

위험물제조소 등에 설치하는 이동식 불활성가스 소화설비의 소화약제 양은 하나의 노즐마다 몇 kg 이상으로 하여야 하는가?

① 30
② 50
③ 60
④ 90

60 ★☆☆

16년 1회 기출

하론 2402를 소화약제로 사용하는 이동식 할로젠화합물 소화설비는 20℃의 온도에서 하나의 노즐마다 분당 방사되는 소화약제의 양(kg)을 얼마 이상으로 하여야 하는가?

① 5
② 35
③ 45
④ 50

61 ★★★

20년 1회 기출

위험물을 저장 또는 취급하는 탱크의 용량 산정방법에 관한 설명으로 옳은 것은?

① 탱크의 내용적에서 공간용적을 뺀 용적으로 한다.
② 탱크의 공간용적에서 내용적을 뺀 용적으로 한다.
③ 탱크의 공간용적에 내용적을 더한 용적으로 한다.
④ 탱크의 볼록하거나 오목한 부분을 뺀 용적으로 한다.

62 ★★★

20년 3회 기출

그림과 같은 위험물 탱크에 대한 내용적 계산방법으로 옳은 것은?

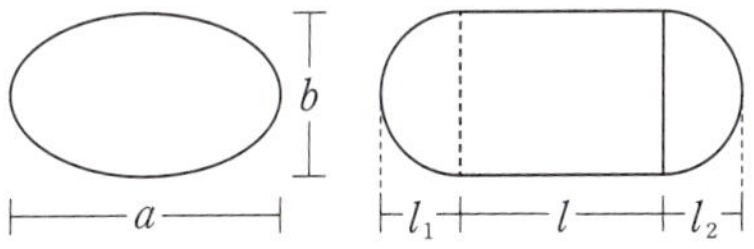

① $\frac{\pi ab}{3}\left(l+\frac{l_1+l_2}{3}\right)$
② $\frac{\pi ab}{4}\left(l+\frac{l_1+l_2}{3}\right)$
③ $\frac{\pi ab}{4}\left(l+\frac{l_1+l_2}{4}\right)$
④ $\frac{\pi ab}{3}\left(l+\frac{l_1+l_2}{4}\right)$

63 ★★★

17년 4회 기출

그림과 같이 양쪽이 볼록한 타원형 위험물 탱크의 내용적은 약 얼마인가? (단, 단위는 m이다.)

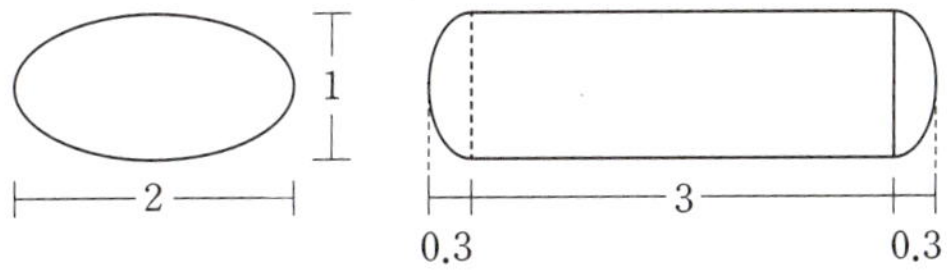

① $5.03m^3$
② $7.02m^3$
③ $9.03m^3$
④ $19.05m^3$

64 ★★★

17년 2회 기출

다음과 같은 위험물을 저장하는 탱크의 내용적은 약 몇 m^3인가? (단, r은 10m, L은 25m이다.)

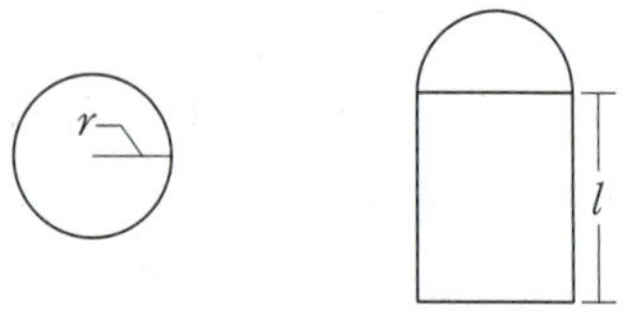

① 3,612
② 4,754
③ 5,812
④ 7,854

65 ★★☆

16년 2회 기출

「위험물안전관리법령」상 다음 암반탱크의 공간용적은 얼마인가?

- 암반탱크의 내용적 100억 리터
- 탱크 내에 용출하는 1일 동안 지하수의 양 2천만 리터

① 2천만 리터
② 2억 리터
③ 1억 4천만 리터
④ 100억 리터

66 ★☆☆

17년 4회 기출

위험물을 저장하기 위해 제작한 이동저장탱크의 내용적이 20,000L인 경우 위험물 허가를 위해 산정할 수 있는 이 탱크의 최대용량은 지정수량의 몇 배인가? (단, 저장하는 위험물은 비수용성 제2석유류이며 비중은 0.8, 차량의 최대적재량은 15톤이다.)

① 21배
② 18.75배
③ 12배
④ 9.375배

67 ★★☆

20년 3회 기출

위험물제조소 등에 설치하는 옥외소화전설비에 있어서 옥외소화전함은 옥외소화전으로부터 보행거리 몇 m 이하의 장소에 설치하는가?

① 2
② 3
③ 5
④ 10

68 ★☆☆

15년 2회 기출

「위험물안전관리법령」에 따라 특정옥외저장탱크를 원통형으로 설치하고자 한다. 지반면으로부터의 높이가 16m일 때 이 탱크가 받는 풍하중은 $1m^2$당 얼마 이상으로 계산하여야 하는가? (단, 강풍을 받을 우려가 있는 장소에 설치하는 경우는 제외한다.)

① 0.7640kN
② 1.2348kN
③ 1.6464kN
④ 2.348kN

69 ★★☆

14년 1회 기출

위험물제조소 등에 설치하는 전역방출방식의 이산화탄소 소화설비 분사헤드의 방사압력은 고압식의 경우 몇 MPa 이상이어야 하는가?

① 1.05
② 1.7
③ 2.1
④ 2.6

70 ★★★

18년 1회 기출

「위험물안전관리법령」상 전역방출방식 또는 국소방출방식의 불활성가스 소화설비 저장용기의 설치기준으로 틀린 것은?

① 온도가 40℃ 이하이고 온도 변화가 적은 장소에 설치할 것
② 저장용기의 외면에 소화약제의 종류와 양, 제조년도 및 제조자를 표시할 것
③ 직사일광 및 빗물이 침투할 우려가 적은 장소에 설치할 것
④ 방호구역 내의 장소에 설치할 것

71 ★☆☆

16년 4회 기출

「위험물안전관리법령」에 따른 불활성가스 소화설비의 저장용기 설치기준으로 틀린 것은?

① 방호구역 외의 장소에 설치할 것
② 저장용기에는 안전장치(용기밸브에 설치되어 있는 것은 제외)를 설치할 것
③ 저장용기의 외면에 소화약제의 종류와 양, 제조년도 및 제조자를 표시할 것
④ 온도가 섭씨 40도 이하이고 온도 변화가 적은 장소에 설치할 것

72 ★★☆

20년 3회 기출

「위험물안전관리법령」상 전역방출방식 또는 국소방출방식의 분말 소화설비의 기준에서 가압식의 분말 소화설비에는 얼마 이하의 압력으로 조정할 수 있는 압력조정기를 설치하여야 하는가?

① 2.0MPa　② 2.5MPa
③ 3.0MPa　④ 5MPa

73 ★★☆

17년 4회 기출

「위험물안전관리법령」상 전역방출방식의 분말 소화설비에서 분사헤드의 방사압력은 몇 MPa 이상이어야 하는가?

① 0.1　② 0.5
③ 1　④ 3

74 ★★☆

10년 4회 기출

전역방출방식 분말 소화설비의 분사헤드는 기준에서 정하는 소화약제의 양을 몇 초 이내에 균일하게 방사해야 하는가?

① 10　② 15
③ 20　④ 30

75 ★★☆

19년 1회 기출

이산화탄소 소화설비의 소화약제 방출방식 중 전역방출방식 소화설비에 대한 설명으로 옳은 것은?

① 발화위험 및 연소위험이 적고 광대한 실내에서 특정장치나 기계만을 방호하는 방식
② 일정 방호구역 전체에 방출하는 경우 해당 부분의 구획을 밀폐하여 불연성 가스를 방출하는 방식
③ 일반적으로 개방되어 있는 대상물에 대하여 설치하는 방식
④ 사람이 용이하게 소화활동을 할 수 있는 장소에서는 호스를 연장하여 소화활동을 행하는 방식

SUBJECT 03

위험물 성상 및 취급

합격 치트키

01 제1류 위험물
02 제2류 위험물
03 제3류 위험물
04 제4류 위험물
05 제5류 위험물
06 제6류 위험물
07 위험물 운송 · 운반
08 위험물제조소 등의 유지관리

합격 치트키 무료강의 바로보기

최신 10개년 기출문제 분석결과

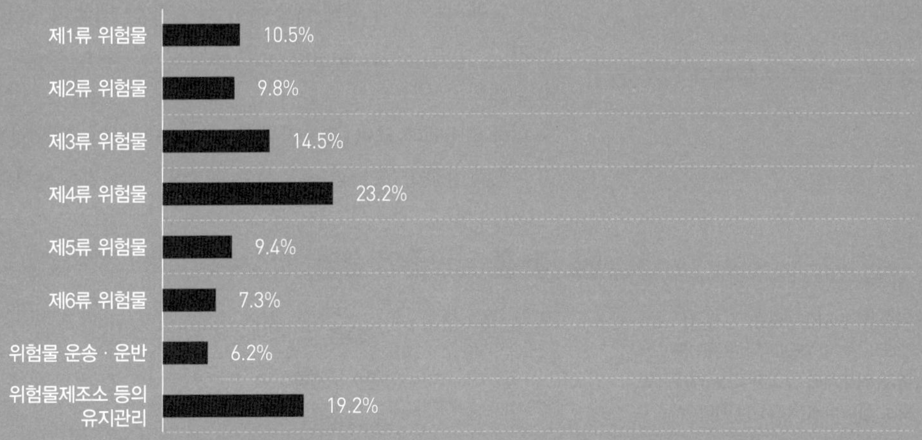

※ 문항 분류방법에 따라 세부 수치는 달라질 수 있음

학습전략

❶ 제1류~제6류 위험물은 가장 중요한 유형

위험물산업기사에서 가장 중요한 유형은 제1류~제6류 위험물입니다. 이 유형의 출제비중을 전부 합하면 약 75%로 사실상 3과목에서는 대부분 위험물과 관련된 문제가 출제된다고 볼 수 있습니다.

제1류~제6류 위험물과 관련된 내용은 실기에도 많이 출제되므로 기본개념은 정확하게 이해하고 지정수량, 소화방법 등 암기해야 할 부분은 확실하게 암기해야 합니다.

❷ 위험물에 대한 성질이 이해가 되지 않는다면 무료특강 활용

위험물의 분류는 법에 나온 기준대로 한 것이지만 위험물의 물리 · 화학적 성질에 따라서 비슷한 성질을 가진 것끼리 모아 놓은 것입니다.

교재의 해설만 보고 위험물의 성질이 이해가 되지 않는다면 교재 구매혜택으로 제공하는 위험물 특강을 수강한 뒤 문제를 풀면 도움이 됩니다.

❸ 제1류~제6류 위험물 외의 유형은 암기 위주로 접근

위험물 운송 · 운반, 위험물제조소 등의 유지관리 유형은 법에 나온 기준을 묻는 문제가 주로 출제되므로 암기 위주로 접근해야 합니다.

위험물안전관리법에 나와 있는 전체 기준을 모두 암기하기는 어렵기 때문에 기출문제에 나온 내용 위주로 암기하기는 것이 좋습니다.

합격 치트키

01 제1류 위험물

핵심이론+기출

제1류 위험물의 출제비율은 약 11%입니다.
제1류 위험물과 관련된 문제 중에서는 열분해했을 때 발생하는 기체와 물로 소화할 수 없는 위험물과 관련된 문제가 주로 출제됩니다.
제1류 위험물은 다른 위험물에 비해서는 쉬운 문제가 출제되기 때문에 관련 문제가 출제되었을 때 반드시 맞혀야 하는 문제로 생각해야 합니다.

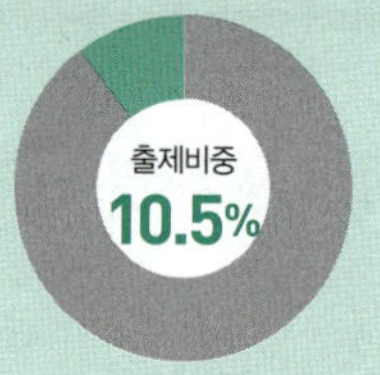

기출 TIP

제1류 위험물의 기본적인 성질과 분해되었을 때 발생하는 가스에 대한 내용이 자주 출제된다.

1 제1류 위험물의 일반적인 성질

① 산소를 포함하고 있는 산화성 고체로 자체로는 불연성 물질이다.
② 상온에서는 고체 상태이고 무색 결정 또는 백색의 분말이다.
③ 가열, 충격, 마찰, 충격을 주면 폭발할 수 있다.
④ 분해되면 산소를 방출한다.
⑤ 비중은 1보다 크며 질산염류과 같이 조해성이 있는 것도 있다.
⑥ 무기과산화물은 물과 반응하여 산소와 열을 발생시킨다.

위험물의 지정수량은 자체적으로도 자주 출제되고 다른 문제를 풀기 위해서도 알아야 하는 내용으로 정확하게 암기해야 한다.

2 제1류 위험물의 품명, 지정수량

품명	지정수량
아염소산염류	50kg
염소산염류	50kg
과염소산염류	50kg
무기과산화물	50kg
브로민산염류	300kg
질산염류	300kg
아이오딘산염류	300kg
과망가니즈산염류	1,000kg
다이크로뮴산염류	1,000kg
그 밖에 행정안전부령으로 정하는 것	50kg, 300kg 또는 1,000kg

10개년 기출문제에서 자주 출제된 화학식만 모아놓은 부분으로 이 화학식은 정확하게 암기해야 한다.

3 자주 출제되는 제1류 위험물의 화학식

① 아염소산나트륨(아염소산염류): $NaClO_2$
② 염소산칼륨(염소산염류): $KClO_3$, 염소산나트륨(염소산염류): $NaClO_3$
③ 과염소산나트륨(과염소산염류): $NaClO_4$
④ 과산화칼륨(무기과산화물): K_2O_2, 과산화나트륨(무기과산화물): Na_2O_2
⑤ 질산칼륨(질산염류): KNO_3, 질산암모늄(질산염류): NH_4NO_3
⑥ 과망가니즈산칼륨(과망가니즈산염류): $KMnO_4$

4 제1류 위험물의 세부적인 성질

① 제1류 위험물인 질산칼륨(KNO_3)에 제2류 위험물인 황(S)과 탄소(숯)을 혼합하면 흑색화약이 된다.

② 질산염류는 물에 잘 녹고 에터에는 녹지 않는다.

③ 제1류 위험물은 대부분 분해되면 산소가 발생된다.

염소산칼륨의 분해반응식: $2KClO_3 \longrightarrow 2KCl + 3O_2\uparrow$
염소산나트륨의 분해반응식: $2NaClO_3 \longrightarrow 2NaCl + 3O_2\uparrow$
아염소산나트륨의 분해반응식: $NaClO_2 \longrightarrow NaCl + O_2\uparrow$
과산화칼륨의 분해반응식: $2K_2O_2 \longrightarrow 2K_2O + O_2\uparrow$
질산암모늄의 분해반응식: $2NH_4NO_3 \longrightarrow 4H_2O + 2N_2\uparrow + O_2\uparrow$

기출 TIP

제1류 위험물이 분해되었을 때 생성되는 물질에 대한 문제가 자주 출제된다.

5 과산화칼륨의 다양한 반응

① 과산화칼륨(K_2O_2)이 분해되면 산소(O_2)가 발생한다.

② 과산화칼륨(K_2O_2)이 물(H_2O)과 반응하면 산소(O_2)가 발생한다.

③ 과산화칼륨(K_2O_2)이 염산(HCl)과 반응하면 과산화수소(H_2O_2)가 발생한다.

④ 과산화칼륨(K_2O_2)이 이산화탄소(CO_2)와 반응하면 산소(O_2)가 발생한다.

$2K_2O_2 \longrightarrow 2K_2O + O_2\uparrow$
$2K_2O_2 + 2H_2O \longrightarrow 4KOH + O_2\uparrow$
$K_2O_2 + 2HCl \longrightarrow 2KCl + H_2O_2$
$2K_2O_2 + 2CO_2 \longrightarrow 2K_2CO_3 + O_2\uparrow$

과산화칼륨과 관련해서는 다양한 반응식이 출제되므로 네 가지 반응식은 암기해야 한다.

6 제1류 위험물의 소화방법

① 무기과산화물을 제외하고는 다량의 물을 사용하여 소화한다.

② 무기과산화물은 물을 만나면 산소와 열을 발생시킨다.

과산화나트륨과 물의 반응식: $2Na_2O_2 + 2H_2O \longrightarrow 4NaOH + O_2\uparrow$
과산화칼륨과 물의 반응식: $2K_2O_2 + 2H_2O \longrightarrow 4KOH + O_2\uparrow$

③ 무기과산화물에서 화재가 발생한 경우 탄산수소염류분말 소화기, 건조사(마른모래), 팽창질석 또는 팽창진주암으로 소화한다.

제1류 위험물 중에서는 무기과산화물의 소화방법이 다른 것에 주의해야 한다.

7 제1류 위험물의 저장 및 취급방법

① 가연물, 직사광선 및 화기를 피하고 통풍이 잘 되는 차가운 곳에 저장한다.

② 저장 및 취급 중에 충격, 마찰 등을 가하지 않는다.

③ 무기과산화물인 경우 물과의 접촉을 피한다.

④ 환원제, 산화되기 쉬운 물질, 제2류, 제3류, 제4류, 제5류 위험물과의 접촉 및 혼합을 금지한다.

⑤ 강산(HCl 등)과의 접촉을 금한다.

SUBJECT 03

01 ★★★
20년 1회 기출

다음 중 제1류 위험물에 해당하는 것은?

① 염소산칼륨 ② 수산화칼륨
③ 수소화칼륨 ④ 아이오딘화칼륨

02 ★★★
CBT 복원

「위험물안전관리법령」상 제1류 위험물의 품명에 해당되지 않는 것은?

① 염소산염류 ② 무기과산화물
③ 유기과산화물 ④ 다이크로뮴산염류

03 ★★☆
17년 4회 기출

다음 중 제1류 위험물의 과염소산염류에 속하는 것은?

① $KClO_3$ ② $NaClO_4$
③ $HClO_4$ ④ $NaClO_2$

04 ★☆☆
19년 2회 기출

다음 보기에서 열거한 위험물의 지정수량을 모두 합산한 값은?

> 과아이오딘산, 과아이오딘산염류, 과염소산, 과염소산염류

① 450kg ② 500kg
③ 950kg ④ 1,200kg

05 ★★★
18년 4회 기출

제1류 위험물에 관한 설명으로 틀린 것은?

① 조해성이 있는 물질이 있다.
② 물보다 비중이 큰 물질이 많다.
③ 대부분 산소를 포함하는 무기화합물이다.
④ 분해하여 방출된 산소에 의해 자체 연소한다.

06 ★★★
20년 1회 기출

제1류 위험물로서 조해성이 있으며 흑색화약의 원료로 사용하는 것은?

① 염소산칼륨 ② 과염소산나트륨
③ 과망간산암모늄 ④ 질산칼륨

07 ★☆☆
19년 2회 기출

연소 시에는 푸른 불꽃을 내며, 산화제와 혼합되어 있을 때 가열이나 충격 등에 의하여 폭발할 수 있으며 흑색화약의 원료로 사용되는 물질은?

① 적린 ② 마그네슘
③ 황 ④ 아연분

08 ★☆☆
19년 4회 기출

질산칼륨에 대한 설명 중 틀린 것은?

① 무색의 결정 또는 백색분말이다.
② 비중이 약 0.81, 녹는점은 약 200℃이다.
③ 가열하면 열분해하여 산소를 방출한다.
④ 흑색화약의 원료로 사용된다.

09 ★☆☆
18년 1회 기출

질산염류의 일반적인 성질에 대한 설명으로 옳은 것은?

① 무색 액체이다.
② 물에 잘 녹는다.
③ 물에 녹을 때 흡열반응을 나타내는 물질은 없다.
④ 과염소산염류보다 충격, 가열에 불안정하여 위험성이 크다.

10 ★★☆
20년 3회 기출

염소산칼륨에 대한 설명 중 틀린 것은?

① 촉매 없이 가열하면 약 400℃에서 분해한다.
② 열분해하여 산소를 방출한다.
③ 불연성 물질이다.
④ 물, 알코올, 에터에 잘 녹는다.

11 ★☆☆
17년 1회 기출

염소산칼륨에 대한 설명으로 옳은 것은?

① 강한 산화제이며 열분해하여 염소를 발생한다.
② 폭약의 원료로 사용된다.
③ 점성이 있는 액체이다.
④ 녹는점이 700℃ 이상이다.

12 ★★☆
17년 1회 기출

질산암모늄에 관한 설명 중 틀린 것은?

① 상온에서 고체이다.
② 폭약의 제조 원료로 사용할 수 있다.
③ 흡습성과 조해성이 있다.
④ 물과 반응하여 발열하고 다량의 가스를 발생한다.

13 ★★☆
CBT 복원

염소산나트륨의 성질로 틀린 것은?

① 무색의 결정이다.
② 환원력이 강하다.
③ 화재 발생 시 물로 소화한다.
④ 강한 산과 혼합하면 폭발할 수 있다.

14 ★★★
17년 2회 기출

염소산나트륨이 열분해하였을 때 발생하는 기체는?

① 나트륨 ② 염화수소
③ 염소 ④ 산소

15 ★★★ 19년 1회 기출

아염소산나트륨이 완전열분해하였을 때 발생하는 기체는?

① 산소 ② 염화수소
③ 수소 ④ 포스겐

16 ★★☆ 19년 2회 기출

염소산칼륨이 고온에서 완전열분해할 때 주로 생성되는 물질은?

① 칼륨과 물 및 산소 ② 염화칼륨과 산소
③ 이염화칼륨과 수소 ④ 칼륨과 물

17 ★★★ 19년 2회 기출

과산화칼륨에 대한 설명으로 옳지 않은 것은?

① 염산과 반응하여 과산화수소를 생성한다.
② 탄산가스와 반응하여 산소를 생성한다.
③ 물과 반응하여 수소를 생성한다.
④ 물과의 접촉을 피하고 밀전하여 저장한다.

18 ★★☆ 18년 1회 기출

과산화칼륨이 다음과 같이 반응하였을 때 공통적으로 포함된 물질(기체)의 종류가 나머지 셋과 다른 하나는?

① 가열하여 열분해 하였을 때
② 물(H_2O)과 반응하였을 때
③ 염산(HCl)과 반응하였을 때
④ 이산화탄소(CO_2)와 반응하였을 때

19 ★★☆ 19년 1회 기출

과산화나트륨이 물과 반응할 때의 변화를 가장 옳게 설명한 것은?

① 산화나트륨과 수소를 발생한다.
② 물을 흡수하여 탄산나트륨이 된다.
③ 산소를 방출하며 수산화나트륨이 된다.
④ 서서히 물에 녹아 과산화나트륨의 안정한 수용액이 된다.

20 ★★★ 18년 4회 기출

다음 중 물과 반응하여 산소를 발생하는 것은?

① $KClO_3$ ② Na_2O_2
③ $KClO_4$ ④ CaC_2

21 ★★☆ 17년 4회 기출

다음 중 물과 반응하여 산소와 열을 발생하는 것은?

① 염소산칼륨 ② 과산화나트륨
③ 금속 나트륨 ④ 과산화벤조일

22 ★★☆ 17년 2회 기출

위험물에 화재가 발생하였을 경우 물과의 반응으로 인해 주수소화가 적당하지 않은 것은?

① CH_3ONO_2 ② $KClO_3$
③ Li_2O_2 ④ P

23 ★★☆

18년 2회 기출

「위험물안전관리법령」상 염소산염류에 대해 적응성이 있는 소화설비는?

① 탄산수소염류분말 소화설비
② 포소화설비
③ 불활성가스 소화설비
④ 할로젠화합물 소화설비

24 ★★☆

18년 2회 기출

위험물의 저장 및 취급에 대한 설명으로 틀린 것은?

① H_2O_2: 직사광선을 차단하고 찬 곳에 저장한다.
② MgO_2: 습기의 존재하에서 산소를 발생하므로 특히 방습에 주의한다.
③ $NaNO_3$: 조해성이 있으므로 습기에 주의한다.
④ K_2O_2: 물과 반응하지 않으므로 물속에 저장한다.

25 ★★★

17년 1회 기출

과산화나트륨의 화재 시 적응성이 있는 소화설비로만 나열된 것은?

① 포소화기, 건조사
② 건조사, 팽창질석
③ 이산화탄소 소화기, 건조사, 팽창질석
④ 포소화기, 건조사, 팽창질석

26 ★★☆

19년 4회 기출

질산암모늄이 가열분해하여 폭발이 되었을 때 발생되는 물질이 아닌 것은?

① 질소 ② 물
③ 산소 ④ 수소

27 ★★☆

19년 4회 기출

다음 중 과망가니즈산칼륨과 혼촉하였을 때 위험성이 가장 낮은 물질은?

① 물 ② 다이에틸에터
③ 글리세린 ④ 염산

28 ★☆☆

18년 2회 기출

다음 위험물 중 가열 시 분해온도가 가장 낮은 물질은?

① $KClO_3$ ② Na_2O_2
③ NH_4ClO_4 ④ KNO_3

29 ★☆☆

18년 2회 기출

다음 중 물에 대한 용해도가 가장 낮은 물질은?

① $NaClO_3$ ② $NaClO_4$
③ $KClO_4$ ④ NH_4ClO_4

합격 치트키

02 제2류 위험물

핵심이론+기출

제2류 위험물의 출제비율은 약 10% 정도로 다른 위험물에 비해서는 출제비중이 약간 작은 편이고, 내용도 비교적 쉬운 편입니다.
제2류 위험물 관련 문제 중에서는 물과 만나면 위험한 반응을 하는 위험물에 대한 문제가 자주 출제됩니다. 제2류 위험물 중에서도 철분, 금속분, 마그네슘 등은 물과 위험한 반응을 하므로 관련 내용을 정확하게 이해해야 합니다.

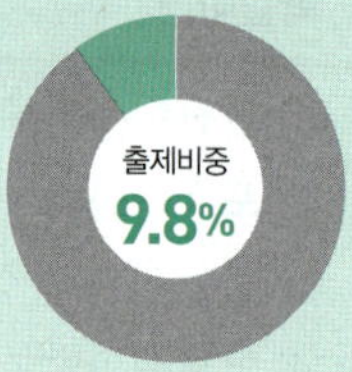

기출 TIP

제2류 위험물의 기본적인 성질에 대한 문제는 자주 출제되므로 대비가 필요하다.

1 제2류 위험물의 일반적인 성질

① 가연성 고체로서 낮은 온도에서도 착화하기 쉽다.
② 대체로 비중은 1보다 크고 물에 녹지 않는다.
③ 산소를 포함하지 않는 강한 환원성 물질이고 대부분 무기화합물이다.
④ 산화되기 쉽고 산소와 쉽게 결합한다.
⑤ 철분, 금속분, 마그네슘은 물과 산과의 접촉을 피해야 한다.

위험물의 지정수량은 자체적으로도 출제되고 다른 문제를 풀기 위해서도 알아야 하는 내용으로 정확하게 암기해야 한다.

2 제2류 위험물의 품명, 지정수량

품명	지정수량
황화인	100kg
적린	100kg
황	100kg
철분	500kg
금속분	500kg
마그네슘	500kg
그 밖에 행정안전부령으로 정하는 것	100kg 또는 500kg
인화성 고체	1,000kg

제2류 위험물 중에서는 위험물의 정의와 위험물로 간주되는 조건이 주로 출제된다.

3 제2류 위험물의 세부사항

① 금속분: 알칼리금속 · 알칼리토류금속 · 철 및 마그네슘 외의 금속의 분말을 말하고, 구리분 · 니켈분 및 150마이크로미터의 체를 통과하는 것이 50중량퍼센트 미만인 것은 제외한다.
② 인화성 고체: 고형알코올, 그 밖에 1기압에서 인화점이 40℃ 미만인 고체이다.
③ 황: 순도가 60중량퍼센트 이상인 것을 말하며, 순도 측정을 하는 경우 불순물은 활석 등 불연성 물질과 수분으로 한정한다.
④ 철분: 철의 분말로서 53마이크로미터의 표준체를 통과하는 것이 50중량퍼센트 미만인 것은 제외한다.

4 금속분, 마그네슘과 물의 반응

① 알루미늄분은 제2류 위험물 중 금속분에 해당된다.
② 알루미늄(Al)이 물과 반응하면 수소 기체(H_2)가 발생한다.

$$2Al + 6H_2O \longrightarrow 2Al(OH)_3 + 3H_2\uparrow$$

③ 마그네슘(Mg)은 뜨거운 물이나 과열된 수증기와 만나면 수소 기체(H_2)가 발생된다.

$$Mg + 2H_2O \longrightarrow Mg(OH)_2 + H_2\uparrow$$

> 기출 TIP
>
> 알루미늄, 마그네슘이 물과 반응하는 것과 관련된 문제가 자주 출제된다.

5 황화인

① 삼황화인(P_4S_3), 오황화인(P_2S_5), 칠황화인(P_4S_7)의 세 가지 종류가 있다.
② 오황화인(P_2S_5), 칠황화인(P_4S_7)은 조해성이 있지만 삼황화인(P_4S_3)만 조해성이 없다.
③ 오황화인(P_2S_5)이 물과 반응하면 독성이 있고 가연성도 있는 황화수소(H_2S)가 발생한다.

$$P_2S_5 + 8H_2O \longrightarrow 2H_3PO_4 + 5H_2S\uparrow$$

④ 오황화인이 물과 반응하여 생성된 황화수소(H_2S)는 썩은 달걀냄새가 나고 가연성, 유독성이 있다.
⑤ 오황화인(P_2S_5)이 연소되면 이산화황(SO_2)과 오산화인(P_2O_5)이 발생한다.

$$2P_2S_5 + 15O_2 \longrightarrow 10SO_2 + 2P_2O_5$$

⑥ 삼황화인(P_4S_3)은 공기 중에서 약 100℃에서 발화하고, 마찰에 의해서도 쉽게 연소한다.

> 황화인은 종류가 다양하고 자주 출제되므로 관련 내용을 정확하게 암기해야 한다.

6 제2류 위험물의 소화방법

① 황은 물에 의한 냉각소화가 가능하다.
② 금속분, 철분, 마그네슘에서 화재가 발생한 경우 물을 부으면 수소 기체가 발생하여 폭발 위험이 있으므로 주의해야 한다.
③ 금속분, 철분, 마그네슘에서 화재가 발생한 경우 탄산수소염류분말 소화설비, 건조사, 팽창질석 또는 팽창진주암을 이용하여 소화한다.
④ 적린은 물에 의한 냉각소화가 가능하다.
⑤ 인화성 고체는 물에 의한 냉각소화가 가능하다.

> 제2류 위험물 중에서 물로 소화할 수 없는 위험물에 대한 문제가 자주 출제된다.

7 제2류 위험물의 저장 및 취급방법

① 화기엄금, 가열, 충격, 마찰을 피하여 저장 및 취급한다.
② 산화제와 접촉하지 않도록 저장한다.
③ 산이나 물, 습기와의 접촉을 피한다.
④ 저장 용기는 밀폐하여 저장하여 습기나 빗물이 침투하지 않도록 한다.
⑤ 분말 형태의 위험물은 분말이 비산하지 않도록 밀봉하여 저장한다.
⑥ 분말 취급 시에는 환기가 잘 되게 하여야 한다.

01 ★★★

18년 4회 기출

「위험물안전관리법령」에서 정한 위험물의 지정수량으로 틀린 것은?

① 적린: 100kg ② 황화인: 100kg
③ 마그네슘: 100kg ④ 금속분: 500kg

02 ★★★

17년 4회 기출

다음 표의 빈칸(㉠, ㉡)에 알맞은 품명은?

품명	지정수량
㉠	100kg
㉡	1,000kg

① ㉠: 철분, ㉡: 인화성 고체
② ㉠: 적린, ㉡: 인화성 고체
③ ㉠: 철분, ㉡: 마그네슘
④ ㉠: 적린, ㉡: 마그네슘

03 ★★★

18년 1회 기출

「위험물안전관리법령」상 위험물의 지정수량이 틀리게 짝지어진 것은?

① 황화인－50kg ② 적린－100kg
③ 철분－500kg ④ 금속분－500kg

04 ★★★

CBT 복원

「위험물안전관리법령」상 제2류 위험물인 마그네슘에 대한 설명으로 틀린 것은?

① 온수와 반응하여 수소 가스를 발생한다.
② 질소기류에서 강하게 가열하면 질화마그네슘이 된다.
③「위험물안전관리법령」상 품명은 금속분이다.
④ 지정수량은 500kg이다.

05 ★★☆

16년 4회 기출

「위험물안전관리법령」에서 정의한 철분의 정의로 옳은 것은?

① 철분이라 함은 철의 분말로서 53마이크로미터의 표준체를 통과하는 것이 50중량퍼센트 미만인 것은 제외한다.
② 철분이라 함은 철의 분말로서 50마이크로미터의 표준체를 통과하는 것이 53중량퍼센트 미만인 것은 제외한다.
③ 철분이라 함은 철의 분말로서 53마이크로미터의 표준체를 통과하는 것이 50부피퍼센트 미만인 것은 제외한다.
④ 철분이라 함은 철의 분말로서 50마이크로미터의 표준체를 통과하는 것이 53부피퍼센트 미만인 것은 제외한다.

06 ★★☆

CBT 복원

「위험물안전관리법령」상 고형알코올에 대한 설명으로 옳은 것은?

① 지정수량은 500kg이다.
② 이산화탄소 소화설비에 의해 소화된다.
③ 제4류 위험물에 해당된다.
④ 운반용기 외부에 "화기주의"라고 표기한다.

07 ★★★

17년 1회 기출

제2류 위험물의 일반적인 특징에 대한 설명으로 가장 옳은 것은?

① 비교적 낮은 온도에서 연소하기 쉬운 물질이다.
② 위험물 자체 내에 산소를 갖고 있다.
③ 연소속도가 느리지만 지속적으로 연소한다.
④ 대부분 물보다 가볍고 물에 잘 녹는다.

08 ★★★

16년 4회 기출

제2류 위험물의 화재에 대한 일반적인 특징으로 옳은 것은?

① 연소속도가 빠르다.
② 산소를 함유하고 있어 질식소화는 효과가 없다.
③ 화재 시 자신이 환원되고 다른 물질을 산화시킨다.
④ 연소열이 거의 없어 초기화재 시 발견이 어렵다.

09 ★★☆

20년 1회 기출

적린에 대한 설명으로 옳은 것은?

① 발화 방지를 위해 염소산칼륨과 함께 보관한다.
② 물과 격렬하게 반응하여 열을 발생한다.
③ 공기 중에 방치하면 자연발화한다.
④ 산화제와 혼합한 경우 마찰 · 충격에 의해서 발화한다.

10 ★★★

20년 3회 기출

다음 중 물이 접촉되었을 때 위험성(반응성)이 가장 작은 것은?

① Na_2O_2　② Na
③ MgO_2　④ S

11 ★☆☆

17년 2회 기출

알루미늄의 연소 생성물을 옳게 나타낸 것은?

① Al_2O_3　② $Al(OH)_3$
③ Al_2O_3, H_2O　④ $Al(OH)_3$, H_2O

12 ★★★

19년 1회 기출

알루미늄분의 연소 시 주수소화하면 위험한 이유를 옳게 설명한 것은?

① 물에 녹아 산이 된다.
② 물과 반응하여 유독가스가 발생한다.
③ 물과 반응하여 수소 가스가 발생한다.
④ 물과 반응하여 산소 가스가 발생한다.

13 ★★★

18년 4회 기출

금속분의 화재 시 주수소화를 할 수 없는 이유는?

① 산소가 발생하기 때문에
② 수소가 발생하기 때문에
③ 질소가 발생하기 때문에
④ 이산화탄소가 발생하기 때문에

14 ★★★

16년 2회 기출

마그네슘에 화재가 발생하여 물을 주수하였다. 그에 대한 설명으로 옳은 것은?

① 냉각소화효과에 의해서 화재가 진압된다.
② 주수된 물이 증발하여 질식소화효과에 의해서 화재가 진압된다.
③ 수소가 발생하여 폭발 및 화재 확산의 위험성이 증가한다.
④ 물과 반응하여 독성가스를 발생한다.

15 ★☆☆

19년 1회 기출

묽은 질산에 녹고, 비중이 약 2.7인 은백색 금속은?

① 아연분　② 마그네슘분
③ 안티몬분　④ 알루미늄분

16 ★★★

20년 1회 기출

삼황화인과 오황화인의 공통 연소 생성물을 모두 나타낸 것은?

① H_2S, SO_2　② P_2O_5, H_2S
③ SO_2, P_2O_5　④ H_2S, SO_2, P_2O_5

17 ★★☆

17년 4회 기출

황의 연소 생성물과 그 특성을 옳게 나타낸 것은?

① SO_2, 유독가스　② SO_2, 청정가스
③ H_2S, 유독가스　④ H_2S, 청정가스

18 ★★☆

18년 4회 기출

연소 생성물로 이산화황이 생성되지 않는 것은?

① 황린　② 삼황화인
③ 오황화인　④ 황

19 ★★★

19년 1회 기출

적린과 오황화인의 공통 연소 생성물은?

① SO_2　② H_2S
③ P_2O_5　④ H_3PO_4

20 ★★★

19년 4회 기출

오황화인이 물과 작용해서 발생하는 기체는?

① 이황화탄소　② 황화수소
③ 포스겐 가스　④ 인화수소

21 ★★★

19년 4회 기출

황화인에 대한 설명으로 틀린 것은?

① 고체이다.
② 가연성 물질이다.
③ P_4S_3, P_2S_5 등의 물질이 있다.
④ 물질에 따른 지정수량은 50kg, 100kg 등이 있다.

22 ★★☆

19년 1회 기출

오황화인에 관한 설명으로 옳은 것은?

① 물과 반응하면 불연성 기체가 발생된다.
② 담황색 결정으로서 흡습성과 조해성이 있다.
③ P_2S_5로 표현되며 물에 녹지 않는다.
④ 공기 중 상온에서 쉽게 자연발화한다.

23 ★★☆

CBT 복원

오황화인의 저장 및 취급방법으로 틀린 것은?

① 물속에 밀봉하여 저장한다.
② 산화제와의 접촉을 피한다.
③ 불꽃의 접근이나 가열을 피한다.
④ 용기의 파손, 위험물의 누출에 주의한다.

24 ★★☆

17년 1회 기출

다음 중 조해성이 있는 황화인만 모두 선택하여 나열한 것은?

P_4S_3, P_2S_5, P_4S_7

① P_4S_3, P_2S_5
② P_4S_3, P_4S_7
③ P_2S_5, P_4S_7
④ P_4S_3, P_2S_5, P_4S_7

25 ★★★

20년 1회 기출

과염소산칼륨과 적린을 혼합하는 것이 위험한 이유로 가장 타당한 것은?

① 마찰열이 발생하여 과염소산칼륨이 자연발화할 수 있기 때문에
② 과염소산칼륨이 연소하면서 생성된 연소열이 적린을 연소시킬 수 있기 때문에
③ 산화제인 과염소산칼륨과 가연물인 적린이 혼합하면 가열, 충격 등에 의해 연소 · 폭발할 수 있기 때문에
④ 혼합하면 용해되어 액상 위험물이 되기 때문에

26 ★★★

17년 4회 기출

위험물의 화재발생 시 적응성이 있는 소화설비의 연결로 틀린 것은?

① 마그네슘 – 포소화기
② 황린 – 포소화기
③ 인화성 고체 – 이산화탄소 소화기
④ 등유 – 이산화탄소 소화기

27 ★★★

18년 4회 기출

「위험물안전관리법령」상 제2류 위험물 중 철분의 화재에 적응성이 있는 소화설비는?

① 물분무 소화설비
② 포소화설비
③ 탄산수소염류분말 소화설비
④ 할로젠화합물 소화설비

28 ★★☆

18년 1회 기출

가연성 고체 위험물의 화재에 대한 설명으로 틀린 것은?

① 적린과 황은 물에 의한 냉각소화를 한다.
② 금속분, 철분, 마그네슘이 연소하고 있을 때에는 주수해서는 안 된다.
③ 금속분, 철분, 마그네슘, 황화인은 건조사, 팽창질석 등으로 소화한다.
④ 금속분, 철분, 마그네슘의 연소 시에는 수소와 유독가스가 발생하므로 충분한 안전거리를 확보해야 한다.

합격 치트키

03 제3류 위험물

핵심이론+기출

제3류 위험물의 출제비율은 약 15%로 제4류 위험물 다음으로 많은 문제가 출제됩니다.
제3류 위험물 관련 문제 중에서는 칼륨 또는 나트륨의 성질과 위험물이 물을 만났을 때 발생하는 가스의 종류와 관련된 문제가 주로 출제됩니다.
제3류 위험물에만 해당되는 내용은 아니지만 위험등급과 관련된 문제도 자주 출제되는 편이므로 위험등급은 정확히 암기해야 합니다.

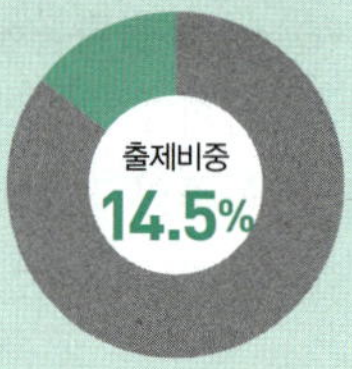

기출 TIP

1 제3류 위험물의 일반적인 성질

① 대부분 고체 상태이지만 알킬알루미늄과 같은 액체 상태인 위험물도 있다.
② 황린은 물과 위험한 반응을 하지 않아 물속에 보관한다.
③ 황린을 제외하고는 모두 물과 만나서 가연성 가스를 발생시킨다.
④ 칼륨, 나트륨, 알킬알루미늄, 알킬리튬은 물보다 가볍고 나머지 위험물은 물보다 무겁다.

2 제3류 위험물의 품명, 지정수량

위험물의 지정수량은 자체적으로도 자주 출제되고 다른 문제를 풀기 위해서도 알아야 하는 내용으로 정확하게 암기해야 한다.

품명	지정수량
칼륨	10kg
나트륨	10kg
알킬알루미늄	10kg
알킬리튬	10kg
황린	20kg
알칼리금속(칼륨 및 나트륨을 제외) 및 알칼리토금속	50kg
유기금속화합물(알킬알루미늄 및 알킬리튬은 제외)	50kg
금속의 수소화물	300kg
금속의 인화물	300kg
칼슘 또는 알루미늄의 탄화물	300kg
그 밖에 행정안전부령으로 정하는 것	10kg, 20kg, 50kg 또는 300kg

3 금속 칼륨(K)과 나트륨(Na)의 일반적인 성질

칼륨과 나트륨의 성질은 자주 출제되고 비슷한 점이 많으므로 함께 암기하는 것이 좋다.

① 은백색의 연한 금속으로 칼로도 자를 수 있다.
② 물과 반응하면 수소 기체(H_2)가 발생한다.

> 나트륨과 물의 반응: $2Na+2H_2O \longrightarrow 2NaOH+H_2\uparrow$
> 칼륨과 물의 반응: $2K+2H_2O \longrightarrow 2KOH+H_2\uparrow$

③ 물보다 비중이 작아 물에 뜬다.
④ 물과의 접촉을 차단하기 위해 등유, 경유, 파라핀과 같은 보호액 속에 저장한다.
⑤ 알코올과 반응하면 수소 기체(H_2)가 발생한다.

> 나트륨과 알코올의 반응: $2Na+2C_2H_5OH \longrightarrow 2C_2H_5ONa+H_2\uparrow$
> 칼륨과 알코올의 반응: $2K+2C_2H_5OH \longrightarrow 2C_2H_5OK+H_2\uparrow$

기출 TIP

4 황린(P_4)의 일반적인 성질

① 황린(P_4)은 발화온도가 약 34℃ 정도로 낮기 때문에 자연발화하기 쉽다.
② 황린(P_4)이 공기 중에서 연소하면 오산화인(P_2O_5)이 발생한다.

$$P_4+5O_2 \longrightarrow 2P_2O_5\uparrow$$

③ 황린(P_4)이 수산화나트륨 수용액과 반응하면 인화수소(PH_3)가 발생한다.

$$P_4+3NaOH+3H_2O \longrightarrow PH_3\uparrow+3NaH_2PO_2$$

④ PH9 정도의 물속에 저장한다.
⑤ 황린(P_4)을 밀폐용기 속에서 가열하면 적린(P)이 된다.

황린과 관련해서는 연소 생성물, 수산화나트륨과 만났을 때 생성되는 물질이 자주 출제된다.

5 제3류 위험물의 소화방법

① 황린은 초기화재 시 물로 소화가능하다.
② 황린을 제외하고는 건조사, 팽창질석, 팽창진주암, 탄산수소염류 소화약제로 소화한다.

위험물의 소화방법은 자주 출제되므로 유별로 구분하여 정확하게 이해해야 한다.

6 위험물의 위험등급

구분	종류
위험등급 I	• 제1류 위험물 중 아염소산염류, 염소산염류, 과염소산염류, 무기과산화물, 그 밖에 지정수량이 50kg인 위험물 • 제3류 위험물 중 칼륨, 나트륨, 알킬알루미늄, 알킬리튬, 황린, 그 밖에 지정수량이 10kg 또는 20kg인 위험물 • 제4류 위험물 중 특수인화물 • 제5류 위험물 중 지정수량이 10kg인 위험물 • 제6류 위험물
위험등급 II	• 제1류 위험물 중 브로민산염류, 질산염류, 아이오딘산염류, 그 밖에 지정수량이 300kg인 위험물 • 제2류 위험물 중 황화인, 적린, 황, 그 밖에 지정수량이 100kg인 위험물 • 제3류 위험물 중 알칼리금속(칼륨 및 나트륨 제외) 및 알칼리토금속, 유기금속화합물(알킬알루미늄 및 알킬리튬 제외), 그 밖에 지정수량이 50㎏인 위험물 • 제4류 위험물 중 제1석유류 및 알코올류 • 제5류 위험물 중 위험등급 I 외의 것
위험등급 III	위험등급 I, II에 해당되지 않는 것

위험등급은 제3류 위험물 외에 모든 위험물에 적용된다.
위험등급 관련 문제도 자주 출제되는 편이므로 정확하게 암기해야 한다.

SUBJECT 03

01 ★★★

20년 1회 기출

칼륨과 나트륨의 공통 성질이 아닌 것은?

① 물보다 비중 값이 작다.
② 수분과 반응하여 수소를 발생한다.
③ 광택이 있는 무른 금속이다.
④ 지정수량이 50kg이다.

02 ★★★

18년 4회 기출

다음 중 지정수량이 나머지 셋과 다른 금속은?

① Fe분 ② Zn분
③ Na ④ Mg

03 ★★★

20년 3회 기출

금속 나트륨의 일반적인 성질로 옳지 않은 것은?

① 은백색의 연한 금속이다.
② 알코올 속에 저장한다.
③ 물과 반응하여 수소 가스를 발생한다.
④ 물보다 비중이 작다.

04 ★☆☆

17년 2회 기출

금속 나트륨에 대한 설명으로 옳은 것은?

① 청색 불꽃을 내며 연소한다.
② 경도가 높은 중금속에 해당한다.
③ 녹는점이 100℃ 보다 낮다.
④ 25% 이상의 알코올 수용액에 저장한다.

05 ★★☆

16년 2회 기출

다음 중 물과 접촉 시 유독성의 가스를 발생하지는 않지만 화재의 위험성이 증가하는 것은?

① 인화칼슘 ② 황린
③ 적린 ④ 나트륨

06 ★★★

18년 2회 기출

다음 2가지 물질을 혼합하였을 때 그로 인한 발화 또는 폭발의 위험성이 가장 낮은 것은?

① 아염소산나트륨과 티오황산나트륨
② 질산과 이황화탄소
③ 아세트산과 과산화나트륨
④ 나트륨과 등유

07 ★★☆

19년 2회 기출

금속 칼륨에 관한 설명 중 틀린 것은?

① 연해서 칼로 자를 수가 있다.
② 물속에 넣을 때 서서히 녹아 탄산칼륨이 된다.
③ 공기 중에서 빠르게 산화하여 피막을 형성하고 광택을 잃는다.
④ 등유, 경유 등의 보호액 속에 저장한다.

08 ★★☆

18년 1회 기출

금속 칼륨의 보호액으로 적당하지 않는 것은?

① 유동파라핀　② 등유
③ 경유　④ 에탄올

09 ★★☆

17년 4회 기출

금속 칼륨의 일반적인 성질에 대한 설명으로 틀린 것은?

① 칼로 자를 수 있는 무른 금속이다.
② 에탄올과 반응하여 조연성 기체(산소)를 발생한다.
③ 물과 반응하여 가연성 기체를 발생한다.
④ 물보다 가벼운 은백색의 금속이다.

10 ★☆☆

20년 3회 기출

금속 칼륨의 성질에 대한 설명으로 옳은 것은?

① 중금속류에 속한다.
② 이온화 경향이 큰 금속이다.
③ 물속에 보관한다.
④ 고광택을 내므로 장식용으로 많이 쓰인다.

11 ★★★

17년 1회 기출

다음 중 물과 접촉했을 때 위험성이 가장 큰 것은?

① 금속 칼륨　② 황린
③ 과산화벤조일　④ 다이에틸에터

12 ★☆☆

CBT 복원

알칼리금속은 화재예방의 측면에서 다음 중 어떤기(원자단)를 가지고 있는 물질과 접촉할 때 가장 위험한가?

① $-OH$　② $-O-$
③ $-COO-$　④ $-NO_2$

13 ★★☆

20년 1회 기출

황린이 자연발화하기 쉬운 이유에 대한 설명으로 가장 타당한 것은?

① 끓는점이 낮고 증기압이 높기 때문에
② 인화점이 낮고 조연성 물질이기 때문에
③ 조해성이 강하고 공기 중의 수분에 의해 쉽게 분해되기 때문에
④ 산소와 친화력이 강하고 발화온도가 낮기 때문에

14 ★★☆

18년 1회 기출

다음 위험물 중 보호액으로 물을 사용하는 것은?

① 황린 ② 적린
③ 루비듐 ④ 오황화인

15 ★★☆

19년 2회 기출

황린이 연소할 때 발생하는 가스와 수산화나트륨 수용액과 반응하였을 때 발생하는 가스를 차례대로 나타낸 것은?

① 오산화인, 인화수소 ② 인화수소, 오산화인
③ 황화수소, 수소 ④ 수소, 황화수소

16 ★☆☆

19년 1회 기출

황린에 대한 설명으로 틀린 것은?

① 백색 또는 담황색의 고체이며, 증기는 독성이 있다.
② 물에는 녹지 않고 이황화탄소에는 녹는다.
③ 공기 중에서 산화되어 오산화인이 된다.
④ 녹는점이 적린과 비슷하다.

17 ★★★

17년 4회 기출

황린과 적린의 공통점으로 옳은 것은?

① 독성 ② 발화점
③ 연소 생성물 ④ CS_2에 대한 용해성

18 ★☆☆

CBT 복원

다음과 같은 과정을 시행한 결과 생성되는 물질은 무엇인가?

> 황린을 밀폐용기 속에서 260℃로 가열하여 얻은 물질을 연소시켰다.

① P_2O_5 ② CO_2
③ PO_2 ④ CuO

19 ★★☆

CBT 복원

다음 중 금수성 물질로만 나열된 것은?

① K, CaC_2, Na
② $KClO_3$, Na, S
③ KNO_3, CaO_2, Na_2O_2
④ $NaNO_3$, $KClO_3$, CaO_2

20 ★★★

19년 1회 기출

인화칼슘이 물과 반응하여 발생하는 기체는?

① 포스겐 ② 포스핀
③ 메탄 ④ 이산화황

21 ★★☆

18년 4회 기출

인화칼슘이 물 또는 염산과 반응하였을 때 공통적으로 생성되는 물질은?

① $CaCl_2$ ② $Ca(OH)_2$
③ PH_3 ④ H_2

22 ★★☆

16년 1회 기출

물과 접촉 시 발생되는 가스의 종류가 나머지 셋과 다른 하나는?

① 나트륨 ② 수소화칼슘
③ 인화칼슘 ④ 수소화나트륨

23 ★★☆

20년 1회 기출

인화칼슘의 성질에 대한 설명 중 틀린 것은?

① 적갈색의 괴상고체이다.
② 물과 격렬하게 반응한다.
③ 연소하여 불연성의 포스핀 가스를 발생한다.
④ 상온의 건조한 공기 중에서는 비교적 안정하다.

24 ★★★

19년 1회 기출

인화알루미늄의 화재 시 주수소화를 하면 발생하는 가연성 기체는?

① 아세틸렌 ② 메탄
③ 포스겐 ④ 포스핀

25 ★★★

19년 2회 기출

다음 각 위험물의 저장소에서 화재가 발생하였을 때 물을 사용하여 소화할 수 있는 물질은?

① K_2O_2　② CaC_2
③ Al_4C_3　④ P_4

26 ★★☆

18년 1회 기출

칼륨, 나트륨, 탄화칼슘의 공통점으로 옳은 것은?

① 연소 생성물이 동일하다.
② 화재 시 대량의 물로 소화한다.
③ 물과 반응하면 가연성 가스를 발생한다.
④「위험물안전관리법령」에서 정한 지정수량이 같다.

27 ★★★

20년 3회 기출

탄화칼슘이 물과 반응하면 어떤 기체가 발생하는가?

① 과산화수소　② 일산화탄소
③ 아세틸렌　④ 에틸렌

28 ★★☆

18년 4회 기출

탄화칼슘이 물과 반응했을 때 반응식을 옳게 나타낸 것은?

① 탄화칼슘 + 물 → 수산화칼슘 + 수소
② 탄화칼슘 + 물 → 수산화칼슘 + 아세틸렌
③ 탄화칼슘 + 물 → 칼슘 + 수소
④ 탄화칼슘 + 물 → 칼슘 + 아세틸렌

29 ★★☆

17년 1회 기출

탄화칼슘에 대한 설명으로 틀린 것은?

① 화재 시 이산화탄소 소화기가 적응성이 있다.
② 비중은 약 2.2로 물보다 무겁다.
③ 질소 중에서 고온으로 가열하면 $CaCN_2$가 얻어진다.
④ 물과 반응하면 아세틸렌 가스가 발생한다.

30 ★★☆

20년 1회 기출

물과 반응하였을 때 발생하는 가연성 가스의 종류가 나머지 셋과 다른 하나는?

① 탄화리튬　② 탄화마그네슘
③ 탄화칼슘　④ 탄화알루미늄

31 ★★☆

19년 4회 기출

물과 접촉하면 위험한 물질로만 나열된 것은?

① CH_3CHO, CaC_2, $NaClO_4$
② K_2O_2, $K_2Cr_2O_7$, CH_3CHO
③ K_2O_2, Na, CaC_2
④ Na, $K_2Cr_2O_7$, $NaClO_4$

32 ★☆☆

16년 1회 기출

트리에틸알루미늄(triethyl aluminium) 분자식에 포함된 탄소의 개수는?

① 2　② 3
③ 5　④ 6

33 ★★★
16년 2회 기출

트리에틸알루미늄의 화재 발생 시 물을 이용한 소화가 위험한 이유를 옳게 설명한 것은?

① 가연성의 수소 가스가 발생하기 때문에
② 유독성의 포스핀 가스가 발생하기 때문에
③ 유독성의 포스겐 가스가 발생하기 때문에
④ 가연성의 에탄 가스가 발생하기 때문에

34 ★★★
19년 1회 기출

물과 접촉하였을 때 에탄이 발생되는 물질은?

① CaC_2
② $(C_2H_5)_3Al$
③ $C_6H_3(NO_2)_3$
④ $C_2H_5ONO_2$

35 ★★☆
17년 1회 기출

다음과 같은 물질이 서로 혼합되었을 때 발화 또는 폭발의 위험성이 가장 높은 것은?

① 벤조일퍼옥사이드와 질산
② 이황화탄소와 증류수
③ 금속 나트륨과 석유
④ 금속 칼륨과 유동성 파라핀

36 ★★★
19년 4회 기출

제3류 위험물의 소화방법에 대한 설명으로 옳지 않은 것은?

① 제3류 위험물은 모두 물에 의한 소화가 불가능하다.
② 팽창질석은 제3류 위험물에 적응성이 있다.
③ K, Na의 화재 시에는 물을 사용할 수 없다.
④ 할로젠화합물 소화설비는 제3류 위험물에 적응성이 없다.

37 ★★★
18년 1회 기출

「위험물안전관리법령」상 제3류 위험물 중 금수성 물질에 적응성이 있는 소화기는?

① 할로젠화합물 소화기
② 인산염류 분말소화기
③ 이산화탄소 소화기
④ 탄산수소염류 분말소화기

38 ★★☆
16년 1회 기출

다음 위험물의 저장창고에 화재가 발생하였을 때 소화방법으로 주수소화가 적당하지 않은 것은?

① $NaClO_3$
② S
③ NaH
④ TNT

39 ★★★
17년 1회 기출

「위험물안전관리법령」상 위험등급 I의 위험물이 아닌 것은?

① 염소산염류
② 황화인
③ 알킬리튬
④ 과산화수소

40 ★☆☆
20년 1회 기출

보기 중 칼륨과 트리에틸알루미늄의 공통성질을 모두 나타낸 것은?

ⓐ 고체이다.
ⓑ 물과 반응하여 수소를 발생한다.
ⓒ 「위험물안전관리법령」상 위험등급이 I 이다.

① ⓐ
② ⓑ
③ ⓒ
④ ⓑ, ⓒ

SUBJECT 03

합격 치트키

04 제4류 위험물

핵심이론+기출

제4류 위험물의 출제비율은 약 23% 정도로 제1류~제6류 위험물 중에서 가장 많은 문제가 출제됩니다.
다른 위험물은 품명에 따라 지정수량이 정해져 있으나 제4류 위험물은 수용성과 비수용성에 따라 지정수량이 달라지는 것에 주의해야 합니다. 문제의 출제비중으로 보면 인화점과 관련된 문제가 자주 출제됩니다.

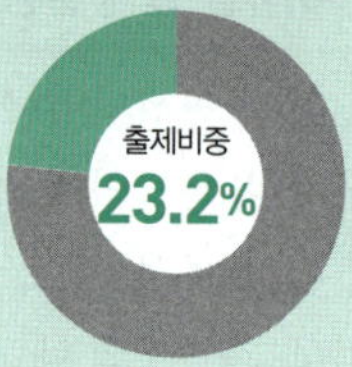

기출 TIP

1 제4류 위험물의 일반적인 성질

① 상온에서 액체이며 인화하기 쉬운 인화성 액체이다.
② 사이안화수소(HCN)를 제외하고는 발생된 증기는 공기보다 무겁다.
③ 전기의 부도체이므로 정전기 발생을 제거할 수 있는 조치를 해야 한다.

2 제4류 위험물의 품명, 지정수량

위험물의 지정수량은 자체적으로도 자주 출제되고 다른 문제를 풀기 위해서도 알아야 하는 내용으로 정확하게 암기해야 한다.

품명		지정수량
특수인화물		50L
제1석유류	비수용성 액체	200L
	수용성 액체	400L
알코올류		400L
제2석유류	비수용성 액체	1,000L
	수용성 액체	2,000L
제3석유류	비수용성 액체	2,000L
	수용성 액체	4,000L
제4석유류		6,000L
동식물유류		10,000L

3 특수인화물, 제1석유류~제4석유류의 기준

인화점 관련 수치 기준이 자주 출제된다.

① 특수인화물: 이황화탄소, 다이에틸에터, 그 밖에 1기압에서 발화점이 100℃ 이하인 것 또는 인화점이 −20℃ 이하이고 비점이 40℃ 이하인 것
② 제1석유류: 아세톤, 휘발유, 그 밖에 1기압에서 인화점이 21℃ 미만인 것
③ 제2석유류: 등유, 경유, 그 밖에 1기압에서 인화점이 21℃ 이상 70℃ 미만인 것
④ 제3석유류: 중유, 크레오소트유, 그 밖에 1기압에서 인화점이 70℃ 이상 200℃ 미만인 것
⑤ 제4석유류: 기어유, 실린더유, 그 밖에 1기압에서 인화점이 200℃ 이상 250℃ 미만인 것

4 동식물유류

① 동식물유류: 동물의 지육(枝肉: 머리, 내장, 다리를 잘라 내고 아직 부위별로 나누지 않은 고기) 등 또는 식물의 종자나 과육으로부터 추출한 것으로서 1기압에서 인화점이 250℃ 미만인 것

② 아이오딘값에 따라서 건성유, 반건성유, 불건성유로 구분한다.

③ 동식물유류의 구분

구분	내용
건성유	아이오딘값 130 이상 예 해바라기유, 동유, 아마인유, 들기름, 정어리기름 등
반건성유	아이오딘값 100~130 예 참기름, 목화씨기름, 채종유 등
불건성유	아이오딘값 100 미만 예 올리브유, 피마자유, 야자유, 땅콩유 등

④ 아이오딘값이 높은 건성유가 자연발화의 위험성이 가장 크다.

5 증기비중 계산

① 위험물의 분자량을 구한 뒤 공기의 평균분자량(약 29)로 나누어 계산한다.

② 아세톤의 증기비중 계산

아세톤(CH_3COCH_3)의 분자량$=(12\times3)+(1\times6)+16=58$

아세톤의 증기비중$=\frac{58}{29}=2$

6 제4류 위험물의 소화방법

① 제4류 위험물은 대체로 비중이 물보다 작기 때문에 물을 이용하여 소화하면 제4류 위험물이 물 위에 떠서 이동하면서 화재면이 확대될 수 있어 위험성이 더 커진다.

② 소량의 위험물에서 화재가 발생한 경우 이산화탄소 소화설비 또는 포소화설비 등을 이용하여 질식소화하는 것이 효과적이다.

③ 수용성 위험물의 경우 수성막포 소화약제를 사용하여 소화하면 거품(포)가 파괴되어 소화효과가 떨어지므로 내알코올형포 소화약제를 사용해야 한다.

④ 제4류 위험물 중 수용성인 것: 아세톤(CH_3COCH_3), 피리딘(C_6H_5N), 사이안화수소(HCN), 산화프로필렌(CH_3CHOCH_2), 하이드라진(N_2H_4), 메틸알코올(CH_3OH), 에틸알코올(C_2H_5OH) 등

7 아세트알데하이드 등을 취급하는 제조소의 특례

① 제4류 위험물 중 특수인화물의 아세트알데하이드 · 산화프로필렌 또는 이 중 어느 하나 이상을 함유하는 것을 아세트알데하이드 등이라고 한다.

② 아세트알데하이드 등을 취급하는 설비는 은 · 수은 · 동 · 마그네슘 또는 이들을 성분으로 하는 합금으로 만들지 아니하여야 한다.

기출 TIP

건성유, 반건성유, 불건성유 등의 종류와 자연발화의 위험성과 관련된 문제가 자주 출제된다.

증기비중과 관련된 문제는 자주 출제되므로 계산방법을 이해해야 한다.
증기비중을 구하기 위해서는 위험물의 화학식을 알아야 한다.

아세트알데하이드 등을 취급하는 설비에서 사용하지 않아야 하는 금속의 종류를 묻는 문제가 자주 출제된다.

01 ★★★

19년 2회 기출

제4류 위험물의 일반적인 성질에 대한 설명 중 가장 거리가 먼 것은?

① 인화되기 쉽다.
② 인화점, 발화점이 낮은 것은 위험하다.
③ 증기는 대부분 공기보다 가볍다.
④ 액체비중은 대체로 물보다 가볍고 물에 녹기 어려운 것이 많다.

02 ★★☆

18년 1회 기출

휘발유의 일반적인 성질에 대한 설명으로 틀린 것은?

① 인화점은 0℃ 보다 낮다.
② 액체비중은 1보다 작다.
③ 증기비중은 1보다 작다.
④ 연소범위는 약 1.4~7.6%이다.

03 ★★★

16년 2회 기출

제4류 위험물의 일반적인 성질 또는 취급 시 주의사항에 대한 설명 중 가장 거리가 먼 것은?

① 액체의 비중은 물보다 가벼운 것이 많다.
② 대부분 증기는 공기보다 무겁다.
③ 제1석유류~제4석유류는 비점으로 구분한다.
④ 정전기 발생에 주의하여 취급하여야 한다.

04 ★★☆

19년 2회 기출

$C_2H_5OC_2H_5$의 성질 중 틀린 것은?

① 전기 양도체이다.
② 물에는 잘 녹지 않는다.
③ 유동성의 액체로 휘발성이 크다.
④ 공기 중 장시간 방치 시 폭발성 과산화물을 생성할 수 있다.

05 ★★★

18년 1회 기출

이황화탄소를 물속에 저장하는 이유로 가장 타당한 것은?

① 공기와 접촉하면 즉시 폭발하므로
② 가연성 증기의 발생을 방지하므로
③ 온도의 상승을 방지하므로
④ 불순물을 물에 용해시키므로

06 ★★☆

20년 1회 기출

제4류 위험물 중 제1석유류를 저장 · 취급하는 장소에서 정전기를 방지하기 위한 방법으로 볼 수 없는 것은?

① 가급적 습도를 낮춘다.
② 주위 공기를 이온화시킨다.
③ 위험물 저장, 취급설비를 접지시킨다.
④ 사용기구 등은 도전성 재료를 사용한다.

07 ★★☆

19년 4회 기출

가솔린에 대한 설명 중 틀린 것은?

① 비중은 물보다 작다.
② 증기비중은 공기보다 크다.
③ 전기에 대한 도체이므로 정전기 발생으로 인한 화재를 방지해야 한다.
④ 물에는 녹지 않지만 유기용제에 녹고 유지 등을 녹인다.

08 ★★★

17년 1회 기출

다음 물질 중 지정수량이 400L인 것은?

① 포름산메틸 ② 벤젠
③ 톨루엔 ④ 벤즈알데하이드

09 ★★★

19년 2회 기출

다음 중 특수인화물이 아닌 것은?

① CS_2 ② $C_2H_5OC_2H_5$
③ CH_3CHO ④ HCN

10 ★★★

20년 1회 기출

제4류 위험물 중 제1석유류란 1기압에서 인화점이 몇 ℃인 것을 말하는가?

① 21℃ 미만 ② 21℃ 이상
③ 70℃ 미만 ④ 70℃ 이상

11 ★★★

19년 4회 기출

「위험물안전관리법령」상 제4류 위험물 중 1기압에서 인화점이 21℃인 물질은 제 몇 석유류에 해당하는가?

① 제1석유류 ② 제2석유류
③ 제3석유류 ④ 제4석유류

12 ★★★

18년 4회 기출

「위험물안전관리법령」에 따른 제4류 위험물 중 제1석유류에 해당하지 않는 것은?

① 등유 ② 벤젠
③ 메틸에틸케톤 ④ 톨루엔

13 ★★☆

17년 4회 기출

다음 중 「위험물안전관리법령」상 제2석유류에 해당되는 것은?

① 

② 

③ 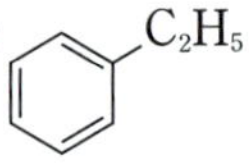

④ 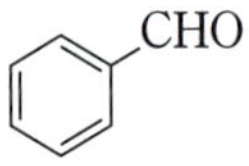

14 ★★☆

20년 3회 기출

다음 위험물 중에서 인화점이 가장 낮은 것은?

① $C_6H_5CH_3$ ② $C_6H_5CHCH_2$
③ CH_3OH ④ CH_3CHO

15 ★★☆

16년 4회 기출

다음 물질 중 인화점이 가장 낮은 것은?

① CS_2 ② $C_2H_5OC_2H_5$
③ CH_3COCH_3 ④ CH_3OH

16 ★★☆

19년 1회 기출

다음 물질 중 인화점이 가장 낮은 것은?

① 톨루엔 ② 아세톤
③ 벤젠 ④ 다이에틸에터

17 ★★☆

18년 4회 기출

다음 중 인화점이 가장 낮은 것은?

① 실린더유 ② 가솔린
③ 벤젠 ④ 메틸알코올

18 ★★☆

17년 4회 기출

다음 위험물 중 인화점이 가장 높은 것은?

① 메탄올 ② 휘발유
③ 아세트산메틸 ④ 메틸에틸케톤

19 ★☆☆

17년 2회 기출

다음 중 에틸알코올의 인화점(℃)에 가장 가까운 것은?

① −4℃ ② 3℃

③ 13℃ ④ 27℃

20 ★☆☆

15년 1회 기출

다음 중 인화점이 20℃ 이상인 것은?

① CH_3COOCH_3 ② CH_3COCH_3

③ CH_3COOH ④ CH_3CHO

21 ★★★

20년 1회 기출

짚, 헝겊 등을 다음의 물질과 적셔서 대량으로 쌓아 두었을 경우 자연발화의 위험성이 가장 높은 것은?

① 동유 ② 야자유

③ 올리브유 ④ 피마자유

22 ★★★

19년 2회 기출

다음 중 자연발화의 위험성이 제일 높은 것은?

① 야자유 ② 올리브유

③ 아마인유 ④ 피마자유

23 ★★★

CBT 복원

다음 중 아이오딘값이 가장 큰 것은?

① 아마씨기름 ② 올리브기름

③ 야자기름 ④ 땅콩기름

24 ★★★

18년 1회 기출

다음 중 아이오딘값이 가장 작은 것은?

① 아마인유 ② 들기름

③ 정어리기름 ④ 야자유

25 ★★★

19년 1회 기출

동식물유류에 대한 설명으로 틀린 것은?

① 건성유는 자연발화의 위험성이 높다.
② 불포화도가 높을수록 아이오딘값이 크며 산화되기 쉽다.
③ 아이오딘값이 130 이하인 것이 건성유이다.
④ 1기압에서 인화점이 섭씨 250도 미만이다.

26 ★★★

17년 1회 기출

동식물유류에 대한 설명으로 틀린 것은?

① 아이오딘값이 작을수록 자연발화의 위험성이 높아진다.
② 아이오딘값이 130 이상인 것은 건성유이다.
③ 건성유에는 아마인유, 들기름 등이 있다.
④ 인화점이 물의 비점보다 낮은 것도 있다.

27 ★☆☆

18년 4회 기출

동식물유류의 일반적인 성질로 옳은 것은?

① 자연발화의 위험은 없지만 점화원에 의해 쉽게 인화한다.
② 대부분 비중 값이 물보다 크다.
③ 인화점이 100℃보다 높은 물질이 많다.
④ 아이오딘값이 50 이하인 건성유는 자연발화 위험이 높다.

28 ★★☆

18년 2회 기출

제4류 위험물인 동식물유류의 취급방법이 잘못된 것은?

① 액체의 누설을 방지하여야 한다.
② 화기접촉에 의한 인화에 주의하여야 한다.
③ 아마인유는 섬유 등에 흡수되어 있으면 매우 안정하므로 취급하기 편리하다.
④ 가열할 때 증기는 인화되지 않도록 조치하여야 한다.

29 ★☆☆

18년 4회 기출

벤젠에 대한 설명으로 틀린 것은?

① 물보다 비중값이 작지만, 증기비중 값은 공기보다 크다.
② 공명구조를 가지고 있는 포화탄화수소이다.
③ 연소 시 검은 연기가 심하게 발생한다.
④ 겨울철에 응고된 고체상태에서도 인화의 위험이 있다.

30 ★☆☆

18년 2회 기출

벤젠에 관한 일반적 성질로 틀린 것은?

① 무색투명한 휘발성 액체로 증기는 마취성과 독성이 있다.
② 불을 붙이면 그을음을 많이 내고 연소한다.
③ 겨울철에는 응고하여 인화의 위험이 없지만, 상온에서는 액체상태로 인화의 위험이 높다.
④ 진한 황산과 질산으로 나이트로화시키면 나이트로벤젠이 된다.

31 ★☆☆
17년 1회 기출

벤젠에 진한 질산과 진한 황산의 혼산을 반응시켜 얻어지는 화합물은?

① 피크린산　② 아닐린
③ TNT　④ 나이트로벤젠

32 ★☆☆
17년 2회 기출

다음 중 C_6H_5N에 대한 설명으로 틀린 것은?

① 순수한 것은 무색이고 악취가 나는 액체이다.
② 상온에서 인화의 위험이 있다.
③ 물에 녹는다.
④ 강한 산성을 나타낸다.

33 ★★☆
18년 2회 기출

다음 위험물 중 물에 가장 잘 녹는 것은?

① 적린　② 황
③ 벤젠　④ 아세톤

34 ★☆☆
18년 1회 기출

다음 중 발화점이 가장 높은 것은?

① 등유　② 벤젠
③ 다이에틸에터　④ 휘발유

35 ★★☆
17년 4회 기출

다음에서 설명하는 위험물을 옳게 나타낸 것은?

- 지정수량은 2,000L이다.
- 로켓의 연료, 플라스틱 발포제 등으로 사용된다.
- 암모니아와 비슷한 냄새가 나고, 녹는점은 약 2℃이다.

① N_2H_4　② $C_6H_5CH=CH_2$
③ NH_4ClO_4　④ C_6H_5Br

36 ★☆☆
16년 1회 기출

이황화탄소의 인화점, 발화점, 끓는점에 해당하는 온도를 낮은 것부터 차례대로 나타낸 것은?

① 끓는점 < 인화점 < 발화점
② 끓는점 < 발화점 < 인화점
③ 인화점 < 끓는점 < 발화점
④ 인화점 < 발화점 < 끓는점

37 ★★★

19년 1회 기출

다음 중 연소범위가 가장 넓은 위험물은?

① 휘발유　② 톨루엔
③ 에틸알코올　④ 다이에틸에터

38 ★☆☆

CBT 복원

다이에틸에터의 공기 중 위험도 값에 가장 가까운 것은?

① 2.7　② 8.6
③ 15.2　④ 27.3

39 ★★☆

18년 1회 기출

다음 제4류 위험물 중 연소범위가 가장 넓은 것은?

① 아세트알데하이드　② 산화프로필렌
③ 휘발유　④ 아세톤

40 ★★☆

19년 1회 기출

벤젠과 톨루엔의 공통점이 아닌 것은?

① 물에 녹지 않는다.
② 냄새가 없다.
③ 휘발성 액체이다.
④ 증기는 공기보다 무겁다.

41 ★★★

19년 4회 기출

다음 중 증기비중이 가장 큰 물질은?

① C_6H_6　② CH_3OH
③ $CH_3COC_2H_5$　④ $C_3H_5(OH)_3$

42 ★☆☆

19년 2회 기출

아세톤과 아세트알데하이드에 대한 설명으로 옳은 것은?

① 증기비중은 아세톤이 아세트알데하이드보다 작다.
② 「위험물안전관리법령」상 품명은 서로 다르지만 지정수량은 같다.
③ 인화점과 발화점 모두 아세트알데하이드가 아세톤보다 낮다.
④ 아세톤의 비중은 물보다 작지만, 아세트알데하이드는 물보다 크다.

43 ★★★

18년 4회 기출

다음 물질 중 증기비중이 가장 작은 것은?

① 이황화탄소　② 아세톤
③ 아세트알데하이드　④ 다이에틸에터

44 ★★★

16년 1회 기출

다음 중 증기비중이 가장 큰 것은?

① 벤젠　② 아세톤
③ 아세트알데하이드　④ 톨루엔

45 ★☆☆

18년 4회 기출

메탄올에 대한 설명으로 틀린 것은?

① 무색투명한 액체이다.
② 완전연소하면 CO_2와 H_2O가 생성된다.
③ 비중 값이 물보다 작다.
④ 산화하면 포름산을 거쳐 최종적으로 포름알데하이드가 된다.

46 ★☆☆

18년 2회 기출

다음 중 메탄올의 연소범위에 가장 가까운 것은?

① 약 1.4~5.6vol%
② 약 7.3~36vol%
③ 약 20.3~66vol%
④ 약 42.0~77vol%

47 ★☆☆

18년 1회 기출

수소의 공기 중 연소범위에 가장 가까운 값을 나타내는 것은?

① 2.5~82.0vol%　② 5.3~13.9vol%
③ 4.0~74.5vol%　④ 12.5~55.0vol%

48 ★☆☆

19년 2회 기출

다음과 같은 성질을 갖는 위험물로 예상할 수 있는 것은?

- 지정수량: 400L
- 인화점: 12℃
- 증기비중: 2.07
- 녹는점: −89.5℃

① 메탄올　② 벤젠
③ 이소프로필알코올　④ 휘발유

49 ★★☆

20년 1회 기출

다음 중 3개의 이성질체가 존재하는 물질은?

① 아세톤　② 톨루엔
③ 벤젠　④ 자일렌(크실렌)

50 ★☆☆

20년 3회 기출

다이에틸에터를 저장, 취급할 때의 주의사항에 대한 설명으로 틀린 것은?

① 장시간 공기와 접촉하고 있으면 과산화물이 생성되어 폭발의 위험이 생긴다.
② 연소범위는 가솔린보다 좁지만 인화점과 착화온도가 낮으므로 주의하여야 한다.
③ 정전기 발생에 주의하여 취급해야 한다.
④ 화재 시 CO_2 소화설비가 적응성이 있다.

51 ★★★

17년 1회 기출

다량의 비수용성 제4류 위험물의 화재 시 물로 소화하는 것이 적합하지 않은 이유는?

① 가연성 가스를 발생한다.
② 연소면을 확대한다.
③ 인화점이 내려간다.
④ 물이 열분해한다.

52 ★★★

CBT 복원

「위험물안전관리법령」상 다이에틸에터에서 화재가 발생한 경우 적응성이 없는 소화기는?

① 포소화기
② 봉상강화액 소화기
③ 이산화탄소 소화기
④ 할로젠화합물 소화기

53 ★★★

18년 1회 기출

다음 중 보통의 포소화약제보다 알코올형 포소화약제가 더 큰 소화효과를 볼 수 있는 대상물질은?

① 경유 ② 메틸알코올
③ 등유 ④ 가솔린

54 ★★★

19년 2회 기출

다음은 제4류 위험물에 해당하는 물품의 소화방법을 설명한 것이다. 소화효과가 가장 떨어지는 것은?

① 산화프로필렌: 알코올형포로 질식소화한다.
② 아세톤: 수성막포를 이용하여 질식소화한다.
③ 이황화탄소: 탱크 또는 용기 내부에서 연소하고 있는 경우에는 물을 사용하여 질식소화한다.
④ 다이에틸에터: 이산화탄소 소화설비를 이용하여 질식소화한다.

55 ★★★

17년 2회 기출

「위험물안전관리법령」상 소화설비의 적응성에서 이산화탄소 소화기가 적응성이 있는 것은?

① 제1류 위험물 ② 제3류 위험물
③ 제4류 위험물 ④ 제5류 위험물

56 ★★★

17년 1회 기출

「위험물안전관리법령」상 은, 수은, 동, 마그네슘 및 이의 합금으로 된 용기를 사용하여서는 안 되는 물질은?

① 이황화탄소 ② 아세트알데하이드
③ 아세톤 ④ 다이에틸에터

57 ★★★

19년 1회 기출

다음은 「위험물안전관리법령」에서 정한 아세트알데하이드 등을 취급하는 제조소의 특례에 관한 내용이다. (　　) 안에 해당하지 않는 물질은?

> 아세트알데하이드 등을 취급하는 설비는 (　　)·(　　)·(　　)·마그네슘 또는 이들을 성분으로 하는 합금으로 만들지 아니할 것

① Ag ② Hg
③ Cu ④ Fe

58 ★★★

20년 3회 기출

다음 위험물 중 인화점이 약 $-37℃$인 물질로서 동, 은, 마그네슘 등과 금속과 접촉하면 폭발성 물질인 아세틸라이드를 생성하는 것은?

① CH_3CHOCH_2 ② $C_2H_5OC_2H_5$
③ CS_2 ④ C_6H_6

59 ★☆☆

18년 2회 기출

연소범위가 약 2.5~38.5vol%로 구리, 은, 마그네슘과 접촉 시 아세틸라이드를 생성하는 물질은?

① 아세트알데하이드 ② 알킬알루미늄
③ 산화프로필렌 ④ 콜로디온

60 ★★☆

17년 4회 기출

산화프로필렌에 대한 설명으로 틀린 것은?

① 무색의 휘발성 액체이고, 물에 녹는다.
② 인화점이 상온 이하이므로 가연성 증기 발생을 억제하여 보관해야 한다.
③ 은, 마그네슘 등의 금속과 반응하여 폭발성 혼합물을 생성한다.
④ 증기압이 낮고 연소범위가 좁아서 위험성이 높다.

61 ★★★

20년 3회 기출

아세트알데하이드의 저장시 주의할 사항으로 틀린 것은?

① 구리나 마그네슘 합금 용기에 저장한다.
② 화기를 가까이 하지 않는다.
③ 용기의 파손에 유의한다.
④ 찬 곳에 저장한다.

62 ★★★

19년 1회 기출

메틸에틸케톤의 취급방법에 대한 설명으로 틀린 것은?

① 쉽게 연소하므로 화기 접근을 금한다.
② 직사광선을 피하고 통풍이 잘되는 곳에 저장한다.
③ 탈지작용이 있으므로 피부에 접촉하지 않도록 주의한다.
④ 유리 용기를 피하고 수지, 섬유소 등의 재질로 된 용기에 저장한다.

63 ★★☆

17년 2회 기출

메틸에틸케톤의 저장 또는 취급 시 유의할 점으로 가장 거리가 먼 것은?

① 통풍을 잘 시킬 것
② 찬 곳에 저장할 것
③ 직사일광을 피할 것
④ 저장용기에는 증기 배출을 위해 구멍을 설치할 것

64 ★★★

16년 4회 기출

「위험물안전관리법령」상 제4류 위험물의 위험등급에 대한 설명으로 옳은 것은?

① 특수인화물은 위험등급Ⅰ, 알코올류는 위험등급Ⅱ이다.
② 특수인화물과 제1석유류는 위험등급Ⅰ이다.
③ 특수인화물은 위험등급Ⅰ, 그 이외에는 위험등급Ⅱ이다.
④ 제2석유류는 위험등급Ⅱ이다.

65 ★☆☆

18년 1회 기출

공기포 발포배율을 측정하기 위해 중량 340g, 용량 1,800mL의 포 수집용기에 가득히 포를 채취하여 측정한 용기의 무게가 540g이었다면 발포배율은? (단, 포수용액의 비중은 1로 가정한다.)

① 3배 ② 5배
③ 7배 ④ 9배

합격 치트키

05 제5류 위험물

핵심이론+기출

제5류 위험물과 관련된 문제 중에서는 연소형태와 사용할 수 있는 소화방법과 관련된 문제가 자주 출제됩니다.
연소방법은 2과목의 연소이론에서 다룬 자기연소와 연관지어 이해하는 것이 좋습니다. 제5류 위험물은 다른 위험물에 비해 화학식이 복잡한 편인데 자주 출제되는 위험물의 화학식과 분해 반응식은 정확하게 암기해야 합니다.

출제비중 9.4%

기출 TIP

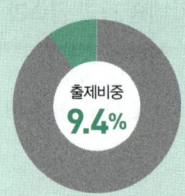

1 제5류 위험물의 일반적인 성질

① 위험물 내에 산소를 함유하고 있어 외부로부터의 산소의 공급 없이도 가열, 충격 등에 의해 연소, 폭발을 일으킬 수 있다.

② 연소의 형태 기준으로 보면 자기연소가 가능한 위험물이다.

③ 연소속도가 대단히 빠르고 가열, 충격, 마찰에 의해 폭발할 수 있다.

④ 장시간 저장하면 자연발화를 일으킬 수 있다.

2 제5류 위험물의 품명, 지정수량

제5류 위험물의 지정수량은 2024년에 제1종, 제2종으로 개정되었다.
개정된 이후 제5류 위험물의 지정수량과 관련된 문제는 잘 출제되지 않고 있다.

① 제5류 위험물은 위험성 유무와 등급에 따라 제1종 또는 제2종으로 분류한다.

② 제5류 위험물의 품명과 지정수량

품명	지정수량
유기과산화물	제1종: 10kg 제2종: 100kg
질산에스터류	
나이트로화합물	
나이트로소화합물	
아조화합물	
다이아조화합물	
하이드라진 유도체	
하이드록실아민	
하이드록실아민염류	
그 밖에 행정안전부령으로 정하는 것	

3 자주 출제되는 위험물의 분해반응식

나이트로글리세린과 트리나이트로톨루엔의 분해반응식은 자주 출제되므로 정확하게 암기해야 한다.

① 나이트로글리세린{$C_3H_5(ONO_2)_3$}의 분해반응식

$$4C_3H_5(ONO_2)_3 \longrightarrow 12CO_2\uparrow + 10H_2O\uparrow + 6N_2\uparrow + O_2\uparrow$$

② TNT{$C_6H_2CH_3(NO_2)_3$}의 분해반응식

$$2C_6H_2CH_3(NO_2)_3 \longrightarrow 12CO\uparrow + 2C + 3N_2\uparrow + 5H_2\uparrow$$

4 나이트로화합물과 질산에스터류

구분	종류
나이트로화합물	• 트리나이트로톨루엔(TNT) • 트리나이트로페놀(TNP) • 테트릴
질산에스터류	• 나이트로셀룰로오스 • 질산메틸 • 질산에틸 • 나이트로글리콜 • 나이트로글리세린

5 트리나이트로톨루엔과 트리나이트로페놀의 구조식

① 나이트로기는 $-NO_2$이다.

② 트리나이트로톨루엔과 트리나이트로페놀은 나이트로기가 세 개씩 결합되어 있다.

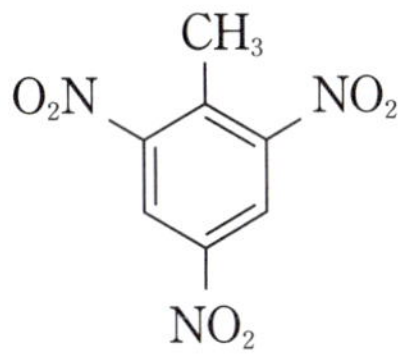

▲ 트리나이트로톨루엔(TNT)

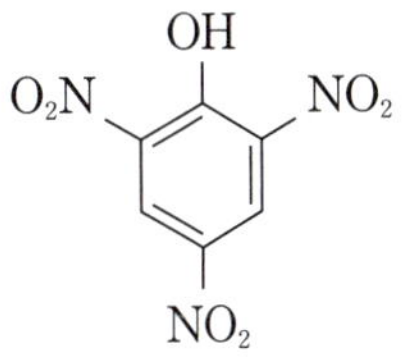

▲ 트리나이트로페놀(TNP)

6 제5류 위험물의 보관방법

① 나이트로셀룰로오스는 햇빛, 열에 의한 자연발화의 위험성이 있으므로 운반 시 물 또는 알코올에 습면하고 안정제를 가해서 냉암소에 보관해야 한다.

② 셀룰로이드는 제5류 위험물 중 질산에스터류에 해당되고, 자연발화의 위험성이 있으므로 통풍이 잘 되는 곳에 보관해야 한다.

③ 트리나이트로페놀은 철, 구리와 같은 금속을 부식시키는 성질이 있기 때문에 철, 구리로 만든 용기에 저장해서는 안 된다.

7 제5류 위험물의 소화방법

① 자기연소가 가능한 위험물이기 때문에 이산화탄소 소화설비, 분말 소화설비 등에 의한 질식소화는 적당하지 않다.

② 다량의 물을 이용하여 냉각소화하는 것이 효과적이다.

③ 소화설비 기준으로 보면 물통 또는 수조, 스프링클러설비, 옥내·옥외소화전설비 등이 적응성이 있다.

기출 TIP

나이트로화합물과 질산에스터류의 종류를 묻는 문제가 자주 출제된다.

트리나이트로톨루엔과 트리나이트로페놀의 구조식은 필기 뿐만 아니라 실기에도 잘 출제되기 때문에 정확하게 암기해야 한다.

나이트로셀룰로오스를 습면해야 하는 물질을 묻는 문제가 자주 출제된다.

위험물의 소화방법은 자주 출제되므로 유별로 구분하여 정확하게 이해해야 한다.

01 ★★★

17년 2회 기출

자기반응성물질의 일반적인 성질로 옳지 않은 것은?

① 강산류와의 접촉은 위험하다.
② 연소속도가 대단히 빨라서 폭발이 있다.
③ 물질 자체가 산소를 함유하고 있어 내부연소를 일으키기 쉽다.
④ 물과 격렬하게 반응하여 폭발성 가스를 발생한다.

02 ★★★

19년 4회 기출

제5류 위험물에 해당하지 않는 것은?

① 나이트로셀룰로오스 ② 나이트로글리세린
③ 나이트로벤젠 ④ 질산메틸

03 ★★★

18년 4회 기출

외부의 산소 공급이 없어도 연소하는 물질이 아닌 것은?

① 알루미늄의 탄화물 ② 과산화벤조일
③ 유기과산화물 ④ 질산에스터류

04 ★★★

19년 4회 기출

가연성 물질이며 산소를 다량 함유하고 있기 때문에 자기연소가 가능한 물질은?

① $C_6H_2CH_3(NO_2)_3$ ② $CH_3COC_2H_5$
③ $NaClO_4$ ④ HNO_3

05 ★★☆

19년 1회 기출

제2류 위험물과 제5류 위험물의 공통적인 성질은?

① 가연성 물질이다.
② 강한 산화제이다.
③ 액체 물질이다.
④ 산소를 함유한다.

06 ★★☆

20년 1회 기출

4몰의 나이트로글리세린이 고온에서 열분해 · 폭발하여 이산화탄소, 수증기, 질소, 산소의 4가지 가스를 생성할 때 발생되는 가스의 총 몰수는?

① 28 ② 29
③ 30 ④ 31

07 ★★☆

16년 1회 기출

TNT의 폭발, 분해 시 생성물이 아닌 것은?

① CO ② N_2
③ SO_2 ④ H_2

08 ★★★

19년 2회 기출

「위험물안전관리법령」상 $C_6H_2(NO_2)_3OH$의 품명에 해당하는 것은?

① 유기과산화물 ② 질산에스터류
③ 나이트로화합물 ④ 아조화합물

09 ★★★

18년 2회 기출

「위험물안전관리법령」상 제5류 위험물 중 질산에스터류에 해당하는 것은?

① 나이트로벤젠 ② 나이트로셀룰로오스
③ 트리나이트로페놀 ④ 트리나이트로톨루엔

10 ★★☆

19년 2회 기출

제5류 위험물 중 상온(25℃)에서 동일한 물리적 상태(고체, 액체, 기체)로 존재하는 것으로만 나열한 것은?

① 나이트로글리세린, 나이트로셀룰로오스
② 질산메틸, 나이트로글리세린
③ 트리나이트로톨루엔, 질산메틸
④ 나이트로글리콜, 트리나이트로톨루엔

11 ★☆☆

17년 2회 기출

충격과 마찰에 예민하고 폭발 위력이 큰 물질로 뇌관의 첨장약으로 사용되는 것은?

① 나이트로글리콜 ② 나이트로셀룰로오스
③ 테트릴 ④ 질산메틸

12 ★★☆

18년 2회 기출

제5류 위험물 중 나이트로화합물에서 나이트로기(Nitro group)를 옳게 나타낸 것은?

① $-NO$ ② $-NO_2$
③ $-NO_3$ ④ $-NON_3$

13 ★☆☆

18년 4회 기출

나이트로소화합물의 성질에 관한 설명으로 옳은 것은?

① $-NO$기를 가진 화합물이다.
② 나이트로기를 3개 이하로 가진 화합물이다.
③ $-NO_2$기를 가진 화합물이다.
④ $N=N$기를 가진 화합물이다.

14 ★★☆

CBT 복원

다음 중 질산메틸에 대한 설명으로 틀린 것은?

① 비점은 약 66℃이다.
② 증기는 공기보다 가볍다.
③ 무색 투명한 액체이다.
④ 자기반응성물질이다.

15 ★★☆

20년 1회 기출

다이에틸에테 중의 과산화물을 검출할 때 그 검출시약과 정색 반응의 색이 옳게 짝지어진 것은?

① 아이오딘화칼륨용액－적색
② 아이오딘화칼륨용액－황색
③ 브로민화칼륨용액－무색
④ 브로민화칼륨용액－청색

16 ★★★

20년 3회 기출

저장 · 수송할 때 타격 및 마찰에 의한 폭발을 막기 위해 물이나 알코올로 습면시켜 취급하는 위험물은?

① 나이트로셀룰로오스
② 과산화벤조일
③ 글리세린
④ 에틸렌글리콜

17 ★★★

20년 1회 기출

트리나이트로페놀의 성질에 대한 설명 중 틀린 것은?

① 폭발에 대비하여 철, 구리로 만든 용기에 저장한다.
② 휘황색을 띤 침상결정이다.
③ 비중이 약 1.8로 물보다 무겁다.
④ 단독으로는 테트릴보다 충격, 마찰에 둔감한 편이다.

18 ★★☆

20년 1회 기출

온도 및 습도가 높은 장소에서 취급할 때 자연발화의 위험이 가장 큰 물질은?

① 아닐린
② 황화인
③ 질산나트륨
④ 셀룰로이드

19 ★★☆

18년 2회 기출

벤조일퍼옥사이드의 화재 예방상 주의사항에 대한 설명 중 틀린 것은?

① 열, 충격 및 마찰에 의해 폭발할 수 있으므로 주의한다.
② 진한 질산, 진한 황산과의 접촉을 피한다.
③ 비활성의 희석제를 첨가하면 폭발성을 낮출 수 있다.
④ 수분과 접촉하면 폭발의 위험이 있으므로 주의한다.

20 ★★☆

18년 1회 기출

과산화벤조일에 대한 설명으로 틀린 것은?

① 벤조일퍼옥사이드라고도 한다.
② 상온에서 고체이다.
③ 산소를 포함하지 않는 환원성 물질이다.
④ 희석제를 첨가하여 폭발성을 낮출 수 있다.

21 ★★★

19년 2회 기출

다음 중 화재 시 다량의 물에 의한 냉각소화가 가장 효과적인 것은?

① 금속의 수소화물 ② 알칼리금속과산화물
③ 유기과산화물 ④ 금속분

22 ★★★

19년 1회 기출

유기과산화물에 대한 설명으로 틀린 것은?

① 소화방법으로는 질식소화가 가장 효과적이다.
② 벤조일퍼옥사이드, 메틸에틸케톤퍼옥사이드 등이 있다.
③ 저장 시 고온체나 화기의 접근을 피한다.
④ 제1종일 경우 지정수량은 10kg이다.

23 ★★★

18년 2회 기출

「위험물안전관리법령」상 제5류 위험물에 적응성이 있는 소화설비는?

① 분말을 방사하는 대형소화기
② CO_2를 방사하는 소형소화기
③ 할로젠화합물을 방사하는 대형소화기
④ 스프링클러설비

24 ★★★

17년 4회 기출

물통 또는 수조를 이용한 소화가 공통적으로 적응성이 있는 위험물은 제 몇 류 위험물인가?

① 제2류 위험물 ② 제3류 위험물
③ 제4류 위험물 ④ 제5류 위험물

25 ★★★

17년 2회 기출

제5류 위험물의 화재 시 일반적인 조치사항으로 알맞은 것은?

① 분말소화약제를 이용한 질식소화가 효과적이다.
② 할로젠화합물 소화약제를 이용한 냉각소화가 효과적이다.
③ 이산화탄소를 이용한 질식소화가 효과적이다.
④ 다량의 주수에 의한 냉각소화가 효과적이다.

합격 치트키

06 제6류 위험물

핵심이론+기출

제6류 위험물의 출제비중은 약 7% 정도로 제1류~제6류 위험물 중에서 출제비중이 가장 작습니다.
제6류 위험물은 품명도 3개 밖에 없어 문제도 비교적 간단한 문제가 출제됩니다. 내용 위주로 보면 과산화수소와 질산이 위험물로 분류되는 조건, 과산화수소의 보관방법, 제6류 위험물의 소화방법과 관련된 문제가 자주 출제됩니다.

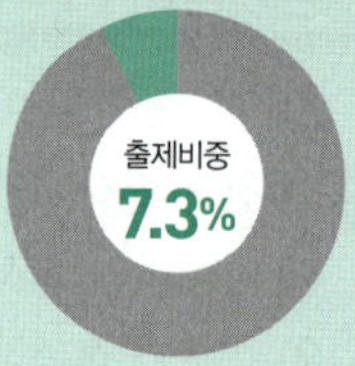

기출 TIP

1 제6류 위험물의 일반적인 성질

① 산화성 액체로 자체로는 불연성 물질이다.
② 부식성이 강하다.
③ 비중이 1보다 크다.
④ 모두 산소를 포함하고 있으며 다른 물질을 산화시킨다.
⑤ 가연물, 유기물과 혼합하면 발화할 수 있으므로 주의가 필요하다.
⑥ 과산화수소를 제외하고는 강산성 물질이며 모두 물에 잘 녹는다.
⑦ 과산화수소를 제외하고 물과 접촉하면 많은 열을 발생시키나 자체적으로 연소하지는 않는다.

2 제6류 위험물의 품명, 지정수량

제6류 위험물은 지정수량이 모두 300kg으로 동일하므로 지정수량에 대한 문제보다는 위험물에 해당하는 조건에 대한 문제가 자주 출제된다.

품명	지정수량
과염소산	300kg
과산화수소	300kg
질산	300kg
그 밖에 행정안전부령으로 정하는 것	300kg

3 제6류 위험물이 위험물에 해당하는 조건

① 과염소산($HClO_4$)은 특별한 조건 없이 위험물로 해당된다.
② 과산화수소(H_2O_2)는 그 농도가 36중량퍼센트 이상인 것이 위험물로 해당된다.
③ 질산(HNO_3)은 그 비중이 1.49 이상인 것이 위험물로 해당된다.

4 과염소산의 일반적인 성질

과염소산에만 해당되는 성질을 묻는 문제보다는 과염소산을 포함하여 제6류 위험물의 성질을 묻는 문제가 주로 출제된다.

① 무색, 무취의 액체 상태이다.
② 불연성 물질이지만 염소산 중에서는 가장 강한 산이다.
③ 산화력이 강해 가연물과 접촉하면 연소가 발생하고, 폭발할 수도 있다.
④ 물과 접촉하면 발열한다.

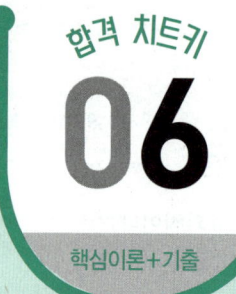

5 과산화수소의 일반적인 성질

① 물보다 무거운 무색의 액체이다.
② 산화제 및 환원제로도 사용되며 표백, 살균작용을 한다.
③ 상온에서도 서서히 분해되어 산소를 발생시킨다.

$$2H_2O_2 \longrightarrow 2H_2O + O_2\uparrow$$

④ 직사광선을 받으면 분해가 더 빨라지고 농도가 66% 이상인 것은 충격, 마찰에 의해 단독으로도 폭발할 위험성이 있다.
⑤ 이산화망간(MnO_2), 금속분말 등과 혼합되면 분해가 촉진된다.
⑥ 농도가 클수록 위험성이 크므로 인산, 요산과 같은 분해방지 안정제를 넣어 산소로 분해되는 것을 억제한다.
⑦ 발생한 산소가 배출될 수 있도록 구멍 뚫린 마개에 저장한다.
⑧ 유리용기에 장시간 보관하면 직사광선에 의해 분해될 수 있으므로 갈색의 착색병에 보관한다.
⑨ 과산화수소는 물, 알코올, 에터에 잘 녹고 벤젠에 녹지 않는다.

기출 TIP

제6류 위험물의 세 가지 품명 중 과산화수소와 관련된 문제가 가장 많이 출제된다.
과산화수소의 보관방법, 분해방지 안정제 등과 관련된 문제가 자주 출제된다.

6 질산의 일반적인 성질

① 불연성 물질로 공기 중에서 자연발화하지 않는다.
② 무색 또는 담황색의 무거운 액체이다.
③ 가열하면 분해되어 산소(O_2)가 발생한다.

$$4HNO_3 \longrightarrow 4NO_2\uparrow + 2H_2O + O_2\uparrow$$

④ 공기 중에서도 햇빛을 받으면 분해되어 갈색의 연기(NO_2)를 내기 때문에 갈색병에 보관해야 한다.
⑤ 칼슘과 묽은 질산이 반응하면 수소 기체(H_2)가 발생한다.

$$2HNO_3 + Ca \longrightarrow Ca(NO_3)_2 + H_2\uparrow$$

⑥ 크산토프로테인 반응: 단백질이 포함된 시료에 질산을 가하고 가열한 후 알칼리를 가하면 노란색을 띤다.

질산을 가열했을 때 발생하는 기체의 종류와 크산토프로테인 반응과 관련된 문제가 출제된다.

7 제6류 위험물의 소화방법

① 포소화기, 건조사(마른모래)를 사용하여 소화한다.
② 과산화수소에서 화재가 발생한 경우 다량의 물을 이용하여 희석소화 할 수 있다.
③ 소량이 누출된 경우에는 다량의 물을 이용하여 희석하여 소화할 수 있지만 물과 반응하여 발열하므로 주수소화를 할 경우 주의가 필요하다.
④ 제6류 위험물은 원칙적으로는 불연성 물질이지만 산소를 공급하는 물질이므로 화재 시에는 가연물과 격리해야 한다.
⑤ 적응성이 있는 소화설비: 옥내 · 옥외소화전설비, 스프링클러설비, 포소화설비, 건조사(마른 모래) 등

위험물의 소화방법은 자주 출제되므로 유별로 구분하여 정확하게 이해해야 한다.

01 ★★★

16년 1회 기출

「위험물안전관리법령」에 따른 제1류 위험물과 제6류 위험물의 공통적 성질로 옳은 것은?

① 산화성 물질이며 다른 물질을 환원시킨다.
② 환원성 물질이며 다른 물질을 환원시킨다.
③ 산화성 물질이며 다른 물질을 산화시킨다.
④ 환원성 물질이며 다른 물질을 산화시킨다.

02 ★★★

18년 4회 기출

「위험물안전관리법령」상 과산화수소가 제6류 위험물에 해당하는 농도 기준으로 옳은 것은?

① 36wt% 이상	② 36vol% 이상
③ 1.49wt% 이상	④ 1.49vol% 이상

03 ★★☆

17년 4회 기출

다음 중 ⓐ~ⓒ 물질 중 「위험물안전관리법령」상 제6류 위험물에 해당하는 것은 모두 몇 개인가?

ⓐ 비중이 1.49인 질산
ⓑ 비중이 1.7인 과염소산
ⓒ 물 60g+과산화수소 40g인 혼합 수용액

① 1개	② 2개
③ 3개	④ 없음

04 ★★☆

17년 4회 기출

다음 중 위험물 중 가연성 액체를 옳게 나타낸 것은?

HNO_3, $HClO_4$, H_2O_2

① $HClO_4$, HNO_3
② HNO_3, H_2O_2
③ HNO_3, $HClO_4$, H_2O_2
④ 모두 가연성이 아님

05 ★☆☆

CBT 복원

제6류 위험물에 속하지 않는 것은?

① 질산	② 질산구아니딘
③ 삼불화브로민	④ 오불화아이오딘

06 ★★☆

17년 2회 기출

과염소산 1몰이 모두 기체로 변화하였을 때 질량은 1기압, 50℃를 기준으로 몇 g인가? (단, Cl의 원자량은 35.5이다.)

① 5.4	② 22.4
③ 100.5	④ 224

07 ★★☆

18년 1회 기출

과산화수소 용액의 분해를 방지하기 위한 방법으로 가장 거리가 먼 것은?

① 햇빛을 차단한다.
② 암모니아를 가한다.
③ 인산을 가한다.
④ 요산을 가한다.

08 ★★☆

17년 2회 기출

과산화수소의 성질 또는 취급방법에 관한 설명 중 틀린 것은?

① 햇빛에 의하여 분해한다.
② 인산, 요산 등의 분해방지 안정제를 넣는다.
③ 공기와의 접촉은 위험하므로 저장용기는 밀전(密栓)하여야 한다.
④ 에탄올에 녹는다.

09 ★★☆

17년 1회 기출

과산화수소의 저장방법으로 옳은 것은?

① 분해를 막기 위해 히드라진을 넣고 완전히 밀전하여 보관한다.
② 분해를 막기 위해 히드라진을 넣고 가스가 빠지는 구조로 마개를 하여 보관한다.
③ 분해를 막기 위해 요산을 넣고 완전히 밀전하여 보관한다.
④ 분해를 막기 위해 요산을 넣고 가스가 빠지는 구조로 마개를 하여 보관한다.

10 ★☆☆

20년 1회 기출

제6류 위험물인 과산화수소의 농도에 따른 물리적 성질에 대한 설명으로 옳은 것은?

① 농도와 무관하게 밀도, 끓는점, 녹는점이 일정하다.
② 농도와 무관하게 밀도는 일정하나, 끓는점과 녹는점이 농도에 따라 달라진다.
③ 농도와 무관하게 끓는점, 녹는점은 일정하나, 밀도는 농도에 따라 달라진다.
④ 농도에 따라 밀도, 끓는점, 녹는점이 달라진다.

11 ★☆☆

19년 2회 기출

과산화수소의 성질에 대한 설명 중 틀린 것은?

① 에터에 녹지 않으며, 벤젠에 녹는다.
② 산화제이지만 환원제로서 작용하는 경우도 있다.
③ 물보다 무겁다.
④ 분해방지 안정제로 인산, 요산 등을 사용할 수 있다.

12 ★☆☆

18년 2회 기출

금속 과산화물을 묽은 산에 반응시켜 생성되는 물질로서 석유와 벤젠에 불용성이고, 표백작용과 살균작용을 하는 것은?

① 과산화나트륨
② 과산화수소
③ 과산화벤조일
④ 과산화칼륨

13 ★★☆

16년 4회 기출

과염소산과 과산화수소의 공통된 성질이 아닌 것은?

① 비중이 1보다 크다.
② 물에 녹지 않는다.
③ 산화제이다.
④ 산소를 포함한다.

14 ★★★

18년 1회 기출

「위험물안전관리법령」에 따른 질산에 대한 설명으로 틀린 것은?

① 지정수량은 300kg이다.
② 위험등급은 Ⅰ이다.
③ 농도가 36wt% 이상인 것에 한하여 위험물로 간주된다.
④ 운반시 제1류 위험물과 혼재할 수 있다.

15 ★★☆

20년 1회 기출

질산의 위험성에 대한 설명으로 옳은 것은?

① 화재에 대한 직·간접적인 위험성은 없으나 인체에 묻으면 화상을 입는다.
② 공기 중에서 스스로 자연발화하므로 공기에 노출되지 않도록 한다.
③ 인화점 이상에서 가연성 증기를 발생하여 점화원이 있으면 폭발한다.
④ 유기물질과 혼합하면 발화의 위험성이 있다.

16 ★★★

20년 3회 기출

「위험물안전관리법령」상 제6류 위험물에 해당하는 물질로서 햇빛에 의해 갈색의 연기를 내며 분해할 위험이 있으므로 갈색병에 보관해야 하는 것은?

① 질산　　② 황산
③ 염산　　④ 과산화수소

17 ★★☆

19년 1회 기출

제6류 위험물인 질산에 대한 설명으로 틀린 것은?

① 강산이다.
② 물과 접촉시 발열한다.
③ 불연성 물질이다.
④ 열분해 시 수소를 발생한다.

18 ★★☆

CBT 복원

다음 중 단백질 검출반응과 관련이 있는 위험물은 무엇인가?

① HNO_3　　② $HClO_3$
③ $HClO_2$　　④ H_2O_2

19 ★★☆

19년 4회 기출

질산과 과염소산의 공통적인 성질로 옳은 것은?

① 강한 산화력과 환원력이 있다.
② 물과 접촉하면 반응이 없으므로 화재 시 주수소화가 가능하다.
③ 가연성이 없으며 가연물 연소 시에 소화를 돕는다.
④ 모두 산소를 함유하고 있다.

20 ★★★

18년 4회 기출

다음 중 제6류 위험물의 안전한 저장 · 취급을 위해 주의할 사항으로 가장 타당한 것은?

① 가연물과 접촉시키지 않는다.
② 0℃ 이하에서 보관한다.
③ 공기와의 접촉을 피한다.
④ 분해방지를 위해 금속분을 첨가하여 저장한다.

21 ★★★

19년 2회 기출

「위험물안전관리법령」상 제6류 위험물에 적응성이 있는 소화설비는?

① 옥내소화전설비
② 불활성가스 소화설비
③ 할로젠화합물 소화설비
④ 탄산수소염류분말 소화설비

22 ★★☆

16년 4회 기출

「위험물안전관리법령」상 인화성 고체와 질산에 공통적으로 적응성이 있는 소화설비는?

① 불활성가스 소화설비
② 할로젠화합물 소화설비
③ 탄산수소염류분말 소화설비
④ 포소화설비

합격 치트키 07

핵심이론+기출

위험물 운송 · 운반

위험물 운송 · 운반과 관련된 문제는 대부분 법에 있는 기준을 묻는 형태로 출제됩니다.
내용에 대한 깊은 이해가 필요한 문제보다는 법에 나와 있는 수치 기준과 관련된 문제가 주로 출제되므로 각종 기준을 정확하게 암기해야 합니다.
내용적으로 보면 유별을 달리하는 위험물의 혼재기준과 관련된 문제가 가장 많이 출제됩니다.

출제비중 6.2%

기출 TIP

고체 위험물과 액체 위험물의 운반용기 내용적 기준이 자주 출제된다.
고체와 액체의 내용적 기준이 다른 것을 주의해야 한다.

차광성이 있는 피복과 방수성이 있는 피복으로 가려야 하는 위험물 문제가 자주 출제된다.
보기가 위험물의 품명이 아니라 물질명으로 주어질 수도 있으므로 제1류~제6류 위험물 유형과 연계해서 공부하는 것이 좋다.

1 위험물의 일반적인 적재방법

① 위험물은 규정에 의한 운반용기에 기준에 따라 수납하여 적재하여야 한다. 다만, 덩어리 상태의 황을 운반하기 위하여 적재하는 경우 또는 위험물을 동일 구내에 있는 제조소 등의 상호 간에 운반하기 위하여 적재하는 경우에는 그러하지 아니하다.
② 위험물이 온도 변화 등에 의하여 누설되지 아니하도록 운반용기를 밀봉하여 수납한다.
③ 수납하는 위험물과 위험한 반응을 일으키지 아니하는 등 당해 위험물의 성질에 적합한 재질의 운반용기에 수납할 것
④ 고체 위험물은 운반용기 내용적의 95% 이하의 수납율로 수납할 것
⑤ 액체 위험물은 운반용기 내용적의 98% 이하의 수납율로 수납하되, 55도의 온도에서 누설되지 아니하도록 충분한 공간용적을 유지하도록 할 것
⑥ 위험물은 당해 위험물이 용기 밖으로 쏟아지거나 위험물을 수납한 운반용기가 전도 · 낙하 또는 파손되지 아니하도록 적재하여야 한다.
⑦ 운반용기는 수납구를 위로 향하게 하여 적재하여야 한다.

2 위험물의 성질에 따라 특별한 조치를 하는 경우

적재하는 위험물의 성질에 따라 일광의 직사 또는 빗물의 침투를 방지하기 위하여 유효하게 피복하는 등 다음에 정하는 기준에 따른 조치를 하여야 한다.

구분	위험물
차광성이 있는 피복	• 제1류 위험물 • 제3류 위험물 중 자연발화성물질 • 제4류 위험물 중 특수인화물 • 제5류 위험물 • 제6류 위험물
방수성이 있는 피복	• 제1류 위험물 중 알칼리금속의 과산화물 또는 이를 함유한 것 • 제2류 위험물 중 철분 · 금속분 · 마그네슘 또는 이들 중 어느 하나 이상을 함유한 것 • 제3류 위험물 중 금수성 물질
온도 관리	제5류 위험물 중 55℃ 이하의 온도에서 분해될 우려가 있는 것은 보냉 컨테이너에 수납하는 등 적정한 온도 관리를 할 것

3 유별을 달리하는 위험물의 혼재기준

① "×" 표시는 혼재할 수 없음을 표시한다.

② "○" 표시는 혼재할 수 있음을 표시한다.

③ 이 표는 지정수량의 $\frac{1}{10}$ 이하의 위험물에 대하여는 적용하지 아니한다.

구분	제1류	제2류	제3류	제4류	제5류	제6류
제1류		×	×	×	×	○
제2류	×		×	○	○	×
제3류	×	×		○	×	×
제4류	×	○	○		○	×
제5류	×	○	×	○		×
제6류	○	×	×	×	×	

기출 TIP

위험물의 혼재기준과 관련된 표는 자주 출제되므로 정확하게 암기해야 한다.

4 위험물 운반차량의 표지기준

① 부착위치: 이동탱크저장소는 전면 상단 및 후면 상단, 위험물 운반차량은 전면 및 후면에 부착한다.

② 규격 및 형상: 60cm 이상×30cm 이상의 횡형 사각형

③ 색상 및 문자: 흑색 바탕에 황색의 반사도료로 "위험물"이라 표기할 것

부착위치보다는 규격 및 형상, 색상 및 문자 관련 기준이 더 자주 출제된다.

5 이동탱크저장소에 의한 위험물 운송시 준수하여야 하는 사항

① 장거리의 기준: 고속국도에 있어서는 340km 이상, 그 밖의 도로에 있어서는 200km 이상

② 위험물운송자는 장거리 운송을 하는 때에는 2명 이상의 운전자로 하여야 한다.

③ 장거리 운송시 2명 이상의 운전자로 하지 않아도 되는 조건
- 운송책임자를 동승시킨 경우
- 운송하는 위험물이 제2류 위험물 · 제3류 위험물(칼슘 또는 알루미늄의 탄화물과 이것만을 함유한 것에 한함)또는 제4류 위험물(특수인화물 제외)인 경우
- 운송 도중에 2시간 이내마다 20분 이상씩 휴식하는 경우

④ 위험물운송자는 이동탱크저장소를 휴식 · 고장 등으로 일시 정차시킬 때에는 안전한 장소를 택하고 당해 이동탱크저장소의 안전을 위한 감시를 할 수 있는 위치에 있는 등 운송하는 위험물의 안전확보에 주의할 것

⑤ 위험물운송자는 이동저장탱크로부터 위험물이 현저하게 새는 등 재해발생의 우려가 있는 경우에는 재난을 방지하기 위한 응급조치를 강구하는 동시에 소방관서, 그 밖의 관계기관에 통보할 것

⑥ 위험물(제4류 위험물에 있어서는 특수인화물 및 제1석유류에 한함)을 운송하게 하는 자는 위험물안전카드를 위험물운송자로 하여금 휴대하게 할 것

⑦ 위험물운송자는 위험물안전카드를 휴대하고 당해 카드에 기재된 내용에 따를 것. 다만, 재난 그 밖의 불가피한 이유가 있는 경우에는 당해 기재된 내용에 따르지 아니할 수 있다.

장거리 운송시 2명 이상의 운전자로 하지 않아도 되는 조건이 자주 출제된다.

위험물안전카드를 휴대해야 하는 위험물의 종류를 묻는 문제가 자주 출제된다.

01 ★★☆

18년 2회 기출

「위험물안전관리법령」상 위험물의 운반에 관한 기준에 따르면 위험물은 규정에 의한 운반용기에 법령에서 정한 기준에 따라 수납하여 적재하여야 한다. 다음 중 적용 예외의 경우에 해당하는 것은? (단, 지정수량의 2배인 경우이며, 위험물을 동일 구내에 있는 제조소 등의 상호 간에 운반하기 위하여 적재하는 경우는 제외한다.)

① 덩어리 상태의 황을 운반하기 위하여 적재하는 경우
② 금속분을 운반하기 위하여 적재하는 경우
③ 삼산화크로뮴을 운반하기 위하여 적재하는 경우
④ 염소산나트륨을 운반하기 위하여 적재하는 경우

02 ★★★

19년 2회 기출

고체 위험물은 운반용기 내용적의 몇 % 이하의 수납율로 수납하여야 하는가?

① 90　　② 95
③ 98　　④ 99

03 ★★★

19년 1회 기출

「위험물안전관리법령」에 근거한 위험물 운반 및 수납시 주의사항에 대한 설명 중 틀린 것은?

① 위험물을 수납하는 용기는 위험물이 누설되지 않게 밀봉시켜야 한다.
② 온도 변화로 가스가 발생해 운반용기 안의 압력이 상승할 우려가 있는 경우(발생한 가스가 위험성이 있는 경우 제외)에는 가스 배출구가 설치된 운반용기에 수납할 수 있다.
③ 액체 위험물은 운반용기 내용적의 98% 이하의 수납율로 수납하되 55℃의 온도에서 누설되지 아니하도록 충분한 공간용적을 유지하도록 하여야 한다.
④ 고체 위험물은 운반용기 내용적의 98% 이하의 수납율로 수납하여야 한다.

04 ★☆☆

16년 4회 기출

위험물의 적재방법에 관한 기준으로 틀린 것은?

① 위험물은 규정에 의한 바에 따라 재해를 발생시킬 우려가 있는 물품과 함께 적재하지 아니하여야 한다.
② 적재하는 위험물의 성질에 따라 일광의 직사 또는 빗물의 침투를 방지하기 위하여 유효하게 피복하는 등 규정에서 정하는 기준에 따른 조치를 하여야 한다.
③ 증기발생 · 폭발에 대비하여 운반용기의 수납구를 옆 또는 아래로 향하게 하여야 한다.
④ 위험물을 수납한 운반용기가 전도 · 낙하 또는 파손되지 아니하도록 적재하여야 한다.

05 ★★★
19년 4회 기출

위험물을 적재, 운반할 때 방수성 덮개를 하지 않아도 되는 것은?

① 알칼리금속의 과산화물 ② 마그네슘
③ 나이트로화합물 ④ 탄화칼슘

06 ★★★
18년 4회 기출

운반할 때 빗물의 침투를 방지하기 위하여 방수성이 있는 피복으로 덮어야 하는 위험물은?

① TNT ② 이황화탄소
③ 과염소산 ④ 마그네슘

07 ★★★
19년 2회 기출

「위험물안전관리법령」상 위험물의 운반에 관한 기준에서 적재하는 위험물의 성질에 따라 직사일광으로부터 보호하기 위하여 차광성이 있는 피복으로 가려야 하는 위험물은?

① S ② Mg
③ C_6H_6 ④ $HClO_4$

08 ★★★
16년 4회 기출

적재 시 일광의 직사일광을 피하기 위하여 차광성이 있는 피복으로 가려야 하는 것은?

① 메탄올 ② 과산화수소
③ 철분 ④ 가솔린

09 ★★☆
16년 2회 기출

다음은 「위험물안전관리법령」상 위험물의 운반에 기준 중 적재방법에 관한 내용이다. ( ) 알맞은 내용은?

> ( ) 위험물 중 ( )℃ 이하의 온도에서 분해될 우려가 있는 것은 보냉 컨테이너에 수납하는 등 적정한 온도 관리를 할 것

① 제5류, 25 ② 제5류, 55
③ 제6류, 25 ④ 제6류, 55

10 ★★★

17년 2회 기출

「위험물안전관리법령」상 유별을 달리하는 위험물의 혼재기준에서 제6류 위험물과 혼재할 수 있는 위험물의 유별에 해당하는 것은? (단, 지정수량의 1/10을 초과하는 경우이다.)

① 제1류　② 제2류
③ 제3류　④ 제4류

11 ★★☆

19년 4회 기출

「위험물안전관리법령」상 지정수량의 각각 10배를 운반할 때 혼재할 수 있는 위험물은?

① 과산화나트륨과 과염소산
② 과망간산칼륨과 적린
③ 질산과 알코올
④ 과산화수소와 아세톤

12 ★★☆

16년 2회 기출

「위험물안전관리법령」상 위험물 운반시에 혼재가 금지된 위험물로 이루어진 것은? (단, 지정수량의 1/10 초과이다.)

① 과산화나트륨과 황
② 황과 과산화벤조일
③ 황린과 휘발유
④ 과염소산과 과산화나트륨

13 ★★★

17년 4회 기출

지정수량 이상의 위험물을 차량으로 운반하는 경우에는 차량에 설치하는 표지의 색상에 관한 내용으로 옳은 것은?

① 흑색 바탕에 청색의 도료로 "위험물"이라고 표기할 것
② 흑색 바탕에 황색의 반사도료로 "위험물"이라고 표기할 것
③ 적색 바탕에 흰색의 반사도료로 "위험물"이라고 표기할 것
④ 적색 바탕에 흑색의 도료로 "위험물"이라고 표기할 것

14 ★☆☆

16년 1회 기출

위험물의 운반용기 재질 중 액체 위험물의 외장용기로 사용할 수 없는 것은?

① 유리 ② 나무
③ 파이버판 ④ 플라스틱

15 ★★★

CBT 복원

「위험물안전관리법령」상 이동탱크저장소에 의한 위험물을 운송할 때의 기준으로 틀린 것은?

① 운송책임자를 동승시킨 경우에는 반드시 2명 이상이 교대로 운전해야 한다.
② 위험물 운송 시 장거리란 고속국도는 340km 이상, 그 밖의 도로는 200km 이상이다.
③ 특수인화물 및 제1석유류를 운송하게 하는 자는 위험물안전카드를 휴대해야 한다.
④ 위험물운송자는 재난 및 그 밖의 불가피한 이유가 있을 경우에는 위험물안전카드에 기재된 내용을 따르지 않을 수 있다.

16 ★★☆

20년 3회 기출

「위험물안전관리법령」상 이동탱크저장소에 의한 위험물의 운송시 위험물운송자가 위험물안전카드를 휴대하지 않아도 되는 물질은?

① 휘발유 ② 과산화수소
③ 경유 ④ 벤조일퍼옥사이드

합격 치트키 08

핵심이론+기출

위험물제조소 등의 유지관리

위험물제조소 등의 유지관리 유형은 약 19% 정도 출제됩니다.
내용적으로 보면 2과목에 있는 위험물제조소 등의 안전계획과 유사한 부분이 많습니다. 이 유형에서는 개념에 대한 이해와 계산능력을 요구하는 문제는 거의 출제되지 않고, 법에 나온 기준을 암기하고 있는지 묻는 문제가 주로 출제됩니다.
내용적인 면에서 보면 안전거리와 보유공지 기준과 관련된 문제가 자주 출제됩니다.

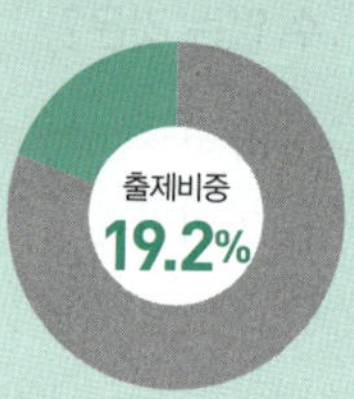

기출 TIP

30일과 14일 관련 내용이 주로 출제된다.

1 위험물안전관리자 선임 및 제조소 폐지기준

① 안전관리자를 선임한 제조소 등의 관계인은 그 안전관리자를 해임하거나 안전관리자가 퇴직한 때에는 해임하거나 퇴직한 날부터 30일 이내에 다시 안전관리자를 선임하여야 한다.

② 제조소 등의 관계인은 당해 제조소 등의 용도를 폐지한 때에는 제조소 등의 용도를 폐지한 날부터 14일 이내에 시 · 도지사에게 신고하여야 한다.

위험물을 임시로 저장할 수 있는 기간을 묻는 문제가 출제된다.

2 위험물의 저장 및 취급의 제한에 관한 기준

다음의 하나에 해당하는 경우에는 제조소 등이 아닌 장소에서 지정수량 이상의 위험물을 취급할 수 있다.

① 시 · 도의 조례가 정하는 바에 따라 관할 소방서장의 승인을 받아 지정수량 이상의 위험물을 90일 이내의 기간 동안 임시로 저장 또는 취급하는 경우

② 군부대가 지정수량 이상의 위험물을 군사목적으로 임시로 저장 또는 취급하는 경우

3 옥외저장소에 저장할 수 있는 위험물

① 제2류 위험물 중 황 또는 인화성 고체(인화점이 섭씨 0도 이상인 것에 한함)

② 제4류 위험물 중 제1석유류(인화점이 섭씨 0도 이상인 것에 한함) · 알코올류 · 제2석유류 · 제3석유류 · 제4석유류 및 동식물유류

③ 제6류 위험물

위험물취급소의 세부내용까지 묻는 문제는 잘 출제되지 않고 위험물취급소의 구분에 해당되는 것이 무엇인지 묻는 문제가 출제된다.

4 위험물취급소의 구분

구분	내용
주유취급소	고정된 주유설비에 의하여 자동차, 항공기, 선박 등의 연료탱크에 직접 주유하기 위해 위험물을 취급하는 장소
판매취급소	점포에서 위험물을 용기에 담아 판매하기 위하여 지정수량의 40배 이하의 위험물을 취급하는 장소
이송취급소	배관 및 이에 부속된 설비에 의하여 위험물을 이송하는 장소
일반취급소	주유취급소, 판매취급소, 이송취급소 외의 장소

5 위험물을 취급하는 건축물의 구조

① 지하층이 없도록 하여야 한다.

② 벽 · 기둥 · 바닥 · 보 · 서까래 및 계단을 불연재료로 하고, 연소(延燒)의 우려가 있는 외벽은 출입구 외의 개구부가 없는 내화구조의 벽으로 하여야 한다.

③ 지붕(2층 이상 연결되어 있는 경우에는 최상층의 지붕)은 폭발력이 위로 방출될 정도의 가벼운 불연재료로 덮어야 한다.

④ 위험물을 취급하는 건축물의 창 및 출입구에 유리를 이용하는 경우에는 망입유리(두꺼운 판유리에 철망을 넣은 것)로 하여야 한다.

⑤ 출입구와 기준에 따라 설치해야 하는 비상구에는 60분+방화문 · 60분 방화문 또는 30분 방화문을 설치하여야 한다.

⑥ 액체의 위험물을 취급하는 건축물의 바닥은 위험물이 스며들지 못하는 재료를 사용하고, 적당한 경사를 두어 그 최저부에 집유설비를 하여야 한다.

기출 TIP

건축물의 어떤 부분을 내화구조로 해야 하는지 묻는 문제가 주로 출제된다.

6 제조소의 안전거리 기준

① 제조소(제6류 위험물을 취급하는 제조소는 제외)는 다음의 규정에 의한 안전거리를 두어야 한다.

② 세부적인 안전거리 기준

구분	기준
주거용 건물	10m 이상
학교, 병원, 극장	30m 이상
지정문화유산 및 천연기념물	50m 이상
고압가스, 액화석유가스 또는 도시가스를 저장 또는 취급하는 시설	20m 이상
사용전압이 7,000V 초과 35,000V 이하의 특고압가공전선	3m 이상
사용전압이 35,000V를 초과하는 특고압가공전선	5m 이상

안전거리 기준은 자주 출제되므로 수치를 암기해야 한다.
출제빈도로 보면 주거용 건물, 학교, 지정문화유산과 관련된 문제가 자주 출제된다.

7 위험물제조소와 옥외저장탱크의 보유공지 기준

(1) 위험물제조소

취급하는 위험물의 최대수량	공지의 너비
지정수량의 10배 이하	3m 이상
지정수량의 10배 초과	5m 이상

(2) 옥외저장탱크

저장 또는 취급하는 위험물의 최대수량	공지의 너비
지정수량의 500배 이하	3m 이상
지정수량의 500배 초과 1,000배 이하	5m 이상
지정수량의 1,000배 초과 2,000배 이하	9m 이상
지정수량의 2,000배 초과 3,000배 이하	12m 이상
지정수량의 3,000배 초과 4,000배 이하	15m 이상

보유공지의 기준을 묻는 문제는 자주 출제된다.
위험물제조소와 옥외저장탱크의 기준이 서로 다른 것을 주의해야 한다.

01 ★★☆

16년 2회 기출

다음은 「위험물안전관리법령」에 관한 내용이다. (   ) 안에 들어갈 알맞은 수치의 합은?

- 위험물안전관리자를 선임한 제조소 등의 관계인은 그 안전관리자를 해임하거나 안전관리자가 퇴직한 때에는 해임하거나 퇴직한 날부터 (   )일 이내에 다시 안전관리자를 선임하여야 한다.
- 제조소 등의 관계인은 당해 제조소 등의 용도를 폐지한 때에는 행정안전부령이 정하는 바에 따라 제조소 등의 용도를 폐지한 날부터 (   )일 이내에 시 · 도지사에게 신고하여야 한다.

① 30　② 44

③ 49　④ 62

02 ★★☆

19년 1회 기출

「위험물안전관리법령」상 시 · 도의 조례가 정하는 바에 따르면 관할 소방서장의 승인을 받아 지정수량 이상의 위험물을 임시로 제조소 등이 아닌 장소에서 취급할 때 며칠 이내의 기간 동안 취급할 수 있는가?

① 7일　② 30일

③ 90일　④ 180일

03 ★★☆

19년 4회 기출

다음 중 위험물의 저장 또는 취급에 관한 기술상의 기준과 관련하여 시 · 도의 조례에 의해 규제를 받는 경우는?

① 등유 2,000L를 저장하는 경우

② 중유 3,000L를 저장하는 경우

③ 윤활유 5,000L를 저장하는 경우

④ 휘발유 400L를 저장하는 경우

04 ★☆☆

17년 1회 기출

옥외저장소에서 저장할 수 없는 위험물은? (단, 시 · 도 조례에서 별도로 정하는 위험물 또는 국제해상위험물규칙에 적합한 용기에 수납된 위험물은 제외한다.)

① 과산화수소　② 아세톤

③ 에탄올　④ 황

05 ★★☆

16년 4회 기출

「위험물안전관리법령」에서는 위험물을 제조 외의 목적으로 취급하기 위한 장소와 그에 따른 취급소의 구분을 4가지로 정하고 있다. 다음 중 법령에서 정한 취급소의 구분에 해당되지 않는 것은?

① 주유취급소　② 특수취급소

③ 일반취급소　④ 이송취급소

06 ★★★

20년 3회 기출

「위험물안전관리법령」상 위험물제조소의 위험물을 취급하는 건축물의 구성부분 중 반드시 내화구조로 하여야 하는 것은?

① 연소의 우려가 있는 기둥

② 바닥

③ 연소의 우려가 있는 외벽

④ 계단

07 ★★★
16년 2회 기출

「위험물안전관리법령」상 연소의 우려가 있는 위험물제조소의 외벽의 기준으로 옳은 것은?

① 개구부가 없는 불연재료의 벽으로 하여야 한다.
② 개구부가 없는 내화구조의 벽으로 하여야 한다.
③ 출입구 외의 개구부가 없는 불연재료의 벽으로 하여야 한다.
④ 출입구 외의 개구부가 없는 내화구조의 벽으로 하여야 한다.

08 ★☆☆
16년 1회 기출

위험물제조소 건축물의 구조기준이 아닌 것은?

① 출입구에는 60분+방화문 · 60분방화문 또는 30분방화문을 설치할 것
② 지붕은 폭발력이 위로 방출될 정도의 가벼운 불연재료로 덮을 것
③ 벽 · 기둥 · 바닥 · 보 · 서까래 및 계단을 불연재료로 출입구 외의 개구부가 없는 내화구조의 벽으로 하여야 한다.
④ 산화성 고체, 가연성 고체 위험물을 취급하는 건축물의 바닥은 위험물이 스며들지 못하는 재료를 사용할 것

09 ★★★
19년 4회 기출

위험물제조소는 「문화유산법」에 의한 지정문화유산으로부터 몇 m 이상의 안전거리를 두어야 하는가?

① 20m ② 30m
③ 40m ④ 50m

10 ★★★
16년 2회 기출

「위험물안전관리법령」에서 정하는 제조소와의 안전거리의 기준이 다음 중 가장 큰 것은?

① 「고압가스 안전관리법」의 규정에 의하여 허가를 받거나 신고를 하여야 하는 고압가스 저장시설
② 사용전압이 35,000V를 초과하는 특고압가공전선
③ 병원, 학교, 극장
④ 「문화유산법」에 따른 지정문화유산 및 천연기념물

11 ★★★
15년 2회 기출

제3류 위험물을 취급하는 제조소와 3백명 이상의 인원을 수용하는 영화상영관과의 안전거리는 몇 m 이상이어야 하는가?

① 10 ② 20
③ 30 ④ 50

12 ★☆☆
CBT 복원

「위험물안전관리법령」에 따른 안전거리 규제대상에서 제외되는 것은?

① 제6류 위험물제조소
② 제1류 위험물 일반취급소
③ 제4류 위험물 옥내저장소
④ 제5류 위험물 옥외저장소

13 ★★☆

19년 4회 기출

위험물제조소 등의 안전거리의 단축기준과 관련해서 $H \leq pD^2 + a$인 경우 방화상 유효한 담의 높이는 2m 이상으로 한다. 다음 중 a에 해당되는 것은?

① 인근 건축물의 높이(m)
② 제조소 등의 외벽의 높이(m)
③ 제조소 등과 공작물과의 거리(m)
④ 제조소 등과 방화상 유효한 담과의 거리(m)

14 ★☆☆

15년 4회 기출

주거용 건축물과 위험물제조소와의 안전거리를 단축할 수 있는 경우는?

① 제조소가 위험물의 화재 진압을 하는 소방서와 근거리에 있는 경우
② 취급하는 위험물의 최대수량(지정수량의 배수)이 10배 미만이고 기준에 의한 방화상 유효한 벽을 설치한 경우
③ 위험물을 취급하는 시설이 철근콘크리트 벽일 경우
④ 취급하는 위험물이 단일 품목일 경우

15 ★★★

19년 2회 기출

「위험물안전관리법령」상 지정수량의 10배를 초과하는 위험물을 취급하는 제조소에 확보하여야 하는 보유공지의 너비의 기준은?

① 1m 이상
② 3m 이상
③ 5m 이상
④ 7m 이상

16 ★☆☆

17년 4회 기출

「위험물안전관리법령」에 의한 위험물제조소의 설치기준으로 옳지 않은 것은?

① 위험물을 취급하는 기계 · 기구 그 밖의 설비는 위험물이 새거나 넘치거나 비산하는 것을 방지할 수 있는 구조로 하여야 한다.
② 위험물을 가열하거나 냉각하는 설비 또는 위험물의 취급에 수반하여 온도 변화가 생기는 설비에는 온도측정장치를 설치하여야 한다.
③ 위험물을 취급함에 있어서 정전기가 발생할 우려가 있는 설비에는 정전기를 유효하게 제거할 수 있는 설비를 설치하여야 한다.
④ 위험물을 취급하는 배관을 지하에 매설하는 경우에는 지진 · 풍압 · 지반침하 및 온도 변화에 안전한 구조의 지지물에 설치하여야 한다.

17 ★★☆

18년 1회 기출

「위험물안전관리법령」상 옥내저장소의 안전거리를 두지 않을 수 있는 경우는?

① 지정수량 20배 이상의 동식물유류
② 지정수량 20배 미만의 특수인화물
③ 지정수량 20배 미만의 제4석유류
④ 지정수량 20배 이상의 제5류 위험물

18 ★★☆
15년 2회 기출

다음 그림은 제5류 위험물 중 유기과산화물을 저장하는 옥내저장소의 저장창고를 개략적으로 보여주고 있다. 창과 바닥으로부터 높이(a)와 하나의 창의 면적(b)은 각각 얼마로 하여야 하는가? (단, 이 저장창고의 바닥 면적은 $150m^2$ 이내이다.)

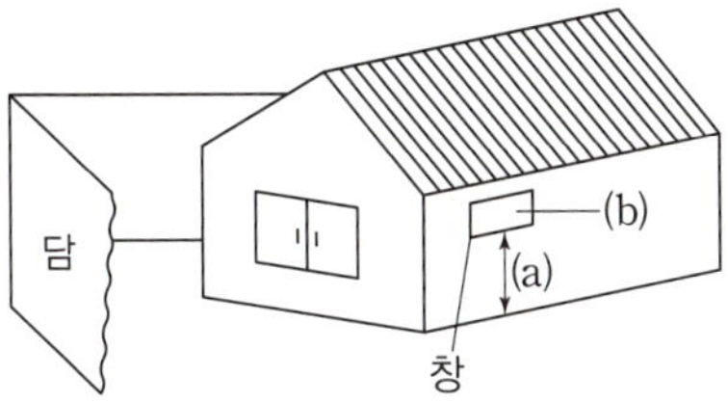

① (a) 2m 이상, (b) $0.6m^2$ 이내
② (a) 3m 이상, (b) $0.4m^2$ 이내
③ (a) 2m 이상, (b) $0.4m^2$ 이내
④ (a) 3m 이상, (b) $0.6m^2$ 이내

19 ★☆☆
CBT 복원

옥내저장소에 위험물을 저장할 경우 내부에 체류하는 가연성 증기를 지붕 위로 방출시키는 배출설비를 하여야 하는 것은?

① 피리딘 ② 과염소산
③ 과망간산칼륨 ④ 과산화나트륨

20 ★★☆
20년 3회 기출

「위험물안전관리법령」상 제4류 위험물 옥외저장탱크의 대기밸브 부착 통기관은 몇 kPa 이하의 압력 차이로 작동할 수 있어야 하는가?

① 2 ② 3
③ 4 ④ 5

21 ★★☆
CBT 복원

다음 ( ) 안에 들어갈 알맞은 수치는? (단, 인화점이 200℃ 이상인 위험물은 제외한다.)

옥외저장탱크의 지름이 15m 미만인 경우에 방유제는 탱크의 옆판으로부터 탱크 높이의 ( ) 이상 이격하여야 한다.

① 3분의 1 ② 2분의 1
③ 4분의 1 ④ 3분의 2

22 ★★☆
CBT 복원

다음 ( ) 안에 들어갈 알맞은 수치와 용어를 바르게 나열한 것은?

이황화탄소의 옥외저장탱크는 벽 및 바닥의 두께가 ( )m 이상이고 누수가 되지 아니하는 철근콘크리트의 ( )에 넣어 보관하여야 한다.

① 0.2, 수조 ② 1.2, 수조
③ 1.2, 기밀탱크 ④ 0.2, 진공탱크

23 ★★★

17년 1회 기출

「위험물안전관리법령」상 지정수량의 3천배 초과 4천배 이하의 위험물을 저장하는 옥외탱크저장소에 확보하여야 하는 보유공지의 너비는 얼마인가?

① 6m 이상
② 9m 이상
③ 12m 이상
④ 15m 이상

24 ★☆☆

18년 2회 기출

최대 아세톤 150톤을 옥외탱크저장소에 저장할 경우 보유공지의 너비는 몇 m 이상으로 하여야 하는가? (단, 아세톤의 비중은 0.79이다.)

① 3
② 5
③ 9
④ 12

25 ★★☆

20년 1회 기출

옥내탱크저장소에서 탱크 상호 간에는 얼마 이상의 간격을 두어야 하는가? (단, 탱크의 점검 및 보수에 지장이 없는 경우는 제외한다.)

① 0.5m
② 0.7m
③ 1.0m
④ 1.2m

26 ★☆☆

16년 2회 기출

제4석유류를 저장하는 옥내탱크저장소의 기준으로 옳은 것은? (단, 단층건물에 탱크전용실을 설치하는 경우이다.)

① 옥내저장탱크의 용량은 지정수량의 40배 이하일 것
② 탱크전용실은 벽, 기둥, 바닥, 보를 내화구조로 할 것
③ 탱크전용실에는 창을 설치하지 아니할 것
④ 탱크전용실에 펌프설비를 설치하는 경우에는 그 주위에 0.2m 이상의 높이로 턱을 설치할 것

27 ★★☆

18년 4회 기출

위험물 지하탱크저장소의 탱크전용실 설치기준으로 틀린 것은?

① 철근콘크리트 구조의 벽은 두께 0.3m 이상으로 한다.
② 지하저장탱크와 탱크전용실의 안쪽과의 사이는 50cm 이상의 간격을 유지한다.
③ 철근콘크리트 구조의 바닥은 두께 0.3m 이상으로 한다.
④ 벽, 바닥 등에 적정한 방수조치를 강구한다.

28 ★★☆

20년 3회 기출

제4류 위험물을 저장하는 이동탱크저장소의 탱크 용량이 19,000L일 때 탱크의 칸막이는 최소 몇 개를 설치해야 하는가?

① 2
② 3
③ 4
④ 5

29 ★☆☆

19년 2회 기출

「위험물안전관리법령」상 이동저장탱크(압력탱크)에 대해 실시하는 수압시험은 용접부에 대한 어떤 시험으로 대신할 수 있는가?

① 비파괴시험과 기밀시험
② 비파괴시험과 충수시험
③ 충수시험과 기밀시험
④ 방폭시험과 충수시험

30 ★☆☆

CBT 복원

「위험물안전관리법령」상 알킬알루미늄을 저장하는 이동탱크저장소에 적용하는 기준으로 틀린 것은?

① 탱크의 저장 용량은 1,900L 미만이어야 한다.
② 탱크의 배관 및 밸브 등은 탱크의 아랫부분에 설치하여야 한다.
③ 탱크는 두께 10mm 이상의 강판 또는 이와 동등 이상의 기계적 성질이 있는 재료로 기밀하게 제작한다.
④ 안전장치는 이동저장탱크 수압시험 압력의 3분의 2를 초과하고 5분의 4를 넘지 아니하는 범위의 압력으로 작동하여야 한다.

31 ★★★

20년 1회 기출

주유취급소에서 고정주유설비는 도로경계선과 몇 m 이상 거리를 유지하여야 하는가? (단, 고정주유설비의 중심선을 기점으로 한다.)

① 2 ② 4
③ 6 ④ 8

32 ★★☆

20년 1회 기출

위험물 주유취급소의 주유 및 급유공지의 바닥에 대한 기준으로 옳지 않은 것은?

① 주위 지면보다 낮게 할 것
② 표면을 적당하게 경사지게 할 것
③ 배구수, 집유설비를 할 것
④ 유분리장치를 할 것

33 ★☆☆

16년 1회 기출

주유취급소에 캐노피를 설치하고자 한다. 「위험물안전관리법령」에 따른 캐노피의 설치기준이 아닌 것은?

① 캐노피의 면적은 주유취급소 공지면적의 1/2 이하로 할 것
② 배관이 캐노피 내부를 통과할 경우에는 1개 이상의 점검구를 설치할 것
③ 캐노피 외부의 배관이 일광열의 영향을 받을 우려가 있는 경우에는 단열재로 피복할 것
④ 캐노피 외부의 점검이 곤란한 장소에 배관을 설치하는 경우에는 용접이음으로 할 것

34 ★★☆

20년 1회 기출

주유취급소의 표지 및 게시판의 기준에서 "위험물 주유취급소" 표지와 "주유중엔진정지" 게시판의 바탕색을 차례대로 옳게 나타낸 것은?

① 백색, 백색 ② 백색, 황색
③ 황색, 백색 ④ 황색, 황색

35 ★☆☆ CBT 복원

판매취급소에서 위험물을 배합하는 실의 기준에 해당되지 않는 것은?

① 내화구조 또는 불연재료로 된 벽으로 구획한다.
② 출입구는 자동폐쇄식의 60분+방화문을 설치한다.
③ 내부에 체류한 가연성 증기를 지붕 위로 방출하는 설비를 한다.
④ 바닥에는 경사를 두어 되돌림관을 설치한다.

36 ★☆☆ 16년 4회 기출

제4류, 제2석유류 비수용성인 위험물 180,000리터를 저장하는 옥외저장소의 경우 설치하여야 하는 소화설비의 기준과 소화기 개수를 설명한 것이다. (　　) 안에 들어갈 숫자의 합은?

- 해당 옥외저장소는 소화난이도등급Ⅱ에 해당하며 소화설비의 기준은 방사능력 범위 내에 당해 건축물, 그 밖의 공작물 및 위험물이 포함되도록 대형수동식소화기를 설치하고 당해 위험물의 소요단위의 (　　)에 해당하는 능력단위의 소형수동식소화기를 설치하여야 한다.
- 해당 옥외저장소의 경우 대형수동식소화기와 설치하고자 하는 소형수동식소화기의 능력단위가 2라고 가정할 때 비치하여야 하는 소형수동식소화기의 최소 개수는 (　　)개이다.

① 2.2　　② 4.5
③ 9　　④ 10

37 ★★☆ 18년 1회 기출

휘발유를 저장하던 이동저장탱크에 탱크의 상부로부터 등유나 경유를 주입할 때 액표면이 주입관의 끝부분을 넘는 높이가 될 때까지 그 주입관 내의 유속을 몇 m/s 이하로 하여야 하는가?

① 1　　② 2
③ 3　　④ 5

38 ★★☆ 20년 1회 기출

「위험물안전관리법령」상 주유취급소에서의 위험물 취급기준에 따르면 자동차 등에 인화점 몇 ℃ 미만의 위험물을 주유할 때에는 자동차 등의 원동기를 정지시켜야 하는가? (단, 원칙적인 경우에 한한다.)

① 21　　② 25
③ 40　　④ 80

39 ★★☆ CBT 복원

다음은 「위험물안전관리법령」상 제조소 등에서의 위험물의 저장 및 취급에 관한 기준 중 저장기준의 일부이다. (　　) 안에 알맞은 것은?

옥내저장소에 있어서 위험물은 규정에 의한 바에 따라 용기에 수납하여 저장하여야 한다. 다만, (　　)과 별도의 규정에 의한 위험물에 있어서는 그러하지 아니하다.

① 동식물유류　　② 덩어리 상태의 황
③ 고체 상태의 알코올　　④ 고화된 제4석유류

40 ★★☆

17년 4회 기출

질산나트륨을 저장하고 있는 옥내저장소(내화구조의 격벽으로 완전히 구획된 실이 2 이상 있는 경우에는 동일한 실)에 함께 저장하는 것이 법적으로 허용되는 것은? (단, 위험물을 유별로 정리하여 서로 1m 이상의 간격을 두는 경우이다.)

① 적린 ② 인화성 고체
③ 동식물유류 ④ 과염소산

41 ★☆☆

20년 1회 기출

「위험물안전관리법령」상 위험물을 취급 중 소비에 관한 기준에 해당하지 않는 것은?

① 분사도장작업은 방화상 유효한 격벽 등으로 구획된 안전한 장소에서 실시할 것
② 버너를 사용하는 경우에는 버너의 역화를 방지할 것
③ 반드시 규격용기를 사용할 것
④ 열처리 작업은 위험물이 위험한 온도에 이르지 아니하도록 하여 실시할 것

42 ★★☆

20년 3회 기출

「위험물안전관리법령」상 위험물의 취급기준 중 소비에 관한 기준으로 틀린 것은?

① 열처리 작업은 위험물이 위험한 온도에 이르지 아니하도록 하여 실시하여야 한다.
② 담금질 작업은 위험물이 위험한 온도에 이르지 아니하도록 하여 실시하여야 한다.
③ 분사도장작업은 방화상 유효한 격벽 등으로 구획한 안전한 장소에서 하여야 한다.
④ 버너를 사용하는 경우에는 버너의 역화를 유지하고 위험물이 넘치지 아니하도록 하여야 한다.

43 ★☆☆

CBT 복원

「위험물안전관리법령」에 따른 위험물의 취급 중 제조에 관한 기준으로 다음 사항을 유의하여야 하는 공정은?

> 위험물을 취급하는 설비의 내부 압력의 변동에 의하여 액체 또는 증기가 새지 아니하도록 하여야 한다.

① 증류공정 ② 추출공정
③ 건조공정 ④ 분쇄공정

44 ★★★

16년 2회 기출

이동저장탱크에 저장할 때 불활성의 기체를 봉입하여야 하는 위험물은?

① 메틸에틸케톤퍼옥사이드
② 아세트알데하이드
③ 아세톤
④ 트리나이트로톨루엔

45 ★★☆

18년 2회 기출

「위험물안전관리법령」에 따른 위험물 저장기준으로 틀린 것은?

① 이동탱크저장소에는 설치허가증과 운송허가증을 비치하여야 한다.
② 지하저장탱크의 주된 밸브는 위험물을 넣거나 빼낼 때 외에는 폐쇄하여야 한다.
③ 아세트알데하이드를 저장하는 이동저장탱크에는 탱크 안에 불활성의 기체를 봉입하여야 한다.
④ 옥외저장탱크 주위에 설치된 방유제의 내부에 물이나 유류가 괴었을 경우에는 지체없이 배출하여야 한다.

46 ★★☆

18년 2회 기출

옥내저장소에서 위험물 용기를 겹쳐 쌓는 경우에 있어서 제4류 위험물 중 제3석유류만을 수납하는 용기를 겹쳐 쌓을 수 있는 높이는 최대 몇 m인가?

① 3　② 4
③ 5　④ 6

47 ★★☆

14년 1회 기출

다음은 「위험물안전관리법령」에서 정한 제조소 등에서의 위험물의 저장 및 취급에 관한 기준 중 위험물의 유별 저장 · 취급 공통기준의 일부이다. (　　) 안에 알맞은 위험물 유별은?

> (　　) 위험물은 가연물과의 접촉 · 혼합이나 분해를 촉진하는 물품과의 접근 또는 과열을 피하여야 한다.

① 제2류　② 제3류
③ 제5류　④ 제6류

48 ★★★

16년 2회 기출

다음과 같이 위험물을 저장할 경우 각각의 지정수량 배수의 총합은 얼마인가?

> • 클로로벤젠: 1,000L
> • 동식물유류: 5,000L
> • 제4석유류: 12,000L

① 2.5　② 3.0
③ 3.5　④ 4.0

49 ★★★

19년 4회 기출

어떤 공장에서 아세톤과 메탄올을 18L 용기에 각각 10개, 등유를 200L 드럼으로 3드럼을 저장하고 있다면 각각의 지정수량 배수의 총합은 얼마인가?

① 1.3　② 1.5
③ 2.3　④ 2.5

50 ★★★

19년 1회 기출

제1류 위험물 중 무기과산화물 150kg, 질산염류 300kg, 다이크로뮴산염류 3,000kg을 저장하고 있다. 각각 지정수량의 배수의 총합은 얼마인가?

① 5　② 6
③ 7　④ 8

51 ★★★

18년 4회 기출

질산나트륨 90kg, 황 70kg, 클로로벤젠 2,000L 각각의 지정수량의 배수의 총합은?

① 2　② 3
③ 4　④ 5

52 ★★☆

18년 2회 기출

다음은 「위험물안전관리법령」상 위험물제조소 등에 설치하는 옥내소화전설비의 설치표시 기준 중 일부이다. (　　)에 알맞은 수치를 차례로 옳게 나타낸 것은?

> 옥내소화전함의 상부의 벽면에 적색의 표시등을 설치하되 당해 표시등의 부착면과 (　　) 이상의 각도가 되는 방향으로 (　　) 떨어진 곳에서 용이하게 식별이 가능하도록 할 것

① 5°, 5m　② 5°, 10m
③ 15°, 5m　④ 15°, 10m

53 ★☆☆

18년 4회 기출

표준관입시험 및 평판재하시험을 실시하여야 하는 특정옥외저장탱크의 지반의 범위는 기초의 외축이 지표면과 접하는 선의 범위 내에 있는 지반으로서 지표면으로부터 깊이 몇 m까지로 하는가?

① 10　② 15
③ 20　④ 25

SUBJECT 03

FINAL
기출복원 모의고사

기출복원 모의고사 1회
기출복원 모의고사 2회
기출복원 모의고사 3회

2025년 CBT 시험 분석결과

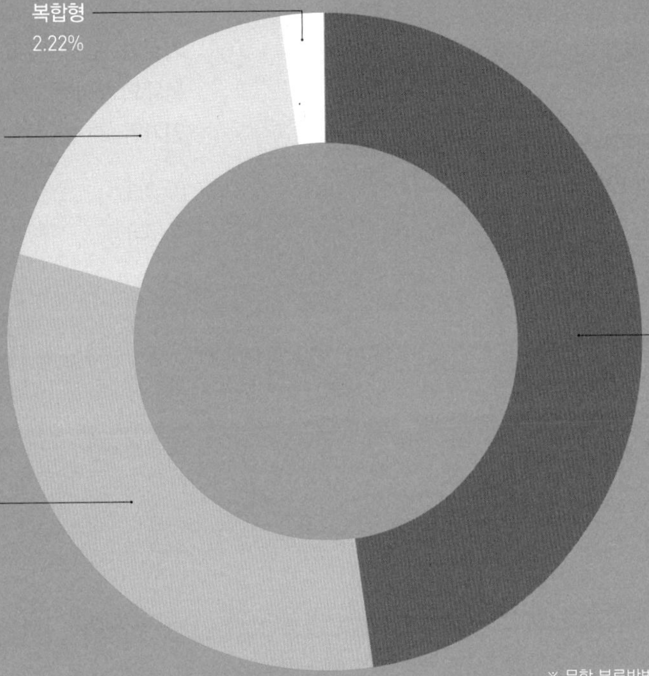

※ 문항 분류방법에 따라 세부 수치는 달라질 수 있음

학습전략

기출복원 모의고사는 25년 CBT 시험 분석결과를 기반으로 최대한 실제 시험에서 출제되는 문제유형과 유사하게 출제했습니다.
시험 직전에 기출복원 모의고사를 풀어보면 자신의 실력을 점검하고 자신이 부족한 과목과 내용이 무엇인지 파악할 수 있습니다.
기출복원 모의고사를 풀었을 때 전공자의 경우 3회 평균 85점 이상, 비전공자의 경우 3회 평균 최소 70점 이상을 획득할 수 있을 정도로 공부해야 합니다.

기출복원

모의고사 1회

물질의 물리 · 화학적 성질

01 어떤 원자핵에서 양성자의 수가 3이고, 중성자의 수가 2일 때 질량수는 얼마인가?

① 1　② 3
③ 5　④ 7

02 원자번호가 7인 질소와 같은 족에 해당되는 원소의 원자번호는?

① 15　② 16
③ 17　④ 18

03 Mg^{2+}와 같은 전자배치를 가지는 것은?

① Ca^{2+}　② Ar
③ Cl^{-}　④ F^{-}

04 가로가 2cm, 세로가 5cm, 높이가 3cm인 직육면체 물체의 무게는 100g이다. 이 물체의 밀도는 몇 g/cm^3인가?

① 3.3　② 4.3
③ 5.3　④ 6.3

05 기체 상태의 염화수소는 어떤 화학결합으로 이루어진 화합물인가?

① 극성 공유결합　② 이온결합
③ 비극성 공유결합　④ 배위 공유결합

06 어떤 기체의 확산속도는 SO_2의 2배이다. 이 기체의 분자량은 얼마인가? (단, SO_2의 분자량은 64이다.)

① 4　② 8
③ 16　④ 32

07 다음은 어떤 법칙에 대한 내용인가?

> 묽은 용액의 삼투압은 용매나 용질의 종류에 상관없이 용액의 몰농도와 절대온도에 비례한다.

① 반트-호프의 법칙 ② 르샤틀리에의 법칙
③ 아보가드로의 법칙 ④ 헤스의 법칙

08 $K_2Cr_2O_7$에서 Cr의 산화수는?

① +2 ② +4
③ +6 ④ +8

09 이상기체상수 R값이 0.082라면 그 단위로 옳은 것은?

① $\frac{atm \cdot mol}{L \cdot K}$ ② $\frac{mmHg \cdot mol}{L \cdot K}$
③ $\frac{atm \cdot L}{mol \cdot K}$ ④ $\frac{mmHg \cdot L}{mol \cdot K}$

10 액체 0.2g을 기화시켰더니 그 증기의 부피가 97℃, 740mmHg에서 80mL였다. 이 액체의 분자량에 가장 가까운 값은?

① 40 ② 46
③ 78 ④ 121

11 수소 1.2몰과 염소 2몰이 반응할 경우 생성되는 염화수소의 몰수는?

① 1.2 ② 2.4
③ 3.6 ④ 4.8

12 염소산칼륨을 이산화망간을 촉매로 하여 가열하면 염화칼륨과 산소로 열분해 된다. 표준상태를 기준으로 11.2L의 산소를 얻기 위해 몇 g의 염소산칼륨이 필요한가? (단, K의 원자량은 39, Cl의 원자량은 35.5이다.)

① 30.63g ② 40.83g
③ 61.25g ④ 122.5g

13 다음과 같은 반응에서 평형상수 K를 나타내는 식을 바르게 작성한 것은?

$$CO+2H_2 \longrightarrow CH_3OH$$

① $K=\frac{[CH_3OH]}{[CO][H_2]}$
② $K=\frac{[CH_3OH]}{[CO][H_2]^2}$
③ $K=\frac{[CO][H_2]}{[CH_3OH]}$
④ $K=\frac{[CO][H_2]^2}{[CH_3OH]}$

14 표준상태에서 기체의 밀도가 약 1.96g/L인 기체는? (단, 이상기체로 가정한다.)

① O_2
② CH_4
③ CO_2
④ N_2

15 다음의 반응 중 평형상태가 압력의 영향을 받지 않는 것은?

① $N_2+O_2 \rightleftharpoons 2NO$
② $NH_3+HCl \rightleftharpoons NH_4Cl$
③ $2CO+O_2 \rightleftharpoons 2CO_2$
④ $2NO_2 \rightleftharpoons N_2O_4$

16 25℃의 포화용액 90g 속에 어떤 물질이 30g 녹아 있다. 이 온도에서 이 물질의 용해도는 얼마인가?

① 30
② 33
③ 50
④ 63

17 염기성 산화물에 해당하는 것은?

① MgO
② Al_2O_3
③ ZnO
④ PbO

18 금속은 열, 전기를 잘 전도한다. 이와 같은 물리적 특성을 갖는 가장 큰 이유는?

① 금속의 원자 반지름이 크다.
② 자유전자를 가지고 있다.
③ 비중이 대단히 크다.
④ 이온화 에너지가 매우 크다.

19 프리델－크래프츠 반응에서 사용하는 촉매는?

① $HNO_3+H_2SO_4$　② SO_3
③ Fe　④ $AlCl_3$

20 고체 유기물질을 정제하는 과정에서 이 물질이 순물질인지 알기 위한 조사방법으로 가장 적합한 방법은 무엇인가?

① 육안으로 관찰한다.
② 녹는점을 측정한다.
③ 광학현미경으로 분석한다.
④ 전도도를 측정한다.

화재예방과 소화방법

21 연소의 3요소 중 하나에 해당하는 역할이 나머지 셋과 다른 위험물은?

① 과산화수소　② 과산화나트륨
③ 질산칼륨　④ 황린

22 다음 중 발화점에 대한 설명으로 가장 옳은 것은?

① 외부에서 점화했을 때 발화하는 최저온도
② 외부에서 점화했을 때 발화하는 최고온도
③ 외부에서 점화하지 않더라도 발화하는 최저온도
④ 외부에서 점화하지 않더라도 발화하는 최고온도

23 연소의 주된 형태가 표면연소에 해당하는 것은?

① 석탄　② 목탄
③ 목재　④ 황

24 화재 종류가 옳게 연결된 것은?

① A급화재－유류화재
② B급화재－섬유화재
③ C급화재－전기화재
④ D급화재－플라스틱화재

25 묽은 질산이 칼슘과 반응하였을 때 발생하는 기체는?

① 산소 ② 질소
③ 수소 ④ 수산화칼슘

26 다음 중 용어 정의로 틀린 것은?

① 발화점은 가연물을 가열할 때 점화원 없이 발화하는 최저의 온도이다.
② 연소점은 5초 이상 연소상태를 유지할 수 있는 최저의 온도이다.
③ 인화점은 가연성 증기를 형성하여 점화원이 가해졌을 때 가연성 증기가 연소범위 하한에 도달하는 최저의 온도이다.
④ 착화점은 가연물을 가열할 때 점화원 없이 발화하는 최고의 온도이다.

27 소화효과에 대한 설명으로 옳지 않은 것은?

① 산소공급원 차단에 의한 소화는 제거효과이다.
② 가연물질의 온도를 떨어뜨려서 소화하는 것은 냉각효과이다.
③ 촛불을 입으로 바람을 불어 끄는 것은 제거효과이다.
④ 물에 의한 소화는 냉각효과이다.

28 물을 소화약제로 사용하는 장점이 아닌 것은?

① 구하기가 쉽다.
② 취급이 간편하다.
③ 기화잠열이 크다.
④ 피연소 물질에 대한 피해가 없다.

29 소화약제의 열분해 반응식으로 옳은 것은?

① $NH_4H_2PO_4 \longrightarrow HPO_3 + NH_3 + H_2O$
② $2KNO_3 \longrightarrow 2KNO_2 + O_2$
③ $KClO_4 \longrightarrow KCl + 2O_2$
④ $2CaHCO_3 \longrightarrow 2CaO + H_2CO_3$

30 「위험물안전관리법령」상 분말 소화설비의 기준에서 가압용 또는 축압용 가스로 알맞은 것은?

① 산소 또는 수소
② 수소 또는 질소
③ 질소 또는 이산화탄소
④ 이산화탄소 또는 산소

31 **이산화탄소 소화약제에 대한 설명으로 틀린 것은?**

① 장기간 저장하여도 변질, 부패 또는 분해를 일으키지 않는다.
② 한랭지에서 동결의 우려가 없고 전기절연성이 있다.
③ 밀폐된 지역에서 방출 시 인명피해의 위험이 있다.
④ 표면화재보다는 심부화재에 적응력이 뛰어나다.

32 **강화액 소화약제에 소화력을 향상시키기 위하여 첨가하는 물질로 옳은 것은?**

① 탄산칼륨　② 질소
③ 사염화탄소　④ 아세틸렌

33 **고정식 포소화설비의 포방출구의 형태 중 고정지붕구조의 위험물탱크에 적합하지 않은 것은?**

① 특형　② Ⅱ형
③ Ⅲ형　④ Ⅳ형

34 **할로젠화합물 소화약제의 구비조건과 거리가 먼 것은?**

① 전기절연성이 우수할 것
② 공기보다 가벼울 것
③ 증발 잔유물이 없을 것
④ 인화성이 없을 것

35 **Halon 1301에 해당하는 화학식은?**

① CH_3Br　② CF_3Br
③ CBr_3F　④ CH_3Cl

36 **「위험물안전관리법령」상 간이소화용구(기타 소화설비)인 팽창질석은 삽을 상비한 경우 몇 L가 능력단위 1.0인가?**

① 70L　② 100L
③ 130L　④ 160L

37 제1종 분말소화약제가 열분해되어 표준상태를 기준으로 $10m^3$의 탄산가스가 생성되었다. 몇 kg의 탄산수소나트륨이 사용되었는가? (단, 나트륨의 원자량은 23이다.)

① 18.75kg ② 37kg
③ 56.25kg ④ 75kg

38 「위험물안전관리법령」상 알칼리금속과산화물의 화재에 적응성이 없는 소화설비는?

① 건조사
② 물통
③ 탄산수소염류분말 소화설비
④ 팽창질석

39 다음 중 제조소 등의 주의사항을 표기한 게시판에서 표시해야 할 사항이 다른 것은?

① 제2류 위험물 중 인화성 고체
② 제3류 위험물 중 금수성 물질
③ 제4류 위험물
④ 제5류 위험물

40 화학소방자동차가 갖추어야 하는 소화능력 기준으로 틀린 것은?

① 포수용액 방사능력: 2,000L/min 이상
② 분말 방사능력: 35kg/s 이상
③ 이산화탄소 방사능력: 40kg/s 이상
④ 할로젠화합물 방사능력: 50kg/s 이상

위험물의 성상 및 취급

41 「위험물안전관리법령」상 제1류 위험물의 품명에 해당되지 않는 것은?

① 염소산염류
② 무기과산화물
③ 유기과산화물
④ 다이크로뮴산염류

42 질산칼륨에 대한 설명 중 틀린 것은?

① 무색의 결정 또는 백색분말이다.
② 비중이 약 0.81, 녹는점은 약 200℃이다.
③ 가열하면 열분해하여 산소를 방출한다.
④ 흑색화약의 원료로 사용된다.

43 염소산칼륨이 고온으로 가열되었을 때 현상으로 가장 거리가 먼 것은?

① 분해된다.
② 산소를 발생한다.
③ 염소를 발생한다.
④ 염화칼륨이 생성된다.

44 「위험물안전관리법령」상 제2류 위험물인 마그네슘에 대한 설명으로 틀린 것은?

① 온수와 반응하여 수소가스를 발생한다.
② 질소기류에서 강하게 가열하면 질화마그네슘이 된다.
③ 「위험물안전관리법령」상 품명은 금속분이다.
④ 지정수량은 500kg이다.

45 다음 중 조해성이 있는 황화인만 모두 선택하여 나열한 것은?

P_4S_3, P_2S_5, P_4S_7

① P_4S_3, P_2S_5　② P_4S_3, P_4S_7
③ P_2S_5, P_4S_7　④ P_4S_3, P_2S_5, P_4S_7

46 다음 중 지정수량이 나머지 셋과 다른 금속은?

① Fe분　② Zn분
③ Na　④ Mg

47 인화칼슘이 물과 반응하여 발생하는 기체는?

① 포스겐　② 포스핀
③ 메탄　④ 이산화황

48 다음 위험물의 저장창고에 화재가 발생하였을 때 소화방법으로 주수소화가 적당하지 않은 것은?

① $NaClO_3$　② S
③ NaH　④ TNT

49 제4류 위험물 중 제1석유류를 저장·취급하는 장소에서 정전기를 방지하기 위한 방법으로 볼 수 없는 것은?

① 가급적 습도를 낮춘다.
② 주위 공기를 이온화시킨다.
③ 위험물 저장, 취급설비를 접지시킨다.
④ 사용기구 등은 도전성 재료를 사용한다.

50 「위험물안전관리법령」에 따른 제4류 위험물 중 제1석유류에 해당하지 않는 것은?

① 등유　② 벤젠
③ 메틸에틸케톤　④ 톨루엔

51 벤젠의 성질에 대한 설명으로 틀린 것은?

① 증기는 유독하다.
② 물에 녹지 않는다.
③ CS_2보다 인화점이 낮다.
④ 독특한 냄새가 있는 액체이다.

52 다음 중 자연발화의 위험성이 제일 높은 것은?

① 야자유　② 올리브유
③ 아마인유　④ 피마자유

53 가연성 물질이며 산소를 다량 함유하고 있기 때문에 자기연소가 가능한 물질은?

① $C_6H_2CH_3(NO_2)_3$　② $CH_3COC_2H_5$
③ $NaClO_4$　④ HNO_3

54 과산화벤조일에 대한 설명으로 틀린 것은?

① 발화점이 약 425℃로 상온에서 비교적 안전하다.
② 상온에서 고체이다.
③ 산소를 포함하는 산화성 물질이다.
④ 물을 혼합하면 폭발성이 줄어든다.

55 다음 중 위험물 중 가연성 액체를 옳게 나타낸 것은?

HNO_3, $HClO_4$, H_2O_2

① $HClO_4$, HNO_3
② HNO_3, H_2O_2
③ HNO_3, $HClO_4$, H_2O_2
④ 모두 가연성이 아님

56 「위험물안전관리법령」상 제6류 위험물에 적응성이 있는 소화설비는?

① 옥내소화전설비
② 불활성가스 소화설비
③ 할로젠화합물 소화설비
④ 탄산수소염류분말 소화설비

57 「위험물안전관리법령」상 위험물의 운반에 관한 기준에서 적재하는 위험물의 성질에 따라 직사일광으로부터 보호하기 위하여 차광성이 있는 피복으로 가려야 하는 위험물은?

① S
② Mg
③ C_6H_6
④ $HClO_4$

58 다음 중 「위험물안전관리법령」에서 정하는 제조소와의 안전거리의 기준이 가장 큰 것은?

① 「고압가스 안전관리법」의 규정에 의하여 허가를 받거나 신고를 하여야 하는 고압가스 저장시설
② 사용전압이 35,000V를 초과하는 특고압가공전선
③ 병원, 학교, 극장
④ 「문화유산법」에 따른 지정문화유산 및 천연기념물

59 가솔린의 저장량이 2,000L일 때 소화설비 설치를 위한 소요단위는?

① 1
② 2
③ 3
④ 4

60 황린을 물속에 저장할 때 인화수소의 발생을 방지하기 위한 물의 pH는 얼마 정도가 좋은가?

① 4
② 5
③ 7
④ 9

기출복원

모의고사 2회

물질의 물리 · 화학적 성질

01 알루미늄 이온(Al^{3+}) 한 개에 대한 설명으로 틀린 것은?

① 질량수는 27이다.
② 양성자수는 13이다.
③ 중성자수는 13이다.
④ 전자수는 10이다.

02 다음 중 물이 산으로 작용하는 반응은?

① $NH_4^+ + H_2O \longrightarrow NH_3 + H_3O^+$
② $HCOOH + H_2O \longrightarrow HCOO^- + H_3O^+$
③ $CH_3COO^- + H_2O \longrightarrow CH_3COOH + OH^-$
④ $HCl + H_2O \longrightarrow H_3O^+ + Cl^-$

03 다음 반응에서 Na^+ 이온의 전자배치와 동일한 전자배치를 갖는 원소는?

$$Na + \text{에너지} \longrightarrow Na^+ + e^-$$

① He ② Ne
③ Mg ④ Li

04 옥텟규칙(Octet rule)에 따르면 게르마늄이 반응할 때 다음 중 어떤 원자의 전자수와 같아지려고 하는가?

① Kr ② Si
③ Sn ④ As

05 0.001N－HCl의 pH는?

① 2 ② 3
③ 4 ④ 5

06 다음 화합물의 0.1mol 수용액 중에서 가장 약한 산성을 나타내는 것은?

① H_2SO_4 ② HCl
③ CH_3COOH ④ HNO_3

07 다음의 그래프는 어떤 고체물질의 용해도 곡선이다. 100℃ 포화용액(비중 1.4) 100mL를 20℃의 포화용액으로 만들려면 몇 g의 물을 더 가해야 하는가?

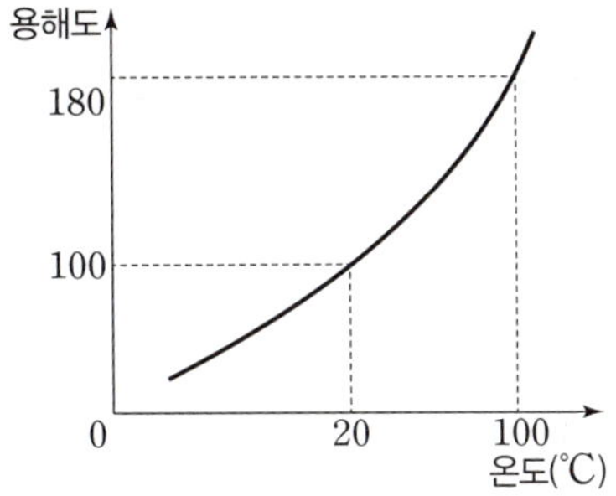

① 20g　　② 40g
③ 60g　　④ 80g

08 먹물에 아교나 젤라틴을 약간 풀어주면 탄소 입자가 쉽게 침전되지 않는다. 이때 가해준 아교는 무슨 콜로이드로 작용하는가?

① 서스펜션　　② 소수
③ 복합　　④ 보호

09 단백질에 대한 설명으로 틀린 것은?

① 펩티드 결합을 하고 있다.
② 뷰렛반응에 의해 노란색으로 변한다.
③ 아미노산의 연결체이다.
④ 인체 내의 에너지 대사에 관여한다.

10 다음 분자 중 가장 무거운 분자의 질량은 가장 가벼운 분자의 몇 배인가? (단, Cl의 원자량은 35.5이다.)

H_2, Cl_2, CH_4, CO_2

① 4배　　② 22배
③ 30.5배　　④ 35.5배

11 다음 반응식은 산화－환원 반응이다. 산화된 원자와 환원된 원자를 순서대로 옳게 표현한 것은?

$3Cu + 8HNO_3 \longrightarrow 3Cu(NO_3)_2 + 2NO + 4H_2O$

① Cu, N　　② N, H
③ O, Cu　　④ N, Cu

12 다음의 금속원소를 반응성이 큰 순서부터 나열한 것은?

Na, Li, Cs, K, Rb

① Cs > Rb > K > Na > Li
② Li > Na > K > Rb > Cs
③ K > Na > Rb > Cs > Li
④ Na > K > Rb > Cs > Li

13 할로젠화수소의 결합에너지 크기를 비교하였을 때 옳게 표시한 것은?

① HI > HBr > HCl > HF
② HBr > HI > HF > HCl
③ HF > HCl > HBr > HI
④ HCl > HBr > HF > HI

14 어떤 물질이 산소 50wt%, 황 50wt%로 구성되어 있다. 이 물질의 실험식을 옳게 나타낸 것은?

① SO ② SO_2
③ SO_3 ④ SO_4

15 20℃에서 600mL의 부피를 차지하고 있는 기체를 압력의 변화 없이 온도를 40℃로 변화시키면 부피는 얼마로 변하겠는가?

① 300mL ② 641mL
③ 836mL ④ 1,200mL

16 C_nH_{2n+2}의 일반식을 갖는 탄화수소는?

① Alkyne ② Alkene
③ Alkane ④ Cycloalkane

17 은거울 반응을 하는 화합물은?

① CH_3COCH_3
② CH_3OCH_3
③ HCHO
④ CH_3CH_2OH

18 에탄올은 공업적으로 약 280℃, 300기압에서 에틸렌에 물을 첨가하여 얻는다. 이때 사용되는 촉매는 무엇인가?

① H_2SO_4 ② NH_3
③ HCl ④ $AlCl_3$

19 다음 물질 중 벤젠 고리를 함유하고 있는 것은?

① 아세틸렌 ② 아세톤
③ 메탄 ④ 아닐린

20 어떤 기체가 탄소원자 1개당 2개의 수소원자를 함유하고 있고, 0℃, 1기압에서 밀도가 1.25g/L이다. 이 기체는 무엇인가?

① CH_2 ② C_2H_4
③ C_3H_6 ④ C_4H_8

화재예방과 소화방법

21 양초(파라핀)의 연소형태는?

① 표면연소 ② 분해연소
③ 자기연소 ④ 증발연소

22 소화기에 'B−2'라고 표시되어 있었다. 이 표시의 의미를 가장 옳게 나타낸 것은?

① 일반화재에 대한 능력단위 2단위에 적용되는 소화기
② 일반화재에 대한 무게단위 2단위에 적용되는 소화기
③ 유류화재에 대한 능력단위 2단위에 적용되는 소화기
④ 유류화재에 대한 무게단위 2단위에 적용되는 소화기

23 일반적인 기준에서 화재가 잘 발생할 수 있는 기준으로 틀린 것은?

① 산소와 친화력이 클수록 연소가 잘 된다.
② 온도가 상승하면 연소가 잘 된다.
③ 연소범위가 넓을수록 연소가 잘 된다.
④ 발화점이 높을수록 연소가 잘 된다.

24 전기불꽃 에너지 공식에서 (　　)에 알맞은 것은? (단, Q는 전기량, V는 방전전압, C는 전기용량을 나타낸다.)

$$E=\frac{1}{2}(\quad)=\frac{1}{2}(\quad)$$

① QV, CV　　② QC, CV
③ QV, CV^2　　④ QC, QV^2

25 종별 분말 소화약제에 대한 설명으로 틀린 것은?

① 제1종은 탄산수소나트륨을 주성분으로 한 분말
② 제2종은 탄산수소나트륨과 탄산칼슘을 주성분으로 한 분말
③ 제3종은 제1인산암모늄을 주성분으로 한 분말
④ 제4종은 탄산수소칼륨과 요소와의 반응물을 주성분으로 한 분말

26 CO_2에 대한 설명으로 옳지 않은 것은?

① 무색, 무취 기체로서 공기보다 무겁다.
② 물에 용해 시 약알칼리성을 나타낸다.
③ 농도에 따라서 질식을 유발할 위험성이 있다.
④ 상온에서도 압력을 가해 액화시킬 수 있다.

27 「위험물안전관리법령」상 소화설비의 구분에서 물분무등 소화설비에 속하는 것은?

① 포소화설비　　② 옥내소화전설비
③ 스프링클러설비　　④ 옥외소화전설비

28 「위험물안전관리법령」에 따라 관계인이 예방규정을 정하여야 할 옥외탱크저장소에 저장되는 위험물의 지정수량 배수는?

① 100배 이상　　② 150배 이상
③ 200배 이상　　④ 250배 이상

29 제4류 위험물을 취급하는 제조소에서 지정수량의 몇 배 이상을 취급할 경우 자체소방대를 설치하여야 하는가?

① 1,000배　　② 2,000배
③ 3,000배　　④ 4,000배

30 제3류 위험물 중 금수성 물질의 위험물제조소에 설치하는 주의사항 게시판의 색상 및 표시내용으로 옳은 것은?

① 청색바탕－백색문자, "물기엄금"
② 청색바탕－백색문자, "물기주의"
③ 백색바탕－청색문자, "물기엄금"
④ 백색바탕－청색문자, "물기주의"

31 위험물제조소에 옥내소화전 설비를 3개 설치하였다. 수원의 양은 몇 m^3 이상이어야 하는가?

① $7.8m^3$　② $9.9m^3$
③ $10.4m^3$　④ $23.4m^3$

32 「위험물안전관리법령」상 소화설비의 설치기준에서 제조소 등에 전기설비(전기배선, 조명기구 등은 제외)가 설치된 경우에는 해당 장소의 면적 몇 m^2마다 소형수동식소화기를 1개 이상 설치하여야 하는가?

① 50　② 75
③ 100　④ 150

33 과산화칼륨에 의한 화재 시 주수소화가 적합하지 않은 이유로 가장 타당한 것은?

① 산소가스가 발생하기 때문에
② 수소가스가 발생하기 때문에
③ 가연물이 발생하기 때문에
④ 금속칼륨이 발생하기 때문에

34 탄화칼슘 60,000kg을 소요단위로 산정하면?

① 10단위　② 20단위
③ 30단위　④ 40단위

35 「위험물안전관리법령」상 옥내소화전설비의 비상전원은 자가발전설비 또는 축전지 설비로 옥내소화전설비를 유효하게 몇 분 이상 작동할 수 있어야 하는가?

① 10분　② 20분
③ 45분　④ 60분

36 위험물취급소의 건축물 연면적이 $500m^2$인 경우 소요단위는? (단, 외벽은 내화구조이다.)

① 4단위　② 5단위
③ 6단위　④ 7단위

37 다음과 같은 위험물을 저장하는 탱크의 내용적은 약 몇 m^3인가? (단, r은 10m, l은 25m이다.)

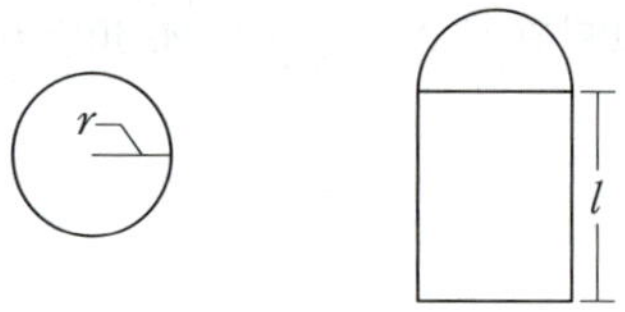

① 3,612
② 4,754
③ 5,812
④ 7,854

38 위험물제조소 등에 설치하는 옥외소화전설비에 있어서 옥외소화전함은 옥외소화전으로부터 보행거리 몇 m 이하의 장소에 설치하는가?

① 2
② 3
③ 5
④ 10

39 이산화탄소 소화설비의 소화약제 방출방식 중 전역방출방식 소화설비에 대한 설명으로 옳은 것은?

① 발화위험 및 연소위험이 적고 광대한 실내에서 특정장치나 기계만을 방호하는 방식
② 일정 방호구역 전체에 방출하는 경우 해당 부분의 구획을 밀폐하여 불연성 가스를 방출하는 방식
③ 일반적으로 개방되어 있는 대상물에 대하여 설치하는 방식
④ 사람이 용이하게 소화활동을 할 수 있는 장소에서는 호스를 연장하여 소화활동을 행하는 방식

40 화학포소화약제의 주성분은?

① 황산알루미늄과 탄산수소나트륨
② 황산알루미늄과 탄산나트륨
③ 황산나트륨과 탄산나트륨
④ 황산나트륨과 탄산수소나트륨

위험물의 성상 및 취급

41 제1류 위험물로서 조해성이 있으며 흑색화약의 원료로 사용하는 것은?

① 염소산칼륨
② 과염소산나트륨
③ 과망간산암모늄
④ 질산칼륨

42 다음 중 물과 반응하여 산소를 발생하는 것은?

① $KClO_3$
② Na_2O_2
③ $KClO_4$
④ CaC_2

43 「위험물안전관리법령」에서 정한 위험물의 지정수량으로 틀린 것은?

① 적린: 100kg
② 황화인: 100kg
③ 마그네슘: 100kg
④ 금속분: 500kg

44 제2류 위험물의 화재에 대한 일반적인 특징으로 옳은 것은?

① 연소속도가 빠르다.
② 산소를 함유하고 있어 질식소화는 효과가 없다.
③ 화재 시 자신이 환원되고 다른 물질을 산화시킨다.
④ 연소열이 거의 없어 초기화재 시 발견이 어렵다.

45 황의 연소 생성물과 그 특성을 옳게 나타낸 것은?

① SO_2, 유독가스　② SO_2, 청정가스
③ H_2S, 유독가스　④ H_2S, 청정가스

46 금속 칼륨의 보호액으로 적당하지 않는 것은?

① 유동파라핀　② 등유
③ 경유　④ 에탄올

47 물과 접촉 시 발생되는 가스의 종류가 나머지 셋과 다른 하나는?

① 나트륨　② 수소화칼슘
③ 인화칼슘　④ 수소화나트륨

48 다량의 비수용성 제4류 위험물의 화재 시 물로 소화하는 것이 적합하지 않은 이유는?

① 가연성 가스를 발생한다.
② 연소면을 확대한다.
③ 인화점이 내려간다.
④ 물이 열분해한다.

49 다음 중 독성이 있고, 제2석유류에 해당되는 것은?

① CH_3CHO　② C_6H_6
③ $C_6H_5CH=CH_2$　④ $C_6H_5NH_2$

50 「위험물안전관리법령」상 은, 수은, 동, 마그네슘 및 이의 합금으로 된 용기를 사용하여서는 안 되는 물질은?

① 이황화탄소　② 아세트알데하이드
③ 아세톤　④ 다이에틸에터

51 4몰의 나이트로글리세린이 고온에서 열분해 · 폭발하여 이산화탄소, 수증기, 질소, 산소의 4가지 가스를 생성할 때 발생되는 가스의 총 몰수는?

① 28　② 29
③ 30　④ 31

52 「위험물안전관리법령」상 과산화수소가 제6류 위험물에 해당하는 농도 기준으로 옳은 것은?

① 36wt% 이상　② 36vol% 이상
③ 1.49wt% 이상　④ 1.49vol% 이상

53 「위험물안전관리법령」상 제6류 위험물에 해당하는 물질로서 햇빛에 의해 갈색의 연기를 내며 분해할 위험이 있으므로 갈색병에 보관해야 하는 것은?

① 질산　② 황산
③ 염산　④ 과산화수소

54 운반할 때 빗물의 침투를 방지하기 위하여 방수성이 있는 피복으로 덮어야 하는 위험물은?

① TNT　② 이황화탄소
③ 과염소산　④ 마그네슘

55 다음 그림은 제5류 위험물 중 유기과산화물을 저장하는 옥내저장소의 저장창고를 개략적으로 보여주고 있다. 창과 바닥으로부터 높이(a)와 하나의 창의 면적(b)은 각각 얼마로 하여야 하는가? (단, 이 저장창고의 바닥 면적은 $150m^2$ 이내이다.)

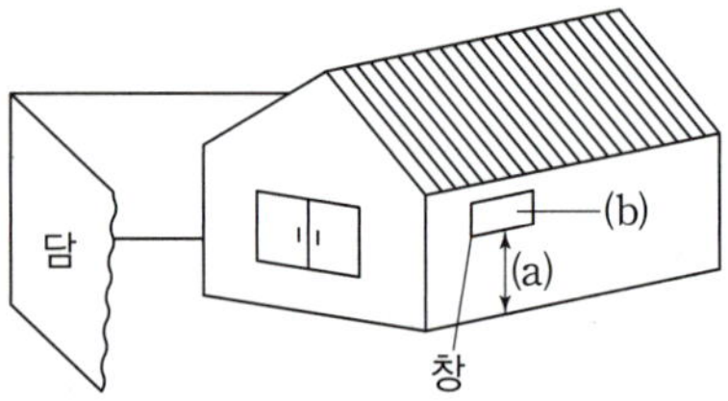

① (a) 2m 이상, (b) $0.6m^2$ 이내
② (a) 3m 이상, (b) $0.4m^2$ 이내
③ (a) 2m 이상, (b) $0.4m^2$ 이내
④ (a) 3m 이상, (b) $0.6m^2$ 이내

56 **최대 아세톤 150톤을 옥외탱크저장소에 저장할 경우 보유공지의 너비는 몇 m 이상으로 하여야 하는가? (단, 아세톤의 비중은 0.79이다.)**

① 3　　② 5
③ 9　　④ 12

57 **「위험물안전관리법령」에 따라 지정수량의 10배의 위험물을 운반할 때 혼재가 가능한 것은?**

① 제1류 위험물과 제2류 위험물
② 제2류 위험물과 제3류 위험물
③ 제3류 위험물과 제5류 위험물
④ 제4류 위험물과 제5류 위험물

58 **위험물의 저장법으로 옳지 않은 것은?**

① 금속 나트륨은 석유 속에 저장한다.
② 황린은 물 속에 저장한다.
③ 질화면은 물 또는 알코올에 적셔서 저장한다.
④ 알루미늄분은 분진발생 방지를 위해 물에 적셔서 저장한다.

59 **아세톤에 관한 설명 중 틀린 것은?**

① 무색의 액체로서 특이한 냄새가 있다.
② 가연성이며 비중은 물보다 작다.
③ 화재 발생시 이산화탄소나 포에 의한 소화가 가능하다.
④ 알코올, 에터에 녹지 않는다.

60 **황화인의 특징에 대한 설명으로 옳은 것은?**

① P_4S_3(삼황화인)은 암적색의 분말로 자연발화성이 있으므로 습기와의 접촉과 가열을 방지하고, 산화제와의 접촉을 피한다.
② P_4S_3의 연소생성물은 P_2O_5와 H_3PO_4이다.
③ P_4S_7(칠황화인)은 조해성이 있고, 더운물에서 분해하여 H_2S가 발생한다.
④ P_2S_5(오황화인)은 공기 중에서 약 100℃가 되면 발화하고 냉수에 의해서도 급격히 분해되어 SO_3 가스가 발생한다.

기출복원

모의고사 3회

물질의 물리 · 화학적 성질

01 20개의 양성자와 20개의 중성자를 가지고 있는 것은?

① Zr ② Ca
③ Ne ④ Zn

02 제3주기에서 음이온이 되기 쉬운 경향성은? (단, 18족 기체는 제외한다.)

① 금속성이 큰 것
② 원자의 반지름이 큰 것
③ 최외각 전자수가 많은 것
④ 염기성 산화물을 만들기 쉬운 것

03 전자배치가 $1s^2 2s^2 2p^6 3s^2 3p^5$인 원자의 M 껍질에는 몇 개의 전자가 들어 있는가?

① 2 ② 4
③ 7 ④ 17

04 다음과 같은 이온 중 반지름이 가장 작은 것은?

① S^{2-} ② Cl^-
③ K^+ ④ Ca^{2+}

05 H_2O가 H_2S보다 끓는점이 높은 이유는?

① 이온결합을 하고 있기 때문에
② 수소결합을 하고 있기 때문에
③ 공유결합을 하고 있기 때문에
④ 분자량이 적기 때문에

06 다음 중 비극성 분자는 어느 것인가?

① HF ② H_2O
③ NH_3 ④ CH_4

07 0℃, 일정 압력하에서 1L의 물에 이산화탄소가 10.8g 녹아 있는 탄산음료가 있다. 동일한 온도에서 압력을 1/4로 낮춘 경우 방출하는 이산화탄소의 질량은 몇 g인가?

① 2.7　　② 5.4
③ 8.1　　④ 10.8

08 CH_4 16g 중에는 C가 몇 mol 포함되었는가?

① 1　　② 4
③ 16　　④ 22.4

09 에탄(C_2H_6)을 연소시키면 이산화탄소(CO_2)와 수증기(H_2O)가 생성된다. 표준상태에서 에탄 30g을 반응시킬 때 발생하는 이산화탄소와 수증기의 분자수는 모두 몇 개인가?

① 6×10^{23}개　　② 12×10^{23}개
③ 18×10^{23}개　　④ 30×10^{23}개

10 다음 중 밑줄 친 원자의 산화수 값이 나머지 셋과 다른 하나는?

① $\underline{Cr}_2O_7^{2-}$　　② $H_3\underline{P}O_4$
③ $H\underline{N}O_3$　　④ $H\underline{Cl}O_3$

11 어떤 기체의 부피가 21℃, 1.4atm에서 250mL이다. 온도가 49℃로 상승되었을 때의 부피가 300mL라고 하면 이 기체의 압력은 약 얼마인가?

① 1.35atm　　② 1.28atm
③ 1.21atm　　④ 1.16atm

12 AgCl의 용해도는 0.0016g/L이다. 이 AgCl의 용해도곱(Solubility product)은 약 얼마인가? (단, 원자량은 각각 Ag=108, Cl=35.5이다.)

① 1.24×10^{-10}　　② 2.24×10^{-10}
③ 1.12×10^{-5}　　④ 4×10^{-4}

13 볼타전지에 관한 설명으로 틀린 것은?

① 이온화 경향이 큰 쪽의 물질이 (−)극이다.
② (+)극에서는 방전 산화반응이 일어난다.
③ 전자는 도선을 따라 (−)극에서 (+)극으로 이동한다.
④ 전류의 방향은 전자의 이동 방향과 반대이다.

14 0.0016N에 해당하는 염기의 pH값은 얼마인가?

① 10.28 ② 3.20
③ 11.20 ④ 2.80

15 0.1M 아세트산 용액의 해리도를 구하면 약 얼마인가? (단, 아세트산의 해리상수는 1.8×10^{-5}이다.)

① 1.8×10^{-5} ② 1.8×10^{-2}
③ 1.3×10^{-5} ④ 1.3×10^{-2}

16 물 200g에 A 물질 2.9g을 녹인 용액의 어는점은? (단, 물의 어는점 내림상수는 1.86℃·kg/mol이고, A 물질의 분자량은 58이다.)

① −0.017℃ ② −0.465℃
③ 0.932℃ ④ −1.871℃

17 CH_4, NH_3, H_2O의 결합각은 각각 109°, 107°, 105°의 순서로 작아진다. 그 이유는 무엇인가?

① 분자간의 거리
② 이온화 전위
③ 수소결합
④ 비공유 전자쌍

18 다음 반응식에 관한 사항 중 옳은 것은?

$$SO_2 + 2H_2S \longrightarrow 2H_2O + 3S$$

① SO_2는 산화제로 작용
② H_2S는 산화제로 작용
③ SO_2는 촉매로 작용
④ H_2S는 촉매로 작용

19 다음 중 반응이 정반응으로 진행되는 것은?

① $Pb^{2+} + Zn \rightleftharpoons Zn^{2+} + Pb$
② $I_2 + 2Cl^- \rightleftharpoons 2I^- + Cl_2$
③ $2Fe^{3+} + 3Cu \rightleftharpoons 3Cu^{2+} + 2Fe$
④ $Mg^{2+} + Zn \rightleftharpoons Zn^{2+} + Mg$

20 다음 중 커플링(Coupling) 반응시 생성되는 작용기는?

① $-NH_2$　② $-CH_3$
③ $-COOH$　④ $-N=N-$

화재예방과 소화방법

21 다음 중 연소의 3요소를 모두 충족하고 있는 것은?

① S, $KClO_4$, 정전기 불꽃
② CO_2, H_2O_2, 백열전등의 빛
③ CO_2, O_2, 산화열
④ S, H_2SO_4, 증발잠열

22 연소반응을 위한 산소공급원이 될 수 없는 것은?

① 과망간산칼륨　② 염소산칼륨
③ 탄화칼슘　④ 질산칼륨

23 화재예방 시 자연발화를 방지하기 위한 일반적인 방법으로 옳지 않은 것은?

① 통풍을 방지한다.
② 저장실의 온도를 낮춘다.
③ 습도가 높은 장소를 피한다.
④ 열의 축적을 막는다.

24 이산화탄소 소화설비를 설치해야 하는 장소로 가장 알맞은 곳은?

① 방재실 · 제어실 등 사람이 상시 근무하는 장소
② 나이트로셀룰로오스와 같이 자기반응성물질을 저장 또는 취급하는 장소
③ 기계류, 자동차 등
④ 전시장 등의 관람을 위하여 다수인이 출입 · 통행하는 통로 및 전시실 등

25 자연발화가 일어나는 물질과 대표적인 에너지원의 관계로 옳지 않은 것은?

① 셀룰로이드－흡착열에 의한 발열
② 활성탄－흡착열에 의한 발열
③ 퇴비－미생물에 의한 발열
④ 먼지－미생물에 의한 발열

26 이산화탄소 소화설비에서 저압식 저장용기에 반드시 설치하도록 규정되어 있는 부품이 아닌 것은?

① 액면계　　② 압력계
③ 용기밸브　　④ 파괴판

27 가연성 가스의 폭발범위에 대한 일반적인 설명으로 틀린 것은?

① 가스의 온도가 높아지면 폭발범위는 넓어진다.
② 폭발한계농도 이하에서 폭발성 혼합가스를 생성한다.
③ 공기 중에서보다 산소 중에서 폭발범위가 넓어진다.
④ 가스압이 높아지면 하한값은 크게 변하지 않으나 상한값은 높아진다.

28 마그네슘 분말의 화재 시 이산화탄소 소화약제는 소화적응성이 없다. 그 이유로 가장 적합한 것은?

① 분해반응에 의하여 산소가 발생하기 때문이다.
② 가연성의 일산화탄소 또는 탄소가 생성되기 때문이다.
③ 분해반응에 의하여 수소가 발생하고 이 수소는 공기 중의 산소와 폭명반응을 하기 때문이다.
④ 가연성의 아세틸렌가스가 발생하기 때문이다.

29 0℃의 얼음 20g을 100℃의 수증기로 만드는 데 필요한 열량은? (단, 융해열은 80cal/g, 기화열은 539cal/g이다.)

① 3,600cal　　② 11,600cal
③ 12,380cal　　④ 14,380cal

30 제조소 또는 일반취급소에서 취급하는 제4류 위험물의 최대수량의 합이 지정수량의 12만배 미만인 사업소의 자체소방대에 두어야 하는 화학소방자동차와 자체소방대원의 기준으로 옳은 것은?

① 1대, 5인 ② 2대, 10인
③ 3대, 15인 ④ 4대, 20인

31 할로젠화합물 중 CH_3I에 해당하는 할론번호는?

① 1031 ② 1301
③ 13001 ④ 10001

32 불활성가스 소화약제 중 IG－541의 구성성분이 아닌 것은?

① 질소 ② 브로민
③ 아르곤 ④ 이산화탄소

33 「위험물안전관리법령」상 간이소화용구(기타 소화설비)인 팽창질석은 삽을 상비한 경우 몇 L가 능력단위 1.0인가?

① 70L ② 100L
③ 130L ④ 160L

34 94wt% 드라이아이스 100g은 표준상태에서 몇 L의 CO_2가 되는가?

① 22.40 ② 47.85
③ 50.90 ④ 62.74

35 경보설비는 지정수량 몇 배 이상의 위험물을 저장, 취급하는 제조소 등에 설치하는가?

① 2 ② 4
③ 8 ④ 10

36 외벽이 내화구조인 위험물저장소 건축물의 연면적이 $1,500m^2$인 경우 소요단위는?

① 6 ② 10
③ 13 ④ 14

37 「위험물안전관리법령」상 제1류 위험물 중 알칼리금속의 과산화물의 운반용기 외부에 표시하여야 하는 주의사항을 모두 나타낸 것은?

① 화기엄금, 충격주의 및 가연물접촉주의
② 화기 · 충격주의, 물기엄금 및 가연물접촉주의
③ 화기주의 및 물기엄금
④ 화기엄금 및 물기엄금

38 「위험물안전관리법령」상 물분무소화설비의 제어밸브는 바닥으로부터 어느 위치에 설치하여야 하는가?

① 0.5m 이상, 1.5m 이하
② 0.8m 이상, 1.5m 이하
③ 1m 이상, 1.5m 이하
④ 1.5m 이상

39 그림과 같은 타원형 위험물 탱크의 내용적은 약 얼마인가? (단, 단위는 m이다.)

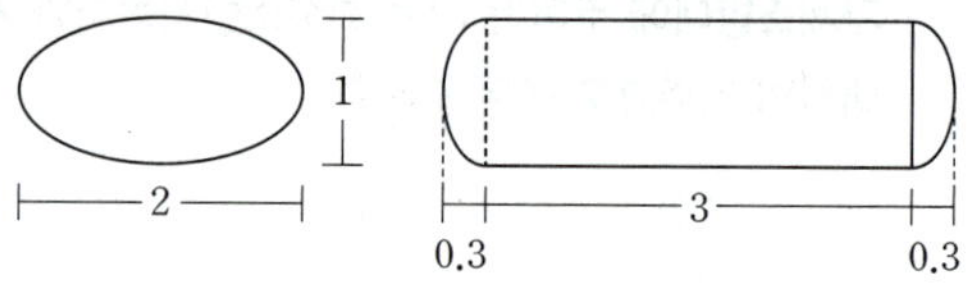

① $5.03m^3$ ② $7.02m^3$
③ $9.03m^3$ ④ $19.05m^3$

40 전역방출방식 분말 소화설비의 분사헤드는 기준에서 정하는 소화약제의 양을 몇 초 이내에 균일하게 방사해야 하는가?

① 10 ② 15
③ 20 ④ 30

위험물의 성상 및 취급

41 다음 중 제1류 위험물의 과염소산염류에 속하는 것은?

① $KClO_3$　② $NaClO_4$
③ $HClO_4$　④ $NaClO_2$

42 다음 중 물과 반응하여 산소와 열을 발생하는 것은?

① 염소산칼륨　② 과산화나트륨
③ 금속 나트륨　④ 과산화벤조일

43 질산나트륨에 대한 설명으로 틀린 것은?

① 가열하면 열분해된다.
② 충격, 마찰, 타격 등을 피한다.
③ 유기물과의 혼합물 피한다.
④ 화재발생 시 주수소화를 금지한다.

44 금속 칼륨의 성질에 대한 설명으로 옳은 것은?

① 중금속류에 속한다.
② 이온화 경향이 큰 금속이다.
③ 물속에 보관한다.
④ 고광택을 내므로 장식용으로 많이 쓰인다.

45 다음 각 위험물의 저장소에서 화재가 발생하였을 때 물을 사용하여 소화할 수 있는 물질은?

① K_2O_2　② CaC_2
③ Al_4C_3　④ P_4

46 보기 중 칼륨과 트리에틸알루미늄의 공통성질을 모두 나타낸 것은?

ⓐ 고체이다.
ⓑ 물과 반응하여 수소를 발생한다.
ⓒ 「위험물안전관리법령」상 위험등급이 Ⅰ이다.

① ⓐ　② ⓑ
③ ⓒ　④ ⓑ, ⓒ

47 다음과 같은 반응에서 생성된 물질 중 인화의 위험성이 가장 작은 것은?

① $CaO+H_2O \longrightarrow Ca(OH)_2$
② $CaC_2+2H_2O \longrightarrow Ca(OH)_2+C_2H_2$
③ $2Na+2H_2O \longrightarrow 2NaOH+H_2$
④ $Ca_3P_2+6H_2O \longrightarrow 2PH_3+3Ca(OH)_2$

기출복원 모의고사

48 **제4류 위험물의 일반적인 성질에 대한 설명 중 가장 거리가 먼 것은?**

① 인화되기 쉽다.
② 인화점, 발화점이 낮은 것은 위험하다.
③ 증기는 대부분 공기보다 가볍다.
④ 액체비중은 대체로 물보다 가볍고 물에 녹기 어려운 것이 많다.

49 **다음 물질 중 지정수량이 400L인 것은?**

① 포름산메틸 ② 벤젠
③ 톨루엔 ④ 벤즈알데하이드

50 **다음 중 「위험물안전관리법령」상 제2석유류에 해당되는 것은?**

① 
② 
③ 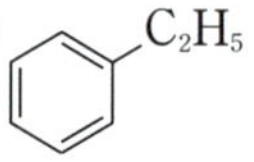
④ 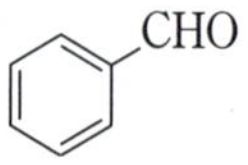

51 **다음 중 인화점이 20℃ 이상인 것은?**

① CH_3COOCH_3 ② CH_3COCH_3
③ CH_3COOH ④ CH_3CHO

52 **메틸에틸케톤에 대한 설명으로 옳은 것은?**

① 물보다 무겁다.
② 증기는 공기보다 가볍다.
③ 지정수량은 200L이다.
④ 물과 접촉하면 심하게 발열하므로 주수소화를 금지한다.

53 **인화칼슘의 성질에 대한 설명 중 틀린 것은?**

① 적갈색의 괴상고체이다.
② 물과 격렬하게 반응한다.
③ 연소하여 불연성의 포스핀 가스를 발생한다.
④ 상온의 건조한 공기 중에서는 비교적 안정하다.

54 **「위험물안전관리법령」상 제5류 위험물 중 질산에스터류에 해당하는 것은?**

① 나이트로벤젠 ② 나이트로셀룰로오스
③ 트리나이트로페놀 ④ 트리나이트로톨루엔

55 다음 위험물의 유별 구분이 나머지 셋과 다른 것은?

① 과염소산칼륨　② 과염소산
③ 과염소산마그네슘　④ 다이크로뮴산나트륨

56 간이탱크저장소의 위치 · 구조 및 설비의 기준에서 간이저장탱크 1개의 용량은 몇 L 이하이어야 하는가?

① 300　② 600
③ 1,000　④ 1,200

57 「위험물안전관리법령」에 근거한 위험물 운반 및 수납시 주의사항에 대한 설명 중 틀린 것은?

① 위험물을 수납하는 용기는 위험물이 누설되지 않게 밀봉시켜야 한다.
② 온도 변화로 가스가 발생해 운반용기 안의 압력이 상승할 우려가 있는 경우(발생한 가스가 위험성이 있는 경우 제외)에는 가스 배출구가 설치된 운반용기에 수납할 수 있다.
③ 액체 위험물은 운반용기 내용적의 98% 이하의 수납율로 수납하되 55℃의 온도에서 누설되지 아니하도록 충분한 공간용적을 유지하도록 하여야 한다.
④ 고체 위험물은 운반용기 내용적의 98% 이하의 수납율로 수납하여야 한다.

58 지정수량 이상의 위험물을 차량으로 운반하는 경우에는 차량에 설치하는 표지의 색상에 관한 내용으로 옳은 것은?

① 흑색 바탕에 청색의 도료로 "위험물"이라고 표기할 것
② 흑색 바탕에 황색의 반사도료로 "위험물"이라고 표기할 것
③ 적색 바탕에 흰색의 반사도료로 "위험물"이라고 표기할 것
④ 적색 바탕에 흑색의 도료로 "위험물"이라고 표기할 것

59 옥내저장창고에 위험물을 저장할 때 바닥을 위험물이 스며들지 못하는 재료를 사용하여야 하는 것은?

① 과염소산칼륨　② 나이트로셀룰로오스
③ 적린　④ 트리에틸알루미늄

60 「위험물안전관리법령」상 주유취급소에서의 위험물 취급기준에 따르면 자동차 등에 인화점 몇 ℃ 미만의 위험물을 주유할 때에는 자동차 등의 원동기를 정지시켜야 하는가? (단, 원칙적인 경우에 한한다.)

① 21　② 25
③ 40　④ 80

MEMO

기출 CBT 모의고사
이용 가이드

1

엔지니어랩 사이트 접속 후 회원 가입

www.engineerlab.co.kr

QR코드 또는 PC에서
엔지니어랩 접속

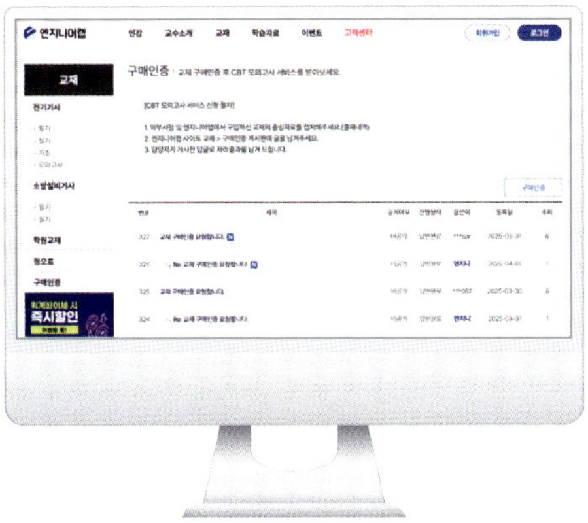

2

'교재' ▸ '구매인증' 카테고리를 선택 후 구매 인증을 진행

① 구매 인증 게시글을 통해 관리자에게 승인 요청
② 관리자가 CBT 서비스를 이용할 수 있는 권한 부여

3

기출 CBT 모의고사 서비스 페이지를 통해 학습 진행

① PC에서 '나의 강의실 - 나의 모의고사' 카테고리 선택
② 기출 CBT 모의고사 3회 학습
③ 전체 총점과 과목별 점수를 확인

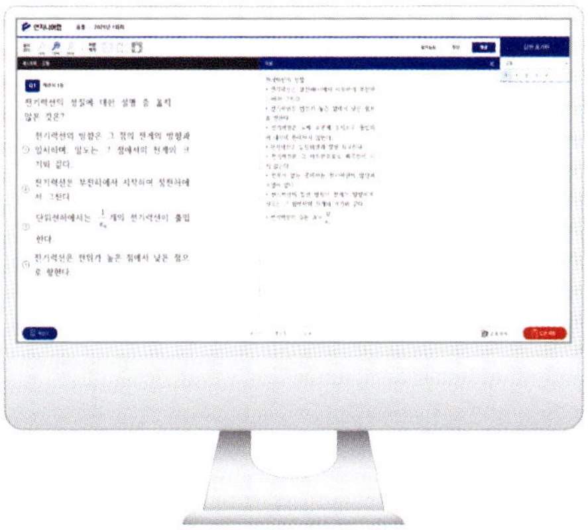

위험물 산업기사

필기 핵심이론 + 유형별 10개년 기출

前 출제위원 박동기 기술사 추천

4년간 위험물 분야 출제 및 검토위원 역임

산업위생관리기술사
인간공학기술사
KOSHA-MS 심사원
ISO 45001 심사원
한국산업안전보건공단 27년 근무
현) 대한산업보건협회 중대재해예방실 실장

단기합격을 위한 5단계 구성

- **1단계** 시험에 나오는 내용만 압축한 핵심이론으로 개념 정리
- **2단계** 유형별로 분류한 10개년 기출문제로 개념 확인
- **3단계** 기출복원 모의고사로 실력 점검
- **4단계** 단계별 맞춤 해설로 학습 완성
- **5단계** 온라인 CBT 모의고사로 최종 점검

무료특강 수강방법	김앤북 네이버 카페(https://cafe.naver.com/kimnbook) 가입 ➡ 교재 구매인증 ➡ 자료실 ➡ 위험물산업기사 강의 수강

김앤북

2026

위험물 산업기사

김앤북 위험물 자격 연구소 편저
前 출제위원 박동기 기술사 검수

필기

핵심이론 + 유형별 10개년 기출

기초화학, 위험물 무료특강 제공

2권 | 정답 및 해설

기출복원 모의고사 6회 (교재 3회+온라인 3회)

前 출제위원 검수 및 추천

최신 출제 기준, 개정법령 완벽반영

김앤북
KIM&BOOK

관련 근거 후면 표기

위험물 산업기사

필기 **핵심이론 + 유형별 10개년 기출**

초판1쇄 인쇄 2025년 6월 10일
초판1쇄 발행 2025년 6월 19일
편저 김앤북 위험물 자격 연구소
기획총괄 최진호
개발/기획 이순옥, 조정욱
디자인 김소진, 서제호, 서진희, 조아현
제작/영업 조재훈, 김승규, 정광표
마케팅 지다영

발행처 ㈜아이비김영
펴낸이 김석철
등록번호 제22-3190호
주소 (06729) 서울 서초구 강남대로 279, 백향빌딩 4, 5층
전화 (대표전화) 1661-7022
팩스 02)599-5611

ISBN 979-11-7349-054-5 13570
정가 25,000원

잘못된 책은 바꿔드립니다.

김앤북

2026

위험물 산업기사

김앤북 위험물 자격 연구소 편저
前 출제위원 박동기 기술사 검수

필기

핵심이론 + 유형별 10개년 기출

2권 | 정답 및 해설

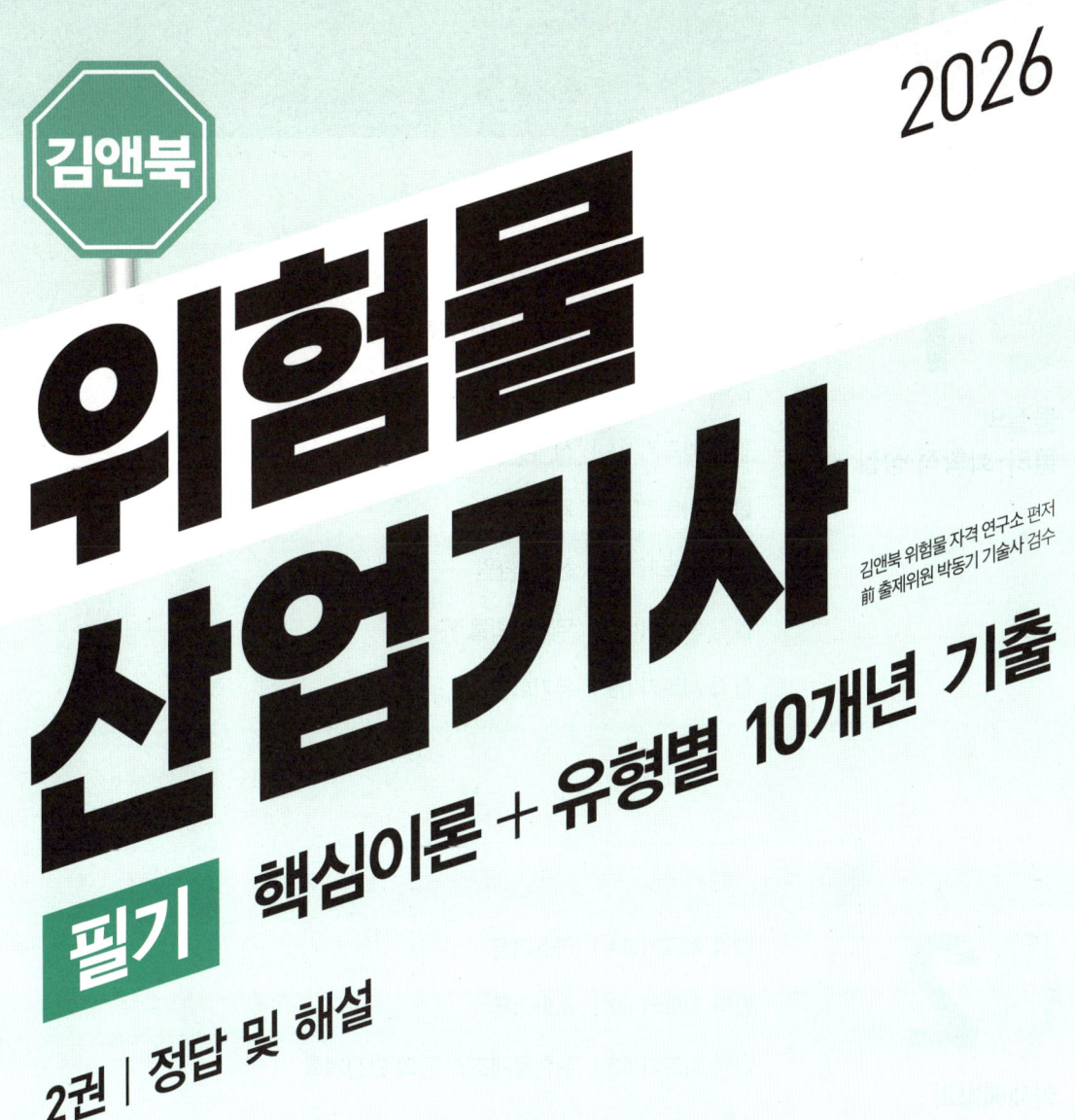

김앤북
KIM&BOOK

차례

SUBJECT 01 물질의 물리·화학적 성질

합격 치트키 01 | 원자의 구조 4
합격 치트키 02 | 화학의 기초법칙 10
합격 치트키 03 | 물질의 상태와 변화 21
합격 치트키 04 | 산, 염기 28
합격 치트키 05 | 용액 32
합격 치트키 06 | 산화, 환원 40
합격 치트키 07 | 무기화합물 43
합격 치트키 08 | 유기화합물 49

SUBJECT 02 화재예방과 소화방법

합격 치트키 01 | 연소이론 60
합격 치트키 02 | 소화이론 67
합격 치트키 03 | 위험물제조소 등의 안전계획 83

SUBJECT 03

위험물 성상 및 취급

합격 치트키 01 | 제1류 위험물 98

합격 치트키 02 | 제2류 위험물 103

합격 치트키 03 | 제3류 위험물 107

합격 치트키 04 | 제4류 위험물 115

합격 치트키 05 | 제5류 위험물 127

합격 치트키 06 | 제6류 위험물 131

합격 치트키 07 | 위험물 운송·운반 134

합격 치트키 08 | 위험물제조소 등의 유지관리 138

FINAL

기출복원 모의고사

기출복원 모의고사 01회 150

기출복원 모의고사 02회 157

기출복원 모의고사 03회 164

SUBJECT 01

물질의 물리 · 화학적 성질

합격 치트키 01 | 원자의 구조									본문 16p
01	02	03	04	05	06	07	08	09	10
④	③	③	②	③	②	①	④	②	①
11	12	13	14	15	16	17	18	19	20
③	③	②	④	③	④	③	③	③	①
21	22	23	24	25	26	27	28	29	30
④	③	③	④	③	②	②	③	②	①
31	32	33	34	35	36	37	38		
④	①	④	④	①	④	②	③		

01 개념 이해형

난이도 상 중 **하**

| 정답 | ④

| 접근 POINT |

원자의 구조와 관련된 문제 중에서는 가장 간단하면서도 중요한 문제로 반드시 맞혀야 하는 문제이다.

| 해설 |

중성원자는 양성자의 수와 전자의 수가 같은 것이다.

중성원자가 (−) 전하를 띄는 전자를 잃으면 양이온이 되고, 전자를 얻으면 음이온이 된다.

02 개념 이해형

난이도 상 중 **하**

| 정답 | ③

| 접근 POINT |

원자번호와 양성자수 관련 문제 중 가장 쉬운 문제 유형으로 반드시 맞혀야 하는 문제이다.

| 해설 |

질량수=양성자수+중성자수

질량수=3+2=5

| 유사문제 |

원자번호가 11이고, 중성자수가 12인 나트륨의 질량수는?

정답은 11+12=23이다.

03 개념 이해형

난이도 상 중 **하**

| 정답 | ③

| 접근 POINT |

원자번호와 양성자수, 중성자수 등의 관계는 기본적인 내용이고 자주 출제되므로 정확하게 이해해야 한다.

| 해설 |

(1) **전자수 계산**

'원자번호=양성자수=전자수'의 관계가 있다.

크롬의 원자번호가 24라고 했으므로 양성자수와 전자수는 24이다.

(2) **중성자수 계산**

'질량수=양성자수+중성자수'의 관계가 있다.

중성자수=질량수−양성자수=52−24=28

04 단순 암기형

난이도 상 **중** 하

| 정답 | ②

| 접근 POINT |

이 문제의 경우 보기에 주어진 원자의 원자번호를 암기하고 있어야 풀 수 있어 다소 난이도가 높다.

| 해설 |

'원자번호=양성자수'이다.

양성자수가 20이므로 원자번호가 20번인 Ca이 답이 된다.

문제에 20개의 양성자와 20개의 중성자를 가지고 있다고 했으므로 Ca의 원자량은 40인 것도 알 수 있다.

05 단순 암기형

난이도 상 **중** 하

| 정답 | ③

| 접근 POINT |

이 문제의 경우 알루미늄의 원자번호와 원자량을 알고 있어야 풀 수 있는 문제이다.

| 해설 |

Al의 원자번호는 13번이다.

"원자번호=양성자수"이므로 양성자수는 13이다.

"양성자수=전자수"이므로 전자수도 13이어야 하나, 이 문제는 알루미늄 이온(Al^{3+})으로 전자를 3개 잃었으므로 전자수는 10이다.
Al의 원자량은 27로 질량수는 27이다.
"질량수=원자번호+중성자수"이다.
중성자수=질량수−원자번호=27−13=14

06 개념 이해형
난이도 상 중 **하**

| 정답 | ②

| 접근 POINT |
주기율표에 대한 문제 중 가장 기본적인 문제이다.

| 해설 |
주기율표는 원자핵의 양성자수 기준으로 원소를 나열한 것이다.

07 개념 이해형
난이도 상 중 **하**

| 정답 | ①

| 접근 POINT |
주기율표의 1~3주기는 8족까지만 있다는 사실만 알고 있다면 쉽게 답을 고를 수 있다.

| 해설 |
주기율표의 1~3주기는 8족까지만 있으므로 원자번호에서 8을 더한 숫자의 원자번호가 같은 족이다.
원자번호가 7인 질소와 15인 인(P)은 같은 족에 해당된다.

08 단순 암기형
난이도 **상** 중 하

| 정답 | ④

| 접근 POINT |
출제비율이 낮은 원소가 출제되어 다소 난이도가 높다.
주기율표 전체를 암기하기는 어렵지만 기출문제에 나온 원소가 어떤 족에 해당되는지는 암기해야 한다.

| 해설 |
산소와 같은 족의 원소: S(황), Se(셀레늄), Te(텔루륨)
비스무트(Bi)는 원자번호가 83번으로 질소(N)와 같은 족의 원소이다.

09 개념 이해형
난이도 상 중 **하**

| 정답 | ②

| 접근 POINT |
주기율표 관련 문제 중에서는 가장 간단한 문제로 반드시 맞혀야 하는 문제이다.

| 해설 |
주기율표에서 같은 족에 속하는 원소들은 최외각 전자수(원소의 전자껍질 제일 바깥의 궤도에 들어 있는 전자의 수)가 같다.
원소의 최외각 전자수가 같으면 화학적 성질이 비슷하다.

10 개념 이해형
난이도 상 중 **하**

| 정답 | ①

| 접근 POINT |
주기율표 자체가 원소의 화학적 성질이 비슷한 것끼리 같은 족으로 모아 놓은 것이다.

| 용어 CHECK |
전형원소: 주기율표에서 1~2족, 13~18족 원소이다.

| 해설 |
주기율표에서 같은 족에 있는 원소들은 비슷한 화학적 성질을 가진다.

11 개념 이해형
난이도 상 **중** 하

| 정답 | ③

| 접근 POINT |
주기율표에서는 같은 주기와 같은 족에서 원자번호가 증가할 때 원자의 성질이 어떻게 변하는지 이해하고 있어야 한다.

| 해설 |
제3주기에서는 오른쪽에 있는 원자일수록 음이온이 되기 쉽다.
① 같은 주기에서 왼쪽에 있는 원자가 금속성이 크다.
② 같은 주기에서 오른쪽으로 갈수록 양성자 수가 많아지므로 전자를 당기는 힘이 강해져 반지름이 작아진다. 따라서 같은 주기에서 원자의 반지름이 작을수록 음이온이 되기 쉽다.
③ 같은 주기에서 오른쪽으로 갈수록 전자의 수가 많아지므로 최외각 전자수가 많아진다.
④ 염기성 산화물을 만들기 쉬운 것과 음이온이 되는 것은 큰 관련이 없다.

12 개념 이해형
난이도 상 **중** 하

| 정답 | ③

| 접근 POINT |
주기율표에서는 같은 주기에서 왼쪽으로 오른쪽으로 갈수록 원자번호가 증가한다.

| 해설 |
① 원자핵의 하전량(전하량): 원자번호가 증가하면 양성자의 수가 증가하므로 원자핵의 하전량이 증가한다.

② 원자의 전자의 수: 원자번호가 증가하면 양성자의 수가 증가하고 전자의 수도 같이 증가한다.
③ 원자 반지름: 양성자와 전자가 같은 개수로 늘어나면 전하량은 변하지 않지만 양성자가 전자를 끌어당기는 힘이 강해지므로 원자 반지름은 감소한다.
④ 전자껍질의 수: 전자의 수가 증가하면 전자껍질의 수도 증가한다.

13 개념 이해형

난이도 상 **중** 하

| 정답 | ②

| 접근 POINT |

주기율표에서는 같은 주기에서 왼쪽으로 오른쪽으로 갈수록 원자번호가 증가한다.

| 해설 |

주기율표에서 오른쪽으로 갈수록 비금속이 되므로 금속성이 작아진다.
주기율표에서 오른쪽으로 갈수록 전자를 받아들이고자 하는 경향이 강해지므로 전자 방출성이 작아진다.
주기율표에서 오른쪽으로 갈수록 양성자가 증가하여 전자를 끌어당기는 힘이 강해지므로 원자 반지름이 작아진다.

14 개념 이해형

난이도 **상** 중 하

| 정답 | ④

| 접근 POINT |

원자번호가 주어졌다면 쉬운 문제이나 원자번호를 암기해야 풀 수 있는 문제로 난이도가 높다.

| 해설 |

중성원자에서 원자번호와 전자수는 같다.

Ar: 원자번호 18 Na: 원자번호 11
Cl: 원자번호 17 Mg: 원자번호 12
O: 원자번호 8 K: 원자번호 19
F: 원자번호 9 Ca: 원자번호 20
S: 원자번호 16

보기에 있는 이온의 전자수는 다음과 같다.
① Na^{+}: 10개, Cl^{-}: 18개
② Mg^{2+}: 10개, O^{2-}: 10개
③ K^{+}: 18개, F^{-}: 10개
④ Ca^{2+}: 18개, S^{2-}: 18개

15 개념 이해형

난이도 **상** 중 하

| 정답 | ③

| 접근 POINT |

원자번호가 주어졌다면 쉬운 문제이나 원자번호를 암기해야 풀 수 있는 문제로 난이도가 높다.

| 해설 |

중성원자에서 원자번호와 전자수는 같다.

Ne: 원자번호 10 Cl: 원자번호 17
F: 원자번호 9 Mg: 원자번호 12
O: 원자번호 8 Na: 원자번호 11

보기에 있는 원자와 이온의 전자수는 다음과 같다.
① Ne: 10개, Cl^{-}: 18개
② F: 9개, Ne: 10개
③ Mg^{2+}: 10개, O^{2-}: 10개
④ Na: 11개, Cl^{-}: 18개

16 개념 이해형

난이도 상 **중** 하

| 정답 | ④

| 접근 POINT |

오비탈에 대한 세부내용을 묻는 문제로 다소 난이도가 높다.
오비탈 관련 가장 기본적인 내용인 오비탈에 전자가 들어가는 개수만 알아도 답은 고를 수 있다.

| 해설 |

① s오비탈이 원자핵에서 가장 가깝다.
② 주양자수 $n=1$일 때는 p오비탈이 없는 등 일반적으로는 맞지만 모두 해당되는 것은 아니다.
③ p오비탈은 x, y, z 3방향을 축으로 한 아령 모양의 오비탈이다. s오비탈이 원형 오비탈이다.
④ p오비탈의 개수는 3개이고, 한 오비탈에 2개씩 전자가 들어가서 총 6개의 전자가 들어간다.

17 단순 암기형

난이도 상 **중** 하

| 정답 | ③

| 접근 POINT |

오비탈에 들어가는 전자의 개수는 전자배치를 묻는 문제에도 활용되므로 정확하게 암기해야 한다.

| 해설 |

오비탈이 수용할 수 있는 최대 전자의 수

구분	오비탈의 개수	최대 전자의 수
s오비탈	1	2
p오비탈	3	6
d오비탈	5	10

하나의 오비탈에 전자 2개가 들어갈 수 있다.

18 개념 이해형

난이도 상 **중** 하

| 정답 | ③

| 접근 POINT |

전자구조를 보고 주기율표에서 몇 족에 해당되는 원소인지 알 수 있어야 한다.

| 해설 |

ns^2np^5의 전자구조를 가지는 원소는 최외각 전자가 7개인 원자로 주기율표상 17족의 할로젠 원소이다.
F, Cl, Br, I 등이 할로젠 원소이다.
Se는 셀레늄으로 16족의 원소이다.

19 개념 이해형

난이도 상 중 **하**

| 정답 | ③

| 접근 POINT |

전자의 M껍질이 몇 번째 전자껍질인지만 알고 있다면 쉽게 답을 고를 수 있다.

| 해설 |

전자껍질의 명칭

구분	명칭
첫 번째(n=1) 전자껍질	K껍질
첫 번째(n=2) 전자껍질	L껍질
첫 번째(n=3) 전자껍질	M껍질

M껍질에는 s오비탈에 전자가 2개, p오비탈에 전자가 5개 들어 있으므로 총 7개의 전자가 들어 있다.

20 개념 이해형

난이도 상 **중** 하

| 정답 | ①

| 접근 POINT |

Si의 원자번호를 알아야 풀 수 있는 문제이다.

| 해설 |

Si의 원자번호는 14번으로 전자개수도 14개이다.
보기에서는 ①번의 전자개수가 14개이다.

21 개념 이해형

난이도 상 **중** 하

| 정답 | ④

| 접근 POINT |

Ca의 원자번호를 알아야 풀 수 있는 문제이다.
Ca이 이온 상태임을 생각해서 답을 골라야 한다.

| 해설 |

Ca의 원자번호는 20번으로 전자개수도 20개이다.
문제에서는 Ca^{2+}로 Ca이 전자를 두 개 잃은 것으로 총 전자개수가 18개이다.
보기에서는 ④번의 전자개수가 18개이다.

22 개념 이해형

난이도 상 **중** 하

| 정답 | ③

| 접근 POINT |

염소(Cl)의 전자수로 전자배치를 작성해서 최외각 전자수가 몇 개인지 산정한다.

| 해설 |

Cl의 원자번호는 17번이다.
원자번호가 17번이면 전자수도 17개이다.
전자배치: $1s^22s^22p^63s^23p^5$
최외각 전자수는 가장 바깥 껍질에 있는 전자수이다.
3번째 전자껍질에 있는 전자수가 7개이므로 최외각 전자수는 7개이다.

| 다른 풀이 |

염소(Cl)은 할로젠 원소이다.
할로젠 원소는 최외각 전자수가 7개인 특징이 있으므로 Cl의 최외각 전자수는 7개이다.

23 개념 이해형

난이도 **상** 중 하

| 정답 | ③

| 접근 POINT |

전자배열과 관련된 문제 중에서는 가장 어려운 문제로 전자배치를 보고 몇 족인지 알 수 있어야 한다.

| 해설 |

전자배열이 as^2ap^2인 것은 최외각 전자가 4개인 14족의 원소이다.
14족 원소: C, Si, Ge, Sn, Pb 등
a=2일 때: $1s^22s^22p^2$ → 전자 6개 → C(탄소)
a=3일 때: $1s^22s^22p^63s^23p^2$ → 전자 14개 → Si(규소)

24 개념 이해형

난이도 상 **중** 하

| 정답 | ④

| 접근 POINT |

전자배치를 보면 전자의 개수를 알 수 있다.

| 해설 |

① A와 B의 전자배치는 다르지만 전자의 개수는 모두 12개로 같

다. 전자의 개수가 같으면 원자번호도 같으므로 같은 종류의 원자이다.

② 전자배치만 보고는 홑원자인지 이원자인지 알기 어렵다.

③ 동위원소는 원자번호는 같지만 질량수가 다른 원소로 전자배치를 보고는 알기 어렵다.

④ 전자배치에서 s오비탈보다 p오비탈의 에너지 준위가 높으므로 A에서 B로 변할 때에는 에너지를 흡수한 것이다.

25 개념 이해형

난이도 상 **중** 하

| 정답 | ③

| 접근 POINT |

선스펙트럼과 연속스펙트럼의 차이점을 이해하고 있다면 쉬운 문제이다.
이러한 문제는 응용되어 출제되지는 않으므로 정답을 암기하는 방법으로 공부해도 된다.

| 해설 |

원자의 전자껍질은 에너지가 불연속적으로 되어 있어 전자들이 특정 전자껍질에서 다른 전자껍질로 이동할 때 특정한 파장에서만 빛이 방출되는 선 형태의 스펙트럼이 나타난다.
고체나 액체가 매우 높은 온도에서 열복사를 통해 방출하는 빛에서는 모든 파장에서 빛이 연속적으로 방출되는 연속스펙트럼이 나타난다.

26 단순 암기형

난이도 **상** 중 하

| 정답 | ②

| 접근 POINT |

전이원소 관련 문제는 응용되어 출제되지는 않는다.
전이원소의 종류 정도만 암기하는 방법으로 공부해도 된다.

| 해설 |

전이원소는 주기율표의 중앙에 있는 3~12족에 속하는 원소이고, 금속에 속하므로 전이금속이라고도 한다.
$_{20}Ca$, $_{38}Sr$: 2족 원소이다.
$_{21}Sc$(3족 원소), $_{22}Ti$(4족 원소), $_{29}Cu$(11족 원소)로 모두 전이원소이다.
$_{26}Fe$: 8족 원소이다.
$_{30}Zn$: 12족 원소이다.

27 개념 이해형

난이도 상 중 **하**

| 정답 | ②

| 접근 POINT |

자주 출제되는 문제로 반드시 맞혀야 하는 문제이다.
끓는점이 비등점으로 출제될 수도 있는데 같은 용어이다.

| 해설 |

물(H_2O)는 분자 사이에 수소결합이 존재한다.
수소결합이 있는 화합물은 비슷한 분자량의 화합물에 비하여 끓는점, 녹는점 등이 높게 나타난다.
물이 소화약제로 잘 쓰일 수 있는 이유도 물 분자 사이에 수소결합이 있어 끓는점이 높아 주위의 열을 잘 흡수하기 때문이다.

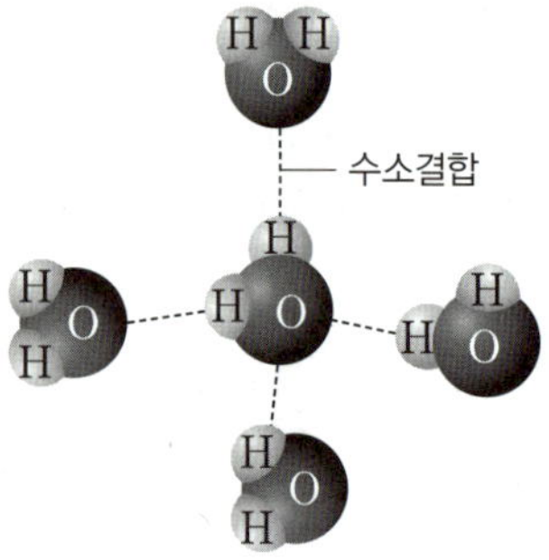

28 개념 이해형

난이도 상 **중** 하

| 정답 | ③

| 접근 POINT |

수소결합은 분자 사이에 작용하는 힘 중에서는 가장 강하다.

| 해설 |

①, ② 수소결합은 분자 사이에 작용하는 힘 중에서 가장 강하기 때문에 수소결합을 하는 물은 다른 물질에 비해 기화열이 크고, 끓는점이 높다.

③ 물의 무색투명한 것과 수소결합은 큰 관련이 없다.

④ 물을 제외한 물질은 고체가 되면 밀도가 커져서 아래로 가라앉는다. 물이 얼어서 얼음이 되면 물의 수소결합에 의해 물이 육각형 모양으로 배열하면서 밀도가 작아져 물에 뜨게 된다.

29 개념 이해형

난이도 상 **중** 하

| 정답 | ②

| 접근 POINT |

배위결합에 대해 정확하게 이해하기 위해서는 비공유 전자쌍에 대한 이해가 있어야 한다.
이 문제는 거의 그대로 출제되는 경향이 있기 때문에 NH_4Cl에서 배위결합이 이루어지는 부분을 암기해도 된다.

| 해설 |

배위결합이란 결합에 참여하는 공유전자를 한 쪽의 원자에서 일방적으로 제공하면서 생기는 결합이다.
NH_4Cl에서는 NH_3와 H^+과의 결합에서 배위결합이 이루어진다.
$NH_3 + H^+ \longrightarrow NH_4^+$

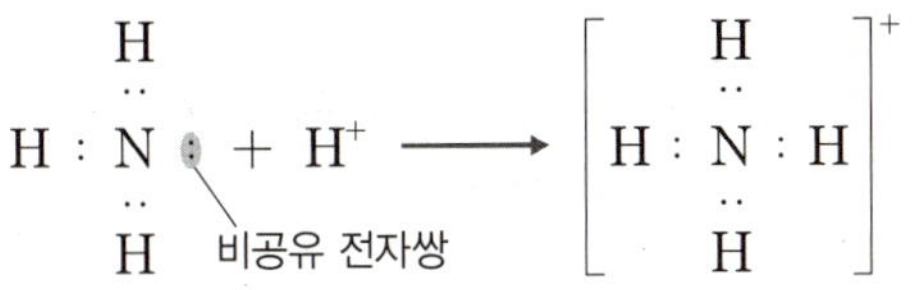

30 개념 이해형

난이도 상 **중** 하

| 정답 | ①

| 접근 POINT |

배위결합과 관련된 문제 중 자주 출제되는 문제로 배위결합을 가지고 있는 화합물이 무엇인지는 알고 있어야 한다.

| 해설 |

NH_4Cl에서 NH_4^+의 NH_3와 H^+과의 결합은 배위결합으로 이루어져 있다.
이온결합이란 양이온(NH_4^+)과 음이온(Cl^-) 사이에 인력이 작용해서 생기는 결합이다.

31 개념 이해형

난이도 상 중 **하**

| 정답 | ④

| 접근 POINT |

최외각 전자가 2개 또는 8개이면 불활성이다.
이 문제는 사실상 주기율표에서 18족 불활성 기체를 고르라는 문제이다.

| 해설 |

주기율표에서 18족 불활성 기체

- He: 최외각 전자 2개
- Ne: 최외각 전자 8개
- Ar: 최외각 전자 8개

32 단순 암기형

난이도 상 **중** 하

| 정답 | ①

| 접근 POINT |

반데르발스결합의 원리까지 이해해야 하는 문제는 잘 출제되지 않으므로 결합력의 세기 정도만 정확하게 암기해도 된다.

| 해설 |

공유결합은 분자 내의 결합으로 가장 강하고, 수소결합은 분자 간 정전기적인 인력으로 그 다음이다.
반데르발스결합은 비극성 분자간 인력으로 가장 약하다.
결합력을 순서대로 하면 다음과 같다.
공유결합 > 수소결합 > 반데르발스결합

33 개념 이해형

난이도 상 중 **하**

| 정답 | ④

| 접근 POINT |

비금속 원소 사이의 결합, 금속 원소 사이의 결합, 금속 원소와 비금속 원소 사이의 결합이 어떤 결합인지 구분할 수 있어야 한다.

| 해설 |

화학결합의 종류

- 공유결합: 비금속 원소+비금속 원소의 결합
- 금속결합: 금속 원소+금속 원소의 결합
- 이온결합: 금속 원소+비금속 원소의 결합

34 개념 이해형

난이도 상 **중** 하

| 정답 | ④

| 접근 POINT |

보기 중 금속 원소와 비금속 원소의 결합으로 이루어진 물질이 무엇인지 찾아본다.

| 해설 |

염화나트륨(NaCl)은 금속 원소(Na)와 비금속 원소(Cl)의 결합으로 이온결합이다.

| 선지분석 |

① 얼음은 물(H_2O)이고, 물은 비금속 원소(H)와 비금속 원소(O)의 결합으로 공유결합이다.
②, ③ 흑연과 다이아몬드는 탄소(C)만의 결합으로 된 물질이다. 탄소(C)는 비금속 원소이므로 탄소만의 결합으로 이루어진 흑연과 다이아몬드는 모두 공유결합이다.

35 개념 이해형

난이도 상 **중** 하

| 정답 | ①

| 접근 POINT |

극성과 비극성을 구분해야 하는 문제로 다소 난이도가 높다.
전자를 끌어당기는 힘이 같으면 비극성이고, 전자를 끌어당기는 힘이 다르면 극성이라고 생각해도 된다.

| 해설 |

염화수소(HCl)은 비금속 원소+비금속 원소의 결합이므로 공유결합이다.
H와 Cl은 전자를 끌어당기는 힘이 다르므로 극성 공유결합이다.
산소(O_2)의 경우 산소와 산소의 결합으로 전자를 끌어당기는 힘이 같으므로 비극성 공유결합이다.

36 개념 이해형

난이도 **상** 중 하

| 정답 | ④

| 접근 POINT |

전자를 끌어당기는 힘이 평형을 이루고 있으면 비극성이라고 생각할 수 있다.

| 해설 |

분자 모양	내용
H−F	전자를 끌어당기는 힘이 F가 H보다 강하므로 극성이다.
O H　H	전자를 끌어당기는 힘이 O가 H보다 강하므로 극성이다.
H−N−H │ H	전자를 수소가 네 방향이 아니라 세 방향에서 잡아당기고 있기 때문에 극성이다.
H │ H−C−H │ H	전자를 수소가 네 방향에서 균일하게 잡아당기고 있기 때문에 비극성이다.

37 개념 이해형

난이도 **상** 중 하

| 정답 | ②

| 접근 POINT |

사실상 앞의 문제와 유사한 문제로 전자를 끌어당기는 힘이 평형을 이루고 있으면 비극성이다.

| 해설 |

분자 모양	내용
C−O	전자를 끌어당기는 힘이 O가 C보다 강하므로 극성이다.
O−C−O	탄소의 전자를 O가 양쪽에서 균일하게 잡아당기므로 비극성이다.
H−N−H │ H	전자를 수소가 네 방향이 아니라 세 방향에서 잡아당기고 있기 때문에 극성이다.
O H　H	전자를 끌어당기는 힘이 O가 H보다 강하므로 극성이다.

38 개념 이해형

난이도 상 중 **하**

| 정답 | ③

| 접근 POINT |

소금이 대표적인 이온결합 물질이다.
고체 상태의 소금이 전기를 통하는지 생각해 본다.

| 해설 |

이온결합물질은 고체 상태에는 전기가 통하지 않는 부도체이다.
이온결합물질은 전해질이므로 물에 녹이면 전자가 움직일 수 있어 도체가 된다.

합격 치트키 02	화학의 기초법칙								본문 24p
01	02	03	04	05	06	07	08	09	10
①	③	①	④	④	①	②	④	①	④
11	12	13	14	15	16	17	18	19	20
①	③	③	③	①	①	④	①	④	①
21	22	23	24	25	26	27	28	29	30
④	③	①	③	③	①	②	②	④	③
31	32	33	34	35	36	37	38	39	40
③	③	①	①	①	①	③	③	①	③
41	42	43	44	45	46	47	48	49	50
④	②	①	③	②	③	④	①	③	②
51	52	53	54						
③	④	②	②						

01 개념 이해형

난이도 상 중 **하**

| 정답 | ①

| 접근 POINT |

그레이엄의 확산속도에 관한 법칙을 알고 있는지 묻는 문제이다.
실제로 분자량을 계산하는 문제로도 출제되므로 그레이엄의 확산법칙 공식은 암기하고 있어야 한다.

| 해설 |

그레이엄의 확산속도의 법칙

- 기체 분자의 확산속도는 일정 온도와 압력에서 분자량의 제곱근에 반비례한다.
- 미지의 기체의 확산속도를 알면 이 법칙으로 기체의 분자량을 계산할 수 있다.

$$\frac{v_1}{v_2}=\sqrt{\frac{M_2}{M_1}}$$

v_1, v_2: 기체의 확산속도
M_1, M_2: 기체의 분자량

02 단순 계산형

난이도 상 중 **하**

| 정답 | ③

| 접근 POINT |

그레이엄의 확산속도 법칙으로 분자량을 계산한다.

| 공식 CHECK |

그레이엄의 확산속도 법칙

$$\frac{v_1}{v_2}=\sqrt{\frac{M_2}{M_1}}$$

v_1, v_2: 기체의 확산속도

M_1, M_2: 기체의 분자량

| 해설 |

v_2를 SO_2의 확산속도라고 하고, v_1을 어떤 기체의 확산속도라고 한다면 조건에 따라 $v_1=2v_2$이 성립한다.

$$\frac{2v_2}{v_2}=\sqrt{\frac{64}{M_1}}$$

$$2=\sqrt{\frac{64}{M_1}}$$

$$4=\frac{64}{M_1}$$

$$M_1=\frac{64}{4}=16$$

03 단순 계산형

난이도 상 중 **하**

| 정답 | ①

| 접근 POINT |

기체의 분자량과 확산속도라는 용어를 보면 "그레이엄의 확산속도 법칙"을 떠올려야 한다.

| 해설 |

$M_1=1$, $M_2=4$로 놓는다.

$$\frac{v_1}{v_2}=\sqrt{\frac{M_2}{M_1}}=\sqrt{\frac{4}{1}}=2$$

$$v_1=2v_2$$

$$v_2=\frac{1}{2}v_1=0.5v_1$$

분자량이 4배가 되면 확산속도는 0.5배가 된다.

04 단순 암기형

난이도 상 중 **하**

| 정답 | ④

| 접근 POINT |

열역학 법칙에 대해 묻는 단순한 문제로 암기 위주로 접근하면 된다.

| 해설 |

열역학 법칙

구분	내용
열역학 제0법칙	열평형의 법칙으로 A와 B가 열적 평형상태에 있고, B와 C가 열적 평형상태에 있으면 A와 C도 열평형 상태이다.
열역학 제1법칙	에너지 보존의 법칙으로 에너지가 다른 에너지로 전환될 때 전환 전후의 에너지 총합은 항상 일정하게 보존된다.
열역학 제2법칙	엔트로피(무질서도) 증가의 법칙으로 고립계에서는 엔트로피가 증가하는 반응만 일어난다.
열역학 제3법칙	0K(절대영도)에서 물질의 엔트로피는 0이다.

05 단순 암기형

난이도 상 중 **하**

| 정답 | ④

| 접근 POINT |

헤스의 법칙에 대해 묻는 단순한 문제로 암기 위주로 접근하면 된다.

| 해설 |

헤스의 법칙은 총 열량 불변의 법칙이라고 한다.

헤스의 법칙에 따르면 화학반응에서 발생 또는 흡수되는 열량은 그 반응 전의 물질의 종류와 상태 및 반응 후의 물질의 종류와 상태가 결정되면 그 도중의 경로와는 관계가 없다.

06 단순 암기형

난이도 상 중 **하**

| 정답 | ①

| 접근 POINT |

반트－호프의 법칙에 대해 묻는 단순한 문제로 암기 위주로 접근하면 된다.

| 해설 |

반트－호프의 법칙은 삼투압이 용질의 종류와는 관계없이 용액의 몰농도와 절대온도에 비례함을 나타내는 법칙이다.

반트－호프의 법칙을 이용하면 용질의 분자량을 구할 수 있다.

07 단순 암기형

난이도 상 중 **하**

| 정답 | ②

| 접근 POINT |

응용되어 출제되지는 않는 문제로 어떤 법칙에 대한 설명인지만 암기하면 된다.

| 해설 |

비휘발성이 있는 설탕을 물에 녹이면 설탕 분자가 물이 증발하는 것을 방해하기 때문에 설탕물의 증기압은 물보다 낮아진다.

이러한 현상을 설명한 것이 라울의 법칙으로 설탕을 많이 녹일수록 증기압이 많이 낮아진다.

08 개념 이해형

난이도 상 중 **하**

| 정답 | ④

| 접근 POINT |

배수비례의 법칙은 두 종류 이상의 원자로 만들어진 화합물에 적용된다.

| 해설 |

배수비례의 법칙은 두 종류 이상의 원자가 화합하여 두 종류 이상의 화합물을 만들 때 한 원자의 일정량과 결합하는 다른 원자의 질량비는 항상 간단한 정수비가 성립된다는 법칙이다.
O_2와 O_3는 한 종류의 원자가 화합한 물질이므로 배수비례의 법칙이 성립되지 않는다.

09 개념 이해형

난이도 상 중 **하**

| 정답 | ①

| 접근 POINT |

사실상 앞의 문제와 거의 유사한 문제로 배수비례의 법칙에 대한 기본적인 이해가 있다면 쉽게 풀 수 있다.

| 해설 |

배수비례의 법칙은 두 종류 이상의 원자가 화합하여 두 종류 이상의 화합물을 만들 때 한 원자의 일정량과 결합하는 다른 원자의 질량비는 항상 간단한 정수비가 성립된다는 법칙이다.
CO, CO_2는 배수비례의 법칙이 적용된다.

| 유사문제 |

다음 중 배수비례의 법칙이 성립하는 화합물을 나열한 것은?

① CH_4, CCl_4 ② SO_2, SO_3
③ H_2O, H_2S ④ SN_3, BH_3

정답은 ②번이다.

10 개념 이해형

난이도 상 중 **하**

| 정답 | ④

| 접근 POINT |

배수비례의 법칙은 두 종류 이상의 원자로 만들어진 화합물에 적용된다.

| 해설 |

화학반응식으로 배수비례의 법칙을 설명하기는 어렵다.
일정 성분비의 법칙은 한 화합물을 구성하는 각 성분 원자들의 질량비가 일정하다는 법칙이다.
반응식을 보면 화합물의 화학식을 알 수 있기 때문에 일정 성분비의 법칙을 설명할 수 있다.

11 개념 이해형

난이도 상 중 **하**

| 정답 | ①

| 접근 POINT |

기본적인 용어 정의에 대해 묻고 있는 문제로 보기에 나온 용어 정의 정도는 이해하고 있어야 한다.

| 해설 |

① 이성질체는 분자식이 같으면서 결합된 구조가 달라 다른 성질을 가지는 것이다.
② 동소체는 산소(O_2)와 오존(O_3)처럼 한 종류의 원자로 이루어졌으나 그 결합방식이 다른 것이다.
③ 동위원소는 원자번호는 같지만 질량수가 다른 것이다.
④ 방향족 화합물은 분자 내에 벤젠 고리를 가지는 것이다.

12 개념 이해형

난이도 상 중 **하**

| 정답 | ③

| 접근 POINT |

동소체의 의미만 알고 있다면 쉽게 답을 고를 수 있다.

| 해설 |

동소체란 한 종류의 원자로 이루어졌으나 그 결합방식이 달라 성질이 다른 것이다.
물(H_2O)과 과산화수소(H_2O_2)는 한 종류의 원자로 이루어지지 않았기 때문에 동소체가 아니다.

| 선지분석 |

① 적린(P)과 황린(P_4)은 한 종류의 원자로 이루어졌다.
② 산소(O_2)와 오존(O_3)은 한 종류의 원자로 이루어졌다.
④ 다이아몬드와 흑연은 모두 탄소(C)로 이루어진 물질이다.

13 개념 이해형

난이도 상 중 **하**

| 정답 | ③

| 접근 POINT |

동소체의 의미만 알고 있다면 쉽게 답을 고를 수 있다.
동위원소는 어려운 문제로 응용되어 나오지는 않으므로 간단하게 의미 정도만 알아도 된다.

| 해설 |

수소와 중수소는 동위원소 관계이다.
동위원소란 원자번호는 같지만 질량이 다른 원소이다.
수소는 ^1_1H로 표기하고, 중수소는 ^2_1H로 표기한다.

14 개념 이해형

난이도 상 **중** 하

| 정답 | ③

| 접근 POINT |

동위원소는 원자번호는 같지만 질량이 다른 것이므로 주어진 조건으로 평균원자량을 계산할 수 있다.

| 해설 |

Cl의 평균원자량$=(35\text{ g}\times0.75)+(37\text{ g}\times0.25)=35.5\text{ g}$
염소(Cl)의 원자량을 암기하고 있다면 계산과정이 없이도 답을 구할 수 있다.

15 단순 암기형

난이도 상 중 **하**

| 정답 | ①

| 접근 POINT |

응용되어 출제되지는 않는 문제로 어떤 법칙에 대한 설명인지만 암기하면 된다.

| 해설 |

아보가드로의 법칙

- 모든 기체는 같은 온도, 같은 압력에서 같은 부피 속에는 같은 수의 분자를 포함하고 있다.
- 표준상태에서 기체 1mol의 부피는 22.4 L이다.
- 기체 1mol의 분자수는 6.02×10^{23}개이다.

16 개념 이해형

난이도 상 중 **하**

| 정답 | ①

| 접근 POINT |

아보가드로의 법칙의 기본개념에 대한 문제이다.
이 문제는 간단한 문제이지만 복잡한 문제를 풀기 위해서도 아보가드로 법칙은 이해해야 한다.

| 해설 |

아보가드로의 법칙에 따르면 표준상태에서 기체 1mol의 부피는 22.4 L이다.
암모니아(NH_3) 11.2 L는 0.5mol이다.
질소(N)의 원자량=14g/mol
질소(N) 0.5mol의 질량$=\dfrac{14\text{ g}}{\text{mol}}\times0.5\text{mol}=7\text{g}$

17 단순 계산형

난이도 상 **중** 하

| 정답 | ④

| 접근 POINT |

문제가 약간 복잡하게 주어졌지만 사실상 분자량 계산만 할 수 있다면 풀 수 있는 문제이다.

| 해설 |

H_2의 분자량$=1\times2=2$
Cl_2의 분자량$=35.5\times2=71$
CH_4의 분자량$=12+(1\times4)=16$
CO_2의 분자량$=12+(16\times2)=44$
가장 무거운 분자: Cl_2
가장 가벼운 분자: H_2
$\dfrac{71}{2}=35.5$배

18 개념 이해형

난이도 상 중 **하**

| 정답 | ①

| 접근 POINT |

자주 출제되는 문제는 아니지만 분자량의 개념만 이해하고 있다면 쉽게 답을 고를 수 있다.

| 해설 |

CH_4의 분자량$=12+(1\times4)=16\text{g/mol}$
CH_4 16g은 1mol이다.
CH_4 1mol에는 C 1mol과 H 4mol이 포함되어 있다.

19 개념 이해형

난이도 상 **중** 하

| 정답 | ④

| 접근 POINT |

에탄의 연소반응식을 작성하여 발생되는 이산화탄소와 물의 몰수를 계산한 다음에 분자수를 계산한다.

| 해설 |

(1) **에탄(C_2H_6)의 연소식 작성**

$2C_2H_6+7O_2 \longrightarrow 4CO_2+6H_2O$
C_2H_6의 분자량$=(12\times2)+(1\times6)=30\text{ g/mol}$
에탄 30 g(1mol)을 연소시키면 이산화탄소(CO_2) 2mol, 물(H_2O) 3mol이 발생한다.

(2) **이산화탄소와 수증기의 분자수 계산**

아보가드로의 법칙에 의해 기체 1mol의 분자수는 6.02×10^{23}개다.
(1)에서 총 5mol의 이산화탄소와 물이 생성된다.
분자수$=5\times6.02\times10^{23}=3.01\times10^{24}=30.1\times10^{23}$

20 복합 계산형

난이도 상 **중** 하

| 정답 | ①

| 접근 POINT |

이 문제를 풀기 위해서는 1차적으로 탄산수소나트륨의 분해반응식을 작성하여 생성된 이산화탄소의 몰수를 계산해야 한다.

| 해설 |

(1) **생성되는 탄산가스(이산화탄소)의 몰수 계산**

탄산수소나트륨($NaHCO_3$)의 분해반응식

$2NaHCO_3 \longrightarrow Na_2CO_3 + CO_2 + H_2O$

탄산수소나트륨 2몰 분해 ⟶ 이산화탄소 1몰 생성

탄산수소나트륨($NaHCO_3$)의 분자량을 계산한다.

분자량$=23+1+12+(16\times3)=84g/mol$

$84g/mol=84kg/kmol$

문제에서 표준상태(0℃, 1atm)이라고 했으므로 탄산수소나트륨 2kmol(2×84kg)이 분해되면 이산화탄소 1kmol(22.4m^3)이 생성된다.

(2) **문제의 조건에 맞는 정답 계산**

(1)의 조건으로 비례식을 만들면 다음과 같다.

$2\times84kg : 22.4m^3 = x : 2m^3$

$x=\dfrac{2\times84kg\times2m^3}{22.4m^3}=15kg$

21 단순 암기형

난이도 상 중 **하**

| 정답 | ④

| 접근 POINT |

어려운 문제는 아니나 자주 출제되지 않아 틀리는 문제이다.
암기를 해도 되지만 열전달면적과 열전도도와 전달되는 열의 양의 관계만 알고 있으면 답을 고를 수 있다.

| 해설 |

전달되는 열의 양은 열전달 면적과 열전도도에 비례한다. 열전달 면적과 열전도도가 각각 2배가 되었으므로 총 열전달량은 4배가 된다.

22 단순 계산형

난이도 상 중 **하**

| 정답 | ③

| 접근 POINT |

이러한 문제는 응용되어 출제되지는 않으므로 간단하게 계산방법만 알고 있으면 된다.

| 해설 |

전지의 표준 전위차는 다음과 같이 계산한다.

E^0=전극 전위가 큰 쪽의 표준환원 전위−전극 전위가 작은 쪽의 표준환원 전위

$=0.34-(-0.23)=0.57V$

23 복합 계산형

난이도 **상** 중 하

| 정답 | ①

| 접근 POINT |

자주 출제되는 문제는 아니지만 계산방법만 이해한다면 풀 수 있는 문제이다.
문제에서 묻고 있는 것은 $SO_2(g)$의 몰 생성열이므로 1몰을 기준으로 계산해야 한다.

| 해설 |

① $S(s)+1.5O_2(g) \longrightarrow SO_3(g)$ $\triangle H^\circ=-94.5kcal$

② $2SO_2(g)+O_2(g) \longrightarrow 2SO_3(g)$ $\triangle H^\circ=-47kcal$

①×2−②를 계산한다.

$2S(s)+3O_2(g) \longrightarrow 2SO_3(g)$ $\triangle H^\circ=-189kcal$

$-2SO_2(g)+O_2(g) \longrightarrow 2SO_3(g)$ $\triangle H^\circ=-47kcal$

$2S(s)+2O_2(g) \longrightarrow 2SO_2(g)$ $\triangle H^\circ=-142kcal$

1몰을 기준으로 몰 생성열을 계산한다.

몰 생성열$=\dfrac{-142}{2}=-71kcal$

24 개념 이해형

난이도 상 **중** 하

| 정답 | ③

| 접근 POINT |

전리도가 크다는 것은 이온으로 잘 해리되는 것이다.
소금을 물에 녹일 때 소금이 더 잘 녹을 수 있는 조건을 생각해 본다.

| 해설 |

일정한 온도와 농도에서 같은 전해질의 전리도는 일정하다.
같은 전해질인 경우 농도가 묽을수록, 온도가 높을수록 전리도가 커진다.

25 단순 암기형

난이도 상 중 **하**

| 정답 | ③

| 접근 POINT |

혈액 투석을 하는 이유를 생각해 본다.

| 해설 |

문제는 투석에 대한 설명이다.
신장이 안 좋은 사람이 투석의 원리를 이용하여 혈액 속의 노폐물을 걸러낸다.

26 개념 이해형

난이도 상 **중** 하

| 정답 | ①

| 접근 POINT |

반응속도는 반응물질의 농도의 곱에 비례한다는 사실만 알고 있다면 쉽게 답을 고를 수 있다.

| 해설 |

반응속도는 반응물질의 농도의 곱에 비례한다.

$A+B \longrightarrow C+D$

위의 반응에서 반응속도를 v라고 하고, 반응속도 상수를 k라고 하면 반응속도식은 다음과 같다.

$v=k[A][B]$

[A]: A의 농도, [B]: B의 농도

A의 농도만 2배로 하면 반응속도가 2배가 되고 B의 농도만 2배로 하면 반응속도가 4배가 되는 반응속도식은 다음과 같다.

$v=k[A][B]^2$

27 개념 이해형

난이도 상 **중** 하

| 정답 | ②

| 접근 POINT |

반응속도식을 작성한 후 농도를 2베로 했을 때 빈응속도가 몇 배가 되는지 계산한다.

| 해설 |

문제에 제시된 반응의 반응속도식을 작성한다.

$v=k[CH_4][O_2]^2$

$[CH_4]$: CH_4의 농도

$[O_2]$: O_2의 농도

산소의 농도를 2배로 했을 때 반응속도식을 작성한다.

$v=k[CH_4][2O_2]^2=4k[CH_4][O_2]^2$

반응속도는 4배가 된다.

28 개념 이해형

난이도 상 중 **하**

| 정답 | ②

| 접근 POINT |

반응속도식에서 반응차수를 구할 수 있는지 묻는 문제이다.

| 해설 |

반응속도식 $v=k[A]^a[B]^b$에서 반응차수는 $a+b$이다.

$v=k[A][B]$ 반응식이 a와 b가 1이므로 반응차수가 2이다.

29 단순 계산형

난이도 상 중 **하**

| 정답 | ④

| 접근 POINT |

산화수를 구하는 문제 중에서는 가장 간단한 문제로 반드시 맞혀야 하는 문제이다.

| 해설 |

산화수를 구할 때 화합물($KMnO_4$)의 산화수의 합은 0이고, 산소의 산화수는 −2이다.

Na, K와 같은 알칼리금속의 산화수는 +1이다.

Mn의 산화수를 x라고 하고 산화수를 구하면 다음과 같다.

$+1+x+(-2\times4)=0$

$x=+7$

30 단순 계산형

난이도 상 중 **하**

| 정답 | ③

| 접근 POINT |

산화수를 구하는 문제 중에서는 가장 간단한 문제로 반드시 맞혀야 하는 문제이다.

| 해설 |

산화수를 구할 때 화합물($K_2Cr_2O_7$)의 산화수의 합은 0이고, 산소의 산화수는 −2이다.

Na, K와 같은 알칼리금속의 산화수는 +1이다.

Cr의 산화수를 x라고 하고 산화수를 구하면 다음과 같다.

$(+1\times2)+2x+(-2\times7)=0$

$x=\frac{14-2}{2}$

$x=+6$

| 유사문제 |

다이크로뮴산이온($Cr_2O_7^{2-}$)에서 Cr의 산화수는?

$2x+(-2\times7)=-2$

$x=\frac{-2+14}{2}=+6$

Cr의 산화수: +6

31 단순 계산형

난이도 상 **중** 하

| 정답 | ③

| 접근 POINT |

산화수를 구하는 문제는 화학식이 주어지면 오히려 쉬운 문제이다. 이 문제의 경우 질산칼륨의 화학식을 암기하고 있어야 풀 수 있다.

| 해설 |

질산칼륨의 화학식: KNO_3

N의 산화수를 x라고 한다.

$+1+x+(-2\times3)=0$

$x=+5$

32 단순 계산형

난이도 상 **중** 하

| 정답 | ③

| 접근 POINT |

산화수를 구하는 문제는 변형되어 출제되기 때문에 답을 암기하기 보다는 원리를 이해해야 한다.

| 해설 |

산화수를 구할 때 화합물(KNO_3, CrO_3 등)의 산화수의 합은 0이고, 산소의 산화수는 -2이다.

Na, K와 같은 알칼리금속의 산화수는 $+1$이다.

보기의 밑줄 친 원소를 x라고 하고 산화수를 구한다.

① $(+1\times2)+2x+(-2\times7)=0$

$x=+6$

② $(+1\times2)+x+(-2\times4)=0$

$x=+6$

③ $(+1)+x+(-2\times3)=0$

$x=+5$

④ $x+(-2\times3)=0$

$x=+6$

| 심화 |

이 문제에는 해당되지 않지만 과산화물(H_2O_2, Na_2O_2)에서 산소의 산화수는 -1임을 주의해야 한다.

33 단순 계산형

난이도 상 **중** 하

| 정답 | ①

| 접근 POINT |

산화수를 구하는 문제는 변형되어 출제되기 때문에 답을 암기하기 보다는 원리를 이해해야 한다.

| 해설 |

산화수를 구할 때 화합물(H_3PO_4, $KMnO_4$ 등)의 산화수의 합은 0이고, 산소의 산화수는 -2이다.

Na, K와 같은 알칼리금속의 산화수는 $+1$이다.

보기의 밑줄 친 원소를 x라고 하고 산화수를 구한다.

① $(+1\times3)+x+(-2\times4)=0$

$x=+5$

② $+1+x+(-2\times4)=0$

$x=+7$

③ $(+1\times2)+2x+(-2\times7)=0$

$x=+6$

④ $(+1\times3)+x+(-1\times6)=0$

$x=+3$

시안화이온(CN^-)의 산화수는 -1이다.

34 단순 계산형

난이도 상 중 **하**

| 정답 | ①

| 접근 POINT |

산화수를 구하는 문제는 변형되어 출제되기 때문에 답을 암기하기 보다는 원리를 이해해야 한다.

| 해설 |

산화수를 구할 때 화합물(H_3PO_4, HNO_3 등)의 산화수의 합은 0이고, 수소의 산화수는 $+1$, 산소의 산화수는 -2이다.

보기의 밑줄 친 원소를 x라고 하고 산화수를 구한다.

① $2x+(-2\times7)=-2$

$$x=\frac{-2+14}{2}=+6$$

② $(+1\times3)+x+(-2\times4)=0$

$x=8-3=+5$

③ $+1+x+(-2\times3)=0$

$x=6-1=+5$

④ $+1+x+(-2\times3)=0$

$x=6-1=+5$

35 개념 이해형

난이도 상 **중** 하

| 정답 | ①

| 접근 POINT |

산소의 산화수는 0, -2, -1로 다양하게 존재하므로 이를 구분할 수 있어야 한다.

| 해설 |

① 단원자 분자일 때 산소의 산화수는 0이다.

②, ③ 화합물에서 산소의 산화수는 -2이다.

④ 과산화물에서 산소의 산화수는 -1이다.

36 복합 계산형

난이도 **상** 중 하

| 정답 | ①

| 접근 POINT |

산화수를 구하는 문제는 변형되어 출제되기 때문에 답을 암기하기 보다는 원리를 이해해야 한다.

| 해설 |

산화수를 구할 때 화합물(Ag_2S, H_2SO_4)의 산화수의 합은 0이고, 산소의 산화수는 -2이다.

황의 산화수를 x라고 하고 산화수를 구하면 다음과 같다.

① $(+1\times2)+x=0$

$x=-2$

은이온(Ag^+)의 산화수는 $+1$이다.

② $(+1\times2)+x+(-2\times4)=0$

$x=+6$

③ $x+(-2\times4)=-2$

$x=+6$

④ $(+3\times2)+3x+(-2\times12)=0$

$$x=\frac{24-6}{3}$$

$x=+6$

| 심화 |

Fe의 경우 산화수가 +2인 경우도 있고, +3인 경우도 있다.
SO_4의 산화수가 −2이고, 화합물{$Fe_2(SO_4)_3$}의 산화수가 0이므로 Fe_2의 산화수는 +6이 되고, Fe의 산화수는 +3이 된다.

37 개념 이해형

난이도 상 중 **하**

| 정답 | ③

| 접근 POINT |

이상기체의 기본개념에 대한 단순한 문제로 반드시 맞혀야 하는 문제이다.

| 해설 |

이상기체는 기체 분자 사이에 작용하는 인력을 무시한 기체이다.
실제 기체의 온도를 높게 하고, 압력을 낮게 하면 기체 분자 사이의 거리가 멀어져 분자 사이의 인력이 거의 작용하지 않게 되므로 이상기체와 비슷해진다.

38 단순 암기형

난이도 상 중 **하**

| 정답 | ③

| 접근 POINT |

이상기체 상태방정식을 이용하는 문제는 자주 출제되므로 기체상수의 단위는 암기하고 있어야 한다.

| 해설 |

기체상수 R의 단위는 $\frac{atm \cdot L}{mol \cdot K}$이다.

39 복합 계산형

난이도 **상** 중 하

| 정답 | ①

| 접근 POINT |

기체의 부피를 구하는 문제는 이상기체 상태방정식을 이용하여 계산한다.
이 문제는 탄산수소나트륨이 분해될 때 발생되는 이산화탄소의 몰수를 알아야 풀 수 있다.

| 공식 CHECK |

이상기체 상태방정식

$$PV = nRT = \frac{w}{M}RT$$

P: 압력[atm], V: 부피[L]
n: 몰수[mol]
R: 기체상수[0.082atm·L/mol·K]
T: 절대온도[K]
w: 질량[g], M: 분자량[g/mol]

| 해설 |

(1) 탄산수소나트륨($NaHCO_3$)의 분해반응식 작성

$2NaHCO_3 \longrightarrow Na_2CO_3 + CO_2 + H_2O$

탄산수소나트륨($NaHCO_3$)의 분자량을 계산한다.

분자량 = 23 + 1 + 12 + (16 × 3) = 84g/mol

84g/mol = 84kg/kmol

(2) 탄산수소나트륨과 이산화탄소의 몰수 계산

문제에서는 탄산수소나트륨이 10kg이 방사되었다고 했으므로 방사된 탄산수소나트륨의 몰수는 다음과 같이 구할 수 있다.

$$\text{탄산수소나트륨의 몰수} = \frac{10kg}{84kg/kmol} = 0.119kmol$$

탄산수소나트륨의 분해반응식에서 탄산수소나트륨 2몰이 분해되면 이산화탄소는 1몰이 발생함을 알 수 있다. 따라서 발생한 이산화탄소의 몰수는 다음과 같이 구할 수 있다.

$$\text{이산화탄소의 몰수} = 0.119 \times \frac{1}{2} = 0.0595kmol$$

(3) 이상기체 상태방정식으로 이산화탄소의 부피 계산

$T = 270 + 273 = 543K$

$$V = \frac{nRT}{P} = \frac{0.0595 \times 0.082 \times 543}{1} = 2.649m^3$$

| 심화 |

이상기체 상태방정식에서 질량 단위를 kg으로 넣으면 부피 단위는 m^3으로 나오고, 질량 단위를 g으로 넣으면 부피 단위는 L로 나온다.
이 내용은 암기를 해도 되지만 기체상수 뒤의 단위까지 암기하고 있다면 단위환산으로도 구할 수 있다.

(1) 질량 단위를 kg으로 넣은 경우 단위환산

$$V = \frac{wRT}{PM} = \frac{kg \times \frac{atm \cdot m^3}{kmol \cdot K} \times K}{atm \times \frac{kg}{kmol}} = m^3$$

(2) 질량 단위를 g으로 넣은 경우 단위환산

$$V = \frac{wRT}{PM} = \frac{g \times \frac{atm \cdot L}{mol \cdot K} \times K}{atm \times \frac{g}{mol}} = L$$

40 단순 계산형

난이도 상 **중** 하

| 정답 | ③

| 접근 POINT |

이상기체 상태방정식으로 기체의 몰수를 계산한다.
기체상수값 0.082는 대부분 문제에서 주어지지 않으므로 암기하고 있어야 한다.

| 해설 |

$T = 27 + 273 = 300K$

이상기체 상태방정식을 문제에서 묻고 있는 몰수(n) 기준으로 정리하여 계산한다.

$$n=\frac{PV}{RT}=\frac{1.23\times 2}{0.082\times 300}=0.1\text{mol}$$

41 단순 계산형

난이도 상 **중** 하

| 정답 | ④

| 접근 POINT |

이상기체 상태방정식으로 기체의 부피를 계산한다.

| 해설 |

물(H_2O)의 분자량$=(1\times 2)+16=18\text{g/mol}$

$T=100+273=373\text{K}$

이상기체 상태방정식을 문제에서 묻고 있는 부피(V) 기준으로 정리하여 정답을 계산한다.

$$V=\frac{wRT}{PM}=\frac{36\times 0.082\times 373}{1\times 18}=61.172\text{L}$$

42 단순 계산형

난이도 상 **중** 하

| 정답 | ②

| 접근 POINT |

기체의 부피를 구하는 문제는 대부분 이상기체 상태방정식으로 계산한다.

이 문제는 아세톤의 화학식을 암기한 상태에서 분자량을 계산할 수 있어야 풀 수 있다.

| 해설 |

(1) **아세톤(CH_3COCH_3)의 분자량 계산**

분자량$=12+(1\times 3)+12+16+12+(1\times 3)=58$

C의 원자량: 12, H의 원자량: 1, O의 원자량: 16

(2) **이상기체 상태방정식으로 기체의 부피 계산**

$T=27+273=300\text{K}$

$$V=\frac{wRT}{PM}=\frac{58\times 0.082\times 300}{1\times 58}=24.6\text{L}$$

43 단순 계산형

난이도 상 **중** 하

| 정답 | ①

| 접근 POINT |

이상기체 상태방정식으로 기체의 분자량을 계산한다.

| 해설 |

문제에서 표준상태라고 했으므로 온도와 압력은 다음 수치를 적용한다.

$T=0+273=273\text{K}$

$P=1\text{atm}$

이상기체 상태방정식을 분자량(M) 기준으로 정리하여 계산한다.

$$M=\frac{wRT}{PV}=\frac{1.964\times 0.082\times 273}{1\times 1}=43.966\text{g/mol}$$

44 단순 계산형

난이도 상 **중** 하

| 정답 | ③

| 접근 POINT |

이상기체 상태방정식으로 분자량을 계산한다.

| 해설 |

$T=97+273=370\text{K}$

압력 740mmHg이므로 atm로 변환한다.

$$P=740\text{mmHg}\times\frac{\text{atm}}{760\text{mmHg}}=\frac{740}{760}\text{atm}$$

$L=80\text{mL}=0.08\text{L}$

이상기체 상태방정식을 분자량(M) 기준으로 정리하여 계산한다.

$$M=\frac{wRT}{PV}=\frac{0.2\times 0.082\times 370}{\frac{740}{760}\times 0.08}=77.9\text{g/mol}$$

45 단순 계산형

난이도 상 **중** 하

| 정답 | ②

| 접근 POINT |

이상기체 상태방정식 관련 문제는 변형되어 출제되는 경향이 있기 때문에 풀이과정을 이해해야 한다.

| 해설 |

$T=27+273=300\text{K}$

압력이 380mmHg이므로 atm 단위로 변환한다.

$$P=380\text{mmHg}\times\frac{\text{atm}}{760\text{mmHg}}=\frac{380}{760}\text{atm}$$

$V=6{,}000\text{mL}=6\text{L}$

이상기체 상태방정식을 분자량(M) 기준으로 정리하여 계산한다.

$$M=\frac{wRT}{PV}=\frac{5\times 0.082\times 300}{\frac{380}{760}\times 6}=41\text{g/mol}$$

46 개념 이해형

난이도 **상** 중 하

| 정답 | ③

| 접근 POINT |

자주 출제되는 문제는 아니므로 암기 위주로 접근하기 보다는 이상기체 상태방정식으로 밀도를 구하는 식을 유도해서 푸는 것이 좋다.

| 해설 |

밀도(ρ)는 "질량/부피"이다.

$$\rho=\frac{w}{V}$$

이상기체 상태방정식을 $\rho = \frac{w}{V}$로 정리한다.

$$PV = \frac{w}{M}RT$$

$$P = \frac{w}{VM}RT$$

$$\rho = \frac{w}{V} = \frac{PM}{RT}$$

밀도(ρ)는 절대온도(T)에 반비례하고, 압력(P)에 비례한다.

47 개념 이해형

난이도 상 **중** 하

| 정답 | ④

| 접근 POINT |

밀도의 기본적인 정의를 알고 있다면 쉽게 풀 수 있는 문제이다.

| 해설 |

밀도(ρ)는 "질량/부피"이다.
문제에서 부피에 대한 언급은 없으므로 부피는 같다고 본다.
같은 부피에서는 질량이 클수록 밀도가 커지므로 분자량이 큰 기체가 밀도가 크다.
① 수소(H_2)$=1\times2=2$g/mol
② 질소(N_2)$=14\times2=28$g/mol
③ 산소(O_2)$=16\times2=32$g/mol
④ 이산화탄소(CO_2)$=12+(16\times2)=44$g/mol

48 단순 계산형

난이도 상 **중** 하

| 정답 | ①

| 접근 POINT |

프로판의 완전연소반응식을 작성하여 필요한 산소의 몰수를 계산한 후 산소의 부피를 계산한다.

| 공식 CHECK |

이상기체 상태방정식

$$PV = nRT = \frac{w}{M}RT$$

P: 압력[atm], V: 부피[L]
n: 몰수[mol]
R: 기체상수[0.082atm·L/mol·K]
T: 절대온도[K]
w: 질량[g], M: 분자량[g/mol]

| 해설 |

(1) 연소한 프로판의 부피 계산

프로판(C_3H_8)의 분자량$=(12\times3)+(1\times8)=44$
문제에서 표준상태라고 했으므로 0℃, 1atm이다.
$T=0+273=273K$

$$V_{프로판} = \frac{wRT}{PM} = \frac{1\times0.082\times273}{1\times44} = 0.508\text{m}^3$$

(2) 프로판이 연소할 때 필요한 산소의 부피 계산

$C_3H_8 + 5O_2 \longrightarrow 3CO_2 + 4H_2O$
프로판 1몰이 연소 → 산소 5몰 필요
프로판의 부피에서 5배를 하면 필요한 산소의 부피이다.
$V_{산소} = 0.508\times5 = 2.54\text{m}^3$

49 개념 이해형

난이도 상 **중** 하

| 정답 | ③

| 접근 POINT |

다른 조건의 변화는 없고 산소 기체만 추가로 주입했으므로 압력은 기체의 몰수에 비례한다.

| 해설 |

수소(H_2)의 분자량$=2$g/mol

수소(H_2) 1g의 몰수$=\frac{1\text{g}}{2\text{g/mol}}=0.5$mol

산소(O_2)의 분자량$=32$g/mol

산소(O_2) 32g의 몰수$=\frac{32\text{g}}{32\text{g/mol}}=1$mol

기체의 몰수 변화: 0.5mol → 1.5mol
기체의 몰수가 3배 증가 → 압력도 3배 증가
처음 압력이 1기압이므로 나중 압력은 3기압이다.

| 심화 |

이상기체 상태방정식으로 몰수와 압력 관계 산정

$PV = nRT$
용기에 기체를 넣었다고 했으므로 V는 일정
R은 기체상수로 일정
온도는 일정하다고 했으므로 T는 일정
압력과 기체의 몰수는 비례 관계 성립 $P \propto n$

50 복합 계산형

난이도 **상** 중 하

| 정답 | ②

| 접근 POINT |

비전해질의 삼투압 공식은 이상기체 상태방정식과 동일하다.

| 공식 CHECK |

비전해질의 삼투압 공식

$$\pi V = nRT = \frac{w}{M}RT$$

π: 삼투압[atm], V: 부피[L]
n: 몰수[mol]
R: 기체상수[0.082atm·L/mol·K]
T: 절대온도[K]
w: 질량[g], M: 분자량[g/mol]

| 해설 |

$T=27+273=300K$

$V=500mL=0.5L$

삼투압 공식을 분자량(M)기준으로 정리해서 계산한다.

$M=\frac{wRT}{\pi V}=\frac{6\times0.082\times300}{7.4\times0.5}=39.891g/mol$

51 복합 계산형

난이도 상 중 하

| 정답 | ③

| 접근 POINT |

정답을 암기할 수도 있지만 이상기체 상태방정식으로 수증기의 부피(체적)를 계산할 수 된다.

| 해설 |

(1) **물 1mol의 부피 계산**

액체 상태의 물의 비중은 1이므로 1g=1mL이다.

물(H_2O)의 분자량=$(1\times2)+16=18g/mol$

물 1mol의 부피=18mL=0.018L

(2) **수증기 1mol의 부피 계산**

이상기체 상태방정식으로 부피를 계산하고, 온도는 절대온도로 변환하여 대입한다.

$T=100+273=373K$

$V=\frac{nRT}{P}=\frac{1\times0.082\times373}{1}=30.586L$

(3) **물과 수증기의 부피 증가량 계산**

$\frac{30.586}{0.018}=1,699.22$

52 단순 계산형

난이도 상 중 하

| 정답 | ④

| 접근 POINT |

반응 전후의 부피나 압력 변화는 보일－샤를의 법칙을 이용하여 계산한다.

| 공식 CHECK |

보일－샤를의 법칙

$\frac{P_1V_1}{T_1}=\frac{P_2V_2}{T_2}$

P_1: 처음 압력[atm], P_2: 나중 압력[atm]

V_1: 처음 부피[mL], V_2: 나중 부피[mL]

T_1: 처음 온도[K], T_2: 나중 온도[K]

| 해설 |

보일－샤를의 법칙에서 온도의 변화는 없다고 했으므로 T_1, T_2는 무시한다.

$P_1V_1=P_2V_2$

$V_2=\frac{P_1}{P_2}\times V_1=\frac{1atm}{4atm}\times2L=0.5L$

53 단순 계산형

난이도 상 중 하

| 정답 | ②

| 접근 POINT |

반응 전후의 부피나 압력 변화는 보일－샤를의 법칙을 이용하여 계산한다.

| 해설 |

$T_1=20+273=293K$

$T_2=40+273=313K$

압력의 변화는 없다고 했으므로 P_1, P_2는 무시한다.

$\frac{V_1}{T_1}=\frac{V_2}{T_2}$

$V_2=\frac{T_2}{T_1}\times V_1=\frac{313K}{293K}\times600mL=640.955mL$

| 유사문제 |

20℃에서 4L를 차지하는 기체가 있다. 동일한 압력일 때 40℃에서는 몇 L를 차지하는가?

① 0.23　　② 1.23

③ 4.27　　④ 5.27

보일－샤를의 법칙에서 P_1, P_2는 무시하고 식을 정리한다.

$V_2=\frac{T_2}{T_1}\times V_1=\frac{(40+273)K}{(20+273)K}\times4L=4.273L$

정답은 ③번이다.

54 단순 계산형

난이도 상 중 하

| 정답 | ②

| 접근 POINT |

반응 전후의 부피나 압력 변화는 보일－샤를의 법칙을 이용하여 계산한다.

| 해설 |

$T_1=273+21=294K$

$T_2=273+49=322K$

보일－샤를의 법칙으로 P_2를 계산한다.

$\frac{P_1V_1}{T_1}=\frac{P_2V_2}{T_2}$

$P_2=\frac{P_1V_1}{T_1}\times\frac{T_2}{V_2}=\frac{1.4\times250}{294}\times\frac{322}{300}$

$=1.277atm$

합격 치트키 03 | 물질의 상태와 변화 본문 34p

01	02	03	04	05	06	07	08	09	10
②	②	②	①	③	②	①	②	②	②
11	12	13	14	15	16	17	18	19	20
②	①	②	①	①	①	④	①	②	①
21	22	23	24	25	26	27	28	29	30
②	①	②	③	①	②	③	③	①	②
31	32	33	34	35	36	37	38	39	
②	②	②	③	①	③	②	③	①	

01 개념 이해형 난이도 상 중 하

| 정답 | ②

| 접근 POINT |

조건에서 용기 속에 밀폐했다고 했으므로 부피는 변하지 않는다. 부피가 변하지 않을 때 압력은 기체의 몰수에 비례한다는 점을 이용한다.

| 해설 |

(1) **반응 후 남아 있는 기체의 몰수 계산**

질소(N_2)와 수소(H_2)가 반응해서 암모니아(NH_3)가 되는 반응식은 다음과 같다.

$N_2 + 3H_2 \longrightarrow 2NH_3$

반응물질의 50%만 암모니아로 변했다고 했다.

N_2 0.5mol, H_2 1.5mol이 반응하여 NH_3 1mol이 생성된다.

반응 후 남은 물질은 다음처럼 정리할 수 있다.

구분	내용
반응하지 않은 물질	N_2 0.5mol, H_2 1.5mol
반응 후 생성된 물질	NH_3 1mol

(2) **반응 전후의 기체의 몰수 비교**

반응 전		반응 후
반응 전 N_2 1mol H_2 3mol 총 4mol	→	반응 후 N_2 0.5mol, H_2 1.5mol NH_3 1mol 총 3mol

용기 속에 밀폐한다고 했으므로 기체의 압력은 기체의 분자 수에 비례한다.

반응 후 압력은 처음 압력의 $\frac{3}{4}=0.75$배이다.

02 개념 이해형 난이도 상 중 하

| 정답 | ②

| 접근 POINT |

이러한 문제는 변형되어 출제되는 경향이 있으므로 답을 암기하지 않고 풀이과정을 이해해야 한다.

| 해설 |

(1) **수소 2.24L의 몰수 계산**

표준상태에서 기체 1mol의 부피: 22.4L

수소 2.24L의 몰수는 비례식으로 구한다.

1mol : 22.4L $= x$: 2.24L

$$x=\frac{2.24\text{L}\times 1\text{mol}}{22.4\text{L}}=0.1\text{mol}$$

(2) **생성된 염화수소의 부피 계산**

수소(H_2) 1mol과 염소(Cl_2) 1mol이 반응하면 염화수소(HCl) 2mol이 생성된다.

$H_2 + Cl_2 \longrightarrow 2HCl$

수소 0.1mol은 염소 0.1mol과 반응하여 염화수소 0.2mol이 생성된다.

염화수소 0.2mol의 부피는 비례식으로 구한다.

1mol : 22.4L $=$ 0.2mol : xL

$$x=\frac{22.4\text{L}\times 0.2\text{mol}}{1\text{mol}}=4.48\text{L}$$

03 개념 이해형 난이도 상 중 하

| 정답 | ②

| 접근 POINT |

수소와 염소가 반응하여 염화수소가 생성되는 반응식을 작성한 다음 몰수를 산정한다.

| 해설 |

수소와 염소가 반응하여 염화수소가 생성되는 반응식

$H_2 + Cl_2 \longrightarrow 2HCl$

수소(H_2) 1mol이 염소(Cl_2) 1mol과 반응하면 염화수소(HCl) 2mol이 생성된다.

수소(H_2) 1.2mol은 염소(Cl_2) 1.2mol과 반응하여 염화수소(HCl) 2.4mol이 생성된다.

반응하지 않은 염소(Cl_2) 0.8mol은 그대로 남아 있는다.

04 단순 계산형 난이도 상 중 하

| 정답 | ①

| 접근 POINT |

암모니아와 황산의 반응식을 작성한 후 몰비를 통해 만들어지는 황산암모늄의 질량을 계산한다.

| 해설 |

(1) **반응식 작성**

암모니아(NH_3)와 충분한 양의 황산(H_2SO_4)이 반응하면 황산암모늄{$(NH_4)_2SO_4$}이 생성된다.

$2NH_3 + H_2SO_4 \longrightarrow (NH_4)_2SO_4$

SUBJECT 01

암모니아 2mol 반응 → 황산암모늄 1mol 생성

(2) 생성되는 황산암모늄의 몰수 계산

암모니아(NH_3)의 분자량=14+(1×3)=17g/mol

암모니아 17g은 1mol이다.

암모니아 1mol 반응 → 황산암모늄 0.5mol 생성

(3) 생성되는 황산암모늄의 질량 계산

황산암모늄{$(NH_4)_2SO_4$}의 분자량 계산

분자량=(18×2)+32+(16×4)=132g/mol

황산암모늄 0.5mol의 질량=132×0.5=66g

| 유사문제 |

25g의 암모니아가 과잉의 황산과 반응하여 황산암모늄이 생성될 때 생성된 황산암모늄의 양은 약 얼마인가? (단, 황산암모늄의 몰질량은 132g/mol이다.)

① 82g ② 86g

③ 92g ④ 97g

$2NH_3+H_2SO_4 \longrightarrow (NH_4)_2SO_4$

암모니아 2몰(17×2=34g)이 황산과 반응하면 1몰의 황산암모늄이 생성된다.

암모니아 25g이 황산과 반응할 때 생성되는 황산암모늄의 양은 비례식으로 구한다.

34g : 132g=25g : x

$x=\frac{132g \times 25g}{34g}=97.058g$

정답은 ④번이다.

05 단순 계산형

난이도 상 중 하

| 정답 | ③

| 접근 POINT |

계산과정은 복잡하지 않은데 다소 생소한 기체 몰열용량이 주어진 문제이다.

몰열용량의 단위를 보고 의미를 파악할 수 있다면 쉽게 풀 수 있는 문제이다.

| 해설 |

기체 몰열용량이 4.97cal/mol·℃이라는 의미는 기체 1mol을 1℃ 높일 때 기체가 흡수하는 열량이 4.97cal라는 의미이다.

문제에서 온도 변화: 20℃ → 120℃로 100℃이다.

열량=1mol×100℃×4.97cal/mol·℃=497cal

06 개념 이해형

난이도 상 중 하

| 정답 | ②

| 접근 POINT |

이러한 문제는 변형되어 출제되는 경향이 있으므로 답을 암기하기 보다는 화학반응식을 세워서 답을 구하는 것이 좋다.

| 해설 |

보기에 제시된 물질의 완전연소반응식

① $C_2H_6+3.5O_2 \longrightarrow 2CO_2+3H_2O$

② $C_2H_4+3O_2 \longrightarrow 2CO_2+2H_2O$

③ $C_6H_6+7.5O_2 \longrightarrow 6CO_2+3H_2O$

④ $C_2H_2+2.5O_2 \longrightarrow 2CO_2+H_2O$

$C_2H_4(CH_2=CH_2)$ 1몰이 완전연소할 때 3몰의 산소가 필요하다.

07 개념 이해형

난이도 상 중 하

| 정답 | ①

| 접근 POINT |

몰분율은 전체 몰수 중에서 특정 물질의 몰수를 나타내는 용어이다.

몰분율을 계산하기 위해서는 물과 NaOH의 분자량을 계산해야 한다.

| 해설 |

물(H_2O)의 분자량=(1×2)+16=18g/mol

물 450g의 몰수$=\frac{450g}{18g/mol}=25mol$

NaOH의 분자량=23+16+1=40g/mol

NaOH 80g의 몰수$=\frac{80g}{40g/mol}=2mol$

NaOH의 몰분율$=\frac{\text{NaOH의 몰수}}{\text{전체몰수}}=\frac{2}{25+2}=0.074$

08 개념 이해형

난이도 상 중 하

| 정답 | ②

| 접근 POINT |

앞의 문제와 유사한 문제로 물과 에탄올(C_2H_5OH)의 분자량을 계산할 수 있어야 한다.

| 해설 |

물(H_2O)의 분자량=(1×2)+16=18g/mol

물 40g의 몰수$=\frac{40g}{18g/mol}=2.222mol$

에탄올(C_2H_5OH)의 분자량 계산

분자량=(12×2)+(1×6)+16=46g/mol

C_2H_5OH 20g의 몰수$=\frac{20g}{46g/mol}=0.434mol$

C_2H_5OH의 몰분율$=\frac{C_2H_5OH\text{의 몰수}}{\text{전체몰수}}=\frac{0.434}{2.222+0.434}=0.163$

09 개념 이해형

난이도 상 중 하

| 정답 | ②

| 접근 POINT |

화학반응식을 보고 평형상수를 식으로 작성하는 방법을 알고 있는지

묻는 문제이다.

| 해설 |

화학반응식에서 평형상수 K는 다음과 같다.

$aA+bB \longleftrightarrow cC+dD$

$K=\frac{[C]^c[D]^d}{[A]^a[B]^b}$, [A]: A 물질의 몰농도

문제에 주어진 반응의 평형상수 K는 다음과 같다.

$K=\frac{[CH_3OH]}{[CO][H_2]^2}$

10 개념 이해형

난이도 상 **중** 하

| 정답 | ②

| 접근 POINT |

화학반응식을 보고 평형상수를 식으로 작성하는 방법만 알고 있다면 쉽게 풀 수 있는 문제이다.

| 해설 |

화학반응식에서 평형상수 K는 다음과 같다.

$aA+bB \longleftrightarrow cC+dD$

$K=\frac{[C]^c[D]^d}{[A]^a[B]^b}$, [A]: A 물질의 몰농도

문제에 주어진 반응의 평형상수 K는 다음과 같다.

$K=\frac{[C]^2}{[A][B]^3}=\frac{4^2}{1\times2^3}=2$

평형상수를 작성할 때 발생하는 열은 고려하지 않아도 된다.

11 개념 이해형

난이도 상 중 **하**

| 정답 | ②

| 접근 POINT |

화학반응을 하는 분자 간에 접촉이 활발해질수록 화학반응속도가 증가된다.

| 해설 |

온도가 높을수록, 반응물 농도가 높을수록, 반응물의 표면적이 클수록 화학반응속도가 증가된다.

부촉매는 화학반응속도를 느리게 하는 역할을 하고 정촉매가 화학반응속도를 증가시키는 역할을 한다.

12 개념 이해형

난이도 상 중 **하**

| 정답 | ①

| 접근 POINT |

전리평형상수에 영향을 미치는 조건을 알고 있는지 묻는 단순한 문제이다.

| 해설 |

전리평형상수(K)는 온도의 함수로 K값을 변화시키기 위해서는 온도를 변화시켜야 한다.

13 개념 이해형

난이도 **상** 중 하

| 정답 | ②

| 접근 POINT |

반응열 표기가 반응 전에도 있고, 엔탈피(ΔH)로 표기되어 있어 이를 구분할 수 있어야 한다.

| 해설 |

엔탈피(ΔH)는 간단하게 이야기하면 화합물이 가진 총 에너지를 의미한다.

ΔH가 +라는 것은 화합물이 에너지를 흡수해서 총에너지가 증가했다는 의미이고, 이는 열을 흡수하는 흡열반응이라는 것이다.

엔탈피(ΔH) 값이 +인 ②번이 흡열반응이다.

반대로 ΔH가 −라는 것은 화합물이 에너지를 방출해서 총에너지가 감소했다는 의미이고, 이는 열을 방출하는 발열반응이라는 것이다.

엔탈피(ΔH) 값이 −인 ③번은 발열반응이다.

①번은 열을 방출했으므로 발열반응이다.

④번은 발생한 열이 반응 전에 표기되어 있으므로 반응 후로 옮기면 다음과 같고, 발열반응이다.

$H_2+\frac{1}{2}O_2 \longrightarrow H_2O+58kcal$

14 개념 이해형

난이도 **상** 중 하

| 정답 | ①

| 접근 POINT |

용해도를 이용하여 Ag^+와 Cl^-의 몰농도를 계산한 후 용해도곱을 계산해야 한다.

| 해설 |

(1) **Ag와 Cl의 몰농도 계산**

AgCl의 용해도가 0.0016g/L이므로 AgCl을 1L의 물에 녹이면 Ag^+와 Cl^-가 각각 0.0016g이 있는 것이다.

AgCl 1몰이 용해되면 Ag^+와 Cl^-이 각각 1몰씩 생기는 것이므로 Ag^+와 Cl^-의 몰농도(mol/L)는 다음과 같이 계산할 수 있다.

$\frac{0.0016g}{L}\times\frac{1mol}{143.5g}=1.115\times10^{-5}mol/L$

AgCl의 분자량=108+35.5=143.5g/mol

(2) **용해도곱 계산**

용해도곱=양이온 몰농도×음이온 몰농도

$=(1.115\times10^{-5})^2=1.243\times10^{-10}$

15 개념 이해형

난이도 상 중 하

| 정답 | ①

| 접근 POINT |

앞의 문제와 비슷한 형태이나 물에 용해되었을 때 생성되는 이온의 개수가 다른 점에 주의해야 한다.

| 해설 |

$Cd(OH)_2$가 물에 용해되면 다음과 같이 해리된다.

$Cd(OH)_2 \longrightarrow Cd^{2+} + 2OH^-$

$K_{sp} = [Cd^{2+}][OH^-]^2$

$x = [Cd^{2+}] = 1.7 \times 10^{-5}$로 놓고 식을 정리한다.

Cd^{2+} 이온 한 개가 생길 때 OH^- 이온은 두 개가 생기므로 $[OH]^- = 2x$로 대입한다.

$K_{sp} = [Cd^{2+}][OH^-]^2 = x \times (2x)^2 = 4x^3$

$= 4 \times (1.7 \times 10^{-5})^3 = 1.965 \times 10^{-14}$

16 개념 이해형

난이도 상 중 하

| 정답 | ①

| 접근 POINT |

응용되어 출제되는 문제는 아니므로 정답을 확인하는 정도로 공부하면 된다.

| 해설 |

이온곱이 용해도곱보다 클 때 이온곱과 용해도곱이 같아질 때까지 침전이 형성된다.

침전을 형성하는 조건: 이온곱 > 용해도곱

17 복합 계산형

난이도 상 중 하

| 정답 | ④

| 접근 POINT |

분자량을 구하는 방법과 몰의 개념, 용액의 농도 등을 복합적으로 고려하여 정답을 계산해야 한다.

| 해설 |

98%, H_2SO_4 = H_2SO_4 98%, 물 2%

전체 50g에서 H_2SO_4의 무게(g)를 계산한다.

$50 \times 0.98 = 49g$

H_2SO_4의 분자량을 계산한다.

$(1 \times 2) + 32 + (16 \times 4) = 98g/mol$

※ H의 원자량: 1, S의 원자량: 32, O의 원자량: 16

H_2SO_4몰수 $= \dfrac{49g}{98g/mol} = 0.5mol$

문제에서는 H_2SO_4의 분자수를 묻고 있지 않고, O(산소)의 원자수를 묻고 있다.

H_2SO_4 1mol → O(산소 원자)가 4mol 포함

H_2SO_4 0.5mol → O(산소 원자)는 2mol 포함

아보가드로의 법칙에 의해 기체 1mol에 포함된 원자의 수는 6.02×10^{23}개이다.

산소 2mol의 원자 수는 다음과 같이 계산한다.

$6.02 \times 10^{23} \times 2 = 12.04 \times 10^{23} = 1.204 \times 10^{24}$

18 단순 암기형

난이도 상 중 하

| 정답 | ①

| 접근 POINT |

전지와 관련해서는 볼타전지와 관련된 문제의 출제비중이 가장 높다.

| 해설 |

볼타전지는 볼타에 의해 발명된 세계 최초의 전지이다.

볼타전지는 묽은 황산(H_2SO_4) 속에 구리(Cu)판(+극)과 아연(Zn)판(−극)을 세워서 만든다.

볼타전지는 약 1.1V의 기전력이 생긴다.

19 개념 이해형

난이도 상 중 하

| 정답 | ②

| 접근 POINT |

전지와 관련해서는 볼타전지와 관련된 문제의 출제비중이 가장 높으므로 대비가 필요하다.

| 해설 |

① 이온화 경향이 큰 아연(Zn)이 (−)극이다.

② (+)극에서는 전자를 얻는 반응이 일어난다.
전자를 얻는 반응은 환원반응이다.

③, ④ 전자는 (−)극에서 (+)극으로 이동하고, 전류는 (+)극에서 (−)극으로 이동한다.
전류의 방향은 전자의 이동 방향과 반대이다.

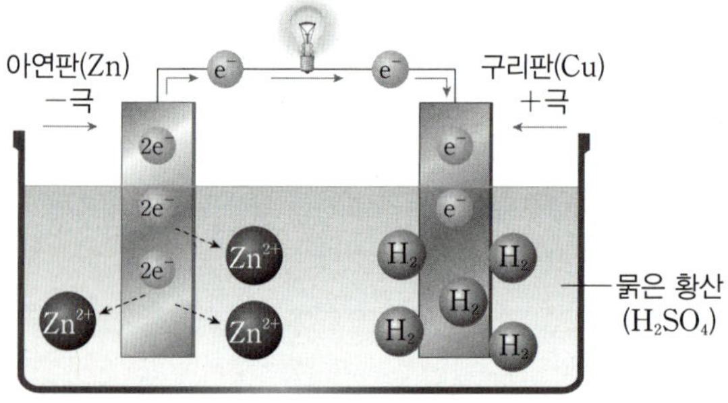

▲ 볼타전지 모형

20 개념 이해형

난이도 상 중 하

| 정답 | ①

| 접근 POINT |

응용되어 출제되는 문제는 아니므로 암기 위주로 접근하면 된다.

| 해설 |

감극제로 사용되는 물질: MnO_2, $KMnO_4$ 등

21 단순 암기형

난이도 상 중 하

| 정답 | ②

| 접근 POINT |

응용되어 출제되는 문제는 아니므로 암기 위주로 접근하면 된다.

| 해설 |

암모늄이온(NH_4^+)은 네슬러 시약을 넣으면 적갈색으로 변한다.

22 개념 이해형

난이도 상 중 하

| 정답 | ①

| 접근 POINT |

반응 전후에 기체의 몰수의 변화를 생각해 본다.

| 해설 |

정반응(오른쪽 진행) 기준으로 반응 전후의 몰수 변화

질소(N_2) 1몰 수소(H_2) 3몰 총 4몰	→	암모니아(NH_3) 2몰 총 2몰

정반응 기준으로 몰수가 감소하는 반응으로 압력이 감소하는 반응이다.

압력을 증가시키면 압력이 감소하는 방향으로 반응이 진행되므로 평형이 오른쪽으로 진행된다.

23 개념 이해형

난이도 상 중 하

| 정답 | ②

| 접근 POINT |

화학반응식을 보고 반응 전후에 열이 발생하는지 여부와 부피가 증가하는지, 감소하는지를 구분할 수 있다면 쉽게 풀 수 있다.

| 해설 |

암모니아(NH_3)를 합성하는 반응은 22.1kcal의 열이 발생하는 발열반응이다.

발열반응이 잘 일어나기 위해서는 주위의 온도를 낮추어야 한다.

암모니아(NH_3)를 합성하는 반응에서 반응물은 질소(N_2)가 1몰, 수소(H_2)가 3몰로 총 4몰이고, 생성물은 암모니아(NH_3)로 총 2몰이다.

암모니아(NH_3)를 합성하는 반응은 반응물은 4몰이고, 생성물은 2몰로 기체의 부피가 감소하는 방향으로 반응이 진행되므로 압력을 높이면 암모니아의 생성률이 높아진다.

24 개념 이해형

난이도 상 중 하

| 정답 | ③

| 접근 POINT |

화학반응식을 보고 반응 전후에 열이 발생하는지 여부와 부피가 증가하는지, 감소하는지를 구분할 수 있다면 쉽게 풀 수 있는 문제이다.

| 해설 |

(1) 정반응과 역반응 구분하기

문제에 주어진 반응은 정반응(평형이 오른쪽으로 이동)은 발열반응이며 압력이 감소(기체의 몰수가 3몰에서 2몰로 감소)하는 반응이다.

역반응(평형이 왼쪽으로 이동)은 열을 흡수하는 반응이고, 압력이 증가(기체의 몰수가 2몰에서 3몰으로 증가)하는 반응이다.

(2) 역반응이 잘 일어나게 하기 위한 조건

역반응이 잘 일어나게 하기 위해서는 압력을 감소시키고, 온도를 증가시켜야 한다.

압력을 감소시키면 압력이 증가되는 반응이 잘 일어나고 온도를 증가시키면 열을 흡수하는 반응이 잘 일어난다.

25 개념 이해형

난이도 상 중 하

| 정답 | ①

| 접근 POINT |

보기에 있는 반응식을 부피가 증가하는 반응과 부피가 감소하는 반응으로 구분해 본다.

| 해설 |

문제에서 다른 조건(온도 등)의 언급이 없으므로 반응 전과 반응 후의 부피는 기체의 몰수에 영향을 받는다.

①번 반응의 경우 반응 전과 반응 후에 기체의 부피가 모두 2몰이므로 기체의 부피가 변하지 않고 평형상태가 압력의 영향을 받지 않는다.

| 선지분석 |

②, ③, ④번 반응의 경우 정반응(오른쪽으로 이동) 기준으로 기체의 부피가 감소하는 반응이다.

기체의 부피가 감소하는 반응은 압력이 높을수록 잘 일어난다.

26 개념 이해형

난이도 상 중 하

| 정답 | ②

| 접근 POINT |

당량으로 푸는 것보다 1패러데이의 전기량이 전자를 몇 mol 이동시키는지를 기준으로 푸는 것이 좋다.

SUBJECT 01

| 해설 |

(1) **물의 전기분해에서 이동한 전자의 mol 수 산정**

물의 전기분해 반응식: $2H_2O \longrightarrow 2H_2 + O_2$

H_2O에서 산소(O) 원자는 O^{2-} 상태이고 산소 원자가 가진 전자 2mol을 수소에게 모두 주어야 물이 전기분해되어 수소 기체 2mol, 산소 기체 1mol이 발생한다.

반응식상 물이 2mol이 있으므로 산소 원자는 총 4mol의 전자를 수소에게 준다.

(2) **물의 전기분해에 필요한 전기량 산정**

1패러데이는 전자 1mol을 이동시키기 위해 필요한 전기량이다. 반응식대로 물이 전기분해되기 위해서는 4패러데이가 필요하다.

(3) **문제에서 원하는 정답 산정**

1패러데이를 가했다고 했으므로 4패러데이의 $\frac{1}{4}$의 전기량이 주어졌다.

생성되는 수소 기체의 mol 수 $= 2 \times \frac{1}{4} = 0.5$mol

기체 1mol의 부피: 22.4L

기체 0.5mol의 부피: 11.2L

| 유사문제 |

1패러데이의 전기량으로 물을 전기분해 할 경우 발생하는 산소 기체의 부피를 묻는 문제도 출제되었다.

4패러데이의 전기량이 주어졌을 때 산소기체는 22.4L가 발생한다.

1패러데이의 전기를 주어지면 22.4L의 $\frac{1}{4}$인 5.6L의 산소 기체가 발생한다.

27 개념 이해형

난이도 상 중 하

| 정답 | ③

| 접근 POINT |

물을 전기분해 할 때 (+)극과 (−)극에서 발생하는 기체의 종류를 구분할 수 있어야 한다.

| 해설 |

(1) **발생한 산소와 수소의 mol 수 산정**

물의 전기분해 반응식: $2H_2O \longrightarrow 2H_2 + O_2$

물(H_2O) 2mol이 전기분해되면 (−)극에서 수소(H_2)가 2mol이 발생하고, (+)극에서 산소(O_2)는 1mol이 발생한다.

기체 1mol의 부피는 22.4L이므로 물 2mol이 분해될 때 수소는 44.8L가 발생하고, 산소는 22.4L가 발생한다.

문제에서는 (+)극에서 발생하는 산소가 5.6L라고 했으므로 $\frac{1}{4}$ mol의 산소가 발생한 것이다.

(2) **(−)극에서 발생한 기체의 부피 산정**

(−)극에서 발생하는 수소는 분해반응식상으로는 2mol이 발생해야 하는데 $\frac{1}{4}$에 해당되는 0.5mol이 발생한다.

기체 0.5mol의 부피: $22.4L \times 0.5 = 11.2L$

28 개념 이해형

난이도 상 중 하

| 정답 | ③

| 접근 POINT |

당량처럼 복잡한 개념을 이용하는 것보다 1패러데이의 전기량은 전자 1mol을 이동시키기 위해 필요한 전기량인 것을 이용하여 문제를 푼다.

| 해설 |

황산구리(Ⅱ)의 화학식은 $CuSO_4$이다.

구리는 황산구리(Ⅱ) 내에서 Cu^{2+} 상태이므로 구리 1mol이 석출되기 위해서는 전자가 2mol 이동해야 하고 전기량은 2F가 필요하다.

문제에서 Cu의 원자량이 63.5라고 했으므로 구리를 63.5g 석출하기 위해서는 2F의 전기를 가해야 한다.

29 개념 이해형

난이도 상 중 하

| 정답 | ①

| 접근 POINT |

1패러데이의 전기량은 전자 1mol을 이동시키기 위해 필요한 전기량이라는 개념으로 문제를 푼다.

| 해설 |

$CuSO_4$ 화합물에서 구리는 Cu^{2+} 상태이므로 구리 1mol이 석출되기 위해서는 전자가 2mol 이동해야 하고 전기량은 2F가 필요하다.

문제에서 Cu의 원자량이 64라고 했으므로 구리를 64g 석출하기 위해서는 2F의 전기를 가해야 한다.

문제에서 0.5F의 전기량을 흘렸다고 했으므로 비례식으로 석출되는 구리의 몰수를 계산한다.

$2F : 64g = 0.5F : x$

$$x = \frac{64g \times 0.5F}{2F} = 16g$$

30 개념 이해형

난이도 상 중 하

| 정답 | ②

| 접근 POINT |

1패러데이의 전기량은 전자 1mol을 이동시키기 위해 필요한 전기량이라는 개념으로 문제를 푼다.

| 해설 |

황산구리의 화학식은 $CuSO_4$이다.

구리가 화합물 내에서 Cu^{2+} 상태이므로 구리 1mol이 석출되기 위해서는 전자가 2mol 이동해야 하고 전기량은 2F가 필요하다.

$1F=96,500C \rightarrow 1C=1A\times sec$(초)

$10A\times 3,600sec=36,000C$

1F의 전기량을 가하면 구리가 0.5mol이 석출되므로 이 관계를 이용하여 비례식을 만든다.

$96,500C : \frac{63.54}{2}g=36,000C : x$

$x=\frac{\frac{63.54}{2}g\times 36,000C}{96,500C}=11.52g$

31 개념 이해형

난이도 상 **중** 하

| 정답 | ②

| 접근 POINT |

1패러데이의 전기량은 전자 1mol을 이동시키기 위해 필요한 전기량이라는 개념으로 문제를 푼다.

| 해설 |

황산구리의 화학식은 $CuSO_4$이다.

구리는 Cu^{2+} 상태이므로 구리 1mol(63.5g)이 석출되기 위해서는 전자가 2몰 이동해야 하고 전기량은 2F가 필요하다.

$1F=96,500C \rightarrow 1C=1A\times sec$(초)

$2F=96,500C\times 2=193,000C$

문제에서 10A의 전류를 가한다고 했으므로 193,000C의 전기량을 가하기 위한 시간을 계산한다.

$10A\times x sec=193,000C$

$x=\frac{193,000}{10}=19,300sec$

$19,300sec\times\frac{1hr}{3,600sec}=5.361hr$

32 개념 이해형

난이도 상 **중** 하

| 정답 | ②

| 접근 POINT |

전자 1개의 전하량은 문제를 풀 때 꼭 필요한 조건은 아니고 앞의 전기분해 문제와 비슷한 방법으로 푼다.

| 해설 |

$CuCl_2$에서 구리는 Cu^{2+}이므로 구리 1mol(63.54g)이 석출되기 위해서는 전자가 2몰 이동해야 하고 전기량은 2F가 필요하다.

$1F=96,500C \rightarrow 1C=1A\times sec$(초)

$2F=96,500C\times 2=193,000C$

문제에서 5A의 전류를 1시간(3,600sec) 가했다.

$5A\times 3,600sec=18,000C$

18,000C의 전기를 가했을 때 석출되는 구리의 질량은 비례식으로 계산한다.

$193,000C : 63.54g=18,000C : xg$

$x=\frac{63.54g\times 18,000C}{193,000C}=5.926g$

33 개념 이해형

난이도 상 **중** 하

| 정답 | ②

| 접근 POINT |

1패러데이의 전기량은 전자 1mol을 이동시키기 위해 필요한 전기량이라는 개념으로 문제를 푼다.

| 해설 |

(+)극: $2Cl^- \longrightarrow Cl_2+2e^-$(염소 기체 발생)

(−)극: $2H_2O+2e^- \longrightarrow H_2+2OH^-$(수소 기체 발생)

$2OH^-+2Na^+ \longrightarrow 2NaOH$(수산화나트륨 발생)

(−)극 알짜반응식: $2H_2O+2Na^++2e^- \longrightarrow 2NaOH+H_2$

전자가 2mol 이동할 때 수산화나트륨(NaOH) 2mol이 생성되므로 수산화나트륨 1mol을 얻기 위해서는 전자가 1mol이 이동해야 한다.

전자 1mol이 이동하기 위한 전기량: $1F=96,500C$

$1C=1A\times 1sec$이고, 전류는 1A를 가한다고 했다.

$96,500C=1A\times 96,500sec$이다.

1A의 전류를 96,500sec 만큼 통해야 1F의 전기량을 가하는 것이고 수산화나트륨 1mol이 생성된다.

$96,500sec\times\frac{1hr}{3,600sec}=26.8hr$

34 개념 이해형

난이도 상 **중** 하

| 정답 | ③

| 접근 POINT |

2F의 전기량을 가해주었다고 가정하고 석출되는 금속의 질량을 계산한다.

| 해설 |

① Cu^{2+}: Cu 1mol을 석출하기 위해서는 2F가 필요
→ Cu 64g 석출

② Ni^{2+}: Ni 1mol을 석출하기 위해서는 2F가 필요
→ Ni 59g 석출

③ Ag^+: Ag 1mol을 석출하기 위해서는 1F가 필요
→ 2F를 가하면 Ag 2mol 216g 석출

④ Pb^{2+}: Pb 1mol을 석출하기 위해서는 2F가 필요
→ Pb 207g 석출

35 단순 암기형

난이도 상 **중** 하

| 정답 | ①

| 접근 POINT |

자주 출제되거나 변형되어 출제되는 문제는 아니므로 자철광의 화학식을 암기하는 방법으로 공부한다.

| 해설 |

자철광의 화학식은 Fe_3O_4이고 철이 자철광이 되는 반응식은 다음과 같다.

$3Fe + 4H_2O \longrightarrow Fe_3O_4 + 4H_2$

36 개념 이해형

난이도 상 중 **하**

| 정답 | ③

| 접근 POINT |

균일한 것과 불균일한 것의 의미를 생각해 보면 답을 고를 수 있다.

| 해설 |

두 종류 이상의 물질이 서로 섞여 있는 것을 혼합물이라고 한다.
균일 혼합물은 각 물질이 고르게 섞여 있어 어느 부분을 취해도 구성 성분이 일정한 것이고, 불균일 혼합물은 각 물질이 고르게 섞여 있지 않아 취한 부분마다 성분이 다른 것이다.
공기, 소금물, 사이다는 균일 혼합물이고, 화강암, 흙탕물 등은 불균일 혼합물이다.

37 단순 암기형

난이도 상 중 **하**

| 정답 | ②

| 접근 POINT |

Na, K의 불꽃 반응 색깔을 묻는 문제가 자주 출제된다.

| 해설 |

불꽃 반응색

구분	색깔
Li	빨간색
K	보라색
Na	노란색
Ba	황록색

38 개념 이해형

난이도 상 **중** 하

| 정답 | ③

| 접근 POINT |

불꽃 반응 결과 색깔과 백색침전이 생기는 것으로 해당되는 원자를 하나씩 유추할 수 있다.

| 해설 |

불꽃 반응 시 노란색을 나타내는 것은 Na이므로 미지의 시료에는 Na가 들어 있다.
질산은($AgNO_3$)과의 반응으로 생기는 백색침전은 AgCl이므로 미지의 시료에는 Cl이 들어 있다.
이 두 가지 사실을 통해 시료의 성분은 NaCl인 것을 알 수 있다.

39 개념 이해형

난이도 **상** 중 하

| 정답 | ①

| 접근 POINT |

자주 출제되는 문제는 아니지만 화학반응식을 이해하면 풀 수 있다.
이론적으로 풀기 보다는 금속의 원자가가 2인 금속을 예로 직접 반응식을 작성하여 답을 구한다.

| 해설 |

원자가가 2인 Mg과 염산(HCl)의 반응식을 작성한다.

$Mg + 2HCl \longrightarrow MgCl_2 + H_2\uparrow$

반응한 금속과 발생한 수소는 같은 몰수이므로 금속도 m몰이 반응한 것이다.

$\text{mol수} = \dfrac{\text{질량(g)}}{\text{원자량(g/mol)}} \rightarrow \text{원자량} = \dfrac{\text{질량}}{\text{mol수}}$

문제에서 금속의 질량은 n그램으로 주어졌고, 금속의 몰수는 반응식에서 m몰임을 알 수 있다.

$\text{원자량} = \dfrac{\text{질량}}{\text{몰수}} = \dfrac{n}{m}$

합격 치트키 04 | 산, 염기 본문 42p

01	02	03	04	05	06	07	08	09	10
④	③	③	③	①	④	④	①	②	①
11	**12**	**13**	**14**	**15**	**16**	**17**	**18**	**19**	**20**
④	②	③	②	①	④	②	③	①	②
21	**22**								
③	①								

01 단순 암기형

난이도 상 중 **하**

| 정답 | ④

| 접근 POINT |

산, 염기와 관련된 문제 중에서 가장 간단한 형태의 문제로 반드시 맞혀야 하는 문제이다.

| 해설 |

산은 푸른색 리트머스 종이를 붉게 변화시킨다.
염기는 붉은색 리트머스 종이를 푸르게 변화시킨다.

02 단순 암기형

난이도 상 중 **하**

| 정답 | ③

| 접근 POINT |

자주 나오지는 않지만 간단한 문제로 정답만 암기하고 있다면 쉽게 맞힐 수 있는 문제이다.

| 해설 |

페놀프탈레인 용액은 산성과 중성에서는 무색이고, 염기성에서만 붉은색을 띤다.

03 단순 암기형

난이도 상 **중** 하

| 정답 | ③

| 접근 POINT |

산성 용액에서 색깔이 변하는 지시약과 염기성 용액에서 색깔이 변하는 지시약을 구분해야 한다.

| 해설 |

① 건강한 사람의 경우 혈액의 pH는 약 7.3~7.4 정도이다.
② pH 값은 산성용액에서 알칼리성용액보다 작다.
③ 메틸오렌지는 산성에서 붉은색을 띠고, 중성(pH 7)과 염기성에서는 원래의 색깔인 노란색을 띤다.
④ 알칼리성용액은 pH가 7보다 크다.

04 개념 이해형

난이도 상 중 **하**

| 정답 | ③

| 접근 POINT |

브뢴스테드 · 로우리의 산과 염기의 정의를 이용하여 푸는 문제이다. 반응 후에 하나의 보기만 OH^-가 이고, 나머지 보기는 H_3O^+가 있기 때문에 객관식 문제의 특성상 답이 보이는 문제이다.

| 용어 CHECK |

브뢴스테드 · 로우리의 산과 염기의 정의

- 산: 양성자(H^+)를 내어놓는 분자나 이온이다.
- 염기: 양성자(H^+)를 받아들이는 분자나 이온이다.

| 해설 |

물(H_2O)이 산으로 작용하기 위해서는 양성자(H^+)를 내어 놓아야 한다.
물(H_2O)이 산으로 작용하면 양성자(H^+)를 내어놓고 반응 후에 OH^-가 된다.
보기에서 ③번 반응만 반응 후에 OH^-가 있기 때문에 물이 산으로 작용했다.

05 개념 이해형

난이도 상 중 **하**

| 정답 | ①

| 접근 POINT |

브뢴스테드 · 로우리의 산과 염기의 정의를 이용하여 푸는 문제이다. 반응 후에 하나의 보기만 H_3O^+이고, 나머지 보기는 OH^-이기 때문에 객관식 문제의 특성상 답이 보이는 문제이다.

| 해설 |

물(H_2O)이 염기로 작용하기 위해서는 양성자(H^+)를 받아들이고 H_3O^+가 되어야 하므로 반응식 오른쪽에 H_3O^+가 있는 ①번이 답이 된다.

06 개념 이해형

난이도 상 **중** 하

| 정답 | ④

| 접근 POINT |

정반응과 역반응으로 각각 구분하여 산으로 작용한 물질을 하나씩 선정한다.

| 해설 |

(1) 정반응(오른쪽으로 이동)에서 산으로 작용한 물질

$H_2O + NH_3 \longrightarrow OH^- + NH_4^+$

H_2O는 H^+를 내어놓고 OH^-가 되었기 때문에 산이다.

(2) 역반응(왼쪽으로 이동)에서 산으로 작용한 물질

$OH^- + NH_4^+ \longrightarrow H_2O + NH_3$

NH_4^+는 H^+를 내어놓고 NH_3가 되었기 때문에 산이다.

07 개념 이해형

난이도 상 중 **하**

| 정답 | ④

| 접근 POINT |

산, 염기 중에서는 가장 기본적인 유형의 문제이다.
산성과 알칼리성(염기성)을 정하는 기준만 알고 있다면 직관적으로 답을 고를 수 있다.

| 해설 |

pH가 7보다 작으면 산성이고, 7보다 크면 알칼리성(염기성)이다.
pH=13인 것이 알칼리성이 가장 큰 것이고, pH=1인 것이 산성이 가장 큰 것이다.

08 단순 계산형

난이도 상 중 **하**

| 정답 | ①

| 접근 POINT |

pH 관련 계산문제 중 가장 기본적인 문제로 반드시 맞혀야 하는 문제이다.

| 해설 |

$pH = -\log[H^+]$

$pH = -\log[2 \times 10^{-6}] = 5.69$

09 단순 계산형

난이도 상 중 **하**

| 정답 | ②

| 접근 POINT |

pH 관련 계산문제 중 가장 기본적인 문제로 반드시 맞혀야 하는 문제이다.

농도가 노르말농도(N)로 주어지면 바로 식에 대입한다.

| 해설 |

$pH = -\log[H^+]$

$pH = -\log[0.001] = 3$

10 단순 계산형

난이도 상 **중** 하

| 정답 | ①

| 접근 POINT |

83%가 해리되었다는 의미는 HCl의 83%가 해리되어 H^+ 이온을 발생시켰다고 해석할 수 있다.

| 해설 |

HCl 83%가 해리되었다는 말이 없으면 100%가 해리되었다고 생각하고 노르말농도를 바로 식에 대입하면 된다.

HCl 83%가 해리되었으므로 해당 수치를 노르말농도에 곱한 후 식에 대입해야 한다.

$pH = -\log[H^+]$

$pH = -\log[0.1 \times 0.83] = 1.08$

11 단순 계산형

난이도 상 중 **하**

| 정답 | ④

| 접근 POINT |

문제에서 OH^-의 농도가 주어졌으므로 pOH를 먼저 계산한 후 pH를 계산한다.

| 해설 |

(1) **pOH 계산**

$pOH = -\log[OH^-] = -\log[1 \times 10^{-5}] = 5$

(2) **pH 계산**

pH+pOH=14이므로 pOH를 알면 pH를 계산할 수 있다.

$pH = 14 - 5 = 9$

(3) **용액의 액성 판별**

pH가 7보다 작으면 산성, 7보다 크면 알칼리성(염기성)이다.

계산한 pH가 9이므로 해당 용액은 알칼리성이다.

12 단순 계산형

난이도 상 **중** 하

| 정답 | ②

| 접근 POINT |

문제에서 농도가 노르말농도(N)으로 주어졌으므로 바로 pH를 구하는 공식에 수치를 대입하면 된다.

| 해설 |

① 0.01N HCl

$pH = -\log[H^+] = -\log[0.01] = 2$

② 0.1N HCl

$pH = -\log[H^+] = -\log[0.1] = 1$

③ 0.01N CH_3COOH

$pH = -\log[H^+] = -\log[0.01] = 2$

④ 0.1N NaOH

$pOH = -\log[OH^-] = -\log[0.1] = 1$

$pH + pOH = 14$

$pH = 14 - pOH = 14 - 1 = 13$

13 단순 계산형

난이도 상 **중** 하

| 정답 | ③

| 접근 POINT |

수학적으로 로그함수를 계산하면 답을 고를 수 있다.

로그함수를 계산하기 어려우면 계산기에 보기 네 가지를 모두 넣어서 6.4가 나오는 보기를 찾아도 된다.

| 해설 |

$pH = -\log[H^+]$

$6.4 = -\log[H^+]$

$[H^+] = 10^{-6.4} = 3.981 \times 10^{-7}M$

14 단순 계산형

난이도 상 중 **하**

| 정답 | ②

| 접근 POINT |

전리도는 용해된 전해질의 총 몰수에 대한 이온화된 전해질의 몰수의 비이다.

전리도가 주어진 경우 농도에 전리도를 곱한 후 pH를 계산한다.

| 해설 |

CH_3COOH는 산성이므로 $pH = -\log[N]$로 계산한다.

$pH = -\log[0.01 \times 0.01] = -\log[1 \times 10^{-4}] = 4$

15 복합 계산형

난이도 상 **중** 하

| 정답 | ①

| 접근 POINT |

pH 농도를 구하는 식을 이용하여 pH가 2일 때와 4일 때의 수소이온농도를 계산한다.

| 해설 |

$pH=-\log[H^+]$

pH가 2일 경우 수소이온농도는 다음과 같다.

$2=-\log[H^+]$

$[H^+]=10^{-2}$

pH가 4일 경우 수소이온농도는 다음과 같다.

$4=-\log[H^+]$

$[H^+]=10^{-4}$

pH가 2일 경우와 4일 경우의 수소이온농도는 다음과 같이 비교한다.

$\frac{10^{-2}}{10^{-4}}=100$

pH가 2인 용액의 수소이온농도는 pH가 4인 용액의 100배이다.

16 개념 이해형

난이도 상 **중** 하

| 정답 | ④

| 접근 POINT |

산성 수용액을 10배 희석시킬 때마다 pH가 얼마 증가하는지 생각해 본다.

| 해설 |

$pH=-\log[H^+]$식에서 산성 수용액을 10배 희석시키면 pH는 1이 증가한다.

산성 수용액을 1,000배 희석시키면 pH가 3이 증가하여 $6<pH<7$ 정도가 된다.

17 복합 계산형

난이도 **상** 중 하

| 정답 | ②

| 접근 POINT |

수산화나트륨이 물에 해리될 때 어떻게 이온으로 나누어지는지를 알아야 풀 수 있는 문제이다.

| 해설 |

(1) $[OH^-]$ 농도 계산

수산화나트륨(NaOH)이 물에 해리되면 다음과 같이 이온이 하나씩 생성된다.

$NaOH \longrightarrow Na^+ + OH^-$

$pH=9$로 OH^-의 몰농도를 구해 OH^-의 이온의 개수를 구하면 그 값이 Na^+ 이온의 개수와 같다.

$pH+pOH=14$

$pOH=14-pH=14-9=5$

$pOH=-\log[OH^-]=5$

$[OH^-]=10^{-5}M=\frac{10^{-5}mol}{L}$

(2) 몰농도 계산

몰농도(M)의 기준은 용액이 1L일 때이다.

문제에서는 용액이 100mL(0.1L)라고 했다.

OH^-의 몰수$=\frac{10^{-5}mol}{L}\times 0.1L=10^{-6}mol$

(3) 이온의 개수 계산

1mol에는 6.02×10^{23}의 이온이 들어 있다.

OH^- 이온$=10^{-6}\times 6.02\times10^{23}=6.02\times10^{17}$개

OH^-의 이온의 개수와 Na^+ 이온의 개수는 서로 같으므로 Na^+ 이온의 개수도 6.02×10^{17}개 이다.

18 복합 계산형

난이도 **상** 중 하

| 정답 | ③

| 접근 POINT |

문제에서 묻고 있는 농도는 노르말농도(N)이다.

먼저 몰농도(M)를 구하고, 이를 노르말농도(N)로 변환한다.

| 해설 |

(1) 황산(H_2SO_4)의 분자량 계산

분자량$=(1\times2)+32+(16\times4)=98g/mol$

(2) 황산(H_2SO_4) 수용액의 몰농도(M) 계산

물에 녹는 물질이 용질이므로 황산 수용액에서 용질은 황산이다.

황산의 분자량이 98g/mol이므로 순황산 98g은 1몰이다.

몰농도$=\frac{\text{용질의 몰수(mol)}}{\text{용액의 부피(L)}}=\frac{1}{0.4}=2.5mol/L$

(3) 황산(H_2SO_4) 수용액의 노르말농도(N) 계산

황산 분자 내에 포함된 수소(H) 원자의 개수가 2개이므로 몰농도에 2를 곱하면 황산 수용액의 노르말농도가 된다.

노르말농도$=2.5\times2=5N$

19 복합 계산형

난이도 상 **중** 하

| 정답 | ①

| 접근 POINT |

당량의 개념을 이용하기 보다는 몰농도를 구한 뒤 노르말농도를 계산한다.

| 해설 |

NaOH의 분자량을 계산한다.

분자량$=23+16+1=40g/mol$

NaOH 1g의 몰수를 계산한다.

몰수$=\frac{1g}{40g/mol}=0.025mol$

문제에서 NaOH가 250mL 메스플라스크에 녹아 있다고 했으므로 몰농도를 구할 수 있다.

몰농도$=\frac{몰수}{L}=\frac{0.025mol}{0.250L}=0.1M$

NaOH는 OH^-가 한 개이므로 몰농도와 노르말농도가 같다.

NaOH 노르말농도=0.1N

20 복합 계산형

난이도 상 중 하

| 정답 | ②

| 접근 POINT |

NaOH와 HCl에서 OH^-와 H^+는 한 개씩 있으므로 노르말농도(N)를 몰농도(M)와 같다고 보고 계산할 수 있다.

| 해설 |

(1) OH^-와 H^+의 몰수 계산

OH^-의 몰수$=\frac{0.01mol}{L}\times 0.1L=0.001mol$

H^+의 몰수$=\frac{0.02mol}{L}\times 0.055L=0.0011mol$

(2) 중화반응을 하고 남은 H^+의 몰수 계산

중화반응은 OH^-와 H^+가 1 : 1로 반응한다.

H^+가 더 많으므로 중화반응 후 H^+가 남는다.

남는 H^+의 몰수$=0.0011-0.001=0.0001mol$

(3) pH 계산

(2)의 용액에 증류수를 넣어 용액을 1,000mL(=1L)로 했으므로 몰농도는 0.0001M이다.

$pH=-\log[H^+]=-\log[0.0001]=4$

21 단순 암기형

난이도 상 중 하

| 정답 | ③

| 접근 POINT |

0.1mol의 조건은 문제를 풀기 위해 필요하지 않다.

강산과 약산을 구분할 수 있는지 묻는 문제이다.

| 해설 |

CH_3COOH은 아세트산으로 약한 산이다.

황산(H_2SO_4), 염산(HCl), 질산(HNO_3)은 모두 강한 산으로 3대 강산이라고도 한다.

22 단순 암기형

난이도 상 중 하

| 정답 | ①

| 접근 POINT |

자주 출제되는 문제는 아니고 응용되어 출제되지는 않으므로 암기 위주로 접근한다.

| 해설 |

탄산나트륨(Na_2CO_3)은 약산과 강염기의 반응으로 생성된 염으로 물에 녹으면 염기성을 띤다.

$Na_2CO_3+H_2O \longrightarrow NaOH+NaHCO_3$

합격 치트키 05 | 용액

본문 48p

01	02	03	04	05	06	07	08	09	10
③	④	③	①	②	③	④	④	①	④
11	12	13	14	15	16	17	18	19	20
④	③	③	③	③	④	④	③	②	③
21	22	23	24	25	26	27	28	29	30
①	③	②	②	③	②	①	③	②	②
31	32	33	34	35					
④	④	③	④	③					

01 개념 이해형

난이도 상 중 하

| 정답 | ③

| 접근 POINT |

용해도의 정의를 알고 있는지 묻는 기본적인 문제이다.

이러한 문제는 쉽게 답을 고를 수 있어야 좀 더 어려운 용해도 문제를 풀 수 있다.

| 용어 CHECK |

- 용액: 두 가지 이상의 물질이 균일하게 섞인 것으로 소금물이 용액이다.
- 용질: 녹는 물질로 소금이 용질이다.
- 용매: 녹이는 물질로 물이 용매이다.
- 용해도: 용해도는 용매(물) 100g에 최대한 녹을 수 있는 용질의 g이다.
- 포화용액: 용해도 만큼 용질이 녹아 있는 용액으로 용질이 최대한 녹아 있는 용액이다.

| 해설 |

NaCl의 용해도가 36이라는 의미는 용매(물) 100g에 용질(NaCl)이 최대로 36g이 녹을 수 있다는 의미이다.

20℃에서 NaCl의 포화용액이란 용액(용매+용질) 136g에 용질(NaCl)이 36g 녹아 있는 것이다.

02 개념 이해형

난이도 상 중 하

| 정답 | ④

| 접근 POINT |

불포화용액은 질산칼륨이 더 녹을 수 있는 상태이다.

| 해설 |

질산칼륨 포화용액을 냉각시키면 용해도가 감소하여 과포화 용액이 되거나 녹지 못한 질산칼륨이 석출된다.
질산칼륨과 같은 고체는 온도가 상승할수록 용해도가 증가한다.

03 개념 이해형

난이도 상 중 **하**

| 정답 | ③

| 접근 POINT |

용해도의 개념만 이해하고 있다면 풀 수 있는 문제이다.

| 해설 |

포화용액(물+용질) 90g 속에 용질(물질)이 30g 녹아 있다.	→	용매(물) 60g에 용질(물질)이 30g 녹아 있다.

용해도는 용매(물) 100g이 기준이므로 다음과 같이 비례식을 세울 수 있다.

$60g : 30g = 100g : x$

$x = \dfrac{30g \times 100g}{60g} = 50g$

용매(물) 100g에 용질이 최대 50g 녹을 수 있다.	→	이 용질의 용해도는 50이다.

04 개념 이해형

난이도 상 **중** 하

| 정답 | ①

| 접근 POINT |

용액, 용질, 용해도의 기본적인 정의만 알고 있다면 풀 수 있는 문제이다. 포화용액의 질량을 100g으로 가정하고 푸는 것이 편리하다.

| 해설 |

(1) **80℃에서 용매와 용질의 질량 계산**
80℃에서 용해도가 100이므로 물 100g에 용질 100g이 녹을 수 있다.
계산상의 편의를 위해 포화용액의 질량을 100g으로 가정하면 80℃에는 용매(물)이 50g, 용질이 50g이 녹아 있다.

(2) **0℃에서 용매와 용질의 질량 계산**
0℃에서 용해도가 20이므로 용매(물) 100g에 용질 20g이 녹을 수 있다.
용매(물) 50g에는 용질이 10g 녹을 수 있다.
80℃ 기준에서 용질이 50g 녹아 있는데 0℃에서는 10g만 녹을 수 있으므로 40g의 용질은 녹지 않고 석출되게 된다.

(3) **80℃에서 포화용액의 질량 계산**
문제를 풀 때 포화용액의 질량이 100g이라고 가정했을 때 40g이 석출되었다.
문제에서는 20g의 용질이 석출되었다고 했다.
결국 80℃ 포화용액의 질량이 50g일 때 40g의 절반이 20g의 용질이 석출된다.

05 복합 계산형

난이도 **상** 중 하

| 정답 | ②

| 접근 POINT |

이 문제는 풀이과정이 복잡하지만 용액, 용질, 용해도의 기본적인 정의만 알고 있다면 풀 수 있다.

| 해설 |

(1) **비중을 이용하여 포화용액 100mL를 g으로 환산**
비중=1.4 → 밀도: 1.4g/mL

$100mL \times \dfrac{1.4g}{mL} = 140g$

(2) **100℃ 포화용액에서 용매, 용질의 질량 계산**
100℃에서의 용해도: 180
용매(물) 100g에 용질(고체)이 최대 180g 녹는다.
포화용액(물+용질) 280g에 용질이 180g 녹는다.
포화용액 140g에 녹아 있는 용질의 양은 비례식으로 계산한다.

$280g : 180g = 140g : x$

$x = \dfrac{180g \times 140g}{280g} = 90g$

100℃ 포화용액 140g: 용매(물) 50g, 용질 90g

(3) **20℃에서 포화용액으로 만들기 위한 물의 양 계산**
20℃에서의 용해도: 100
용매(물) 100g에 용질(고체)이 최대 100g 녹는다.
포화용액은 용매(물)과 용질의 질량이 1 : 1이다.
(2)에서 용매(물) 50g, 용질 90g이었으므로 용매(물) 40g을 더 넣어주면 용매와 용질의 질량이 1 : 1이 되고 포화용액이 된다.

06 개념 이해형

난이도 상 **중** 하

| 정답 | ③

| 접근 POINT |

용해도 관련 문제는 수치가 변형되어 출제되는 경향이 있기 때문에 풀이과정을 이해해야 한다.

| 해설 |

(1) **80℃ 기준으로 용매와 용질의 양 계산**
80℃에서 질산나트륨의 용해도: 148g
80℃의 물 100g에는 질산나트륨이 148g 녹는다.
포화용액의 무게=100+148=248g
포화용액 100g에 녹아 있는 질산나트륨의 양을 비례식으로 계산한다.

$248g : 148g = 100g : x$

$$x=\frac{148g\times100g}{248g}=59.68g$$

포화용액 100g: 물 40.32g, 질산나트륨 59.68g

(2) **농축과 냉각과정을 거친 후의 용질의 양 계산**

문제에서 이 용액을 70g으로 농축시킨다고 했으니 물 30g을 증발시킨 것으로 물은 10.32g이 남는다.

이 용액을 다시 20℃로 냉각시킨다고 했다.

20℃에서 용해도는 88g이므로 20℃의 물 100g에는 질산나트륨이 최대로 88g 녹을 수 있다.

물은 10.32g이므로 10.32g에 최대로 녹을 수 있는 질산나트륨의 양은 비례식으로 계산한다.

100g : 88g=10.32g : x

$$x=\frac{88g\times10.32g}{100g}=9.08g$$

(3) **석출되는 질산나트륨의 양 계산**

80℃ 용액에 녹아 있는 질산나트륨: 59.68g

조건을 변경한 후 녹을 수 있는 질산나트륨: 9.08g

석출되는 질산나트륨=59.68−9.08=50.6g

07 개념 이해형

난이도 상 중 **하**

| 정답 | ④

| 접근 POINT |

삼투 현상은 용어 자체는 생소할 수 있지만 우리 주변에서 삼투 현상을 이용하는 경우가 많으므로 실생활에서 겪을 수 있는 일과 연관지어 생각하는 것이 좋다.

삼투 현상 외의 보기는 거의 출제되지 않는 용어로 크게 시간을 들여 공부할 필요는 없다.

| 해설 |

삼투 현상은 용매(물)은 통과시키나 용질(소금 등)은 통과시키지 않는 반투과성막을 사이에 두고 농도가 다른 두 액체가 있을 때 농도가 더 진한 쪽으로 용매(물)이 이동하는 현상이다.

이러한 이동으로 발생하는 압력을 삼투압이라고 한다.

| 관련개념 |

삼투 현상을 이용한 배추 절이기

배추에 소금을 뿌리면 배추 표면은 매우 진한 농도의 소금물이 있게 된다. 배추 내부에도 물이 있지만 배추 표면보다 농도가 연하게 된다.

삼투 현상에 의해 배추 내부에 있는 물이 배추 표면(배추 밖)으로 빠져나가면 배추가 수분을 잃고 부드러워지게 된다.

08 단순 계산형

난이도 상 중 **하**

| 정답 | ④

| 접근 POINT |

해리도를 구하는 공식만 알고 있다면 풀 수 있는 문제이다.

| 공식 CHECK |

$$a=\sqrt{\frac{K_a}{M}}$$

a: 해리도

K_a: 해리상수

M: 몰농도

| 해설 |

$$a=\sqrt{\frac{K_a}{M}}=\sqrt{\frac{1.8\times10^{-5}}{0.1}}=0.013=1.3\times10^{-2}$$

09 단순 암기형

난이도 상 **중** 하

| 정답 | ①

| 접근 POINT |

완충용액 관련 문제는 응용되어 출제되지는 않고 이 문제처럼 용액의 종류를 묻는 문제가 주로 출제된다.

| 용어 CHECK |

완충용액: 적은 양의 산이나 염기를 가해도 pH 변화가 적은 용액

| 해설 |

완충용액의 종류

- CH_3COONa와 CH_3COOH
- NH_4Cl과 NH_4OH

10 단순 암기형

난이도 상 중 **하**

| 정답 | ④

| 접근 POINT |

응용되어 출제되지는 않으므로 정답을 확인하는 정도로 공부하는 것이 좋다.

| 해설 |

물과의 친화력에 따라 친수콜로이드와 소수콜로이드로 구분한다.

수산화철은 소수콜로이드이고, 녹말, 아교, 단백질은 모두 친수콜로이드로 물과의 친화력이 크다.

11 단순 암기형

난이도 상 중 **하**

| 정답 | ④

| 접근 POINT |

자주 출제되거나 응용되어 출제되지는 않으므로 정답을 확인하는 정도로 공부하면 된다.

| 해설 |

보호콜로이드는 소수콜로이드의 전해질에 대한 불안정도를 줄이기 위해 사용하는 친수콜로이드이다.

먹물의 경우에는 아교가 탄소 입자의 분산에 대해 보호콜로이드로 써 작용한다.

12 단순 암기형

난이도 상 중 **하**

| 정답 | ③

| 접근 POINT |

용어의 정의를 묻는 문제로 암기 위주로 접근한다.

| 해설 |

콜로이드 용액을 현미경으로 관찰할 경우에 볼 수 있는 입자의 불규칙적인 운동을 브라운 운동이라고 한다.

콜로이드 용액에 강한 직사광선을 비추었을 때 빛의 진로가 보이는 현상이 틴들 현상이다.

13 개념 이해형

난이도 상 중 **하**

| 정답 | ③

| 접근 POINT |

세부 내용을 공부하기 보다는 보기에 제시된 용어의 개념 정도를 이해하는 방법으로 공부하면 된다.

| 해설 |

① 증류: 액체의 끓는점 차이를 이용하여 두 액체를 분리한다.

② 막분리: 입자의 크기 차이를 이용하여 분리한다.

③ 재결정: 용해도 차이를 이용하여 원하는 입자를 용해시키고 다시 고체로 만들어 분리한다.

④ 전기분해: 물을 전기분해하는 것처럼 용액에 전기를 가해 물질을 분리한다.

14 개념 이해형

난이도 상 중 **하**

| 정답 | ③

| 접근 POINT |

김이 빠진 탄산음료가 맛이 없는 이유를 생각해 본다.

| 해설 |

탄산음료는 이산화탄소가 물에 녹아 있는 것으로 압력이 높을수록 물에 많이 녹는다.

탄산음료의 병마개를 열면 병 안의 압력이 감소하여 이산화탄소의 용해도가 감소된다.

용해도가 감소되면 이산화탄소가 발생하여 우리 눈에 거품이 솟아오르는 것처럼 보인다.

15 개념 이해형

난이도 상 중 **하**

| 정답 | ③

| 접근 POINT |

어는점과 끓는점의 정의 정도는 이해해야 한다.

| 해설 |

어는점: 고체상의 물질이 액체상과 평형에 있을 때의 온도

끓는점: 액체의 증기압과 외부 압력이 같게 되는 온도

16 개념 이해형

난이도 상 중 **하**

| 정답 | ④

| 접근 POINT |

끓는점의 의미를 생각하며 답을 고른다.

| 해설 |

① 밀폐된 그릇에서 물을 끓이면 그릇 안의 압력이 높아져서 끓는점이 높아진다.

② 용기의 열전도도와 끓는점은 큰 관계가 없다.

③ 물에 소금을 넣어주면 끓는점이 높아진다.

④ 외부 압력이 낮아지면 증기압이 낮아도 물이 끓기 때문에 끓는점이 낮아진다.

17 개념 이해형

난이도 상 중 **하**

| 정답 | ④

| 접근 POINT |

압력밥솥을 사용하면 밥이 더 빨리 되는 이유를 생각해 본다.

| 해설 |

물이 100℃에서 끓는 것은 순수한 물을 대기압(1atm)에서 가열하는 경우이다.

밀폐된 용기에서 물을 끓이면 용기 안의 압력이 증가하여 끓는점이 상승한다.

액체의 끓는점은 액체의 증기압이 외부의 압력과 같아지는 온도이다. 외부의 압력이 증가하면 물의 끓는점도 증가한다.

18 단순 계산형

난이도 상 **중** 하

| 정답 | ③

| 접근 POINT |

몰랄농도는 몰농도보다는 자주 출제되지는 않지만 어는점 내림공식에도 활용되므로 정의는 기억해야 한다.

| 용어 CHECK |

몰랄농도(m): 용매 1,000g(1kg)에 용해된 용질의 몰수로 나타낸 농도

SUBJECT 01

| 해설 |

(1) 설탕($C_{12}H_{22}O_{11}$)의 분자량 계산

분자량 $=(12\times12)+(1\times22)+(16\times11)=342g/mol$

(2) 설탕물의 몰랄농도(m) 계산

설탕 171g을 mol 수로 환산한다.

$$171g\times\frac{mol}{342g}=0.5mol$$

$$몰랄농도(m)=\frac{0.5mol}{0.5kg}=1m$$

19 단순 계산형

난이도 상 **중** 하

| 정답 | ②

| 접근 POINT |

어는점 내림에 대한 공식을 암기하고 있다면 쉽게 풀 수 있다.
어는점 내림에 사용되는 농도는 몰농도가 아니라 몰랄농도임을 주의해야 한다.

| 공식 CHECK |

$\triangle T_f=m\times K_f$

$\triangle T_f$: 어는점 내림정도

m: 몰랄농도

K_f: 어는점 내림상수

| 해설 |

(1) 물에 녹는 A 물질의 몰랄농도(m) 계산

2.9g을 몰수로 환산한다.

$$2.9g\times\frac{mol}{58g}=0.05mol$$

$$몰랄농도(m)=\frac{0.05mol}{0.2kg}=0.25m$$

(2) 어는점 내림정도 계산

$\triangle T_f=m\times K_f=0.25\times1.86=0.465℃$

어는점이 0.465℃ 낮아진다.

용액의 어는점: $-0.465℃$

20 복합 계산형

난이도 **상** 중 하

| 정답 | ③

| 접근 POINT |

어는점 내림정도 공식을 활용하여 몰랄농도를 구한 뒤 분자량을 계산한다.

| 해설 |

(1) 몰랄농도(m) 계산

$\triangle T_f=m\times K_f$

$$m=\frac{\triangle T_f}{K_f}=\frac{1.88}{1.86}=1.01$$

(2) 분자량 계산

몰랄농도(m): 용매 1,000g에 용해된 용질의 몰수

용매(물) 60g에 용질 12g을 녹였다고 했으므로 용매(물) 1,000g에 녹인 용질을 질량을 구한다.

$60g : 12g=1,000g : x$

$$x=\frac{12g\times1,000g}{60g}=200g$$

(1)에서 구한 몰랄농도가 1.01 → 200g의 몰수가 1.01mol

분자량은 1mol의 질량이다.

$1.01mol : 200g=1mol : xg$

$$x=\frac{200g\times1mol}{1.01mol}=198.019g$$

21 복합 계산형

난이도 **상** 중 하

| 정답 | ①

| 접근 POINT |

문제에 주어진 조건만으로는 정확한 빙점강하값(어는점 내림정도)를 계산할 수는 없다.
어는점 내림정도 공식을 활용하여 빙점강하가 가장 클 것으로 예상되는 물질을 골라야 한다.

| 해설 |

어는점 내림정도 공식 $\triangle T_f=m\times K_f$을 보면 몰랄농도($m$)가 클수록 빙점강하가 크다는 것을 알 수 있다.
몰랄농도(m)는 용매 1,000g에 용해된 용질의 몰수로 나타낸 농도이다.
보기에 주어진 물질을 모두 1kg의 물에 녹였다고 했다. 결국 용질의 몰수가 클수록 몰랄농도(m)가 커지고 빙점강하도 크다.
몰수는 다음과 같이 정의된다.

$$몰수=\frac{질량}{분자량}$$

이 문제에서는 모든 물질을 1g 녹였다고 했으므로 질량은 동일하고 분자량이 작을수록 몰수가 커진다.
결국 이 문제는 보기 중 분자량이 가장 작은 물질을 고르라는 문제로 정리할 수 있다.

① CH_3OH의 분자량 $=12+(1\times3)+16+1=32$

② C_2H_5OH의 분자량 $=(12\times2)+(1\times5)+16+1=46$

③ $C_3H_5(OH)_3$의 분자량
$=(12\times3)+(1\times5)+(17\times3)=92$

④ $C_6H_{12}O_6$의 분자량
$=(12\times6)+(1\times12)+(16\times6)=180$

22 단순 계산형

난이도 상 **중** 하

| 정답 | ③

| 접근 POINT |

어는점 내림과 동일한 원리로 끓는점 오름을 계산한다.
끓는점을 계산하는 것이므로 계산된 결과 값을 100℃에서 더해 주어야 한다.

| 공식 CHECK |

$\Delta T_b = m \times K_b$
ΔT_b: 끓는점 오름정도
m: 몰랄농도
K_b: 끓는점 오름상수

| 해설 |

(1) 설탕의 몰랄농도(m) 계산

설탕의 분자량을 계산한다.

$(12\times12)+(1\times22)+(16\times11)=342\text{g/mol}$

$2.85\text{g}\times\dfrac{\text{mol}}{342\text{g}}=\dfrac{1}{120}\text{mol}$

몰랄농도(m) $=\dfrac{\frac{1}{120}\text{mol}}{0.025\text{kg}}=\dfrac{1}{3}\text{m}$

(2) 끓는점 오름정도 계산

$\Delta T_b = m\times K_b=\dfrac{1}{3}\times0.52=0.173℃$

끓는점이 0.173℃ 높아진다.
용액의 끓는점: 100.173℃

23 단순 암기형

난이도 상 **중** 하

| 정답 | ②

| 접근 POINT |

전해질과 비전해질을 묻는 문제가 종종 출제된다.
비전해질의 종류가 더 적으므로 대표적으로 비전해질에 해당되는 것을 암기하는 것이 좋다.

| 해설 |

대표적인 비전해질 물질

- 알코올: 에탄올(C_2H_5OH), 메탄올(CH_3OH)
- 당류: $C_6H_{12}O_6$(포도당), $C_{12}H_{22}O_{11}$(설탕)

비전해질은 물에 녹아도 이온으로 해리되지 않는 물질로 공유결합 물질은 대체로 비전해질이다.

24 개념 이해형

난이도 **상** 중 하

| 정답 | ②

| 접근 POINT |

전해질과 비전해질 용액의 차이점을 생각해 본다.

| 해설 |

(1) 전해질과 비전해질의 차이점

전해질: 소금과 같이 물에서 완전히 해리되어 이온을 생성함
비전해질: 설탕과 같이 물에 녹아도 이온화되지 않고 그대로 분자로 존재함

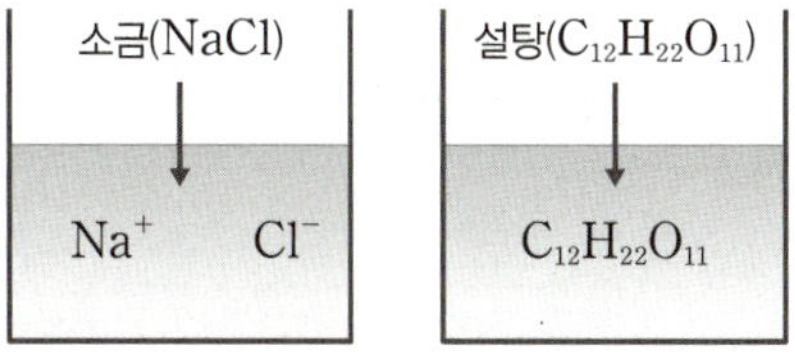

(2) 비등점(끓는점) 상승도의 변화추이

전해질(소금)이 물에 녹으면 이온으로 되어 입자의 개수가 더 많아지므로 비전해질(설탕)이 물에 녹았을 때 보다 비등점(끓는점)은 더 올라가고 어는점은 더 내려간다.

(3) 정답 산정

같은 몰농도에서 비전해질 용액은 전해질 용액보다 끓는점(비등점) 상승도가 작다.

25 개념 이해형

난이도 **상** 중 하

| 정답 | ③

| 접근 POINT |

앞의 문제에서 응용된 문제이다.
전해질 중에서 물에 녹았을 때 더 많은 이온을 발생시키는 물질을 찾아본다.

| 해설 |

①, ②번은 비전해질이고, ③, ④번은 전해질이다.
같은 농도 기준에서 비전해질보다는 전해질을 물에 녹였을 때 끓는점이 더 상승한다.
$CaCl_2$이 물에 녹은 경우 → Ca^{2+} 1개, Cl^- 두 개 → 총 3개의 이온 생성
$NaCl$이 물에 녹은 경우 → Na^+ 1개, Cl^- 한 개 → 총 2개의 이온 생성
전해질을 물에 녹인 경우 물에 녹았을 때 이온을 더 많이 발생시키는 것이 끓는점이 더 높다.
$CaCl_2$을 녹였을 때 끓는점이 가장 높아진다.

26 개념 이해형

난이도 **상** 중 하

| 정답 | ②

| 접근 POINT |

비등점은 끓는점과 같은 말이다.
산소와 질소는 끓는점이 서로 다르다.

| 해설 |

질소의 끓는점은 약 −196℃이고, 산소의 끓는점은 약 −183℃이다.

액체 공기의 온도를 높이면 끓는점이 더 낮은 질소가 먼저 기화되어 기체 상태의 질소를 얻을 수 있고, 그 이후 기체 상태의 산소를 얻을 수 있다.

끓는점(비등점) 차이를 이용하여 액체 공기에서 질소와 산소를 분리할 수 있다.

27 개념 이해형

난이도 상 **중** 하

| 정답 | ①

| 접근 POINT |

몰농도의 정의만 알고 있다면 풀 수 있는 문제이다.

몰농도는 화학에서 기본적인 개념이고 응용된 문제를 풀기 위해서 알아야 하는 개념이므로 몰농도의 개념을 정확하게 이해해야 한다.

| 해설 |

몰농도는 용액 1L에 녹아 있는 용질의 몰수를 나타내고 식으로 표현하면 다음과 같다.

$$\text{몰농도(M)}=\frac{\text{용질의 몰수(mol)}}{\text{용액의 부피(L)}}$$

(1) **옥살산($C_2H_2O_4 \cdot 2H_2O$)의 몰수 계산**

분자량 $=(12\times2)+(1\times6)+(16\times6)=126\text{g/mol}$

$$\text{몰수}=\frac{6.3\text{g}}{126\text{g/mol}}=0.05\text{mol}$$

(2) **옥살산($C_2H_2O_4 \cdot 2H_2O$) 용액의 몰농도(M) 계산**

$$\text{몰농도}=\frac{0.05\text{mol}}{0.5\text{L}}=0.1\text{mol/L}=0.1\text{M}$$

28 복합 계산형

난이도 **상** 중 하

| 정답 | ③

| 접근 POINT |

위험물산업기사에는 잘 출제되지 않는 비중의 개념을 이용해서 풀어야 하는 문제로 난이도가 높다.

자주 출제되는 문제는 아니므로 해설을 이해하기 어려운 경우 정답을 암기하는 방법으로 공부해도 된다.

| 해설 |

(1) **황산의 질량 계산**

비중(s) $=1.84$ → 밀도 $1.84\text{kg/L}=1.84\text{g/mL}$

황산용액을 1L로 가정하면 질량은 1,840g이다.

문제에서 95wt%의 황산이라고 했다.

황산의 양 $=1{,}840\text{g}\times0.95=1{,}748\text{g}$

(2) **황산의 몰농도 계산**

황산(H_2SO_4)의 분자량을 계산한다.

분자량 $=(1\times2)+32+(16\times4)=98\text{g/mol}$

$$\text{황산의 몰수}=\frac{1{,}748\text{g}}{98\text{g/mol}}=17.836\text{mol}$$

황산 용액 1L에 황산이 17.836mol이 들어 있다.

황산 몰농도 $=17.836\text{M}$

29 복합 계산형

난이도 **상** 중 하

| 정답 | ②

| 접근 POINT |

이론적으로 식을 만들어 푸는 것보다는 금속의 원자가가 1일 때와 2일 때의 예시로 푸는 것이 더 편리하다.

| 해설 |

(1) **반응한 금속의 몰수와 발생한 수소의 몰수 계산**

$$\text{금속의 몰수}=\frac{1.0\text{g}}{40\text{g/mol}}=0.025\text{mol}$$

표준상태에서 기체 1몰의 부피는 22.4L인 성질을 이용하여 수소 560mL의 몰수를 계산한다.

$1\text{mol} : 22.4\text{L}=x\text{mol} : 0.56\text{L}$

$$x=\frac{0.56\text{L}\times1\text{mol}}{22.4\text{L}}=0.025\text{mol}$$

반응한 금속의 몰수와 발생한 기체의 몰수 → 1 : 1

(2) **원자가가 1인 Na이 반응한 경우**

$2Na+H_2SO_4 \longrightarrow Na_2SO_4+H_2\uparrow$

반응한 금속의 몰수와 발생한 기체의 몰수 → 2 : 1

(3) **원자가가 2인 Mg이 반응한 경우**

$Mg+H_2SO_4 \longrightarrow MgSO_4+H_2\uparrow$

반응한 금속의 몰수와 발생한 기체의 몰수 → 1 : 1

금속의 원자가는 2가이다.

30 복합 계산형

난이도 **상** 중 하

| 정답 | ②

| 접근 POINT |

용액의 부피가 주어지지 않았으므로 용액의 부피를 1L라고 가정하고 계산한다.

| 해설 |

(1) **HCl의 무게 계산**

30wt%인 진한 HCl 용액을 1L라고 가정한다.

용액의 비중(s)이 1.1이라고 했으므로 용액 1L를 질량 단위(kg)으로 환산한다.

비중 $=1.1$ → 밀도: 1.1kg/L

$$1\text{L}\times\frac{1.1\text{kg}}{\text{L}}=1.1\text{kg}=1{,}100\text{g}$$

HCl 용액 1L의 무게는 1,100g이고, 문제에서 30wt% 진한 HCl이라고 했다.

HCl의 무게=1,100g×0.3=330g

(2) **HCl의 몰농도 계산**

문제에서 HCl의 화학식량이 36.5로 주어졌으므로 HCl 330g의 몰수를 구한다.

$$\text{HCl의 몰수}=\frac{330\text{g}}{36.5\text{g/mol}}=9.04\text{mol}$$

처음 HCl 용액의 부피를 1L로 가정했다.

1L 용액에 HCl이 9.04몰이 녹아 있으므로 이 용액의 몰농도는 9.04M이다.

31 복합 계산형

난이도 **상** 중 하

| 정답 | ④

| 접근 POINT |

문제에서는 NaOH의 농도를 노르말농도(N)로 주어졌지만 NaOH에서 OH^-가 1개이므로 노르말농도(N)를 몰농도(M)로 생각하고 풀어도 된다.

| 해설 |

(1) **1M−NaOH 수용액에 들어있는 NaOH의 질량 계산**

NaOH의 분자량=23+16+1=40g/mol

용액 및 물의 비중은 모두 1로 가정했으므로 용액과 물의 질량과 부피는 다음 관계가 성립한다.

1kg=1L, 1g=1mL

1M−NaOH이면 NaOH 수용액 1L에 NaOH 1몰(40g)이 들어 있는 것이다.

문제에서는 1M−NaOH 100mL 수용액을 이용한다고 했으므로 100mL(100g)에는 NaOH 0.1몰(4g)이 들어 있다.

(2) **10wt% NaOH 수용액을 만드는 방법 계산**

용액(물+용질) 100g이 있다면 그 안에 NaOH(용질)는 10g이 있어야 10wt%가 된다.

이 관계를 이용하여 물의 질량을 x로 놓고 비례식을 만든다.

$100\text{g} : 10\text{g}=(x+4)\text{g} : 4\text{g}$

$10\times(x+4)=100\times4$

$$x=\frac{400-40}{10}=36\text{g}$$

1M−NaOH 100mL(100g)의 물을 취한다고 했는데 용액의 무게가 36g이 되어야 10wt% NaOH 수용액이 된다.

결국 64g(=64mL)의 수분을 증발시켜야 한다.

32 단순 계산형

난이도 상 중 **하**

| 정답 | ④

| 접근 POINT |

중화적정 공식에 수치만 대입하면 풀 수 있다.

| 공식 CHECK |

중화적정 공식

$N_1V_1=N_2V_2$

N_1: 산의 노르말농도, N_2: 염기의 노르말농도

V_1: 산의 부피, V_2: 염기의 부피

| 해설 |

$N_1V_1=N_2V_2$

$N_1\times100=0.2\times250$

$$N_1=\frac{0.2\times250}{100}=0.5N$$

33 복합 계산형

난이도 상 **중** 하

| 정답 | ③

| 접근 POINT |

황산구리 결정에 물이 포함되어 있으므로 순수한 황산구리의 질량을 먼저 계산해야 한다.

| 해설 |

(1) **순수한 황산구리($CuSO_4$)의 질량 계산**

$CuSO_4$ 분자량=160

$CuSO_4\cdot5H_2O$ 분자량=160+(5×18)=250

$$\text{순수한 }CuSO_4\text{의 질량}=25\times\frac{160}{250}=16\text{g}$$

(2) **황산구리 수용액의 wt% 농도 계산**

용액의 양을 계산할 때 100g으로 계산하면 안 되고 황산구리 결정 무게도 더해 주어야 한다.

$$\text{wt\%농도}=\frac{\text{용질의 양}}{\text{용액의 양}}\times100$$

$$=\frac{16\text{g}}{(100+25)\text{g}}\times100=12.8\text{wt\%}$$

| 유사문제 |

물 100g에 황산구리 결정($CuSO_4\cdot5H_2O$) 2g을 넣으면 몇 % 용액이 되는가? (단, $CuSO_4$의 분자량은 160g/mol이다.)

$$\text{순수한 }CuSO_4\text{의 질량}=2\times\frac{160}{250}=1.28\text{g}$$

$$\text{\%농도}=\frac{\text{용질의 양}}{\text{용액의 양}}\times100$$

$$=\frac{1.28\text{g}}{(100+2)\text{g}}\times100=1.254\%$$

34 복합 계산형

난이도 **상** 중 하

| 정답 | ④

| 접근 POINT |

문제에서 NaOH의 농도(순도)를 묻고 있으므로 불순물을 제외한 순수한 NaOH의 무게를 알아야 한다.

| 해설 |

(1) 50mL **중화하는 데 사용한 염산의 몰수 계산**

염산(HCl)에는 H^+가 한 개이므로 1N=1M이다.

$$1M=\frac{1mol}{L},\ 20mL=0.02L$$

$$몰수=\frac{1mol}{L}\times 0.02L=0.02mol$$

50mL 중화에 사용한 염산의 몰수가 0.02몰이므로 100mL 중화에는 염산이 0.04몰이 필요하다.

(2) **순수한 NaOH 무게 계산**

중화반응은 H^+와 OH^-가 한 개씩 만나 이루어지므로 반응한 NaOH의 몰수도 0.04mol이다.

NaOH의 분자량=23+16+1=40g/mol

$$순수한\ NaOH의\ 무게=\frac{40g}{mol}\times 0.04mol=1.6g$$

(3) **NaOH의 농도(순도) 계산**

NaOH의 농도(순도)는 순수한 NaOH의 무게를 불순물이 포함된 NaOH의 무게로 나누어 계산한다.

$$NaOH의\ 농도(순도)=\frac{1.6g}{3.2g}\times 100=50wt\%$$

35 단순 계산형

난이도 상 중 하

| 정답 | ③

| 접근 POINT |

화학에서 자주 사용하지 않는 ppm 농도를 묻고 있어 틀리기 쉬운 문제이다.

ppm 농도의 원론적인 의미를 암기하기 보다는 용액에서 ppm 농도의 단위가 mg/L인 점을 기억하고 푸는 것이 좋다.

| 해설 |

$$ppm농도=\frac{용질의\ 무게(mg)}{용매의\ 부피(L)}=\frac{10mg}{2.5L}=4ppm$$

합격 치트키 06	산화, 환원								본문 56p
01	02	03	04	05	06	07	08	09	10
②	④	①	②	③	①	①	④	②	②
11									
④									

01 개념 이해형

난이도 상 중 하

| 정답 | ②

| 접근 POINT |

산화, 환원 반응은 화학의 기본적인 개념이므로 정확하게 이해해야 한다.

| 해설 |

어떤 물질이 산소와 결합하는 것을 산화라고 하고, 산소를 잃는 것을 환원이라고 한다.

황(S)이 산소와 결합하여 SO_2를 만든 것은 황이 산소와 결합한 것이므로 산화된 것이다.

02 개념 이해형

난이도 상 중 하

| 정답 | ④

| 접근 POINT |

산화, 환원 반응은 산소 뿐만 아니라 수소를 기준으로도 구분할 수 있어야 한다.

| 해설 |

산소와 수소를 기준으로 산화, 환원 반응의 구분

구분	내용
산소	산소를 얻으면 산화, 산소를 잃으면 환원
수소	수소를 잃으면 산화, 수소를 얻으면 환원

Mn: 반응 후 산소를 잃음 → 환원

Cl: 반응 후 수소를 잃음 → 산화

03 개념 이해형

난이도 상 중 하

| 정답 | ①

| 접근 POINT |

이 문제는 산화수의 증감 여부로 산화, 환원을 구분해야 한다.

| 해설 |

반응 전 후의 산화수 비교

산화수가 증가(전자를 잃음)하면 산화이고, 산화수가 감소(전자를 얻음)되면 환원이다.

구분	반응 전	반응 후	산화, 환원 여부
Cu	0	+2	산화
N	+5	+2	환원
O	−2	−2	−
H	+1	+1	−

04 개념 이해형

난이도 상 중 하

| 정답 | ②

| 접근 POINT |

이 문제는 산화수의 증감 여부로 산화, 환원을 구분해야 한다.

| 해설 |

반응 전 후의 산화수 비교

산화수가 증가(전자를 잃음)하면 산화이고, 산화수가 감소(전자를 얻음)되면 환원이다.

번호	구분	반응 전	반응 후	산화, 환원 여부
①	Cl_2	0	−1	환원
②	Zn	0	+2	산화
③	Cl_2	0	−1	환원
④	Ag	+1	0	환원

05 개념 이해형

난이도 상 중 하

| 정답 | ③

| 접근 POINT |

산화, 환원 반응은 다른 부분에서도 자주 출제되고 화학의 기본적인 개념이므로 정확하게 이해해야 한다.

| 해설 |

산소를 기준으로 산화, 환원 반응의 구분

구분	내용
산화	산소를 얻음
환원	산소를 잃음

산화제와 환원제

구분	내용
산화제	다른 물질을 산화시키고 자신은 환원되는 물질
환원제	다른 물질을 환원시키고 자신은 산화되는 물질

MnO_2의 경우 반응 후에 $MnCl_2$가 되어 산소를 잃었으므로 환원되었고, 산화제로 작용했다.

HCl은 반응 후에 H_2O가 되어 산소를 얻었으므로 산화되었고, 환원제로 작용했다.

06 개념 이해형

난이도 상 중 하

| 정답 | ①

| 접근 POINT |

산화되는 것과 산화제로 작용하는 것의 차이점을 이해해야 한다.

| 해설 |

SO_2는 반응 후에 산소를 잃고 S가 되었기 때문에 환원되었다. SO_2가 환원되었다는 것은 SO_2가 산화제로 작용한 것이다.

촉매란 반응에 직접 참여하지는 않으면서 반응속도에만 영향을 미치는 것인데 SO_2와 H_2S는 모두 반응에 참여했으므로 촉매가 아니다.

07 개념 이해형

난이도 상 중 하

| 정답 | ①

| 접근 POINT |

산화수의 증감 여부로 산화, 환원을 구분한 후 산화제로 작용했는지 환원제로 작용했는지 구분한다.

| 해설 |

반응 전 후의 I_2의 산화수 비교

반응 전: 산화수 0(화합물임)

반응 후: 산화수 −1

산화수 증감 여부: 감소함
산화, 환원 여부: 환원
산화제, 환원제 역할: 환원되었으므로 산화제

08 개념 이해형

난이도 상 중 하

| 정답 | ④

| 접근 POINT |

환원제는 자신이 환원되는 것이 아니라 다른 물질을 환원시킨다.

| 해설 |

환원제란 다른 물질을 환원시키고 자신은 산화되는 물질이다.
발생기의 산소를 내는 물질을 다른 물질을 산화시키기 때문에 산화제가 된다.

| 선지분석 |

① 수소를 얻으면 환원이므로 수소를 내기 쉬운 물질은 다른 물질을 환원시키는 환원제이다.
② 전자를 잃으면 산화수가 증가되어 산화되므로 환원제로 작용할 수 있다.
③ 산소와 화합하면 산화되는 것으로 환원제로 작용할 수 있다.

09 개념 이해형

난이도 상 중 하

| 정답 | ②

| 접근 POINT |

금속이므로 전자를 잃으면 산화되는 것이고, 산화되면 환원력이 센 것이다.

| 해설 |

(1) A는 B 이온과 반응하는 것으로 환원력 비교
$A+B^{+} \longrightarrow A^{+}+B$
A는 전자를 잃었으므로 산화되었고, B는 전자를 얻었으므로 환원되었다.
환원력은 A>B

(2) A는 C 이온과 반응하지 않는 것으로 환원력 비교
$A+C^{+} \longrightarrow$ 반응없음
A와 C는 전자를 주고받지 않았다.
환원력이 C>A이므로 반응이 일어나지 않는다.

(3) D는 C 이온과 반응하는 것으로 환원력 비교
$D+C^{+} \longrightarrow D^{+}+C$
D는 전자를 잃었으므로 산화되었고, C는 전자를 얻었으므로 환원되었다.
환원력은 D>C

(4) (1)~(3)을 종합하여 전체적인 환원력 세기 비교
환원력은 D>C>A>B

10 개념 이해형

난이도 상 중 하

| 정답 | ②

| 접근 POINT |

물질의 질량과 원자량을 이용하여 반응한 몰수를 구하면 실험식이 무엇인지 알 수 있다.

| 해설 |

(1) 반응한 금속과 산소의 몰수 계산
금속 M의 질량이 1.12g이고, 산화물 M_xO_y의 질량이 1.60g이므로 반응한 산소의 질량을 계산한다.
산소의 질량=1.6−1.12=0.48g
금속 M의 원자량: 56g/mol
반응한 금속 M의 mol수$=\frac{1.12g}{56g/mol}=0.02mol$
산소 O의 원자량: 16g/mol
반응한 산소 O의 mol수$=\frac{0.48g}{16g/mol}=0.03mol$
금속의 산화반응에서 금속은 산소분자(O_2)와 반응하는 것이 아니라 산소원자(O)와 반응하는 것이므로 산소의 원자량 16g/mol 기준으로 계산한다.

(2) 반응한 금속과 산소의 몰수로 실험식 작성
(1) 계산결과 금속이 0.02mol, 산소가 0.03mol로 이루어진 산화물이다.
실험식$=M_2O_3 \rightarrow x=2,\ y=3$

11 개념 이해형

난이도 상 중 하

| 정답 | ④

| 접근 POINT |

물질의 질량과 원자량을 이용하여 반응한 몰수를 구하면 화학식이 무엇인지 알 수 있다.

| 해설 |

(1) 반응한 금속과 산소의 몰수 계산
금속 M의 질량이 8g이고, 산화물의 질량이 11.2g이므로 반응한 산소의 질량을 계산한다.
산소의 질량=11.2−8=3.2g
금속 M의 원자량: 140g/mol
반응한 금속 M의 몰수$=\frac{8g}{140g/mol}=0.057mol$
산소 O의 원자량: 16g/mol
반응한 산소 O의 몰수$=\frac{3.2g}{16g/mol}=0.2mol$
금속의 산화반응에서 금속은 산소분자(O_2)와 반응하는 것이 아니라 산소원자(O)와 반응하는 것이므로 산소의 원자량 16g/mol 기준으로 계산한다.

(2) 반응한 금속과 산소의 몰수로 실험식 작성
M : O=0.057 : 0.2=1 : 3.5=2 : 7
화학식$=M_2O_7$

합격 치트키 07 | 무기화합물 본문 60p

01	02	03	04	05	06	07	08	09	10
④	②	④	①	③	①	②	③	①	①
11	12	13	14	15	16	17	18	19	20
②	②	④	④	①	④	④	②	①	③
21	22	23	24	25	26	27	28	29	30
④	①	③	③	③	①	①	①	③	③
31	32	33	34	35	36	37	38	39	
①	②	①	②	②	②	④	②	①	

01 개념 이해형 난이도 상 중 하

| 정답 | ④

| 접근 POINT |

객관식 보기에서 "모두"라는 단어가 나올 경우 주의깊게 살펴보아야 한다.

| 해설 |

금속의 경우 대부분 상온에서 고체이지만 수은(Hg)의 경우 상온에서 액체이다.

02 개념 이해형 난이도 상 중 하

| 정답 | ②

| 접근 POINT |

응용되어 출제되는 문제는 아니므로 금속결합의 의미를 기억하는 정도로 공부해도 된다.

| 해설 |

금속결합은 금속 원자가 서로 결합한 것으로 금속 원자에서 자유전자가 자유롭게 이동할 수 있다.
금속결합에는 자유전자가 이동할 수 있으므로 금속은 열과 전기를 잘 전도한다.

03 개념 이해형 난이도 상 중 하

| 정답 | ④

| 접근 POINT |

알칼리금속은 반응성이 매우 크다.
반응성이 크다는 것은 작은 에너지를 받아도 이온이 잘 되는 것이다.

| 해설 |

칼륨(K)은 알칼리금속이고, 칼슘(Ca)은 알칼리토금속이다.
알칼리금속은 반응성이 매우 커서 작은 에너지를 받아도 이온이 잘 된다. 이 말을 다르게 표현하면 칼륨과 같은 알칼리금속은 이온화에너지가 작은 것이다.
칼륨과 같은 알칼리금속은 칼슘과 같은 알칼리토금속보다 이온화에너지가 작다.

| 유사문제 |

알칼리금속이 다른 금속원소에 비해 반응성이 큰 이유와 밀접한 관련이 있는 것은?
① 밀도가 작기 때문이다.
② 물에 잘 녹기 때문이다.
③ 이온화에너지가 작기 때문이다.
④ 녹는점과 끓는점이 비교적 낮기 때문이다.
정답은 ③번이다.

04 단순 암기형 난이도 상 중 하

| 정답 | ①

| 접근 POINT |

알칼리금속의 반응성 순서는 자주 출제되므로 정확하게 암기해야 한다.

| 해설 |

문제에서 제시된 Na, Li, Cs, K, Rb은 모두 알칼리금속이다.
알칼리금속의 반응성은 원자번호가 증가할수록 커진다.
Cs > Rb > K > Na > Li

05 개념 이해형 난이도 상 중 하

| 정답 | ③

| 접근 POINT |

같은 족에서 원자번호가 증가할수록 커지는 것과 작아지는 것을 구분할 수 있어야 한다.

| 해설 |

문제에서 주어진 원자는 모두 알칼리금속으로 Li, Na, K로 갈수록 원자번호가 커진다.
원자번호가 커지면 전자수도 많아지고 전자수가 늘어나면 전자껍질 수도 많아지므로 원자 반지름도 커진다.
제1차 이온화에너지는 전자를 잃는 데 필요한 에너지로 원자번호가 커지고, 전자가 많아질수록 작아진다.

06 개념 이해형 난이도 상 중 하

| 정답 | ①

| 접근 POINT |

금속의 이온화 경향을 암기하고 있어야 풀 수 있다.
금속은 이온화 경향이 클수록 전자를 잃고 양이온이 되기 쉽다.

SUBJECT 01

| 해설 |

금속의 이온화 경향

K Ca Na Mg Al Zn Fe Ni Sn Pb H Cu Hg Ag Pt Au

← 이온화 경향 →

크다.	작다.
① 양이온이 되기 쉽다.	① 음이온이 되기 쉽다.
② 전자를 잃기 쉽다.	② 전자를 얻기 쉽다.
③ 산화되기 쉽다.	③ 환원되기 쉽다.

금속끼리의 반응에서 이온화 경향이 큰 금속은 이온화 경향이 작은 금속에게 전자를 내어 주고 양이온이 된다.

Zn(아연)은 Pb(납)보다 이온화 경향이 크므로 Pb에게 전자를 내어 주고 양이온이 되는 정반응이 진행된다.

| 심화 |

②번 보기의 경우 할로젠 원소의 반응성과 관련된 문제이다.

할로젠 원소의 반응성 순서는 다음과 같다.

$$F > Cl > Br > I$$

할로젠 원소는 반응성이 클수록 전자를 얻어 음이온이 되려는 경향이 강하다.

②번 반응의 경우 Cl이 I 보다 반응성이 커서 음이온이 되려는 경향이 강한데, Cl은 이미 음이온이 되어 있으므로 정반응이 일어나지 않고 역반응이 일어난다.

07 개념 이해형

난이도 상 중 **하**

| 정답 | ②

| 접근 POINT |

할로젠 원소의 전기음성도 순서를 암기하고 있어야 풀 수 있는 문제이다.

| 해설 |

할로젠 원소의 전기음성도 크기는 다음과 같다.

$$F > Cl > Br > I$$

전기음성도란 원소가 전자를 얻고 음이온이 되려는 성질이다.

전기음성도가 큰 F가 수소와의 반응성이 가장 높다.

08 개념 이해형

난이도 상 중 **하**

| 정답 | ③

| 접근 POINT |

할로젠 원소의 전기음성도 순서를 암기하고 있어야 풀 수 있는 문제이다.

| 해설 |

할로젠 원소의 전기음성도 크기는 다음과 같다.

$$F > Cl > Br > I$$

전기음성도란 원소가 전자를 얻고 음이온이 되려는 성질이다.

전기음성도가 큰 F가 수소와 결합했을 때 결합에너지도 가장 크다.

09 개념 이해형

난이도 상 **중** 하

| 정답 | ①

| 접근 POINT |

할로젠 원소의 전기음성도 순서를 암기하고 있어야 풀 수 있는 문제이다.

| 해설 |

할로젠 원소의 전기음성도 크기는 다음과 같다.

$$F > Cl > Br > I$$

전기음성도란 원소가 전자를 얻고 음이온이 되려는 성질이다.

F의 경우 전기음성도가 I보다 커서 전자를 잃고 음이온이 되려는 성질이 강해 반응이 오른쪽으로 진행된다.

②번 반응의 경우 Br이 I보다 음이온이 되려는 성질이 강한데 이미 음이온이 되어 있으므로 오른쪽으로 반응이 진행되지 않는다.

③, ④번 반응도 음이온이 되려는 성질이 강한 F, Cl이 음이온이 되어 있으므로 오른쪽으로 반응이 진행되지 않는다.

10 개념 이해형

난이도 상 중 **하**

| 정답 | ①

| 접근 POINT |

녹는점, 끓는점까지는 모르더라도 할로젠 원소 중 전기음성도가 가장 큰 원자는 무엇인지 알아야 한다.

| 해설 |

① 전기음성도는 F_2가 가장 크다.

②, ③ F_2에서 I_2로 갈수록 원자번호가 커지는데 원자번호가 커지면 분자 사이의 결합력이 강해져 녹는점과 끓는점이 높아진다.

④ 원자번호가 커지면 전자껍질의 개수가 늘어남으로 반지름이 커진다.

11 개념 이해형

난이도 **상** 중 하

| 정답 | ②

| 접근 POINT |

공유결합과 비공유 전자쌍에 대한 이해가 필요한 문제로 난이도가 높은 문제이다.

변형되어 출제되지 않는 경향이 있으므로 가장 작은 결합각을 가지는 물질을 암기해도 된다.

| 해설 |

NH_3의 결합각이 약 107°로 가장 작다.
H_2, $BeCl_2$는 모두 분자의 모양이 직선형으로 결합각이 180°이다.

구분	H_2, $BeCl_2$	BF_3	NH_3
분자 모양	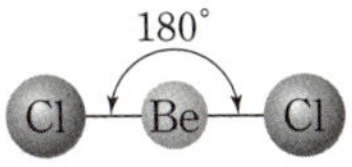	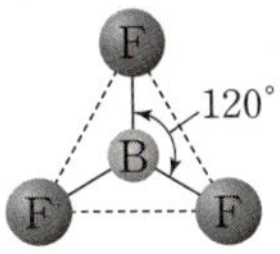	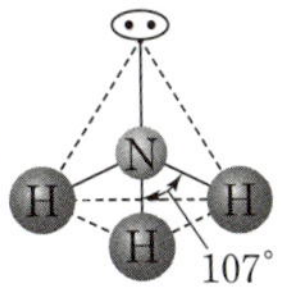
결합각	180°	120°	107°

12 개념 이해형

난이도 상 중 하

| 정답 | ②

| 접근 POINT |

공유결합과 비공유 전자쌍에 대한 이해가 필요한 문제로 난이도가 높은 문제이다.
비공유 전자쌍이 있는 물질과 없는 물질은 분자구조가 다르다.

| 해설 |

BF_3는 비공유 전자쌍이 없어 분자구조가 평면 정삼각형이고, NH_3는 비공유 전자쌍이 있어 분자구조가 삼각 피라미드형이다.

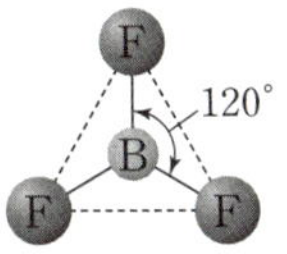

▲ BF_3 분자구조

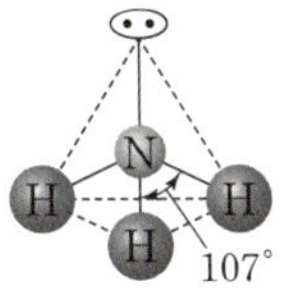

▲ NH_3 분자구조

13 개념 이해형

난이도 상 중 하

| 정답 | ④

| 접근 POINT |

비공유 전자쌍이 몇 개인지 알기 위해서는 루이스 점전자식을 그려야 한다.
이러한 문제가 자주 출제되지는 않으므로 정답을 암기하는 방법으로 공부해도 된다.

| 해설 |

보기에 있는 물질의 구조식, 비공유 전자쌍의 개수

구분	구조식	비공유 전자쌍
CH_4	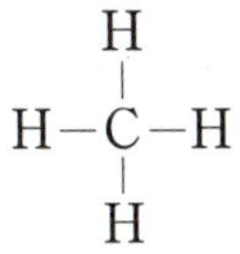	0
NH_3	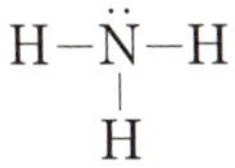	1
H_2O	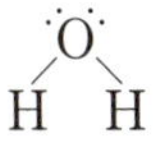	2
CO_2	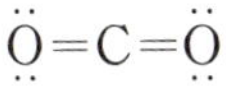	4

14 개념 이해형

난이도 상 중 하

| 정답 | ④

| 접근 POINT |

혼성궤도함수를 정확하게 이해하기 위해서는 오비탈에 대한 이해가 필요하다.
화합물의 형태와 혼성궤도함수와의 관계만 알고 있어도 문제의 답을 고를 수 있다.

| 해설 |

화합물의 형태와 혼성궤도함수의 관계

혼성궤도함수	화합물의 형태	예시
sp	선형	$BeCl_2$, HF
sp^2	정삼각형	BF_3, SO_3
sp^3	사면체	CH_4

15 단순 암기형

난이도 상 중 하

| 정답 | ①

| 접근 POINT |

응용되어 출제되는 문제는 아니므로 정답을 암기하는 방법으로 공부해도 된다.

| 해설 |

염소는 기본적으로 표백성분이 있다.
수산화칼슘{$Ca(OH)_2$}에 염소가스(Cl_2)를 흡수시켜 표백분을 만든다.

16 단순 암기형

난이도 상 중 **하**

| 정답 | ④

| 접근 POINT |

응용되어 출제되는 문제는 아니므로 정답을 암기하는 방법으로 공부해도 된다.

| 해설 |

염소(Cl_2)기체는 색을 탈색(표백)시키는 성질이 있다.

17 단순 암기형

난이도 상 중 **하**

| 정답 | ④

| 접근 POINT |

응용되어 출제되는 문제는 아니므로 정답을 암기하는 방법으로 공부해도 된다.

| 해설 |

물질이 빛을 받아 화학적인 변화를 일으키는 성질을 감광성이라고 한다.
사진을 인화하는 기술에 감광성을 이용하는 데 할로젠화은(AgX)이 감광성이 가장 뛰어나다.
보기에서는 염화은(AgCl)이 할로젠화은에 해당된다.

18 개념 이해형

난이도 상 **중** 하

| 정답 | ②

| 접근 POINT |

이 문제는 전체 질량이 주어지지 않았으므로 전체 질량을 100g으로 가정하고 푸는 것이 편리하다.

| 해설 |

전체 질량을 100g으로 가정하면 산소와 황은 각각 50g이다.

산소(O)의 mol 수 $=50\text{g}\times\dfrac{\text{mol}}{16\text{g}}=3.125\text{mol}$

황(S)의 mol 수 $=50\text{g}\times\dfrac{\text{mol}}{32\text{g}}=1.5625\text{mol}$

S : O $=$ 1.5625g : 3.125g

S : O $=$ 1 : 2

실험식 $=SO_2$

19 단순 암기형

난이도 상 중 **하**

| 정답 | ①

| 접근 POINT |

응용되어 출제되는 문제는 아니므로 정답을 암기하는 방법으로 공부해도 된다.

| 해설 |

카보런덤(탄화규소)

- 탄소와 모래를 전기로에서 고온으로 가열하여 만든다.
- 매우 단단한 성질을 가지고 있어 연마제, 방탄조끼 등을 만드는 데 사용된다.

20 단순 암기형

난이도 상 중 **하**

| 정답 | ③

| 접근 POINT |

응용되어 출제되는 문제는 아니므로 정답을 암기하는 방법으로 공부해도 된다.

| 해설 |

진한 황산에 SO_3를 흡수시킨 것이 발연황산이다.

21 단순 암기형

난이도 상 **중** 하

| 정답 | ④

| 접근 POINT |

가장 반응성이 큰 산이 생성되는 반응이 무엇인지 생각해 본다.

| 해설 |

④번 반응 결과 플루오린화수소(HF)가 발생한다.
플루오린화수소는 유리를 녹이는 성질이 있기 때문에 유리기구 사용을 피해야 한다.

22 단순 암기형

난이도 상 중 **하**

| 정답 | ①

| 접근 POINT |

산은 H^+와 관련이 깊고, 염기는 OH^-와 관련이 깊다.

| 해설 |

일반적으로 염 내부에 H^+가 남아 있으면 산성염, 염 내부에 OH^-가 남아 있으면 염기성염으로 볼 수 있다.
$NaHSO_4$, $Ca(HCO_3)_2$는 내부에 H^+가 남아 있어 산성염이다.
$NaCl$, $CaCl_2$는 중성염이고, $Ca(OH)Cl$, $Cu(OH)Cl$는 염기성염이다.

23 개념 이해형

난이도 **상** 중 하

| 정답 | ③

| 접근 POINT |

응용되어 출제되는 문제는 아니므로 정답을 확인하는 정도로 공부해도 된다.

| 해설 |

염(Salt)는 산의 음이온과 염기의 양이온이 이온결합해서 만들어진다.
①, ②, ④번은 산과 염기가 반응하여 염이 만들어지는 반응식이다.
③번은 금속의 산화물이 수소와 반응하는 것으로 염이 만들어지는 반응이 아니다.

24 단순 암기형

난이도 상 **중** 하

| 정답 | ③

| 접근 POINT |

응용되어 출제되는 문제는 아니므로 정답을 확인하는 정도로 공부하는 것이 좋다.

| 해설 |

γ선은 β선, α선 중 파장이 제일 짧고, 투과력이 가장 강하다.
γ선은 전기장의 영향을 받지 않고 직진한다.

25 단순 암기형

난이도 상 **중** 하

| 정답 | ③

| 접근 POINT |

응용되어 출제되는 문제는 아니므로 정답을 확인하는 정도로 공부하는 것이 좋다.

| 해설 |

γ선은 전기를 띠지 않으므로 전기장의 영향을 받지 않고 지진한다.

26 단순 암기형

난이도 상 **중** 하

| 정답 | ①

| 접근 POINT |

응용되어 출제되는 문제는 아니므로 정답을 확인하는 정도로 공부하는 것이 좋다.

| 해설 |

γ선은 투과력이 가장 강하다.
γ선은 방사선 중 감광작용, 전리작용, 형광작용은 가장 약하다.

27 개념 이해형

난이도 **상** 중 하

| 정답 | ①

| 접근 POINT |

방사성 원소와 관련된 내용은 난이도가 높은 부분으로 이론을 깊게 파고드는 것보다는 시험에 출제된 내용 위주로 공부하는 것이 좋다.

| 해설 |

방사성 붕괴의 구분

구분	원자번호	질량수
α붕괴	2 감소	4 감소
β붕괴	1 증가	변화 없음
γ붕괴	변화 없음	변화 없음

원자기호의 왼쪽 위에 있는 숫자가 질량수이고, 왼쪽 아래에 있는 숫자가 원자번호이다.
숫자의 변화를 보면 질량수가 4 감소하고 원자번호가 2 감소했으므로 우라늄(U)이 α붕괴했다는 사실을 알 수 있다.

28 개념 이해형

난이도 상 **중** 하

| 정답 | ①

| 접근 POINT |

방사성 원소와 관련된 문제는 난이도가 높다.
원소의 종류까지는 암기하지 못해도 원자번호와 질량수가 얼마만큼 감소하는지만 알면 답을 고를 수 있다.

| 해설 |

α붕괴를 하면 원자번호가 2 감소하고, 질량수는 4 감소한다.

$${}^{226}_{88}\text{Ra} \xrightarrow{\alpha\text{붕괴}} {}^{222}_{86}\text{Rn}$$

29 개념 이해형

난이도 상 **중** 하

| 정답 | ③

| 접근 POINT |

문제에서 원자번호를 묻고 있으므로 원자량은 생각하지 않고 원자번호가 어떻게 변하는지만 계산한다.

| 해설 |

α붕괴를 하면 원자번호가 2 감소하고 β 붕괴를 하면 원자량이 1 증가한다.

$$86 \xrightarrow{\alpha} 84 \xrightarrow{\alpha} 82 \xrightarrow{\beta} 83 \xrightarrow{\beta} 84$$

30 개념 이해형

난이도 **상** 중 하

| 정답 | ③

| 접근 POINT |

반응 전 후의 원자번호와 질량수의 총합은 같아야 한다.
α선이란 헬륨의 원자핵의 흐름이다.

| 해설 |

베릴륨(Be): 원자번호 4, 질량수 9
반응 전후의 원자번호 비교
$4+2=(\quad)+0$
(   )에 들어갈 원자번호: 6
반응 전후의 질량수 비교
$9+4=(\quad)+1$
(   )에 들어갈 질량수: 12
원자번호가 6이고, 질량수가 12인 원자: 탄소(C)

31 개념 이해형

난이도 상 **중** 하

| 정답 | ①

| 접근 POINT |

답을 암기하기 보다는 반감기의 의미를 생각하면 쉽게 답을 고를 수 있다.

| 용어 CHECK |

반감기: 어떤 양이 처음의 값의 절반이 되는데 걸리는 시간

| 해설 |

$$2g \xrightarrow{\text{5일 후}} 1g \xrightarrow{\text{10일 후}} 0.5g \xrightarrow{\text{15일 후}} 0.25g$$

32 단순 암기형

난이도 상 **중** 하

| 정답 | ②

| 접근 POINT |

비금속 산화물과 금속 산화물을 구분할 수 있다면 쉽게 답을 고를 수 있다.

| 해설 |

비금속 산화물이 산성 산화물이고, 금속 산화물이 염기성 산화물이다.
양쪽성 산화물은 Al, Zn, Pb 등의 산화물이다.
BaO, CaO, MgO는 염기성 산화물이고, CO_2는 산성 산화물이다.

33 단순 암기형

난이도 상 **중** 하

| 정답 | ①

| 접근 POINT |

비금속 산화물과 금속 산화물을 구분할 수 있으면 답을 쉽게 고를 수 있다.

| 해설 |

염기성 산화물은 금속의 산화물이다.
Ca, K, Na 등의 산화물인 CaO, Na_2O, K_2O 등이 염기성 산화물이다.

34 단순 암기형

난이도 상 **중** 하

| 정답 | ②

| 접근 POINT |

양쪽성 산화물은 수가 많지 않기 때문에 종류를 암기하는 것이 좋다.

| 해설 |

양쪽성 산화물은 Al, Zn, Pb 등의 산화물이다.
① NO_2: 산성 산화물
② Al_2O_3: 양쪽성 산화물
③ MgO: 염기성 산화물
④ Na_2O: 염기성 산화물

35 단순 암기형

난이도 상 중 **하**

| 정답 | ②

| 접근 POINT |

응용되어 출제되지는 않는 단순한 문제로 암기 위주로 접근한다.

| 해설 |

수성가스는 코크스에 수증기를 작용시키면 생기는 가스로 주성분은 일산화탄소(CO), 수소(H_2)이다.

36 개념 이해형

난이도 **상** 중 하

| 정답 | ②

| 접근 POINT |

결합에너지는 단일결합보다 3중결합이 더 강하다.
단일결합, 삼중결합을 구분하기 위해서는 루이스 점전자식을 그려야 하는데 이러한 문제가 자주 출제되지는 않으므로 정답을 암기해도 된다.

| 해설 |

결합에너지: 단일결합 < 2중결합 < 3중결합
H_2: 단일결합

F_2: 단일결합
O_2: 이중결합
N_2: 삼중결합
N_2가 삼중결합으로 결합에너지 값이 가장 크다.

37 단순 암기형

난이도 상 **중** 하

| 정답 | ④

| 접근 POINT |

응용되어 출제되지는 않는 단순한 문제로 암기 위주로 접근한다.

| 해설 |

비누화 값이란 비누화 반응을 통해 유지 1g을 비누로 만드는 데 필요한 KOH의 mg수이다.
비누화 값은 분자량에 반비례하므로 비누화 값이 작은 지방은 분자량이 크다.
비누화 값이 작을수록 고급 지방산이다.

38 단순 암기형

난이도 상 **중** 하

| 정답 | ②

| 접근 POINT |

위험물의 보관방법과 연계되어 암기하는 것이 좋다.

| 해설 |

NaOH는 공기 중에 방치하면 공기 중의 수분을 흡수하여 녹는 성질이 있으므로 공기와의 접촉을 차단하여 저장해야 한다.

39 단순 암기형

난이도 상 중 **하**

| 정답 | ①

| 접근 POINT |

응용되어 출제되는 문제는 아니므로 착화합물의 의미 정도만 기억하면 된다.

| 해설 |

$Fe(CN)_6^{4-}$는 금속 원자인 Fe를 중심으로 CN^-의 리간드를 6개 가지고 있는 착이온인 $Fe(CN)_6^{4-}$에 4개의 K^+ 이온이 결합한 것이다.
착화합물은 착이온을 포함하는 물질이다.

합격 치트키 08 | 유기화합물

본문 68p

01	02	03	04	05	06	07	08	09	10
①	①	③	④	①	④	②	③	①	①
11	**12**	**13**	**14**	**15**	**16**	**17**	**18**	**19**	**20**
②	②	③	④	④	①	④	②	②	①
21	**22**	**23**	**24**	**25**	**26**	**27**	**28**	**29**	**30**
②	③	③	①	②	①	④	②	②	①
31	**32**	**33**	**34**	**35**	**36**	**37**	**38**	**39**	**40**
②	①	①	①	②	③	③	②	③	②
41	**42**	**43**	**44**	**45**	**46**	**47**	**48**	**49**	**50**
①	④	①	④	④	②	①	③	①	②

01 단순 암기형

난이도 **상** 중 하

| 정답 | ①

| 접근 POINT |

유기화합물의 이름을 정하는 방법은 IUPAC 기준을 따른다.
모든 유기화합물의 명칭을 암기하기는 어렵지만 기출문제에 나온 물질의 명칭은 암기해야 한다.

| 해설 |

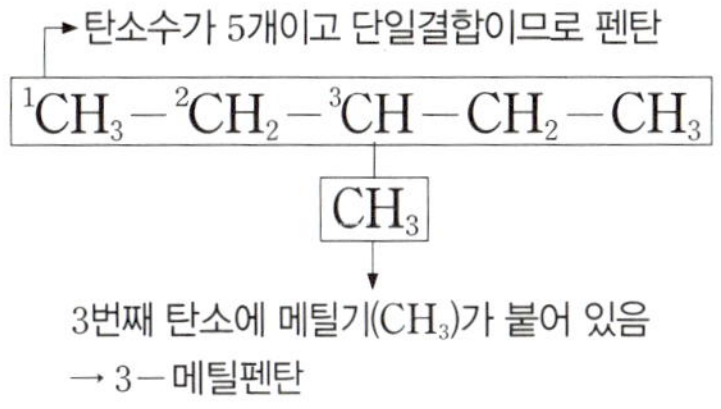

02 단순 암기형

난이도 **상** 중 하

| 정답 | ①

| 접근 POINT |

유기화합물의 이름을 정하는 방법은 IUPAC 기준을 따른다.
모든 유기화합물의 명칭을 암기하기는 어렵지만 기출문제에 나온 물질의 명칭을 암기해야 한다.

| 해설 |

탄소수가 4개이고 이중결합이 없으면 부탄이다.
첫 번째 탄소에 이중결합이 있으면 1−부텐이다.

03 단순 암기형

난이도 상 중 하

| 정답 | ③

| 접근 POINT |

자주 출제되는 문제는 아니지만 유기화합물의 기본적인 명명법에 해당되는 내용이므로 ①, ②, ③번의 명칭은 암기하는 것이 좋다.

| 해설 |

구분	일반식	예시
Alkane(알케인)	C_nH_{2n+2}	CH_4
Alkene(알켄)	C_nH_{2n}	C_2H_4
Alkyne(알카인)	C_nH_{2n-2}	C_2H_2

04 단순 암기형

난이도 상 중 하

| 정답 | ④

| 접근 POINT |

자주 출제되는 문제는 아니므로 파라핀계와 올레핀계를 구분하는 정도로만 공부해도 된다.

| 해설 |

파라핀계 탄화수소는 단일결합으로 이루어진 것이다.
올레핀계 탄화수소는 이중결합으로 이루어진 것이다.
보기 중에서는 ④번이 이중결합으로 이루어져 있어 올레핀계 탄화수소이다.

05 단순 암기형

난이도 상 중 하

| 정답 | ①

| 접근 POINT |

시성식은 각 화합물이 어떤 성질인지 한눈에 볼 수 있도록 작용기(−CHO, −COOH 등)를 표시해 준 식이다.
위험물 관련 문제에도 아세트알데하이드와 아세톤의 시성식은 자주 출제되므로 정확하게 암기해야 한다.

| 해설 |

- CH_3CHO: 아세트알데하이드
- CH_3COCH_3: 아세톤
- CH_3COOH: 아세트산
- CH_3COOCH_3: 아세트산메틸

06 개념 이해형

난이도 상 중 하

| 정답 | ④

| 접근 POINT |

이 문제는 전체 질량이 주어지지 않았으므로 전체 질량을 100g으로 가정하고 푸는 것이 편리하다.

| 해설 |

전체 질량을 100g으로 가정한다.
탄소(C)의 무게=84g
수소(H)의 무게=16g

탄소(C)의 mol 수$=84g\times\frac{mol}{12g}=7mol$

수소(H)의 mol 수$=16g\times\frac{mol}{1g}=16mol$

C : H=7 : 16
실험식$=C_7H_{16}$

07 개념 이해형

난이도 상 중 하

| 정답 | ②

| 접근 POINT |

주기율표의 같은 족끼리는 성질이 비슷하다.
보기의 4개 중 하나만 다른 족이므로 하나만 성질이 다름을 유추할 수 있다.

| 해설 |

아세틸렌(C_2H_2)의 탄소 사이에는 삼중결합이 있다.
HC≡CH
아세틸렌에 첨가반응이 일어난다는 것은 탄소 사이의 삼중결합을 끊고 전자를 가져올 정도로 전기음성도가 강해야 한다.
주기율표상 17족 원소인 할로젠족은 대체로 전기음성도가 강하다.
F(플루오린), Cl(염소), Br(브로민), 아이오딘(I)이 대표적인 할로젠 원소이다.
수은은 12족 원자로 전자를 잃고 양이온이 되려는 경향이 더 강하므로 C_2H_2와 첨가반응이 일어나지 않는다.

08 개념 이해형

난이도 상 중 하

| 정답 | ③

| 접근 POINT |

아이오딘폼 반응을 알고 있는지 묻는 문제이다.
아이오딘폼 반응의 반응식을 알아야 풀 수는 있는 문제까지는 잘 출제되지 않으므로 아이오딘폼 반응이 무엇인지 아는 정도로 공부해도 된다.

| 해설 |

아이오딘폼 반응

아세틸기(CH_3CO^-)가 있는 물질에 KOH와 I_2의 혼합 용액을 넣고 가열하면 노란색 침전을 생성한다.

메탄올(CH_3OH)은 아세틸기가 없으므로 노란색 침전이 생성되지 않고 에탄올(C_2H_5OH), 아세트알데하이드(CH_3CHO) 등은 아세틸기가 있으므로 KOH와 I_2의 혼합 용액을 넣고 가열하면 노란색 침전을 생성한다.

09 개념 이해형

난이도 **상** 중 하

| 정답 | ①

| 접근 POINT |

산화반응과 촉매, 유기화합물의 명칭에 대해 알아야 하는 문제로 다소 난이도가 높은 문제이다.

응용되어 출제되지는 않으므로 정답을 확인하는 정도로 공부해도 된다.

| 해설 |

수소를 기준으로 보면 수소를 잃는 것이 산화이다.

메탄올(CH_3OH)이 산화되어 수소를 잃으면 포름알데하이드(HCHO)가 된다.

$$CH_3OH \xrightarrow[-2H]{\text{산화}} HCHO$$

| 응용 |

에탄올(C_2H_5OH)이 산화되어 수소를 잃으면 아세트알데하이드(CH_3CHO)가 된다.

10 개념 이해형

난이도 **상** 중 하

| 정답 | ①

| 접근 POINT |

유기화합물의 산화과정을 이해해야 하는 문제로 난이도가 높은 문제이다.

2차 알코올의 산화과정을 이해하기 어려운 경우 정답을 암기해도 된다.

| 용어 CHECK |

- 1차 알코올: 하이드록시기(−OH)가 붙은 탄소에 붙어있는 탄소의 개수가 1개인 알코올이다.
- 2차 알코올: 하이드록시기(−OH)가 붙은 탄소에 붙어있는 탄소의 개수가 2개인 알코올이다.

| 해설 |

1차 알코올은 산화되면 알데하이드를 거쳐 카르복실산이 되고, 2차 알코올은 산화되면 케톤(CH_3COCH_3)이 된다.

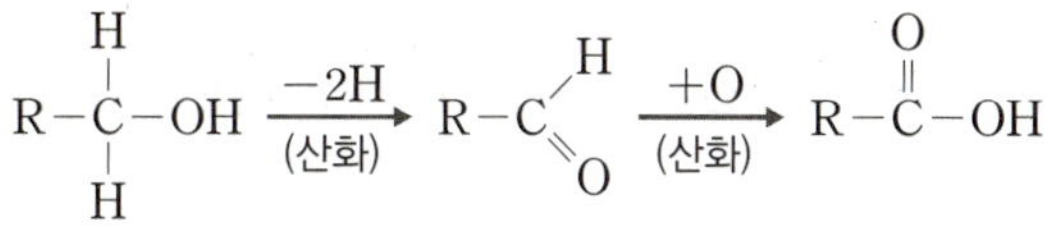

1차 알코올 〈알데하이드〉 〈카르복실산〉

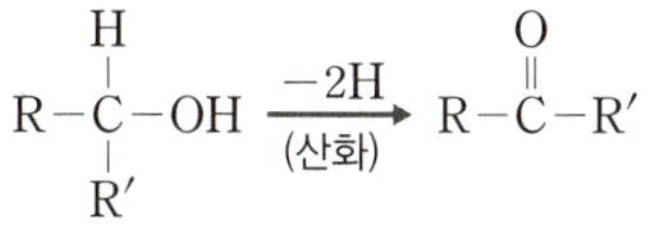

2차 알코올 〈케톤〉

※ 유기화학에서는 CH_3−와 같은 물질(알킬기)는 R로 표현한다.

11 개념 이해형

난이도 **상** 중 하

| 정답 | ②

| 접근 POINT |

묻는 방식은 다르지만 사실상 앞의 문제와 유사한 문제이다.

| 해설 |

카르보닐기는 탄소와 산소의 이중결합(C=O)을 갖는 작용기이다.

2차 알코올이 산화되었을 때 생기는 케톤이 대표적으로 카르보닐기를 갖는 화합물이다.

2차 알코올은 하이드록시기(−OH)가 붙은 탄소에 붙어있는 탄소의 개수가 2개인 알코올로 ②번이다.

12 단순 암기형

난이도 상 **중** 하

| 정답 | ②

| 접근 POINT |

응용되어 출제되는 문제는 아니므로 정답을 확인하는 정도로 공부하면 된다.

| 해설 |

공업적으로 에틸렌(C_2H_4)을 $PbCl_2$ 촉매 하에 산화시키면 아세트알데하이드(CH_3CHO)가 생성된다.

$$2C_2H_4 + O_2 \xrightarrow{PbCl_2} 2CH_3CHO$$

13 개념 이해형

난이도 상 **중** 하

| 정답 | ③

| 접근 POINT |

벽에 은이 석출되어 거울처럼 보이는 것을 은거울 반응이라고 한다.

은거울 반응의 세부 반응과정까지는 잘 출제되지 않고 은거울 반응을 하는 화합물의 종류를 묻는 문제가 출제된다.

| 해설 |

은거울 반응을 하는 화합물은 알데하이드기(−CHO)가 존재하는 화합물이다.
포름알데하이드(HCHO)가 알데하이드기(−CHO)를 가지는 화합물이다.

14 단순 암기형

난이도 상 **중** 하

| 정답 | ④

| 접근 POINT |

프리델−크래프츠 반응의 세세한 내용은 잘 출제되지 않고 사용하는 촉매의 종류를 묻는 문제가 출제된다.

| 해설 |

프리델−크래프츠 반응에서 촉매는 $AlCl_3$가 사용된다.
프리델−크레프츠 반응은 벤젠에 알킬기를 도입하는 반응이다.

15 단순 암기형

난이도 **상** 중 하

| 정답 | ④

| 접근 POINT |

응용되어 출제되는 문제는 아니므로 정답을 확인하는 정도로 공부해도 된다.

| 해설 |

메탄올(CH_3OH)은 주로 메탄으로부터 만들거나 일산화탄소(CO)와 수소(H_2)를 반응시켜 얻는다.

| 심화 |

보기에 있는 물질의 화학식은 다음과 같다.
① 아세트산(CH_3COOH)
② 염화비닐($CH_2=CHCl$)
③ 에탄올(C_2H_5OH)
④ 메탄올(CH_3OH)
메탄올만 탄소 개수가 1개이므로 탄소 개수가 2개인 아세틸렌(C_2H_4)으로 만들기 어려움을 예상할 수 있다.

16 개념 이해형

난이도 상 **중** 하

| 정답 | ①

| 접근 POINT |

가수분해 반응식까지 작성하는 문제는 잘 출제되지 않으므로 가수분해의 의미와 가수분해가 되지 않는 염의 종류 정도를 알고 넘어가면 된다.

| 용어 CHECK |

가수분해: 화학반응을 할 때 물과 반응하여 원래 하나였던 큰 분자가 몇 개의 이온이나 분자로 분해되는 반응이다.

| 해설 |

NaCl은 이온결합한 화합물로 물에 닿으면 가수분해가 되는 것이 아니라 Na^+와 Cl^- 이온으로 해리된다.

| 심화 |

보기에 있는 화합물의 가수분해 반응
② $NH_4Cl+H_2O \longrightarrow NH_3+H_3O^++Cl^-$
③ $CH_3COONa+H_2O \longrightarrow CH_3COOH+OH^-+Na^+$
④ $CH_3COONH_4+H_2O \longrightarrow CH_3COOH+NH_4OH$

17 단순 암기형

난이도 상 **중** 하

| 정답 | ④

| 접근 POINT |

유기화합물의 비점까지 전부 암기하기는 어렵지만 부동액의 원료로 사용되는 물질은 자주 출제되므로 암기하고 있어야 한다.

| 해설 |

에틸렌글리콜$\{C_2H_4(OH)_2\}$은 부동액의 원료로 사용되는 대표적인 물질이다.

18 단순 암기형

난이도 상 **중** 하

| 정답 | ②

| 접근 POINT |

지방이 글리세린과 지방산으로 되는 반응과정은 복잡하고 위험물산업기사에서는 잘 출제되지 않는다.
지방이 글리세린과 지방산으로 되는 것이 어떤 반응인지 정도만 알고 넘어가도 된다.

| 해설 |

가수분해란 지방, 포도당처럼 분자량이 큰 분자를 물을 이용하여 분해하는 것이다.
가수분해는 우리 몸 속에서 주로 일어나는 반응이고 지방이 가수분해되면 글리세린과 지방산이 된다.

19 개념 이해형

난이도 **상** 중 하

| 정답 | ②

| 접근 POINT |

위험물산업기사에서 출제된 문제 중에서는 가장 어려운 문제이다.
유기화합물의 반응에 대해 이해하기 어렵다면 정답을 암기하는 방법으로 공부해도 된다.

| 해설 |

벤젠의 치환반응

(1) 나이트로화 반응

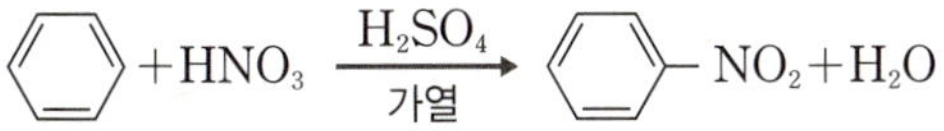

나이트로벤젠

(2) 할로젠화 반응

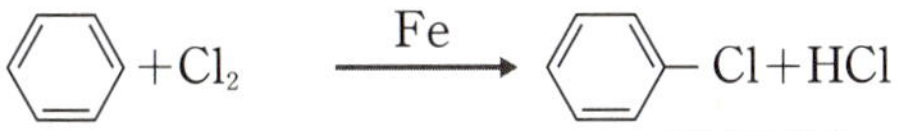

클로로벤젠

(3) 술폰화 반응

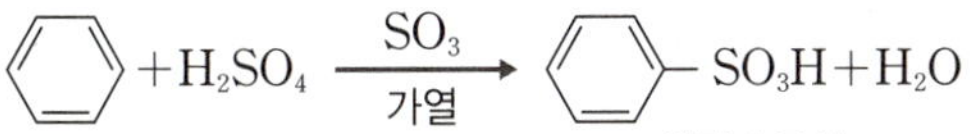

벤젠술폰산

(4) 알킬화 반응

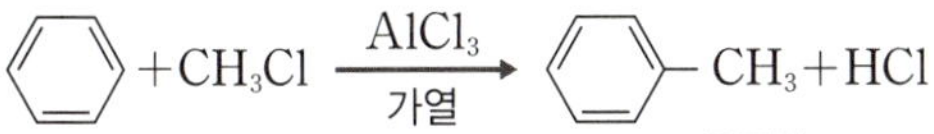

톨루엔

페놀(C_6H_5OH)은 벤젠의 치환반응으로 직접 유도할 수 없고 톨루엔, 나이트로벤젠 등을 통하여 간접적으로 합성할 수 있다.

20 개념 이해형

난이도 상 **중** 하

| 정답 | ①

| 접근 POINT |

첨가는 더해지는 것이고, 축합은 합쳐지는 것이라고 생각하면 좀 더 쉽게 답을 고를 수 있다.

| 해설 |

첨가중합은 화합물 내에 존재하는 이중결합이 끊어지면서 첨가반응하여 고분자 화합물을 만드는 것이다.

축합중합은 화합물 내에 있는 작용기들이 축합반응하여 물과 같이 간단한 분자가 빠져나가면서 고분자 화합물을 만드는 것이다.

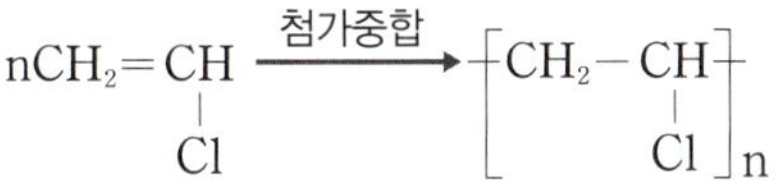

염화비닐 폴리염화비닐

21 개념 이해형

난이도 상 **중** 하

| 정답 | ②

| 접근 POINT |

유기화합물의 구조를 이해하고 있다면 쉽게 풀 수 있으나 비전공자에게는 어렵게 느껴지는 문제이다.

직접 반응식을 쓰는 문제는 거의 출제되지 않으므로 이해가 어려운 경우 정답을 암기하는 방법으로 공부해도 된다.

| 해설 |

다이에틸에터($C_2H_5OC_2H_5$)는 에틸알코올(C_2H_5OH) 2분자에서 물이 빠져나가는 탈수축합반응으로 생성된다.

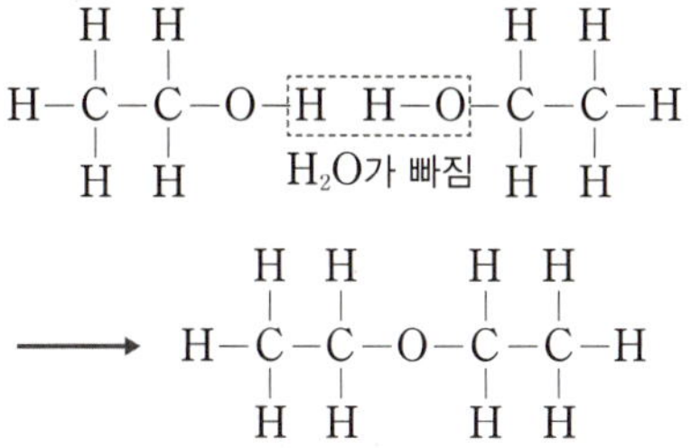

22 개념 이해형

난이도 상 **중** 하

| 정답 | ③

| 접근 POINT |

이론적으로 깊게 생각하기보다는 단어의 의미를 생각하면서 답을 고르는 것이 좋다.

| 해설 |

화합물 속의 원자, 이온 등이 다른 원자, 이온 등으로 바뀌는 것을 치환반응이라고 한다.

메탄에 염소를 작용시켜 클로로포름으로 바꾸는 것은 치환반응이다.

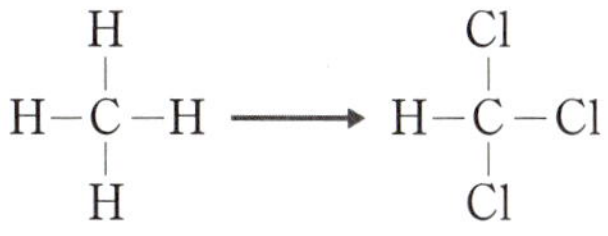

메탄 클로로포름

23 개념 이해형

난이도 상 **중** 하

| 정답 | ③

| 접근 POINT |

포화 탄화수소와 불포화 탄화수소의 차이점을 구분해야 한다.

| 해설 |

포화 탄화수소는 단일결합으로만 이루어진 탄화수소이고, 불포화 탄화수소는 1.5중 결합, 이중결합, 삼중결합으로 이루어진 탄화수소이다.

물질명	구조식	결합형태	구분
톨루엔	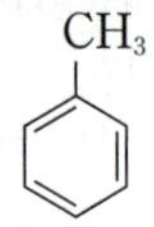	1.5중 결합	불포화 탄화수소
에틸렌	$-C=C-$	이중결합	불포화 탄화수소
프로판	$-C-C-$	단일결합	포화 탄화수소
아세틸렌	$-C\equiv C-$	삼중결합	불포화 탄화수소

24 단순 암기형

난이도 상 중 하

| 정답 | ①

| 접근 POINT |

유기화학에 대한 이해가 있다면 쉽게 답을 고를 수 있는 문제이다. 방향족 탄화수소의 의미를 생각하며 답을 고른다.

| 용어 CHECK |

방향족 탄화수소: 분자 내에 벤젠 고리를 포함하는 화합물로 벤젠 고리에 알킬기(CH_3-) 또는 다른 작용기가 결합한 것이다.

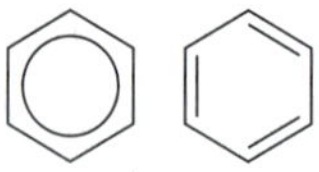

▲ 벤젠 고리

| 해설 |

톨루엔, 아닐린, 안트라센은 모두 벤젠 고리가 포함된다.

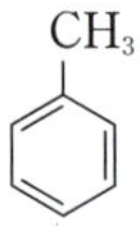

▲ 톨루엔

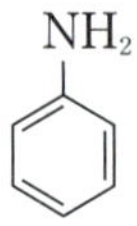

▲ 아닐린

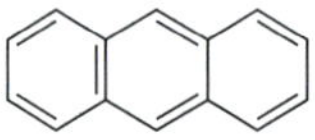

▲ 안트라센

에틸렌($CH_2=CH_2$)은 분자 내에 벤젠 고리를 포함하지 않는다.

25 단순 암기형

난이도 상 중 하

| 정답 | ②

| 접근 POINT |

벤젠 고리를 포함하고 있지 않는 화합물이 무엇인지 생각해 본다.

| 해설 |

톨루엔, 크레졸, 아닐린은 모두 벤젠 고리를 포함하고 있는 방향족 화합물이다.

26 단순 암기형

난이도 상 중 하

| 정답 | ①

| 접근 POINT |

세부반응까지는 잘 출제되지 않으므로 벤젠에 수소가 부가되었을 때 생기는 물질이 무엇인지 아는 정도로 공부해도 된다.

| 해설 |

벤젠(C_6H_6)에 수소를 부가시키면 시클로헥산(C_6H_{12})이 된다.

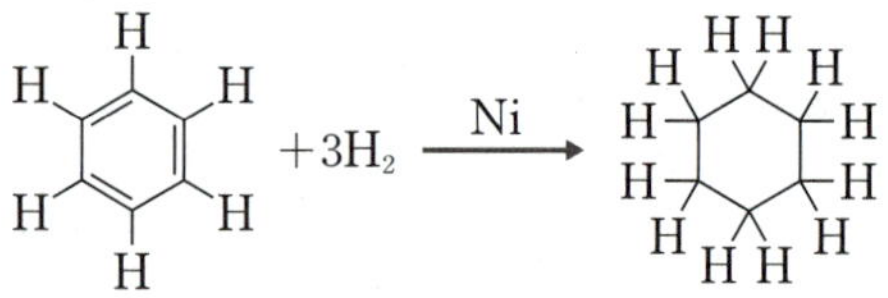

27 단순 암기형

난이도 상 중 하

| 정답 | ④

| 접근 POINT |

벤젠 고리를 함유하고 있는 것이 방향족 탄화수소이다.

| 해설 |

아닐린은 모두 분자 내에 벤젠 고리가 포함된다.

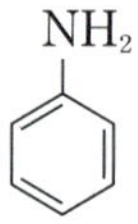

▲ 아닐린

| 선지분석 |

① 아세틸렌(C_2H_2)은 벤젠 고리가 없다.
② 아세톤(CH_3COCH_3)은 벤젠 고리가 없다.
③ 메탄(CH_4)은 벤젠 고리가 없다.

28 단순 암기형

난이도 상 중 하

| 정답 | ②

| 접근 POINT |

다른 물질의 화학식은 모르더라도 아닐린은 자주 출제되는 편이므로 화학식을 암기하고 있어야 한다.

| 해설 |

① 벤조산: C_6H_5COOH
② 아닐린: $C_6H_5NH_2$
③ 페놀: C_6H_5OH
④ 크레졸: $CH_3C_6H_4OH$

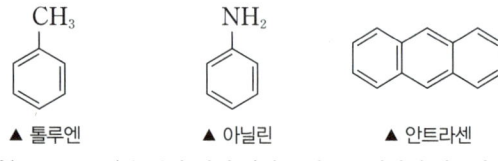

29 단순 암기형

난이도 **상** 중 하

| 정답 | ②

| 접근 POINT |

나이트로벤젠을 수소로 환원하여 아닐린을 만드는 반응식까지는 몰라도 되지만 나이트로벤젠과 아닐린의 구조식은 다른 과목에서도 출제되므로 암기해야 한다.

| 해설 |

아닐린은 나이트로벤젠을 수소로 환원하여 만든다.

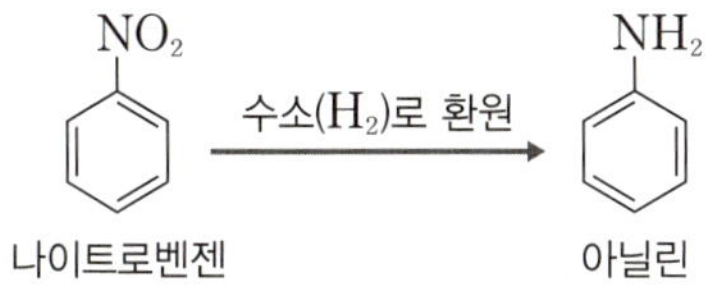

30 단순 암기형

난이도 상 중 **하**

| 정답 | ①

| 접근 POINT |

물질의 산성, 염기성은 물질의 고유의 성질에 해당하므로 암기 위주로 접근해야 한다.
보기의 화학식은 다른 부분에도 출제될 수 있으므로 화학식만 보고도 어떤 물질인지 알 수 있어야 한다.

| 해설 |

① 아닐린으로 약한 염기성이다.
② 나이트로벤젠으로 물에 녹지 않고, 중성이다.
③ 페놀으로 물에 약간 녹고 약한 산성이다.
④ 벤조산으로 산성이다.

31 단순 암기형

난이도 **상** 중 하

| 정답 | ②

| 접근 POINT |

응용되어 출제되는 문제는 아니므로 암기 위주로 접근해도 된다.

| 해설 |

벤젠술폰산은 강산으로 산성이 세다.
아세트산, 페놀, 벤조산은 모두 약산이다.

32 단순 암기형

난이도 **상** 중 하

| 정답 | ①

| 접근 POINT |

응용되어 출제되는 문제는 아니므로 암기 위주로 접근해도 된다.

| 해설 |

톨루엔을 촉매 하에 산화시키면 벤조산이 된다.

33 단순 암기형

난이도 **상** 중 하

| 정답 | ①

| 접근 POINT |

응용되어 출제되는 문제는 아니므로 암기 위주로 접근해도 된다.

| 해설 |

극성 물질은 극성 물질에 잘 녹고, 비극성 물질은 비극성 물질에 잘 녹는다.
벤젠(C_6H_6)은 비극성 물질로 물에 녹지 않는다.
위험물의 특성 기준으로 접근하면 벤젠(C_6H_6)은 제1석유류 비수용성이기 때문에 물에 녹지 않는다.

34 단순 암기형

난이도 **상** 중 하

| 정답 | ①

| 접근 POINT |

반응식까지 묻는 문제는 잘 출제되지 않으므로 생성되는 물질의 종류 정도를 암기하면 된다.

| 해설 |

아세트산(CH_3COOH)과 에틸알코올(C_2H_5OH)의 혼합물에 진한 황산을 가하여 가열하면 아세트산에틸($CH_3COOC_2H_5$)이 된다.

$$CH_3COOH + C_2H_5OH \longrightarrow CH_3COOC_2H_5 + H_2O$$

35 단순 암기형

난이도 상 **중** 하

| 정답 | ②

| 접근 POINT |

구조이성질체의 개수를 알기 위해서는 직접 분자식을 그려야 한다.
이러한 형태의 문제가 자주 출제되지는 않으므로 펜탄의 구조이성질체의 수를 암기해도 된다.

| 해설 |

구조이성질체는 분자식은 동일하지만 원자 사이의 결합 관계가 다른 것이다.
펜탄(C_5H_{12})의 구조이성질체는 3개이다.

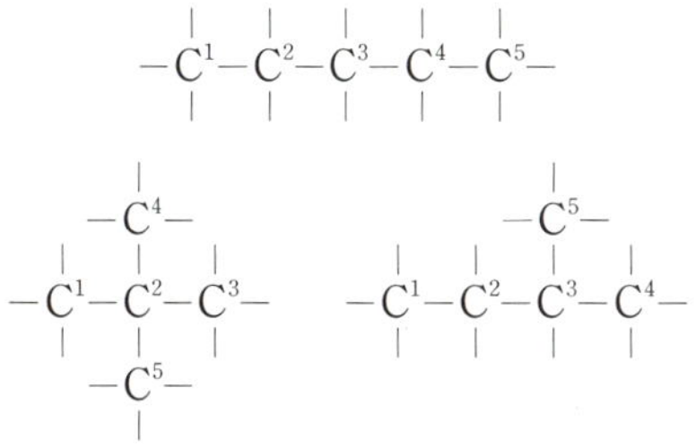

SUBJECT 01

36 단순 암기형

난이도 상 중 하

| 정답 | ③

| 접근 POINT |

구조이성질체의 개수를 알기 위해서는 직접 분자식을 그려야 한다. 이러한 형태의 문제가 자주 출제되지는 않으므로 헥산의 구조이성질체의 수를 암기해도 된다.

| 해설 |

구조이성질체는 분자식은 동일하지만 원자 사이의 결합의 관계가 다른 것이다.
헥산(C_6H_{14})의 구조이성질체는 5개이다.

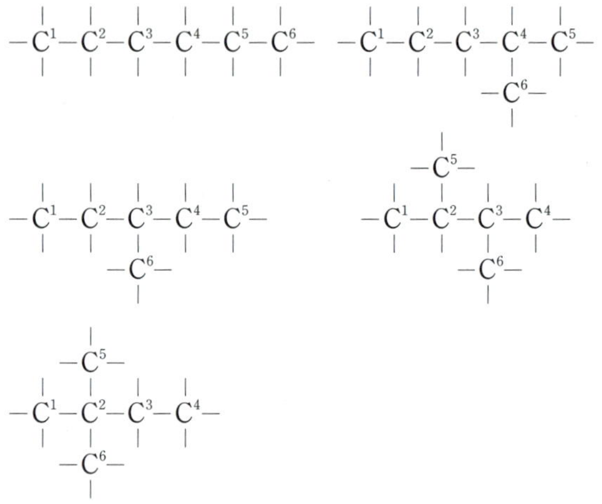

37 단순 암기형

난이도 상 중 하

| 정답 | ③

| 접근 POINT |

디클로로벤젠의 구조식만 알고 있다면 구조이성질체의 개수를 쉽게 산정할 수 있다.

| 해설 |

디클로로벤젠($C_6H_4Cl_2$)은 다음과 같이 3가지의 구조이성질체를 가진다.

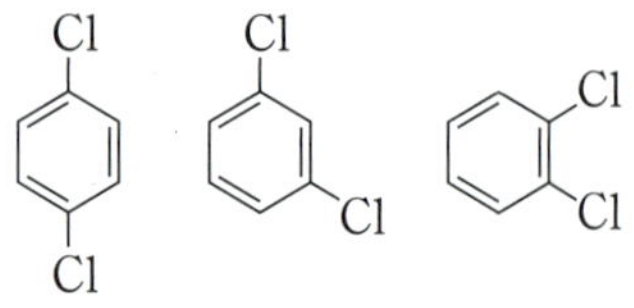

38 개념 이해형

난이도 상 중 하

| 정답 | ②

| 접근 POINT |

문제에서 설명하는 화합물의 종류를 생각한 뒤 이성질체의 개수를 산정한다.

| 해설 |

문제에서 설명하는 화합물은 크레졸이다.
크레졸은 다음과 같이 3개의 이성질체가 있다.

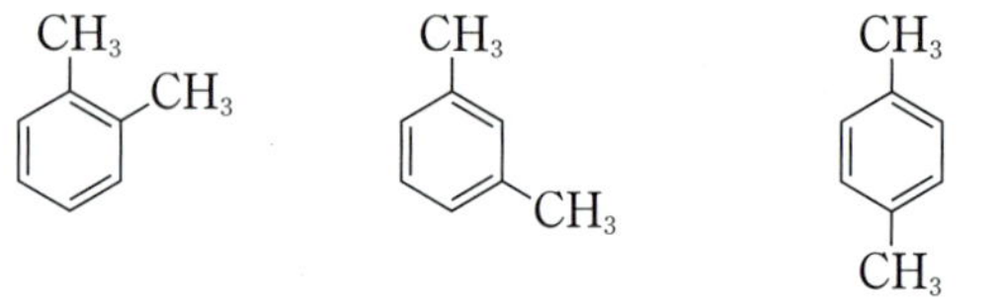

o−크레졸　　m−크레졸　　p−크레졸

39 개념 이해형

난이도 상 중 하

| 정답 | ③

| 접근 POINT |

기하이성질체라는 개념 자체는 위험물산업기사 수준에서 출제되는 문제 중에서는 가장 어려운 개념이다.
탄소 사이에 이중결합이 있는 유기화합물에 다른 화합물이 결합된 경우 기하이성질체를 가지는 경우가 많다.

| 용어 CHECK |

이성질체: 분자식은 같지만 원자의 배열방식이 달라 다른 물리적·화학적 성질을 가지는 화합물이다.

| 해설 |

분자 내의 같은 원자의 위치 차이로 생기는 이성질체를 기하이성질체라고 한다.
기하이성질체는 시스(cis)형과 트랜스(trans)형 두 가지 형태가 있다. 시스형은 이중결합을 중심으로 같은 종류의 원자가 같은 쪽에 있는 것이고, 트랜스형은 같은 종류의 원자가 반대쪽에 있는 것이다.
디클로로에텐($C_2H_2Cl_2$)은 Cl과 H의 위치에 따라 다음과 같이 두 종류의 기하이성질체가 존재한다.

cis−1,2−dichloroethene　　trans−1,2−dichloroethene

40 개념 이해형

난이도 상 중 하

| 정답 | ②

| 접근 POINT |

기하이성질체는 주로 이중결합이 있는 화합물에서 많이 존재한다.

| 해설 |

뷰텐($CH_3CH=CHCH_3$)에는 시스(cis)형과 트랜스(trans)형 두 가지 기하이성질체가 존재한다.

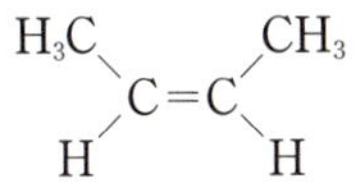

▲ cis−2−butene

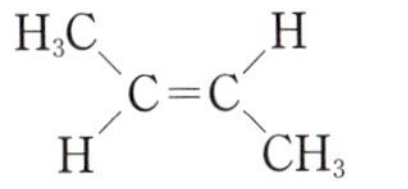

▲ trans−2−butene

| 유사문제 |

다음 화합물들 가운데 기하학적 이성질체를 가지고 있는 것은?

① $CH_2=CH_2$

② $CH_3-CH_2-CH_2-OH$

③ 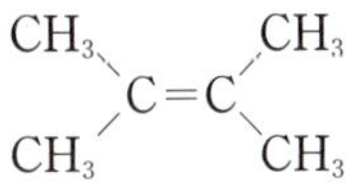

④ $CH_3-CH=CH-CH_3$

정답은 ④번이다.

41 단순 암기형

난이도 상 중 하

| 정답 | ①

| 접근 POINT |

유기화합물의 명명법을 알고 있다면 쉽게 풀 수 있는 문제이다.
위험물산업기사에서는 TNT, TNP은 구조식을 묻는 문제가 자주 출제되므로 두 화합물의 구조식은 구분해서 암기해야 한다.

| 해설 |

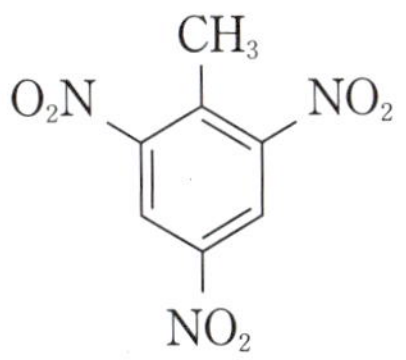

▲ 트리나이트로톨루엔 (TNT)

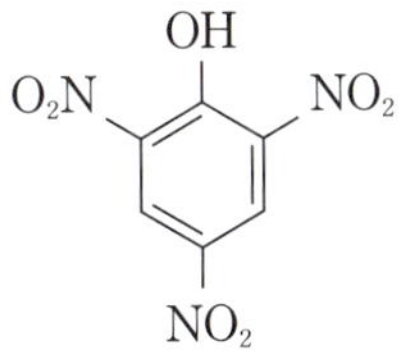

▲ 트리나이트로페놀 (TNP)

42 단순 암기형

난이도 상 중 하

| 정답 | ④

| 접근 POINT |

유기화학에 대한 이해가 있어야 풀 수 있는 문제이다.
자주 출제되는 문제는 아니므로 정답을 암기하는 방법으로 공부해도 된다.

| 해설 |

나일론(Nylon 6, 6)에는 ④번과 같은 아마이드 결합이 들어 있다.

43 단순 암기형

난이도 상 중 하

| 정답 | ①

| 접근 POINT |

유기화학에 대한 이해가 있어야 풀 수 있는 문제이다.
자주 출제되는 문제는 아니므로 정답을 암기하는 방법으로 공부해도 된다.

| 해설 |

나일론−66을 제조할 때에는 아디프산과 헥사메틸렌디아민을 사용한다.

44 단순 암기형

난이도 상 중 하

| 정답 | ④

| 접근 POINT |

유기화학에 대한 이해가 있어야 풀 수 있는 문제이다.
자주 출제되는 문제는 아니므로 정답을 암기하는 방법으로 공부해도 된다.

| 해설 |

두 개의 아미노산이 축합중합 과정을 거치면 펩티드 결합을 이룬다. 단백질에 대표적으로 펩티드 결합이 들어 있다.

45 단순 암기형

난이도 상 중 하

| 정답 | ④

| 접근 POINT |

페놀에 대한 세부특성을 모두 암기하지는 못하더라도 어느 물질과 정색반응을 하는지는 암기해야 한다.

| 해설 |

염화철($FeCl_3$) 수용액과 정색반응을 하여 보라색으로 변하는 물질은 페놀 수산기(−OH)가 붙은 페놀류이다.

| 심화 |

페놀(C_2H_5OH)의 성질

- 물에 약간 녹으며 산성이다.
- −OH기가 더 첨가되면 물에 대한 용해도가 커진다.
- 카르복실산과 반응하여 에스테르가 된다.
- 염화철과 만나면 정색반응을 하여 보라색이 된다.

46 단순 암기형

난이도 상 중 하

| 정답 | ②

| 접근 POINT |

염화철 수용액에 페놀이 포함된 물질을 넣으면 보라색으로 변하는데 이를 정색반응이라고 한다.

정색반응의 세부 반응식까지는 잘 출제되지 않으므로 염화철 수용액과 정색반응을 하는 물질이 무엇인지만 암기하면 된다.

| 해설 |

염화철 수용액과 정색반응을 일으키는 물질은 페놀류이다.

페놀류는 벤젠 고리에 하이드록시기(−OH)가 치환된 것으로 ①번이 페놀이다.

②번은 벤질알코올로 하이드록시기(−OH)가 벤젠 고리에 직접 치환되어 있지 않으므로 페놀류가 아니고 염화철 수용액과 정색반응을 하지 않는다.

③은 크레졸, ④는 살리실산으로 모두 페놀류이다.

| 유사문제 |

다음 중 $FeCl_3$과 반응하면 색깔이 보라색으로 되는 현상을 이용해서 검출하는 것은?

① CH_3OH ② C_2H_5OH

③ $C_6H_5NH_2$ ④ $C_6H_5CH_3$

정답은 ②번 페놀이다.

47 개념 이해형

난이도 상 중 하

| 정답 | ①

| 접근 POINT |

산소와 결합하는 것이 연소반응이다.

연소생성물 CO_2에서 C는 유기화합물에서 온 것이고, O_2는 공기에서 온 것이다.

같은 원리로 연소생성물 H_2O에서 H는 유기화합물에서 온 것이고 O_2는 공기에서 온 것이다.

| 해설 |

CO_2의 분자량$=12+(16\times2)=44\text{g/mol}$

생성된 CO_2 중 C의 질량$=44\times\frac{12}{44}=12\text{g}$

C의 몰수$=\frac{12\text{g}}{12\text{g/mol}}=1\text{mol}$

H_2O의 분자량$=(1\times2)+16=18\text{g/mol}$

생성된 H_2O 중 H_2의 질량$=27\times\frac{2}{18}=3\text{g}$

H의 몰수$=\frac{3\text{g}}{1\text{g/mol}}=3\text{mol}$

C : H의 몰비율$=1:3$

48 단순 암기형

난이도 상 중 하

| 정답 | ③

| 접근 POINT |

자주 출제되거나 응용되어 출제되지는 않는 문제이나 기출문제에 나온 문제이므로 정답 정도는 확인하고 넘어가는 것이 좋다.

| 해설 |

탄수화물의 종류

종류	분자식	이름	환원성
단당류	$C_6H_{12}O_6$	포도당 과당 갈락토오스	있음
이당류	$C_{12}H_{22}O_{11}$	설탕	없음
		맥아당(엿당)	있음
		젖당	있음
다당류	$(C_6H_{10}O_5)_n$	녹말 셀룰로오스 글리코겐	없음

49 단순 암기형

난이도 상 중 하

| 정답 | ①

| 접근 POINT |

자주 출제되거나 응용되어 출제되지는 않지만 기출문제에 나온 문제이므로 정답 정도는 확인하고 넘어가는 것이 좋다.

| 해설 |

말타아제는 엿당을 포도당으로 분해하는 것이고, 아밀라아제는 녹말을 엿당으로 분해하는 것이다.

50 복합 계산형

난이도 상 중 하

| 정답 | ②

| 접근 POINT |

밀도의 정의를 이용하여 분자량을 계산한 뒤 해당 분자량에 맞는 보기를 고른다.

밀도의 정의를 잘 몰라도 문제에 주어진 밀도의 단위를 보고 밀도를 계산할 수 있어야 한다.

| 해설 |

문제에서 주어진 조건 0℃, 1기압은 표준상태이다.

표준상태에서 기체 1몰의 부피는 22.4L이다.

$$\text{밀도} = \frac{\text{질량}}{\text{부피}}$$

$$1.25\text{g/L} = \frac{\text{질량}}{22.4\text{L}}$$

질량 $= 1.25\text{g/L} \times 22.4\text{L} = 28\text{g}$

기체 1몰을 기준으로 했으므로 여기서 구한 질량은 분자량이다.

보기 중에서 분자량이 28인 것을 찾는다.

② C_2H_4의 분자량 $= (12 \times 2) + (1 \times 4) = 28$

SUBJECT 01

SUBJECT 02

화재예방과 소화방법

합격 치트키 01 | 연소이론 본문 80p

01	02	03	04	05	06	07	08	09	10
④	①	③	②	①	③	③	④	③	②
11	12	13	14	15	16	17	18	19	20
③	①	②	①	①	②	③	③	④	③
21	22	23	24	25	26	27	28	29	30
②	②	③	③	④	③	②	②	①	②
31	32	33	34	35	36	37	38	39	40
①	②	②	②	③	③	①	③	④	③
41	42	43							
①	①	③							

01 개념 이해형

난이도 상 중 하

| 정답 | ④

| 접근 POINT |

연소의 3요소는 다른 문제를 풀기 위한 기본적인 개념으로 정확하게 이해해야 한다.
이 문제는 연소의 3요소와 위험물의 특징을 연계해야 풀 수 있다.

| 해설 |

연소의 3요소: 가연물, 산소공급원, 점화원
① 과산화수소: 제6류 위험물 → 산소공급원
② 과산화나트륨: 제1류 위험물 → 산소공급원
③ 질산칼륨: 제1류 위험물 → 산소공급원
④ 황린: 제3류 위험물 → 가연물

02 개념 이해형

난이도 상 중 하

| 정답 | ①

| 접근 POINT |

가연물은 탈 수 있는 물질로 위험물의 유별과 연관지어 생각해 본다.

| 해설 |

① 이황화탄소(CS_2)는 제4류 위험물로 가연물이다.
② 과산화수소(H_2O_2)는 제6류 위험물로 산소공급원 역할을 할 수 있지만 자체로는 불연성이다.
③ 이산화탄소(CO_2)는 가연물이 아니고, 소화약제로 사용된다.
④ 헬륨(He)은 불활성 기체로 가연물이 아니고, 불활성가스 소화약제에 사용된다.

03 개념 이해형

난이도 상 중 하

| 정답 | ③

| 접근 POINT |

산소공급원이 되기 위해서는 화합물 내에 산소 원자를 포함하고 있어야 한다.
위험물 중에서는 제1류 위험물과 제6류 위험물이 산소공급원이 될 수 있다.

| 해설 |

① 과망간산칼륨($KMnO_4$): 제1류 위험물로 산소공급원이 될 수 있다.
② 염소산칼륨($KClO_3$): 제1류 위험물로 산소공급원이 될 수 있다.
③ 탄화칼슘(CaC_2): 제3류 위험물로 가연물이고, 산소공급원이 될 수 없다.
④ 질산칼륨(KNO_3): 제1류 위험물로 산소공급원이 될 수 있다.

04 개념 이해형

난이도 상 중 하

| 정답 | ②

| 접근 POINT |

암기 위주로 접근하는 것보다는 불연성의 의미를 통해 답을 고르는 것이 좋다.

| 해설 |

연소란 물질이 산소와 반응하여 열을 발생시키는 현상이고, 연소가 잘 일어나는 물질을 가연성 물질이라고 한다.
불연성이란 산소와 반응하지 않아 연소가 일어나지 않는 물질로 이산화탄소는 대표적인 불연성 물질이다.

05 개념 이해형

난이도 상 중 하

| 정답 | ①

| 접근 POINT |

기화열의 의미를 알고 있다면 직관적으로 답을 고를 수 있다.

| 해설 |

기화열은 물과 같은 액체가 수증기와 같은 기체로 변하기 위해 흡수하는 열이다.

기화열은 열을 흡수하는 것이므로 점화원 역할을 할 수 없다.

| 유사문제 |

다음 중 점화원이 될 수 없는 것은?

① 전기스파크 ② 증발잠열

③ 마찰열 ④ 분해열

정답은 ②번이다.

증발잠열은 기화열과 같은 용어이다.

열을 흡수하는 것은 점화원이 될 수 없다.

06 개념 이해형

난이도 상 중 하

| 정답 | ③

| 접근 POINT |

발화점은 다른 문제를 풀기 위해서도 이해가 필요한 용어로 개념을 정확하게 이해해야 한다.

발화점과 인화점의 의미 정도는 구분할 수 있어야 위험물의 종류별 특성을 이해할 수 있다.

| 해설 |

발화점(착화점)은 점화원(외부의 열) 없이 스스로 발화하는 최저의 온도이다.

인화점은 제4류 위험물과 같이 휘발성 물질의 증기가 점화원(외부의 열)에 의해 불이 붙는 최저의 온도이다.

발화점과 인화점의 가장 큰 차이점은 점화원의 존재 유무이다.

07 개념 이해형

난이도 상 중 하

| 정답 | ③

| 접근 POINT |

암기 위주로 접근하는 것보다는 화재가 발생하기 쉬운 환경이 무엇인지 생각하면서 문제를 푸는 것이 좋다.

| 해설 |

① 착화온도가 낮으면 낮은 온도에서 연소가 시작되기 때문에 위험성이 크다.

② 인화점이 낮으면 낮은 온도에서 연소가 시작되기 때문에 위험성이 크다.

③ 인화점이 낮은 물질이 반드시 착화점도 낮은 것은 아니다.

④ 폭발한계가 넓으면 연소가 시작될 가능성이 더 크므로 위험하다.

08 개념 이해형

난이도 상 중 하

| 정답 | ④

| 접근 POINT |

하나의 보기에 맞은 내용과 틀린 내용이 모두 있는 문제로 보기를 꼼꼼하게 읽어보아야 한다.

| 해설 |

① 주기율표의 18족 원소는 불활성 기체이므로 가연물이 될 수 없다.

② 활성화에너지가 작으면 연소가 시작되기 위해 필요한 에너지가 작다는 것이므로 가연물이 되기 쉽다.

③ 산화반응이 완결된 산화물은 더 이상 산화(연소)할 수 없으므로 가연물이 아니다.

④ 질소가 비활성 기체인 것은 맞지만 일산화질소(NO), 이산화질소(NO_2) 등 질소산화물이 존재한다.

09 개념 이해형

난이도 상 중 하

| 정답 | ③

| 접근 POINT |

답을 암기하기보다는 보기에 주어진 용어의 의미를 생각해 본다.

| 해설 |

착화에너지란 위험물에서 화재가 발생하는 데 필요한 최소한의 에너지이다.

착화에너지가 작을수록 화재가 발생할 가능성이 높기 때문에 위험하다.

| 선지분석 |

① 인화점이 낮을수록 위험하다.

② 착화점이 낮을수록 위험하다.

④ 연소열이 클수록 위험하다.

10 개념 이해형

난이도 상 중 하

| 정답 | ②

| 접근 POINT |

암기 위주로 접근하는 것보다는 화재가 발생하기 쉬운 환경이 무엇인지 생각하면서 문제를 푸는 것이 좋다.

| 해설 |

① 습도가 높으면 미생물의 활동으로 열이 발생하여 자연발화가 잘 일어날 수 있다.

② 열전도율이 낮을 때 열의 축적이 잘 발생하여 자연발화가 잘 일어난다.

③ 주위 온도가 높으면 발화점 이상의 온도가 될 가능성이 높아 자연발화가 잘 일어난다.

④ 표면적이 넓으면 산소와의 접촉면적이 늘어나는 것이기 때문에 자연발화가 잘 일어난다.

| 유사문제 |

자연발화를 방지하는 방법으로 가장 거리가 먼 것은?

① 통풍이 잘 되게 할 것
② 열의 축적을 용이하지 않게 할 것
③ 저장실의 온도를 낮게 할 것
④ 습도를 높게 할 것

정답은 ④번이다.
자연발화를 방지하기 위해서는 습도를 낮게 해야 한다.

11 개념 이해형

난이도 상 중 하

| 정답 | ③

| 접근 POINT |

암기 위주로 접근하는 것보다는 화재가 발생하기 쉬운 환경이 무엇인지 생각하면서 문제를 푸는 것이 좋다.

| 해설 |

① 주위 온도가 낮으면 발화점 이상의 온도가 될 가능성이 낮아 자연발화가 잘 일어나지 않는다.
② 표면적이 작으면 산소와의 접촉면적이 줄어들어 자연발화가 잘 일어나지 않는다.
③ 열전도율이 작으면 열의 축적이 잘 일어나서 자연발화가 잘 일어난다.
④ 발열량이 작을 때 보다 발열량이 클 때 자연발화가 잘 일어난다.

12 개념 이해형

난이도 상 중 하

| 정답 | ①

| 접근 POINT |

암기 위주로 접근하는 것보다는 화재가 발생하기 쉬운 환경이 무엇인지 생각하면서 문제를 푸는 것이 좋다.

| 해설 |

자연발화를 방지하기 위해서는 통풍(환기)를 자주 해야 한다.

13 개념 이해형

난이도 상 중 하

| 정답 | ②

| 접근 POINT |

암기 위주로 접근하는 것보다 증발열의 의미를 생각해 본다.

| 해설 |

증발열이란 액체(물)이 기체(수증기)로 변할 때 흡수하는 열로 자연발화에 영향을 주지 않는다.

14 개념 이해형

난이도 상 중 하

| 정답 | ①

| 접근 POINT |

암기 위주로 접근하는 것보다 기화열의 의미를 생각해 본다.

| 해설 |

기화열이란 액체(물)이 기체(수증기)로 변할 때 흡수하는 열로 흡수하는 열이 자연발화의 원인이 될 수 없다.

| 관련개념 |

자연발화의 원인

- 분해열: 셀룰로이드, 나이트로셀룰로오스
- 산화열: 석탄, 건성유
- 발효열: 퇴비, 먼지
- 흡착열: 목탄, 활성탄

15 단순 암기형

난이도 상 중 하

| 정답 | ①

| 접근 POINT |

자연발화의 원인으로 흡착열과 분해열을 구분할 수 있어야 한다.

| 해설 |

셀룰로이드는 분해열에 의해 발열된다.

| 유사문제 |

셀룰로이드의 자연발화 형태를 가장 옳게 나타낸 것은?

① 잠열에 의한 발화　　② 미생물에 의한 발화
③ 분해열에 의한 발화　　④ 흡착열에 의한 발화

정답은 ③번이다.

16 단순 암기형

난이도 상 중 하

| 정답 | ②

| 접근 POINT |

셀룰로이드에 집중하기 보다는 자연발화가 일어나지 않을 조건 위주로 생각하여 답을 고른다.

| 해설 |

자연발화를 방지하기 위해서는 온도와 습도가 모두 낮아야 한다.
습도가 높으면 미생물의 활동으로 열이 발생하여 자연발화가 잘 일어날 수 있다.

17 개념 이해형

난이도 상 중 하

| 정답 | ③

| 접근 POINT |

탄소의 완전연소반응식을 작성한 후 반응하는 산소의 부피를 계산한다.

문제에서는 산소의 부피를 묻는 것이 아니라 이론 공기량을 묻고 있음을 주의해야 한다.

| 해설 |

탄소(C)의 완전연소반응식은 다음과 같다.

$C+O_2 \longrightarrow CO_2$

탄소(C) 1mol이 완전연소 → 산소(O_2) 1mol 필요

문제의 조건에서 0℃, 1기압이라고 했으므로 표준상태이고, 표준상태에서 기체 1mol의 부피는 22.4L이다.

이론 공기량$=\frac{\text{이론산소량}}{0.21}=\frac{22.4L}{0.21}=106.666L$

18 개념 이해형

난이도 상 중 하

| 정답 | ③

| 접근 POINT |

프로판의 완전연소반응식을 작성한 후 반응하는 산소의 부피를 계산한다.

문제에서는 산소의 부피를 묻는 것이 아니라 이론 공기량을 묻고 있음을 주의해야 한다.

| 해설 |

프로판(C_3H_8)의 완전연소반응식은 다음과 같다.

$C_3H_8+5O_2 \longrightarrow 3CO_2+4H_2O$

프로판(C_3H_8) 1mol이 완전연소 → 산소(O_2) 5mol 필요

문제에서 프로판 $2m^3$이 완전연소한다고 했으므로 이때 필요한 산소의 양은 $10m^3$이다.

이론 공기량$=\frac{\text{이론산소량}}{0.21}=\frac{10m^3}{0.21}=47.619m^3$

19 개념 이해형

난이도 상 중 하

| 정답 | ④

| 접근 POINT |

사실상 앞의 문제와 거의 동일한 문제이고 수치만 변경된 것으로 같은 풀이방법을 적용한다.

| 해설 |

프로판(C_3H_8)의 완전연소반응식은 다음과 같다.

$C_3H_8+5O_2 \longrightarrow 3CO_2+4H_2O$

프로판(C_3H_8) 1mol 완전연소 → 산소(O_2) 5mol 필요

C_3H_8의 분자량$=(12\times3)+(1\times8)=44g/mol$

C_3H_8 22.0g의 몰수$=\frac{22.0g}{44g/mol}=0.5mol$

C_3H_8 0.5mol 연소 → 산소 2.5mol 필요

문제에서 표준상태(0℃, 1기압)이라고 했으므로 기체 1몰의 부피는 22.4L이다.

산소 2.5몰의 부피$=2.5\times22.4=56L$

이론 공기량$=\frac{\text{이론산소량}}{0.21}=\frac{56L}{0.21}=266.666L$

20 개념 이해형

난이도 상 중 하

| 정답 | ③

| 접근 POINT |

벤젠의 완전연소반응식을 작성한 후 반응하는 산소의 부피를 계산한다.

문제에서는 산소의 부피를 묻는 것이 아니라 이론 공기량을 묻고 있음을 주의해야 한다.

| 해설 |

벤젠(C_6H_6)의 완전연소반응식은 다음과 같다.

$2C_6H_6+15O_2 \longrightarrow 12CO_2+6H_2O$

벤젠(C_6H_6) 2mol 완전연소 → 산소(O_2) 15mol 필요

표준상태에서 산소 15몰의 부피$=15\times22.4=336L$

이론 공기량$=\frac{\text{이론산소량}}{0.21}=\frac{336L}{0.21}=1,600L$

21 개념 이해형

난이도 상 중 하

| 정답 | ②

| 접근 POINT |

마그네슘 분말이 이산화탄소와 반응하는 반응식을 작성한 후 유독기체에 해당되는 물질의 분자량을 계산한다.

| 해설 |

마그네슘(Mg) 분말이 이산화탄소(CO_2)와 반응하면 산화마그네슘(MgO)과 일산화탄소(CO)가 발생한다.

$Mg+CO_2 \longrightarrow MgO+CO\uparrow$

산화마그네슘(MgO)은 고체 상태이고 일산화탄소(CO)가 기체 상태이다.

일산화탄소는 사람이 흡입할 경우 사망할 수도 있는 유독기체로 주로 연탄가스에 들어 있다.

일산화탄소(CO)의 분자량$=12+16=28$

22 개념 이해형

난이도 상 중 하

| 정답 | ②

| 접근 POINT |

사실상 앞의 문제와 유사한 문제이다.

리본은 중요하지 않고 마그네슘과 이산화탄소의 반응을 생각해 본다.

| 해설 |

마그네슘(Mg)이 이산화탄소(CO_2)와 반응하면 산화마그네슘(MgO)과 일산화탄소(CO)가 발생한다.

$Mg+CO_2 \longrightarrow MgO+CO\uparrow$

일산화탄소는 가연성 기체로 유독성이 있으므로 마그네슘 리본에 불을 붙여 이산화탄소 기체 속에 넣으며 연소를 지속하며 유독성의 기체가 발생한다.

23 단순 암기형

난이도 상 **중** 하

| 정답 | ③

| 접근 POINT |

자주 출제되는 문제는 아니므로 정답을 확인하는 정도로 공부하면 된다.

| 해설 |

마그네슘을 산화제와 혼합한 상태에서 연소시키면 자외선 영역의 빛을 포함한 밝은 흰색 불꽃이 발생한다.

24 단순 암기형

난이도 상 중 **하**

| 정답 | ③

| 접근 POINT |

고체의 연소형태는 자주 출제되므로 관련 예시와 함께 정확하게 암기해야 한다.

| 해설 |

나프탈렌, 황(유황), 양초(파라핀)과 같은 고체가 가열되면 액체로 변하고, 가연성 가스가 발생한다.

이러한 방식으로 고체에서 가연성 가스가 발생되어 연소하는 형태가 증발연소이다.

| 관련개념 |

고체의 연소형태

구분	내용
증발연소	고체에서 액체로 변한 후 다시 가연성 기체로 변하여 기체가 공기와 혼합하여 연소하는 형태이다. (예) 나프탈렌, 유황(황), 양초(파라핀) 등
분해연소	고체가 열에 의해 분해되어 공기와 혼합된 후 생성된 기체가 연소하는 형태이다. (예) 종이, 목재, 석탄 등
표면연소	고체가 분해되지 않고 산소와 접촉하는 표면에서 불꽃 없이 연소하는 형태이다. (예) 숯(목탄), 코크스, 금속분
자기연소	제5류 위험물처럼 외부의 산소 공급 없이도 연소하는 형태이다. (예) 나이트로셀룰로오스, 피크린산 등

25 단순 암기형

난이도 상 중 **하**

| 정답 | ④

| 접근 POINT |

연소형태 관련 문제 중 가장 간단한 문제 유형으로 반드시 맞혀야 하는 문제이다.

| 해설 |

양초(파라핀)과 같은 고체가 가열되면 액체로 변하고, 가연성 가스가 발생한다.

이러한 방식으로 가연성 가스가 발생되어 연소하는 형태가 증발연소이다.

26 단순 암기형

난이도 상 중 **하**

| 정답 | ③

| 접근 POINT |

고체의 연소형태는 자주 출제되므로 관련 예시와 함께 정확하게 암기하고 있어야 한다.

| 해설 |

① 금속분은 표면연소이다.
② 유황은 증발연소이다.
③ 목재는 분해연소이다.
④ 피크르산은 자기연소이다.

27 개념 이해형

난이도 상 **중** 하

| 정답 | ②

| 접근 POINT |

중유는 액체 상태이지만 특이하게 고체의 연소형태로 연소한다.

| 해설 |

중유는 분자량이 크고 점도가 높아 일정한 온도가 되면 분해되어 가연성 가스를 발생하며 연소한다.

중유는 상온에서 액체 상태이지만 연소형태는 종이, 목재 등과 같은 분해연소를 한다.

28 단순 암기형

난이도 상 중 **하**

| 정답 | ②

| 접근 POINT |

고체의 연소형태는 자주 출제되므로 관련 예시와 함께 정확하게 암기하고 있어야 한다.

| 해설 |

① 석탄은 분해연소이다.
② 목탄은 표면연소이다.
③ 목재는 분해연소이다.
④ 황은 증발연소이다.

| 유사문제 |

주된 연소형태가 표면연소인 것은?

① 황 ② 종이
③ 금속분 ④ 나이트로셀룰로오스

정답은 ③번이다.

29 단순 암기형

난이도 상 중 하

| 정답 | ①

| 접근 POINT |

고체의 연소형태는 자주 출제되므로 관련 예시와 함께 정확하게 암기하고 있어야 한다.

| 해설 |

목탄은 표면연소이다.
메탄올, 파라핀, 황은 증발연소이다.

30 단순 암기형

난이도 상 중 하

| 정답 | ②

| 접근 POINT |

고체의 연소형태와 기체의 연소형태를 구분할 수 있어야 한다.

| 해설 |

확산연소

- 기체의 연소형태이다.
- 버너 주변에 가연성 기체를 확산시켜 산소와 혼합되어 연소되는 것이다.
- LPG, LNG 등의 가연성 기체의 연소형태이다.

31 단순 암기형

난이도 상 중 하

| 정답 | ①

| 접근 POINT |

고체의 연소형태는 자주 출제되므로 관련 예시와 함께 정확하게 암기하고 있어야 한다.

| 해설 |

고체 가연물의 일반적인 연소형태에서 등심연소는 없다.

32 단순 암기형

난이도 상 중 하

| 정답 | ②

| 접근 POINT |

고체의 연소형태는 자주 출제되므로 관련 예시와 함께 정확하게 암기하고 있어야 한다.

| 해설 |

황의 연소는 증발연소이다.

33 개념 이해형

난이도 상 중 하

| 정답 | ②

| 접근 POINT |

폭발범위 안에 있을 때와 폭발범위 밖에 있을 때의 차이점을 생각해 본다.

| 해설 |

① 가스의 온도가 높아지면 폭발범위가 더 넓어져서 더 위험하다.
② 폭발한계농도 이하에서는 폭발성 혼합가스를 생성하지 않고 폭발범위 내에서 폭발성 혼합가스를 생성한다.
③ 공기 중의 산소의 비율은 약 21%이므로 산소 중에 있다면 폭발범위가 더 넓어진다.
④ 가스압이 높아지면 일반적으로 상한값이 더 높아진다.

34 개념 이해형

난이도 상 중 하

| 정답 | ②

| 접근 POINT |

탱크에서 발생되는 현상 중 BLEVE와 Boil Over를 구분할 수 있어야 한다.

| 해설 |

②번이 BLEVE 현상에 대한 설명이고, ①, ③, ④는 Boil Over 현상에 대한 설명이다.

| 관련개념 |

BLEVE와 Boil Over 현상

구분	내용
BLEVE	• 가연성 액체 저장탱크 외부에서 발생한 화재로 탱크가 파열되고 폭발되는 현상이다. • 탱크가 파열되면 탱크 내 가연성 액체가 기체로 기화하여 팽창하고 폭발하는 현상이다.
Boil Over	• 탱크 표면에서 화재가 발생하면 경질유부터 가연성 가스로 기화되어 연소한다. • 표면의 기름이 열을 동반한 채 하부로 이동하게 되면 하부의 물이 기화되어 약 1,600배 정도 팽창한다. • 팽창된 물로 인해 기름이 탱크 외부로 밀려 분출하고 화염의 확산이 일어난다.

35 단순 암기형

난이도 상 중 **하**

| 정답 | ③

| 접근 POINT |

자주 출제되면서도 간단하고 기본적인 문제로 반드시 맞혀야 하는 문제이다.

| 해설 |

화재의 종류

구분	명칭
A급화재	일반화재
B급화재	유류화재
C급화재	전기화재
D급화재	금속화재

| 유사문제 |

인화성 액체의 화재 분류를 묻는 문제도 출제되었다.

인화성 액체는 유류이므로 B급화재이다.

36 단순 암기형

난이도 상 중 **하**

| 정답 | ③

| 접근 POINT |

화재의 종류만 알고 있다면 쉽게 답을 고를 수 있다.

| 해설 |

B−2: B급화재(유류화재)에 사용할 수 있는 능력단위 2단위의 소화기

37 개념 이해형

난이도 상 중 **하**

| 정답 | ①

| 접근 POINT |

주수란 물을 붓는다는 의미이고, 화재의 종류만 알고 있다면 쉽게 답을 고를 수 있는 문제이다.

| 해설 |

① A급화재는 일반화재로 주수에 의한 냉각소화가 가장 효과적이다.

② B급화재는 유류화재로 물을 부으면 화재면이 확대될 수 있다.

③ C급화재는 전기화재로 물을 부으면 화재는 진압될 수 있지만 전기설비가 손상되므로 가장 효과적인 소화방법은 아니다.

④ D급화재는 금속화재로 물을 부으면 화재의 위험성이 더 커진다.

38 단순 암기형

난이도 **상** 중 하

| 정답 | ③

| 접근 POINT |

응용되어 출제되는 문제는 아니므로 정답을 암기하면 된다.

| 해설 |

불꽃이 휘적색일 경우 온도: 약 950℃

39 단순 계산형

난이도 상 **중** 하

| 정답 | ④

| 접근 POINT |

어려운 문제는 아니지만 자주 출제되지 않아 틀리기 쉬운 문제이다.

| 해설 |

$1\text{cal}=4.2\text{J}$

$$24\text{cal}=24\text{cal}\times\frac{4.2\text{J}}{1\text{cal}}=100.8\text{J}$$

40 단순 암기형

난이도 상 중 **하**

| 정답 | ③

| 접근 POINT |

실제로 계산하는 문제로는 잘 출제되지 않고 공식을 묻는 문제로 종종 출제된다.

공식을 정확하게 암기하는 방향으로 공부하면 된다.

| 해설 |

전기불꽃에너지 공식

$$E=\frac{1}{2}QV=\frac{1}{2}CV^2$$

E: 전기불꽃에너지

Q: 전기량(전하량)

C: 전기용량

V: 방전전압

| 유사문제 |

최소 착화에너지를 측정하기 위해 콘덴서를 이용하여 불꽃방전실험을 하고자 한다. 콘덴서의 전기용량을 C, 방전전압을 V, 전기량을 Q라 할 때 착화에 필요한 최소전기에너지 E를 옳게 나타낸 것은?

① $E=\frac{1}{2}CQ^2$　　② $E=\frac{1}{2}C^2V$

③ $E=\frac{1}{2}QV^2$　　④ $E=\frac{1}{2}CV^2$

정답은 ④번이다.

41 단순 계산형

난이도 상 **중** 하

ㅣ 정답 ㅣ①

ㅣ 접근 POINT ㅣ

어려운 문제는 아니지만 자주 출제되지 않아 틀리기 쉬운 문제이다. 세부공식은 기억하지 못하더라도 방출되는 에너지는 온도의 4제곱에 비례한다는 사실만 알아도 답을 고를 수 있다.

ㅣ 공식 CHREK ㅣ

온도가 T인 불꽃의 표면에서 방출되는 열에너지(E)는 다음과 같은 스테판－볼츠만의 공식으로 구한다.

$E=\sigma T^4$

σ: 스테판－볼츠만 상수

T: 절대온도(K)

ㅣ 해설 ㅣ

300℃일 때 에너지: $E_1=\sigma(300+273)^4=\sigma\times573^4$

360℃일 때 에너지: $E_2=\sigma(360+273)^4=\sigma\times633^4$

방출되는 에너지 차이$=\dfrac{\sigma\times633^4}{\sigma\times573^4}=1.489$배

42 개념 이해형

난이도 **상** 중 하

ㅣ 정답 ㅣ①

ㅣ 접근 POINT ㅣ

위험물의 종류를 알고 있어야 하고 화학반응식을 세울 수 있어야 풀 수 있는 문제이다.

이 문제 자체로도 종종 출제되므로 화학반응식을 세우기 어려우면 답을 암기해도 된다.

ㅣ 해설 ㅣ

과산화나트륨(Na_2O_2)이 아세트산(CH_3COOH)과 같은 묽은 산과 반응하면 제6류 위험물인 과산화수소(H_2O_2)가 발생된다.

$Na_2O_2+2CH_3COOH \longrightarrow H_2O_2+2CH_3COONa$

ㅣ 심화 ㅣ

과산화나트륨의 반응식

(1) 과산화나트륨의 분해반응식

$2Na_2O_2 \longrightarrow 2Na_2O+O_2\uparrow$

(2) 과산화나트륨과 이산화탄소와의 반응

$2Na_2O_2+2CO_2 \longrightarrow 2Na_2CO_3+O_2\uparrow$

(3) 과산화나트륨과 물과의 반응

$2Na_2O_2+2H_2O \longrightarrow 4NaOH+O_2\uparrow$

43 개념 이해형

난이도 상 **중** 하

ㅣ 정답 ㅣ③

ㅣ 접근 POINT ㅣ

금속이 물이나 산과 반응하면 대부분 수소 기체가 발생한다.

ㅣ 해설 ㅣ

묽은 질산(HNO_3)이 칼슘(Ca)과 반응하면 수소 기체(H_2)가 발생한다.

$2HNO_3+Ca \longrightarrow Ca(NO_3)_2+H_2\uparrow$

합격 치트키 02 ｜ 소화이론 본문 90p

01	02	03	04	05	06	07	08	09	10
①	④	④	①	②	④	②	④	②	④
11	12	13	14	15	16	17	18	19	20
①	④	③	④	①	①	③	③	②	④
21	22	23	24	25	26	27	28	29	30
①	②	③	②	④	①	①	①	②	④
31	32	33	34	35	36	37	38	39	40
④	③	①	④	④	③	④	④	①	④
41	42	43	44	45	46	47	48	49	50
②	③	④	①	①	④	④	③	②	②
51	52	53	54	55	56	57	58	59	60
④	②	①	④	③	②	④	④	④	②
61	62	63	64	65	66	67	68	69	70
②	②	③	①	①	②	②	①	②	③
71	72	73	74	75	76	77	78	79	80
②	②	②	④	②	②	①	④	③	④
81	82	83	84	85	86	87	88	89	
④	④	②	①	①	④	③	④	①	

01 개념 이해형

난이도 상 중 **하**

ㅣ 정답 ㅣ①

ㅣ 접근 POINT ㅣ

산소가 부족할 때 질식된다고 표현하는 것처럼 산소를 차단하여 소화하는 것이 질식효과이다.

| 용어 CHECK |

소화방법의 종류

구분	내용
제거소화	탈 물질을 제거하는 것이다.
질식소화	산소공급원을 차단하는 것이다.
냉각소화	물을 뿌리는 것처럼 온도를 낮추어 소화하는 것이다.
억제소화	화재의 연쇄반응을 차단하여 소화하는 것이다.

| 해설 |

산소공급원 차단에 의한 소화는 질식효과이다.
촛불에 불을 붙이면 고체 상태의 초가 녹으면서 생긴 액체가 심지를 따라 올라간 뒤 기체로 바뀐 뒤 연소된다.
촛불을 입으로 바람을 불면 기체를 날려 보내는 효과가 있으므로 제거소화효과가 있다.

02 개념 이해형

난이도 상 중 하

| 정답 | ④

| 접근 POINT |

소화효과는 물리적 소화와 화학적 소화로 구분할 수 있다.

| 해설 |

억제효과는 화재 발생 시 화재의 연쇄반응을 억제하여 연소반응을 멈추게 하는 것으로 화학적 소화에 해당된다.
제거효과, 질식효과, 냉각효과는 모두 물리적 소화에 해당된다.

03 개념 이해형

난이도 상 중 하

| 정답 | ④

| 접근 POINT |

가연물질의 성질에 따라 위험물을 분류하는 이유를 생각해 본다.

| 해설 |

가연물질의 종류에 따라 한계산소량이 달라지므로 위험물의 종류별로 다양한 소화방법을 사용한다.

04 개념 이해형

난이도 상 중 하

| 정답 | ①

| 접근 POINT |

답을 암기하기 보다 "희석"의 의미를 생각해 본다.

| 해설 |

희석소화

가연물에서 발생하는 가연성 증기의 농도를 낮추어 연소범위의 하한계 이하로 하여 소화하는 것이다.

05 단순 암기형

난이도 상 중 하

| 정답 | ②

| 접근 POINT |

제1종, 제2종, 제3종 분말 소화약제의 주성분은 자주 출제되므로 정확하게 암기해야 한다.

| 해설 |

분말 소화약제의 주성분

구분	주성분
제1종	탄산수소나트륨($NaHCO_3$)
제2종	탄산수소칼륨($KHCO_3$)
제3종	제1인산암모늄($NH_4H_2PO_4$)
제4종	탄산수소칼륨+요소{$KHCO_3+(NH_2)_2CO$}

06 단순 암기형

난이도 상 중 하

| 정답 | ④

| 접근 POINT |

제1종, 제2종, 제3종 분말 소화약제의 주성분은 자주 출제되므로 정확하게 암기해야 한다.

| 해설 |

황산구리는 분말 소화약제가 아니다.
탄산수소나트륨은 제1종 분말 소화약제, 탄산수소칼륨은 제2종 분말 소화약제, 제1인산암모늄은 제3종 분말 소화약제이다.

07 단순 암기형

난이도 상 중 하

| 정답 | ②

| 접근 POINT |

제1종, 제2종, 제3종 분말 소화약제의 주성분은 자주 출제되므로 정확하게 암기해야 한다.

| 해설 |

제2종 분말 소화약제는 탄산수소칼륨($KHCO_3$)을 주성분으로 한 분말이다.

| 유사문제 |

분말 소화약제를 종별로 주성분을 바르게 연결한 것은?

① 1종 분말약제 — 탄산수소나트륨
② 2종 분말약제 — 인산암모늄
③ 3종 분말약제 — 탄산수소칼륨
④ 4종 분말약제 — 탄산수소칼륨+인산암모늄
정답은 ①번이다.

08 단순 암기형

난이도 상 중 **하**

| 정답 | ④

| 접근 POINT |

제1종, 제2종, 제3종 분말 소화약제 관련해서는 주성분, 착색, 적응화재 등이 자주 출제된다.
우리 주위에서 가장 많이 사용하는 분말 소화약제가 제3종인데 소화기가 분사되었을 때 가루가 약간 분홍색을 띠는 것을 기억하면 된다.

| 해설 |

분말 소화약제의 착색 및 적응화재

구분	주성분	착색	적응화재
제1종	탄산수소나트륨 ($NaHCO_3$)	백색	B, C
제2종	탄산수소칼륨 ($KHCO_3$)	담회색	B, C
제3종	제1인산암모늄 ($NH_4H_2PO_4$)	담홍색	A, B, C
제4종	탄산수소칼륨＋요소 $\{KHCO_3+(NH_2)_2CO\}$	회색	B, C

09 단순 암기형

난이도 상 중 **하**

| 정답 | ②

| 접근 POINT |

분말 소화약제 관련 문제 중 자주 출제되면서도 간단한 문제로 반드시 맞혀야 하는 문제이다.

| 해설 |

인산염 등을 주성분으로 하는 분말 소화약제는 제3종 분말 소화약제이고, 담홍색으로 착색한다.

| 유사문제 |

분말 소화약제의 착색 색상으로 옳은 것은?

① $NH_4H_2PO_4$: 담홍색 ② $NH_4H_2PO_4$: 백색
③ $KHCO_3$: 담홍색 ④ $KHCO_3$: 백색

정답은 ①번이다.

10 단순 암기형

난이도 상 중 **하**

| 정답 | ④

| 접근 POINT |

분말 소화약제 관련 문제 중 자주 출제되면서도 간단한 문제로 반드시 맞혀야 하는 문제이다.

| 해설 |

탄산수소칼륨($KHCO_3$)은 제2종 분말 소화약제로 담회색으로 착색하여 사용한다.

11 단순 암기형

난이도 상 **중** 하

| 정답 | ①

| 접근 POINT |

이 문제의 정답만 암기해도 되지만 제1종, 제2종, 제3종 분말 소화약제의 분해반응식 전체는 암기하는 것이 좋다.

| 해설 |

제1인산암모늄($NH_4H_2PO_4$)은 제3종 분말 소화약제로 열분해반응식은 다음과 같다.

$NH_4H_2PO_4 \longrightarrow HPO_3+NH_3+H_2O$

메타인산(HPO_3)은 방염성과 부착성이 좋은 막을 형성하여 공기를 차단하는 질식소화 역할을 한다.

| 관련개념 |

분말 소화약제의 분해반응식

구분	주성분	분해반응식
제1종	탄산수소나트륨 $NaHCO_3$	$2NaHCO_3 \longrightarrow Na_2CO_3+CO_2+H_2O$
제2종	탄산수소칼륨 $KHCO_3$	$2KHCO_3 \longrightarrow K_2CO_3+CO_2+H_2O$
제3종	제1인산암모늄 $NH_4H_2PO_4$	$NH_4H_2PO_4 \longrightarrow HPO_3+NH_3+H_2O$

12 단순 암기형

난이도 상 **중** 하

| 정답 | ④

| 접근 POINT |

자주 출제되는 문제로 반드시 맞혀야 하는 문제이다.

| 해설 |

제1인산암모늄($NH_4H_2PO_4$)은 제3종 분말 소화약제로 열분해반응식은 다음과 같다.

$NH_4H_2PO_4 \longrightarrow HPO_3+NH_3+H_2O$

메타인산(HPO_3)은 방염성과 부착성이 좋은 막을 형성하여 공기를 차단하는 질식소화 역할을 한다.

| 유사문제 |

ABC급 화재에 적응성이 있으며 열분해 되어 부착성이 좋은 메타인산을 만드는 분말 소화약제가 몇 종인지 묻는 문제도 출제되었다.

정답은 제3종이다.

13 단순 암기형

난이도 상 중 **하**

| 정답 | ③

| 접근 POINT |

제1종 분말 소화약제의 분해반응식을 암기하고 있다면 답을 고를 수

있다.
이 문제의 경우 보기가 객관식으로 주어져서 화학반응식의 계수가 맞는 보기를 골라도 답을 고를 수 있다.

| 해설 |

탄산수소나트륨($NaHCO_3$)은 제1종 분말 소화약제로 분해반응식은 다음과 같다.
$2NaHCO_3 \longrightarrow Na_2CO_3 + CO_2 + H_2O$

14 단순 암기형

난이도 상 중 **하**

| 정답 | ④

| 접근 POINT |

제2종 분말 소화약제의 분해반응식을 암기하고 있다면 답을 고를 수 있다.

| 해설 |

탄산수소칼륨($KHCO_3$)은 제2종 분말 소화약제로 분해반응식은 다음과 같다.
$2KHCO_3 \longrightarrow K_2CO_3 + CO_2 + H_2O$

15 단순 암기형

난이도 상 중 **하**

| 정답 | ①

| 접근 POINT |

제1종~제3종 분말 소화약제의 분해반응식은 자주 출제되는 데 그중에서도 제3종 분말 소화약제의 분해반응식이 가장 많이 출제된다.

| 해설 |

① 제3종 분말 소화약제의 열분해 반응식이다.
② 제1류 위험물인 질산칼륨의 분해반응식이다.
③ 제1류 위험물인 과염소산칼륨의 분해반응식이다.
④ 탄산수소칼슘(위험물은 아님)의 분해반응식인데 계수가 맞지 않은 상태로 보기가 주어졌다.

16 개념 이해형

난이도 상 중 **하**

| 정답 | ①

| 접근 POINT |

분말 소화약제 중 가장 기본적인 문제로 반드시 맞혀야 하는 문제이다.

| 해설 |

제3종 분말 소화약제는 A급, B급, C급화재에 모두 적응성이 있다.

17 개념 이해형

난이도 상 **중** 하

| 정답 | ③

| 접근 POINT |

제거효과는 말 그대로 탈 물질(가연물)을 제거하는 것이다.

| 해설 |

분말 소화약제의 소화효과

- 질식효과: 가연물을 덮어 산소의 공급을 차단한다.
- 냉각효과: 이산화탄소와 수증기 발생 시 열을 흡수한다.
- 방사열 차단효과: 물을 흩어뿌림으로서 화재면 주위를 덮는다.

18 개념 이해형

난이도 **상** 중 하

| 정답 | ③

| 접근 POINT |

답을 암기하기 보다는 제1종 분말 소화약제의 분해반응식을 보고 해당되는 소화효과가 무엇인지 생각해 본다.

| 해설 |

제1종 분말 소화약제인 탄산수소나트륨($NaHCO_3$)의 열분해반응식은 다음과 같다.
$2NaHCO_3 \longrightarrow Na_2CO_3 + CO_2 + H_2O$
제1종 분말 소화약제는 이산화탄소(CO_2)와 수증기(H_2O)에 의한 질식효과, 열분해에 의한 냉각효과, 나트륨염(Na_2CO_3)에 의한 부촉매 효과가 좋다.
H^+ 이온에 의한 부촉매 효과는 제1종 분말 소화약제와 관련이 없다.

19 개념 이해형

난이도 상 중 **하**

| 정답 | ②

| 접근 POINT |

이산화탄소는 소화약제 중 자주 쓰이는 물질이고 시험 문제에도 자주 출제되므로 이산화탄소의 특성은 정확하게 이해해야 한다.

| 해설 |

임계온도란 압력을 가해서 기체를 액화시킬 수 있는 가장 높은 온도이다.
임계온도 이상이 되면 큰 압력을 가해도 기체가 액화되지 않는다.
이산화탄소는 증기비중이 약 1.5이고, 임계온도가 약 31℃이다.

20 개념 이해형

난이도 상 **중** 하

| 정답 | ④

| 접근 POINT |

이산화탄소의 주된 소화작용과 부가적인 소화작용을 모두 알아야 한다.

| 해설 |

이산화탄소는 가연물에 산소의 공급을 차단하는 질식소화효과가 있다.

이산화탄소는 압축된 상태에서 좁은 관을 통해 방출되는데 이때 줄톰슨효과에 의해 냉각되어 방출하므로 냉각소화효과도 있다.

21 단순 암기형

난이도 상 중 **하**

| 정답 | ①

| 접근 POINT |

응용되어 출제되지는 않는 문제로 어떤 효과인지만 암기하면 된다.

| 해설 |

줄-톰슨효과

기체 또는 액체가 가는 관을 통과할 때 온도와 압력이 급격하게 낮아지는 현상이다.

이산화탄소 소화기에서는 줄-톰슨효과에 의해 고체 상태의 이산화탄소인 드라이아이스가 생성된다.

22 개념 이해형

난이도 상 중 **하**

| 정답 | ②

| 접근 POINT |

탄산음료는 이산화탄소가 물에 녹아 있는 것이다.

| 해설 |

이산화탄소(CO_2)가 물에 용해되면 탄산(H_2CO_3)이 생성되어 약산성을 나타낸다.

23 단순 암기형

난이도 상 중 **하**

| 정답 | ③

| 접근 POINT |

가압용 또는 축압용 가스는 소화약제와 화학적으로 반응하지 않는 가스를 사용해야 한다.

| 해설 |

분말 소화설비의 기준

「위험물안전관리에 관한 세부기준」 제136조

가압용 또는 축압용 가스는 질소 또는 이산화탄소로 할 것

24 개념 이해형

난이도 상 **중** 하

| 정답 | ②

| 접근 POINT |

자주 출제되는 문제이므로 답만 암기하기 보다는 마그네슘과 이산화탄소의 반응식을 알아두는 것이 좋다.

| 해설 |

마그네슘(Mg) 분말은 이산화탄소(CO_2)와 반응하여 가연성이 있는 일산화탄소(CO) 또는 탄소(C)를 생성하므로 마그네슘 분말 화재 시 이산화탄소 소화약제는 적응성이 없다.

$$Mg + CO_2 \longrightarrow MgO + CO$$

$$2Mg + CO_2 \longrightarrow 2MgO + C$$

25 단순 암기형

난이도 상 **중** 하

| 정답 | ④

| 접근 POINT |

이산화탄소 소화기가 적응성이 있는 위험물은 종류가 많지 않으므로 암기하고 있는 것이 좋다.

| 해설 |

① 트리나이트로톨루엔은 제5류 위험물로 이산화탄소 소화기가 적응성이 없다.

② 과산화나트륨은 제1류 위험물로 이산화탄소 소화기가 적응성이 없다.

③ 철분은 제2류 위험물로 이산화탄소 소화기가 적응성이 없다.

④ 제2류 위험물 중 인화성 고체는 이산화탄소 소화기가 적응성이 있다.

| 관련법규 |

이산화탄소 소화설비가 적응성이 있는 대상물

「위험물안전관리법 시행규칙」 별표17

- 전기설비
- 제2류 위험물 중 인화성 고체
- 제4류 위험물

26 단순 암기형

난이도 상 중 **하**

| 정답 | ①

| 접근 POINT |

한계산소농도는 계산으로 정해지는 것이 아니라 실험에 따라 정해지므로 암기 위주로 접근해야 한다.

| 해설 |

아세톤의 한계산소농도는 약 12.8%로 15%가 가깝다.

27 단순 계산형

난이도 상 중 **하**

| 정답 | ①

| 접근 POINT |

드라이아이스는 고체 상태의 이산화탄소로 아이스크림 포장에 사용된다.

| 해설 |

(1) **이산화탄소(CO_2)의 분자량 계산**

분자량 $= 12 + (16 \times 2) = 44\text{g/mol}$

C의 원자량: 12, O의 원자량: 16

(2) **이산화탄소 1kg의 mol 수 계산**

$$\text{mol 수} = \frac{1{,}000\text{g}}{44\text{g/mol}} = 22.727\text{mol}$$

28 개념 이해형

난이도 상 중 **하**

| 정답 | ①

| 접근 POINT |

이산화탄소는 소화약제 중 자주 쓰이는 물질이고 시험 문제에도 자주 출제되므로 이산화탄소의 특성은 정확하게 이해해야 한다.

| 해설 |

① 이산화탄소는 전기의 전도성이 없기 때문에 전기화재 발생 시 소화약제로 사용할 수 있다.

② 이산화탄소와 같은 기체는 대부분 냉각 및 압축에 의해 액화될 수 있다.

③ 이산화탄소(CO_2)는 증기비중을 구해보면 공기보다 약 1.52배 무거운 것을 알 수 있다.

$$\text{이산화탄소의 증기비중} = \frac{12 + (16 \times 2)}{29} = 1.517$$

증기비중은 해당 기체의 분자량을 공기의 평균분자량(약 29)로 나누어 구한다.

④ 이산화탄소는 무색, 무취의 기체로 방출돼도 알기 어렵기 때문에 사람도 질식될 수 있다.

29 개념 이해형

난이도 상 중 **하**

| 정답 | ②

| 접근 POINT |

이산화탄소는 소화약제 중 자주 쓰이는 물질이고 시험 문제에도 자주 출제되므로 이산화탄소의 특성은 정확하게 이해해야 한다.

| 해설 |

① 이산화탄소는 소화효과가 뛰어나지만 사람도 질식시킬 수 있기 때문에 인명피해를 주의해야 한다.

② 이산화탄소는 전도성이 없어서 전기화재 발생 시 사용할 수 있다.

③ 이산화탄소 소화기는 이산화탄소를 압축하여 저장하는 형태이므로 자체의 압력으로 방출할 수 있다.

④ 이산화탄소는 다른 물질과 반응하지 않기 때문에 소화 후 소화약제에 의한 오손(더럽히고 손상시키는 것)이 없다.

30 개념 이해형

난이도 상 중 **하**

| 정답 | ④

| 접근 POINT |

기본적인 개념에 대한 문제이므로 답을 암기하기보다는 내용을 이해하는 것이 좋다.

| 해설 |

① 이산화탄소 소화기는 전기절연성이 있으므로 전기화재(C급화재)에 적응성이 있다.

② 다량의 물질이 연소하는 A급화재는 물을 사용하여 소화하는 것이 효과적이다.

③ 이산화탄소 소화기는 질식소화효과를 이용한 것으로 밀폐된 공간에서 사용할 때 가장 효과적이다.

④ 압축된 이산화탄소 기체가 좁은 관을 통하여 방출되므로 별도의 방출용 동력이 필요하지 않다.

31 개념 이해형

난이도 상 **중** 하

| 정답 | ④

| 접근 POINT |

대부분의 소화약제는 심부화재보다는 표면화재에 대한 적응력이 뛰어나다.

| 해설 |

표면화재란 연소가 고체의 표면에서 일어난 것이고, 심부화재는 표면에서 불이 붙은 후 내부로 열이 전달되어 내부에서도 연소반응이 일어나는 것이다.

이산화탄소 소화약제는 심부화재에도 적응성이 있으나 표면화재에 더 효과적이다.

32 개념 이해형

난이도 상 중 **하**

| 정답 | ③

| 접근 POINT |

이산화탄소 소화기 문제 중 가장 단순한 형태의 문제로 반드시 맞혀야 하는 문제이다.

| 해설 |

이산화탄소 소화기 안에 압축된 이산화탄소(CO_2)가 좁은 관을 통하여 방출될 때 냉각되어 고체 이산화탄소인 드라이아이스가 생길 수 있다.

| 유사문제 |

드라이아이스의 성분을 옳게 나타낸 것은?

① H_2O　　② CO_2

③ $H_2O + CO_2$　　④ $N_2 + H_2O + CO_2$

정답은 ②번이다.

33 단순 암기형

난이도 상 중 **하**

| 정답 | ①

| 접근 POINT |

법에 있는 기준을 묻는 문제로 암기 위주로 접근하면 된다.

| 해설 |

이산화탄소를 저장하는 저압식 저장용기의 기준

「위험물안전관리에 관한 세부기준」 제134조

이산화탄소를 저장하는 저압식 저장용기에는 용기 내부의 온도를 영하 20℃ 이상 영하 18℃ 이하로 유지할 수 있는 자동냉동기를 설치할 것

34 복합 계산형

난이도 상 **중** 하

| 정답 | ④

| 접근 POINT |

온도 구간에 따라 나누어서 열량을 구한 뒤 각 열량을 합하여 전체 열량을 계산한다.

물의 비열은 주어지지 않았으나 1cal/g·℃을 적용한다.

| 해설 |

(1) **0℃ 얼음 20g이 0℃ 물이 되는데 필요한 열량**

온도 변화 없이 얼음이 물로 상태가 변하는 데 필요한 열로 융해열이 필요하다.

$Q_1 = 20g \times 80cal/g = 1,600cal$

(2) **0℃ 물 20g이 100℃ 물로 되는데 필요한 열량**

물의 온도를 변화시키는 열로 비열이 필요하다.

$Q_2 = 20g \times 100℃ \times 1cal/g \cdot ℃ = 2,000cal$

(3) **100℃물 20g이 수증기가 되는데 필요한 열량**

온도 변화 없이 물이 수증기로 상태가 변하는 데 필요한 열로 기화열이 필요하다.

$Q_3 = 20g \times 539cal/g = 10,780cal$

(4) **전체적으로 필요한 열량 계산**

$Q = Q_1 + Q_2 + Q_3 = 1,600 + 2,000 + 10,780$
$= 14,380cal$

35 복합 계산형

난이도 **상** 중 하

| 정답 | ④

| 접근 POINT |

물의 비열과 증발잠열 수치가 주어졌다면 쉬운 문제이나 이 수치를 암기하고 있어야 풀 수 있는 문제이다.

물의 비열 = 1cal/g·℃

물의 증발잠열 = 539cal/g

| 해설 |

(1) **물을 10℃에서 100℃로 가열하는 데 필요한 열량**

비열을 이용하여 물의 상태변화 없이 온도를 변화시키는 데 필요한 열량을 계산한다.

$Q_1 = 2g \times 90℃ \times 1cal/g \cdot ℃ = 180cal$

(2) **물 2g이 액체에서 기체로 변하는 데 필요한 열량**

물의 증발잠열을 이용하여 물이 액체에서 기체로 변하는 데 필요한 열량을 계산한다.

$Q_2 = 2g \times 539cal/g = 1,078cal$

(3) **전체적으로 필요한 열량**

$Q = Q_1 + Q_2 = 180 + 1,078 = 1,258cal$

36 개념 이해형

난이도 상 중 **하**

| 정답 | ③

| 접근 POINT |

소화약제 관련 문제 중에서는 가장 단순한 문제로 반드시 맞혀야 하는 문제이다.

| 해설 |

물은 액체 상태에서 기체 상태로 변할 때 필요한 기화열이 크다. 화재 발생 장소에 물을 뿌리면 물이 주위의 열을 흡수하여 수증기로 변해 주변 온도를 낮추는 냉각소화효과가 발생한다.

| 심화 |

물이 기화열이 큰 이유는 물 분자간 결합이 수소결합이기 때문이다.

| 유사문제 |

다음 중 물을 소화약제로 사용하는 가장 큰 이유는?

① 기화잠열이 크므로
② 부촉매 효과가 있으므로
③ 환원성이 있으므로
④ 기화하기 쉬우므로

정답은 ①번이다.

37 개념 이해형

난이도 상 중 **하**

| 정답 | ④

| 접근 POINT |

사실상 앞의 문제와 거의 유사한 문제로 반드시 맞혀야 하는 문제이다.

| 해설 |

물은 증발잠열(기화열)이 약 539cal/g으로 매우 크기 때문에 냉각소화효과가 커서 소화약제로 사용된다.

38 개념 이해형

난이도 상 중 하

| 정답 | ④

| 접근 POINT |

답을 암기하기 보다는 물을 소화약제로 사용하기 적합한 조건이 무엇인지 생각해 본다.

| 해설 |

물은 주변에서 쉽게 구할 수 있고, 소화효과가 높으므로 소화약제로 사용하기 적합한 물질이다.

우리나라의 겨울철에는 0℃ 이하로 내려가는 경우가 많으므로 겨울철에는 물이 얼어 소화효과가 떨어진다.

물에 탄산칼륨(K_2CO_3)을 첨가하여 물의 어는점을 낮춰 겨울철에도 물이 얼지 않도록 하여 소화효과를 상승시킨 소화기를 강화액 소화기라고 한다.

39 단순 암기형

난이도 상 중 하

| 정답 | ①

| 접근 POINT |

응용되어 출제되지는 않는 문제로 암기 위주로 접근하면 된다.

| 해설 |

강화액 소화약제

물에 탄산칼륨(K_2CO_3)을 첨가하여 물의 어는점을 낮춰 겨울철에도 물이 얼지 않도록 하여 소화효과를 상승시킨 소화약제이다.

40 개념 이해형

난이도 상 중 하

| 정답 | ④

| 접근 POINT |

답을 암기하기 보다는 기화와 용융의 차이점을 생각해 본다.

| 해설 |

① 물을 안개 형태로 뿌리면 유류화재의 표면을 덮어 증기의 발생을 억제하고 산소를 차단할 수 있는데 이러한 효과를 유화효과라고 한다.

② 물은 증발잠열이 커서 수증기로 변하면서 주위의 열을 흡수한다.

③ 물은 기화팽창율이 커서 수증기로 변할 때 부피가 커진다. 이때 부피가 커진 수증기가 공기 중의 산소가 가연물과 접촉하는 것을 방지할 수 있어 질식소화효과가 있다.

④ 물은 용융잠열이 아니라 기화잠열이 커서 주수 시 냉각효과가 뛰어나다. 용융이란 고체가 액체로 되는 것으로 액체 상태의 물이 열을 흡수하여 기체로 되는 것과는 관련이 없다.

41 개념 이해형

난이도 상 중 하

| 정답 | ②

| 접근 POINT |

답을 암기하기 보다는 물의 특징과 화재의 종류를 생각하면 답을 고를 수 있다.

| 해설 |

물을 사용한 소화기는 A급화재(일반화재)의 진압에 뛰어나다.

B급화재(유류화재)에 물을 사용하면 연소면이 확대될 수 있어 적합하지 않다.

C급화재(전기화재)에 물을 사용하면 감전의 위험이 있고 전기설비가 파괴되므로 적합하지 않다.

| 관련개념 |

물소화약제의 방사방법

구분	특징
봉상주수	옥내소화전, 옥외소화전처럼 물을 가늘고 긴 물줄기 모양으로 방사하는 것
적상주수	스프링클러와 같이 물이 물방울 형태로 방사하는 것
무상주수	물분무헤드와 같이 물을 안개와 같이 매우 작은 입자로 방사하는 것

42 개념 이해형

난이도 상 중 하

| 정답 | ③

| 접근 POINT |

물은 소화약제 중 소화능력이 가장 크다고 볼 수 있다.

| 해설 |

물의 비열은 이산화탄소보다 크다.

물의 비열: 약 1cal/g·℃

이산화탄소의 비열: 약 0.2cal/g·℃

43 단순 암기형

난이도 상 중 하

| 정답 | ④

| 접근 POINT |

포소화약제의 종류를 묻는 단순한 문제로 암기 위주로 접근한다.

| 해설 |

포소화약제는 물에 거품을 발생시킬 수 있는 약제를 첨가한 것으로 물의 소화능력을 향상시킨 것이다.

포소화약제는 단백포 소화약제, 합성계면활성제포 소화약제, 수성막포 소화약제, 내알코올포 소화약제 등이 있다.

액표면포 소화약제는 존재하지 않는다.

44 개념 이해형
난이도 상 중 하

| 정답 | ①

| 접근 POINT |

포가 질식소화효과를 일으키려면 가연물을 덮어서 산소의 공급을 차단해야 한다.

| 해설 |

포가 기화성이 좋으면 쉽게 기체로 변해 가연물을 덮지 못해 질식소화효과가 떨어진다.

45 개념 이해형
난이도 상 중 하

| 정답 | ①

| 접근 POINT |

포소화약제와 분말 소화약제 모두 가연물을 덮는 특징이 있다.

| 해설 |

포소화약제의 주요 소화효과: 질식효과, 냉각효과
분말 소화약제의 주요 소화효과: 질식효과, 냉각효과, 부촉매효과

46 단순 암기형
난이도 상 중 하

| 정답 | ④

| 접근 POINT |

자주 출제되는 문제는 아니므로 정답을 확인하는 정도로 공부하는 것이 좋다.

| 해설 |

수성막포 소화약제는 불소계 계면활성제를 주성분으로 한 것으로 물과 혼합하여 사용한다.

47 개념 이해형
난이도 상 중 하

| 정답 | ④

| 접근 POINT |

수성막포 소화약제의 원리와 내알코올포 소화약제의 차이점 정도는 이해해야 응용된 문제를 풀 수 있다.

| 해설 |

포소화약제는 물에 거품(포)를 일으키는 물질을 첨가하여 만든 소화약제이다.
수용성 물질인 알코올 화재 시 수성막포 소화약제를 사용하면 알코올이 거품(포) 속의 물을 탈취하여 거품(포)가 파괴되어 소화효과가 떨어진다.
내알코올포 소화약제는 알코올 같이 수용성 물질이 거품(포)를 파괴하지 못하도록 만든 소화약제로 알코올에 견디는 포를 가지고 있다고 생각해도 된다.

48 개념 이해형
난이도 상 중 하

| 정답 | ③

| 접근 POINT |

수성막포와 내알코올포의 차이점은 자주 출제되므로 이해하고 있어야 한다.

| 해설 |

①, ④ 제4류 위험물은 물보다 비중이 낮아 물을 이용하면 연소면이 확대될 수 있다. 따라서 질식소화가 더 효과적이다.
② 물분무 소화는 물을 매우 작은 입자로 분무하는 것으로 질식소화 효과가 있으므로 제4류 위험물 화재에 사용할 수 있다.
③ 수용성인 가연성 액체는 수성막포의 포(거품)을 소멸시키므로 소화효과가 떨어지므로 내알코올포를 사용해야 한다.

49 개념 이해형
난이도 상 중 하

| 정답 | ②

| 접근 POINT |

알코올은 물에 잘 녹는 물질이다.
내알코올포는 물에 잘 녹는 수용성 인화성 액체 화재에 사용할 수 있는 포소화약제이다.

| 해설 |

포소화약제는 물에 거품(포)를 일으키는 물질을 첨가하여 만든 소화약제이다.
알코올과 같이 물에 잘 녹는 수용성 액체 화재에 보통의 포소화약제를 사용하면 알코올이 거품(포) 속의 물을 탈취하여 포가 파괴되기 때문에 소화효과를 잃게 된다. 이러한 현상을 방지하기 위해 만든 포소화약제를 내알코올포라고 한다.
보기 중 아세트알데하이드, 아세톤, 에탄올은 물에 잘 녹는 수용성 인화성 액체이므로 화재 발생 시 내알코올포를 사용할 수 있다.
알킬리튬은 금수성 물질로 포소화약제처럼 물이 많이 포함된 소화약제는 사용할 수 없다.

50 단순 암기형
난이도 상 중 하

| 정답 | ②

| 접근 POINT |

자주 출제되는 문제는 아니므로 정답을 확인하는 정도로 공부하는 것이 좋다.

| 해설 |

고급 알코올 황산에스테르염을 기포제로 사용하며 냄새가 없는 황색의 액체로서 밀폐 또는 준밀폐 구조물의 화재 시 고팽창포로 사용하여 화재를 진압할 수 있는 포소화약제는 합성계면활성제포 소화약제이다.

51 단순 암기형

난이도 상 중 하

| 정답 | ④

| 접근 POINT |

포소화약제의 혼합방식을 묻는 문제 중에서 프레져 사이드 프로포셔너 방식이 가장 자주 출제된다.
"압입"과 "사이드"를 연관시켜 암기하면 좋다.

| 해설 |

프레져 사이드 프로포셔너 방식

펌프의 토출배관에 압입기를 설치하여 포소화약제 압입용 펌프로 포소화약제를 압입시켜 혼합하는 방식이다.

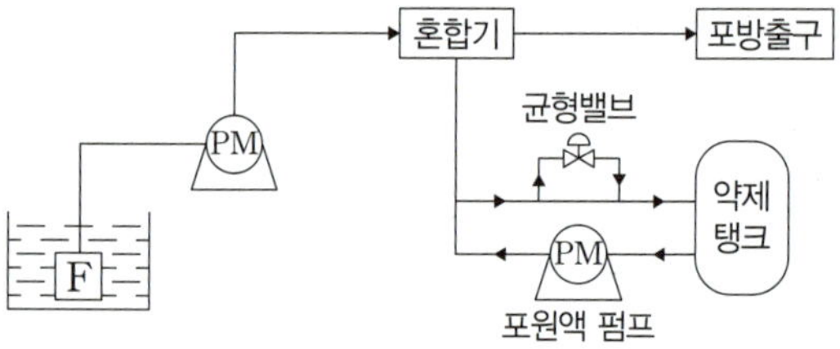

| 관련개념 |

- 라인 프로포셔너 방식: 펌프와 발포기 중간에 설치된 벤츄리관의 벤츄리 작용에 의해 포소화약제를 흡입, 혼합하는 방식이다.
- 프레져 프로포셔너 방식: 펌프와 발포기 중간에 설치된 벤츄리관의 벤츄리 작용과 펌프 가압수의 압력에 의하여 포소화약제를 흡입, 혼합하는 방식이다.
- 펌프 프로포셔너 방식: 펌프의 토출관과 흡입관 사이의 배관 도중에 흡입기를 설치하여 펌프에서 토출된 물의 일부를 보내고 농도조절밸브에서 조정된 포소화약제의 필요량을 포소화약제 탱크에서 펌프 흡입측으로 보내어 이를 혼합하는 방식이다.

52 개념 이해형

난이도 상 중 하

| 정답 | ②

| 접근 POINT |

답을 암기하기보다는 소화약제에 필요한 조건을 생각해 본다.

| 해설 |

① 전기절연성이 우수하다는 것은 전기가 통하지 않아야 한다는 것이다. 전기가 통하지 않아야 전기화재에 사용할 수 있다.
② 공기보다 무거워야 소화약제가 가연물 표면에 잘 부착할 수 있다.
③ 증발 잔유물이 없어야 소화 후 소화약제가 남지 않는다.
④ 소화약제는 불을 끄는 목적이므로 인화성은 없어야 한다.

53 개념 이해형

난이도 상 중 하

| 정답 | ①

| 접근 POINT |

전기화재에 사용할 수 있는 소화약제의 특징을 생각해 본다.

| 해설 |

할로젠화합물 소화약제는 전기적으로 부도체이므로 전기화재에 사용할 수 있다.

| 선지분석 |

② 액체의 유동성은 크지 않다.
③ 탄산가스와 반응하지 않는다.
④ 증기의 비중이 공기보다 크다.

54 개념 이해형

난이도 상 중 하

| 정답 | ④

| 접근 POINT |

CF_3Br 소화약제가 어떤 소화약제에 해당하는지 알아야 풀 수 있는 문제이다.

| 해설 |

CF_3Br은 Halon 1301로 할로젠화합물 소화약제이다.
할로젠화합물 소화약제의 주된 소화효과는 억제효과이다.

55 단순 암기형

난이도 상 중 하

| 정답 | ③

| 접근 POINT |

할로젠화합물 소화약제 관련 문제 중 자주 출제되면서도 간단한 문제로 반드시 맞혀야 하는 문제이다.

| 해설 |

Halon 1301에서 각 숫자는 앞에서부터 C(탄소), F(플루오린), Cl(염소), Br(브로민), I(아이오딘)의 개수이다.

56 단순 암기형

난이도 상 중 하

| 정답 | ②

| 접근 POINT |

할로젠화합물 소화약제 관련 문제 중 자주 출제되면서도 간단한 문제로 반드시 맞혀야 하는 문제이다.

| 해설 |

Halon 1301에서 각 숫자는 앞에서부터 C(탄소), F(플루오린), Cl(염소), Br(브로민), I(아이오딘)의 개수이다.
Halon 1301 → C 1개, F 3개, Br 1개 → CF_3Br

57 단순 암기형

난이도 상 중 **하**

| 정답 | ④

| 접근 POINT |

할로젠화합물 소화약제 관련 문제 중 자주 출제되면서도 간단한 문제로 반드시 맞혀야 하는 문제이다.

| 해설 |

숫자는 앞에서부터 C(탄소), F(플루오린), Cl(염소), Br(브로민), I(아이오딘)의 개수이다.

Halon 10001 → C 한 개, I 한 개

탄소는 다른 원자 네 개와 결합하는 성질이 있기 때문에 I 외에 수소가 3개 결합한다.

58 단순 암기형

난이도 **상** 중 하

| 정답 | ④

| 접근 POINT |

Halon 소화약제의 세부특성을 묻는 문제로 난이도가 높다.

전체 특성을 암기하기보다는 출제된 보기 내용 위주로 암기하는 것이 좋다.

| 해설 |

① Halon 1301의 비점은 약 −57℃ 정도로 상온보다 낮다.

② Halon 1301의 액체 비중은 약 1.57로 물보다 크다.

③ Halon 1301의 기체비중은 약 5.13으로 공기보다 크다.

④ Halon 1301은 임계온도가 약 67℃로 100℃에서는 액화시킬 수 없다. 임계온도는 압력을 높여 기체상태의 물질을 액화시킬 수 있는 가장 높은 온도이다.

| 응용 |

Halon 1301의 기체비중 계산

Halon 1301의 화학식 $= CF_3Br$

$$\text{기체비중} = \frac{12 + (19 \times 3) + 80}{29} = 5.137$$

C의 원자량: 12, F의 원자량: 19, Br의 원자량: 80

59 단순 암기형

난이도 상 중 **하**

| 정답 | ④

| 접근 POINT |

법에 나온 규정을 묻는 단순한 문제로 암기 위주로 접근하면 된다.

| 해설 |

할로젠화합물 소화설비의 기준

「위험물안전관리에 관한 세부기준」 제135조

구분	기준
하론 2402	0.1MPa 이상
하론 1211	0.2MPa 이상
하론 1301	0.9MPa 이상

| 유사문제 |

전역방출방식의 할로젠화합물 소화설비의 분사헤드에서 Halon 1211을 방사하는 경우의 방사압력은 얼마 이상으로 하여야 하는지 묻는 문제도 출제되었다.

정답은 0.2MPa이다.

60 단순 암기형

난이도 상 **중** 하

| 정답 | ②

| 접근 POINT |

상온, 상압에서 액체 상태인 소화약제의 종류를 정확하게 암기한 후 나머지는 기체 상태로 보면 된다.

| 해설 |

상온, 상압에서 할로젠화합물 소화설비의 상태

- Halon 2402: 액체
- Halon 1211, Halon 1301: 기체

61 단순 암기형

난이도 **상** 중 하

| 정답 | ②

| 접근 POINT |

할로젠화합물 소화약제의 화학식을 묻는 문제는 자주 출제되지는 않으므로 모든 화학식을 암기하기보다는 출제된 내용 위주로 암기하는 것이 좋다.

| 해설 |

① CF_3I: FIC−13I1

② CHF_3: HFC−23

③ $CF_3CH_2CF_3$: HFC−236fa

④ C_4F_{10}: FC−3−1−10

62 단순 암기형

난이도 상 중 **하**

| 정답 | ②

| 접근 POINT |

자주 출제되는 문제로 반드시 맞혀야 하는 문제이다.

SUBJECT 02

| 해설 |

불활성가스 소화설비의 기준

위험물안전관리에 관한 세부기준 제134조

구분	성분
IG−100	질소(N_2) 100%
IG−55	질소(N_2) 50%, 아르곤(Ar) 50%
IG−541	질소(N_2) 52%, 아르곤(Ar) 40%, 이산화탄소(CO_2) 8%

| 유사문제 |

불활성가스 소화약제 중 IG−541의 구성성분이 아닌 것은?

① N_2 ② Ar
③ Ne ④ CO_2

정답은 ③번으로 보기가 화학식으로도 출제될 수 있으므로 대비가 필요하다.

63 단순 암기형

난이도 상 중 **하**

| 정답 | ③

| 접근 POINT |

간단하면서도 자주 출제되는 문제로 반드시 맞혀야 하는 문제이다.

| 해설 |

IG−55의 구성성분은 질소(N2) 50%, 아르곤(Ar) 50%이다.

| 유사문제 |

IG−541의 구성 성분을 옳게 나타낸 것은?

① 헬륨, 네온, 아르곤
② 질소, 아르곤, 이산화탄소
③ 질소, 이산화탄소, 헬륨
④ 헬륨, 네온, 이산화탄소

정답은 ②번이다.

64 단순 암기형

난이도 상 중 **하**

| 정답 | ①

| 접근 POINT |

간단하면서도 자주 출제되는 문제로 반드시 맞혀야 하는 문제이다.

| 해설 |

IG−100의 구성성분은 질소(N_2) 100%이다.

65 개념 이해형

난이도 **상** 중 하

| 정답 | ①

| 접근 POINT |

자기연소를 하는 제5류 위험물은 질식소화효과를 이용한 불활성가스 소화설비가 적응성이 없다.

보기가 화학식으로만 주어졌는데 화학식만 보고도 어떤 위험물인지 알아야 한다.

| 해설 |

① $C_3H_5(ONO_2)_3$: 나이트로글리세린, 제5류 위험물
→ 다량의 물로 주수소화함
② $C_6H_4(CH_3)_2$: 크실렌, 제4류 위험물 → 질식소화
③ CH_3COCH_3: 아세톤, 제4류 위험물 → 질식소화
④ $C_2H_5OC_2H_5$: 다이에틸에터, 제4류 위험물 → 질식소화

66 개념 이해형

난이도 상 **중** 하

| 정답 | ②

| 접근 POINT |

위험물의 소화방법과 관련된 문제는 자주 출제되고 응용되어 출제되는 경향이 있기 때문에 암기 위주보다는 이해 위주로 접근해야 한다.

| 해설 |

① 마른모래(건조사)를 이용한 소화는 제1류~제6류 위험물에 모두 적용 가능하다. 과산화수소는 제6류 위험물이므로 과산화수소 보관장소에 화재가 발생했을 경우 마른모래로 소화할 수 있다.
② 과산화수소는 산화성 액체이다. 산화성이란 다른 물질에게 산소를 공급할 수 있는 물질이고, 환원성이란 다른 물질에게 산소를 공급받아 연소할 수 있는 물질이다. 따라서 과산화수소에 화재가 발생한 경우 환원성 물질을 사용하여 소화하는 것은 위험하다.
③, ④ 과산화수소와 같은 제6류 위험물은 물을 이용하여 소화할 수 있다.

67 개념 이해형

난이도 상 중 **하**

| 정답 | ②

| 접근 POINT |

과산화수소는 가만히 두어도 서서히 분해되어 산소를 발생시키는 특징이 있다.

| 해설 |

과산화수소는 상온에서도 서서히 분해되어 산소를 발생시킨다.

과산화수소를 보관할 때 완전히 밀봉하면 발생한 산소에 의해 압력이 상승하여 폭발할 수 있기 때문에 구멍이 뚫린 마개가 있는 저장용기에 보관해야 한다.

| 선지분석 |

① 암모니아는 가연성 가스이고, 과산화수소는 산소공급원 역할을 하므로 과산화수소와 암모니아가 접촉하면 폭발할 위험성이 있다.

③ 과산화수소는 햇빛에 노출되면 분해가 더 빨리 일어나므로 불투명 용기에 보관한다.
④ 과산화수소는 분해를 막기 위해 인산, 요산 등 분해방지 안정제를 사용하여 보관한다.

68 개념 이해형

난이도 상 **중** 하

| 정답 | ①

| 접근 POINT |

팽창질석은 제1류~제6류 위험물 화재에 모두 사용할 수 있다.

| 해설 |

금속 나트륨은 물과 만나면 수소 기체가 발생하므로 물을 이용하여 소화할 수 없다.
금속 나트륨은 탄산수소염류분말 소화약제, 건조사(마른모래), 팽창질석, 팽창진주암으로 소화할 수 있다.

69 개념 이해형

난이도 상 **중** 하

| 정답 | ②

| 접근 POINT |

주수란 물을 붓는다는 것이다.
위험물과 물의 반응과 관련된 문제는 자주 출제되므로 암기보다는 이해 위주로 공부해야 한다.

| 해설 |

과산화나트륨(Na_2O_2)은 물과 반응하면 열과 산소를 방출시키므로 화재가 발생했을 때 주수(물)에 의한 냉각소화 방식은 적절하지 않다.

$2Na_2O_2 + 2H_2O \longrightarrow 4NaOH + O_2 \uparrow$

| 선지분석 |

무기과산화물을 제외한 제1류 위험물은 화재 발생시 주수소화할 수 있다.
① 염소산나트륨으로 제1류 위험물이다.
③ 질산나트륨으로 제1류 위험물이다.
④ 브로민산나트륨으로 제1류 위험물이다.

70 개념 이해형

난이도 상 **중** 하

| 정답 | ③

| 접근 POINT |

물과 만나면 위험한 물질과 위험하지 않은 물질은 자주 출제되므로 정확하게 구분해야 한다.

| 해설 |

과산화나트륨(Na_2O_2)화재에 사용할 수 있는 소화약제

- 건조사
- 탄산수소염류 분말 소화약제
- 팽창질석, 팽창진주암

과산화나트륨(Na_2O_2): 제1류 위험물 중 무기과산화물
무기과산화물을 제외한 제1류 위험물은 물로 소화할 수 있지만 무기과산화물은 물로 소화할 수 없다.

71 개념 이해형

난이도 상 **중** 하

| 정답 | ②

| 접근 POINT |

"인화점"과 가장 관련있는 위험물이 무엇인지 생각해 본다.

| 해설 |

제4류 위험물은 물을 이용하여 소화하면 비중이 낮은 인화성 액체가 물 위에 떠 다니면서 연소면이 확대될 수 있다.
제4류 위험물은 일반적으로 이산화탄소 소화설비, 포소화설비 등으로 질식소화하고, 일부 수용성 위험물인 경우 다량의 물로 희석시켜 액체를 인화점 이하로 냉각시켜 소화하기도 한다.

72 단순 암기형

난이도 상 중 **하**

| 정답 | ②

| 접근 POINT |

기타 소화설비의 능력단위는 자주 출제되므로 암기해야 한다.

| 해설 |

기타 소화설비의 능력단위

「위험물안전관리법 시행규칙」 별표17

소화설비	용량	능력단위
소화전용 물통	8L	0.3
수조(소화전용물통 3개 포함)	80L	1.5
수조(소화전용물통 6개 포함)	190L	2.5
마른모래(삽 1개 포함)	50L	0.5
팽창질석 또는 팽창진주암 (삽 1개 포함)	160L	1.0

| 유사문제 |

다음 소화설비 중 능력단위가 1.0인 것은?
① 삽 1개를 포함한 마른모래 50L
② 삽 1개를 포함한 마른모래 150L
③ 삽 1개를 포함한 팽창질석 100L
④ 삽 1개를 포함한 팽창질석 160L
정답은 ④번이다.

73 단순 암기형

난이도 상 **중** 하

| 정답 | ②

| 접근 POINT |

기타 소화설비의 능력단위는 자주 출제되므로 정확하게 암기해야 한다.

| 해설 |

기타 소화설비의 능력단위

「위험물안전관리법 시행규칙」 별표17

소화설비	용량	능력단위
소화전용 물통	8L	0.3
수조(소화전용물통 3개 포함)	80L	1.5
수조(소화전용물통 6개 포함)	190L	2.5
마른모래(삽 1개 포함)	50L	0.5
팽창질석 또는 팽창진주암 (삽 1개 포함)	160L	1.0

① 팽창진주암 160L(삽 1개 포함) → 능력단위 1.0
② 수조 80L(소화전용물통 3개 포함) → 능력단위 1.5
③ 마른모래 50L(삽 1개 포함) → 능력단위 0.5
④ 팽창질석 160L(삽 1개 포함) → 능력단위 1.0

74 단순 암기형

난이도 상 중 **하**

| 정답 | ④

| 접근 POINT |

기타 소화설비의 능력단위는 자주 출제되므로 정확하게 암기해야 한다.

| 해설 |

간이소화용구(기타 소화설비)인 팽창질석은 삽을 상비한 경우 160L가 능력단위 1.0이다.

75 개념 이해형

난이도 상 중 **하**

| 정답 | ②

| 접근 POINT |

감지기를 설치하기 위해서는 전선만 연결해도 되지만 스프링클러설비를 설치하기 위해서는 배관과 수조 등을 모두 설치해야 한다.

| 해설 |

스프링클러설비는 화재 진압에는 효과적이지만 초기 시공비가 많이 든다.

76 개념 이해형

난이도 상 **중** 하

| 정답 | ②

| 접근 POINT |

스프링클러설비는 방사밀도를 조정할 수 있다.

| 해설 |

스프링클러설비의 살수기준면적과 방사밀도에 따라 제4류 위험물에 적응성이 있는 기준

「위험물안전관리법 시행규칙」 별표17

스프링클러설비는 살수기준면적과 방사밀도에 따라 다음 표에 정하는 기준 이상인 경우 제4류 위험물에 적응성이 있다.
아래 표의 모든 수치를 암기하기는 어렵지만 방사밀도에 따라 스프링클러설비도 제4류 위험물에 사용할 수 있다는 점은 기억해야 한다.

살수기준면적(m^2)	방사밀도(L/m^2분)	
	인화점 38℃ 미만	인화점 38℃ 이상
279 미만	16.3 이상	12.2 이상
279 이상 372 미만	15.5 이상	11.8 이상
372 이상 465 미만	13.9 이상	9.8 이상
465 이상	12.2 이상	8.1 이상

| 선지분석 |

① 스프링클러설비는 화재 발생 시 자동으로 동작하므로 초기화재 진화에 효과가 있다.
③ 알칼리금속과산화물은 스프링클러설비와 같이 물을 이용한 소화설비는 적응성이 없다.
④ 제5류 위험물은 질식소화는 효과가 없고 스프링클러설비와 같이 물을 이용한 소화설비가 적응성이 있다.

77 단순 암기형

난이도 **상** 중 하

| 정답 | ①

| 접근 POINT |

이 문제는 자주 출제되지는 않고 법에 나온 모든 기준을 암기하기는 어려운 부분이 있으므로 정답을 확인하는 정도로 공부해도 된다.

| 해설 |

스프링클러설비의 살수기준면적과 방사밀도에 따라 제4류 위험물에 적응성이 있는 기준

「위험물안전관리법 시행규칙」 별표17

살수기준면적(m^2)	방사밀도(L/m^2분)	
	인화점 38℃ 미만	인화점 38℃ 이상
279 미만	16.3 이상	12.2 이상
279 이상 372 미만	15.5 이상	11.8 이상
372 이상 465 미만	13.9 이상	9.8 이상
465 이상	12.2 이상	8.1 이상

제3석유류는 인화점이 70℃ 이상 200℃ 미만인 것이므로 인화점 38℃ 이상에 해당된다.
살수기준면적은 465m² 이상이므로 1분당 방사밀도는 8.1L/m² 이상이다.

78 단순 암기형

난이도 상 **중** 하

| 정답 | ④

| 접근 POINT |

보기가 모두 화학식으로 주어졌고, 자주 출제되지 않는 화학식도 포함되어 있어 다소 난이도가 높은 문제이다.

| 해설 |

① Halon 1301로 할로젠화합물 소화약제이다.
② 제1종 분말 소화약제이다.
③ 할로젠화합물 소화약제의 일종이다.
④ 제4류 위험물 제2석유류(수용성)에 해당되는 하이드라진이다.

79 단순 암기형

난이도 상 **중** 하

| 정답 | ③

| 접근 POINT |

사실상 앞의 문제와 거의 유사한 문제이다.
다소 생소한 위험물이 화학식으로 주어졌지만 소화약제의 화학식만 알고 있다면 답을 고를 수 있다.

| 해설 |

① Halon 1211로 할로젠화합물 소화약제이다.
② 제1종 분말 소화약제이다.
③ 제1류 위험물 중 브로민산염류에 해당된다.
④ Halon 1301로 할로젠화합물 소화약제이다.

80 개념 이해형

난이도 상 **중** 하

| 정답 | ④

| 접근 POINT |

분말 소화기는 분말을 살포하여 공기와의 접촉을 차단하는 것이다.

| 해설 |

① 포소화기는 거품을 발생시켜 가연물과 산소와의 접촉을 차단하는 것으로 질식소화효과를 이용한 것이다.
② 할로젠화합물 소화기는 연소반응을 억제시키는 억제소화효과를 이용한 것이다.
③ 탄산가스 소화기는 이산화탄소 소화기로 공기와의 접촉을 차단하는 질식소화효과를 이용한 것이다.
④ 분말 소화기는 화재면에 분말을 살포하여 공기와의 접촉을 차단하는 질식소화효과를 이용한 것이다.

81 개념 이해형

난이도 상 중 **하**

| 정답 | ④

| 접근 POINT |

소화방법의 종류와 관련된 문제는 자주 출제되고 보기가 변형되어 출제되는 경향이 있으므로 개념을 정확하게 이해해야 한다.

| 해설 |

① 포소화기는 거품을 발생시켜 가연물과 산소와의 접촉을 차단하는 것으로 질식소화효과를 이용한 것이다.
② 건조사(마른모래)로 가연물을 덮으면 공기와의 접촉이 차단하여 산소공급원이 차단된다.
③ 이산화탄소(CO_2) 소화기는 공기와의 접촉을 차단하여 산소공급원을 차단한다.
④ Halon 1211와 같은 할로젠화합물 소화기는 연소반응을 억제시키는 억제소화효과를 이용한 것이다.

82 개념 이해형

난이도 **상** 중 하

| 정답 | ④

| 접근 POINT |

문제에 생소한 보기가 있어 난이도가 높은 문제이다.
일반적인 관점에서 생각해 보았을 때 위험물을 소화약제를 만들 때 사용한다고 보기는 어렵다.

| 해설 |

인화알루미늄은 제3류 위험물 중 금속의 인화물이므로 소화약제 제조 시 사용할 수 없다.
탄산칼륨, 인산이수소암모늄은 분말 소화약제를 만드는 데 사용할 수 있다.
에틸렌글리콜은 어는점이 낮아 부동액의 원료로 사용되고 물을 이용한 소화약제에서 물의 어는점을 낮추기 위해 사용하기도 한다.

83 단순 암기형

난이도 상 중 **하**

| 정답 | ②

| 접근 POINT |

화재 발생 시 물을 사용하여 소화할 수 없는 위험물은 자주 출제되므로 정확하게 암기해야 한다.

| 해설 |

알칼리금속과산화물은 물과 격렬하게 반응하여 많은 열과 산소를 발생시킨다.
알칼리금속과산화물에서 화재가 발생한 경우 물통을 사용하면 화재의 위험성이 더 커진다.

84 개념 이해형

난이도 상 중 **하**

| 정답 | ①

| 접근 POINT |

암기 위주로 접근하기 보다는 물분무 소화설비가 물을 어떻게 방사하는지 생각해 본다.

| 해설 |

전기화재에는 감전의 위험이 있으므로 일반적으로 물을 이용한 소화설비는 사용할 수 없다.
물분무 소화설비는 물을 강한 압력으로 방사하여 물이 매우 작은 입자 형태로 분사되어 냉각 및 질식소화효과가 있어 전기설비 화재에 사용할 수 있다.
전기화재에 가장 많이 사용하는 소화설비는 이산화탄소 소화기, 불활성가스 소화설비, 할로젠화합물 소화설비 등이다.

| 유사문제 |

「위험물안전관리법령」상 전기설비에 적응성이 없는 소화설비는?

① 포소화설비 ② 불활성가스 소화설비
③ 물분무 소화설비 ④ 할로젠화합물 소화설비

정답은 ①번이다.

85 단순 암기형

난이도 상 중 **하**

| 정답 | ①

| 접근 POINT |

물분무 소화설비의 구분은 법에 정해져 있는 것으로 이해보다는 암기 위주로 접근해야 한다.

| 해설 |

물분무 등 소화설비의 종류

- 물분무 소화설비
- 포소화설비
- 불활성가스 소화설비
- 분말 소화설비

| 유사문제 |

「위험물안전관리법령」상 물분무 등 소화설비에 포함되지 않는 것은?

① 포소화설비 ② 분말 소화설비
③ 스프링클러설비 ④ 불활성가스 소화설비

정답은 ③번이다.

86 개념 이해형

난이도 상 중 **하**

| 정답 | ④

| 접근 POINT |

물분무 소화설비는 물을 이용하여 소화하는 것이다.
보기 중 하나만 물과 위험한 반응을 하지 않는다.

| 해설 |

① 알칼리금속과산화물은 물과 반응하여 열과 산소를 발생시킨다.
② 금속분 · 마그네슘은 물과 반응하여 수소를 발생시킨다.
③ 금수성 물질은 말 그대로 물을 가까이 하지 않아야 한다.
④ 인화성 고체는 물분무 소화설비 뿐만 아니라 대부분의 소화설비가 적응성이 있다.

87 단순 암기형

난이도 상 중 **하**

| 정답 | ③

| 접근 POINT |

화재 발생 시 물을 사용하여 소화할 수 없는 위험물은 자주 출제되므로 정확하게 암기해야 한다.

| 해설 |

알칼리금속과산화물은 물과 격렬하게 반응하여 많은 열과 산소를 발생시킨다.
알칼리금속과산화물의 화재가 발생하면 탄산수소염류분말 소화기, 건조사, 팽창질석 및 팽창진주암을 사용할 수 있다.

88 개념 이해형

난이도 상 **중** 하

| 정답 | ④

| 접근 POINT |

암기 위주로 접근하기 보다는 물과 위험한 반응을 하는 위험물의 종류를 이해하는 방향으로 공부한다.

| 해설 |

탄화칼슘(CaC_2)이 물과 반응하면 가연성이 있는 아세틸렌가스(C_2H_2)가 생성되므로 물통을 이용하여 소화할 수 없다.

$$CaC_2 + 2H_2O \longrightarrow Ca(OH)_2 + C_2H_2\uparrow$$

| 선지분석 |

① 칼륨(K)은 제3류 위험물 중 금수성 물품이므로 물로는 소화할 수 없고 탄산수소염류분말 소화설비로 소화한다.
② 다이에틸에터($C_2H_5OC_2H_5$)는 제4류 위험물로 물을 이용하여 소화하면 연소면이 확대될 수 있으므로 불활성가스 소화설비로 질식소화한다.
③ 나트륨(Na)은 제3류 위험물 중 금수성 물품이므로 물로는 소화할 수 없고 건조사로 소화한다.

89 개념 이해형

난이도 상 **중** 하

| 정답 | ①

| 접근 POINT |

암기 위주로 접근하기 보다는 위험물의 성질과 연계지어 이해하는 방향으로 공부한다.

| 해설 |

① 나이트로벤젠($C_6H_5NO_2$)은 제4류 위험물로 물을 이용한 소화약제보다는 이산화탄소 소화기를 이용한 질식소화가 더 효과적이다.

② 인화칼슘(Ca_3P_2)은 제3류 위험물로 물과 만나면 포스핀 가스가 발생하므로 물통으로 소화할 수 없다.

③ 다이에틸에터($C_2H_5OC_2H_5$)는 제4류 위험물로 물을 이용하여 소화하면 연소면이 확대될 수 있다.

④ 나이트로글리세린{$C_3H_5(ONO_2)_3$}은 제5류 위험물로 이산화탄소 소화기를 이용한 질식소화는 효과가 없다.

합격 치트키 03 | 위험물제조소 등의 안전계획 본문 106p

01	02	03	04	05	06	07	08	09	10
③	④	②	④	④	④	①	①	③	②
11	12	13	14	15	16	17	18	19	20
②	①	②	④	②	④	①	④	③	②
21	22	23	24	25	26	27	28	29	30
②	④	③	③	③	③	①	③	③	③
31	32	33	34	35	36	37	38	39	40
④	①	②	②	②	②	①	①	①	④
41	42	43	44	45	46	47	48	49	50
①	②	②	②	④	③	②	③	③	①
51	52	53	54	55	56	57	58	59	60
④	③	④	③	②	②	③	③	④	③
61	62	63	64	65	66	67	68	69	70
①	②	①	④	③	②	③	③	③	④
71	72	73	74	75					
②	②	①	④	②					

01 단순 암기형

난이도 상 중 **하**

| 정답 | ③

| 접근 POINT |

자체소방대 관련 문제 중 가장 단순한 유형으로 반드시 맞혀야 하는 문제이다.

| 해설 |

자체소방대를 설치하여야 하는 사업소

「위험물안전관리법 시행령」 제18조

제조소 또는 일반취급소에서 취급하는 제4류 위험물의 최대수량의 합이 지정수량의 3천배 이상인 경우

02 단순 암기형

난이도 상 **중** 하

| 정답 | ④

| 접근 POINT |

자체소방대 관련 문제 중 자주 출제되는 문제이다.
주로 기준에 관한 수치가 틀린 보기가 제시되는 형태로 출제되므로 수치 기준을 정확하게 암기해야 한다.

| 해설 |

자체소방대를 설치하여야 하는 사업소

「위험물안전관리법 시행령」 제18조

- 제조소 또는 일반취급소에서 취급하는 제4류 위험물의 최대수량의 합이 지정수량의 3천배 이상인 경우
- 옥외탱크저장소에서 저장하는 제4류 위험물의 최대수량이 지정수량의 50만배 이상인 경우

| 심화 |

③의 경우 두 개 이상의 사업소에 상호응원에 대한 협정을 체결하고 있는 경우 하나의 사업소로 보고 제조소 또는 취급소에서 취급하는 제4류 위험물을 합산한 양을 하나의 사업소에서 취급하는 제4류 위험물의 최대수량으로 간주할 수 있으므로 자체소방대를 편성해야 한다.

03 단순 암기형

난이도 상 **중** 하

| 정답 | ②

| 접근 POINT |

법에 있는 세부규정을 암기하고 있는지 묻는 문제로 자주 출제되지는 않으므로 답을 암기하는 방법으로 공부하는 것이 좋다.

| 해설 |

화학소방차의 기준 등

「위험물안전관리법 시행규칙」 제75조

포수용액을 방사하는 화학소방자동차의 대수는 규정에 의한 화학소방자동차의 대수의 3분의 2 이상으로 하여야 한다.

04 단순 암기형

난이도 상 중 **하**

| 정답 | ④

| 접근 POINT |

법에 있는 기준을 묻는 문제로 암기 위주로 접근하면 된다.

| 해설 |

경보설비의 기준

「위험물안전관리법 시행규칙」 제42조

- 지정수량의 10배 이상의 위험물을 저장 또는 취급하는 제조소 등(이동탱크저장소는 제외)에는 화재발생 시 이를 알릴 수 있는 경보설비를 설치하여야 한다.
- 경보설비는 자동화재탐지설비 · 자동화재속보설비 · 비상경보설비(비상벨장치 또는 경종 포함) · 확성장치(휴대용확성기 포함) 및 비상방송설비로 구분한다.

05 단순 암기형

난이도 상 **중** 하

| 정답 | ④

| 접근 POINT |

법에 있는 예외조항이 출제된 것으로 모든 법 조항을 암기하기는 어렵기 때문에 문제에 출제된 내용 위주로 공부하는 것이 좋다.

| 해설 |

지정수량의 10배 이상의 위험물을 저장 또는 취급하는 제조소 등과 옥내주유취급소에는 경보설비를 설치해야 하지만 이동탱크저장소는 제외된다.

06 단순 암기형

난이도 상 중 **하**

| 정답 | ④

| 접근 POINT |

법에 있는 경보설비의 종류를 문제로 암기 위주로 접근하면 된다.

| 해설 |

경보설비의 종류

- 자동화재탐지설비
- 자동화재속보설비
- 비상경보설비(비상벨장치 또는 경종 포함)
- 확성장치(휴대용확성기 포함)
- 비상방송설비

07 단순 암기형

난이도 상 중 **하**

| 정답 | ①

| 접근 POINT |

법에 있는 기준을 묻는 문제로 암기 위주로 접근하면 된다.

| 해설 |

정기점검의 횟수

「위험물안전관리법 시행규칙」 제64조

제조소 등의 관계인은 당해 제조소 등에 대하여 연 1회 이상 정기점검을 실시하여야 한다.

08 단순 암기형

난이도 상 중 **하**

| 정답 | ①

| 접근 POINT |

법에 나온 기준을 묻는 문제로 암기 위주로 접근하면 된다.

| 해설 |

제조소의 피뢰설비 설치기준

「위험물안전관리법 시행규칙」 별표4

지정수량의 10배 이상의 위험물을 취급하는 제조소(제6류 위험물을 취급하는 위험물제조소는 제외)에는 피뢰침을 설치하여야 한다.

09 단순 암기형

난이도 상 중 **하**

| 정답 | ③

| 접근 POINT |

위험물을 운반하는 차량에 부착해야 하는 위험물 표기와 크기 규격은 같다.

| 해설 |

위험물제조소의 표지의 규격

「위험물안전관리법 시행규칙」 별표4

표지는 한 변의 길이가 0.3m 이상, 다른 한 변의 길이가 0.6m 이상인 직사각형으로 할 것

10 단순 암기형

난이도 상 **중** 하

| 정답 | ②

| 접근 POINT |

위험물제조소의 게시판 관련 문제 중에서는 표시해야 하는 주의사항과 게시판의 길이 또는 색상 문제가 주로 출제된다.

| 해설 |

위험물제조소의 게시판의 표지의 바탕색상: 백색
제5류 위험물제조소에 표기해야 할 주의사항: 화기엄금
화기엄금을 표시해야 하는 것: 적색 바탕에 백색 문자

| 관련법규 |

위험물제조소의 표지 및 게시판

「위험물안전관리법 시행규칙」 별표4

(1) **게시판의 규격 및 색상 기준**

구분	내용
표지의 규격	표지는 한 변의 길이가 0.3m 이상, 다른 한 변의 길이가 0.6m 이상인 직사각형으로 할 것
바탕색상	표지의 바탕은 백색으로, 문자는 흑색으로 할 것

(2) 게시판의 표시사항에 대한 색상 기준

표시사항	색상 기준
물기엄금	청색바탕에 백색문자
화기주의, 화기엄금	적색바탕에 백색문자

11 단순 암기형

난이도 상 중 하

| 정답 | ②

| 접근 POINT |

자주 출제되는 문제로 반드시 맞혀야 하는 문제이다.
운반용기 외부 표시사항과 제조소 표시사항이 약간 다른 점을 주의해야 한다.

| 해설 |

위험물제조소의 게시판 표시사항

「위험물안전관리법 시행규칙」 별표4

표시사항	해당 위험물
물기엄금	제1류 위험물 중 알칼리금속의 과산화물과 이를 함유한 것 또는 제3류 위험물 중 금수성 물질
화기주의	제2류 위험물(인화성 고체 제외)
화기엄금	제2류 위험물 중 인화성 고체, 제3류 위험물 중 자연발화성물질, 제4류 위험물 또는 제5류 위험물

12 단순 암기형

난이도 상 중 하

| 정답 | ①

| 접근 POINT |

바닷물의 색깔이 약간 청색을 띠는 것과 연관지어 물기엄금의 바탕색깔을 기억한다.

| 해설 |

금수성 물질의 위험물제조소에는 물기엄금을 표시한다.
물기엄금은 청색바탕에 백색문자로 표시한다.

13 단순 암기형

난이도 상 중 하

| 정답 | ②

| 접근 POINT |

법에 나온 기준을 암기해서 답을 고를 수도 있지만 화기를 멀리해야 할 위험물과 물기를 멀리해야 할 위험물을 구분해서 답을 고른다.

| 해설 |

① 제2류 위험물 중 인화성 고체 — 화기엄금
② 제3류 위험물 중 금수성 물질 — 물기엄금
③ 제4류 위험물 — 화기엄금
④ 제5류 위험물 — 화기엄금

14 단순 암기형

난이도 상 중 하

| 정답 | ④

| 접근 POINT |

운반용기 외부 표시사항과 제조소 표시사항은 약간 다른 점을 주의해야 한다.

| 해설 |

제6류 위험물의 운반용기 외부에는 "가연물접촉주의"를 표시해야 하지만, 제6류 위험물의 제조소에는 별도의 주의사항을 표시한 게시판을 설치하지 않아도 된다.

| 선지분석 |

① 제6류 위험물은 산화성 액체로 산소공급원 역할을 할 수 있으므로 가연성 물질과의 접촉을 피해야 한다.
② 제6류 위험물은 제1류 위험물과는 혼재할 수 있지만 제2류 위험물과는 혼재할 수 없다.
③ 제6류 위험물 중 질산은 피부와 접촉하면 노란색으로 변하는 크산토프로테인반응을 한다. 따라서 제6류 위험물은 피부와 접촉하지 않도록 해야 한다.

15 단순 암기형

난이도 상 중 하

| 정답 | ②

| 접근 POINT |

법에 나온 기준을 묻는 문제로 암기 위주로 접근하면 된다.

| 해설 |

제조소의 배출설비 설치기준(국소방식)

「위험물안전관리법 시행규칙」 별표4

배출능력은 1시간당 배출장소 용적의 20배 이상인 것으로 하여야 한다. 다만, 전역방식의 경우에는 바닥면적 $1m^2$당 $18m^3$ 이상으로 할 수 있다.

16 단순 암기형

난이도 상 중 하

| 정답 | ④

| 접근 POINT |

환기설비의 급기구와 배출설비의 급기구의 설치위치가 다른 것에 주의해야 한다.

SUBJECT 02

| 해설 |

급기구의 설치위치

「위험물안전관리법 시행규칙」 별표4

구분	설치위치
환기설비의 급기구	낮은 곳에 설치
배출설비의 급기구	높은 곳에 설치

17 단순 암기형

난이도 상 중 하

| 정답 | ①

| 접근 POINT |

법에는 정전기 제거설비를 세 가지 기준으로 구분하고 있는데 그중 상대습도 관련 기준이 자주 출제된다.

| 해설 |

정전기 제거설비

「위험물안전관리법 시행규칙」 별표4

위험물을 취급함에 있어서 정전기가 발생할 우려가 있는 설비에는 다음의 하나에 해당하는 방법으로 정전기를 유효하게 제거할 수 있는 설비를 설치하여야 한다.

- 접지에 의한 방법
- 공기 중의 상대습도를 70% 이상으로 하는 방법
- 공기를 이온화하는 방법

| 유사문제 |

「위험물안전관리법」상 정전기를 유효하게 제거하기 위해서 공기 중의 상대습도를 몇 % 이상이 되게 하여야 하는가?

정답은 70%이다.

18 개념 이해형

난이도 상 중 하

| 정답 | ④

| 접근 POINT |

정전기가 도체와 부도체 중 어디에서 잘 생기는지 생각해 본다.

| 해설 |

정전기를 제거하기 위해서는 부도체를 사용하는 것이 아니라 도체를 연결하여 정전기가 흘러나갈 수 있도록 해야 한다.

19 단순 암기형

난이도 상 중 하

| 정답 | ③

| 접근 POINT |

방유제의 용량 수치와 간막이둑의 용량 수치를 혼동하지 않아야 한다.

| 해설 |

옥외탱크저장소의 위치 · 구조 및 설비의 기준

「위험물안전관리법 시행규칙」 별표6

- 방유제의 용량은 방유제 안에 설치된 탱크가 하나인 때에는 그 탱크 용량의 110% 이상, 2기 이상인 때에는 그 탱크 중 용량이 최대인 것의 용량의 110% 이상으로 할 것
- 간막이둑의 용량은 간막이둑 안에 설치된 탱크의 용량의 10% 이상일 것

20 단순 암기형

난이도 상 중 하

| 정답 | ②

| 접근 POINT |

법에 있는 기준을 묻는 문제로 암기 위주로 접근한다.

| 해설 |

옥외탱크저장소의 위치 · 구조 및 설비의 기준

「위험물안전관리법 시행규칙」 별표6

특정옥외탱크저장소: 옥외탱크저장소 중 저장 또는 취급하는 액체위험물의 최대수량이 100만 L 이상의 것

21 단순 암기형

난이도 상 중 하

| 정답 | ②

| 접근 POINT |

법에는 소화난이도등급별, 제조소별로 설치해야 하는 소화설비가 약 3페이지에 걸쳐 제시되어 있다.

이 규정을 전부 암기하기는 어려운 부분이 있으므로 시험에 출제된 내용 위주로 암기하는 것이 좋다.

| 해설 |

소화난이도등급 I 의 제조소 등에 설치하여야 하는 소화설비

「위험물안전관리법 시행규칙」 별표17

옥외탱크저장소 중 지중탱크 또는 해상탱크 외의 것에서 인화점 70℃ 이상의 제4류 위험물만을 저장 · 취급하는 경우 물분무 소화설비 또는 고정식 포소화설비를 설치한다.

22 개념 이해형

난이도 상 중 하

| 정답 | ④

| 접근 POINT |

법에서 규정한 기준만 알고 있다면 단순한 계산을 통해 답을 고를 수 있다.

| 해설 |

옥내 · 옥외소화전의 수원의 수량 기준

「위험물안전관리법 시행규칙」 별표17

구분	기준
옥내소화전	옥내소화전이 가장 많이 설치된 층의 옥내소화전 설치개수(설치개수가 5개 이상인 경우는 5개)에 $7.8m^3$를 곱한 양 이상
옥외소화전	옥외소화전의 설치개수(설치개수가 4개 이상인 경우는 4개의 옥외소화전)에 $13.5m^3$를 곱한 양 이상이 되도록 설치

옥내소화전의 수원의 수량은 옥내소화전이 가장 많이 설치된 층의 옥내소화전 설치개수(설치개수가 5개 이상인 경우는 5개)에 $7.8m^3$를 곱한 양 이상이 되도록 한다.

설치개수가 3개 이므로 3개를 적용한다.

수량$=3\times7.8=23.4m^3$

| 유사문제 |

위험물제조소에 옥내소화전이 가장 많이 설치된 층의 옥내소화전 설치개수가 2개일 때 수원의 수량은 얼마 이상이 되어야 하는가?

수량$=2\times7.8=15.6m^3$

정답은 $15.6m^3$ 이상이다.

23 단순 암기형

난이도 상 중 **하**

| 정답 | ③

| 접근 POINT |

법에서 규정한 기준을 알고 있는지 묻는 문제로 암기 위주로 접근하면 된다.

| 해설 |

옥내소화전의 수원의 수량은 옥내소화전이 가장 많이 설치된 층의 옥내소화전 설치개수(설치개수가 5개 이상인 경우는 5개)에 $7.8m^3$를 곱한 양 이상으로 한다.

24 개념 이해형

난이도 상 **중** 하

| 정답 | ③

| 접근 POINT |

옥내소화전과 옥외소화전의 기준이 다른 것을 주의한다.

법에서 규정한 기준만 알고 있다면 단순한 계산을 통해 답을 고를 수 있다.

| 해설 |

옥내소화전의 수원의 수량은 옥내소화전이 가장 많이 설치된 층의 옥내소화전 설치개수(설치개수가 5개 이상인 경우는 5개)에 $7.8m^3$를 곱한 양 이상이 되도록 한다.

문제에서 옥내소화전이 가장 많이 설치된 층은 2층이고, 총 6개가 설치되어 있다.

설치개수가 5개 이상인 경우 5개를 적용하므로 옥내소화전의 수량은 다음과 같다.

수량$=5\times7.8=39m^3=39,000L$

※ $1m^3=1,000L$

25 개념 이해형

난이도 상 **중** 하

| 정답 | ③

| 접근 POINT |

법에서 규정한 기준만 알고 있다면 단순한 계산을 통해 답을 고를 수 있다.

| 해설 |

옥내소화전의 수원의 수량은 옥내소화전이 가장 많이 설치된 층의 옥내소화전 설치개수(설치개수가 5개 이상인 경우는 5개)에 $7.8m^3$를 곱한 양 이상이 되도록 한다.

설치개수가 5개 이상인 경우 5개를 적용하므로 옥내소화전의 수량은 다음과 같다.

수량$=5\times7.8=39m^3$

26 개념 이해형

난이도 상 **중** 하

| 정답 | ③

| 접근 POINT |

법에서 규정한 기준만 알고 있다면 단순한 계산을 통해 답을 고를 수 있다.

| 해설 |

문제에서 옥외소화전이 3개가 설치되어 있다고 했다.

수량$=3\times13.5=40.5m^3$

27 단순 암기형

난이도 상 중 **하**

| 정답 | ①

| 접근 POINT |

법에서 규정한 기준을 알고 있는지 묻는 문제로 암기 위주로 접근하면 된다.

| 해설 |

옥내소화전설비의 설치기준

「위험물안전관리법 시행규칙」 별표17

- 노즐 끝부분의 방수압력: 350kPa 이상
- 노즐 끝부분의 방수량: 1분당 260L 이상

28 단순 암기형

난이도 상 중 하

| 정답 | ③

| 접근 POINT |

옥내소화전과 옥외소화전에서 노즐 끝부분의 방수량은 다르지만 방수압력은 같다.

| 해설 |

옥외소화전설비의 설치기준

「위험물안전관리법 시행규칙」 별표17

- 노즐 끝부분의 방수압력: 350kPa 이상
- 노즐 끝부분의 방수량: 1분당 450L 이상

29 단순 암기형

난이도 상 중 하

| 정답 | ③

| 접근 POINT |

법에 나온 기준을 묻는 단순한 문제로 응용되어 출제되지는 않으므로 기준만 암기하면 된다.

| 해설 |

전기설비의 소화설비 설치기준

「위험물안전관리법 시행규칙」 별표17

제조소 등에 전기설비(전기배선, 조명기구 등은 제외)가 설치된 경우에는 당해 장소의 면적 $100m^2$마다 소형수동식소화기를 1개 이상 설치할 것

30 단순 암기형

난이도 상 중 하

| 정답 | ③

| 접근 POINT |

법에 나온 기준을 묻는 단순한 문제로 응용되어 출제되지는 않으므로 기준만 암기하면 된다.

| 해설 |

물분무 소화설비의 설치기준

「위험물안전관리법 시행규칙」 별표17

물분무 소화설비의 방사구역은 $150m^2$ 이상(방호대상물의 표면적이 $150m^2$ 미만인 경우에는 당해 표면적)으로 할 것

| 유사문제 |

「위험물안전관리법령」상 방호대상물의 표면적이 $70m^2$인 경우 물분무 소화설비의 방사구역은 몇 m^2로 하여야 하는가?

① 35　　② 70
③ 150　　④ 300

정답은 ②번이다.

31 개념 이해형

난이도 상 중 하

| 정답 | ④

| 접근 POINT |

이 문제는 위험물의 소요단위만 묻고 있지만 제조소 또는 취급소 저장소의 소요단위를 묻는 문제도 출제될 수 있다.

| 해설 |

특수인화물은 제4류 위험물로 지정수량은 50L이다.
위험물은 지정수량의 10배를 1소요단위로 하므로 특수인화물의 1소요단위는 500L이다.

| 관련개념 |

1소요단위의 기준

「위험물안전관리법 시행규칙」 별표17

구분	내화구조	내화구조가 아닌 것
제조소, 취급소	$100m^2$	$50m^2$
저장소	$150m^2$	$75m^2$

위험물은 지정수량의 10배를 1소요단위로 할 것

32 개념 이해형

난이도 상 중 하

| 정답 | ①

| 접근 POINT |

가솔린의 지정수량과 위험물의 1소요단위 기준을 알고 있어야 풀 수 있는 문제이다.

| 해설 |

가솔린: 제4류, 제1석유류(비수용성): 지정수량 200L
위험물은 지정수량의 10배를 1소요단위로 한다.

$$가솔린의\ 소요단위=\frac{2,000L}{200L\times10}=1$$

33 단순 암기형

난이도 상 중 하

| 정답 | ②

| 접근 POINT |

자주 출제되는 문제로 수치만 암기만 하고 있다면 바로 답을 고를 수 있는 문제이다.
제조소, 취급소와 저장소에 따라 기준이 다른 것을 구분할 수 있어야 한다.

| 해설 |

1소요단위의 기준

「위험물안전관리법 시행규칙」 별표17

구분	내화구조	내화구조가 아닌 것
제조소, 취급소	$100m^2$	$50m^2$
저장소	$150m^2$	$75m^2$

| 유사문제 |

위험물저장소 건축물의 외벽이 내화구조인 것은 연면적 얼마를 1소요단위로 하는지 묻는 문제도 출제되었다.

정답은 $150m^2$이다.

34 단순 계산형

난이도 상 중 **하**

| 정답 | ②

| 접근 POINT |

법에 나온 수치기준 암기하고 있다면 간단한 계산을 통해 답을 고를 수 있다.

| 해설 |

외벽이 내화구조인 위험물취급소의 1소요단위: $100m^2$

위험물 취급소의 소요단위$=\frac{1,000m^2}{100m^2}=10$

| 유사문제 |

위험물취급소의 건축물 연면적이 $500m^2$인 경우 소요단위는? (단, 외벽은 내화구조이다.)

외벽이 내화구조인 위험물취급소의 1소요단위: $100m^2$

위험물 취급소의 소요단위$=\frac{500m^2}{100m^2}=5$

35 단순 계산형

난이도 상 중 **하**

| 정답 | ②

| 접근 POINT |

법에 나온 수치기준만 암기하고 있다면 간단한 계산을 통해 답을 고를 수 있다.

| 해설 |

외벽이 내화구조인 위험물저장소의 1소요단위: $150m^2$

위험물저장소의 소요단위$=\frac{1,500m^2}{150m^2}=10$

36 개념 이해형

난이도 상 중 **하**

| 정답 | ②

| 접근 POINT |

탄화칼슘의 지정수량만 암기하고 있다면 쉽게 답을 고를 수 있다.

| 해설 |

탄화칼슘: 제3류, 칼슘의 탄화물 → 지정수량 300kg

위험물은 지정수량의 10배를 1소요단위로 한다.

소요단위$=\frac{60,000kg}{300kg \times 10}=20$단위

37 개념 이해형

난이도 상 중 **하**

| 정답 | ①

| 접근 POINT |

피리딘의 지정수량만 암기하고 있다면 쉽게 답을 고를 수 있는 문제이다.

| 해설 |

피리딘: 제4류, 제1석유류(수용성) → 지정수량 400L

위험물은 지정수량의 10배를 1소요단위로 하므로 피리딘 20,000L에 대한 소요단위는 다음과 같다.

소요단위$=\frac{20,000L}{400L \times 10}=5$단위

| 유사문제 |

클로로벤젠 300,000L의 소요단위는 얼마인가?

클로로벤젠: 제4류, 제2석유류(비수용성) → 지정수량 1,000L

소요단위$=\frac{300,000L}{1,000L \times 10}=30$

38 개념 이해형

난이도 상 **중** 하

| 정답 | ①

| 접근 POINT |

하나씩 소요단위를 구한 뒤 두 수치를 합한다.

| 해설 |

문제에 주어진 제4류 위험물의 지정수량

위험물	구분	지정수량
다이에틸에터	특수인화물	50L
아세톤	제1석유류(수용성)	400L

위험물은 지정수량의 10배를 1소요단위로 한다.

총 소요단위$=\frac{2,000L}{50L \times 10}+\frac{4,000L}{400L \times 10}=5$

SUBJECT 02

39 복합 계산형

난이도 **상** 중 하

| 정답 | ①

| 접근 POINT |

법에 규정되어 있는 소요단위와 관련된 거의 모든 기준이 출제된 문제로 하나씩 소요단위를 구한 뒤 전체 합을 계산한다.

| 해설 |

(1) **"가", "나"의 소요단위 계산**

제조소 중 외벽이 내화구조인 것은 연면적 $100m^2$가 1소요단위이다.

$$소요단위 = \frac{3,000m^2}{100m^2} = 30$$

(2) **"다"의 소요단위 계산**

위험물은 지정수량의 10배를 1소요단위로 한다.

$$소요단위 = \frac{지정수량 \times 3,000}{지정수량 \times 10} = 300$$

(3) **"라"의 소요단위 계산**

제조소 등의 옥외에 설치된 공작물은 외벽이 내화구조인 것으로 간주하고 공작물의 최대수평투영면적을 연면적으로 간주한다.

$$소요단위 = \frac{500m^2}{100m^2} = 5$$

(4) **소요단위 합계**

$30 + 300 + 5 = 335$

40 단순 암기형

난이도 상 **중** 하

| 정답 | ④

| 접근 POINT |

법에 있는 세부조항이 출제된 것으로 모든 법 조항을 암기하기는 어렵기 때문에 문제에 출제된 내용 위주로 공부하는 것이 좋다.

| 해설 |

고인화점 위험물만을 저장 또는 취급하는 옥내저장소는 자동화재탐지설비를 설치해야 하는 제조소 등에서 제외된다.

| 관련법규 |

자동화재탐지설비를 설치해야 하는 제조소 등

「위험물안전관리법 시행규칙」 별표17

구분	기준
제조소 및 일반취급소	옥내에서 지정수량의 100배 이상을 취급하는 것(고인화점 위험물만을 100℃ 미만의 온도에서 취급하는 것은 제외)
옥내저장소	지정수량의 100배 이상을 저장 또는 취급하는 것(고인화점 위험물만을 저장 또는 취급하는 것은 제외)

41 단순 암기형

난이도 상 중 **하**

| 정답 | ①

| 접근 POINT |

보냉장치가 있는 경우와 없는 경우의 온도 기준이 다른 것에 주의해야 한다.

| 해설 |

아세트알데하이드 등 또는 다이에틸에터 등의 저장기준

「위험물안전관리법 시행규칙」 별표18

- 보냉장치가 있는 이동저장탱크에 저장하는 아세트알데하이드 등 또는 다이에틸에터 등의 온도는 당해 위험물의 비점 이하로 유지할 것
- 보냉장치가 없는 이동저장탱크에 저장하는 아세트알데하이드 등 또는 다이에틸에터 등의 온도는 40℃ 이하로 유지할 것

42 단순 암기형

난이도 상 중 **하**

| 정답 | ②

| 접근 POINT |

보냉장치가 있는 경우와 없는 경우의 온도 기준이 다른 것에 주의해야 한다.

| 해설 |

아세트알데하이드 등 또는 다이에틸에터 등의 저장기준

「위험물안전관리법 시행규칙」 별표18

옥외저장탱크 · 옥내저장탱크 또는 지하저장탱크 중 압력탱크에 저장하는 아세트알데하이드 등 또는 다이에틸에터 등의 온도는 40℃ 이하로 유지할 것

43 개념 이해형

난이도 상 중 **하**

| 정답 | ②

| 접근 POINT |

암기 위주로 접근하기 보다는 위험물 운반용기 외부에 필수적으로 표기해야 할 사항이 무엇인지 생각해 본다.

| 해설 |

위험물의 운반용기 외부에 표시해야 하는 사항

「위험물안전관리법 시행규칙」 별표19

- 위험물의 품명 · 위험등급 · 화학명 및 수용성(수용성 표시는 제4류 위험물로서 수용성인 것에 한함)
- 위험물의 수량
- 수납하는 위험물에 따른 주의사항

| 유사문제 |

「위험물안전관리법령」상 위험물의 운반용기 외부에 표시해야 하는 사항이 아닌 것은? (단, 기계에 의하여 하역하는 구조로 된 운반용기는 제외한다.)

① 위험물의 품명 ② 위험물의 수량
③ 위험물의 화학명 ④ 위험물의 제조년월일

정답은 ④번이다.

44 단순 암기형

난이도 상 중 하

| 정답 | ②

| 접근 POINT |

알칼리금속의 과산화물 운반용기 외부에 표시하여야 하는 주의사항이 가장 자주 출제되고 주의사항의 길이가 가장 길다.

| 해설 |

위험물의 운반용기 외부에 표시해야 하는 주의사항

「위험물안전관리법 시행규칙」 별표19

구분	주의사항
제1류 위험물	• 알칼리금속의 과산화물 또는 이를 함유한 것에 있어서는 화기 · 충격주의, 물기엄금 및 가연물접촉주의 • 그 밖의 것에 있어서는 화기 · 충격주의 및 가연물접촉주의
제2류 위험물	• 철분 · 금속분 · 마그네슘 또는 이들 중 어느 하나 이상을 함유한 것에 있어서는 화기주의 및 물기엄금 • 인화성 고체에 있어서는 화기엄금 • 그 밖의 것에 있어서는 화기주의
제3류 위험물	• 자연발화성물질에 있어서는 화기엄금 및 공기접촉엄금 • 금수성 물질에 있어서는 물기엄금
제4류 위험물	화기엄금
제5류 위험물	화기엄금 및 충격주의
제6류 위험물	가연물접촉주의

45 단순 암기형

난이도 상 중 하

| 정답 | ④

| 접근 POINT |

위험물 운반용기 외부에 표시하여야 하는 주의사항은 알칼리금속의 과산화물과 제6류 위험물이 가장 자주 출제된다.

| 해설 |

제6류 위험물의 운반용기 외부에는 "가연물접촉주의"를 표시해야 한다.

46 단순 암기형

난이도 상 중 하

| 정답 | ③

| 접근 POINT |

가압송수장치의 펌프의 전양정(H)을 구하는 식은 세 가지가 있는데 이를 구분할 수 있어야 한다.
출제빈도로 보면 펌프를 이용한 가압송수장치의 전양정 식을 묻는 문제가 가장 자주 출제된다.

| 해설 |

옥내소화전설비 가압송수장치의 설치기준

「위험물안전관리에 관한 세부기준」 제129조

(1) **고가수조를 이용한 가압송수장치**

$H=h_1+h_2+35\text{m}$

H: 필요낙차[m]

h_1: 방수용 호스의 마찰손실수두[m]

h_2: 배관의 마찰손실수두[m]

(2) **압력수조를 이용한 가압송수장치**

$P=p_1+p_2+p_3+0.35\text{MPa}$

P: 필요한 압력[MPa]

p_1: 소방용 호스의 마찰손실수두압[MPa]

p_2: 배관의 마찰손실수두압[MPa]

p_3: 낙차의 환산수두압[MPa]

(3) **펌프를 이용한 가압송수장치**

$H=h_1+h_2+h_3+35\text{m}$

H: 펌프의 전양정[m]

h_1: 소방용 호스의 마찰손실수두[m]

h_2: 배관의 마찰손실수두[m]

h_3: 낙차[m]

47 단순 계산형

난이도 상 중 하

| 정답 | ②

| 접근 POINT |

법에 나온 기준을 암기하여 실제로 전양정을 계산할 수 있는지 묻는 문제이다.

| 해설 |

펌프를 이용한 가압송수장치의 전양정 구하기

$H=h_1+h_2+h_3+35\text{m}$

H: 펌프의 전양정[m]

h_1: 소방용 호스의 마찰손실수두[m]

h_2: 배관의 마찰손실수두[m]

h_3: 낙차[m]

$H=6+1.7+32+35=74.7\text{m}$

48 단순 암기형

난이도 상 중 **하**

| 정답 | ③

| 접근 POINT |

법에 나온 기준을 묻는 단순한 문제로 응용되어 출제되지는 않으므로 기준만 암기하면 된다.

| 해설 |

옥내소화전설비의 기준

「위험물안전관리에 관한 세부기준」 제129조

옥내소화전의 개폐밸브 및 호스접속구는 바닥면으로부터 1.5m 이하의 높이에 설치할 것

49 단순 암기형

난이도 상 중 **하**

| 정답 | ③

| 접근 POINT |

법에서 규정한 기준을 알고 있는지 묻는 문제로 암기 위주로 접근하면 된다.

| 해설 |

옥내소화전설비의 기준

「위험물안전관리에 관한 세부기준」 제129조

옥내소화전설비의 비상전원은 자가발전설비 또는 축전지설비에 의하되 용량은 옥내소화전설비를 유효하게 45분 이상 작동시키는 것이 가능할 것

50 개념 이해형

난이도 상 중 **하**

| 정답 | ①

| 접근 POINT |

소화전함은 개폐밸브 등 옥내소화전설비를 사용하기 위해 꼭 필요한 물건을 저장하는 곳이다.
소화전함을 설치하기 적합한 장소가 어디인지 생각해 본다.

| 해설 |

옥내소화전설비의 기준

「위험물안전관리에 관한 세부기준」 제129조

옥내소화전의 개폐밸브 및 방수용 기구를 격납하는 상자(소화전함)는 불연재료로 제작하고 점검에 편리하고 화재발생시 연기가 충만할 우려가 없는 장소 등 쉽게 접근이 가능하고 화재 등에 의한 피해를 받을 우려가 적은 장소에 설치할 것

51 단순 계산형

난이도 상 중 **하**

| 정답 | ④

| 접근 POINT |

법에 나온 기준을 암기하여 실제로 전양정을 계산할 수 있는지 묻는 문제이다.

| 해설 |

압력수조를 이용한 가압송수장치의 압력 계산

$P=p_1+p_2+p_3+0.35\text{MPa}$

P: 필요한 압력[MPa]

p_1: 소방용 호스의 마찰손실수두압[MPa]

p_2: 배관의 마찰손실수두압[MPa]

p_3: 낙차의 환산수두압[MPa]

$P=3.2+2.2+1.79+0.35=7.54\text{MPa}$

52 단순 암기형

난이도 상 **중** 하

| 정답 | ③

| 접근 POINT |

옥내소화전설비의 가압송수장치 보다는 자주 출제되지 않는다.
공식 전체를 암기해서 푸는 문제는 잘 출제되지 않으므로 정답을 확인하는 정도로 공부하는 것이 좋다.

| 해설 |

포소화설비의 압력수조를 이용하는 가압송수장치의 압력 기준

「위험물안전관리에 관한 세부기준」 제133조

$P=P_1+P_2+P_3+P_4$

P: 필요한 압력(단위: MPa)

P_1: 고정식포방출구의 설계압력 또는 이동식포소화설비 노즐방사압력(단위: MPa)

P_2: 배관의 마찰손실수두압(단위: MPa)

P_3: 낙차의 환산수두압(단위: MPa)

P_4: 이동식포소화설비의 소방용 호스의 마찰손실수두압(단위: MPa)

노즐선의 마찰손실수두압은 포소화설비의 압력수조를 이용하는 가압송수장치의 압력을 계산하는데 필요하지 않다.

53 단순 암기형

난이도 상 중 **하**

| 정답 | ④

| 접근 POINT |

법에 나온 기준을 묻는 문제로 암기 위주로 접근하면 된다.

| 해설 |

스프링클러설비의 기준

「위험물안전관리에 관한 세부기준」 제131조

개방형스프링클러헤드는 스프링클러헤드의 반사판으로부터 하방으로 0.45m, 수평 방향으로 0.3m의 공간을 보유할 것

54 단순 암기형

난이도 상 **중** 하

| 정답 | ③

| 접근 POINT |

법에 나온 기준을 묻는 문제로 암기 위주로 접근하면 된다.

| 해설 |

스프링클러헤드의 수동식 개방밸브 설치기준

「위험물안전관리에 관한 세부기준」 제131조

수동식 개방밸브를 개방조작하는데 필요한 힘이 15kg 이하가 되도록 설치할 것

55 단순 암기형

난이도 상 **중** 하

| 정답 | ②

| 접근 POINT |

법에 나온 기준을 묻는 문제로 종종 출제되므로 수치는 암기하고 있어야 한다.

| 해설 |

스프링클러헤드의 표시온도 기준

「위험물안전관리에 관한 세부기준」 제131조

부착장소의 최고 주위온도(℃)	표시온도(℃)
28 미만	58 미만
28 이상 39 미만	58 이상 79 미만
39 이상 64 미만	79 이상 121 미만
64 이상 106 미만	121 이상 162 미만
106 이상	162 이상

56 단순 암기형

난이도 상 중 **하**

| 정답 | ②

| 접근 POINT |

제어밸브처럼 손으로 조작하는 것은 사람의 손이 잘 닿는 위치에 설치해야 한다.

| 해설 |

스프링클러헤드의 수동식 개방밸브 설치기준

「위험물안전관리에 관한 세부기준」 제131조

제어밸브는 개방형스프링클러헤드를 이용하는 스프링클러설비에 있어서는 방수구역마다, 폐쇄형스프링클러헤드를 사용하는 스프링클러설비에 있어서는 당해 방화대상물의 층마다, 바닥면으로부터 0.8m 이상 1.5m 이하의 높이에 설치할 것

57 단순 암기형

난이도 상 중 **하**

| 정답 | ③

| 접근 POINT |

법에 있는 기준을 묻는 문제로 응용되어 출제되는 문제는 아니므로 수치를 암기하는 정도로 공부하면 된다.

| 해설 |

포헤드 방식과 포헤드 설치기준

「위험물안전관리에 관한 세부기준」 제133조

방호대상물의 표면적(건축물의 경우에는 바닥면적) $9m^2$당 1개 이상의 헤드를, 방호대상물의 표면적 $1m^2$당의 방사량이 6.5L/min 이상의 비율로 계산한 양의 포수용액을 표준방사량으로 방사할 수 있도록 설치할 것

58 단순 암기형

난이도 상 중 **하**

| 정답 | ③

| 접근 POINT |

법에 있는 기준을 묻는 문제로 응용되어 출제되는 문제는 아니므로 수치를 암기하는 정도로 공부하면 된다.

| 해설 |

포헤드 방식과 포헤드 설치기준

「위험물안전관리에 관한 세부기준」 제133조

방호대상물의 표면적(건축물의 경우에는 바닥면적) $9m^2$당 1개 이상의 헤드를, 방호대상물의 표면적 $1m^2$당의 방사량이 6.5L/min 이상의 비율로 계산한 양의 포수용액을 표준방사량으로 방사할 수 있도록 설치할 것

59 단순 암기형

난이도 상 중 **하**

| 정답 | ④

| 접근 POINT |

법에 있는 기준을 암기하고 있는지 묻는 문제로 암기 위주로 접근하면 된다.

| 해설 |

불활성가스 소화설비의 기준

「위험물안전관리에 관한 세부기준」 제134조

이동식 불활성가스 소화설비는 하나의 노즐마다 90kg 이상의 양으로 할 것

60 단순 암기형

난이도 상 중 하

| 정답 | ③

| 접근 POINT |

앞의 문제는 이동식 불활성가스 소화설비이므로 기준이 다른 것에 주의해야 한다.

| 해설 |

할로젠화합물 소화설비의 기준

「위험물안전관리에 관한 세부기준」 제135조

이동식 할로젠화합물 소화설비는 하나의 노즐마다 20℃에서 1분당 다음 표에 정한 소화약제의 종류에 따른 양 이상을 방사할 수 있도록 한다.

소화약제의 종별	소화약제의 양[kg]
하론 2402	45
하론 1211	40
하론 1301	35

61 단순 암기형

난이도 상 중 하

| 정답 | ①

| 접근 POINT |

이 문제는 탱크의 용량 산정 관련 문제 중에서는 가장 쉬운 문제이다. 실제로 탱크의 용량을 계산하는 문제도 출제되기 때문에 용량 산정방법은 정확하게 암기해야 한다.

| 해설 |

탱크 용적의 산정기준

「위험물안전관리법 시행규칙」 제5조

위험물을 저장 또는 취급하는 탱크의 용량은 해당 탱크의 내용적에서 공간용적을 뺀 용적으로 한다.

62 단순 암기형

난이도 상 중 하

| 정답 | ②

| 접근 POINT |

이 문제는 공식 자체를 묻는 문제이지만 실제로 내용적을 계산하는 문제도 출제된다.

| 해설 |

양쪽이 볼록한 타원형 탱크의 내용적을 구하는 공식은 ②번이다. 탱크의 모양에 따라 내용적을 구하는 공식이 다르므로 다른 공식도 알아두어야 한다.

| 관련개념 |

탱크의 내용적 계산방법

「위험물안전관리에 관한 세부기준」 별표1

(1) **양쪽이 볼록한 타원형 탱크**

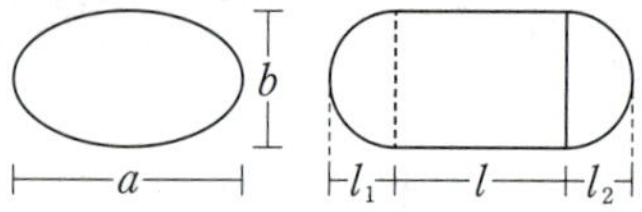

$$\text{내용적}=\frac{\pi ab}{4}\left(l+\frac{l_1+l_2}{3}\right)$$

(2) **한쪽은 볼록하고 다른 한쪽은 오목한 타원형 탱크**

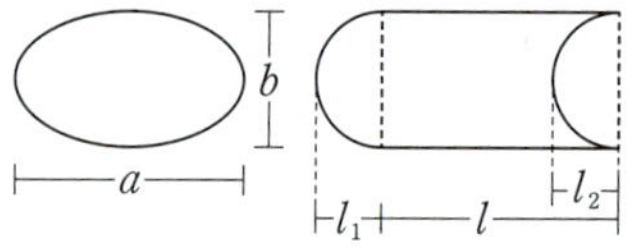

$$\text{내용적}=\frac{\pi ab}{4}\left(l+\frac{l_1-l_2}{3}\right)$$

(3) **횡으로 설치한 원통형 탱크**

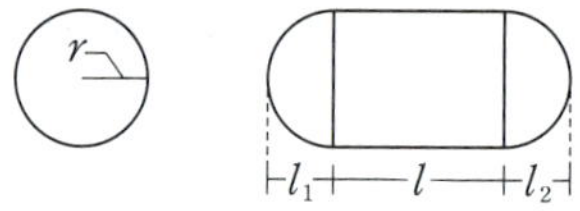

$$\text{내용적}=\pi r^2\left(l+\frac{l_1+l_2}{3}\right)$$

(4) **종으로 설치한 원통형 탱크**

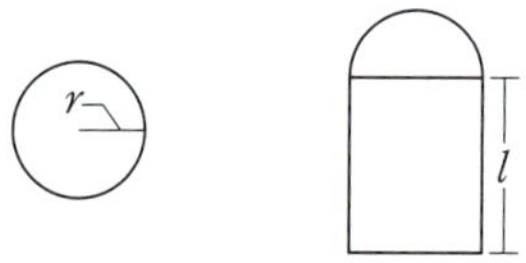

$$\text{내용적}=\pi r^2 l$$

63 단순 계산형

난이도 상 중 하

| 정답 | ①

| 접근 POINT |

공식에 수치를 대입하면 답을 구할 수 있다.

| 해설 |

양쪽이 볼록한 타원형 탱크의 내용적

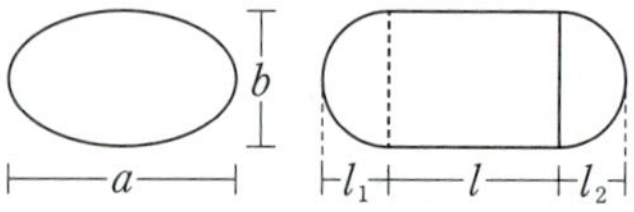

$$\text{내용적}=\frac{\pi ab}{4}\left(l+\frac{l_1+l_2}{3}\right)=\frac{\pi\times2\times1}{4}\times\left(3+\frac{0.3+0.3}{3}\right)$$

$$=5.026\text{m}^3$$

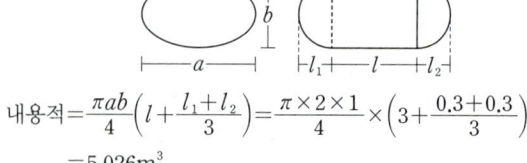

| 유사문제 |

그림과 같은 타원형 탱크의 내용적은 약 몇 m^3인가?

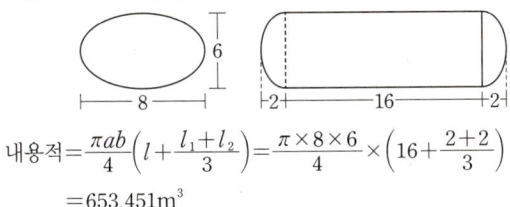

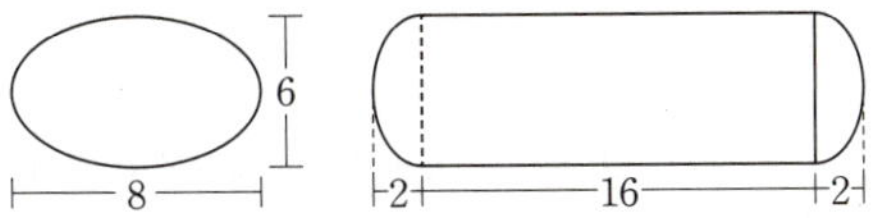

$$내용적=\frac{\pi ab}{4}\left(l+\frac{l_1+l_2}{3}\right)=\frac{\pi\times8\times6}{4}\times\left(16+\frac{2+2}{3}\right)$$

$$=653.451m^3$$

64 단순 계산형

난이도 상 중 하

| 정답 | ④

| 접근 POINT |

종으로 설치한 원통형 탱크의 내용적 공식에 수치를 대입하면 답을 구할 수 있다.

| 해설 |

종으로 설치한 원통형 탱크의 내용적 계산

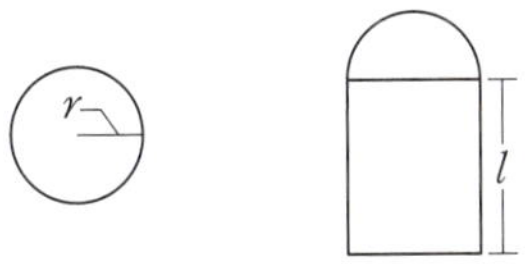

$$내용적=\pi r^2 l=\pi\times10^2\times25=7,853.981m^3$$

65 개념 이해형

난이도 상 중 하

| 정답 | ③

| 접근 POINT |

법에서 정한 예외조항에 대한 문제이다.
지하수의 양과 공간용적 수치를 비교해서 답을 구한다.

| 해설 |

이 문제는 암반탱크이고 지하수가 용출하는 조건이 있으므로 일반적인 공간용적 기준을 적용하면 안 된다.
7일간의 지하수의 양: 2천만 리터×7=1억 4천만 리터
내용적의 100분 1의 용적: 1억 리터
두 가지 수치 중 큰 용적을 공간용적으로 해야 하므로 공간용적은 1억 4천만 리터이다.

| 관련법규 |

탱크의 내용적 및 공간용적

「위험물안전관리에 관한 세부기준」 제25조

암반탱크에 있어서는 당해 탱크 내에 용출하는 7일간의 지하수의 양에 상당하는 용적과 당해 탱크의 내용적의 100분의 1의 용적 중에서 보다 큰 용적을 공간용적으로 한다.

66 복합 계산형

난이도 상 중 하

| 정답 | ②

| 접근 POINT |

탱크의 용량을 계산하는 문제 중에서는 가장 어려운 문제이다.
법에 있는 예외조항을 암기하고 있어야 풀 수 있다.

| 해설 |

(1) **탱크의 용량 계산**

탱크의 용량=내용적−공간용적
탱크의 최대용량=20,000L−1,000L=19,000L
탱크의 최소용량=20,000L−2,000L=18,000L

(2) **차량의 최대적재량을 L로 환산**

비중이 0.8이므로 밀도는 0.8kg/L이다.

$$15,000kg=15,000kg\times\frac{L}{0.8kg}=18,750L$$

(3) **탱크의 최대용량 산정**

탱크의 최대용량은 19,000L이지만 최대적재량 이하로 해야 하므로 탱크의 최대용량은 18,750L이다.

(4) **최대용량이 지정수량의 몇 배인지 산정**

제2석유류, 비수용성의 지정수량: 1,000L

$$\frac{18,750L}{1,000L}=18.75배$$

| 관련법규 |

탱크 용적의 산정기준

「위험물안전관리법 시행규칙」 제5조

위험물을 저장 또는 취급하는 탱크의 용량은 해당 탱크의 내용적에서 공간용적을 뺀 용적으로 한다. 이 경우 위험물을 저장 또는 취급하는 차량에 고정된 탱크(이동저장탱크)의 용량은 최대적재량 이하로 하여야 한다.

탱크의 내용적 및 공간용적

「위험물안전관리에 관한 세부기준」 제25조

탱크의 공간용적은 탱크의 내용적의 100분의 5 이상 100분의 10 이하의 용적으로 한다.

67 단순 암기형

난이도 상 중 하

| 정답 | ③

| 접근 POINT |

법에 나온 규정을 묻는 단순한 문제로 암기 위주로 접근하면 된다.

| 해설 |

옥외소화전설비의 기준

「위험물안전관리에 관한 세부기준」 제130조

옥외소화전함은 불연재료로 제작하고 옥외소화전으로부터 보행거리 5m 이하의 장소로서 화재발생 시 쉽게 접근이 가능하고 화재 등의 피해를 받을 우려가 적은 장소에 설치할 것

68 단순 계산형

난이도 상 **중** 하

| 정답 | ③

| 접근 POINT |

법에 있는 기준을 이용하여 계산하는 문제이다.
계산과정은 간단하기 때문에 법에 있는 기준을 알고 있다면 쉽게 답을 고를 수 있다.

| 해설 |

특정옥외저장탱크의 풍하중 계산

「위험물안전관리에 관한 세부기준」 제59조

$1m^2$당 풍하중은 다음 식으로 계산한다.

$q=0.588k\sqrt{h}$

q: 풍하중[kN]

k: 풍력계수(원통형은 0.7, 그 외의 탱크는 1.0)

h: 지반면으로부터의 높이[m]

$q=0.588k\sqrt{h}=0.588\times 0.7\times\sqrt{16}=1.6464\text{kN}$

69 개념 이해형

난이도 상 중 **하**

| 정답 | ③

| 접근 POINT |

고압식과 저압식을 구분해서 암기해야 한다.

| 해설 |

불활성가스 소화설비의 분사헤드의 방사압력 기준

「위험물안전관리에 관한 세부기준」 제134조

이산화탄소를 방사하는 분사헤드 중 고압식의 것에 있어서는 2.1MPa 이상, 저압식의 것에 있어서는 1.05MPa 이상일 것

70 개념 이해형

난이도 상 중 **하**

| 정답 | ④

| 접근 POINT |

암기 위주로 접근하기 보다는 "방호구역"의 의미를 이해하고 있다면 쉽게 답을 고를 수 있다.

| 해설 |

방호구역이란 화재가 발생했을 때 소화약제가 방출되는 곳이다. 불활성가스 소화설비의 저장용기는 방호구역 외의 장소에 설치해야 화재가 발생해도 피해를 받지 않는다.

| 관련법규 |

불활성가스 소화설비의 저장용기 기준

「위험물안전관리에 관한 세부기준」 제134조

- 방호구역 외의 장소에 설치할 것
- 온도가 40℃ 이하이고 온도 변화가 적은 장소에 설치할 것
- 직사일광 및 빗물이 침투할 우려가 적은 장소에 설치할 것
- 저장용기에는 안전장치(용기밸브에 설치되어 있는 것을 포함)를 설치할 것
- 저장용기의 외면에 소화약제의 종류와 양, 제조년도 및 제조자를 표시할 것

71 단순 암기형

난이도 상 **중** 하

| 정답 | ②

| 접근 POINT |

법에 있는 세부기준이 출제된 문제로 다소 지엽적인 문제이지만 기출문제에 나온 문제이므로 정답은 암기해야 한다.

| 해설 |

저장용기에는 안전장치(용기밸브에 설치되어 있는 것을 포함)를 설치해야 한다.

72 단순 암기형

난이도 상 중 **하**

| 정답 | ②

| 접근 POINT |

법에 나온 규정을 묻는 단순한 문제로 암기 위주로 접근하면 된다.

| 해설 |

분말 소화설비의 기준

「위험물안전관리에 관한 세부기준」 제136조

가압식의 분말 소화설비에는 2.5MPa 이하의 압력으로 조정할 수 있는 압력조정기를 설치할 것

73 단순 암기형

난이도 상 중 **하**

| 정답 | ①

| 접근 POINT |

분사헤드의 방사압력과 소화약제를 방사해야 하는 시간이 모두 출제되므로 구분해서 암기해야 한다.

| 해설 |

전역방출방식의 분말 소화설비의 분사헤드

「위험물안전관리에 관한 세부기준」 제136조

- 분사헤드의 방사압력은 0.1MPa 이상일 것
- 소화약제의 양을 30초 이내에 균일하게 방사할 것

74 단순 암기형

난이도 상 중 **하**

| 정답 | ④

| 접근 POINT |

분사헤드의 방사압력과 소화약제를 방사해야 하는 시간이 모두 출제되므로 구분해서 암기해야 한다.

| 해설 |

전역방출방식의 분말 소화설비는 소화약제의 양을 30초 이내에 균일하게 방사할 수 있어야 한다.

75 개념 이해형

난이도 상 중 **하**

| 정답 | ②

| 접근 POINT |

암기 위주로 접근하기 보다는 전역과 국소의 의미적인 차이점을 생각해 본다.

| 해설 |

이산화탄소 소화설비의 종류

구분	내용
전역 방출방식	• 일정 방호구역 전체에 이산화탄소를 방출하는 것이다. • 해당 부분의 구획을 밀폐한 후 이산화탄소를 방출한다.
국소 방출방식	화재가 발생할 가능성이 비교적 낮은 실내에서 특정 장치나 기계에 이산화탄소를 방출하는 것이다.

SUBJECT 03

위험물 성상 및 취급

합격 치트키 | 제1류 위험물 본문 122p

01	02	03	04	05	06	07	08	09	10
①	③	②	③	④	④	③	②	②	④
11	12	13	14	15	16	17	18	19	20
②	④	②	④	①	②	③	③	③	②
21	22	23	24	25	26	27	28	29	
②	③	②	④	②	④	①	③	③	

01 단순 암기형

난이도 상 중 하

| 정답 | ①

| 접근 POINT |

위험물의 유별(제1류~제6류의 분류)은 자주 출제되므로 정확하게 암기해야 한다.

| 해설 |

염소산칼륨($KClO_3$): 제1류 위험물, 염소산염류

수소화칼륨(KH): 제3류 위험물, 금속의 수소화물

수산화칼륨(KOH), 아이오딘화칼륨(KI)은 「위험물안전관리법」 기준으로 위험물이 아니다.

02 단순 암기형

난이도 상 중 하

| 정답 | ③

| 접근 POINT |

무기과산화물과 유기과산화물은 유별이 다른 것에 주의해야 한다.

| 해설 |

무기과산화물은 제1류 위험물인 산화성 고체이다.

유기과산화물은 제5류 위험물인 자기반응성물질이다.

03 개념 이해형

난이도 상 중 하

| 정답 | ②

| 접근 POINT |

염소산염류를 기준으로 산소가 한 개 더 많으면 과염소산염류, 한 개 적으면 아염소산염류이다.

| 해설 |

① 염소산칼륨($KClO_3$) → 제1류 위험물, 염소산염류

② 과염소산나트륨($NaClO_4$) → 제1류 위험물, 과염소산염류

③ 과염소산($HClO_4$) → 제6류 위험물

④ 아염소산나트륨($NaClO_2$) → 제1류 위험물, 아염소산염류

04 단순 암기형

난이도 상 중 하

| 정답 | ③

| 접근 POINT |

제1류 위험물 중 그 밖에 행정안전부령으로 정하는 위험물에 대한 내용으로 다소 지엽적인 문제이다.

기출문제에 출제된 만큼 출제된 내용 정도는 암기해야 한다.

| 해설 |

과아이오딘산, 과아이오딘산염류는 제1류 위험물 중 그 밖에 행정안전부령으로 정하는 것으로 지정수량이 300kg이다.

과염소산은 제6류 위험물로 지정수량은 300kg이다.

과염소산염류는 제1류 위험물로 지정수량은 50kg이다.

지정수량의 합 = 300 + 300 + 300 + 50 = 950kg

| 관련개념 |

제1류 위험물의 지정수량

품명	지정수량
아염소산염류	50kg
염소산염류	50kg
과염소산염류	50kg
무기과산화물	50kg
브로민산염류	300kg
질산염류	300kg
아이오딘산염류	300kg
과망가니즈산염류	1,000kg
다이크로뮴산염류	1,000kg
그 밖에 행정안전부령으로 정하는 것	50kg, 300kg 또는 1,000kg

05 개념 이해형

난이도 상 중 **하**

| 정답 | ④

| 접근 POINT |

위험물의 특성은 변형되어 출제되는 경향이 있으므로 답을 암기하기보다는 개념을 이해해야 한다.

| 해설 |

① 조해성이란 고체가 공기 중의 수분을 흡수하여 녹는 현상으로 제1류 위험물은 대체로 조해성이 있다.
② 제1류 위험물은 대체로 물보다 비중이 커서 물에 가라앉는다.
③ 제1류 위험물은 산화성 고체로 산소를 포함하는 무기화합물이다.
④ 분해되면 산소를 방출하는 것은 맞지만 제1류 위험물은 불연성 물질로 자체적으로 연소하지는 않는다.

06 단순 암기형

난이도 상 중 **하**

| 정답 | ④

| 접근 POINT |

흑색화약의 원료로 사용하는 위험물 종류 두 가지는 확실하게 암기하고 있어야 한다.

| 해설 |

제1류 위험물인 질산칼륨(KNO_3)에 제2류 위험물인 황(S)과 탄소(숯)을 혼합하면 흑색화약이 된다.

07 단순 암기형

난이도 상 중 **하**

| 정답 | ③

| 접근 POINT |

흑색화약의 원료로 사용하는 위험물 종류 두 가지는 확실하게 암기하고 있어야 한다.

| 해설 |

제1류 위험물인 질산칼륨(KNO_3)에 제2류 위험물인 황(S)과 탄소(숯)을 혼합하면 흑색화약이 된다.
황은 연소될 때 푸른 불꽃이 발생한다.

08 단순 암기형

난이도 상 **중** 하

| 정답 | ②

| 접근 POINT |

위험물의 세부특성이 문제로 나온 것으로 다소 난이도가 높다.
전체 위험물의 세부특성을 모두 암기하기는 어려운 면이 있으므로 문제에 출제된 내용 위주로 암기하는 것이 좋다.

| 해설 |

질산칼륨의 비중은 약 2.1이고, 녹는점은 약 339℃이다. 제1류 위험물은 대체로 비중이 1보다 크다.

09 개념 이해형

난이도 상 **중** 하

| 정답 | ②

| 접근 POINT |

위험물의 세부특성을 모두 암기하기는 어려운 점이 있지만 기출문제에 나온 특성은 암기해야 한다.

| 해설 |

① 질산염류는 제1류 위험물로 산화성 고체이다.
② 질산염류는 물에 잘 녹고 에터에는 녹지 않는다.
③ 질산염류 중 질산암모늄(NH_4NO_3)은 물에 녹을 때 흡열반응을 한다.
④ 과염소산염류의 지정수량은 50kg이고, 질산염류의 지정수량은 300kg이다.
위험물은 위험성이 클수록 지정수량이 작아지는 경향이 있다.
질산염류는 과염소산염류보다 위험성이 작다.

10 개념 이해형

난이도 상 **중** 하

| 정답 | ④

| 접근 POINT |

제1류 위험물은 대부분 분해되면 산소를 방출하는 특징이 있다.

| 해설 |

①, ② 염소산칼륨($KClO_3$)은 약 400℃에서 분해되어 산소(O_2)를 방출한다.

$$2KClO_3 \longrightarrow 2KCl + 3O_2\uparrow$$

③ 제1류 위험물은 산화성 고체로 자체적으로는 불연성 물질이다.
④ 염소산칼륨은 온수나 글리세린에는 잘 녹지만 냉수, 알코올에는 잘 녹지 않는다.

11 개념 이해형

난이도 상 **중** 하

| 정답 | ②

| 접근 POINT |

위험물의 세부특성까지 전부 암기하기는 어렵지만 제1류 위험물의 일반적인 특징은 이해해야 한다.

| 해설 |

① 염소산칼륨은 산화제인 것은 맞지만 열분해되면 산소를 방출한다.
② 흑색화약의 원료는 질산칼륨이 사용되지만 염소산칼륨도 가열하면 폭발하는 성질이 있기 때문에 폭약의 원료로 사용될 수

있다.

③ 염소산칼륨은 산화성 고체이다.

④ 염소산칼륨의 녹는점은 약 365℃이다.

12 개념 이해형

난이도 상 중 **하**

| 정답 | ④

| 접근 POINT |

제1류 위험물의 일반적인 특징을 생각해 본다.

| 해설 |

무기과산화물을 제외하고 질산암모늄과 같은 제1류 위험물은 물과 위험한 반응을 하지 않기 때문에 화재 발생 시 물로 소화한다.

13 개념 이해형

난이도 상 중 **하**

| 정답 | ②

| 접근 POINT |

염소산나트륨의 결정이 무슨 색깔인지는 암기하지 못해도 제1류 위험물의 기본적인 성질은 이해해야 한다.

| 해설 |

염소산나트륨은 제1류 위험물 중 염소산염류이다.

제1류 위험물은 산화성 고체로 산화력이 강하다.

14 개념 이해형

난이도 상 중 **하**

| 정답 | ④

| 접근 POINT |

제1류 위험물은 대부분 분해되면 산소를 방출한다.

| 해설 |

염소산나트륨은 제1류 위험물 중 염소산염류이다.

염소산나트륨($NaClO_3$)이 열분해되면 염화나트륨($NaCl$)과 산소(O_2)가 발생한다.

$2NaClO_3 \longrightarrow 2NaCl + 3O_2 \uparrow$

15 개념 이해형

난이도 상 중 **하**

| 정답 | ①

| 접근 POINT |

제1류 위험물은 대부분 분해되면 산소를 방출한다.

| 해설 |

아염소산나트륨은 제1류 위험물 중 아염소산염류이다.

아염소산나트륨($NaClO_2$)이 완전열분해되면 염화나트륨($NaCl$)과 산소(O_2)가 발생한다.

$NaClO_2 \longrightarrow NaCl + O_2 \uparrow$

16 개념 이해형

난이도 상 **중** 하

| 정답 | ②

| 접근 POINT |

제1류 위험물은 대부분 분해되면 산소를 방출한다.

| 해설 |

염소산칼륨($KClO_3$)이 열분해되면 염화칼륨(KCl)과 산소(O_2)가 발생한다.

$2KClO_3 \longrightarrow 2KCl + 3O_2 \uparrow$

17 개념 이해형

난이도 상 **중** 하

| 정답 | ③

| 접근 POINT |

제1류 위험물과 가장 연관성이 있는 기체는 산소이다.

| 해설 |

① 과산화칼륨(K_2O_2)이 염산(HCl)과 반응하면 과산화수소(H_2O_2)가 발생한다.
$K_2O_2 + 2HCl \longrightarrow 2KCl + H_2O_2$

② 과산화칼륨(K_2O_2)이 탄산가스(CO_2)과 반응하면 산소(O_2)가 발생한다.
$2K_2O_2 + 2CO_2 \longrightarrow 2K_2CO_3 + O_2 \uparrow$

③ 과산화칼륨(K_2O_2)이 물(H_2O)과 반응하면 산소(O_2)가 발생한다.
$2K_2O_2 + 2H_2O \longrightarrow 4KOH + O_2 \uparrow$

④ 제1류 위험물은 대체로 물과 접촉해도 위험하지 않지만 과산화칼륨과 같은 무기과산화물은 물과의 접촉을 피해야 한다.

18 개념 이해형

난이도 상 **중** 하

| 정답 | ③

| 접근 POINT |

과산화칼륨과 관련해서는 세부적인 반응식이 출제되는 경향이 있으므로 해설에 나온 네 가지 반응식은 이해하는 것이 좋다.

| 해설 |

① 과산화칼륨(K_2O_2)이 분해되면 산소(O_2)가 발생한다.
$2K_2O_2 \longrightarrow 2K_2O + O_2 \uparrow$

② 과산화칼륨(K_2O_2)이 물(H_2O)과 반응하면 산소(O_2)가 발생한다.
$2K_2O_2 + 2H_2O \longrightarrow 4KOH + O_2 \uparrow$

③ 과산화칼륨(K_2O_2)이 염산(HCl)과 반응하면 과산화수소(H_2O_2)가 발생한다.
$K_2O_2 + 2HCl \longrightarrow 2KCl + H_2O_2$

④ 과산화칼륨(K_2O_2)이 이산화탄소(CO_2)와 반응하면 산소(O_2)가 발생한다.
$2K_2O_2 + 2CO_2 \longrightarrow 2K_2CO_3 + O_2 \uparrow$

19 개념 이해형

난이도 상 중 하

| 정답 | ③

| 접근 POINT |

제1류 위험물과 가장 연관성이 있는 기체는 산소이다.

| 해설 |

과산화나트륨(Na_2O_2)이 물(H_2O)과 반응하면 수산화나트륨($NaOH$)과 산소(O_2)가 발생한다.
$2Na_2O_2 + 2H_2O \longrightarrow 4NaOH + O_2 \uparrow$

| 유사문제 |

과산화나트륨의 위험성에 대한 설명으로 틀린 것은?

① 가열하면 분해하여 산소를 방출한다.
② 부식성 물질이므로 취급 시 주의해야 한다.
③ 물과 접촉하면 가연성 수소 가스를 방출한다.
④ 이산화탄소와 반응을 일으킨다.

정답은 ③번이다.
과산화나트륨이 물과 접촉하면 산소가 발생한다.

20 개념 이해형

난이도 상 중 하

| 정답 | ②

| 접근 POINT |

과산화되었다는 것 자체가 산소가 과하게 포함되었다고 볼 수 있다.

| 해설 |

과산화나트륨(Na_2O_2)이 물(H_2O)과 반응하면 수산화나트륨($NaOH$)과 산소(O_2)가 발생한다.
$2Na_2O_2 + 2H_2O \longrightarrow 4NaOH + O_2 \uparrow$

| 선지분석 |

① 염소산칼륨($KClO_3$)은 제1류 위험물 중 염소산염류로 물과 반응하지 않는다.
③ 과염소산칼륨($KClO_4$)은 제1류 위험물 중 과염소산염류로 물과 반응하지 않는다.
④ 탄화칼슘(CaC_2)은 제3류 위험물로 물과 반응하면 가연성이 있는 아세틸렌(C_2H_2)이 생성된다.
$CaC_2 + 2H_2O \longrightarrow Ca(OH)_2 + C_2H_2 \uparrow$

21 개념 이해형

난이도 상 중 하

| 정답 | ②

| 접근 POINT |

과산화되었다는 것 자체가 산소가 과하게 포함되었다고 볼 수 있다.

| 해설 |

제1류 위험물 중에서는 무기과산화물이 물과 위험한 반응을 한다.
과산화나트륨(Na_2O_2)이 물(H_2O)과 반응하면 열과 함께 산소(O_2)가 발생한다.
$2Na_2O_2 + 2H_2O \longrightarrow 4NaOH + O_2 \uparrow$

| 유사문제 |

다음 제1류 위험물 중 물과의 접촉의 가장 위험한 것은?

① 아염소산나트륨 ② 과산화나트륨
③ 과염소산나트륨 ④ 다이크로뮴산암모늄

정답은 ②번이다.

22 개념 이해형

난이도 상 중 하

| 정답 | ③

| 접근 POINT |

제1류 위험물 중 무기과산화물은 물로 소화할 수 없다.

| 해설 |

① 질산메틸: 제5류 위험물 중 질산에스터류로 주수소화가 가능하다.
② 염소산칼륨: 제1류 위험물 중 염소산염류로 주수소화가 가능하다.
③ 과산화리튬: 제1류 위험물 중 무기과산화물로 물과 만나면 산소가 발생하여 주수소화할 수 없다.
④ 적린: 제2류 위험물로 주수소화가 가능하다.

23 개념 이해형

난이도 상 중 하

| 정답 | ②

| 접근 POINT |

염소산염류는 제1류 위험물이므로 제1류 위험물에 적용할 수 있는 소화방법을 생각해 본다.

| 해설 |

제1류 위험물은 다량의 물을 이용하여 냉각소화한다.
포소화설비는 물에 포소화약제를 첨가한 것으로 질식소화효과도 있지만 가장 많은 성분을 차지하고 있는 것은 물로 냉각소화효과가 있다.

SUBJECT 03

24 개념 이해형

난이도 상 **중** 하

| 정답 | ④

| 접근 POINT |

제1류 위험물 중에서 무기과산화물은 다른 제1류 위험물과는 다른 특성을 가진다.

| 해설 |

과산화칼륨(K_2O_2)이 물과 만나면 산소가 발생하므로 물속에 저장하면 안 된다.

| 선지분석 |

① 과산화수소(H_2O_2)는 직사광선을 받으면 분해가 더 빨라지므로 직사광선을 차단하고 찬 곳에 저장한다.

② 과산화마그네슘(MgO_2)은 무기과산화물로 물을 만나면 산소가 발생한다.

③ 질산나트륨($NaNO_3$)은 제1류 위험물이다.
제1류 위험물은 대체로 조해성(고체가 공기 중의 수분을 흡수하여 녹는 성질)이 있다.

25 개념 이해형

난이도 상 중 **하**

| 정답 | ②

| 접근 POINT |

제1류 위험물 중 무기과산화물은 물로 소화할 수 없다.

| 해설 |

과산화나트륨(Na_2O_2)은 무기과산화물로 물을 이용한 소화설비는 사용할 수 없다.
과산화나트륨 화재 시 적응성이 있는 소화설비는 탄산수소염류 분말소화기, 건조사, 팽창질석 또는 팽창진주암이다.

26 개념 이해형

난이도 상 **중** 하

| 정답 | ④

| 접근 POINT |

제1류 위험물은 산소와 연관성이 있고, 제3류 위험물은 수소와 연관성이 많다.

| 해설 |

제1류 위험물인 질산암모늄(NH_4NO_3)이 분해되어 폭발하면 물(H_2O), 질소(N_2), 산소(O_2)가 발생한다.

$$2NH_4NO_3 \longrightarrow 4H_2O + 2N_2\uparrow + O_2\uparrow$$

27 개념 이해형

난이도 상 중 **하**

| 정답 | ①

| 접근 POINT |

제1류 위험물의 일반적인 특성을 기억한다.

| 해설 |

과망가니즈산칼륨($KMnO_4$)은 제1류 위험물 중 과망가니즈산염류에 해당된다.
제1류 위험물은 무기과산화물을 제외하고는 물과 혼촉하여도 위험성이 크지 않기 때문에 주수소화를 할 수 있다.

| 선지분석 |

②, ③ 제1류 위험물은 산화제이므로 환원성이 있는 제4류 위험물(다이에틸에터, 글리세린 등)과 혼촉하면 발화할 수 있다.

④ 제1류 위험물은 염산과 같은 강산과 혼촉하면 폭발할 수 있다.

28 단순 암기형

난이도 상 **중** 하

| 정답 | ③

| 접근 POINT |

분해온도는 잘 출제되지 않으므로 모든 위험물의 분해온도를 암기할 필요는 없으나 기출문제에 출제된 내용 정도는 암기하는 것이 좋다.

| 해설 |

보기에 있는 위험물의 분해온도

① 염소산칼륨($KClO_3$): 400℃
② 과산화나트륨(Na_2O_2): 460℃
③ 과염소산암모늄(NH_4ClO_4): 150℃
④ 질산칼륨(KNO_3): 400℃

29 단순 암기형

난이도 상 **중** 하

| 정답 | ③

| 접근 POINT |

물에 대한 용해도 수치는 잘 출제되지 않으므로 용해도를 암기하기보다는 물에 잘 녹는 물질과 물에 잘 녹지 않는 물질로 구분하여 답을 고르는 것이 좋다.

| 해설 |

① 염소산나트륨: 물, 에터에 잘 녹는다.
② 과염소산나트륨: 물에 녹고, 에터에 녹지 않는다.
③ 과염소산칼륨: 물에 약간 녹고, 에터에 녹지 않는다.
④ 염소산암모늄: 물에 잘 녹는다.

합격 치트키 02 | 제2류 위험물									본문 128p
01	02	03	04	05	06	07	08	09	10
③	②	①	③	①	②	①	①	④	④
11	12	13	14	15	16	17	18	19	20
①	③	②	③	④	③	①	①	③	②
21	22	23	24	25	26	27	28		
④	②	①	③	③	①	③	④		

01 단순 암기형

난이도 상 중 하

| 정답 | ③

| 접근 POINT |

이 문제처럼 지정수량 자체를 묻는 문제도 출제되지만 지정수량을 알아야 풀 수 있는 문제도 출제된다.
제1류~제6류 위험물의 지정수량은 정확하게 암기해야 한다.

| 해설 |

제2류 위험물의 지정수량

품명	지정수량
황화인	100kg
적린	100kg
황	100kg
철분	500kg
금속분	500kg
마그네슘	500kg
인화성 고체	1,000kg

02 단순 암기형

난이도 상 중 하

| 정답 | ②

| 접근 POINT |

제1류~제6류 위험물의 지정수량은 정확하게 암기해야 한다.

| 해설 |

황화인, 적린, 황의 지정수량: 100kg
인화성 고체의 지정수량: 1,000kg

03 단순 암기형

난이도 상 중 하

| 정답 | ①

| 접근 POINT |

제1류～제6류 위험물의 지정수량은 정확하게 암기해야 한다.

| 해설 |

황화인의 지정수량은 100kg이다.

04 단순 암기형

난이도 상 중 하

| 정답 | ③

| 접근 POINT |

보기 자체에는 생소한 내용이 있지만 제2류 위험물의 품명과 지정수량만 알고 있어도 답을 고를 수 있다.

| 해설 |

마그네슘(Mg)의 품명은 마그네슘으로 지정수량은 500kg이다.

| 관련법규 |

금속분의 정의

「위험물안전관리법 시행령」 별표1

금속분은 알칼리금속 · 알칼리토류금속 · 철 및 마그네슘 외의 금속의 분말을 말하고, 구리분 · 니켈분 및 150마이크로미터의 체를 통과하는 것이 50중량퍼센트 미만인 것은 제외한다.

05 단순 암기형

난이도 상 중 하

| 정답 | ①

| 접근 POINT |

제2류 위험물 중에서는 황과 철분이 위험물에 해당되는 조건이 주로 출제되므로 구분하여 암기해야 한다.

| 해설 |

제2류 위험물 중 위험물로 간주되는 조건

「위험물안전관리법 시행령」 별표1

- 황은 순도가 60중량퍼센트 이상인 것을 말하며, 순도 측정을 하는 경우 불순물은 활석 등 불연성 물질과 수분으로 한정한다.
- 철분이라 함은 철의 분말로서 53마이크로미터의 표준체를 통과하는 것이 50중량퍼센트 미만인 것은 제외한다.

06 단순 암기형

난이도 상 중 하

| 정답 | ②

| 접근 POINT |

고형알코올이 몇 류 위험물에 속하는지를 알고 있어야 풀 수 있는 문제이다.

| 해설 |

①, ③ 고형알코올은 제2류 위험물 중 인화성 고체에 해당되므로 지정수량은 1,000kg이다.
② 고형알코올은 물로도 소화할 수 있고, 이산화탄소 소화설비로도 소화할 수 있다.
④ 고형알코올은 인화성 고체에 해당되므로 운반용기 외부에 "화

기엄금"을 표시해야 한다.

| 관련법규 |

인화성 고체의 정의

「위험물안전관리법 시행령」 별표1

인화성 고체는 고형알코올, 그 밖에 1기압에서 인화점이 40℃ 미만인 고체이다.

07 개념 이해형

난이도 상 중 **하**

| 정답 | ①

| 접근 POINT |

제2류 위험물을 가연성 고체라고 하는 이유를 생각해 본다.

| 해설 |

① 제2류 위험물은 가연성 고체로 비교적 낮은 온도에서 연소한다.
② 제1류, 제5류, 제6류 위험물에 해당되는 특징이다.
③ 연소속도가 빠르고 지속적으로 연소한다.
④ 대부분 물보다 무겁고 물에 잘 녹지 않는다.

08 개념 이해형

난이도 상 중 **하**

| 정답 | ①

| 접근 POINT |

사실상 앞의 문제와 유사한 문제로 제2류 위험물의 일반적인 특징을 생각해 본다.

| 해설 |

① 제2류 위험물은 가연성 고체로 연소속도가 빠르다.
② 제5류 위험물에 해당되는 설명이다.
③ 화재 시 자신이 산화되고 다른 물질을 환원시킨다.
④ 연소열이 많아 초기화재에도 발견하기 쉽다.

09 개념 이해형

난이도 상 **중** 하

| 정답 | ④

| 접근 POINT |

위험물의 종류에 따른 특징은 암기 위주로만 접근하면 암기할 사항이 너무 많아지기 때문에 위험물의 유별에 따른 특징을 이해하는 방향으로 접근하는 것이 좋다.

| 해설 |

적린과 같은 제2류 위험물은 가연성 고체이다.

산화제는 다른 물질을 산화시키는 물질로 다른 물질에 산소를 공급하는 물질이다.

적린과 같은 가연성 고체를 산화제와 혼합하면 가연물과 산소공급원을 함께 혼합하는 것이므로 발화할 위험성이 있다.

| 선지분석 |

① 염소산칼륨은 제1류 위험물로 산소공급원 역할을 하기 때문에 적린과 같은 제2류 위험물과 함께 보관하면 발화할 위험성이 있다.
② 물과 격렬하게 반응하여 열을 발생시키는 것은 일반적으로 제3류 위험물에 해당되는 성질이다.
③ 제3류 위험물 중 황린이 공기 중에 방치하면 자연발화하는 성질이 있다.

10 개념 이해형

난이도 상 중 **하**

| 정답 | ④

| 접근 POINT |

위험물 중 물과 위험한 반응을 하는 것과 그렇지 않은 것은 자주 출제되므로 정확하게 이해해야 한다.

| 해설 |

Na_2O_2(과산화나트륨), MgO_2(과산화마그네슘)은 모두 제1류 위험물 중 무기과산화물에 해당된다.

제1류 위험물은 일반적으로 물로 소화할 수 있지만 무기과산화물은 물과 반응하여 산소(O_2)를 발생시키므로 물과 접촉되었을 때 위험성이 있다.

$2Na_2O_2 + 2H_2O \longrightarrow 4NaOH + O_2\uparrow$

$2MgO_2 + 2H_2O \longrightarrow 2Mg(OH)_2 + O_2\uparrow$

Na(나트륨)은 제3류 위험물로 물과 접촉하면 수소 기체(H_2)가 발생하므로 위험성이 매우 크다.

$2Na + 2H_2O \longrightarrow 2NaOH + H_2\uparrow$

S(황)은 제2류 위험물로 물과 접촉해도 위험성이 없기 때문에 화재 발생 시 물을 이용하여 소화한다.

11 개념 이해형

난이도 상 중 **하**

| 정답 | ①

| 접근 POINT |

금속이 연소하면 금속의 산화물이 생성된다.

| 해설 |

알루미늄(Al)이 연소하면 산화알루미늄(Al_2O_3)이 생성된다.

$4Al + 3O_2 \longrightarrow 2Al_2O_3$

12 개념 이해형

난이도 상 중 **하**

| 정답 | ③

| 접근 POINT |

위험물 중 물과 위험한 반응을 하는 것과 그렇지 않은 것은 자주 출제되므로 정확하게 이해해야 한다.

| 해설 |

알루미늄분은 제2류 위험물 중 금속분에 해당된다.
알루미늄(Al)이 물과 반응하면 수소 가스(H_2)가 발생한다.
$2Al+6H_2O \longrightarrow 2Al(OH)_3+3H_2\uparrow$

13 개념 이해형

난이도 상 중 **하**

| 정답 | ②

| 접근 POINT |

위험물 중 물과 위험한 반응을 하는 것과 그렇지 않은 것은 자주 출제되므로 정확하게 이해해야 한다.

| 해설 |

제2류 위험물 중 금속분은 물과 만나면 수소 기체(H_2)가 발생하므로 주수소화할 수 없다.

14 개념 이해형

난이도 상 중 **하**

| 정답 | ③

| 접근 POINT |

마그네슘과 금속분은 특성이 비슷하다.

| 해설 |

마그네슘(Mg)은 뜨거운 물이나 과열된 수증기와 만나면 수소 기체(H_2)가 발생된다.
$Mg+2H_2O \longrightarrow Mg(OH)_2+H_2\uparrow$
마그네슘에 화재가 발생했을 때 물을 주수하면 수소 기체가 발생하여 폭발 및 화재 확산의 위험성이 있다.

15 단순 암기형

난이도 **상** 중 하

| 정답 | ④

| 접근 POINT |

다소 지엽적인 부분에서 출제된 문제이지만 기출문제로 출제된 만큼 정답이 무엇인지는 암기해야 한다.

| 해설 |

알루미늄분은 진한 질산에는 녹지 않으며 묽은 질산에는 녹아서 수소를 발생시킨다.
알루미늄분의 비중은 약 2.7이다.

16 단순 암기형

난이도 상 **중** 하

| 정답 | ③

| 접근 POINT |

암기 위주로 접근해도 되지만 삼황화인과 오황화인의 화학식을 이용하여 연소반응식을 세워서 답을 구해도 된다.

| 해설 |

삼황화인(P_4S_3)과 오황화인(P_2S_5)이 연소되면 공통적으로 이산화황(SO_2)과 오산화인(P_2O_5)이 발생한다.
$P_4S_3+8O_2 \longrightarrow 3SO_2+2P_2O_5$
$2P_2S_5+15O_2 \longrightarrow 10SO_2+2P_2O_5$

17 단순 암기형

난이도 상 중 **하**

| 정답 | ①

| 접근 POINT |

황의 화학식은 S이므로 연소되어 산소와 만나면 어떤 생성물이 생기게 되는지 예상할 수 있다.

| 해설 |

황(S)이 연소되면 이산화황(SO_2)이 생성된다.
$S+O_2 \longrightarrow SO_2$
이산화황(SO_2)은 자극적인 냄새가 있고, 독성도 있다.

18 개념 이해형

난이도 상 **중** 하

| 정답 | ①

| 접근 POINT |

연소 생성물을 전부 암기할 수도 있지만 연소 후에 이산화황이 생성되기 위해서는 가연물에 황(S) 성분이 포함되어 있어야 하는 개념을 이용해 답을 고를 수 있다.

| 해설 |

황린(P_4)이 연소되면 오산화인(P_2O_5)이 생성된다.
$P_4+5O_2 \longrightarrow 2P_2O_5$
삼황화인(P_4S_3)과 오황화인(P_2S_5)이 연소되면 공통적으로 이산화황(SO_2)과 오산화인(P_2O_5)이 발생한다.
$P_4S_3+8O_2 \longrightarrow 3SO_2+2P_2O_5$
$2P_2S_5+15O_2 \longrightarrow 10SO_2+2P_2O_5$
황(S)이 연소되면 이산화황(SO_2)이 생성된다.
$S+O_2 \longrightarrow SO_2$

| 유사문제 |

다음 중 황린의 연소 생성물은?

① 삼황화린　　② 인화수소
③ 오산화인　　④ 오황화인

정답은 ③번이다.

19 단순 암기형

난이도 상 중 하

| 정답 | ③

| 접근 POINT |

적린과 오황화인에 공통적으로 들어 있는 물질이 무엇인지 생각해 본다.

| 해설 |

적린(P)이 연소하면 오산화인(P_2O_5)이 발생한다.

$4P+5O_2 \longrightarrow 2P_2O_5$

오황화인(P_2S_5)이 연소되면 공통적으로 이산화황(SO_2)과 오산화인(P_2O_5)이 발생한다.

$2P_2S_5+15O_2 \longrightarrow 10SO_2+2P_2O_5$

20 단순 암기형

난이도 상 중 하

| 정답 | ②

| 접근 POINT |

오황화인의 연소 생성물과 물과 작용해서 발생하는 기체를 구분할 수 있어야 한다.

| 해설 |

오황화인(P_2S_5)이 물과 반응하면 인산(H_3PO_4)과 황화수소(H_2S)가 발생한다.

인산(H_3PO_4)은 상온에서 액체 상태이고, 황화수소(H_2S)가 상온에서 기체 상태이다.

$P_2S_5+8H_2O \longrightarrow 2H_3PO_4+5H_2S\uparrow$

| 유사문제 |

칠황화인(P_4S_7)에 고온의 물을 가했을 때 발생하는 유독물질의 명칭은?

정답은 황화수소(H_2S)이다.

21 단순 암기형

난이도 상 중 하

| 정답 | ④

| 접근 POINT |

위험물의 지정수량은 자주 출제되므로 정확하게 암기해야 한다.

| 해설 |

황화인은 제2류 위험물(가연성 고체)로 지정수량은 모두 100kg이다.

| 선지분석 |

①, ② 황화인은 가연성 고체이다.

③ 황화인은 삼황화인(P_4S_3), 오황화인(P_2S_5), 칠황화인(P_4S_7)의 세 가지 종류가 있다.

22 단순 암기형

난이도 상 중 하

| 정답 | ②

| 접근 POINT |

위험물에 대한 세부특성이 출제된 문제로 위험물의 특성을 정확하게 암기하고 있어야 한다.

| 해설 |

① 오황화인(P_2S_5)이 물과 반응하면 황화수소(H_2S)가 발생한다. 황화수소는 독성이 있고 가연성도 있다.
$P_2S_5+8H_2O \longrightarrow 2H_3PO_4+5H_2S\uparrow$

② 오황화인은 담황색 결정으로 흡습성과 조해성(고체가 공기 중의 수분을 흡수하여 녹는 현상)이 있다.

③ 오황화인의 화학식이 P_2S_5인 것은 맞지만 물에 녹는다.

④ 공기 중 상온에서 쉽게 자연발화하는 것은 제3류 위험물 중 황린에 대한 설명이다.

23 단순 암기형

난이도 상 중 하

| 정답 | ①

| 접근 POINT |

앞의 문제와 유사한 문제로 물과 위험한 반응을 하는 위험물은 정확하게 알고 있어야 한다.

| 해설 |

오황화인(P_2S_5)이 물과 반응하면 독성이 있고 가연성도 있는 황화수소(H_2S)가 발생하므로 물속에 저장할 수 없다.

$P_2S_5+8H_2O \longrightarrow 2H_3PO_4+5H_2S\uparrow$

24 단순 암기형

난이도 상 중 하

| 정답 | ③

| 접근 POINT |

황화인은 세 종류가 있는데 한 종류만 조해성이 없다.

| 해설 |

조해성은 고체가 공기 중으로 수분을 흡수하여 스스로 녹는 현상이다.

오황화인(P_2S_5), 칠황화인(P_4S_7)은 조해성이 있지만 삼황화인(P_4S_3)만 조해성이 없다.

25 개념 이해형

난이도 상 **중** 하

| 정답 | ③

| 접근 POINT |

위험물과 관련된 문제 중에서 자주 출제되는 문제로 답을 암기하기보다는 위험물의 유별에 따른 특징을 이해하는 방향으로 접근하는 것이 좋다.

| 해설 |

과염소산칼륨($KClO_4$)은 제1류 위험물인 산화성 고체로 분자 내에 산소를 포함하고 있어 산소의 공급원 역할을 하는 산화제이다.

적린(P)은 제2류 위험물인 가연성 고체로 연소가 잘 되는 위험물이다.

가연성 고체와 산소공급원이 혼합되면 연소가 일어날 가능성이 더 높아지기 때문에 가열, 충격 등에 의해 연소 · 폭발할 수 있다.

| 선지분석 |

①, ②: 제1류 위험물은 산화성 고체로 다른 물질에게 산소공급원의 역할을 할 수 있지만 자체적으로 연소한다고 볼 수는 없다.

④: 과염소산칼륨과 적린은 모두 상온에서 고체 상태로 혼합했을 때 액상 위험물이 되지 않는다.

26 개념 이해형

난이도 상 중 **하**

| 정답 | ①

| 접근 POINT |

포소화기도 물이 대부분이고, 포(거품)를 일으키기 위한 첨가제가 들어가 있다.

| 해설 |

마그네슘이 물과 만나면 수소 기체가 발생하므로 물이 많이 포함되어 있는 포소화기는 사용할 수 없다.

마그네슘 화재 시에는 탄산수소염류분말 소화기, 건조사, 팽창질석, 팽창진주암 등을 사용하여 소화한다.

27 단순 암기형

난이도 상 중 **하**

| 정답 | ③

| 접근 POINT |

철분, 금속분과 탄산수소염류분말 소화설비는 연관지어 암기하면 좋다.

| 해설 |

제2류 위험물 중 철분은 물과 만나면 수소 가스(H_2)가 발생하므로 주수소화할 수 없으므로 물이 많이 포함된 물분무 소화설비, 포소화설비는 사용할 수 없다.

할로젠화합물 소화설비는 전기설비, 제2류 위험물 중 인화성 고체, 제4류 위험물 화재에 사용할 수 있다.

철분, 금속분의 화재에는 탄산수소염류분말 소화설비, 건조사, 팽창질석 또는 팽창진주암을 사용하여 소화할 수 있다.

28 개념 이해형

난이도 **상** 중 하

| 정답 | ④

| 접근 POINT |

위험물의 세부특성을 묻는 문제로 다소 난이도가 높다.

물과 반응하면 수소가 발생하는 위험물은 많지만 연소할 때 수소가 발생되는 경우는 거의 없다.

| 해설 |

금속분, 철분, 마그네슘이 연소하면 금속의 산화물이 생성된다.

알루미늄(Al)과 같은 금속분이 물과 반응하면 수소 가스(H_2)가 발생한다.

$$2Al + 6H_2O \longrightarrow 2Al(OH)_3 + 3H_2\uparrow$$

SUBJECT 03

합격 치트키 03 | 제3류 위험물 본문 134p

01	02	03	04	05	06	07	08	09	10
④	③	②	③	④	④	②	④	②	②
11	12	13	14	15	16	17	18	19	20
①	①	④	①	①	④	③	①	①	②
21	22	23	24	25	26	27	28	29	30
③	③	③	④	④	③	③	②	①	④
31	32	33	34	35	36	37	38	39	40
③	④	④	②	①	①	④	③	②	③

01 단순 암기형

난이도 상 중 **하**

| 정답 | ④

| 접근 POINT |

위험물의 지정수량은 자주 출제되므로 정확하게 암기해야 한다.

| 해설 |

칼륨과 나트륨은 모두 제3류 위험물로 지정수량은 10kg이다.

| 관련개념 |

제3류 위험물의 지정수량

「위험물안전관리법 시행령」 별표1

품명	지정수량
칼륨	10kg
나트륨	10kg
알킬알루미늄	10kg
알킬리튬	10kg
황린	20kg
알칼리금속(칼륨 및 나트륨을 제외) 및 알칼리토금속	50kg
유기금속화합물(알킬알루미늄 및 알킬리튬은 제외)	50kg
금속의 수소화물	300kg
금속의 인화물	300kg
칼슘 또는 알루미늄의 탄화물	300kg

02 단순 암기형

난이도 상 **중** 하

| 정답 | ③

| 접근 POINT |

제2류 위험물과 제3류 위험물이 섞여 있는 문제로 금속분과 알칼리금속을 잘 구분해야 한다.

| 해설 |

보기에 있는 위험물의 품명, 지정수량

구분	유별	품명	지정수량
철분(Fe분)	제2류	철분	500kg
아연(Zn분)	제2류	금속분	500kg
나트륨(Na)	제3류	나트륨	10kg
마그네슘(Mg)	제2류	마그네슘	500kg

03 개념 이해형

난이도 상 중 **하**

| 정답 | ②

| 접근 POINT |

나트륨은 다른 물질과 매우 잘 반응하는 성질을 가지고 있음을 기억해야 한다.

| 해설 |

금속 나트륨(Na)은 알코올(C_2H_5OH)과 반응하면 수소 기체(H_2)를 발생시키므로 석유, 유동파라핀 등에 저장해야 한다.

$2Na+2C_2H_5OH \longrightarrow 2C_2H_5ONa+H_2\uparrow$

| 선지분석 |

① 나트륨은 연한 금속으로 칼로도 자를 수 있다.

③ 나트륨(Na)은 물(H_2O)과 반응하면 수소 기체(H_2)가 발생한다.

$2Na+2H_2O \longrightarrow 2NaOH+H_2\uparrow$

④ 나트륨은 비중이 약 0.97로 물보다 작아 물에 뜬다.

04 개념 이해형

난이도 상 중 **하**

| 정답 | ③

| 접근 POINT |

나트륨의 녹는점까지 암기하기는 어려운 면이 있으나 다른 보기가 모두 자주 출제되는 내용이므로 그 부분만 알아도 답을 고를 수 있다.

| 해설 |

① 나트륨은 노란색 불꽃을 내며 연소한다.

② 나트륨은 은백색의 무른 경금속이다.

③ 나트륨의 녹는점은 약 97℃로 100℃보다 낮다.

④ 나트륨을 알코올 속에 보관하면 수소 기체가 발생하므로 석유, 유동파라핀 속에 보관해야 한다.

05 개념 이해형

난이도 상 **중** 하

| 정답 | ④

| 접근 POINT |

물과 접촉할 때 발생하는 가스 중 유독성이 있는 것과 없는 것을 구분할 수 있어야 한다.

| 해설 |

① 인화칼슘(Ca_3P_2)이 물과 만나면 포스핀 가스(PH_3)가 발생한다. 포스핀 가스는 화학무기로 사용된 이력이 있을 정도로 유독성이 강하다.

② 황린은 물과 위험한 반응을 하지 않아 물속에 보관한다.

③ 적린은 물과 반응하지 않는다.

④ 나트륨(Na)이 물과 반응하면 수소 기체(H_2)가 발생한다. 수소 기체는 유독성은 없지만 가연성 물질로 화재의 위험성이 증가한다.

06 개념 이해형

난이도 상 중 **하**

| 정답 | ④

| 접근 POINT |

나트륨과 칼륨과 같은 제3류 위험물을 금수성 물질이라고 하는 이유를 생각해 본다.

| 해설 |

나트륨은 공기 중의 수분과도 반응하여 수소 기체를 발생시키므로 등유, 경유 등의 안에 저장한다.

나트륨과 등유는 혼합해도 위험성이 없다.

07 개념 이해형

난이도 상 중 **하**

| 정답 | ②

| 접근 POINT |

칼륨과 같은 제3류 위험물을 금수성 물질이라고 하는 이유를 생각해 본다.

| 해설 |

① 칼륨은 무른 경금속으로 칼로도 자를 수 있다.
② 칼륨은 물과 폭발적으로 반응하여 수산화칼륨과 수소를 발생시킨다.
③ 칼륨은 반응성이 강하서 공기 중에서 산소와 결합하여 피막을 형성하여 광택을 잃는다.
④ 칼륨은 물과의 접촉을 차단하기 위해 등유, 경유, 파라핀과 같은 액체 속에 저장한다.

08 개념 이해형

난이도 상 중 **하**

| 정답 | ④

| 접근 POINT |

칼륨과 같은 금수성 물질은 물과의 접촉을 막아서 보관해야 한다.

| 해설 |

금속 칼륨, 나트륨 등은 물과 만나면 폭발적으로 반응하여 수소를 생성시키므로 물에 닿지 않도록 등유, 경유, 유동파라핀에 저장해야 한다.

칼륨이 에탄올과 만나면 수소 가스가 발생한다.

09 개념 이해형

난이도 상 중 **하**

| 정답 | ②

| 접근 POINT |

제1류 위험물과 가장 연관성이 있는 기체는 산소이고, 제3류 위험물과 가장 연관성이 있는 기체는 수소이다.

| 해설 |

금속 칼륨(K)이 에탄올(C_2H_5OH)과 반응하면 가연성 기체인 수소(H_2)가 발생한다.

$2K+2C_2H_5OH \longrightarrow 2C_2H_5OK+H_2\uparrow$

| 유사문제 |

금속 칼륨의 일반적인 성질로 옳지 않은 것은?

① 은백색의 연한 금속이다.
② 알코올 속에 저장한다.
③ 물과 반응하여 수소 가스를 발생한다.
④ 물보다 가볍다.

정답은 ②번이다.

칼륨은 등유, 석유, 유동파라핀 등에 보관한다.

10 개념 이해형

난이도 상 중 **하**

| 정답 | ②

| 접근 POINT |

위험물의 특성은 자주 출제되므로 암기보다는 이해 위주로 접근해야 한다.

| 해설 |

① 칼륨은 은백색의 무른 경금속이다.
② 칼륨은 화학적으로 활성이 강한 금속으로 전자를 쉽게 잃고 이온이 되기 때문에 이온화 경향이 크다.
③ 칼륨은 물과 폭발적으로 반응하기 때문에 물속에 보관하면 안 된다.
④ 칼륨이 어느 정도 광택이 있는 것은 맞으나 물과 폭발적으로 반응하는 등 위험한 물질이기 때문에 장식용으로 사용되지 않는다.

11 개념 이해형

난이도 상 **중** 하

| 정답 | ①

| 접근 POINT |

물과 반응했을 때 가연성 가스가 발생하는 위험물이 무엇인지 생각해 본다.

| 해설 |

칼륨(K)이 물과 접촉하면 폭발적으로 반응하여 수소 기체(H_2)를 발생시키므로 위험성이 가장 크다.

$2K+2H_2O \longrightarrow 2KOH+H_2\uparrow$

| 선지분석 |

② 황린은 물과 위험한 반응을 하지 않아 물속에 보관한다.
③ 과산화벤조일은 제5류 위험물로 물과 위험한 반응을 하지 않아 화재 발생 시 물로 소화한다.
④ 다이에틸에터는 제4류 위험물로 물과 접촉했을 때 가연성 가스를 발생시키지 않는다.

12 개념 이해형

난이도 **상** 중 하

| 정답 | ①

| 접근 POINT |

금속 칼륨, 나트륨 등이 대표적인 알칼리금속이다.

알칼리금속이 어떤 물질을 만났을 때 가연성 가스를 발생시키는지 생각해 본다.

| 해설 |

알칼리금속이 $-OH$가 포함된 알코올과 반응하면 가연성 기체인 (H_2)가 발생하여 가장 위험하다.

13 개념 이해형

난이도 상 중 하

| 정답 | ④

| 접근 POINT |

발화한다는 것은 가연물질과 산소와 결합하는 것이다.
황린이 연소할 때 발생하는 가스의 종류를 묻는 문제도 자주 출제되므로 함께 기억하면 좋다.

| 해설 |

황린(P_4)은 산소와 친화력이 강하고 발화온도가 약 34℃ 정도로 낮기 때문에 자연발화하기 쉽다.
황린(P_4)이 공기 중에서 연소하면 오산화인(P_2O_5)이 발생한다.

$P_4+5O_2 \longrightarrow 2P_2O_5\uparrow$

14 개념 이해형

난이도 상 중 하

| 정답 | ①

| 접근 POINT |

물을 보호액으로 사용하기 위해서는 물과 위험한 반응을 하지 않고 물에 녹지 않아야 한다.

| 해설 |

황린(P_4)은 발화점이 매우 낮아 공기 중에서도 자연발화할 수 있기 때문에 pH 9 정도의 물속에 저장한다.

| 선지분석 |

② 적린은 공기 중에서 안정하므로 건조하게 보관한다.
③ 루비듐은 알칼리금속에 해당되어 물과 격렬하게 반응하므로 물속에 보관할 수 없다.
④ 오황화인(P_2S_5)이 물과 반응하면 황화수소(H_2S)가 발생되므로 물속에 보관할 수 없다.
$P_2S_5+8H_2O \longrightarrow 2H_3PO_4+5H_2S\uparrow$

15 단순 암기형

난이도 상 중 하

| 정답 | ①

| 접근 POINT |

황린이 연소할 때 발생하는 가스는 자주 출제되고, 황린이 수산화나트륨과 반응하였을 때 발생하는 가스는 자추 출제되지는 않는다.
황린이 연소할 때 발생하는 가스만 알고 있어도 답을 고를 수 있다.

| 해설 |

황린(P_4)이 공기 중에서 연소하면 오산화인(P_2O_5)이 발생한다.

$P_4+5O_2 \longrightarrow 2P_2O_5\uparrow$

황린(P_4)이 수산화나트륨 수용액(NaOH)과 반응하면 인화수소(PH_3)가 발생한다.

$P_4+3NaOH+3H_2O \longrightarrow PH_3\uparrow+3NaH_2PO_2$

인화수소(PH_3)는 포스핀이라고 부르기도 한다.

16 단순 암기형

난이도 상 중 하

| 정답 | ④

| 접근 POINT |

황린은 제3류 위험물이고, 적린은 제2류 위험물이다.
성질이 비슷한 위험물끼리 같은 위험물로 분류한다는 점을 생각한다.

| 해설 |

황린(P_4)의 녹는점은 약 44℃이고, 적린(P)의 녹는점은 약 600℃로 서로 비슷하지 않다.
적린과 황린이 공기 중에서 산화(연소)되었을 때 오산화인이 발생하는 것은 다른 문제에도 자주 출제되므로 함께 기억해 두는 것이 좋다.

17 개념 이해형

난이도 상 중 하

| 정답 | ③

| 접근 POINT |

연소과정은 산소와 결합하는 것이므로 구성성분이 같다면 연소 생성물도 같다.

| 해설 |

황린(P_4)과 적린(P)이 연소하면 모두 오산화인(P_2O_5)이 생성된다.

$P_4+5O_2 \longrightarrow 2P_2O_5\uparrow$

$4P+5O_2 \longrightarrow 2P_2O_5\uparrow$

| 선지분석 |

① 황린은 맹독성이지만, 적린은 독성이 없다.
② 황린의 발화점: 약 34℃, 적린의 발화점: 약 260℃
④ 황린은 CS_2에 잘 녹고, 적린은 CS_2에 녹지 않는다.

18 개념 이해형

난이도 상 중 하

| 정답 | ①

| 접근 POINT |

황린을 밀폐용기에서 가열해도 다른 구성하는 원자의 성분이 변하지는 않는다.

| 해설 |

황린(P_4)을 밀폐용기 속에서 가열하면 적린(P)이 된다.
적린이 연소하면 오산화인(P_2O_5)이 생성된다.

$4P + 5O_2 \longrightarrow 2P_2O_5 \uparrow$

19 개념 이해형

난이도 상 중 하

| 정답 | ①

| 접근 POINT |

금수성 물질은 말 그대로 물을 접촉시키지 않아야 하는 물질이다.

| 해설 |

칼륨(K), 나트륨(Na)은 물과 만나면 수소 기체(H_2)를 발생시키므로 금수성 물질이다.
탄화칼슘(CaC_2)은 물과 만나면 아세틸렌 가스(C_2H_2)를 발생시키므로 금수성 물질이다.
염소산칼륨($KClO_3$), 질산칼륨(KNO_3), 질산나트륨($NaNO_3$)은 제1류 위험물로 금수성 물질이 아니다.
황(S)은 제2류 위험물로 금수성 물질이 이니다.
과산화칼슘(CaO_2), 과산화나트륨(Na_2O_2)은 제1류 위험물 중 무기과산화물이다.
무기과산화물은 「위험물안전관리법령」상 금수성 물질로 분류하지는 않지만 물과 반응하면 산소를 발생시키므로 주의가 필요하다.

20 단순 암기형

난이도 상 중 하

| 정답 | ②

| 접근 POINT |

위험물이 물과 반응해서 생성되는 기체의 종류는 자주 출제되므로 정확하게 암기해야 한다.

| 해설 |

인화칼슘(Ca_3P_2)은 제3류 위험물로 금속의 인화물에 해당된다. 인화칼슘이 물과 반응하면 포스핀 가스(PH_3)가 발생한다.
$Ca_3P_2 + 6H_2O \longrightarrow 3Ca(OH)_2 + 2PH_3 \uparrow$

| 유사문제 |

위험물이 물과 접촉하였을 때 발생하는 기체를 옳게 연결한 것은?

① 인화칼슘 – 포스핀　　② 과산화칼륨 – 아세틸렌
③ 나트륨 – 산소　　④ 탄화칼슘 – 수소

정답은 ①번이다.
물과 접촉했을 때 과산화칼륨은 산소, 나트륨은 수소, 탄화칼슘은 아세틸렌이 발생한다.

21 단순 암기형

난이도 상 중 하

| 정답 | ③

| 접근 POINT |

인화칼슘이 염산과 반응했을 때 생성되는 기체의 종류는 자주 출제되지는 않는다.
이 문제의 경우 인화칼슘이 물과 반응했을 때 생성되는 기체의 종류만 알아도 답을 구할 수 있다.

| 해설 |

인화칼슘(Ca_3P_2)은 제3류 위험물로 금속의 인화물에 해당된다.
인화칼슘이 물과 반응하면 포스핀(PH_3)이 발생한다.
$Ca_3P_2 + 6H_2O \longrightarrow 3Ca(OH)_2 + 2PH_3 \uparrow$
인화칼슘이 염산과 반응해도 포스핀(PH_3)이 발생한다.
$Ca_3P_2 + 6HCl \longrightarrow 3CaCl_2 + 2PH_3 \uparrow$

22 단순 암기형

난이도 상 중 하

| 정답 | ③

| 접근 POINT |

물과 접촉할 때 포스핀이 발생하는 가스와 수소가 발생하는 가스를 구분한다.

| 해설 |

① 나트륨(Na)이 물과 접촉하면 수소가 발생한다.
$2Na + 2H_2O \longrightarrow 2NaOH + H_2 \uparrow$
② 수소화칼슘(CaH_2)이 물과 접촉하면 수소가 발생한다.
$CaH_2 + 2H_2O \longrightarrow Ca(OH)_2 + 2H_2 \uparrow$
③ 인화칼슘(Ca_3P_2)이 물과 접촉하면 포스핀이 발생한다.
$Ca_3P_2 + 6H_2O \longrightarrow 3Ca(OH)_2 + 2PH_3 \uparrow$
④ 수소화나트륨(NaH)이 물과 접촉하면 수소가 발생한다.
$NaH + H_2O \longrightarrow NaOH + H_2 \uparrow$

23 단순 암기형

난이도 상 중 하

| 정답 | ③

| 접근 POINT |

위험물에 대한 세부특징을 묻는 문제로 위험물 연소 시 발생하는 가스의 성질도 알아야 풀 수 있는 문제이다.

| 해설 |

인화칼슘이 물과 반응하면 포스핀 가스(PH_3)가 발생하는 데 포스핀 가스는 불연성이 아니라 가연성이고 독성도 있다.
$Ca_3P_2 + 6H_2O \longrightarrow 3Ca(OH)_2 + 2PH_3 \uparrow$

| 유사문제 |

인화칼슘의 성질이 아닌 것은?

① 적갈색의 고체이다.
② 물과 반응하여 포스핀 가스를 발생한다.
③ 물과 반응하여 유독한 불연성 가스를 발생한다.
④ 산과 반응하여 포스핀 가스를 발생한다.

정답은 ③번이다.
인화칼슘이 물과 반응하면 유독하고 가연성이 있는 포스핀 가스가 발생한다.

24 단순 암기형

난이도 상 중 하

| 정답 | ④

| 접근 POINT |

인화알루미늄(AlP)의 화학식을 알고 있다면 물과 만나서 어떤 기체가 발생하는지 예상할 수 있다.

| 해설 |

인화알루미늄(AlP)은 제3류 위험물로 금속의 인화물에 해당된다. 인화알루미늄이 물과 반응하면 포스핀 가스(PH_3)가 발생한다.

$AlP+3H_2O \longrightarrow Al(OH)_3+PH_3\uparrow$

| 심화 |

포스겐은 한글 명칭으로는 포스핀과 비슷하지만 화학식으로 보면 $COCl_2$로 포스핀과는 완전히 다른 물질이다.
포스겐은 독성이 매우 높아 사람에게도 치명적인 악영향을 미치기 때문에 현재는 거의 사용하지 않는다.

25 개념 이해형

난이도 상 중 하

| 정답 | ④

| 접근 POINT |

물과 위험한 반응을 하는 위험물은 물로 소화할 수 없다.

| 해설 |

① 과산화칼륨(K_2O_2): 제1류 위험물, 무기과산화물
물과 반응하면 산소(O_2)가 발생하므로 물로 소화할 수 없다.
$2K_2O_2+2H_2O \longrightarrow 4KOH+O_2\uparrow$
② 탄화칼슘(CaC_2): 제3류 위험물, 칼슘의 탄화물
물과 반응하면 가연성이 있는 아세틸렌(C_2H_2)이 생성되므로 물로 소화할 수 없다.
$CaC_2+2H_2O \longrightarrow Ca(OH)_2+C_2H_2\uparrow$
③ 탄화칼슘(Al_4C_3): 제3류 위험물, 알루미늄의 탄화물
물과 반응하면 가연성이 있는 메탄(CH_4)이 생성되므로 물로 소화할 수 없다.
$Al_4C_3+12H_2O \longrightarrow 4Al(OH)_3+3CH_4\uparrow$
④ 황린(P_4)은 제3류 위험물로 물과 위험한 반응을 하지 않아 물속에 보관하고 화재 발생시 물로 소화할 수 있다.

26 개념 이해형

난이도 상 중 하

| 정답 | ③

| 접근 POINT |

제3류 위험물을 금수성 물질이라고 하는 이유를 생각해 본다.

| 해설 |

① 칼륨(K), 나트륨(Na), 탄화칼슘(CaC_2)은 위험물을 구성하는 원자가 다르므로 연소 생성물도 다르다.
② 칼륨, 나트륨, 탄화칼슘은 모두 물과 만나면 가연성 가스가 발생하므로 물로 소화할 수 없다.
③ 칼륨(K)과 나트륨(Na)이 물과 반응하면 수소(H_2)가 발생하고, 탄화칼슘(CaC_2)이 물과 반응하면 아세틸렌(C_2H_2)이 발생한다.
$2K+2H_2O \longrightarrow 2KOH+H_2\uparrow$
$2Na+2H_2O \longrightarrow 2NaOH+H_2\uparrow$
$CaC_2+2H_2O \longrightarrow Ca(OH)_2+C_2H_2\uparrow$
④ 칼륨과 나트륨의 지정수량은 10kg이고, 탄화칼슘은 칼슘의 탄화물로 지정수량이 300kg이다.

27 단순 암기형

난이도 상 중 하

| 정답 | ③

| 접근 POINT |

위험물과 물이 반응했을 때 발생하는 가스는 자주 출제되므로 반응식과 연계하여 정확하게 암기해야 한다.

| 해설 |

탄화칼슘(CaC_2)이 물과 반응하면 수산화칼슘{$Ca(OH)_2$}과 아세틸렌(C_2H_2)이 생성된다.

$CaC_2+2H_2O \longrightarrow Ca(OH)_2+C_2H_2\uparrow$

| 유사문제 |

물과 접촉되었을 때 연소범위의 하한값이 2.5vol%인 가연성 가스가 발생하는 것은?

① 금속 나트륨　② 인화칼슘
③ 과산화칼륨　④ 탄화칼슘

정답은 ④번이다.
탄화칼슘이 물과 접촉하여 생성되는 아세틸렌은 연소범위의 하한값이 약 2.581%이다.

28 단순 암기형

난이도 상 중 하

| 정답 | ②

| 접근 POINT |

사실상 앞의 문제와 거의 유사한 문제로 탄화칼슘과 물의 반응식은 정확하게 암기해야 한다.

| 해설 |

탄화칼슘(CaC_2)이 물과 반응하면 수산화칼슘{$Ca(OH)_2$}과 아세틸렌(C_2H_2)이 생성된다.

$CaC_2+2H_2O \longrightarrow Ca(OH)_2+C_2H_2\uparrow$

| 유사문제 |

다음 중 물과 반응하여 수소를 발생하지 않는 물질은?

① 칼륨　② 수소화붕소나트륨
③ 탄화칼슘　④ 수소화칼슘

정답은 ③번이다.

탄화칼슘이 물과 반응하면 아세틸렌(C_2H_2)이 생성된다.

29 단순 암기형

난이도 상 **중** 하

| 정답 | ①

| 접근 POINT |

탄화칼슘의 비중, 질소와의 반응은 자주 출제되지 않지만 탄화칼슘에서 화재가 발생한 경우 사용할 수 있는 소화기는 자주 출제되므로 정확하게 암기해야 한다.

| 해설 |

탄화칼슘(CaC_2)은 제3류 위험물 중 금수성 물품으로 화재 발생 시 탄산수소염류분말 소화설비, 건조사, 팽창질석 또는 팽창진주암으로 소화해야 한다.

30 단순 암기형

난이도 상 **중** 하

| 정답 | ④

| 접근 POINT |

위험물과 물이 반응했을 때 발생하는 가스는 자주 출제되므로 정확하게 암기해야 한다.

| 해설 |

탄화알루미늄(Al_4C_3)이 물과 반응하면 메탄(CH_4)이 생성된다.

$Al_4C_3 + 12H_2O \longrightarrow 4Al(OH)_3 + 3CH_4 \uparrow$

탄화리튬(Li_2C_2)이 물과 반응하면 아세틸렌(C_2H_2)이 생성된다.

$Li_2C_2 + 2H_2O \longrightarrow 2LiOH + C_2H_2 \uparrow$

탄화마그네슘(MgC_2)이 물과 반응하면 아세틸렌(C_2H_2)이 생성된다.

$MgC_2 + 2H_2O \longrightarrow Mg(OH)_2 + C_2H_2 \uparrow$

탄화칼슘(CaC_2)이 물과 반응하면 아세틸렌(C_2H_2)이 생성된다.

$CaC_2 + 2H_2O \longrightarrow Ca(OH)_2 + C_2H_2 \uparrow$

31 개념 이해형

난이도 **상** 중 하

| 정답 | ③

| 접근 POINT |

이 문제는 여러 위험물을 보기로 섞어 놓아 다소 난이도가 높은 문제이다.

물과 접촉하면 발생하는 가스의 종류를 생각해 본다.

| 해설 |

K_2O_2는 물과 반응하면 산소가 발생하고, Na는 물과 반응하면 수소가 발생하고, CaC_2는 물과 반응하면 아세틸렌이 발생하여 위험하다.

| 심화 |

아세트알데하이드(CH_3CHO)

- 제4류 위험물 중 특수인화물이다.
- 물에 녹고 물과 위험한 반응을 하지 않는다.

탄화칼슘(CaC_2)

- 제3류 위험물 중 칼슘 또는 알루미늄의 탄화물이다.
- 물과 반응하면 가연성인 아세틸렌(C_2H_2)이 생성된다.
  $CaC_2 + 2H_2O \longrightarrow Ca(OH)_2 + C_2H_2 \uparrow$

과염소산나트륨($NaClO_4$)

- 제1류 위험물 중 과염소산염류이다.
- 물과 위험한 반응을 하지 않아 물로 소화한다.

과산화칼륨(K_2O_2)

- 제1류 위험물 중 무기과산화물이다.
- 물과 반응하면 산소(O_2)가 발생한다.
  $2K_2O_2 + 2H_2O \longrightarrow 4KOH + O_2 \uparrow$

다이크로뮴산칼륨($K_2Cr_2O_7$)

- 제1류 위험물 중 다이크로뮴산염류이다.
- 물과 위험한 반응을 하지 않아 물로 소화한다.

나트륨(Na)

- 제3류 위험물이다.
- 물과 반응하면 수소(H_2)가 발생한다.
  $2Na + 2H_2O \longrightarrow 2NaOH + H_2 \uparrow$

32 단순 암기형

난이도 상 중 **하**

| 정답 | ④

| 접근 POINT |

트리에틸알루미늄의 분자식만 알고 있다면 바로 답을 고를 수 있다.

| 해설 |

트리에틸알루미늄$\{(C_2H_5)_3Al\}$에는 탄소가 6개 포함되어 있다.

33 단순 암기형

난이도 상 중 **하**

| 정답 | ④

| 접근 POINT |

위험물과 물이 반응했을 때 발생하는 가스는 자주 출제되므로 정확하게 암기해야 한다.

| 해설 |

트리에틸알루미늄$\{(C_2H_5)_3Al\}$은 물과 반응하면 가연성인 에탄(C_2H_6)이 생성되므로 물을 이용하여 소화할 수 없다.

$(C_2H_5)_3Al + 3H_2O \longrightarrow Al(OH)_3 + 3C_2H_6 \uparrow$

포스핀 가스(PH_3)는 제3류 위험물인 인화칼슘(Ca_3P_2)이 물과 반응했을 때 생성되는 기체이다.

$Ca_3P_2 + 6H_2O \longrightarrow 3Ca(OH)_2 + 2PH_3 \uparrow$

34 단순 암기형

난이도 상 **중** 하

| 정답 | ②

| 접근 POINT |

위험물과 물이 반응했을 때 발생하는 가스는 자주 출제되므로 정확하게 암기해야 한다.
화학식에 에탄과 가장 비슷한 성분이 들어 있는 물질이 물과 접촉했을 때 에탄이 발생한다.

| 해설 |

트리에틸알루미늄$\{(C_2H_5)_3Al\}$은 물과 반응하면 에탄(C_2H_6)이 생성된다.

$(C_2H_5)_3Al + 3H_2O \longrightarrow Al(OH)_3 + 3C_2H_6 \uparrow$

탄화칼슘(CaC_2)이 물과 반응하면 아세틸렌(C_2H_2)이 생성된다.

$CaC_2 + 2H_2O \longrightarrow Ca(OH)_2 + C_2H_2 \uparrow$

| 심화 |

$C_6H_3(NO_2)_3$은 트리나이트로벤젠으로 제5류 위험물이다.
$C_2H_5ONO_2$은 질산에틸로 제5류 위험물이다.
제5류 위험물은 물과 위험한 반응을 하지 않으므로 화재 발생 시 다량의 물을 이용하여 소화한다.

| 유사문제 |

트리에틸알루미늄이 습기와 반응할 때 발생되는 가스는?

① 수소 ② 아세틸렌
③ 에탄 ④ 메탄

정답은 ③번이다.

35 개념 이해형

난이도 상 **중** 하

| 정답 | ①

| 접근 POINT |

암기 위주로 접근하기 보다는 위험물의 성질을 생각하며 답을 고른다.

| 해설 |

벤조일퍼옥사이드는 제5류 위험물로 자체로서 가연성의 성질이 있다.
질산은 제6류 위험물로 산소공급원 역할을 하는 산화성 액체이다.
벤조일퍼옥사이드와 질산을 혼합하면 가연성이 있는 물질과 산소공급원을 혼합하는 것이므로 발화 또는 폭발의 위험성이 높다.

| 선지분석 |

② 이황화탄소는 물에 녹지 않고 가연성 기체의 발생을 방지하기 위해 물속에 보관하므로 증류수와 혼합해도 위험하지 않다.
③, ④ 금속 나트륨과 금속 칼륨은 공기 중의 수분과 반응하여 수소 기체를 발생시키므로 석유, 유동 파라핀 등의 속에 보관한다.

36 개념 이해형

난이도 상 **중** 하

| 정답 | ①

| 접근 POINT |

제3류 위험물은 대부분 물을 이용하여 소화할 수 없지만 모든 위험물이 해당되는지 생각해 본다.

| 해설 |

① 제3류 위험물 중 황린(P_4)은 물로 소화할 수 있다.
② 팽창질석은 제1류~제6류 위험물에 모두 적응성이 있다.
③ 제3류 위험물 중 황린(P_4)을 제외하고 나머지 위험물(K, Na 등)은 물을 사용하여 소화할 수 없다.
④ 할로젠화합물 소화설비는 전기설비, 제2류 위험물 중 인화성 고체, 제4류 위험물에 적응성이 있다.

37 개념 이해형

난이도 상 중 **하**

| 정답 | ④

| 접근 POINT |

금수성이라는 말 자체가 물의 접촉을 금한다는 뜻이다.

| 해설 |

금수성 물질에 적응성이 있는 소화기

- 탄산수소염류 소화기
- 건조사
- 팽창질석 또는 팽창진주암

38 개념 이해형

난이도 상 **중** 하

| 정답 | ③

| 접근 POINT |

주수소화는 물을 붓는다는 의미이다.
물과 위험한 반응을 하는 위험물은 자주 출제되므로 정확하게 이해해야 한다.

| 해설 |

수소화나트륨(NaH)은 제3류 위험물 중 금속의 수소화물이다.
수소화나트륨(NaH)이 물과 만나면 수소 기체(H_2)가 발생하므로 주수소화 할 수 없다.

$NaH + H_2O \longrightarrow NaOH + H_2 \uparrow$

| 선지분석 |

① 제1류 위험물인 염소산나트륨으로 물과 위험한 반응을 하지 않아 물로 소화할 수 있다.
② 제2류 위험물인 황으로 물과 위험한 반응을 하지 않아 물로 소화할 수 있다.
④ 제5류 위험물인 트리나이트로톨루엔으로 물과 위험한 반응을 하지 않아 물로 소화할 수 있다.

39 단순 암기형

난이도 상 중 **하**

| 정답 | ②

| 접근 POINT |

위험등급 관련 문제 중에서는 가장 간단한 문제로 반드시 맞혀야 하는 문제이다.

| 해설 |

황화인은 제2류 위험물로 위험등급 Ⅱ이다.

| 관련법규 |

위험물의 위험등급

「위험물안전관리법 시행규칙」 별표19

(1) **위험등급 Ⅰ**
- 제1류 위험물 중 아염소산염류, 염소산염류, 과염소산염류, 무기과산화물, 그 밖에 지정수량이 50kg인 위험물
- 제3류 위험물 중 칼륨, 나트륨, 알킬알루미늄, 알킬리튬, 황린, 그 밖에 지정수량이 10kg 또는 20kg인 위험물
- 제4류 위험물 중 특수인화물
- 제5류 위험물 중 지정수량이 10kg인 위험물
- 제6류 위험물

(2) **위험등급 Ⅱ**
- 제1류 위험물 중 브로민산염류, 질산염류, 아이오딘산염류, 그 밖에 지정수량이 300kg인 위험물
- 제2류 위험물 중 황화인, 적린, 황, 그 밖에 지정수량이 100kg인 위험물
- 제3류 위험물 중 알칼리금속(칼륨 및 나트륨 제외) 및 알칼리토금속, 유기금속화합물(알킬알루미늄 및 알킬리튬 제외), 그 밖에 지정수량이 50kg인 위험물
- 제4류 위험물 중 제1석유류 및 알코올류
- 제5류 위험물 중 위험등급 Ⅰ 외의 것

(3) **위험등급 Ⅲ**

위험등급 Ⅰ, Ⅱ에 해당되지 않는 것

40 개념 이해형

난이도 **상** 중 하

| 정답 | ③

| 접근 POINT |

위험물의 세부특성과 위험등급을 모두 알아야 풀 수 있는 문제로 난이도가 높은 문제이다.

단순하게 위험물의 위험등급만을 묻는 문제도 출제되므로 위험등급은 정확하게 암기하고 있어야 한다.

| 해설 |

ⓐ 상온에서 칼륨은 고체이고, 트리에틸알루미늄은 액체이다.

ⓑ 칼륨(K)이 물과 반응하면 수소(H_2)가 발생하고, 트리에틸알루미늄{$(C_2H_5)_3Al$}이 물과 반응하면 에탄 가스(C_2H_6)가 발생한다.

$$2K + 2H_2O \longrightarrow 2KOH + H_2\uparrow$$

$$(C_2H_5)_3Al + 3H_2O \longrightarrow Al(OH)_3 + 3C_2H_6\uparrow$$

ⓒ 칼륨과 트리에틸알루미늄(알킬알루미늄에 해당)은 모두 제3류 위험물로 지정수량이 10kg이므로 위험등급 Ⅰ에 해당된다.

합격 치트키 04 | 제4류 위험물

본문 142p

01	02	03	04	05	06	07	08	09	10
③	③	③	①	②	①	③	①	④	①
11	12	13	14	15	16	17	18	19	20
②	①	④	④	②	④	②	①	③	③
21	22	23	24	25	26	27	28	29	30
①	③	①	④	③	①	③	③	②	③
31	32	33	34	35	36	37	38	39	40
④	④	④	②	①	③	④	④	①	②
41	42	43	44	45	46	47	48	49	50
④	③	③	④	④	②	③	③	④	②
51	52	53	54	55	56	57	58	59	60
②	②	②	②	③	②	④	①	③	④
61	62	63	64	65					
①	④	④	①	④					

01 개념 이해형

난이도 상 중 **하**

| 정답 | ③

| 접근 POINT |

제4류 위험물과 관련된 문제 중에서는 가장 기본적인 문제로 반드시 맞혀야 하는 문제이다.

| 해설 |

제4류 위험물에서 발생하는 증기는 사이안화수소(HCN)를 제외하고는 대부분 공기보다 무겁다.

02 개념 이해형

난이도 상 **중** 하

| 정답 | ③

| 접근 POINT |

휘발유의 세부특성을 모두 암기하기는 어렵지만 제4류 위험물의 일반적인 특징은 알고 있어야 한다.

| 해설 |

휘발유와 같은 제4류 위험물은 일반적으로 액체비중은 1보다 작아 물에 뜨고, 증기비중은 1보다 커서 공기보다 무겁다.

03 개념 이해형

난이도 상 중 하

| 정답 | ③

| 접근 POINT |

제4류 위험물을 인화성 액체라고 하는 이유를 생각해 본다.

| 해설 |

제1석유류~제4석유류는 인화점으로 구분한다.

04 단순 암기형

난이도 상 중 하

| 정답 | ①

| 접근 POINT |

화학식을 보고도 어떤 위험물인지 알 수 있어야 한다.
제4류 위험물의 일반적인 특징을 생각해 본다.

| 해설 |

다이에틸에터($C_2H_5OC_2H_5$)는 제4류 위험물로 전기의 부도체이다.

05 개념 이해형

난이도 상 중 하

| 정답 | ②

| 접근 POINT |

간단하지만 자주 출제되는 문제로 반드시 맞혀야 하는 문제이다.
물속에 저장하는 대표적인 위험물은 이황화탄소와 황린이다.

| 해설 |

이황화탄소(CS_2)는 물보다 무겁고 공기 중에 노출되면 가연성 증기가 발생하므로 물속에 보관한다.

| 유사문제 |

물보다 무겁고, 물에 녹지 않아 저장 시 가연성 증기발생을 억제하기 위해 수조 속의 위험물탱크에 저장하는 물질은?

① 다이에틸에터 ② 에탄올
③ 이황화탄소 ④ 아세트알데하이드

정답은 ③번이다.

06 개념 이해형

난이도 상 중 하

| 정답 | ①

| 접근 POINT |

습도가 낮은 겨울에 정전기가 잘 발생한다는 점을 기억하면 쉽게 답을 고를 수 있다.

| 해설 |

정전기를 방지시키기 위해서는 공기 중의 상대습도를 70% 이상으로 유지하는 것이 좋다.

| 유사문제 |

제4류 위험물의 저장 · 취급시 주의사항으로 틀린 것은?

① 화기의 접촉을 금한다.
② 증기의 누설을 피한다.
③ 냉암소에 저장한다.
④ 정전기 축적설비를 한다.

정답은 ④번이다.
제4류 위험물을 저장 · 취급할 때에는 정전기를 방지하기 위한 설비를 해야 한다.

07 개념 이해형

난이도 상 중 하

| 정답 | ③

| 접근 POINT |

제4류 위험물의 공통적인 특징을 생각해 본다.

| 해설 |

가솔린과 같은 제4류 위험물은 전기의 부도체이므로 정전기 발생에 주의해야 한다.

08 단순 암기형

난이도 상 중 하

| 정답 | ①

| 접근 POINT |

제1석유류 중 수용성의 지정수량이 400L이다.
이 문제는 보기 중 제1석유류 중 수용성인 것을 고르라는 것이다.

| 해설 |

보기에 있는 제4류 위험물의 품명, 지정수량

구분	품명	지정수량
포름산메틸	제1석유류(수용성)	400L
벤젠	제1석유류(비수용성)	200L
톨루엔	제1석유류(비수용성)	200L
벤즈알데하이드	제2석유류(비수용성)	1,000L

09 단순 암기형

난이도 상 중 하

| 정답 | ④

| 접근 POINT |

위험물의 품명과 화학식은 자주 출제되므로 정확하게 암기해야 한다.

| 해설 |

이황화탄소(CS_2), 다이에틸에터($C_2H_5OC_2H_5$), 아세트알데하이드(CH_3CHO)는 모두 제4류 위험물 중 특수인화물이다.
사이안화수소(HCN)는 제4류 위험물 중 제1석유류이다.

| 유사문제 |

「위험물안전관리법령」상 HCN의 품명으로 옳은 것은?

① 제1석유류 ② 제2석유류
③ 제3석유류 ④ 제4석유류

정답은 ①번이다.

10 단순 암기형

난이도 상 중 **하**

| 정답 | ①

| 접근 POINT |

제4류 위험물의 인화점 기준은 자주 출제되므로 확실하게 암기해야 한다.

| 해설 |

제4류 위험물의 인화점에 따른 구분

「위험물안전관리법 시행령」 별표1

구분	기준
제1석유류	아세톤, 휘발유, 그 밖에 1기압에서 인화점이 21℃ 미만인 것
제2석유류	등유, 경유, 그 밖에 1기압에서 인화점이 21℃ 이상 70℃ 미만인 것
제3석유류	중유, 크레오소트유, 그 밖에 1기압에서 인화점이 70℃ 이상 200℃ 미만인 것
제4석유류	기어유, 실린더유, 그 밖에 1기압에서 인화점이 200℃ 이상 250℃ 미만의 것

11 단순 암기형

난이도 상 중 **하**

| 정답 | ②

| 접근 POINT |

제4류 위험물의 인화점 기준은 자주 출제되므로 확실하게 암기해야 한다.

| 해설 |

제2석유류는 등유, 경유, 그 밖에 1기압에서 인화점이 21℃ 이상 70℃ 미만인 것이다.

12 단순 암기형

난이도 상 중 **하**

| 정답 | ①

| 접근 POINT |

위험물의 품명은 자주 출제되고, 다른 문제를 풀기 위해서 기본적으로 알아야 하는 부분으로 정확하게 암기해야 한다.

| 해설 |

등유는 제2석유류이다.
벤젠, 메틸에틸케톤, 톨루엔은 모두 제1석유류이다.

13 단순 암기형

난이도 **상** 중 하

| 정답 | ④

| 접근 POINT |

위험물의 모든 구조식을 암기하기는 어렵지만 기출문제에 나온 구조식은 암기해야 한다.

| 해설 |

① 벤젠(C_6H_6): 제1석유류
② 시클로헥산(C_6H_{12}): 제1석유류
③ 에틸벤젠($C_6H_5C_2H_5$): 제1석유류
④ 벤즈알데하이드(C_6H_5CHO): 제2석유류

14 단순 암기형

난이도 상 **중** 하

| 정답 | ④

| 접근 POINT |

제4류 위험물 중에서는 특수인화물의 인화점이 가장 낮다는 사실을 알고 있어도 답을 고를 수 있다.

| 해설 |

보기에 있는 위험물의 품명, 인화점

구분	품명	인화점
$C_6H_5CH_3$(톨루엔)	제1석유류	4℃
$C_6H_5CHCH_2$(스타이렌)	제2석유류	31℃
CH_3OH(메탄올)	알코올류	11℃
CH_3CHO(아세트알데하이드)	특수인화물	−40℃

| 관련법규 |

특수인화물의 정의

「위험물안전관리법 시행령」 별표1

특수인화물은 이황화탄소, 다이에틸에터, 그 밖에 1기압에서 발화점이 100℃ 이하인 것 또는 인화점이 −20℃ 이하이고 비점이 40℃ 이하인 것을 말한다.

SUBJECT 03

15 단순 암기형

난이도 상 중 하

| 정답 | ②

| 접근 POINT |

다이에틸에터는 특수인화물 중에서도 인화점이 낮다.

| 해설 |

보기에 있는 위험물의 품명, 인화점

구분	품명	인화점
CS_2(이황화탄소)	특수인화물	−30℃
$C_2H_5OC_2H_5$(다이에틸에터)	특수인화물	−45℃
CH_3COCH_3(아세톤)	제1석유류	−18.5℃
CH_3OH(메탄올)	알코올류	11℃

16 단순 암기형

난이도 상 중 하

| 정답 | ④

| 접근 POINT |

위험물의 인화점을 암기해도 풀 수 있지만 제4류 위험물 중에서는 특수인화물의 인화점이 가장 낮다는 사실을 알고 있어도 답을 고를 수 있다.

| 해설 |

보기에 있는 위험물의 품명, 인화점

구분	품명	인화점
$C_6H_5CH_3$(톨루엔)	제1석유류	4℃
CH_3COCH_3(아세톤)	제1석유류	−18.5℃
C_6H_6(벤젠)	제1석유류	−11℃
$C_2H_5OC_2H_5$(다이에틸에터)	특수인화물	−45℃

17 단순 암기형

난이도 상 중 하

| 정답 | ②

| 접근 POINT |

모든 위험물의 인화점을 암기할 수는 없지만 기출문제에 나온 위험물의 대략적인 인화점은 암기해야 한다.

| 해설 |

보기에 있는 위험물의 품명, 인화점

구분	품명	인화점
실린더유	제4석유류	200℃ 이상
가솔린	제1석유류	−43℃ ~ −20℃
벤젠	제1석유류	−11℃
메틸알코올	알코올류	11℃

18 단순 암기형

난이도 상 중 하

| 정답 | ①

| 접근 POINT |

모든 위험물의 인화점을 암기할 수는 없지만 기출문제에 나온 위험물의 대략적인 인화점은 암기해야 한다.

| 해설 |

보기에 있는 위험물의 품명, 인화점

구분	품명	인화점
메탄올	알코올류	11℃
휘발유	제1석유류	−43℃ ~ −20℃
아세트산메틸	제1석유류	−10℃
메틸에틸케톤	제1석유류	−7℃

19 단순 암기형

난이도 상 중 하

| 정답 | ③

| 접근 POINT |

모든 위험물의 인화점을 암기할 수는 없지만 기출문제에 나온 위험물의 대략적인 인화점은 암기해야 한다.

| 해설 |

에틸알코올의 인화점은 약 13℃이다.

20 단순 암기형

난이도 상 중 하

| 정답 | ③

| 접근 POINT |

제4류 위험물의 인화점을 전부 암기하는 어려운 점이 있다.
이 문제의 경우 제2석유류의 인화점의 범위가 21℃ 이상 70℃ 미만이므로 제2석유류를 찾아도 된다.

| 해설 |

보기에 있는 위험물의 품명, 인화점

구분	품명	인화점
CH_3COOCH_3(아세트산메틸)	제1석유류	−10℃
CH_3COCH_3(아세톤)	제1석유류	−18℃
CH_3COOH(아세트산)	제2석유류	40℃
CH_3CHO(아세트알데하이드)	특수인화물	−40℃

21 단순 암기형

난이도 상 중 하

| 정답 | ①

| 접근 POINT |

동식물유류는 아이오딘값에 따라 자연발화 위험성이 달라진다.

| 해설 |

동식물유류는 아이오딘값이 클수록 자연발화의 위험성이 크다. 동유가 건성유로 아이오딘값이 130 이상이므로 자연발화의 위험성이 가장 크다.

| 관련개념 |

동식물유류의 분류

구분	내용
건성유	아이오딘값 130 이상 (예) 해바라기유, 동유, 아마인유, 들기름, 정어리기름
반건성유	아이오딘값 100~130 (예) 참기름, 목화씨기름, 채종유
불건성유	아이오딘값 100 미만 (예) 올리브유, 피마자유, 야자유, 땅콩유

22 단순 암기형

난이도 상 중 하

| 정답 | ③

| 접근 POINT |

동식물유류 중 건성유가 무엇인지 생각해 본다.

| 해설 |

아마인유가 건성유로 아이오딘값이 130 이상이므로 자연발화의 위험성이 가장 크다.
야자유, 올리브유, 피마자유는 모두 불건성유로 자연발화의 위험성이 적다.

| 유사문제 |

다음 물질을 적셔서 얻은 헝겊을 대량으로 쌓아 두었을 경우 자연발화의 위험성이 가장 큰 것은?

① 아마인유 ② 땅콩기름
③ 야자유 ④ 올리브유

정답은 ①번이다.

23 단순 암기형

난이도 상 중 하

| 정답 | ①

| 접근 POINT |

아마인유는 다른 말로 아마씨기름이라고도 한다.
"유"라는 것이 기름을 의미하므로 보기가 기름으로도 출제될 수 있음을 유의해야 한다.

| 해설 |

건성유인 아마씨기름(아마인유)의 아이오딘값이 130 이상으로 가장 크다.
올리브기름, 야자기름, 땅콩기름은 모두 불건성유로 아이오딘값이 100 미만이다.

24 단순 암기형

난이도 상 중 하

| 정답 | ④

| 접근 POINT |

아이오딘값이 가장 작은 것은 불건성유이다.

| 해설 |

① 아마인유: 건성유 → 아이오딘값 130 이상
② 들기름: 건성유 → 아이오딘값 130 이상
③ 정어리기름: 건성유 → 아이오딘값 130 이상
④ 야자유: 불건성유 → 아이오딘값 100 미만

25 단순 암기형

난이도 상 중 하

| 정답 | ③

| 접근 POINT |

동식물유류 관련 문제 중에서는 아이오딘값의 수치에 대한 문제가 자주 출제되므로 관련 수치를 정확하게 암기해야 한다.

| 해설 |

아이오딘값이 130 이상인 것이 건성유로, 건성유는 자연발화의 위험성이 높다.

| 관련개념 |

동식물유류의 정의

동식물유류라 함은 동물의 지육(枝肉: 머리, 내장, 다리를 잘라 내고 아직 부위별로 나누지 않은 고기) 등 또는 식물의 종자나 과육으로부터 추출한 것으로서 1기압에서 인화점이 250℃ 미만인 것을 말한다.

26 단순 암기형

난이도 상 중 하

| 정답 | ①

| 접근 POINT |

동식물유류 관련 문제 중에서 가장 기본적인 문제로 반드시 맞혀야 한다.

| 해설 |

동식물유류는 아이오딘값이 클수록 자연발화의 위험성이 높아진다.
동식물유류의 인화점은 250℃ 미만이므로 종류에 따라서는 인화점이 물의 비점인 100℃ 보다 낮은 것도 있다.

27 개념 이해형
난이도 상 중 **하**

| 정답 | ③

| 접근 POINT |

동식물유류도 제4류 위험물에 해당되므로 제4류 위험물의 일반적인 특징을 생각해 본다.

| 해설 |

① 동식물유류는 자연발화의 위험성이 있고, 특히 건성유가 자연발화의 위험성이 크다.
② 동식물유류는 제4류 위험물로 대부분 비중 값이 물보다 작다.
③ 동식물유류의 정의가 인화점이 250℃ 미만인 것으로 대부분 인화점이 100℃보다 높다.
④ 아이오딘값이 130 이상인 건성유가 자연발화 위험이 높다.

28 개념 이해형
난이도 상 중 **하**

| 정답 | ③

| 접근 POINT |

동식물유류 관련 문제는 자연발화 위험성에 대한 문제가 자주 출제되므로 대비가 필요하다.

| 해설 |

아마인유는 동식물유류 중에서 아이오딘값이 130 이상인 건성유이다.

건성유는 자연발화의 위험성이 높아 섬유 등에 흡수되어 있으면 화재가 발생할 가능성이 높다.

| 유사문제 |

동식물유류에 대한 설명 중 틀린 것은?

① 아이오딘값이 클수록 자연발화의 위험이 크다.
② 아마인유는 불건성유이므로 자연발화의 위험이 낮다.
③ 동식물유류는 제4류 위험물에 속한다.
④ 아이오딘값이 130 이상인 것이 건성유이므로 저장할 때 주의해야 한다.

정답은 ②번이다.

아마인유는 건성유로 자연발화의 위험성이 크다.

29 개념 이해형
난이도 상 **중** 하

| 정답 | ②

| 접근 POINT |

사실상 화학적인 개념을 묻고 있는 문제이다.
공명구조가 무엇인지 알고 있으면 답을 고를 수 있다.

| 해설 |

단일결합으로 이루어진 탄화수소는 다른 물질이 첨가할 수 없으므로 포화탄화수소라고 하고, 이중결합 또는 삼중결합으로 이루어진 탄화수소는 다른 물질이 첨가할 수 있으므로 불포화탄화수소라고 한다.

공명구조란 단일결합과 이중결합의 중간 정도인 1.5중결합이고 다른 물질이 첨가할 수 있는 불포화탄화수소이다.

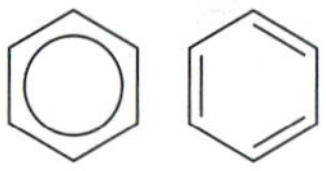

▲ 벤젠 고리

30 개념 이해형
난이도 상 **중** 하

| 정답 | ③

| 접근 POINT |

인화의 위험성은 물질의 상태보다는 온도에 영향을 받는다.

| 해설 |

벤젠의 녹는점은 약 5.5℃로 겨울철에는 응고한다.

벤젠의 인화점은 약 −11℃로 겨울철에도 인화의 위험성이 있다.

31 단순 암기형
난이도 상 **중** 하

| 정답 | ④

| 접근 POINT |

응용되어 출제되는 문제는 아니므로 정답을 암기하는 방법으로 공부해도 된다.

| 해설 |

벤젠에 진한 질산과 진한 황산을 넣고 가열하면 나이트로벤젠이 된다. 이때 진한 황산은 촉매 역할을 한다.

$$C_6H_6 + HNO_3 \xrightarrow{\text{진한 } H_2SO_4} C_6H_5NO_2 + H_2O$$

32 단순 암기형
난이도 **상** 중 하

| 정답 | ④

| 접근 POINT |

잘 출제되지 않는 위험물인 피리딘(C_5H_5N)에 대한 문제로 난이도가 높다.

| 해설 |

피리딘(C_6H_5N)의 성질

- 제4류 위험물 중 제1석유류(수용성)이다.
- 인화점이 약 16℃로 상온에서 인화의 위험이 있다.
- 물, 알코올 등에 잘 녹는다.
- 약알칼리성이다.

33 개념 이해형

난이도 상 중 **하**

| 정답 | ④

| 접근 POINT |

제2류 위험물은 물에 녹지 않고, 제4류 위험물은 물질에 따라 물에 녹는 것도 있고 녹지 않는 것도 있다.

| 해설 |

적린, 황: 제2류 위험물, 비수용성
벤젠: 제4류 위험물 중 제1석유류, 비수용성
아세톤: 제4류 위험물 중 제1석유류, 수용성

34 단순 암기형

난이도 **상** 중 하

| 정답 | ②

| 접근 POINT |

발화점을 묻는 문제로 다소 지엽적인 문제이나 기출문제에 나온 문제이므로 정답은 기억하고 있어야 한다.

| 해설 |

보기에 있는 위험물의 발화점

① 등유: 약 210℃
② 벤젠: 약 498℃
③ 다이에틸에터: 약 180℃
④ 휘발유: 약 300℃

35 단순 암기형

난이도 **상** 중 하

| 정답 | ①

| 접근 POINT |

위험물의 용도와 녹는점과 같이 세부특성이 주어진 문제로 난이도가 높다.
이 문제의 경우 보기에 주어진 위험물 중 지정수량이 2,000L인 것이 하나밖에 없으므로 지정수량만 알고 있다면 답을 고를 수 있다.

| 해설 |

하이드라진(N_2H_4)은 제2석유류(수용성)으로 지정수량이 2,000L이다.
하이드라진은 로켓 추진제, 연료전지, 발포제 등 산업현장에서 다양하게 사용된다.

| 선지분석 |

② 스틸렌: 제2석유류(비수용성) → 지정수량 1,000L
③ 과염소산암모늄: 제1류 위험물, 과염소산염류 → 지정수량 50kg
④ 브로모벤젠: 제2석유류(비수용성) → 지정수량 1,000L

36 단순 암기형

난이도 상 **중** 하

| 정답 | ③

| 접근 POINT |

자주 출제되는 문제는 아니므로 암기 위주로 공부하면 된다.

| 해설 |

이황화탄소의 성질

- 인화점: 약 −30℃
- 끓는점: 약 46℃
- 발화점: 약 90℃

37 단순 암기형

난이도 상 중 **하**

| 정답 | ④

| 접근 POINT |

제4류 위험물 중에서 특수인화물은 다른 위험물보다 연소범위가 넓은 편이다.

| 해설 |

보기에 주어진 제4류 위험물의 품명, 연소범위

구분	품명	연소범위
휘발유	제1석유류	1.2~7.6%
톨루엔	제1석유류	1.2~7%
에틸알코올	알코올류	3.1~27.7%
다이에틸에터	특수인화물	1.7~48%

38 단순 계산형

난이도 상 **중** 하

| 정답 | ④

| 접근 POINT |

다이에틸에터의 연소범위와 위험도를 구하는 공식을 암기하고 있다면 쉽게 풀 수 있는 문제이다.

| 공식 CHECK |

$$위험도=\frac{H-L}{L}$$

H: 연소상한계
L: 연소하한계

| 해설 |

다이에틸에터의 연소범위는 약 1.7~48%이다.
H(연소상한계)=48%
L(연소하한계)=1.7

$$위험도=\frac{H-L}{L}=\frac{48-1.7}{1.7}=27.235$$

SUBJECT 03

39 단순 암기형

난이도 상 중 하

| 정답 | ①

| 접근 POINT |

제4류 위험물 중에서 특수인화물은 다른 위험물보다 연소범위가 넓은 편이므로 ①, ②번 중에 하나를 답으로 골라야 한다.

| 해설 |

보기에 주어진 제4류 위험물의 품명, 연소범위

구분	품명	연소범위
아세트알데하이드	특수인화물	4~60%
산화프로필렌	특수인화물	2.8~37%
휘발유	제1석유류	1.2~7.6%
아세톤	제1석유류	2.5~12.8

아세트알데하이드는 다이에틸에터(1.7~48%)보다도 연소범위가 넓다.

40 개념 이해형

난이도 상 중 하

| 정답 | ②

| 접근 POINT |

벤젠 고리가 있는 물질을 방향족이라고 하는 이유가 무엇인지 생각해 본다.

| 해설 |

벤젠과 톨루엔은 모두 벤젠 고리를 갖는 방향족 화합물이다.
벤젠과 톨루엔은 특이한 냄새를 가지기 때문에 방향족 화합물이라고 부르게 되었다.

| 유사문제 |

벤젠의 성질로 옳지 않은 것은?

① 휘발성을 갖는 갈색 무취의 액체이다.
② 증기는 유해하다.
③ 인화점은 0℃ 보다 낮다.
④ 끓는점은 상온보다 높다.
정답은 ①번이다.
벤젠은 방향족 화합물로 특이한 냄새가 있다.

41 단순 계산형

난이도 상 중 하

| 정답 | ④

| 접근 POINT |

증기비중을 구하기 위해서는 각 물질의 분자량을 계산할 수 있어야 한다.

| 해설 |

증기비중은 각 물질의 분자량을 공기의 평균분자량(약 29)로 나누어 계산한다.

① $\frac{(12\times6)+(1\times6)}{29}=2.689$

② $\frac{12+(1\times4)+16}{29}=1.103$

③ $\frac{(12\times4)+(1\times8)+(16\times1)}{29}=2.482$

④ $\frac{(12\times3)+(1\times8)+(16\times3)}{29}=3.172$

④번의 증기비중이 가장 크고, 공기의 평균분자량은 일정한 값이므로 분자량이 큰 물질이 증기비중도 크다.

42 개념 이해형

난이도 상 중 하

| 정답 | ③

| 접근 POINT |

위험물의 세부특성을 묻고 있는 문제로 다소 난이도가 높다.
아세트알데하이드와 아세톤의 품명만 알고 있다면 세부특성을 전부 암기하고 있지 않다고 하더라도 정답을 고를 수 있다.

| 해설 |

아세트알데하이드는 제4류 위험물 중 특수인화물이고, 아세톤은 제4류 위험물 중 제1석유류이다.
특수인화물은 일반적으로 제1석유류보다 인화점, 발화점이 모두 낮다.

| 선지분석 |

① 증기비중은 아세톤(CH_3COCH_3)이 아세트알데하이드(CH_3CHO)보다 크다.

아세톤의 증기비중$=\frac{(12\times3)+(1\times6)+16}{29}=2$

아세트알데하이드의 증기비중

$=\frac{(12\times2)+(1\times4)+16}{29}=1.517$

② 아세톤은 제1석유류(수용성)으로 지정수량이 400L이고, 아세트알데하이드는 특수인화물로 지정수량이 50L이다.
③ 아세톤의 인화점은 약 −18℃, 발화점은 약 465℃이고, 아세트알데하이드의 인화점은 약 −38℃, 발화점은 약 185℃이다.
④ 아세톤과 아세트알데하이드의 비중은 모두 물보다 작다.

43 단순 계산형

난이도 상 중 하

| 정답 | ③

| 접근 POINT |

증기비중을 구하기 위해서는 각 물질의 화학식을 알아야 하고, 분자량을 계산할 수 있어야 한다.

| 해설 |

증기비중은 각 물질의 분자량을 공기의 평균분자량(약 29)로 나누어 계산한다.

① 이황화탄소(CS_2)의 증기비중 계산

$$증기비중 = \frac{12+(32\times2)}{29} = 2.62$$

② 아세톤(CH_3COCH_3)의 증기비중 계산

$$증기비중 = \frac{(12\times3)+(1\times6)+16}{29} = 2$$

③ 아세트알데하이드(CH_3CHO)의 증기비중 계산

$$증기비중 = \frac{(12\times2)+(1\times4)+16}{29} = 1.517$$

④ 다이에틸에터($C_2H_5OC_2H_5$)의 증기비중 계산

$$증기비중 = \frac{(12\times4)+(1\times10)+16}{29} = 2.551$$

③번의 증기비중이 가장 작다.

44 단순 계산형

난이도 상 **중** 하

| 정답 | ④

| 접근 POINT |

분자량이 클수록 증기비중이 크므로 보기 중 분자량이 가장 큰 것을 찾는다.

| 해설 |

① 벤젠(C_6H_6)의 분자량 계산
$(12\times6)+(1\times6)=78g/mol$

② 아세톤(CH_3COCH_3)의 분자량 계산
$(12\times3)+(1\times6)+16=58g/mol$

③ 아세트알데하이드(CH_3CHO)의 분자량 계산
$(12\times2)+(1\times4)+16=44g/mol$

④ 톨루엔($C_6H_5CH_3$)의 분자량 계산
$(12\times7)+(1\times8)=92g/mol$

45 단순 암기형

난이도 **상** 중 하

| 정답 | ④

| 접근 POINT |

메탄올이 산화되었을 때 생성되는 물질을 묻고 있는 문제로 다소 난이도가 높다.

기출문제이므로 메탄올이 산화되었을 때 생성되는 물질 정도는 암기해야 한다.

| 해설 |

메탄올(CH_3OH)은 산화하면 포름알데하이드(HCHO)를 거쳐 최종적으로 포름산(HCOOH)이 된다.

$$CH_3OH \xrightarrow{산화} HCHO \xrightarrow{산화} HCOOH$$

46 단순 암기형

난이도 상 중 **하**

| 정답 | ②

| 접근 POINT |

연소범위는 실험에 의해 측정한 값으로 출처에 따라 수치가 약간 다를 수 있다.

연소범위는 정확한 값을 암기하기 보다는 대략적인 범위를 알고 있으면 된다.

| 해설 |

메탄올(CH_3OH)의 연소범위: 약 6~36vol%

47 단순 암기형

난이도 상 중 **하**

| 정답 | ③

| 접근 POINT |

연소범위는 실험에 의해 측정한 값으로 출처에 따라 수치가 약간 다를 수 있다.

연소범위는 정확한 값을 암기하기 보다는 대략적인 범위를 알고 있으면 된다.

| 해설 |

수소(H_2)의 연소범위: 약 4~75vol%

48 개념 이해형

난이도 **상** 중 하

| 정답 | ③

| 접근 POINT |

위험물의 인화점, 녹는점까지 전부 암기하기는 어려운 점이 있다.

이 문제의 경우 지정수량, 위험물의 화학식만 알고 있어도 답을 고를 수 있다.

| 해설 |

(1) 답이 될 수 없는 보기 제외하기

벤젠과 휘발유는 제4류 위험물 중 제1석유류(비수용성)으로 지정수량이 200L이므로 답이 될 수 없다.

(2) 메탄올(CH_3OH)의 증기비중 계산하기

이소프로필알코올은 자주 출제되는 위험물이 아니므로 화학식을 암기하기 어렵지만 메탄올은 자주 출제되는 위험물이므로 화학식은 암기하고 있어야 한다.

증기비중은 해당 물질의 분자량을 공기의 평균분자량(약 29)로 나누어 계산한다.

$$증기비중 = \frac{12+(1\times4)+16}{29} = 1.103$$

문제에서는 증기비중이 2.07로 주어졌으므로 메탄올은 답이 될 수 없으므로 이소프로필알코올이 답이 된다.

| 심화 |

이소프로필알코올($CH_3CHOHCH_3$)의 증기비중 계산

$$증기비중=\frac{(12\times3)+(1\times8)+16}{29}=2.068$$

49 단순 암기형

난이도 상 **중** 하

| 정답 | ④

| 접근 POINT |

이성질체에 대한 문제는 주로 이성질체가 몇 개가 있는지에 대한 문제가 출제된다.

| 용어 CHECK |

이성질체: 분자를 구성하는 원자의 종류와 개수는 같지만 결합형태가 다른 것이다.

| 해설 |

자일렌(크실렌)은 메틸기($-CH_3$) 2개가 결합되어 있는 구조로 다음과 같이 3개의 이성질체가 존재한다.

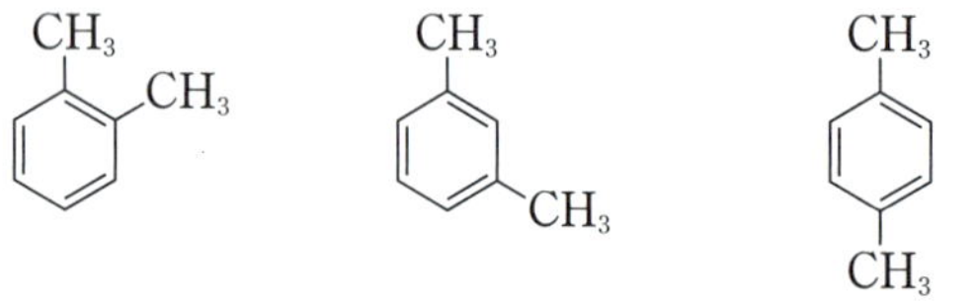

o−크실렌　　m−크실렌　　p−크실렌

50 개념 이해형

난이도 상 **중** 하

| 정답 | ②

| 접근 POINT |

제4류 위험물 중에서 특수인화물은 다른 위험물보다 연소범위가 넓은 편이다.

| 해설 |

다이에틸에터의 연소범위는 약 1.7~48%이고, 가솔린의 연소범위는 약 1.2~7.6%이다.

다이에틸에터의 연소범위가 가솔린보다 넓다.

| 선지분석 |

① 다이에틸에터는 공기 중에 장시간 방치하면 과산화물이 생성되어 폭발할 위험성이 있다. 이러한 과산화물의 검출은 아이오딘화칼륨(KI) 용액으로 검출할 수 있다.

③ 제4류 위험물은 비전도성 물질이므로 정전기 발생에 주의해야 한다.

④ 제4류 위험물은 물을 이용한 소화보다는 이산화탄소(CO_2)를 이용한 질식소화가 효과가 있다.

51 개념 이해형

난이도 상 중 **하**

| 정답 | ②

| 접근 POINT |

암기 위주로 접근하기 보다는 제4류 위험물의 특징과 소화방법을 연관지어 생각해 본다.

| 해설 |

제4류 위험물은 물보다 가벼운 성질이 있다.

제4류 위험물 화재 시 물로 소화하면 물 위에 위험물이 떠서 이동하며 연소면이 확대될 수 있다.

52 개념 이해형

난이도 상 **중** 하

| 정답 | ②

| 접근 POINT |

다이에틸에터의 소화방법 만을 생각하기 보다는 제4류 위험물의 일반적인 성질과 소화방법을 생각해 본다.

| 해설 |

다이에틸에터와 같은 제4류 위험물을 물보다 비중이 낮기 때문에 물을 이용하여 소화하면 연소면이 확대되어 적절하지 않다.

다이에틸에터에서 화재가 발생하면 물을 이용한 봉상강화액 소화기는 적응성이 없고, 포소화기, 이산화탄소 소화기와 같은 질식소화효과나 할로젠화합물 소화기 같은 억제소화효과를 이용한 소화기가 적응성이 있다.

53 개념 이해형

난이도 상 **중** 하

| 정답 | ②

| 접근 POINT |

알코올형 포는 내알코올포라고도 불리고, 제4류 위험물 중 수용성 물질 화재에 주로 사용한다.

| 해설 |

메틸알코올과 같은 수용성 물질에 보통의 포소화약제를 사용하면 포(거품)가 파괴되어 소화효과가 없어진다.

메틸알코올 같은 수용성 물질에는 알코올형 포소화약제를 사용해야 한다.

| 관련개념 |

내알코올포(알코올형포) 소화약제

포소화약제는 물에 거품(포)를 일으키는 물질을 첨가하여 만든 소화약제이다.

알코올과 같이 물에 잘 녹는 수용성 액체 화재에 보통의 포소화약제를 사용하면 알코올이 거품(포) 속의 물을 탈취하여 포가 파괴되기 때문에 소화효과를 잃게 된다. 이러한 현상을 방지하기 위해 만든 포소화약제를 내알코올포라고 한다.

54 개념 이해형

난이도 상 **중** 하

| 정답 | ②

| 접근 POINT |

알코올형 포는 내알코올포라고도 불리고, 제4류 위험물 중 수용성 물질 화재에 주로 사용한다.

| 해설 |

① 산화프로필렌은 제4류 위험물 중 특수인화물이고 수용성 물질이므로 알코올형포로 질식소화한다.
② 아세톤은 제4류 위험물 중 제1석유류로 수용성이므로 수성막포를 사용하면 소화효과가 없고, 알코올형포(내알코올포)로 질식소화해야 한다.
③ 이황화탄소는 비중이 1보다 커서 물에 가라앉는 성질이 있으므로 물을 사용하면 공기와의 접촉이 차단되어 소화효과가 있다.
④ 다이에틸에터 같은 제4류 위험물 화재 시에는 이산화탄소 소화설비 같이 질식소화효과를 이용해야 한다.

55 개념 이해형

난이도 상 중 **하**

| 정답 | ③

| 접근 POINT |

암기 위주로 접근하기 보다는 제4류 위험물의 특징과 소화방법을 연관지어 생각해 본다.

| 해설 |

제4류 위험물은 인화성 액체로 물을 이용하여 소화하면 화재면이 확대될 수 있으므로 이산화탄소 소화기처럼 질식소화효과를 이용한 소화설비로 소화해야 한다.

| 관련법규 |

이산화탄소 소화기가 적응성이 있는 대상물

「위험물안전관리법 시행규칙」 별표 17

- 전기설비
- 제2류 위험물 중 인화성 고체
- 제4류 위험물

56 단순 암기형

난이도 상 **중** 하

| 정답 | ②

| 접근 POINT |

제4류 위험물 관련 문제 중에서는 자주 출제되는 문제로 반드시 맞혀야 하는 문제이다.
이 문제에서는 위험물이 한글 명칭으로 주어졌지만 화학식으로도 주어질 수 있으므로 대비가 필요하다.

| 해설 |

아세트알데하이드, 산화프로필렌은 동, 은, 수은, 마그네슘 등과 접촉하면 폭발성이 있는 아세틸라이드를 생성하므로 주의가 필요하다.

| 관련법규 |

아세트알데하이드 등을 취급하는 제조소의 특례

「위험물안전관리법 시행규칙」 별표4

- 제4류 위험물 중 특수인화물의 아세트알데하이드ㆍ산화프로필렌 또는 이 중 어느 하나 이상을 함유하는 것을 아세트알데하이드 등이라고 한다.
- 아세트알데하이드 등을 취급하는 설비는 은ㆍ수은ㆍ동ㆍ마그네슘 또는 이들을 성분으로 하는 합금으로 만들지 아니할 것

57 단순 암기형

난이도 상 **중** 하

| 정답 | ④

| 접근 POINT |

사실상 앞의 문제와 거의 유사한 문제이지만 한글이 아니라 화학식으로 보기가 주어진 문제이다.
자주 나오는 물질의 화학식은 정확하게 암기해야 한다.

| 해설 |

아세트알데하이드 등을 취급하는 제조소의 특례

「위험물안전관리법 시행규칙」 별표4

아세트알데하이드 등을 취급하는 설비는 은(Ag)ㆍ수은(Hg)ㆍ동(Cu)ㆍ마그네슘(Mg) 또는 이들을 성분으로 하는 합금으로 만들지 아니할 것

58 단순 암기형

난이도 상 **중** 하

| 정답 | ①

| 접근 POINT |

사실상 앞의 문제와 거의 유사한 문제인데 위험물이 화학식으로 주어졌다.
보기에 나온 위험물은 자주 출제되기 때문에 화학식만 보고도 어떤 위험물인지 알아야 한다.

| 해설 |

산화프로필렌(CH_3CHOCH_2)은 동, 은, 수은, 마그네슘 등과 접촉하면 폭발성이 있는 아세틸라이드를 생성하므로 주의가 필요하다.

| 선지분석 |

② 다이에틸에터: 제4류 위험물, 특수인화물
③ 이황화탄소: 제4류 위험물, 특수인화물
④ 벤젠: 제4류 위험물, 제1석유류

59 단순 암기형

난이도 상 중 하

| 정답 | ③

| 접근 POINT |

아세틸라이드를 생성하는 물질이 두 가지가 있다.
연소범위를 보고 두 가지 물질 중 해당되는 답을 골라야 한다.

| 해설 |

아세트알데하이드와 산화프로필렌은 동, 은, 마그네슘 등과 접촉하면 폭발성의 아세틸라이드를 생성한다.
아세트알데하이드의 연소범위: 약 4.1～57vol%
산화프로필렌의 연소범위: 약 2.5～38.5vol%

| 유사문제 |

취급하는 장치가 구리나 마그네슘으로 되어 있을 때 반응을 일으켜서 폭발성의 아세틸라이드를 생성하는 물질은?

① 이황화탄소 ② 이소프로필알코올
③ 산화프로필렌 ④ 아세톤

정답은 ③번이다.

60 개념 이해형

난이도 상 중 하

| 정답 | ④

| 접근 POINT |

제4류 위험물 중에서도 위험성이 높은 것을 특수인화물로 분류한다.

| 해설 |

① 산화프로필렌의 특징에 해당된다.
② 산화프로필렌은 인화점이 약 −37℃로 매우 낮기 때문에 가연성 증기 발생을 억제해야 한다.
③ 산화프로필렌은 은, 마그네슘과 반응하여 폭발성이 있는 아세틸라이드를 생성한다.
④ 산화프로필렌은 특수인화물로 증기압이 높고 연소범위도 넓다.

61 단순 암기형

난이도 상 중 하

| 정답 | ①

| 접근 POINT |

제4류 위험물의 저장용기 관련 문제 중에서는 아세트알데하이드와 메틸에틸케톤과 관련된 문제가 자주 출제되므로 대비가 필요하다.

| 해설 |

아세트알데하이드(CH_3CHO)은 구리, 은, 수은, 마그네슘 등과 접촉하면 폭발성이 있는 아세틸라이드를 생성하므로 해당 물질이 있는 용기에 저장하면 안 된다.

62 단순 암기형

난이도 상 중 하

| 정답 | ④

| 접근 POINT |

제4류 위험물의 저장용기 관련 문제 중에서는 아세트알데하이드와 메틸에틸케톤과 관련된 문제가 자주 출제되므로 대비가 필요하다.

| 해설 |

메틸에틸케톤($C_2H_5COCH_3$)은 제4류 위험물 중 제1석유류(비수용성)이다.
메틸에틸케톤은 수지, 섬유소 등을 녹이는 성질이 있으므로 유리용기에 보관해야 한다.

| 관련개념 |

탈지작용이란 일반적으로 지방이나 기름 성분을 녹이는 성질이다. 탈지작용이 있는 물질을 손으로 만지면 피부가 녹을 수 있기 때문에 주의해야 한다.
제4류 위험물 중에서는 메틸에틸케톤, 아세톤 등이 탈지작용이 있다.

63 개념 이해형

난이도 상 중 하

| 정답 | ④

| 접근 POINT |

제4류 위험물을 인화성 액체라고 하는 이유를 생각해 본다.

| 해설 |

메틸에틸케톤($C_2H_5COCH_3$)과 같은 제4류 위험물은 증기의 인화성이 크므로 증기가 새어나오지 못하도록 밀전하여 저장해야 한다.
제6류 위험물 중 과산화수소를 보관할 때 산소를 배출하기 위해 구멍이 뚫린 용기에 보관한다.

64 단순 암기형

난이도 상 중 하

| 정답 | ①

| 접근 POINT |

위험등급은 자주 출제되므로 정확하게 암기해야 한다.
위험등급 관련 문제는 위험등급Ⅰ, Ⅱ를 묻는 문제가 자주 출제되고 위험등급Ⅲ을 묻는 문제는 잘 출제되지 않는다.

| 해설 |

제4류 위험물의 위험등급

구분	위험물
위험등급Ⅰ	특수인화물
위험등급Ⅱ	제1석유류, 알코올류
위험등급Ⅲ	위험등급Ⅰ, Ⅱ에 해당되지 않는 것

65 단순 계산형

난이도 상 중 **하**

| 정답 | ④

| 접근 POINT |

자주 출제되는 문제는 아니지만 계산방법만 알고 있다면 쉽게 답을 고를 수 있다.

| 해설 |

수집용기에 채취된 포의 무게=540−340=200g

포수용액의 비중은 1이라고 했으므로 1g=1mL이다.

200g=200mL

$$발포배율=\frac{전체용량}{포용량}=\frac{1,800mL}{200mL}=9배$$

합격 치트키 05 | 제5류 위험물 본문 154p

01	02	03	04	05	06	07	08	09	10
④	③	①	①	①	②	③	③	②	②
11	12	13	14	15	16	17	18	19	20
③	②	①	②	②	①	①	④	④	③
21	22	23	24	25					
③	①	④	④	④					

01 개념 이해형

난이도 상 중 **하**

| 정답 | ④

| 접근 POINT |

자기반응성물질이라는 용어를 보고 바로 제5류 위험물인 것을 알아야 한다.

| 해설 |

자기반응성물질(제5류 위험물)은 물과 위험한 반응을 하지 않기 때문에 화재 발생 시 다량의 물을 이용하여 소화한다.

02 단순 암기형

난이도 상 중 **하**

| 정답 | ③

| 접근 POINT |

제5류 위험물 중 질산에스터류에 해당되는 위험물은 암기하고 있어야 한다.

| 해설 |

나이트로셀룰로오스, 나이트로글리세린, 질산메틸은 모두 제5류 위험물 중 질산에스터류이다.

나이트로벤젠은 제4류 위험물 중 제3석유류이다.

03 개념 이해형

난이도 상 중 **하**

| 정답 | ①

| 접근 POINT |

외부의 산소공급 없이도 연소하는 것은 제5류 위험물의 특징으로 사실상 이 문제는 제5류 위험물이 아닌 것을 고르라는 문제이다.

| 해설 |

알루미늄의 탄화물은 제3류 위험물이다.

과산화벤조일은 제5류 위험물 중 유기과산화물에 해당된다.

유기과산화물과 질산에스터류는 모두 제5류 위험물의 품명에 해당된다.

04 개념 이해형

난이도 상 **중** 하

| 정답 | ①

| 접근 POINT |

자기연소가 가능한 물질은 제5류 위험물의 특징이다.

| 해설 |

① 트리나이트로톨루엔으로 제5류 위험물 중 나이트로화합물로 자기연소가 가능하다.

② 메틸에틸케톤으로 제4류 위험물 중 제1석유류이다.

③ 과염소산나트륨으로 제1류 위험물 중 과염소산염류이다.

④ 질산으로 제6류 위험물이다.

05 개념 이해형

난이도 상 **중** 하

| 정답 | ①

| 접근 POINT |

위험물의 기본적인 성질은 이해하고 있어야 응용된 문제도 풀 수 있다.

| 해설 |

① 제2류 위험물은 가연성 고체이고, 제5류 위험물은 자기반응성 물질이다. 자기반응성물질은 물질 내에 가연물과 산소공급원을 함께 가지고 있으므로 가연성 물질이다.

② 제2류 위험물은 가연성 고체로 산소와 결합하여 연소되므로 산화된다. 산화되는 물질은 환원제이다.

③ 제2류 위험물은 고체이고, 제5류 위험물은 종류에 따라 액체인 것도 있고, 고체인 것도 있다.

④ 제5류 위험물에만 해당되는 특징이다.

06 개념 이해형

난이도 상 중 하

| 정답 | ②

| 접근 POINT |

나이트로글리세린의 화학식과 분해반응식을 세울 수 있어야 풀 수 있는 문제로 난이도가 높은 문제이다.

나이트로글리세린의 분해반응은 고온에서 진행되므로 이때 발생하는 물은 가스 상태인 수증기 상태이다.

| 해설 |

나이트로글리세린$\{C_3H_5(ONO_2)_3\}$의 분해반응식은 다음과 같다.

$4C_3H_5(ONO_2)_3 \longrightarrow 12CO_2\uparrow + 10H_2O\uparrow + 6N_2\uparrow + O_2\uparrow$

4몰의 나이트로글리세린이 분해되면 12mol의 이산화탄소(CO_2), 10mol의 수증기(H_2O), 6mol의 질소(N_2), 1mol의 산소(O_2)가 발생한다.

발생하는 기체의 총 mol수$=12+10+6+1=29$mol

07 단순 암기형

난이도 상 중 하

| 정답 | ③

| 접근 POINT |

TNT의 폭발 반응식을 암기해도 되지만 TNT가 폭발, 분해 되었을 때 TNT에 없는 성분이 나올 수는 없다.

| 해설 |

TNT의 분해 반응식

$2C_6H_2CH_3(NO_2)_3 \longrightarrow 12CO + 2C + 3N_2 + 5H_2$

08 단순 암기형

난이도 상 중 하

| 정답 | ③

| 접근 POINT |

제5류 위험물 중 나이트로화합물과 질산에스터류는 구분할 수 있어야 한다.

| 해설 |

$C_6H_2(NO_2)_3OH$는 트리나이트로페놀으로 나이트로화합물이다.

| 관련개념 |

나이트로화합물과 질산에스터류

구분	종류
나이트로화합물	• 트리나이트로톨루엔(TNT) • 트리나이트로페놀(TNP) • 테트릴
질산에스터류	• 나이트로셀룰로오스 • 질산메틸 • 질산에틸 • 나이트로글리콜 • 나이트로글리세린

09 단순 암기형

난이도 상 중 하

| 정답 | ②

| 접근 POINT |

제5류 위험물 중 나이트로화합물과 질산에스터류는 구분할 수 있어야 한다.

| 해설 |

① 나이트로벤젠: 제4류 위험물 중 제3석유류
② 나이트로셀룰로오스: 제5류 위험물 중 질산에스터류
③ 트리나이트로페놀: 제5류 위험물 중 나이트로화합물
④ 트리나이트로톨루엔: 제5류 위험물 중 나이트로화합물

10 단순 암기형

난이도 상 중 하

| 정답 | ②

| 접근 POINT |

제5류 위험물 중 나이트로화합물과 질산에스터류가 상온에서 어떤 상태인지는 암기해야 한다.

| 해설 |

질산메틸과 나이트로글리세린은 상온에서 액체 상태로 존재한다.

| 관련개념 |

나이트로화합물과 질산에스터류의 상태

구분	종류	상태
나이트로 화합물	트리나이트로톨루엔(TNT)	고체
	트리나이트로페놀(TNP)	
질산 에스터류	나이트로셀룰로오스	고체
	질산메틸	액체
	질산에틸	
	나이트로글리콜	
	나이트로글리세린	

11 단순 암기형

난이도 상 중 하

| 정답 | ③

| 접근 POINT |

응용되어 출제되는 문제는 아니므로 정답을 암기하는 방법으로 공부한다.

| 해설 |

테트릴($C_7H_5N_5O_8$)은 제5류 위험물 중 나이트로화합물이다.

테트릴은 TNT보다 폭발력이 크고 충격 및 마찰에 예민하여 뇌관의 첨장약으로 사용된다.

12 단순 암기형

난이도 상 중 **하**

| 정답 | ②

| 접근 POINT |

트리나이트로톨루엔, 트리나이트로페놀에 붙어 있는 것이 나이트로기이다.

| 해설 |

나이트로기는 $-NO_2$이다.

트리나이트로톨루엔과 트리나이트로페놀은 나이트로기가 세 개씩 결합되어 있다.

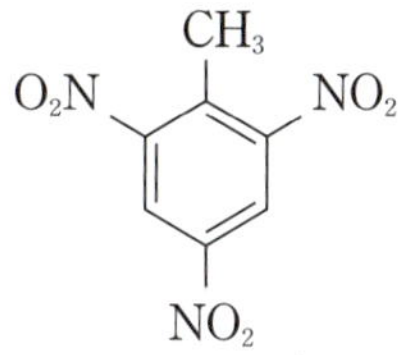

▲ 트리나이트로톨루엔 (TNT)

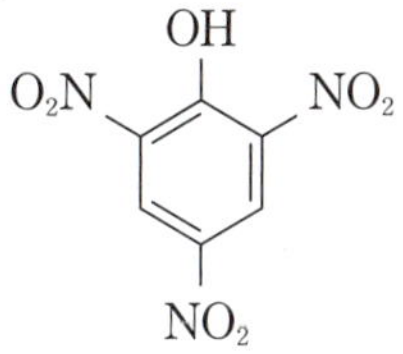

▲ 트리나이트로페놀 (TNP)

13 개념 이해형

난이도 **상** 중 하

| 정답 | ①

| 접근 POINT |

제5류 위험물과 관련된 내용이지만 유기화학적인 개념을 묻고 있는 문제이다.

유기화학 관련 내용을 전부 공부할 수는 없지만 기출문제에 출제된 내용 정도는 이해하고 있어야 한다.

| 해설 |

① 나이트로소화합물은 $-NO$기(나이트로소기)를 가진 화합물이다.

②, ③ 나이트로기($-NO_2$)를 가진 화합물이 나이트로화합물이다.

④ $N=N$(아조기)를 가진 화합물은 아조화합물이다.

14 단순 암기형

난이도 상 **중** 하

| 정답 | ②

| 접근 POINT |

질산메틸의 비점까지 암기하기는 어렵지만 화학식을 알고 있다면 증기비중을 계산할 수 있다.

| 해설 |

질산메틸(CH_3NO_3)의 증기비중 계산

$$증기비중=\frac{12+(1\times3)+14+(16\times3)}{29}=2.655$$

증기비중이 1보다 크므로 질산메틸의 증기는 공기보다 무겁다.

질산메틸은 질산에스터류로 제5류 위험물이기 때문에 자기반응성 물질이다.

15 단순 암기형

난이도 상 중 **하**

| 정답 | ②

| 접근 POINT |

단순하지만 자주 출제되는 문제로 암기만 하고 있다면 맞힐 수 있는 문제이다.

| 해설 |

다이에틸에터($C_2H_5OC_2H_5$)는 제4류 위험물 중 특수인화물로 지정수량은 50L이다.

다이에틸에터에 과산화물이 있을 경우 아이오딘화칼륨(KI) 10% 수용액을 가하면 황색으로 변한다.

16 단순 암기형

난이도 상 중 **하**

| 정답 | ①

| 접근 POINT |

단순하지만 자주 출제되는 문제로 암기만 하고 있다면 맞힐 수 있는 문제이다.

| 해설 |

나이트로셀룰로오스는 제5류 위험물 중 질산에스터류에 속한다.

나이트로셀룰로오스는 햇빛, 열에 의한 자연발화의 위험성이 있으므로 운반 시 물 또는 알코올에 습면하고 안정제를 가해서 냉암소에 보관해야 한다.

| 유사문제 |

다음의 2가지 물질을 혼합하였을 때 위험성이 증가하는 경우가 아닌 것은?

① 과망간산칼륨+황산

② 나이트로셀룰로오스+알코올 수용액

③ 질산나트륨+유기물

④ 질산+에틸알코올

정답은 ②번이다.

나이트로셀룰로오스는 저장 · 운반시 알코올에 습면하여 저장한다.

17 단순 암기형

난이도 상 **중** 하

| 정답 | ①

| 접근 POINT |

트리나이트로페놀의 저장과 관련된 내용 중에서는 저장용기의 재질과 관련된 보기가 자주 출제된다.

| 해설 |

트리나이트로페놀{$C_6H_2OH(NO_2)_3$}은 제5류 위험물 중 나이트로화합물이다.

트리나이트로페놀은 철, 구리와 같은 금속을 부식시키는 성질이 있기 때문에 철, 구리로 만든 용기에 저장해서는 안 된다.

18 단순 암기형

난이도 상 중 **하**

| 정답 | ④

| 접근 POINT |

자주 출제되는 문제는 아니므로 정답을 확인하는 정도로 공부하는 것이 좋다.

| 해설 |

셀룰로이드는 제5류 위험물 중 질산에스터류에 해당되고, 자연발화의 위험성이 있으므로 통풍이 잘 되는 곳에 보관해야 한다.

| 선지분석 |

① 아닐린은 제4류 위험물 중 제3석유류이다.
② 황화인은 제2류 위험물이다.
③ 질산나트륨은 제1류 위험물 중 질산염류이다.

19 개념 이해형

난이도 상 **중** 하

| 정답 | ④

| 접근 POINT |

보기에는 생소한 내용이 포함되어 있지만 벤조일퍼옥사이드의 유별만 알아도 답을 고를 수 있다.

| 해설 |

벤조일퍼옥사이드는 과산화벤조일이라고도 하고, 제5류 위험물 중 유기과산화물이다.

제5류 위험물은 물과 위험한 반응을 하지 않기 때문에 화재발생 시 주수소화한다.

20 개념 이해형

난이도 상 **중** 하

| 정답 | ③

| 접근 POINT |

보기에는 생소한 내용이 포함되어 있지만 과산화벤조일의 유별만 알아도 답을 고를 수 있다.

| 해설 |

과산화벤조일은 제5류 위험물로 다른 말로는 벤조일퍼옥사이드라고도 한다.

과산화벤조일$\{(C_6H_5CO)_2O_2\}$은 다른 제5류 위험물처럼 산소를 포함하고 있다.

산소를 포함하고 있는 물질은 다른 물질을 산화시킬 수 있는 산화성 물질이다.

21 개념 이해형

난이도 상 **중** 하

| 정답 | ③

| 접근 POINT |

물과 위험한 반응을 하는 위험물과 자기연소가 가능한 제5류 위험물을 구분할 수 있어야 한다.

| 해설 |

① 금속의 수소화물은 제3류 위험물 중 금수성 물질로 물로 소화할 수 없다.
② 알칼리금속과산화물은 제1류 위험물 중 무기과산화물로 물과 반응하기 때문에 물로 소화할 수 없다.
③ 유기과산화물의 제5류 위험물로 질식소화는 효과가 없고 다량의 물을 이용해 소화한다.
④ 금속분은 제2류 위험물로 물과 반응하여 수소를 발생시키기 때문에 물로 소화할 수 없다.

22 개념 이해형

난이도 상 중 **하**

| 정답 | ①

| 접근 POINT |

제5류 위험물은 자기연소가 가능하다는 점을 기억해야 한다.

| 해설 |

유기과산화물과 같은 제5류 위험물은 물질 내부에 산소를 함유하고 있어 질식소화는 효과가 없고, 다량의 물을 사용하여 냉각소화하는 것이 효과적이다.

| 심화 |

제5류 위험물의 지정수량

- 제5류 위험물의 지정수량은 법이 개정되어 위험성 유무와 등급에 따라 제1종 또는 제2종으로 분류한다.
- 제1종일 경우 지정수량이 10kg이고, 제2종일 경우 지정수량이 100kg이다.

23 개념 이해형

난이도 상 중 **하**

| 정답 | ④

| 접근 POINT |

대형소화기, 소형소화기는 크게 생각할 필요가 없고 제5류 위험물의 연소형태를 소화방법과 연관지어 생각해 본다.

| 해설 |

제5류 위험물은 물질 내에 산소를 가지고 있어 외부의 산소공급 없이도 연소할 수 있다.

제5류 위험물 화재 시 질식소화는 효과가 없고 물을 이용한 스프링클러설비가 적응성이 있다.

24 개념 이해형

난이도 상 중 **하**

| 정답 | ④

| 접근 POINT |

제5류 위험물의 기본적인 특성과 소화방법을 연관시킬 수 있어야 한다.

| 해설 |

제5류 위험물은 물질 내에 산소를 가지고 있어 질식소화는 효과가 없고 물을 이용한 냉각소화가 효과적이다.

| 선지분석 |

① 제2류 위험물 중 철분, 금속분, 마그네슘은 물과 만나면 수소 기체가 발생한다.

② 제3류 위험물은 황린은 제외하고는 대부분 금수성 물질로 물을 이용하여 소화할 수 없다.

③ 제4류 위험물은 대체로 비중이 물보다 낮아 물을 이용하여 소화하면 화재면이 확대될 수 있다.

25 개념 이해형

난이도 상 중 **하**

| 정답 | ④

| 접근 POINT |

제5류 위험물의 기본적인 특성과 소화방법을 연관시킬 수 있어야 한다.

| 해설 |

제5류 위험물은 물질 내에 산소를 가지고 있어 질식소화는 효과가 없고 다량의 물(주수)을 이용한 냉각소화가 효과적이다.

합격 치트키 06 | 제6류 위험물 본문 160p

01	02	03	04	05	06	07	08	09	10
③	①	③	④	②	③	②	③	④	④
11	12	13	14	15	16	17	18	19	20
①	②	②	③	④	①	④	①	④	①
21	22								
①	④								

01 개념 이해형

난이도 상 중 **하**

| 정답 | ③

| 접근 POINT |

제1류 위험물은 산화성 고체이고, 제6류 위험물은 산화성 액체이다.

| 해설 |

제1류 위험물은 산화성 고체이고 제6류 위험물은 산화성 액체이다. 산화성 물질은 다른 물질을 산화시키고 자신은 환원되는 물질이다.

02 단순 암기형

난이도 상 중 **하**

| 정답 | ①

| 접근 POINT |

제6류 위험물 중 자주 출제되면서도 간단한 문제로 반드시 맞혀야 하는 문제이다.

| 해설 |

위험물에 해당되는 기준

「위험물안전관리법 시행령」 별표1

과산화수소는 그 농도가 36wt% 이상인 것을 위험물로 분류한다.

03 개념 이해형

난이도 상 **중** 하

| 정답 | ③

| 접근 POINT |

제6류 위험물 중 과산화수소와 질산이 위험물로 분류되는 조건을 구분할 수 있어야 한다.

| 해설 |

ⓐ 질산은 비중이 1.49 이상일 때 위험물로 분류되므로 위험물에 해당된다.

ⓑ 과염소산은 특별한 조건 없이 위험물에 해당된다.

ⓒ 과산화수소는 농도가 36wt% 이상일 때 위험물에 해당된다. 물 60g+과산화수소 40g인 혼합 수용액 → 농도가 40wt%이므로 위험물에 해당된다.

ⓐ, ⓑ, ⓒ 3개 모두 위험물에 해당된다.

04 개념 이해형

난이도 상 중 **하**

| 정답 | ④

| 접근 POINT |

제6류 위험물의 기본적인 성질을 묻는 문제로 반드시 맞혀야 하는 문제이다.

| 해설 |

질산(HNO_3), 과염소산($HClO_4$), 과산화수소(H_2O_2)는 모두 제6류 위험물이다.

제6류 위험물은 산화성 액체로 다른 물질에게 산소공급원 역할을 할 수 있지만 자체로는 불연성 물질이다.

05 단순 암기형

난이도 상 중 하

| 정답 | ②

| 접근 POINT |

위험물의 품명 중 행정안전부령으로 정하는 것에 대한 문제이다. 이러한 문제가 자주 출제되지는 않지만 종종 출제되므로 기출문제에 나온 내용은 암기하는 것이 좋다.

| 해설 |

① 질산은 제6류 위험물이다.
② 질산구아니딘은 제5류 위험물 중 행정안전부령으로 정하는 것이다.
③ 삼불화브로민은 제6류 위험물 중 행정안전부령으로 정하는 것(할로젠간화합물)이다.
④ 오불화아이오딘은 제6류 위험물 중 행정안전부령으로 정하는 것(할로젠간화합물)이다.

06 개념 이해형

난이도 상 중 하

| 정답 | ③

| 접근 POINT |

물질이 액체에서 기체로 변할 때 부피는 변해도 질량은 변하지 않는다. 문제에 주어진 온도(50℃)는 문제를 풀 때 필요 없는 조건이다.

| 해설 |

과염소산($HClO_4$)이 기체로 변해도 질량은 변하지 않으므로 분자량을 계산한다.
$HClO_4$의 분자량$=1+35.5+(16\times4)=100.5$g/mol

07 단순 암기형

난이도 상 중 하

| 정답 | ②

| 접근 POINT |

과산화수소의 분해를 방지하기 위한 안정제의 종류는 암기하고 있어야 한다.

| 해설 |

과산화수소(H_2O_2)는 햇빛에 의해 분해되므로 햇빛을 차단해서 보관해야 한다.
과산화수소에 인산, 요산 등을 가하면 분해를 방지할 수 있다.
과산화수소에 암모니아를 가하면 과산화수소의 분해가 촉진된다.

08 개념 이해형

난이도 상 중 하

| 정답 | ③

| 접근 POINT |

과산화수소는 스스로 분해되어 산소를 배출하는 특징이 있다.

| 해설 |

과산화수소(H_2O_2)는 햇빛에 의해서도 분해되어 산소를 배출하므로 밀전하지 않고 구멍이 뚫린 마개를 사용하여 보관해야 한다.

09 개념 이해형

난이도 상 중 하

| 정답 | ④

| 접근 POINT |

사실상 앞의 문제와 유사한 문제로 과산화수소와 관련해서 자주 출제되는 문제이다.

| 해설 |

과산화수소(H_2O_2)는 분해를 천천히 일어나게 하기 위한 안정제로 인산 또는 요산을 넣는다.
과산화수소는 안정제를 넣어도 서서히 분해되므로 생성된 산소 기체가 분출될 수 있도록 구멍이 뚫린 마개를 사용하여 보관한다.
과산화수소가 히드라진과 만나면 폭발할 가능성이 있으므로 주의해야 한다.

10 개념 이해형

난이도 상 중 하

| 정답 | ④

| 접근 POINT |

암기 위주로 접근하기 보다는 물질의 성질을 생각하면 쉽게 답을 고를 수 있다.

| 해설 |

과산화수소(H_2O_2)는 제6류 위험물로 농도에 따라 물리적 성질이 달라진다.
「위험물안전관리법령」상 과산화수소는 농도가 36wt% 이상인 것을 위험물로 분류한다.

11 단순 암기형

난이도 상 중 하

| 정답 | ①

| 접근 POINT |

위험물에 대한 세부특성을 묻는 문제로 출제된 내용 위주로 암기하는 것이 좋다.

| 해설 |

과산화수소는 물, 알코올, 에터에 잘 녹고 벤젠에 녹지 않는다.

12 단순 암기형

난이도 상 **중** 하

| 정답 | ②

| 접근 POINT |

금속 과산화물과 묽은 산의 반응식은 잘 출제되지 않으므로 표백작용과 살균작용이 있는 위험물이 무엇인지 암기하면 된다.

| 해설 |

과산화수소(H_2O_2)는 분해되면 산소(O_2)가 발생한다.

$2H_2O_2 \longrightarrow 2H_2O + O_2$

이때 발생된 산소는 표백작용, 살균작용을 한다.

13 개념 이해형

난이도 상 중 **하**

| 정답 | ②

| 접근 POINT |

제6류 위험물의 기본적인 성질에 대한 문제로 반드시 맞혀야 하는 문제이다.

| 해설 |

과염소산과 과산화수소는 제6류 위험물로 산화성 액체이다.

과염소산과 과산화수소는 모두 물에 잘 녹는다.

14 개념 이해형

난이도 상 중 **하**

| 정답 | ③

| 접근 POINT |

제6류 위험물 중 과산화수소와 질산이 위험물로 분류되는 조건을 구분할 수 있어야 한다.

| 해설 |

제6류 위험물이 위험물로 분류되는 조건

「위험물안전관리법 시행령」 별표1

구분	기준
과산화수소	농도가 36wt% 이상인 것
질산	비중이 1.49 이상인 것

제6류 위험물은 모두 위험등급 Ⅰ이다.

15 개념 이해형

난이도 상 **중** 하

| 정답 | ④

| 접근 POINT |

위험물의 성질과 관련된 문제는 자주 출제되기도 하면서 변형되어 출제되므로 특징을 이해해야 한다.

| 해설 |

① 질산 자체는 불연성 물질이지만 산화성 액체로 산소공급원의 역할을 할 수 있으므로 화재에 대한 간접적인 위험성은 있다.

② 질산은 공기 중에서 자연발화하지 않고, 제3류 위험물 중 황린이 공기 중에서 자연발화한다.

③ 인화점은 제4류 위험물과 관련되는 설명이다.

④ 질산은 산소공급원 역할을 하기 때문에 제5류 위험물에 해당하는 유기물질과 혼합하여 저장하면 발화할 수 있다.

16 단순 암기형

난이도 상 중 **하**

| 정답 | ①

| 접근 POINT |

제6류 위험물과 관련된 문제 중에서 가장 간단한 문제로 반드시 맞혀야 하는 문제이다.

| 해설 |

질산(HNO_3)은 제6류 위험물로 공기 중에서 햇빛을 받으면 갈색의 연기를 발생시키기 때문에 햇빛을 차단할 수 있는 갈색병에 보관한다.

과산화수소(H_2O_2)도 제6류 위험물이지만 햇빛을 받았을 때 갈색의 연기를 발생시키지는 않고 상온에서 서서히 분해되어 색깔과 냄새가 없는 산소 기체(O_2)를 발생시킨다.

17 개념 이해형

난이도 상 중 **하**

| 정답 | ④

| 접근 POINT |

질산에 한정해서 생각하기 보다는 제6류 위험물의 일반적인 특징을 생각해 본다.

| 해설 |

제6류 위험물은 자체적으로는 불연성 물질이지만 산화성 액체로 다른 물질에 산소를 공급할 수 있다.

질산(HNO_3)이 열분해 되면 산소(O_2)가 발생한다.

$4HNO_3 \longrightarrow 4NO_2\uparrow + 2H_2O + O_2\uparrow$

18 개념 이해형

난이도 **상** 중 하

| 정답 | ①

| 접근 POINT |

단백질 검출반응인 크산토프로테인 반응과 관련된 문제이다.

크산토프로테인 반응의 세부적인 내용보다는 어떤 물질이 반응을 하는지에 대한 문제가 출제된다.

| 해설 |

크산토프로테인 반응

- 단백질의 발색반응 중의 하나이다.
- 단백질이 포함된 시료에 질산(HNO_3)을 가하고 가열한 후 알칼리를 가하면 노란색을 띤다.

19 개념 이해형

난이도 상 중 **하**

| 정답 | ④

| 접근 POINT |

위험물의 성질과 관련된 문제는 자주 출제되고 변형되어 출제되는 경향이 있으므로 위험물의 특성을 파악하는 방법으로 공부해야 한다.

| 해설 |

질산(HNO_3)과 과염소산($HClO_4$)은 모두 제6류 위험물로 산소를 함유하고 있는 산화성 액체이다.

| 선지분석 |

① 제6류 위험물은 산화제로 산화력이 세다.
② 제6류 위험물은 물과 반응하여 발열하는 성질이 있으므로 원칙적으로는 물로 소화하지 않으나 소량 누출 시에는 다량의 물로 희석소화할 수 있다.
③ 제6류 위험물은 불연성 물질로 가연성이 없으나 분해되어 산소를 발생시키므로 연소를 돕는다.

20 개념 이해형

난이도 상 중 **하**

| 정답 | ①

| 접근 POINT |

위험물의 성질과 관련된 문제는 자주 출제되고 변형되어 출제되는 경향이 있으므로 위험물의 특성을 파악하는 방법으로 공부해야 한다.

| 해설 |

① 제6류 위험물은 가연물에 산소를 공급할 수 있으므로 가연물과 접촉시키지 않아야 한다.
② 제6류 위험물의 저장과는 큰 관련이 없다.
③ 제3류 위험물 중 자연발화성물질의 저장방법에 해당된다.
④ 제6류 위험물 중 과산화수소는 인산, 요산 등의 분해방지 안정제를 넣어 보관한다.

21 개념 이해형

난이도 상 중 **하**

| 정답 | ①

| 접근 POINT |

위험물의 소화방법과 관련된 문제는 자주 출제되고 변형되어 출제되므로 위험물의 특성을 파악하는 방법으로 공부하는 것이 좋다.

| 해설 |

제6류 위험물은 옥내소화전설비와 같이 물을 이용한 소화설비로 소화한다.

| 선지분석 |

②, ③ 불활성가스 소화설비와 할로젠화합물 소화설비는 질식소화 효과를 이용한 것으로 주로 전기설비나 제4류 위험물 화재에 사용한다.
④ 탄산수소염류분말 소화설비는 알칼리금속과산화물, 철분, 금속분, 마그네슘분, 금수성 물품 등 물을 이용하여 소화할 수 없는 위험물 화재에 사용한다.

22 단순 암기형

난이도 **상** 중 하

| 정답 | ④

| 접근 POINT |

두 가지 위험물에 모두 적응성이 있는 소화설비를 묻는 문제로 정확한 암기를 요구하는 문제이다.

| 해설 |

인화성 고체는 분말 소화기(그 밖의 것) 외에는 모두 적응성이 있으므로 보기에 있는 소화설비에 모두 적응성이 있다.
질산은 제6류 위험물로 옥내 · 옥외소화전설비, 스프링클러설비, 물분무 소화설비, 포소화설비, 인산염류분말 소화설비 등에 적응성이 있다.
인화성 고체와 질산에 모두 적응성이 있는 소화설비는 포소화설비이다.

합격 치트키 07 | 위험물 운송 · 운반 본문 166p

01	02	03	04	05	06	07	08	09	10
①	②	④	③	③	④	④	②	②	①
11	12	13	14	15	16				
①	①	②	①	①	③				

01 단순 암기형

난이도 상 중 **하**

| 정답 | ①

| 접근 POINT |

문제는 길게 나와 있지만 위험물 적재방법에서 예외사항에 해당하는 물질만 정확하게 기억하면 된다.

| 해설 |

위험물 운반시 적재방법

「위험물안전관리법 시행규칙」 별표 19

위험물은 규정에 의한 운반용기에 기준에 따라 수납하여 적재하여야 한다. 다만, 덩어리 상태의 황을 운반하기 위하여 적재하는 경우 또는 위험물을 동일 구내에 있는 제조소 등의 상호 간에 운반하기 위하여 적재하는 경우에는 그러하지 아니하다.

02 단순 암기형

난이도 상 중 하

| 정답 | ②

| 접근 POINT |

이 문제는 고체 위험물의 수납율을 묻고 있지만 액체 위험물의 수납율을 묻는 문제가 출제될 수도 있으므로 대비가 필요하다.

| 해설 |

위험물의 적재방법

「위험물안전관리법 시행규칙」 별표 19

- 고체 위험물은 운반용기 내용적의 95% 이하의 수납율로 수납할 것
- 액체 위험물은 운반용기 내용적의 98% 이하의 수납율로 수납하되, 55도의 온도에서 누설되지 아니하도록 충분한 공간용적을 유지하도록 할 것

03 단순 암기형

난이도 상 중 하

| 정답 | ④

| 접근 POINT |

이러한 형태의 문제는 액체와 고체 위험물의 내용적 관련 수치가 틀린 보기로 주어지는 경우가 많다.

| 해설 |

고체 위험물은 운반용기 내용적의 95% 이하의 수납율로 수납해야 한다.

04 개념 이해형

난이도 상 중 하

| 정답 | ③

| 접근 POINT |

암기 위주로 접근하기보다는 위험물의 폭발을 방지하기 위해 수납구를 어떻게 하는게 좋은지 생각해 본다.

| 해설 |

위험물의 적재방법

「위험물안전관리법 시행규칙」 별표 19

운반용기는 수납구를 위로 향하게 하여 적재하여야 한다.

05 단순 암기형

난이도 상 중 하

| 정답 | ③

| 접근 POINT |

방수성이 있는 피복으로 덮어야 하는 것과 차광성이 있는 피복으로 가려야 하는 위험물을 구분해야 한다.

| 해설 |

나이트로화합물은 제5류 위험물로 위험물을 적재, 운반할 때 차광성이 있는 피복으로 가려야 한다.

알칼리금속의 과산화물, 마그네슘, 탄화칼슘은 모두 방수성이 있는 피복으로 가려야 한다.

| 관련법규 |

위험물의 운반에 관한 기준

「위험물안전관리법 시행규칙」 별표 19

구분	위험물
차광성이 있는 피복	• 제1류 위험물 • 제3류 위험물 중 자연발화성물질 • 제4류 위험물 중 특수인화물 • 제5류 위험물 • 제6류 위험물
방수성이 있는 피복	• 제1류 위험물 중 알칼리금속의 과산화물 또는 이를 함유한 것 • 제2류 위험물 중 철분 · 금속분 · 마그네슘 또는 이들 중 어느 하나 이상을 함유한 것 • 제3류 위험물 중 금수성 물질

06 단순 암기형

난이도 상 중 하

| 정답 | ④

| 접근 POINT |

법에 나온 기준을 암기해도 되지만 물과 만나면 위험성이 커지는 위험물이 무엇인지 생각해 본다.

| 해설 |

제2류 위험물 중 철분 · 금속분 · 마그네슘 또는 이들 중 어느 하나 이상을 함유한 것은 위험물을 운반할 때 방수성이 있는 피복으로 덮어야 한다.

TNT(트리나이트로톨루엔), 이황화탄소, 과염소산은 모두 차광성이 있는 피복으로 가려야 한다.

07 단순 암기형

난이도 상 중 하

| 정답 | ④

| 접근 POINT |

직사일광(햇빛)이 가해졌을 때 위험한 물질이 무엇인지 생각해 본다.

| 해설 |

① 황(S)은 제2류 위험물로 특별한 피복으로 가리지 않아도 된다.

② 마그네슘(Mg)은 제2류 위험물 중 철분 · 금속분 · 마그네슘 또는 이들 중 어느 하나 이상을 함유한 것으로 방수성이 있는 피복으로 가려야 한다.

③ 벤젠(C_6H_6)은 제4류 위험물 중 제1석유류로 특별한 피복으로 가리지 않아도 된다.

④ 과염소산($HClO_4$)은 제6류 위험물로 차광성이 있는 피복으로 가려야 한다.

08 단순 암기형

난이도 상 **중** 하

| 정답 | ②

| 접근 POINT |

직사일광(햇빛)이 가해졌을 때 위험한 물질이 무엇인지 생각해 본다.

| 해설 |

① 메탄올은 제4류 위험물 중 알코올류이다.
제4류 위험물 중에서는 특수인화물을 차광성이 있는 피복으로 가려야 한다.

② 과산화수소는 제6류 위험물로 차광성이 있는 피복으로 가려야 한다.

③ 철분은 방수성이 있는 피복으로 가려야 한다.

④ 가솔린은 제4류 위험물 중 제1석유류이다.
제4류 위험물 중에서는 특수인화물을 차광성이 있는 피복으로 가려야 한다.

09 단순 암기형

난이도 상 중 **하**

| 정답 | ②

| 접근 POINT |

숫자 "555"를 연관지어 암기한다.

| 해설 |

위험물 운반시 적재방법

「위험물안전관리법 시행규칙」 별표 19

제5류 위험물 중 55℃ 이하의 온도에서 분해될 우려가 있는 것은 보냉 컨테이너에 수납하는 등 적정한 온도관리를 할 것

10 단순 암기형

난이도 상 중 **하**

| 정답 | ①

| 접근 POINT |

위험물의 혼재기준 문제 중 가장 간단한 문제로 반드시 맞혀야 하는 문제이다.

| 해설 |

제6류 위험물은 제1류 위험물과 혼재할 수 있다.

| 관련법규 |

유별을 달리하는 위험물의 혼재기준

위험물안전관리법 시행규칙 별표 19

구분	제1류	제2류	제3류	제4류	제5류	제6류
제1류		×	×	×	×	○
제2류	×		×	○	○	×
제3류	×	×		○	×	×
제4류	×	○	○		○	×
제5류	×	○	×	○		×
제6류	○	×	×	×	×	

11 개념 이해형

난이도 상 **중** 하

| 정답 | ①

| 접근 POINT |

보기에 제시된 위험물의 유별 분류와 각 유별 위험물 중 혼재할 수 있는 기준을 알아야 한다.

| 해설 |

① 과산화나트륨(제1류), 과염소산(제6류)는 혼재 가능

② 과망간산칼륨(제1류), 적린(제2류)는 혼재 불가능

③ 질산(제6류), 알코올(제4류)는 혼재 불가능

④ 과산화수소(제6류), 아세톤(제4류)는 혼재 불가능

12 개념 이해형

난이도 상 **중** 하

| 정답 | ①

| 접근 POINT |

사실상 앞의 문제와 유사한 문제이다.
보기에 제시된 위험물의 유별 분류와 각 유별 위험물 중 혼재할 수 있는 기준을 알아야 한다.

| 해설 |

① 과산화나트륨(제1류), 황(제2류)는 혼재 불가능

② 황(제2류), 과산화벤조일(제5류)는 혼재 가능

③ 황린(제3류), 휘발유(제4류)는 혼재 가능

④ 과염소산(제6류), 과산화나트륨(제1류)는 혼재 가능

| 유사문제 |

위험물의 운반에 관한 기준에서 위험물의 적재시 혼재가 가능한 위험물은? (단, 지정수량의 5배인 경우이다.)

① 과염소산칼륨 — 황린

② 질산메틸 — 경유

③ 마그네슘 – 알킬알루미늄
④ 탄화칼슘 – 나이트로글리세린
정답은 ②번이다.
① 과염소산칼륨(제1류), 황린(제3류)는 혼재 불가능
② 질산메틸(제5류), 경유(제4류)는 혼재 가능
③ 마그네슘(제2류), 알킬알루미늄(제3류)는 혼재 불가능
④ 탄화칼슘(제3류), 나이트로글리세린(제5류)는 혼재 불가능

13 단순 암기형

난이도 상 중 **하**

| 정답 | ②

| 접근 POINT |

어떤 방식으로 "위험물"이라고 표기를 해야 사람들의 눈에 잘 보이게 되는지 생각해 본다.

| 해설 |

위험물 운반차량의 표지기준

「위험물 운송 · 운반시의 위험성 경고표지에 관한 기준」 별표3

구분	내용
부착위치	이동탱크저장소: 전면 상단 및 후면 상단 위험물 운반차량: 전면 및 후면
규격 및 형상	60cm 이상×30cm 이상의 횡형 사각형
색상 및 문자	흑색 바탕에 황색의 반사도료로 "위험물"이라 표기할 것

14 단순 암기형

난이도 **상** 중 하

| 정답 | ①

| 접근 POINT |

자주 출제되는 문제는 아니므로 정답을 암기하는 정도로 공부하면 된다.

| 해설 |

액체위험물의 운반용기

「위험물안전관리법 시행규칙」 별표19

유리용기는 액체 위험물의 내장용기로는 사용할 수 있지만 외장용기로는 사용할 수 없다.

15 단순 암기형

난이도 상 **중** 하

| 정답 | ①

| 접근 POINT |

법에 있는 세부조항이 출제된 문제이다.
객관식 보기에서 "반드시", "모두" 등의 용어가 나오면 주의깊게 살펴보아야 한다.

| 해설 |

위험물운송자는 2명 이상으로 해야 하지만 운송책임자가 동승하거나 운송 도중에 2시간 이내마다 20분 이상씩 휴식하는 경우 등에는 1명으로 할 수 있다.

| 관련법규 |

위험물운송자가 2명 이상으로 해야 하는 기준

「위험물안전관리법 시행규칙」 별표 21

위험물운송자는 장거리(고속국도에 있어서는 340km 이상, 그 밖의 도로에 있어서는 200km 이상)에 걸치는 운송을 하는 때에는 2명 이상의 운전자로 할 것. 다만, 다음의 하나에 해당하는 경우에는 그러하지 아니하다.

- 운송책임자를 동승시킨 경우
- 운송하는 위험물이 제2류 위험물 · 제3류 위험물(칼슘 또는 알루미늄의 탄화물과 이것만을 함유한 것에 한함) 또는 제4류 위험물(특수인화물을 제외)인 경우
- 운송 도중에 2시간 이내마다 20분 이상씩 휴식하는 경우

16 단순 암기형

난이도 상 **중** 하

| 정답 | ③

| 접근 POINT |

단순히 법에 있는 조항만 암기하면 풀 수 없고 제4류 위험물의 품명까지 알아야 풀 수 있다.

| 해설 |

제4류 위험물 중 특수인화물과 제1석유류를 운송하는 자는 위험물안전카드를 휴대해야 한다.
제4류 위험물을 제외하고 나머지 위험물을 운송할 때에는 품명에 관계없이 위험물안전카드를 휴대해야 한다.
① 휘발유는 제4류 위험물 중 제1석유류이기 때문에 운송시 위험물안전카드를 휴대해야 한다.
② 과산화수소는 제6류 위험물이기 때문에 운송시 위험물안전카드를 휴대해야 한다.
③ 경유는 제4류 위험물 중 제2석유류이기 때문에 운송시 위험물안전카드를 휴대하지 않아도 된다.
④ 벤조일퍼옥사이드는 제5류 위험물이기 때문에 운송시 위험물안전카드를 휴대해야 한다.

| 관련법규 |

이동탱크저장소에 의한 위험물의 운송시에 준수하여야 하는 기준

「위험물안전관리법 시행규칙」 별표21

위험물(제4류 위험물에 있어서는 특수인화물 및 제1석유류에 한함)을 운송하게 하는 자는 위험물안전카드를 위험물운송자로 하여금 휴대하게 할 것

합격 치트키 08 | 위험물제조소 등의 유지관리 본문 172p

01	02	03	04	05	06	07	08	09	10
②	③	③	②	②	③	④	④	④	④
11	12	13	14	15	16	17	18	19	20
③	①	②	②	③	④	③	③	①	④
21	22	23	24	25	26	27	28	29	30
①	①	④	①	①	①	②	③	①	②
31	32	33	34	35	36	37	38	39	40
②	①	①	②	④	①	①	③	②	④
41	42	43	44	45	46	47	48	49	50
③	④	①	②	①	②	④	③	②	③
51	52	53							
②	④	②							

01 단순 암기형 난이도 상 중 하

| 정답 | ②

| 접근 POINT |

자주 나오는 문제는 아니지만 간단한 문제이므로 해당 수치를 기억해야 한다.

| 해설 |

위험물안전관리자 선임

「위험물안전관리법」 제15조

안전관리자를 선임한 제조소 등의 관계인은 그 안전관리자를 해임하거나 안전관리자가 퇴직한 때에는 해임하거나 퇴직한 날부터 30일 이내에 다시 안전관리자를 선임하여야 한다.

제조소 등의 폐지

「위험물안전관리법」 제11조

제조소 등의 관계인은 당해 제조소 등의 용도를 폐지한 때에는 행정안전부령이 정하는 바에 따라 제조소 등의 용도를 폐지한 날부터 14일 이내에 시·도지사에게 신고하여야 한다.

( ) 안 수치의 합=30+14=44

| 유사문제 |

제조소 등의 관계인은 당해 제조소 등의 용도를 폐지한 때에는 행정안전부령이 정하는 바에 따라 제조소 등의 용도를 폐지한 날부터 며칠 이내에 시·도지사에게 신고하여야 하는가?

정답은 14일이다.

02 단순 암기형 난이도 상 중 하

| 정답 | ③

| 접근 POINT |

응용되어 출제되는 문제는 아니므로 관련 수치만 정확하게 암기하면 된다.

| 해설 |

위험물의 저장 및 취급의 제한에 관한 기준

「위험물안전관리법」 제5조

다음의 하나에 해당하는 경우에는 제조소 등이 아닌 장소에서 지정수량 이상의 위험물을 취급할 수 있다.

- 시·도의 조례가 정하는 바에 따라 관할 소방서장의 승인을 받아 지정수량 이상의 위험물을 90일 이내의 기간동안 임시로 저장 또는 취급하는 경우
- 군부대가 지정수량 이상의 위험물을 군사목적으로 임시로 저장 또는 취급하는 경우

03 개념 이해형 난이도 상 중 하

| 정답 | ③

| 접근 POINT |

제4류 위험물의 지정수량을 암기하고 있어야 풀 수 있는 문제이다.

| 해설 |

지정수량 미만인 위험물을 저장 또는 취급할 때 시·도의 조례에 따른다.

① 등유는 제4류 위험물 중 제2석유류(비수용성)으로 지정수량이 1,000L이다. 등유 2,000L는 지정수량 이상이다.
② 중유는 제4류 위험물 중 제3석유류(비수용성)으로 지정수량이 2,000L이다. 중유 3,000L는 지정수량 이상이다.
③ 윤활유는 제4류 위험물 중 제4석유류로 지정수량은 6,000L이다. 윤활유 5,000L는 지정수량 미만이므로 저장 또는 취급에 관해 시·도의 조례에 따른다.
④ 휘발유는 제4류 위험물 중 제1석유류(비수용성)으로 지정수량이 200L이다. 휘발유 400L는 지정수량 이상이다.

04 개념 이해형 난이도 상 중 하

| 정답 | ②

| 접근 POINT |

법에 있는 기준을 암기한 상태에서 해당되는 위험물이 옥외저장소에 저장할 수 있는지 판단해야 한다.

| 해설 |

① 과산화수소는 제6류 위험물로 옥외저장소에 저장할 수 있다.
② 아세톤은 제4류 위험물 중 제1석유류인데 인화점이 약 −18℃이므로 옥외저장소에 저장할 수 없다.
③ 에탄올은 알코올류로 옥외저장소에 저장할 수 있다.
④ 제2류 위험물 중 황은 옥외저장소에 저장할 수 있다.

| 관련법규 |

옥외저장소에 저장할 수 있는 위험물

「위험물안전관리법 시행령」 별표2

- 제2류 위험물 중 황 또는 인화성 고체(인화점이 섭씨 0도 이상인 것에 한함)
- 제4류 위험물 중 제1석유류(인화점이 섭씨 0도 이상인 것에 한함)·알코올류·제2석유류·제3석유류·제4석유류 및 동식물유류
- 제6류 위험물

05 단순 암기형

난이도 상 중 **하**

| 정답 | ②

| 접근 POINT |

취급소의 세부기준은 잘 출제되지 않으므로 어떤 취급소가 있는지 정도만 암기하면 된다.

| 해설 |

취급소의 구분

「위험물안전관리법 시행령」 별표3

- 주유취급소
- 판매취급소
- 이송취급소
- 일반취급소

06 단순 암기형

난이도 상 중 **하**

| 정답 | ③

| 접근 POINT |

위험물을 취급하는 건축물의 구조는 자주 출제된다.

해설에 있는 관련법규는 자주 출제되는 기준 위주로 압축해 놓은 것이니 기억해 두는 것이 좋다.

| 해설 |

위험물을 취급하는 건축물에서 연소(延燒)의 우려가 있는 외벽은 출입구 외의 개구부가 없는 내화구조의 벽으로 하여야 한다.

| 관련법규 |

위험물을 취급하는 건축물의 구조

「위험물안전관리법 시행규칙」 별표4

- 지하층이 없도록 하여야 한다.
- 벽·기둥·바닥·보·서까래 및 계단을 불연재료로 하고, 연소(延燒)의 우려가 있는 외벽은 출입구 외의 개구부가 없는 내화구조의 벽으로 하여야 한다.
- 지붕은 폭발력이 위로 방출될 정도의 가벼운 불연재료로 덮어야 한다.
- 위험물을 취급하는 건축물의 창 및 출입구에 유리를 이용하는 경우에는 망입유리로 하여야 한다.
- 액체의 위험물을 취급하는 건축물의 바닥은 위험물이 스며들지 못하는 재료를 사용하고, 적당한 경사를 두어 그 최저부에 집유설비를 하여야 한다.

07 단순 암기형

난이도 상 중 **하**

| 정답 | ④

| 접근 POINT |

사실상 앞의 문제와 거의 유사한 문제로 관련 기준을 정확하게 암기해야 한다.

| 해설 |

위험물을 취급하는 건축물에서 연소(延燒)의 우려가 있는 외벽은 출입구 외의 개구부가 없는 내화구조의 벽으로 하여야 한다.

08 개념 이해형

난이도 상 중 **하**

| 정답 | ④

| 접근 POINT |

고체 위험물과 액체 위험물 중 바닥이 위험물이 스며들지 못하게 해야 하는 것이 무엇인지 생각해 본다.

| 해설 |

액체의 위험물을 취급하는 건축물의 바닥은 위험물이 스며들지 못하는 재료를 사용하고, 적당한 경사를 두어 그 최저부에 집유설비를 하여야 한다.

09 단순 암기형

난이도 상 중 **하**

| 정답 | ④

| 접근 POINT |

위험물제조소의 안전거리는 법에는 다양하게 규정되어 있으나 시험 문제에는 문화유산과의 거리 기준이 자주 출제된다.

| 해설 |

제조소의 안전거리 기준

「위험물안전관리법 시행규칙」 별표4

구분	안전거리 기준
주거용 건물	10m 이상
학교, 병원, 극장	30m 이상
지정문화유산 및 천연기념물	50m 이상
고압가스, 액화석유가스 또는 도시가스를 저장 또는 취급하는 시설	20m 이상
사용전압이 7,000V 초과 35,000V 이하의 특고압가공전선	3m 이상
사용전압이 35,000V를 초과하는 특고압가공전선	5m 이상

| 유사문제 |

「위험물안전관리법령」에 따른 위험물제조소의 안전거리 기준으로 틀린 것은?

① 주거용 건물로부터 10m 이상
② 학교로부터 30m 이상
③ 지정문화유산 및 천연기념물로부터는 30m 이상
④ 병원으로부터 30m 이상

정답은 ③번으로 50m 이상으로 고쳐야 맞는 보기이다.

10 단순 암기형

난이도 상 중 **하**

| 정답 | ④

| 접근 POINT |

사실상 앞의 문제와 유사한 문제로 반드시 맞혀야 하는 문제이다.

| 해설 |

① 20m 이상
② 5m 이상
③ 30m 이상
④ 50m 이상

11 단순 암기형

난이도 상 중 **하**

| 정답 | ③

| 접근 POINT |

제3류 위험물은 중요하지 않고 제조소와 학교, 병원, 극장과의 안전거리 기준으로 답을 고르면 된다.

| 해설 |

제조소의 안전거리 기준

「위험물안전관리법 시행규칙」 별표4

학교 · 병원 · 극장, 그 밖에 다수인을 수용하는 시설로서 다음의 하나에 해당하는 것에 있어서는 30m 이상

- 학교
- 병원급 의료기관
- 공연장, 영화상영관 및 그 밖에 이와 유사한 시설로서 3백명 이상의 인원을 수용할 수 있는 것
- 아동복지시설, 노인복지시설, 장애인복지시설, 한부모가족복지시설, 어린이집

12 단순 암기형

난이도 상 중 **하**

| 정답 | ①

| 접근 POINT |

제1류~제6류 위험물 중 비교적 가장 안전한 위험물이 무엇인지 생각해 본다.

| 해설 |

제조소의 안전거리 기준

「위험물안전관리법 시행규칙」 별표4

제조소(제6류 위험물을 취급하는 제조소는 제외)는 건축물의 외벽 또는 이에 상당하는 공작물의 외측으로부터 당해 제조소의 외벽 또는 이에 상당하는 공작물의 외측까지의 사이에 규정에 의한 수평거리(안전거리)를 두어야 한다.

13 단순 암기형

난이도 상 **중** 하

| 정답 | ②

| 접근 POINT |

실제로 담의 높이 등을 계산하는 문제는 잘 출제되지 않고 공식의 의미를 묻는 문제가 주로 출제되므로 공식을 정확하게 암기해야 한다.

| 해설 |

방화상 유효한 담의 높이는 다음에 의하여 산정한 높이 이상으로 한다.

$H \leq pD^2 + a$인 경우 $h = 2$

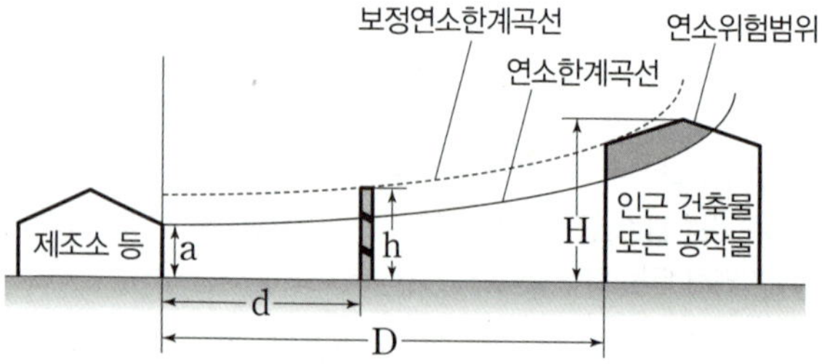

D: 제조소 등과 인근 건축물 또는 공작물과의 거리(m)
H: 인근 건축물 또는 공작물의 높이(m)
a: 제조소 등의 외벽의 높이(m)
d: 제조소 등과 방화상 유효한 담과의 거리(m)
h: 방화상 유효한 담의 높이(m)
p: 상수

14 단순 암기형

난이도 상 **중** 하

| 정답 | ②

| 접근 POINT |

문제의 형태는 다르지만 앞의 문제와 연관된 문제이다.
앞의 문제에 나온 공식대로 방화상 유효한 담을 설치한 경우 안전거리를 단축할 수 있다.

| 해설 |

제조소와의 안전거리를 단축할 수 있는 기준

「위험물안전관리법 시행규칙」 별표4

주거용 건축물 등은 기준에 의하여 불연재료로 된 방화상 유효한 담 또는 벽을 설치하는 경우에는 기준에 의하여 안전거리를 단축할 수 있다.

15 단순 암기형

난이도 상 중 **하**

| 정답 | ③

| 접근 POINT |

간단하면서도 자주 출제되는 문제이므로 반드시 맞혀야 하는 문제이다.
지정수량의 10배 이하와 10배 초과를 기준으로 공지의 너비가 달라지는 것을 주의해야 한다.

| 용어 CHECK |

보유공지: 위험물제조소 주위에 아무것도 놓여 있지 않아야 하는 공간

| 해설 |

위험물제조소의 보유공지

「위험물안전관리법 시행규칙」 별표4

취급하는 위험물의 최대수량	공지의 너비
지정수량의 10배 이하	3m 이상
지정수량의 10배 초과	5m 이상

16 단순 암기형

난이도 상 중 **하**

| 정답 | ④

| 접근 POINT |

배관을 지상에 설치하는 경우와 지하에 설치하는 경우의 기준의 차이점을 알아야 한다.

| 해설 |

위험물제조소 내의 배관 설치기준

「위험물안전관리법 시행규칙」 별표4

- 배관을 지상에 설치하는 경우에는 지진 · 풍압 · 지반침하 및 온도 변화에 안전한 구조의 지지물에 설치할 것
- 배관을 지하에 매설하는 경우에 배관의 외면에는 부식방지를 위하여 필요한 조치를 할 것

17 단순 암기형

난이도 상 **중** 하

| 정답 | ③

| 접근 POINT |

법에는 다양한 예외규정이 있지만 위험물의 품명과 관련된 부분이 자주 출제된다.

| 해설 |

제4류 위험물 또는 동식물유류를 지정수량의 20배 미만으로 저장 또는 취급하는 옥내저장소에는 안전거리를 두지 않을 수 있다.

| 관련법규 |

옥내저장소에서 안전거리를 두지 않을 수 있는 기준

「위험물안전관리법 시행규칙」 별표5

- 제4석유류 또는 동식물유류의 위험물을 저장 또는 취급하는 옥내저장소로서 그 최대수량이 지정수량의 20배 미만인 것
- 제6류 위험물을 저장 또는 취급하는 옥내저장소
- 지정수량의 20배 이하의 위험물을 저장 또는 취급하는 옥내저장소로서 다음의 기준에 적합한 것
  - 저장창고의 벽 · 기둥 · 바닥 · 보 및 지붕이 내화구조인 것
  - 저장창고의 출입구에 수시로 열 수 있는 자동폐쇄방식의 60분+방화문 또는 60분 방화문이 설치되어 있을 것
  - 저장창고에 창을 설치하지 아니할 것

18 단순 암기형

난이도 상 **중** 하

| 정답 | ③

| 접근 POINT |

법에 나온 기준을 묻는 문제로 암기 위주로 접근하면 된다.

| 해설 |

유기과산화물을 저장하는 옥내저장소의 기준

「위험물안전관리법 시행규칙」 별표5

저장창고의 창은 바닥면으로부터 2m 이상의 높이에 두되, 하나의 벽면에 두는 창의 면적의 합계를 당해 벽면의 면적의 80분의 1 이내로 하고, 하나의 창의 면적을 $0.4m^2$ 이내로 할 것

19 단순 암기형

난이도 **상** 중 하

| 정답 | ①

| 접근 POINT |

법에 있는 기준과 보기에 제시된 위험물의 인화점을 모두 알고 있어야 풀 수 있는 문제이다.

| 해설 |

인화점이 70℃ 미만인 위험물을 저장할 때 가연성 증기를 지붕 위로 방출시키는 배출설비를 해야 한다.
① 피리딘: 제4류, 제1석유류, 인화점은 약 16℃
② 과염소산: 제6류 위험물로 인화점이 없다.
③, ④ 과망간산칼륨, 과산화나트륨: 제1류 위험물로 인화점이 없다.

| 관련법규 |

옥내저장소의 기준
「위험물안전관리법 시행규칙」 별표5
저장창고에는 채광 · 조명 및 환기의 설비를 갖추어야 하고, 인화점이 70℃ 미만인 위험물의 저장창고에 있어서는 내부에 체류한 가연성의 증기를 지붕 위로 배출하는 설비를 갖추어야 한다.

20 단순 암기형

난이도 상 중 **하**

| 정답 | ④

| 접근 POINT |

법에 있는 기준을 묻는 단순한 문제로 암기 위주로 접근하면 된다.

| 해설 |

옥외탱크저장소의 위치 · 구조 및 설비의 기준
「위험물안전관리법 시행규칙」 별표6
옥외저장탱크의 대기밸브 부착 통기관은 5kPa 이하의 압력 차이로 작동할 수 있어야 한다.

21 단순 암기형

난이도 상 중 **하**

| 정답 | ①

| 접근 POINT |

15m을 기준으로 이격해야 할 거리가 달라진다.

| 해설 |

옥외저장탱크의 방유제 기준
「위험물안전관리법 시행규칙」 별표6
방유제는 옥외저장탱크의 지름에 따라 그 탱크의 옆판으로부터 다음에 정하는 거리를 유지할 것
- 지름이 15m 미만: 탱크 높이의 3분의 1 이상
- 지름이 15m 이상: 탱크 높이의 2분의 1 이상

22 단순 암기형

난이도 상 중 **하**

| 정답 | ①

| 접근 POINT |

법에 있는 기준을 묻는 단순한 문제로 암기 위주로 접근하면 된다.

| 해설 |

옥외탱크저장소의 위치 · 구조 및 설비의 기준
「위험물안전관리법 시행규칙」 별표6
이황화탄소의 옥외저장탱크는 벽 및 바닥의 두께가 0.2m 이상이고 누수가 되지 아니하는 철근콘크리트의 수조에 넣어 보관하여야 한다.

23 단순 암기형

난이도 상 **중** 하

| 정답 | ④

| 접근 POINT |

보유공지의 너비를 산정할 때에는 위험물제조소가 아니라 옥외탱크저장소임을 주의해야 한다.

| 해설 |

옥외저장탱크의 보유공지
「위험물안전관리법 시행규칙」 별표6

저장 또는 취급하는 위험물의 최대수량	공지의 너비
지정수량의 500배 이하	3m 이상
지정수량의 500배 초과 1,000배 이하	5m 이상
지정수량의 1,000배 초과 2,000배 이하	9m 이상
지정수량의 2,000배 초과 3,000배 이하	12m 이상
지정수량의 3,000배 초과 4,000배 이하	15m 이상

| 유사문제 |

옥외탱크저장소에서 취급하는 위험물의 최대수량에 따른 보유공지 너비가 틀린 것은? (단, 원칙적인 경우에 한한다.)
① 지정수량 500배 이하－3m 이상
② 지정수량 500배 초과 1,000배 이하－5m 이상
③ 지정수량 1,000배 초과 2,000배 이하－9m 이상
④ 지정수량 2,000배 초과 3,000배 이하－15m 이상
정답은 ④번이다.
지정수량 2,000배 초과 3,000배 이하－12m 이상

24 복합 계산형

난이도 **상** 중 하

| 정답 | ①

| 접근 POINT |

보유공지 관련 문제 중에서 가장 어려운 문제이다.
아세톤이 150톤이라고 했으므로 비중을 이용하여 L로 변환한 후 지정수량의 몇 배인지 계산한다.
보유공지의 너비를 산정할 때에는 위험물제조소가 아니라 옥외탱크저장소임을 주의해야 한다.

| 해설 |

(1) **아세톤 150톤(150,000kg)을 L로 변환**

아세톤의 비중이 0.79이므로 밀도는 0.79kg/L이다.

$$150,000\text{kg}\times\frac{\text{L}}{0.79\text{kg}}=189,873\text{L}$$

(2) **아세톤 189,873L가 지정수량의 몇 배인지 계산**

아세톤: 제1석유류(수용성), 지정수량 400L

$$\frac{189,873\text{L}}{400\text{L}}=474.68\text{배}$$

(3) **공지의 너비 산정**

지정수량의 500배 이하 → 공지의 너비 3m 이상

25 단순 암기형

난이도 상 중 하

| 정답 | ①

| 접근 POINT |

옥내탱크저장소와 지하탱크저장소는 간격 기준이 다른 것에 주의해야 한다.

| 해설 |

옥내탱크저장소의 기준

「위험물안전관리법 시행규칙」 별표7

옥내저장탱크와 탱크 전용실의 벽과의 사이 및 옥내저장탱크의 상호간에는 0.5m 이상의 간격을 유지할 것. 다만, 탱크의 점검 및 보수에 지장이 없는 경우에는 그러하지 아니하다.

| 응용 |

지하탱크저장소의 기준

「위험물안전관리법 시행규칙」 별표7

지하저장탱크를 2 이상 인접해 설치하는 경우에는 그 상호간에 1m 이상의 간격을 유지하여야 한다.

26 단순 암기형

난이도 상 중 하

| 정답 | ①

| 접근 POINT |

법에 있는 세부규정이 출제된 문제이다.

모든 규정을 암기하기는 어렵지만 기출문제에 나온 내용은 정확하게 암기해야 한다.

| 해설 |

① 옥내저장탱크의 용량은 지정수량의 40배(제4석유류 및 동식물유류 외의 제4류 위험물에 있어서 당해 수량이 20,000L를 초과할 때에는 20,000L) 이하로 한다.

② 탱크전용실은 벽 · 기둥 및 바닥을 내화구조로 하고, 보를 불연재료로 한다.

③ 탱크전용실에는 창이 아니라 천장을 설치하지 않아야 한다.

④ 단층건물 외의 건축물에 탱크전용실을 설치할 때에 해당된다.

27 단순 암기형

난이도 상 중 하

| 정답 | ②

| 접근 POINT |

법에 있는 기준을 묻는 문제로 암기 위주로 접근하면 된다.

문제에서는 수치 기준이 잘못된 보기가 자주 출제되므로 수치 기준은 정확하게 암기해야 한다.

| 해설 |

지하탱크저장소의 기준

「위험물안전관리법 시행규칙」 별표8

- 지하저장탱크와 탱크전용실의 안쪽과의 사이는 0.1m 이상의 간격을 유지하도록 한다.
- 지하저장탱크의 윗부분은 지면으로부터 0.6m 이상 아래에 있어야 한다.
- 탱크전용실은 벽 · 바닥 및 뚜껑은 철근콘크리트 구조로 설치해야 하며 두께는 0.3m 이상일 것
- 벽 · 바닥 및 뚜껑의 재료에 수밀(액체가 새지 않도록 밀봉되어 있는 상태)콘크리트를 혼입하거나 벽 · 바닥 및 뚜껑의 중간에 아스팔트층을 만드는 방법으로 적정한 방수조치를 할 것

28 단순 계산형

난이도 상 중 하

| 정답 | ③

| 접근 POINT |

법에 있는 규정을 이용하여 계산하는 문제이다.

문제에서 묻고 있는 것은 칸의 수가 아니라 칸막이 수이므로 칸의 수에서 1을 빼야 한다.

칸의 수에서 1을 빼는 것은 공식으로 생각하기 보다는 해설에 있는 그림으로 이해하는 것이 좋다.

| 해설 |

이동저장탱크의 구조

「위험물안전관리법 시행규칙」 별표10

이동저장탱크는 그 내부에 4,000L 이하마다 3.2mm 이상의 강철판 또는 이와 동등 이상의 강도 · 내열성 및 내식성이 있는 금속성의 것으로 칸막이를 설치하여야 한다.

$$\text{칸의 수}=\frac{19,000\text{L}}{4,000\text{L}}=4.75\fallingdotseq5\text{칸}$$

칸막이의 수 = 5 − 1 = 4개

칸막이가 4개이면 최대 20,000L까지 저장이 가능하다.

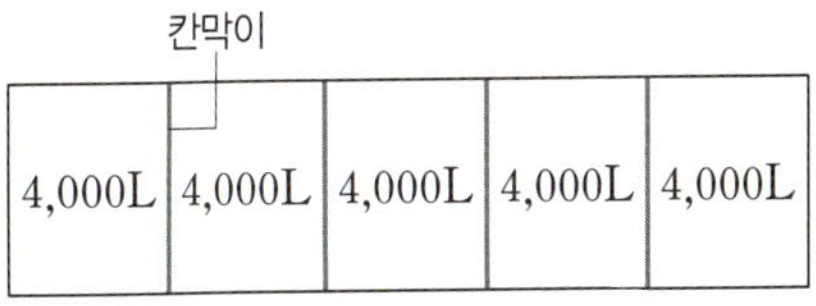

29 단순 암기형

난이도 상 중 **하**

| 정답 | ①

| 접근 POINT |

법에 있는 규정을 묻는 문제로 암기 위주로 접근하면 된다.

| 해설 |

이동저장탱크의 구조

「위험물안전관리법 시행규칙」 별표10

압력탱크(최대상용압력이 46.7kPa 이상인 탱크) 외의 탱크는 70kPa의 압력으로, 압력탱크는 최대상용압력의 1.5배의 압력으로 각각 10분간의 수압시험을 실시하여 새거나 변형되지 아니할 것. 이 경우 수압시험은 용접부에 대한 비파괴시험과 기밀시험으로 대신할 수 있다.

30 단순 암기형

난이도 상 **중** 하

| 정답 | ②

| 접근 POINT |

법에 있는 규정이 문제로 출제된 경우에는 수치 기준이나 위치 관련 기준이 바뀌어 출제되는 경우가 많다.

| 해설 |

이동저장탱크의 배관 및 밸브 등은 당해 탱크의 윗부분에 설치한다.

| 관련법규 |

위험물의 성질에 따른 이동탱크저장소의 특례

「위험물안전관리법 시행규칙」 별표10

- 이동저장탱크는 두께 10mm 이상의 강판 또는 이와 동등 이상의 기계적 성질이 있는 재료로 기밀하게 제작되고 1MPa 이상의 압력으로 10분간 실시하는 수압시험에서 새거나 변형하지 아니하는 것일 것
- 이동저장탱크의 용량은 1,900L 미만일 것
- 안전장치는 이동저장탱크의 수압시험의 압력의 3분의 2를 초과하고 5분의 4를 넘지 아니하는 범위의 압력으로 작동할 것
- 이동저장탱크의 배관 및 밸브 등은 당해 탱크의 윗부분에 설치할 것

31 단순 암기형

난이도 상 중 **하**

| 정답 | ②

| 접근 POINT |

주유취급소 관련해서는 거리와 관련된 수치 기준이 자주 출제되므로 정확하게 암기해야 한다.

| 해설 |

주유취급소에서 고정주유설비, 고정급유설비의 설치기준

「위험물안전관리법 시행규칙」 별표13

고정주유설비의 중심선을 기점으로 하여 도로경계선까지 4m 이상, 부지경계선 · 담 및 건축물의 벽까지 2m(개구부가 없는 벽까지는 1m) 이상의 거리를 유지하고, 고정급유설비의 중심선을 기점으로 하여 도로경계선까지 4m 이상, 부지경계선 및 담까지 1m 이상, 건축물의 벽까지 2m(개구부가 없는 벽까지는 1m) 이상의 거리를 유지할 것

32 단순 암기형

난이도 상 중 **하**

| 정답 | ①

| 접근 POINT |

법에 나온 기준을 묻는 문제로 암기 위주로 접근하면 된다.

| 해설 |

주유공지 및 급유공지의 기준

「위험물안전관리법 시행규칙」 별표13

- 공지의 바닥은 주위 지면보다 높게 한다.
- 표면을 적당하게 경사지게 하여 새어나온 기름 그 밖의 액체가 공지의 외부로 유출되지 아니하도록 배수구 · 집유설비 및 유분리장치를 하여야 한다.

33 단순 암기형

난이도 상 중 **하**

| 정답 | ①

| 접근 POINT |

법에 나온 설치기준에 포함되지 않는 내용이 무엇인지 묻는 문제이다.

| 해설 |

주유취급소의 캐노피 설치기준

「위험물안전관리법 시행규칙」 별표13

- 배관이 캐노피 내부를 통과할 경우에는 1개 이상의 점검구를 설치할 것
- 캐노피 외부의 점검이 곤란한 장소에 배관을 설치하는 경우에는 용접이음으로 할 것
- 캐노피 외부의 배관이 일광열의 영향을 받을 우려가 있는 경우에는 단열재로 피복할 것

34 단순 암기형

난이도 상 중 **하**

| 정답 | ②

| 접근 POINT |

게시판의 바탕색과 문자색은 자주 출제되기 때문에 정확하게 암기해야 한다.

| 해설 |

주유취급소의 표지 및 게시판 설치기준

「위험물안전관리법 시행규칙」 별표13

표시	색상
위험물 주유취급소	백색 바탕에 흑색 문자
주유중엔진정지	황색 바탕에 흑색 문자

35 단순 암기형

난이도 상 중 하

| 정답 | ④

| 접근 POINT |

법에 있는 기준을 묻는 문제로 응용되어 출제되지는 않으므로 암기 위주로 접근한다.

바닥면적 기준도 출제될 수 있으므로 함께 암기해 놓으면 좋다.

| 해설 |

위험물을 배합하는 실의 바닥에는 되돌림관이 아니라 집유설비를 설치한다.

| 관련법규 |

판매취급소에서 위험물을 배합하는 실의 기준

「위험물안전관리법 시행규칙」 별표14

- 바닥면적은 $6m^2$ 이상 $15m^2$ 이하로 할 것
- 내화구조 또는 불연재료로 된 벽으로 구획할 것
- 바닥은 위험물이 침투하지 아니하는 구조로 하여 적당한 경사를 두고 집유설비를 할 것
- 출입구에는 수시로 열 수 있는 자동폐쇄식의 60분+방화문 또는 60분방화문을 설치할 것
- 출입구 문턱의 높이는 바닥면으로부터 0.1m 이상으로 할 것
- 내부에 체류한 가연성의 증기 또는 가연성의 미분을 지붕 위로 방출하는 설비를 할 것

36 복합 계산형

난이도 상 중 하

| 정답 | ①

| 접근 POINT |

법에 있는 기준을 암기한 상태에서 소화기의 개수를 계산해야 한다. 이 과목에서 출제될 수 있는 문제 중에서 가장 어려운 문제이다.

| 해설 |

소화난이도등급Ⅱ의 옥외저장소에 설치해야 하는 소화설비

「위험물안전관리법 시행규칙」 별표17

방사능력 범위 내에 당해 건축물, 그 밖의 공작물 및 위험물이 포함되도록 대형수동식소화기를 설치하고, 당해 위험물의 소요단위의 1/5 이상에 해당되는 능력단위의 소형수동식소화기 등을 설치할 것

첫 번째 괄호에 들어갈 숫자: 1/5=0.2

소형수동식 소화기의 설치개수 계산

제4류, 제2석유류(비수용성)의 지정수량: 1,000L

위험물의 1소요단위: 지정수량의 10배

위험물의 소요단위$=\dfrac{180,000L}{1,000L\times10}=18$

$18\times\dfrac{1}{5}=3.6$이므로 소형수동식소화기의 능력단위의 합은 3.6 이상이 되어야 한다.

문제에서 소형수동식소화기 1개의 능력단위를 2라고 했으므로 최소 2개 이상의 소형수동식소화기를 설치해야 한다.

괄호 안에 들어갈 숫자의 합=0.2+2=2.2

37 단순 암기형

난이도 상 중 하

| 정답 | ①

| 접근 POINT |

법에 있는 규정을 묻는 문제로 암기 위주로 접근하면 된다.

| 해설 |

휘발유를 저장하던 이동저장탱크에 등유나 경유를 주입할 때 취해야 할 조치

「위험물안전관리법 시행규칙」 별표18

이동저장탱크의 상부로부터 위험물을 주입할 때에는 위험물의 액표면이 주입관의 끝부분을 넘는 높이가 될 때까지 그 주입관 내의 유속을 초당 1m 이하로 할 것

38 단순 암기형

난이도 상 중 하

| 정답 | ③

| 접근 POINT |

"원동기 정지" 문구와 "40℃"를 연관지어 암기한다.

| 해설 |

주유취급소 · 판매취급소 · 이송취급소 또는 이동탱크저장소에서의 위험물 취급기준

「위험물안전관리법 시행규칙」 별표18

자동차 등에 인화점 40℃ 미만의 위험물을 주유할 때에는 자동차 등의 원동기를 정지시킬 것

| 유사문제 |

「위험물안전관리법령」상 다음의 (　　) 안에 알맞은 수치는?

> 이동저장탱크로부터 위험물을 저장 또는 취급하는 탱크에 인화점이 (　　)℃ 미만인 위험물을 주입할 때에는 이동탱크저장소의 원동기를 정지시킬 것

정답은 40이다.

SUBJECT 03

39 단순 암기형

난이도 상 중 **하**

| 정답 | ②

| 접근 POINT |

문제는 길지만 단순한 문제로 위험물 저장 및 취급에서 예외사항에 해당하는 물질만 기억하면 된다.

| 해설 |

위험물 저장의 기준

「위험물안전관리법 시행규칙」 별표 18

옥내저장소에 있어서 위험물은 규정에 의한 바에 따라 용기에 수납하여 저장하여야 한다. 다만, 덩어리 상태의 황과 별도의 규정에 의한 위험물에 있어서는 그러하지 아니하다.

40 개념 이해형

난이도 **상** 중 하

| 정답 | ④

| 접근 POINT |

법에 있는 기준을 알고 있는 상태에서 위험물의 유별로 구분해서 답을 선택한다.

| 해설 |

질산나트륨은 제1류 위험물이기 때문에 과염소산과 같은 제6류 위험물과 함께 저장할 수 있다.

제1류 위험물과 제2류 위험물인 적린, 인화성 고체는 함께 저장할 수 없다.

제1류 위험물과 제4류 위험물인 동식물유류는 함께 저장할 수 없다.

| 관련법규 |

유별을 달리하는 위험물을 동일한 저장소에 저장할 수 있는 기준

「위험물안전관리법 시행규칙」 별표18

- 제1류 위험물(알칼리금속의 과산화물 또는 이를 함유한 것 제외)과 제5류 위험물을 저장하는 경우
- 제1류 위험물과 제6류 위험물을 저장하는 경우
- 제1류 위험물과 제3류 위험물 중 자연발화성물질(황린 또는 이를 함유한 것에 한함)을 저장하는 경우
- 제2류 위험물 중 인화성 고체와 제4류 위험물을 저장하는 경우
- 제3류 위험물 중 알킬알루미늄 등과 제4류 위험물(알킬알루미늄 또는 알킬리튬을 함유한 것에 한함)을 저장하는 경우
- 제4류 위험물 중 유기과산화물 또는 이를 함유하는 것과 제5류 위험물 중 유기과산화물 또는 이를 함유한 것을 저장하는 경우

41 단순 암기형

난이도 상 중 **하**

| 정답 | ③

| 접근 POINT |

논리적으로 맞는 내용이라도 법에 명확하게 규정되어 있지 않다면 지켜야 하는 기준에 해당되지 않는다.

| 해설 |

③번 내용은 상식적으로 생각하면 맞는 내용이라고 볼 수 있지만 법에 명확하게 규격용기만을 사용해야 한다고 명시되어 있지는 않다.

| 관련법규 |

위험물의 취급 중 소비에 관한 규정

「위험물안전관리법 시행규칙」 별표18

- 분사도장작업은 방화상 유효한 격벽 등으로 구획된 안전한 장소에서 실시할 것
- 담금질 또는 열처리 작업은 위험물이 위험한 온도에 이르지 아니하도록 하여 실시할 것
- 버너를 사용하는 경우에는 버너의 역화를 방지하고 위험물이 넘치지 아니하도록 할 것

42 개념 이해형

난이도 상 중 **하**

| 정답 | ④

| 접근 POINT |

역화는 불꽃이 원하는 방향이 아니라 거꾸로 나오는 현상이다.

답을 암기하기 보다는 역화의 의미를 생각하면 답을 쉽게 고를 수 있다.

| 해설 |

버너를 사용하는 경우에는 버너의 역화를 방지하고 위험물이 넘치지 아니하도록 해야 한다.

43 단순 암기형

난이도 상 **중** 하

| 정답 | ①

| 접근 POINT |

법에 나온 기준을 암기하면 풀 수 있지만 문제의 내용과 가장 연관된 공정이 무엇인지 생각해 보면 답을 고를 수 있다.

| 해설 |

위험물의 취급 중 제조에 관한 규정

「위험물안전관리법 시행규칙」 별표18

- 증류공정에 있어서는 위험물을 취급하는 설비의 내부 압력의 변동 등에 의하여 액체 또는 증기가 새지 아니하도록 할 것
- 추출공정에 있어서는 추출관의 내부 압력이 비정상으로 상승하지 아니하도록 할 것
- 건조공정에 있어서는 위험물의 온도가 부분적으로 상승하지 아니하는 방법으로 가열 또는 건조할 것
- 분쇄공정에 있어서는 위험물의 분말이 현저하게 부유하고 있거나 위험물의 분말이 현저하게 기계 · 기구 등에 부착하고 있는 상태로 그 기계 · 기구를 취급하지 아니할 것

44 단순 암기형

난이도 상 중 하

| 정답 | ②

| 접근 POINT |

법에 나온 규정을 묻는 문제로 응용되어 출제되지는 않으므로 암기 위주로 접근하면 된다.

| 해설 |

위험물의 저장기준

「위험물안전관리법 시행규칙」 별표18

이동저장탱크에 아세트알데하이드 등을 저장하는 경우에는 항상 불활성의 기체를 봉입하여 둘 것

| 관련개념 |

아세트알데하이드 등

제4류 위험물 중 특수인화물의 아세트알데하이드 · 산화프로필렌 또는 이 중 어느 하나 이상을 함유하는 것이다.

| 유사문제 |

「위험물안전관리법령」상 어떤 위험물을 저장 또는 취급하는 이동탱크저장소는 불활성 기체를 봉입할 수 있는 구조로 하여야 하는가?

① 아세톤　② 벤젠

③ 과염소산　④ 산화프로필렌

정답은 ④번이다.

불활성 기체와 아세트알데하이드, 산화프로필렌을 연관지어 암기한다.

45 단순 암기형

난이도 상 중 하

| 정답 | ①

| 접근 POINT |

법에 나온 규정을 묻는 문제로 응용되어 출제되지는 않으므로 암기 위주로 접근하면 된다.

| 해설 |

위험물의 저장기준

「위험물안전관리법 시행규칙」 별표18

이동탱크저장소에는 당해 이동탱크저장소의 완공검사합격확인증 및 정기점검기록을 비치하여야 한다.

46 단순 암기형

난이도 상 중 하

| 정답 | ②

| 접근 POINT |

법에 나온 규정을 묻는 문제로 응용되어 출제되지는 않으므로 암기 위주로 접근하면 된다.

| 해설 |

위험물의 저장기준

「위험물안전관리법 시행규칙」 별표18

옥내저장소에서 위험물을 저장하는 경우에는 다음의 규정에 의한 높이를 초과하여 용기를 겹쳐 쌓지 아니하여야 한다.

- 기계에 의하여 하역하는 구조로 된 용기만을 겹쳐 쌓는 경우에 있어서는 6m
- 제4류 위험물 중 제3석유류, 제4석유류 및 동식물유류를 수납하는 용기만을 겹쳐 쌓는 경우에 있어서는 4m
- 그 밖의 경우에 있어서는 3m

47 개념 이해형

난이도 상 중 하

| 정답 | ④

| 접근 POINT |

법에 나온 규정을 묻는 문제이지만 위험물의 성질을 생각하면 답을 고를 수 있다.

| 해설 |

제6류 위험물은 산화제로 가연물과의 접촉을 피해야 하고, 과산화수소는 분해되어 산소를 발생시키므로 분해를 촉진하는 물품과의 접근을 피해야 한다.

| 관련법규 |

위험물의 유별 저장 · 취급기준

「위험물안전관리법 시행규칙」 별표18

- 제1류 위험물은 가연물과의 접촉 · 혼합이나 분해를 촉진하는 물품과의 접근 또는 과열 · 충격 · 마찰 등을 피하는 한편, 알칼리금속의 과산화물 및 이를 함유한 것에 있어서는 물과의 접촉을 피하여야 한다.
- 제2류 위험물은 산화제와의 접촉 · 혼합이나 불티 · 불꽃 · 고온체와의 접근 또는 과열을 피하는 한편, 철분 · 금속분 · 마그네슘 및 이를 함유한 것에 있어서는 물이나 산과의 접촉을 피하고 인화성 고체에 있어서는 함부로 증기를 발생시키지 아니하여야 한다.
- 제3류 위험물 중 자연발화성물질에 있어서는 불티 · 불꽃 또는 고온체와의 접근 · 과열 또는 공기와의 접촉을 피하고, 금수성 물질에 있어서는 물과의 접촉을 피하여야 한다.
- 제4류 위험물은 불티 · 불꽃 · 고온체와의 접근 또는 과열을 피하고, 함부로 증기를 발생시키지 아니하여야 한다.
- 제5류 위험물은 불티 · 불꽃 · 고온체와의 접근이나 과열 · 충격 또는 마찰을 피하여야 한다.
- 제6류 위험물은 가연물과의 접촉 · 혼합이나 분해를 촉진하는 물품과의 접근 또는 과열을 피하여야 한다.

SUBJECT 03

48 단순 계산형

난이도 상 중 하

| 정답 | ③

| 접근 POINT |

지정수량 배수의 총합을 구하는 문제는 자주 출제되면서도 변형되어 출제되는 경향이 있다.
풀이과정이 복잡하지 않으므로 계산방법을 이해해야 하고 위험물의 지정수량은 정확하게 암기해야 한다.

| 해설 |

(1) **문제에 주어진 제4류 위험물의 지정수량**

구분	품명	지정수량
클로로벤젠	제2석유류(비수용성)	1,000L
동식물유류	동식물유류	10,000L
제4석유류	제4석유류	6,000L

(2) **지정수량의 배수 계산**

지정수량 배수의 총합

$$=\frac{A\text{위험물의 저장수량}}{A\text{위험물의 지정수량}}+\frac{B\text{위험물의 저장수량}}{B\text{위험물의 지정수량}}+\cdots$$

$$\text{지정수량 배수의 총합}=\frac{1,000}{1,000}+\frac{5,000}{10,000}+\frac{12,000}{6,000}=3.5$$

49 단순 계산형

난이도 상 중 하

| 정답 | ②

| 접근 POINT |

지정수량 배수의 총합을 구하기 위해서는 문제에 제시된 위험물의 지정수량을 암기하고 있어야 한다.

| 해설 |

(1) **문제에 주어진 위험물의 지정수량**

구분	유별	품명	지정수량
아세톤	제4류	제1석유류(수용성)	400L
메탄올	제4류	알코올류	400L
등유	제4류	제2석유류(비수용성)	1,000L

(2) **지정수량의 배수 계산**

지정수량 배수의 총합

$$=\frac{A\text{위험물의 저장수량}}{A\text{위험물의 지정수량}}+\frac{B\text{위험물의 저장수량}}{B\text{위험물의 지정수량}}+\cdots$$

$$\text{지정수량 배수의 총합}=\frac{180}{400}+\frac{180}{400}+\frac{600}{1,000}=1.5$$

| 유사문제 |

산화프로필렌 300L, 메탄올 400L, 벤젠 200L를 저장하고 있는 경우 각각 지정수량배수의 총합은 얼마인가?

(1) **문제에 주어진 위험물의 지정수량**

구분	유별	품명	지정수량
산화프로필렌	제4류	특수인화물	50L
메탄올	제4류	알코올류	400L
벤젠	제4류	제1석유류(비수용성)	200L

(2) **지정수량의 배수 계산**

지정수량 배수의 총합

$$=\frac{A\text{위험물의 저장수량}}{A\text{위험물의 지정수량}}+\frac{B\text{위험물의 저장수량}}{B\text{위험물의 지정수량}}+\cdots$$

$$\text{지정수량 배수의 총합}=\frac{300}{50}+\frac{400}{400}+\frac{200}{200}=8$$

50 단순 계산형

난이도 상 중 하

| 정답 | ③

| 접근 POINT |

지정수량 배수의 총합을 구하기 위해서는 문제에 제시된 위험물의 지정수량을 암기하고 있어야 한다.

| 해설 |

(1) **문제에 주어진 위험물의 지정수량**

구분	유별	지정수량
무기과산화물	제1류	50kg
질산염류	제1류	300kg
다이크로뮴산염류	제1류	1,000kg

(2) **지정수량의 배수 계산**

지정수량 배수의 총합

$$=\frac{A\text{위험물의 저장수량}}{A\text{위험물의 지정수량}}+\frac{B\text{위험물의 저장수량}}{B\text{위험물의 지정수량}}+\cdots$$

$$\text{지정수량 배수의 총합}=\frac{150}{50}+\frac{300}{300}+\frac{3,000}{1,000}=7$$

| 유사문제 |

금속 칼륨 20kg, 금속 나트륨 40kg, 탄화칼슘 600kg 각각의 지정수량 배수의 총합은 얼마인가?

(1) **문제에 주어진 제3류 위험물의 지정수량**

구분	품명	지정수량
금속 칼륨	칼륨	10kg
금속 나트륨	나트륨	10kg
탄화칼슘	칼슘 또는 알루미늄의 탄화물	300kg

(2) **지정수량의 배수 계산**

지정수량 배수의 총합

$$=\frac{A\text{위험물의 저장수량}}{A\text{위험물의 지정수량}}+\frac{B\text{위험물의 저장수량}}{B\text{위험물의 지정수량}}+\cdots$$

$$\text{지정수량 배수의 총합}=\frac{20}{10}+\frac{40}{10}+\frac{600}{300}=8$$

51 단순 계산형

난이도 상 **중** 하

| 정답 | ②

| 접근 POINT |

지정수량 배수의 총합을 구하기 위해서는 문제에 제시된 위험물의 지정수량을 암기하고 있어야 한다.

| 해설 |

(1) **문제에 주어진 위험물의 지정수량**

품명	유별	품명	지정수량
질산나트륨	제1류	질산염류	300kg
황	제2류	황	100kg
클로로벤젠	제4류	제2석유류(비수용성)	1,000L

(2) **지정수량의 배수 계산**

지정수량 배수의 총합

$$=\frac{A\text{위험물의 저장수량}}{A\text{위험물의 지정수량}}+\frac{B\text{위험물의 저장수량}}{B\text{위험물의 지정수량}}+\cdots$$

$$\text{지정수량 배수의 총합}=\frac{90}{300}+\frac{70}{100}+\frac{2,000}{1,000}=3$$

| 유사문제 |

휘발유 2,000L, 경유 4,000L, 등유: 40,000L의 지정수량 배수의 총합은?

(1) **문제에 주어진 위험물의 지정수량**

품명	유별	품명	지정수량
휘발유	제4류	제1석유류(비수용성)	200L
경유	제4류	제2석유류(비수용성)	1,000L
등유	제4류	제2석유류(비수용성)	1,000L

(2) **지정수량의 배수 계산**

$$\text{지정수량 배수의 총합}=\frac{2,000}{200}+\frac{4,000}{1,000}+\frac{40,000}{1,000}=54$$

52 단순 암기형

난이도 상 중 **하**

| 정답 | ④

| 접근 POINT |

법에 나온 기준을 묻는 문제로 응용되어 출제되지는 않으므로 암기 위주로 접근하면 된다.

| 해설 |

옥내소화전설비의 설치의 표시

「위험물안전관리에 관한 세부기준」 제129조

- 옥내소화전함에는 그 표면에 소화전이라고 표시할 것
- 옥내소화전함의 상부의 벽면에 적색의 표시등을 설치하되, 당해 표시등의 부착면과 15° 이상의 각도가 되는 방향으로 10m 떨어진 곳에서 용이하게 식별이 가능하도록 할 것

53 단순 암기형

난이도 상 중 **하**

| 정답 | ②

| 접근 POINT |

법에 나온 기준을 암기하고 있는지 묻는 문제로 응용되어 출제되는 문제는 아니므로 기준만 정확하게 암기하면 된다.

| 해설 |

특정옥외저장탱크의 지반의 범위

「위험물안전관리에 관한 세부기준」 제42조

표준관입시험 및 평판재하시험을 실시하여야 하는 특정옥외저장탱크의 지반의 범위는 기초의 외측이 지표면과 접하는 선의 범위 내에 있는 지반으로서 지표면으로부터 깊이 15m까지로 한다.

FINAL

기출복원 모의고사

기출복원 모의고사 1회

01	02	03	04	05	06	07	08	09	10
③	①	④	①	①	③	①	③	③	③
11	12	13	14	15	16	17	18	19	20
②	②	②	③	①	③	①	②	④	②
21	22	23	24	25	26	27	28	29	30
④	③	②	③	③	④	①	④	①	③
31	32	33	34	35	36	37	38	39	40
④	①	①	②	②	④	④	②	②	④
41	42	43	44	45	46	47	48	49	50
③	②	③	③	③	③	②	③	①	①
51	52	53	54	55	56	57	58	59	60
③	③	①	①	④	①	④	④	①	④

01 개념 이해형

난이도 상 중 **하**

| 정답 | ③

| 해설 |

질량수=양성자수+중성자수
질량수=3+2=5

02 개념 이해형

난이도 상 중 **하**

| 정답 | ①

| 해설 |

주기율표의 1~3주기는 8족까지만 있으므로 원자번호에서 8을 더한 숫자의 원자번호가 같은 족이다.
원자번호가 7인 질소와 15인 인(P)은 같은 족에 해당된다.

03 개념 이해형

난이도 상 **중** 하

| 정답 | ④

| 해설 |

전자수가 같으면 전자배치가 같다.
마그네슘(Mg) → 원자번호 12번 → 전자를 두 개 잃음 → 전자의 개수 10개
① Ca^{2+}: 원자번호 20번 → 전자 두 개 잃음 → 전자의 개수 18개
② Ar: 원자번호 18번 → 전자의 개수 18개
③ Cl^{-}: 원자번호 17번 → 전자 한 개 얻음 → 전자의 개수 18개
④ F^{-}: 원자번호 9번 → 전자 한 개 얻음 → 전자의 개수 10개

04 단순 계산형

난이도 상 중 **하**

| 정답 | ①

| 해설 |

밀도=질량/부피

$$\text{밀도}=\frac{100\text{g}}{2\text{cm}\times5\text{cm}\times3\text{cm}}=3.33\text{g/cm}^3$$

05 개념 이해형

난이도 상 **중** 하

| 정답 | ①

| 해설 |

염화수소(HCl)은 비금속 원소+비금속 원소의 결합이므로 공유결합이다.
H와 Cl은 전자를 끌어당기는 힘이 다르므로 극성 공유결합이다.
산소(O_2)의 경우 산소와 산소의 결합으로 전자를 끌어당기는 힘이 같으므로 비극성 공유결합이다.

06 단순 계산형

난이도 상 중 **하**

| 정답 | ③

| 해설 |

v_2를 SO_2의 확산속도라고 하고, v_1을 어떤 기체의 확산속도라고 한다면 조건에 따라 $v_1=2v_2$이 성립한다.

$$\frac{2v_2}{v_2}=\sqrt{\frac{64}{M_1}}$$

$$2=\sqrt{\frac{64}{M_1}}$$

$$4=\frac{64}{M_1}$$

$$M_1=\frac{64}{4}=16$$

07 단순 암기형

난이도 상 중 하

| 정답 | ①

| 해설 |

반트－호프의 법칙은 삼투압이 용질의 종류와는 관계없이 용액의 몰농도와 절대온도에 비례함을 나타내는 법칙이다.

반트－호프의 법칙을 이용하면 용질의 분자량을 구할 수 있다.

08 단순 계산형

난이도 상 중 하

| 정답 | ③

| 해설 |

산화수를 구할 때 화합물($K_2Cr_2O_7$)의 산화수의 합은 0이고, 산소의 산화수는 －2이다.

Na, K와 같은 알칼리금속의 산화수는 ＋1이다.

Cr의 산화수를 x라고 하고 산화수를 구하면 다음과 같다.

$(+1\times2)+2x+(-2\times7)=0$

$x=\frac{14-2}{2}$

$x=+6$

09 단순 암기형

난이도 상 중 하

| 정답 | ③

| 해설 |

기체상수 R의 단위는 $\frac{\text{atm}\cdot\text{L}}{\text{mol}\cdot\text{K}}$이다.

10 단순 계산형

난이도 상 중 하

| 정답 | ③

| 해설 |

$T=97+273=370\text{K}$

압력 740mmHg이므로 atm로 변환한다.

$P=740\text{mmHg}\times\frac{\text{atm}}{760\text{mmHg}}=\frac{740}{760}\text{atm}$

$L=80\text{mL}=0.08\text{L}$

이상기체 상태방정식을 분자량(M) 기준으로 정리하여 계산한다.

$$M=\frac{wRT}{PV}=\frac{0.2\times0.082\times370}{\frac{740}{760}\times0.08}=77.9\text{g/mol}$$

11 단순 계산형

난이도 상 중 하

| 정답 | ②

| 해설 |

$H_2+Cl_2 \longrightarrow 2HCl$

수소(H_2) 1mol이 염소(Cl_2) 1mol과 반응하면 염화수소(HCl) 2mol이 생성된다.

수소(H_2) 1.2mol은 염소(Cl_2) 1.2mol과 반응하여 염화수소(HCl) 2.4mol이 생성된다.

반응하지 않은 염소(Cl_2) 0.8mol은 그대로 남아 있는다.

12 복합 계산형

난이도 상 중 하

| 정답 | ②

| 해설 |

$2KClO_3 \longrightarrow 2KCl+3O_2\uparrow$

염소산칼륨($KClO_3$)의 분자량 계산

$39+35.5+(16\times3)=122.5\text{g/mol}$

염소산칼륨 2mol(2×122.5g)이 분해되면 산소 3mol(3×22.4L)이 발생된다.

산소 11.2L를 얻기 위해 필요한 염소산칼륨의 질량을 계산한다.

$2\times122.5\text{g} : 3\times22.4\text{L}=x : 11.2\text{L}$

$x=\frac{2\times122.5\text{g}\times11.2\text{L}}{3\times22.4\text{L}}=40.833\text{g}$

13 개념 이해형

난이도 상 중 하

| 정답 | ②

| 해설 |

화학반응식에서 평형상수 K는 다음과 같다.

$aA+bB \longrightarrow cC+dD$

$K=\frac{[C]^c[D]^d}{[A]^a[B]^b}$, [A]: A 물질의 몰농도

문제에 주어진 반응의 평형상수 K는 다음과 같다.

$K=\frac{[CH_3OH]}{[CO][H_2]^2}$

14 단순 계산형

난이도 상 중 하

| 정답 | ③

| 해설 |

표준상태에서 기체 1mol의 부피＝22.4L

밀도＝질량/부피

$1.96\text{g/L}=\frac{x}{22.4\text{L}}$

$x=1.96\text{g/L}\times22.4\text{L}=43.904\text{g}$

분자량이 43.904와 가장 비슷한 것은 이산화탄소(CO_2)이다.
CO_2의 분자량$=12+(16\times2)=44$g/mol

15 개념 이해형

난이도 상 중 하

| 정답 | ①

| 해설 |

문제에서 다른 조건(온도 등)의 언급이 없으므로 반응 전과 반응 후의 부피는 기체의 몰수에 영향을 받는다.
①번 반응의 경우 반응 전과 반응 후에 기체의 부피가 모두 2몰이므로 기체의 부피가 변하지 않고 평형상태가 압력의 영향을 받지 않는다.

16 개념 이해형

난이도 상 중 하

| 정답 | ③

| 해설 |

포화용액(물+용질) 90g 속에 용질(물질)이 30g 녹아 있다.	→	용매(물) 60g에 용질(물질)이 30g 녹아 있다.

용해도는 용매(물) 100g이 기준이므로 다음과 같이 비례식을 세울 수 있다.
60g : 30g=100g : x
$x=\frac{30g\times100g}{60g}=50g$

용매(물) 100g에 용질이 최대 50g 녹을 수 있다.	→	이 용질의 용해도는 50이다.

17 단순 암기형

난이도 상 중 하

| 정답 | ①

| 해설 |

MgO와 같은 금속의 산화물이 염기성 산화물이다.
②, ③, ④번은 양쪽성 산화물이다.

18 개념 이해형

난이도 상 중 하

| 정답 | ②

| 해설 |

금속결합은 금속 원자가 서로 결합한 것으로 금속 원자에서 자유전자가 자유롭게 이동할 수 있다.
금속결합에는 자유전자가 이동할 수 있으므로 금속은 열과 전기를 잘 전도한다.

19 단순 암기형

난이도 상 중 하

| 정답 | ④

| 해설 |

프리델-크래프츠 반응에서 촉매는 $AlCl_3$가 사용된다.
프리델-크레프츠 반응은 벤젠에 알킬기를 도입하는 반응이다.

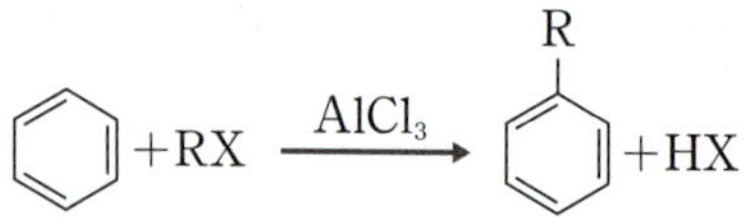

20 단순 암기형

난이도 상 중 하

| 정답 | ②

| 해설 |

순물질은 녹는점이 일정하지만 다른 물질이 섞여 있으면 녹는점이 달라 특정 온도에서 섞여 있는 물질이 먼저 녹게 된다.
광학현미경의 경우 약 0.2μm 정도의 물체만 볼 수 있어 세포 수준의 생물학적 분석에는 사용할 수 있지만 정밀한 분석을 하는 데에는 한계가 있다.

21 개념 이해형

난이도 상 중 하

| 정답 | ④

| 해설 |

연소의 3요소: 가연물, 산소공급원, 점화원
① 과산화수소: 제6류 위험물 → 산소공급원
② 과산화나트륨: 제1류 위험물 → 산소공급원
③ 질산칼륨: 제1류 위험물 → 산소공급원
④ 황린: 제3류 위험물 → 가연물

22 개념 이해형

난이도 상 중 하

| 정답 | ③

| 해설 |

발화점(착화점)은 점화원(외부의 열) 없이 스스로 발화하는 최저의 온도이다.
인화점은 제4류 위험물과 같이 휘발성 물질의 증기가 점화원(외부의 열)에 의해 불이 붙는 최저의 온도이다.
발화점과 인화점의 가장 큰 차이점은 점화원의 존재 유무이다.

23 단순 암기형

난이도 상 중 하

| 정답 | ②

| 해설 |

① 석탄은 분해연소이다.
② 목탄은 표면연소이다.
③ 목재는 분해연소이다.
④ 황은 증발연소이다.

24 단순 암기형

난이도 상 중 하

| 정답 | ③

| 해설 |

화재의 종류

구분	명칭
A급화재	일반화재
B급화재	유류화재
C급화재	전기화재
D급화재	금속화재

25 개념 이해형

난이도 상 중 하

| 정답 | ③

| 해설 |

묽은 질산(HNO_3)이 칼슘(Ca)과 반응하면 수소 기체(H_2)가 발생한다.

$$2HNO_3 + Ca \longrightarrow Ca(NO_3)_2 + H_2 \uparrow$$

26 단순 암기형

난이도 상 중 하

| 정답 | ④

| 해설 |

착화점은 점화원 없이 발화하는 최저의 온도이다.

27 개념 이해형

난이도 상 중 하

| 정답 | ①

| 해설 |

산소공급원 차단에 의한 소화는 질식효과이다.
촛불에 불을 붙이면 고체 상태의 초가 녹으면서 생긴 액체가 심지를 따라 올라간 뒤 기체로 바뀐 뒤 연소된다.
촛불을 입으로 바람을 불면 기체를 날려 보내는 효과가 있으므로 제거소화효과가 있다.

28 개념 이해형

난이도 상 중 하

| 정답 | ④

| 해설 |

전기화재가 발생한 경우 물로 소화하면 전기설비가 파괴되는 등 물은 피연소 물질에 대한 피해를 발생시킨다.

29 단순 암기형

난이도 상 중 하

| 정답 | ①

| 해설 |

① 제3종 분말 소화약제의 열분해 반응식이다.
② 제1류 위험물인 질산칼륨의 분해반응식이다.
③ 제1류 위험물인 과염소산칼륨의 분해반응식이다.
④ 탄산수소칼슘(위험물은 아님)의 분해반응식인데 계수가 맞지 않은 상태로 보기가 주어졌다.

30 단순 암기형

난이도 상 중 하

| 정답 | ③

| 해설 |

분말 소화설비의 기준

「위험물안전관리에 관한 세부기준」 제136조

가압용 또는 축압용 가스는 질소 또는 이산화탄소로 할 것

31 개념 이해형

난이도 상 중 하

| 정답 | ④

| 해설 |

표면화재란 연소가 고체의 표면에서 일어난 것이고, 심부화재는 표면에서 불이 붙은 후 내부로 열이 전달되어 내부에서도 연소반응이 일어나는 것이다.
이산화탄소 소화약제는 심부화재에도 적응성이 있으나 표면화재에 더 효과적이다.

32 단순 암기형

난이도 상 중 하

| 정답 | ①

| 해설 |

강화액 소화약제

물에 탄산칼륨(K_2CO_3)을 첨가하여 물의 어는점을 낮춰 겨울철에도 물이 얼지 않도록 하여 소화효과를 상승시킨 소화약제이다.

33 단순 암기형

난이도 상 중 하

| 정답 | ①

| 해설 |

특형은 고정지붕구조가 아니라 부상지붕구조의 탱크에 적합하다.

34 개념 이해형

난이도 상 중 하

| 정답 | ②

| 해설 |

① 전기절연성이 우수하다는 것은 전기가 통하지 않아야 한다는 것이다. 전기가 통하지 않아야 전기화재에 사용할 수 있다.
② 공기보다 무거워야 소화약제가 가연물 표면에 잘 부착할 수 있다.
③ 증발 잔유물이 없어야 소화 후 소화약제가 남지 않는다.
④ 소화약제는 불을 끄는 목적이므로 인화성은 없어야 한다.

35 단순 암기형

난이도 상 중 하

| 정답 | ②

| 해설 |

Halon 1301에서 각 숫자는 앞에서부터 C(탄소), F(플루오린), Cl(염소), Br(브로민), I(아이오딘)의 개수이다.
Halon 1301 → C 1개, F 3개, Br 1개 → CF_3Br

36 단순 암기형

난이도 상 중 하

| 정답 | ④

| 해설 |

간이소화용구(기타 소화설비)인 팽창질석은 삽을 상비한 경우 160L가 능력단위 1.0이다.

37 단순 계산형

난이도 상 중 하

| 정답 | ④

| 해설 |

(1) 제1종 분말소화약제의 분해반응식 작성

제1종 분말소화약제는 탄산수소나트륨이다.
탄산수소나트륨($NaHCO_3$)의 분해반응식
$2NaHCO_3 \longrightarrow Na_2CO_3 + CO_2 + H_2O$
탄산수소나트륨($NaHCO_3$)의 분자량 계산
$23+1+12+(16\times3)=84g/mol=84kg/kmol$
탄산수소나트륨 2kmol($2\times84kg$)이 분해되면 탄산가스 1kmol($22.4m^3$)이 발생한다.

(2) 필요한 탄산수소나트륨의 양 계산

$10m^3$의 탄산가스가 발생하기 위해 필요한 탄산수소나트륨의 양은 비례식으로 계산한다.
$2\times84kg : 22.4m^3 = x : 10m^3$

$$x=\frac{2\times84kg\times10m^3}{22.4m^3}=75kg$$

38 단순 암기형

난이도 상 중 하

| 정답 | ②

| 해설 |

알칼리금속과산화물은 물과 격렬하게 반응하여 많은 열과 산소를 발생시킨다.
알칼리금속과산화물에서 화재가 발생한 경우 물통을 사용하면 화재의 위험성이 더 커진다.

39 단순 암기형

난이도 상 중 하

| 정답 | ②

| 해설 |

① 제2류 위험물 중 인화성 고체 – 화기엄금
② 제3류 위험물 중 금수성 물질 – 물기엄금
③ 제4류 위험물 – 화기엄금
④ 제5류 위험물 – 화기엄금

40 단순 암기형

난이도 상 중 하

| 정답 | ④

| 해설 |

화학소방자동차가 갖추어야 하는 소화능력 기준

「위험물안전관리법 시행규칙」 별표 23

구분	소화능력 및 설비의 기준
포수용액 방사차	포수용액의 방사능력이 2,000L/min 이상일 것
분말 방사차	분말의 방사능력이 35kg/s 이상일 것
할로젠화합물 방사차	할로젠화합물의 방사능력이 40kg/s 이상일 것
이산화탄소 방사차	이산화탄소의 방사능력이 40kg/s 이상일 것
제독차	가성소다 및 규조토를 각각 50kg 이상 비치할 것

41 단순 암기형

난이도 상 중 하

| 정답 | ③

| 해설 |

유기과산화물은 제5류 위험물인 자기반응성물질이다.

42 단순 암기형

난이도 상 **중** 하

| 정답 | ②

| 해설 |

질산칼륨의 비중은 약 2.1이고, 녹는점은 약 339℃이다.
제1류 위험물은 대체로 비중이 1보다 크다.

43 단순 암기형

난이도 상 **중** 하

| 정답 | ③

| 해설 |

염소산칼륨을 고온에서 가열하면 분해되어 염화칼륨(KCl)과 산소(O_2)가 발생된다.

$2KClO_3 \longrightarrow 2KCl+3O_2$

44 단순 암기형

난이도 상 **중** 하

| 정답 | ③

| 해설 |

마그네슘(Mg)의 품명은 마그네슘으로 지정수량은 500kg이다.

45 단순 암기형

난이도 상 **중** 하

| 정답 | ③

| 해설 |

조해성은 고체가 공기 중으로 수분을 흡수하여 스스로 녹는 현상이다.
오황화인(P_2S_5), 칠황화인(P_4S_7)은 조해성이 있지만 삼황화인(P_4S_3)만 조해성이 없다.

46 단순 암기형

난이도 상 **중** 하

| 정답 | ③

| 해설 |

보기에 있는 위험물의 품명, 지정수량

구분	유별	품명	지정수량
철분(Fe분)	제2류	철분	500kg
아연(Zn분)	제2류	금속분	500kg
나트륨(Na)	제3류	나트륨	10kg
마그네슘(Mg)	제2류	마그네슘	500kg

47 단순 암기형

난이도 상 중 **하**

| 정답 | ②

| 해설 |

인화칼슘(Ca_3P_2)은 제3류 위험물로 금속의 인화물에 해당된다.
인화칼슘이 물과 반응하면 포스핀 가스(PH_3)가 발생한다.

$Ca_3P_2+6H_2O \longrightarrow 3Ca(OH)_2+2PH_3\uparrow$

48 개념 이해형

난이도 상 **중** 하

| 정답 | ③

| 해설 |

수소화나트륨(NaH)은 제3류 위험물 중 금속의 수소화물이다.
수소화나트륨(NaH)이 물과 만나면 수소 기체(H_2)가 발생하므로 주수소화 할 수 없다.

$NaH+H_2O \longrightarrow NaOH+H_2\uparrow$

49 개념 이해형

난이도 상 중 **하**

| 정답 | ①

| 해설 |

정전기를 방지시키기 위해서는 공기 중의 상대습도를 70% 이상으로 유지하는 것이 좋다.

50 단순 암기형

난이도 상 중 **하**

| 정답 | ①

| 해설 |

등유는 제2석유류이다.
벤젠, 메틸에틸케톤, 톨루엔은 모두 제1석유류이다.

51 단순 암기형

난이도 상 중 **하**

| 정답 | ③

| 해설 |

벤젠은 제1석유류이고, 이황화탄소(CS_2)는 특수인화물이므로 이황화탄소의 인화점이 벤젠보다 낮다.
벤젠의 인화점: 약 −11℃
이황화탄소(CS_2)의 인화점: 약 −30℃

52 단순 암기형

난이도 상 중 **하**

| 정답 | ③

| 해설 |

동식물유류는 아이오딘값이 클수록 자연발화의 위험성이 크다.
아마인유가 건성유로 아이오딘값이 130 이상이므로 자연발화의 위험성이 가장 크다.
야자유, 올리브유, 피마자유는 모두 불건성유로 자연발화의 위험성이 적다.

53 개념 이해형

난이도 상 **중** 하

| 정답 | ①

| 해설 |

① 트리나이트로톨루엔으로 제5류 위험물 중 나이트로화합물로 자기연소가 가능하다.
② 메틸에틸케톤으로 제4류 위험물 중 제1석유류이다.
③ 과염소산나트륨으로 제1류 위험물 중 과염소산염류이다.
④ 질산으로 제6류 위험물이다.

54 개념 이해형

난이도 상 **중** 하

| 정답 | ①

| 해설 |

과산화벤조일의 발화점은 약 125℃ 정도이고, 충격, 마찰 등에 의해 폭발할 수 있다.

55 개념 이해형

난이도 상 중 **하**

| 정답 | ④

| 해설 |

질산(HNO_3), 과염소산($HClO_4$), 과산화수소(H_2O_2)는 모두 제6류 위험물이다.
제6류 위험물은 산화성 액체로 다른 물질에게 산소공급원 역할을 할 수 있지만 자체로는 불연성 물질이다.

56 개념 이해형

난이도 상 중 **하**

| 정답 | ①

| 해설 |

제6류 위험물은 옥내소화전설비와 같이 물을 이용한 소화설비로 소화한다.

57 단순 암기형

난이도 상 **중** 하

| 정답 | ④

| 해설 |

① 황(S)은 제2류 위험물로 특별한 피복으로 가리지 않아도 된다.
② 마그네슘(Mg)은 제2류 위험물 중 철분 · 금속분 · 마그네슘 또는 이들 중 어느 하나 이상을 함유한 것으로 방수성이 있는 피복으로 가려야 한다.
③ 벤젠(C_6H_6)은 제4류 위험물 중 제1석유류로 특별한 피복으로 가리지 않아도 된다.
④ 과염소산($HClO_4$)은 제6류 위험물로 차광성이 있는 피복으로 가려야 한다.

58 단순 암기형

난이도 상 중 **하**

| 정답 | ④

| 해설 |

① 20m 이상
② 5m 이상
③ 30m 이상
④ 50m 이상

59 단순 계산형

난이도 상 중 **하**

| 정답 | ①

| 해설 |

가솔린: 제4류 위험물, 제1석유류(비수용성) → 지정수량 200L
위험물은 지정수량의 10배를 1소요단위로 한다.

$$소요단위=\frac{2,000L}{200L\times 10}=1$$

60 단순 암기형

난이도 상 중 **하**

| 정답 | ④

| 해설 |

황린은 자연발화를 방지하고, 인화수소의 발생을 방지하기 위해 약알칼리성(pH 9 정도)의 물속에 저장한다.

기출복원 모의고사 2회

01	02	03	04	05	06	07	08	09	10
③	③	②	①	②	③	②	④	②	④
11	12	13	14	15	16	17	18	19	20
①	①	③	②	②	③	③	①	④	②
21	22	23	24	25	26	27	28	29	30
④	③	④	③	②	②	①	③	③	①
31	32	33	34	35	36	37	38	39	40
④	③	①	②	③	②	④	③	②	①
41	42	43	44	45	46	47	48	49	50
④	②	③	①	①	④	③	②	③	②
51	52	53	54	55	56	57	58	59	60
②	①	①	④	③	①	④	④	④	③

01 단순 암기형

난이도 상 **중** 하

| 정답 | ③

| 해설 |

Al의 원자번호는 13번이다.
"원자번호=양성자수"이므로 양성자수는 13이다.
"양성자수=전자수"이므로 전자수도 13이어야 하나, 이 문제는 알루미늄 이온(Al^{3+})으로 전자를 3개 잃었으므로 전자수는 10이다.
Al의 원자량은 27로 질량수는 27이다.
"질량수=원자번호+중성자수"이다.
중성자수=질량수−원자번호=27−13=14

02 개념 이해형

난이도 상 중 **하**

| 정답 | ③

| 해설 |

물(H_2O)이 산으로 작용하기 위해서는 양성자(H^+)를 내어 놓아야 한다.
물(H_2O)이 산으로 작용하면 양성자(H^+)를 내어놓고 반응 후에 OH^-가 된다.
보기에서 ③번 반응만 반응 후에 OH^-가 있기 때문에 물이 산으로 작용했다.

03 개념 이해형

난이도 상 중 **하**

| 정답 | ②

| 해설 |

나트륨(Na)의 원자번호는 11이다.
나트륨이 전자 하나를 잃고 Na^+ 이온이 되었기 때문에 전자개수가 10이다.
① 헬륨(He): 원자번호 2 → 전자 2개
② 네온(Ne): 원자번호 10 → 전자 10개
③ 마그네슘(Mg): 원자번호 12 → 전자 12개
④ 리튬(Li): 원자번호 3 → 전자 3개

04 단순 암기형

난이도 상 **중** 하

| 정답 | ①

| 해설 |

옥텟규칙은 원자가 전자를 잃거나 얻어 마지막 전자껍질의 전자개수가 8개로 되려는 경향이다.
게르마늄(Se)의 원자번호는 32이다.
전자배치: $1s^22s^22p^63s^23p^64s^23d^{10}4p^2$
게르마늄(Se)이 옥텟규칙을 만족하려면 전자 4개를 얻어서 4번째 전자껍질의 전자개수가 8개가 돼야 한다.
이 경우 게르마늄의 전자개수는 36개이다.
크립톤(Kr)의 원자번호가 36 → 전자개수가 36개

05 단순 계산형

난이도 상 중 **하**

| 정답 | ②

| 해설 |

$pH=-\log[H^+]$
$pH=-\log[0.001]=3$

06 단순 암기형

난이도 상 **중** 하

| 정답 | ③

| 해설 |

CH_3COOH은 아세트산으로 약한 산이다.
황산(H_2SO_4), 염산(HCl), 질산(HNO_3)은 모두 강한 산으로 3대 강산이라고도 한다.

07 복합 계산형

난이도 **상** 중 하

| 정답 | ②

| 해설 |

(1) 비중을 이용하여 포화용액 100mL를 g으로 환산

$$100mL\times\frac{1.4g}{mL}=140g$$

(2) 100℃ **포화용액에서 용매, 용질의 질량 계산**

100℃에서의 용해도: 180

포화용액(물+용질) 280g에 용질이 180g 녹는다.

포화용액 140g에 녹아 있는 용질의 양은 비례식으로 계산한다.

280g : 180g=140g : x

$$x=\frac{180g\times140g}{280g}=90g$$

100℃ 포화용액 140g: 용매(물) 50g, 용질 90g

(3) 20℃**에서 포화용액으로 만들기 위한 물의 양 계산**

20℃에서의 용해도: 100

포화용액은 용매(물)과 용질의 질량이 1 : 1이다.

(2)에서 용매(물) 50g, 용질 90g이었으므로 용매(물) 40g을 더 넣어주면 용매와 용질의 질량이 1 : 1이 되고 포화용액이 된다.

08 단순 암기형

난이도 상 중 **하**

| 정답 | ④

| 해설 |

보호콜로이드는 소수콜로이드의 전해질에 대한 불안정도를 줄이기 위해 사용하는 친수콜로이드이다.

먹물의 경우에는 아교가 탄소 입자의 분산에 대해 보호콜로이드로써 작용한다.

09 단순 암기형

난이도 상 **중** 하

| 정답 | ②

| 해설 |

뷰렛반응은 단백질 검출반응이다.

5% 수산화나트륨 용액과 1% 황산구리 수용액을 섞어서 만든 뷰렛용액을 단백질이 포함된 시약에 넣으면 보라색으로 변한다.

10 단순 계산형

난이도 상 **중** 하

| 정답 | ④

| 해설 |

H_2의 분자량=1×2=2

Cl_2의 분자량=35.5×2=71

CH_4의 분자량=12+(1×4)=16

CO_2의 분자량=12+(16×2)=44

가장 무거운 분자: Cl_2

가장 가벼운 분자: H_2

$\frac{71}{2}$=35.5배

11 개념 이해형

난이도 **상** 중 하

| 정답 | ①

| 해설 |

반응 전후의 산화수 비교

산화수가 증가(전자를 잃음)하면 산화이고, 산화수가 감소(전자를 얻음)되면 환원이다.

구분	반응 전	반응 후	산화, 환원 여부
Cu	0	+2	산화
N	+5	+2	환원
O	−2	−2	−
H	+1	+1	−

12 단순 암기형

난이도 상 중 **하**

| 정답 | ①

| 해설 |

문제에서 제시된 Na, Li, Cs, K, Rb은 모두 알칼리금속이다.

알칼리금속의 반응성은 원자번호가 증가할수록 커진다.

Cs > Rb > K > Na > Li

13 개념 이해형

난이도 상 중 **하**

| 정답 | ③

| 해설 |

할로젠 원소의 전기음성도 크기는 다음과 같다.

F > Cl > Br > I

전기음성도란 원소가 전자를 얻고 음이온이 되려는 성질이다.

전기음성도가 큰 F가 수소와 결합했을 때 결합에너지도 크다.

14 단순 계산형

난이도 상 **중** 하

| 정답 | ②

| 해설 |

전체 질량을 100g으로 가정하면 산소와 황은 각각 50g이다.

산소(O)의 mol 수$=50g\times\frac{mol}{16g}=3.125mol$

황(S)의 mol 수$=50g\times\frac{mol}{32g}=1.5625mol$

S : O=1.5625g : 3.125g

S : O=1 : 2

실험식=SO_2

15 단순 계산형

난이도 상 중 하

| 정답 | ②

| 해설 |

$T_1 = 20 + 273 = 293K$

$T_2 = 40 + 273 = 313K$

압력의 변화는 없다고 했으므로 P_1, P_2는 무시한다.

$$\frac{V_1}{T_1} = \frac{V_2}{T_2}$$

$$V_2 = \frac{T_2}{T_1} \times V_1 = \frac{313K}{293K} \times 600mL = 640.955mL$$

16 단순 암기형

난이도 상 중 하

| 정답 | ③

| 해설 |

구분	일반식	예시
Alkane(알케인)	C_nH_{2n+2}	CH_4
Alkene(알켄)	C_nH_{2n}	C_2H_4
Alkyne(알카인)	C_nH_{2n-2}	C_2H_2

17 개념 이해형

난이도 상 중 하

| 정답 | ③

| 해설 |

은거울 반응을 하는 화합물은 알데하이드기(−CHO)가 존재하는 화합물이다.

포름알데하이드(HCHO)가 알데하이드기(−CHO)를 가지는 화합물이다.

18 개념 이해형

난이도 상 중 하

| 정답 | ①

| 해설 |

에틸렌으로 에탄올을 만들 때 사용하는 촉매는 황산(H_2SO_4)이다.

19 단순 암기형

난이도 상 중 하

| 정답 | ④

| 해설 |

아닐린은 모두 분자 내에 벤젠 고리가 포함된다.

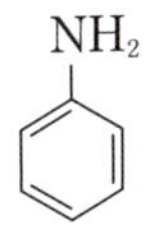

▲ 아닐린

20 단순 계산형

난이도 상 중 하

| 정답 | ②

| 해설 |

밀도=질량/부피

표준상태(0℃, 1기압)에서 기체 1mol의 부피=22.4L

$$1.25g/L = \frac{x}{22.4L}$$

$x = 1.25g/L \times 22.4L = 28g$

보기에서는 ②번 C_2H_4의 분자량이 28이다.

C_2H_4의 분자량$=(12 \times 2) + (1 \times 4) = 28g/mol$

21 단순 암기형

난이도 상 중 하

| 정답 | ④

| 해설 |

양초(파라핀)과 같은 고체가 가열되면 액체로 변하고, 가연성 가스가 발생한다.

이러한 방식으로 가연성 가스가 발생되어 연소하는 형태가 증발연소이다.

22 단순 암기형

난이도 상 중 하

| 정답 | ③

| 해설 |

B−2: B급화재(유류화재)에 사용할 수 있는 능력단위 2단위의 소화기

23 개념 이해형

난이도 상 중 하

| 정답 | ④

| 해설 |

발화점은 외부의 점화원 없이 연소가 시작되는 온도로 발화점이 낮을수록 연소가 잘 된다.

24 단순 암기형

난이도 상 중 **하**

| 정답 | ③

| 해설 |

전기불꽃에너지 공식

$E=\frac{1}{2}QV=\frac{1}{2}CV^2$

E: 전기불꽃에너지
Q: 전기량(전하량)
C: 전기용량
V: 방전전압

25 단순 암기형

난이도 상 중 **하**

| 정답 | ②

| 해설 |

제2종 분말 소화약제는 탄산수소칼륨($KHCO_3$)을 주성분으로 한 분말이다.

26 개념 이해형

난이도 상 중 **하**

| 정답 | ②

| 해설 |

이산화탄소(CO_2)가 물에 용해되면 탄산(H_2CO_3)이 생성되어 약산성을 나타낸다.

27 단순 암기형

난이도 상 중 **하**

| 정답 | ①

| 해설 |

물분무 등 소화설비의 종류

- 물분무 소화설비
- 포소화설비
- 불활성가스 소화설비
- 분말 소화설비

28 단순 암기형

난이도 상 중 **하**

| 정답 | ③

| 해설 |

예방규정을 정해야 하는 제조소 등

「위험물안전관리법 시행령」 제15조

- 지정수량의 10배 이상의 위험물을 취급하는 제조소
- 지정수량의 100배 이상의 위험물을 저장하는 옥외저장소
- 지정수량의 150배 이상의 위험물을 저장하는 옥내저장소
- 지정수량의 200배 이상의 위험물을 저장하는 옥외탱크저장소

29 단순 암기형

난이도 상 중 **하**

| 정답 | ③

| 해설 |

자체소방대를 설치하여야 하는 사업소

「위험물안전관리법 시행령」 제18조

제조소 또는 일반취급소에서 취급하는 제4류 위험물의 최대수량의 합이 지정수량의 3천배 이상인 경우

30 단순 암기형

난이도 상 **중** 하

| 정답 | ①

| 해설 |

금수성 물질의 위험물 제조소에는 물기엄금을 표시한다.
물기엄금은 청색바탕에 백색문자로 표시한다.

31 개념 이해형

난이도 상 **중** 하

| 정답 | ④

| 해설 |

옥내소화전의 수원의 수량은 옥내소화전이 가장 많이 설치된 층의 옥내소화전 설치개수(설치개수가 5개 이상인 경우는 5개)에 $7.8m^3$를 곱한 양 이상이 되도록 한다.
설치개수가 3개 이므로 3개를 적용한다.
수량$=3\times7.8=23.4m^3$

32 단순 암기형

난이도 상 중 **하**

| 정답 | ③

| 해설 |

전기설비의 소화설비 설치기준

「위험물안전관리법 시행규칙」 별표17

제조소 등에 전기설비(전기배선, 조명기구 등은 제외)가 설치된 경우에는 당해 장소의 면적 $100m^2$마다 소형수동식소화기를 1개 이상 설치할 것

33 개념 이해형

난이도 상 중 **하**

| 정답 | ①

| 해설 |

과산화칼륨이 물과 반응하면 수산화칼륨과 산소가 발생되기 때문에 주수소화는 적절하지 않다.

34 개념 이해형

난이도 상 중 **하**

| 정답 | ②

| 해설 |

탄화칼슘: 제3류, 칼슘의 탄화물 → 지정수량 300kg

위험물은 지정수량의 10배를 1소요단위로 하므로 탄화칼슘 60,000kg에 대한 소요단위는 다음과 같다.

$$소요단위=\frac{60{,}000\text{kg}}{300\text{kg}\times 10}=20단위$$

35 단순 암기형

난이도 상 중 **하**

| 정답 | ③

| 해설 |

옥내소화전설비의 기준

「위험물안전관리에 관한 세부기준」 제129조

옥내소화전설비의 비상전원은 자가발전설비 또는 축전지설비에 의하되 용량은 옥내소화전설비를 유효하게 45분 이상 작동시키는 것이 가능할 것

36 단순 계산형

난이도 상 중 **하**

| 정답 | ②

| 해설 |

위험물취급소(외벽이 내화구조)의 1소요단위: 100m^2

$$위험물\ 취급소의\ 소요단위=\frac{500\text{m}^2}{100\text{m}^2}=5$$

37 단순 계산형

난이도 상 중 **하**

| 정답 | ④

| 해설 |

종으로 설치한 원통형 탱크의 내용적 계산

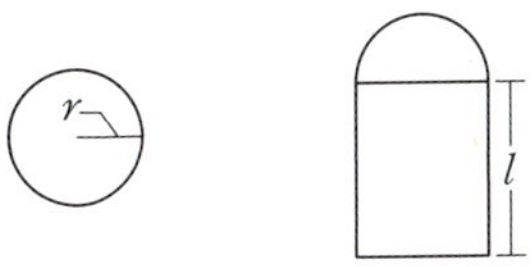

$$내용적=\pi r^2 l=\pi\times 10^2\times 25=7{,}853.981\text{m}^3$$

38 단순 암기형

난이도 상 중 **하**

| 정답 | ③

| 해설 |

옥외소화전설비의 기준

「위험물안전관리에 관한 세부기준」 제130조

옥외소화전함은 불연재료로 제작하고 옥외소화전으로부터 보행거리 5m 이하의 장소로서 화재발생 시 쉽게 접근이 가능하고 화재 등의 피해를 받을 우려가 적은 장소에 설치할 것

39 개념 이해형

난이도 상 중 **하**

| 정답 | ②

| 해설 |

이산화탄소 소화설비의 종류

구분	내용
전역 방출방식	• 일정 방호구역 전체에 이산화탄소를 방출하는 것이다. • 해당 부분의 구획을 밀폐한 후 이산화탄소를 방출한다.
국소 방출방식	화재가 발생할 가능성이 비교적 낮은 실내에서 특정 장치나 기계에 이산화탄소를 방출하는 것이다.

40 개념 이해형

난이도 상 중 **하**

| 정답 | ①

| 해설 |

포소화약제는 발포방법에 따라 화학포와 기계포로 구분한다.

화학포의 주성분은 황산알루미늄과 탄산수소나트륨이다.

41 단순 암기형

난이도 상 중 **하**

| 정답 | ④

| 해설 |

제1류 위험물인 질산칼륨(KNO_3)에 제2류 위험물인 황(S)과 탄소(숯)을 혼합하면 흑색화약이 된다.

42 개념 이해형

난이도 상 중 **하**

| 정답 | ②

| 해설 |

과산화나트륨(Na_2O_2)이 물(H_2O)과 반응하면 수산화나트륨($NaOH$)과 산소(O_2)가 발생한다.

$$2Na_2O_2+2H_2O \longrightarrow 4NaOH+O_2\uparrow$$

기출복원 모의고사

43 단순 암기형

난이도 상 중 **하**

| 정답 | ③

| 해설 |

제2류 위험물의 지정수량

품명	지정수량
황화인	100kg
적린	100kg
황	100kg
철분	500kg
금속분	500kg
마그네슘	500kg
인화성 고체	1,000kg

44 개념 이해형

난이도 상 중 **하**

| 정답 | ①

| 해설 |

① 제2류 위험물은 가연성 고체로 연소속도가 빠르다.
② 제5류 위험물에 해당되는 설명이다.
③ 화재 시 자신이 산화되고 다른 물질을 환원시킨다.
④ 연소열이 많아 초기화재에도 발견하기 쉽다.

45 단순 암기형

난이도 상 중 **하**

| 정답 | ①

| 해설 |

황(S)이 연소되면 이산화황(SO_2)이 생성된다.

$S+O_2 \longrightarrow SO_2$

이산화황(SO_2)은 자극적인 냄새가 있고, 독성도 있다.

46 개념 이해형

난이도 상 중 **하**

| 정답 | ④

| 해설 |

금속 칼륨, 나트륨 등은 물과 만나면 폭발적으로 반응하여 수소를 생성시키므로 물에 닿지 않도록 등유, 경유, 유동파라핀에 저장해야 한다.

칼륨이 에탄올과 만나면 수소 가스가 발생한다.

47 단순 암기형

난이도 상 **중** 하

| 정답 | ③

| 해설 |

① 나트륨(Na)이 물과 접촉하면 수소가 발생한다.

$2Na+2H_2O \longrightarrow 2NaOH+H_2\uparrow$

② 수소화칼슘(CaH_2)이 물과 접촉하면 수소가 발생한다.

$CaH_2+2H_2O \longrightarrow Ca(OH)_2+2H_2\uparrow$

③ 인화칼슘(Ca_3P_2)이 물과 접촉하면 포스핀이 발생한다.

$Ca_3P_2+6H_2O \longrightarrow 3Ca(OH)_2+2PH_3\uparrow$

④ 수소화나트륨(NaH)이 물과 접촉하면 수소가 발생한다.

$NaH+H_2O \longrightarrow NaOH+H_2\uparrow$

48 개념 이해형

난이도 상 중 **하**

| 정답 | ②

| 해설 |

제4류 위험물은 물보다 가벼운 성질이 있다.

제4류 위험물 화재 시 물로 소화하면 물 위에 위험물이 떠서 이동하며 연소면이 확대될 수 있다.

49 단순 암기형

난이도 상 **중** 하

| 정답 | ③

| 해설 |

① 아세트알데하이드(CH_3CHO): 특수인화물
② 벤젠(C_6H_6): 제1석유류
③ 스틸렌($C_6H_5CH=CH_2$): 제2석유류
④ 아닐린($C_6H_5NH_2$): 제3석유류

스틸렌은 발암물질에 해당될 정도로 독성이 있다.

50 단순 암기형

난이도 상 **중** 하

| 정답 | ②

| 해설 |

아세트알데하이드, 산화프로필렌은 동, 은, 수은, 마그네슘 등과 접촉하면 폭발성이 있는 아세틸라이드를 생성하므로 주의가 필요하다.

51 개념 이해형

난이도 **상** 중 하

| 정답 | ②

| 해설 |

나이트로글리세린{$C_3H_5(ONO_2)_3$}의 분해반응식은 다음과 같다.

$4C_3H_5(ONO_2)_3 \longrightarrow 12CO_2\uparrow + 10H_2O\uparrow + 6N_2\uparrow + O_2\uparrow$

4몰의 나이트로글리세린이 분해되면 12mol의 이산화탄소(CO_2), 10mol의 수증기(H_2O), 6mol의 질소(N_2), 1mol의 산소(O_2)가 발생한다.

발생하는 기체의 총 mol수 $= 12+10+6+1=29$mol

52 단순 암기형

난이도 상 중 **하**

| 정답 | ①

| 해설 |

위험물에 해당되는 기준

「위험물안전관리법 시행령」 별표1

과산화수소는 그 농도가 36wt% 이상인 것을 위험물로 분류한다.

53 단순 암기형

난이도 상 중 **하**

| 정답 | ①

| 해설 |

질산(HNO_3)은 제6류 위험물로 공기 중에서 햇빛을 받으면 갈색의 연기를 발생시키기 때문에 햇빛을 차단할 수 있는 갈색병에 보관한다.

과산화수소(H_2O_2)도 제6류 위험물이지만 햇빛을 받았을 때 갈색의 연기를 발생시키지는 않고 상온에서 서서히 분해되어 색깔과 냄새가 없는 산소 기체(O_2)를 발생시킨다.

54 단순 암기형

난이도 상 **중** 하

| 정답 | ④

| 해설 |

제2류 위험물 중 철분 · 금속분 · 마그네슘 또는 이들 중 어느 하나 이상을 함유한 것은 위험물을 운반할 때 방수성이 있는 피복으로 덮어야 한다.

TNT(트리나이트로톨루엔), 이황화탄소, 과염소산은 모두 차광성이 있는 피복으로 가려야 한다.

55 단순 암기형

난이도 상 **중** 하

| 정답 | ③

| 해설 |

유기과산화물을 저장하는 옥내저장소의 기준

「위험물안전관리법 시행규칙」 별표5

저장창고의 창은 바닥면으로부터 2m 이상의 높이에 두되, 하나의 벽면에 두는 창의 면적의 합계를 당해 벽면의 면적의 80분의 1 이내로 하고, 하나의 창의 면적을 $0.4m^2$ 이내로 할 것

56 단순 계산형

난이도 **상** 중 하

| 정답 | ①

| 해설 |

(1) **아세톤 150톤(150,000kg)을 L로 변환**

아세톤의 비중이 0.79이므로 밀도는 0.79kg/L이다.

$$150{,}000\text{kg} \times \frac{\text{L}}{0.79\text{kg}} = 189{,}873\text{L}$$

(2) **아세톤 189,873L가 지정수량의 몇 배인지 계산**

아세톤: 제1석유류(수용성), 지정수량 400L

$$\frac{189{,}873\text{L}}{400\text{L}} = 474.68\text{배}$$

(3) **공지의 너비 산정**

지정수량의 500배 이하 → 공지의 너비 3m 이상

57 단순 암기형

난이도 상 중 **하**

| 정답 | ④

| 해설 |

유별을 달리하는 위험물의 혼재기준

위험물안전관리법 시행규칙 별표 19

구분	제1류	제2류	제3류	제4류	제5류	제6류
제1류		×	×	×	×	○
제2류	×		×	○	○	×
제3류	×	×		○	×	×
제4류	×	○	○		○	×
제5류	×	○	×	○		×
제6류	○	×	×	×	×	

58 개념 이해형

난이도 상 중 **하**

| 정답 | ④

| 해설 |

알루미늄분은 물과 반응하면 수소 가스가 발생하므로 물에 적셔서 저장하면 안 된다.

59 단순 암기형

난이도 상 중 **하**

| 정답 | ④

| 해설 |

아세톤은 물, 알코올, 에터 등 일반적인 용매에 잘 녹는다.

60 개념 이해형

난이도 **상** 중 하

| 정답 | ③

| 해설 |

① 삼황화인은 황색의 결정이다.

② P_4S_3의 연소 생성물은 P_2O_5와 SO_2이다.

③, ④ P_2O_5(오황화인), P_4S_7(칠황화인)은 조해성이 있고, 물과 만나면 H_3PO_4와 H_2S가 발생한다.

기출복원 모의고사 3회

01	02	03	04	05	06	07	08	09	10
②	③	③	④	②	④	③	①	④	①
11	12	13	14	15	16	17	18	19	20
②	①	②	③	④	②	④	①	①	④
21	22	23	24	25	26	27	28	29	30
①	③	①	③	①	③	②	②	④	①
31	32	33	34	35	36	37	38	39	40
④	②	④	②	④	②	②	②	①	④
41	42	43	44	45	46	47	48	49	50
②	②	④	②	④	③	①	③	①	④
51	52	53	54	55	56	57	58	59	60
③	③	③	②	②	②	④	②	④	③

01 단순 계산형

난이도 상 **중** 하

| 정답 | ②

| 해설 |

'원자번호＝양성자수'이다.

양성자수가 20이므로 원자번호가 20번인 Ca이 답이 된다.

문제에 20개의 양성자와 20개의 중성자를 가지고 있다고 했으므로 Ca의 원자량은 40인 것도 알 수 있다.

02 개념 이해형

난이도 상 **중** 하

| 정답 | ③

| 해설 |

제3주기에서는 오른쪽에 있는 원자일수록 음이온이 되기 쉽다.

① 같은 주기에서 왼쪽에 있는 원자가 금속성이 크다.

② 같은 주기에서 오른쪽으로 갈수록 양성자 수가 많아지므로 전자를 당기는 힘이 강해져 반지름이 작아진다. 따라서 같은 주기에서 원자의 반지름이 작을수록 음이온이 되기 쉽다.

③ 같은 주기에서 오른쪽으로 갈수록 전자의 수가 많아지므로 최외각 전자수가 많아진다.

④ 염기성 산화물을 만드는 것과 음이온이 되는 것은 큰 관련이 없다.

03 개념 이해형

난이도 상 중 **하**

| 정답 | ③

| 해설 |

전자껍질의 명칭

구분	명칭
첫 번째(n＝1) 전자껍질	K껍질
첫 번째(n＝2) 전자껍질	L껍질
첫 번째(n＝3) 전자껍질	M껍질

M껍질에는 s오비탈에 전자가 2개, p오비탈에 전자가 5개 들어 있으므로 총 7개의 전자가 들어 있다.

04 개념 이해형

난이도 **상** 중 하

| 정답 | ④

| 해설 |

① S^{2-} : S의 원자번호 16 → 전자 두 개 얻음 → 전자의 개수 18

② Cl^{-} : Cl의 원자번호 17 → 전자 한 개 얻음 → 전자의 개수 18

③ K^{+} : K의 원자번호 19 → 전자 한 개 잃음 → 전자의 개수 18

④ Ca^{2-} : Ca의 원자번호 20번 → 전자 두 개 잃음
→ 전자의 개수 18

보기에 있는 물질은 모두 전자의 개수가 18개로 동일하다.

반지름은 원자핵과 전자의 인력에 의해 결정된다.

원자핵(원자번호 수)이 가장 많은 Ca^{2+}가 18개의 전자를 가장 강한 힘으로 끌어당기므로 반지름이 가장 작다.

05 단순 암기형

난이도 상 중 **하**

| 정답 | ②

| 해설 |

물(H_2O)는 분자 사이에 수소결합이 존재한다.

수소결합이 있는 화합물은 비슷한 분자량의 화합물에 비하여 끓는점, 녹는점 등이 높게 나타난다.

물이 소화약제로 잘 쓰일 수 있는 이유도 물 분자 사이에 수소결합이 있어 끓는점이 높아 주위의 열을 잘 흡수하기 때문이다.

06 개념 이해형

난이도 상 중 하

| 정답 | ④

| 해설 |

분자 모양	내용
H－F	전자를 끌어당기는 힘이 F가 H보다 강하므로 극성이다.
O (H H)	전자를 끌어당기는 힘이 O가 H보다 강하므로 극성이다.
H－N－H (H)	전자를 수소가 네 방향이 아니라 세 방향에서 잡아당기고 있기 때문에 극성이다.
H－C－H (H, H)	전자를 수소가 네 방향에서 균일하게 잡아당기고 있기 때문에 비극성이다.

07 단순 계산형

난이도 상 중 하

| 정답 | ③

| 해설 |

헨리의 법칙에 의하면 기체의 용해도는 용매와 평형을 이루고 있는 그 기체의 부분압력에 비례한다.

압력이 1/4로 줄어들면 이산화탄소의 용해도가 1/4만큼 줄어든다.

$10.8g \times \frac{1}{4} = 2.7g$

방출되는 이산화탄소의 양$=10.8g-2.7g=8.1g$

08 단순 계산형

난이도 상 중 하

| 정답 | ①

| 해설 |

CH_4의 분자량$=12+(1\times4)=16g/mol$

CH_4 16g은 1mol이다.

CH_4 1mol에는 C 1mol과 H 4mol이 포함되어 있다.

09 개념 이해형

난이도 상 중 하

| 정답 | ④

| 해설 |

(1) **에탄(C_2H_6)의 연소식 작성**

$2C_2H_6+7O_2 \longrightarrow 4CO_2+6H_2O$

C_2H_6의 분자량$=(12\times2)+(1\times6)=30g/mol$

에탄 30g(1mol)을 연소시키면 이산화탄소(CO_2) 2mol, 물(H_2O) 3mol이 발생한다.

(2) **이산화탄소와 수증기의 분자수 계산**

아보가드로의 법칙에 의해 기체 1mol의 분자수는 6.02×10^{23}개다.

(1)에서 총 5mol의 이산화탄소와 물이 생성된다.

분자수$=5\times6.02\times10^{23}=3.01\times10^{24}=30\times10^{23}$

10 단순 계산형

난이도 상 중 하

| 정답 | ①

| 해설 |

보기의 밑줄 친 원소를 x라고 하고 산화수를 구한다.

① $2x+(-2\times7)=-2$

$x=\frac{-2+14}{2}=+6$

② $(+1\times3)+x+(-2\times4)=0$

$x=8-3=+5$

③ $+1+x+(-2\times3)=0$

$x=6-1=+5$

④ $+1+x+(-2\times3)=0$

$x=6-1=+5$

11 단순 계산형

난이도 상 중 하

| 정답 | ②

| 해설 |

$T_1=273+21=294K$

$T_2=273+49=322K$

보일－샤를의 법칙으로 P_2를 계산한다.

$\frac{P_1V_1}{T_1}=\frac{P_2V_2}{T_2}$

$P_2=\frac{P_1V_1}{T_1}\times\frac{T_2}{V_2}=\frac{1.4\times250}{294}\times\frac{322}{300}=1.277atm$

12 단순 계산형

난이도 상 중 하

| 정답 | ①

| 해설 |

(1) **Ag와 Cl의 몰농도 계산**

AgCl의 용해도가 0.0016g/L이므로 AgCl을 1L의 물에 녹이면 Ag^+와 Cl^-가 각각 0.0016g이 있는 것이다.

AgCl 1몰이 용해되면 Ag^+와 Cl^-이 각각 1몰씩 생기는 것이므로 Ag^+와 Cl^-의 몰농도(mol/L)는 다음과 같이 계산할 수 있다.

$\frac{0.0016g}{L}\times\frac{1mol}{143.5g}=1.115\times10^{-5}mol/L$

AgCl의 분자량$=108+35.5=143.5g/mol$

(2) **용해도곱 계산**

용해도곱=양이온 몰농도×음이온 몰농도

$=(1.115\times10^{-5})^2=1.243\times10^{-10}$

13 단순 암기형

난이도 상 중 하

| 정답 | ②

| 해설 |

① 이온화 경향이 큰 아연(Zn)이 (−)극이다.

② (+)극에서는 전자를 얻는 반응이 일어난다.
전자를 얻는 반응은 환원반응이다.

③, ④ 전자는 (−)극에서 (+)극으로 이동하고, 전류는 (+)극에서 (−)극으로 이동한다.
전류의 방향은 전자의 이동 방향과 반대이다.

14 단순 계산형

난이도 상 중 하

| 정답 | ③

| 해설 |

$pOH=-\log[0.0016]=2.795$

$pH+pOH=14$

$pH=14-pOH=14-2.795=11.205$

15 단순 계산형

난이도 상 중 하

| 정답 | ④

| 해설 |

$$a=\sqrt{\frac{K_a}{M}}=\sqrt{\frac{1.8\times10^{-5}}{0.1}}=0.013=1.3\times10^{-2}$$

16 단순 계산형

난이도 상 중 하

| 정답 | ②

| 해설 |

(1) **물에 녹는 A 물질의 몰랄농도(m) 계산**

2.9g을 몰수로 환산한다.

$$2.9g\times\frac{mol}{58g}=0.05mol$$

$$\text{몰랄농도(m)}=\frac{0.05mol}{0.2kg}=0.25m$$

(2) **어는점 내림정도 계산**

$\Delta T_f=m\times K_f=0.25\times1.86=0.465℃$

어는점이 0.465℃ 낮아진다.

용액의 어는점: −0.465℃

17 개념 이해형

난이도 상 중 하

| 정답 | ④

| 해설 |

CH_4는 비공유 전자쌍이 0개이고, NH_3는 비공유 전자쌍이 1개이고, H_2O는 비공유 전자쌍이 2개이다.
비공유 전자쌍이 있으면 서로 반발력이 작용하여 결합각의 크기가 달라진다.

구분	구조식	비공유 전자쌍
CH_4	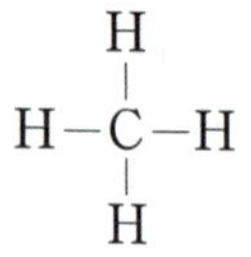	0
NH_3	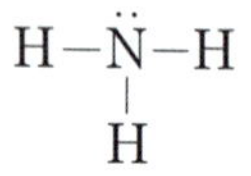	1
H_2O	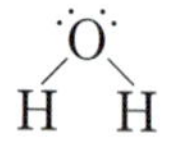	2

18 개념 이해형

난이도 상 중 하

| 정답 | ①

| 해설 |

SO_2는 반응 후에 산소를 잃고 S가 되었기 때문에 환원되었다.
SO_2가 환원되었다는 것은 SO_2가 산화제로 작용한 것이다.
촉매란 반응에 직접 참여하지는 않으면서 반응속도에만 영향을 미치는 것인데 SO_2와 H_2S는 모두 반응에 직접 참여했으므로 촉매가 아니다.

19 단순 암기형

난이도 상 중 하

| 정답 | ①

| 해설 |

금속의 이온화 경향

K Ca Na Mg Al Zn Fe Ni Sn Pb H Cu Hg Ag Pt Au

← 이온화 경향 →

크다.
① 양이온이 되기 쉽다.
② 전자를 잃기 쉽다.
③ 산화되기 쉽다.

작다.
① 음이온이 되기 쉽다.
② 전자를 얻기 쉽다.
③ 환원되기 쉽다.

금속끼리의 반응에서 이온화 경향이 큰 금속은 이온화 경향이 작은 금속에게 전자를 내어 주고 양이온이 된다.
Zn(아연)은 Pb(납)보다 이온화 경향이 크므로 Pb에게 전자를 내어 주고 양이온이 되는 정반응이 진행된다.

20 단순 암기형

난이도 상 중 하

| 정답 | ④

| 해설 |

커플링 반응을 하면 아조 화합물이 생성된다.
아조 화합물에는 아조기(−N=N−)가 포함되어 있다.

21 개념 이해형

난이도 상 중 하

| 정답 | ①

| 해설 |

황(S): 제2류 위험물로 가연물이다.
과염소산칼륨($KClO_4$): 제1류 위험물로 산소공급원이다.
정전기 불꽃: 점화원이다.

22 개념 이해형

난이도 상 중 하

| 정답 | ③

| 해설 |

① 과망간산칼륨($KMnO_4$): 제1류 위험물로 산소공급원이 될 수 있다.
② 염소산칼륨($KClO_3$): 제1류 위험물로 산소공급원이 될 수 있다.
③ 탄화칼슘(CaC_2): 제3류 위험물로 산소공급원이 될 수 없다.
④ 질산칼륨(KNO_3): 제1류 위험물로 산소공급원이 될 수 있다.

23 단순 암기형

난이도 상 중 하

| 정답 | ①

| 해설 |

자연발화를 방지하기 위해서는 통풍(환기)를 자주 해야 한다.

24 개념 이해형

난이도 상 중 하

| 정답 | ③

| 해설 |

이산화탄소 소화설비는 사람을 질식시킬 수 있으므로 사람이 있는 곳에는 설치할 수 없다.
나이트로셀룰로오스와 같은 자기반응성물질은 화합물 내에 산소를 포함하고 있어 이산화탄소 소화설비는 적응성이 없다.

25 단순 암기형

난이도 상 중 하

| 정답 | ①

| 해설 |

셀룰로이드는 분해열에 의해 발열된다.

26 단순 암기형

난이도 상 중 하

| 정답 | ③

| 해설 |

이산화탄소 소화설비에서 저압식 저장용기에 설치하도록 규정되어 있는 부품

「위험물안전관리에 관한 세부기준」 제134조

- 액면계 및 압력계
- 압력경보장치
- 자동냉동기
- 파괴판
- 방출밸브

용기밸브는 고압식 저장용기에 설치하도록 규정되어 있다.

27 개념 이해형

난이도 상 중 하

| 정답 | ②

| 해설 |

① 가스의 온도가 높아지면 폭발범위가 더 넓어져서 위험해 진다.
② 폭발한계농도 이하에서는 폭발성 혼합가스를 생성하지 않고, 폭발범위 내에서 폭발성 혼합가스를 생성한다.
③ 공기 중의 산소의 비율은 약 21%이므로 산소 중에 있다면 폭발범위가 더 넓어진다.
④ 가스압이 높아지면 일반적으로 상한값이 더 높아진다.

28 개념 이해형

난이도 상 중 하

| 정답 | ②

| 해설 |

마그네슘(Mg) 분말은 이산화탄소(CO_2)와 반응하여 가연성이 있는 일산화탄소(CO) 또는 탄소(C)를 생성하므로 마그네슘 분말 화재시 이산화탄소 소화약제는 적응성이 없다.

$Mg+CO_2 \longrightarrow MgO+CO$

$2Mg+CO_2 \longrightarrow 2MgO+C$

29 복합 계산형

난이도 상 **중** 하

| 정답 | ④

| 해설 |

(1) 0℃ 얼음 20g이 0℃ 물이 되는데 필요한 열량

온도 변화 없이 얼음이 물로 상태가 변하는 데 필요한 열로 융해열이 필요하다.

$Q_1 = 20g \times 80cal/g = 1,600cal$

(2) 0℃ 물 20g이 100℃ 물로 되는데 필요한 열량

물의 온도를 변화시키는 열로 비열이 필요하다.

$Q_2 = 20g \times 100℃ \times 1cal/g \cdot ℃ = 2,000cal$

(3) 100℃ 물 20g이 수증기가 되는데 필요한 열량

온도 변화 없이 물이 수증기로 상태가 변하는 데 필요한 열로 기화열이 필요하다.

$Q_3 = 20g \times 539cal/g = 10,780cal$

(4) 전체적으로 필요한 열량 계산

$Q = Q_1 + Q_2 + Q_3 = 1,600 + 2,000 + 10,780$

$= 14,380cal$

30 단순 암기형

난이도 상 **중** 하

| 정답 | ①

| 해설 |

제조소 또는 일반취급소의 자체소방대에 두는 화학소방자동차 및 인원

「위험물안전관리법 시행령」 별표8

사업소의 구분	화학소방 자동차	자체 소방대원의 수
제4류 위험물의 최대수량의 합이 지정수량의 3천배 이상 12만배 미만	1대	5인
제4류 위험물의 최대수량의 합이 지정수량의 12만배 이상 24만배 미만	2대	10인
제4류 위험물의 최대수량의 합이 지정수량의 24만배 이상 48만배 미만	3대	15인
제4류 위험물의 최대수량의 합이 지정수량의 48만배 이상	4대	20인

31 단순 암기형

난이도 상 중 **하**

| 정답 | ④

| 해설 |

Halon 1301에서 각 숫자는 앞에서부터 C(탄소), F(플루오린), Cl(염소), Br(브로민), I(아이오딘)의 개수이다.

Halon 10001 → C 한 개, I 한 개

탄소는 다른 원자 네 개와 결합하는 성질이 있기 때문에 I 외에 수소가 3개 결합한다.

32 단순 암기형

난이도 상 중 **하**

| 정답 | ②

| 해설 |

불활성가스 소화설비의 기준

「위험물안전관리에 관한 세부기준」 제134조

구분	성분
IG−100	질소(N_2) 100%
IG−55	질소(N_2) 50%, 아르곤(Ar) 50%
IG−541	질소(N_2) 52%, 아르곤(Ar) 40%, 이산화탄소(CO_2) 8%

33 단순 암기형

난이도 상 중 **하**

| 정답 | ④

| 해설 |

간이소화용구(기타 소화설비)인 팽창질석은 삽을 상비한 경우 160L가 능력단위 1.0이다.

34 단순 계산형

난이도 **상** 중 하

| 정답 | ②

| 해설 |

드라이아이스만의 무게 $= 100g \times 0.94 = 94g$

CO_2의 분자량 $= 12 + (16 \times 2) = 44g/mol$

CO_2의 mol수 $= 94g \times \frac{mol}{44g} = 2.136mol$

CO_2의 2.136mol의 부피 $= 22.4L \times 2.136 = 47.846L$

35 단순 암기형

난이도 상 중 **하**

| 정답 | ④

| 해설 |

경보설비의 기준

「위험물안전관리법 시행규칙」 제42조

- 지정수량의 10배 이상의 위험물을 저장 또는 취급하는 제조소 등(이동탱크저장소는 제외)에는 화재발생 시 이를 알릴 수 있는 경보설비를 설치하여야 한다.
- 경보설비는 자동화재탐지설비 · 자동화재속보설비 · 비상경보설비(비상벨장치 또는 경종 포함) · 확성장치(휴대용확성기 포함) 및 비상방송설비로 구분한다.

36 단순 계산형

난이도 상 중 하

| 정답 | ②

| 해설 |

외벽이 내화구조인 위험물저장소의 1소요단위: $150m^2$

위험물저장소의 소요단위 $= \frac{1{,}500m^2}{150m^2} = 10$

37 단순 암기형

난이도 상 중 하

| 정답 | ②

| 해설 |

위험물의 운반용기 외부에 표시해야 하는 주의사항

「위험물안전관리법 시행규칙」 별표19

구분	주의사항
제1류 위험물	• 알칼리금속의 과산화물 또는 이를 함유한 것에 있어서는 화기 · 충격주의, 물기엄금 및 가연물접촉주의 • 그 밖의 것에 있어서는 화기 · 충격주의 및 가연물접촉주의
제2류 위험물	• 철분 · 금속분 · 마그네슘 또는 이들 중 어느 하나 이상을 함유한 것에 있어서는 화기주의 및 물기엄금 • 인화성 고체에 있어서는 화기엄금 • 그 밖의 것에 있어서는 화기주의
제3류 위험물	• 자연발화성물질에 있어서는 화기엄금 및 공기접촉엄금 • 금수성 물질에 있어서는 물기엄금
제4류 위험물	화기엄금
제5류 위험물	화기엄금 및 충격주의
제6류 위험물	가연물접촉주의

38 단순 암기형

난이도 상 중 하

| 정답 | ②

| 해설 |

물분무소화설비의 제어밸브는 스프링클러설비의 기준에 따른다.

스프링클러헤드의 수동식 개방밸브 설치기준

「위험물안전관리에 관한 세부기준」 제131조

제어밸브는 개방형스프링클러헤드를 이용하는 스프링클러설비에 있어서는 방수구역마다, 폐쇄형스프링클러헤드를 사용하는 스프링클러설비에 있어서는 당해 방화대상물의 층마다, 바닥면으로부터 0.8m 이상 1.5m 이하의 높이에 설치할 것

39 단순 계산형

난이도 상 중 하

| 정답 | ①

| 해설 |

양쪽이 볼록한 타원형 탱크의 내용적

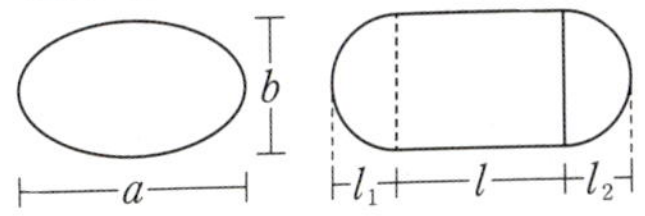

$$내용적 = \frac{\pi ab}{4}\left(l + \frac{l_1 + l_2}{3}\right) = \frac{\pi \times 2 \times 1}{4} \times \left(3 + \frac{0.3 + 0.3}{3}\right)$$

$$= 5.026m^3$$

40 단순 암기형

난이도 상 중 하

| 정답 | ④

| 해설 |

전역방출방식의 분말 소화설비는 소화약제의 양을 30초 이내에 균일하게 방사할 수 있어야 한다.

41 단순 암기형

난이도 상 중 하

| 정답 | ②

| 해설 |

① 염소산칼륨($KClO_3$) → 제1류 위험물, 염소산염류

② 과염소산나트륨($NaClO_4$) → 제1류 위험물, 과염소산염류

③ 과염소산($HClO_4$) → 제6류 위험물

④ 아염소산나트륨($NaClO_2$) → 제1류 위험물, 아염소산염류

42 개념 이해형

난이도 상 중 하

| 정답 | ②

| 해설 |

제1류 위험물 중에서는 무기과산화물이 물과 위험한 반응을 한다. 과산화나트륨(Na_2O_2)이 물(H_2O)과 반응하면 열과 함께 산소(O_2)가 발생한다.

$2Na_2O_2 + 2H_2O \longrightarrow 4NaOH + O_2\uparrow$

43 개념 이해형

난이도 상 중 하

| 정답 | ④

| 해설 |

질산나트륨은 제1류 위험물로 화재발생 시 주수소화할 수 있다.

기출복원 모의고사

44 개념 이해형

난이도 상 중 **하**

| 정답 | ②

| 해설 |

① 칼륨은 은백색의 무른 경금속이다.
② 칼륨은 화학적으로 활성이 강한 금속으로 전자를 쉽게 잃고 이온이 되기 때문에 이온화 경향이 크다.
③ 칼륨은 물과 폭발적으로 반응하기 때문에 물속에 보관하면 안 된다.
④ 칼륨이 어느 정도 광택이 있는 것은 맞으나 물과 폭발적으로 반응하는 등 위험한 물질이기 때문에 장식용으로 사용되지 않는다.

45 개념 이해형

난이도 상 **중** 하

| 정답 | ④

| 해설 |

① 과산화칼륨(K_2O_2): 제1류 위험물, 무기과산화물
물과 반응하면 산소(O_2)가 발생하므로 물로 소화할 수 없다.
$2K_2O_2 + 2H_2O \longrightarrow 4KOH + O_2\uparrow$
② 탄화칼슘(CaC_2): 제3류 위험물, 칼슘의 탄화물
물과 반응하면 가연성이 있는 아세틸렌(C_2H_2)이 생성되므로 물로 소화할 수 없다.
$CaC_2 + 2H_2O \longrightarrow Ca(OH)_2 + C_2H_2\uparrow$
③ 탄화칼슘(Al_4C_3): 제3류 위험물, 알루미늄의 탄화물
물과 반응하면 가연성이 있는 메탄(CH_4)이 생성되므로 물로 소화할 수 없다.
$Al_4C_3 + 12H_2O \longrightarrow 4Al(OH)_3 + 3CH_4\uparrow$
④ 황린(P_4)은 제3류 위험물로 물과 위험한 반응을 하지 않아 물속에 보관하고 화재 발생시 물로 소화할 수 있다.

46 단순 암기형

난이도 **상** 중 하

| 정답 | ③

| 해설 |

ⓐ 상온에서 칼륨은 고체이고, 트리에틸알루미늄은 액체이다.
ⓑ 칼륨(K)이 물과 반응하면 수소(H_2)가 발생하고, 트리에틸알루미늄{$(C_2H_5)_3Al$}이 물과 반응하면 에탄 가스(C_2H_6)가 발생한다.
$2K + 2H_2O \longrightarrow 2KOH + H_2\uparrow$
$(C_2H_5)_3Al + 3H_2O \longrightarrow Al(OH)_3 + 3C_2H_6\uparrow$
ⓒ 칼륨과 트리에틸알루미늄(알킬알루미늄에 해당)은 모두 제3류 위험물로 지정수량이 10kg이므로 위험등급 I 에 해당된다.

47 개념 이해형

난이도 **상** 중 하

| 정답 | ①

| 해설 |

아세틸렌(C_2H_2), 수소(H_2), 포스핀(PH_3)은 가연성 기체로 인화의 위험성이 매우 크다.

48 개념 이해형

난이도 상 중 **하**

| 정답 | ③

| 해설 |

제4류 위험물에서 발생하는 증기는 사이안화수소(HCN)를 제외하고는 대부분 공기보다 무겁다.

49 단순 암기형

난이도 상 중 **하**

| 정답 | ①

| 해설 |

보기에 있는 제4류 위험물의 품명, 지정수량

구분	품명	지정수량
포름산메틸	제1석유류(수용성)	400L
벤젠	제1석유류(비수용성)	200L
톨루엔	제1석유류(비수용성)	200L
벤즈알데하이드	제2석유류(비수용성)	1,000L

50 단순 암기형

난이도 **상** 중 하

| 정답 | ④

| 해설 |

① 벤젠(C_6H_6): 제1석유류
② 시클로헥산(C_6H_{12}): 제1석유류
③ 에틸벤젠($C_6H_5C_2H_5$): 제1석유류
④ 벤즈알데하이드(C_6H_5CHO): 제2석유류

51 단순 암기형

난이도 상 중 **하**

| 정답 | ③

| 해설 |

보기에 있는 위험물의 품명, 인화점

구분	품명	인화점
CH_3COOCH_3(아세트산메틸)	제1석유류	−10℃
CH_3COCH_3(아세톤)	제1석유류	−18℃
CH_3COOH(아세트산)	제2석유류	40℃
CH_3CHO(아세트알데하이드)	특수인화물	−40℃

52 단순 암기형

난이도 상 중 **하**

| 정답 | ③

| 해설 |

메틸에틸케톤은 제1석유류(비수용성)로 지정수량은 200L이다.

53 단순 암기형

난이도 상 **중** 하

| 정답 | ③

| 해설 |

인화칼슘이 물과 반응하면 포스핀 가스(PH_3)가 발생하는 데 포스핀 가스는 불연성이 아니라 가연성이고 독성도 있다.

$Ca_3P_2+6H_2O \longrightarrow 3Ca(OH)_2+2PH_3\uparrow$

54 단순 암기형

난이도 상 중 **하**

| 정답 | ②

| 해설 |

① 나이트로벤젠: 제4류 위험물 중 제3석유류
② 나이트로셀룰로오스: 제5류 위험물 중 질산에스터류
③ 트리나이트로페놀: 제5류 위험물 중 나이트로화합물
④ 트리나이트로톨루엔: 제5류 위험물 중 나이트로화합물

55 단순 암기형

난이도 상 중 **하**

| 정답 | ②

| 해설 |

과염소산칼륨, 과염소산마그네슘, 다이크로뮴산나트륨은 제1류 위험물이다.
과염소산은 제6류 위험물이다.

56 단순 암기형

난이도 상 중 **하**

| 정답 | ②

| 해설 |

간이탱크저장소의 위치 · 구조 및 설비의 기준

「위험물안전관리법 시행규칙」 별표9

간이저장탱크의 용량은 600L 이하이어야 한다.

57 단순 암기형

난이도 상 중 **하**

| 정답 | ④

| 해설 |

고체 위험물은 운반용기 내용적의 95% 이하의 수납율로 수납해야 한다.

58 단순 암기형

난이도 상 중 **하**

| 정답 | ②

| 해설 |

위험물 운반차량의 표지기준

「위험물 운송 · 운반시의 위험성 경고표지에 관한 기준」 별표3

구분	내용
규격 및 형상	60cm 이상 × 30cm 이상의 횡형 사각형
색상 및 문자	흑색 바탕에 황색의 반사도료로 "위험물"이라 표기할 것

59 단순 암기형

난이도 상 **중** 하

| 정답 | ④

| 해설 |

액체의 위험물을 취급하는 건축물의 바닥은 위험물이 스며들지 못하는 재료를 사용해야 한다.
트리에틸알루미늄은 액체 상태의 위험물이다.

60 단순 암기형

난이도 상 중 **하**

| 정답 | ③

| 해설 |

주유취급소 · 판매취급소 · 이송취급소 또는 이동탱크저장소에서의 위험물 취급기준

「위험물안전관리법 시행규칙」 별표18

자동차 등에 인화점 40℃ 미만의 위험물을 주유할 때에는 자동차 등의 원동기를 정지시킬 것

MEMO

MEMO

MEMO

MEMO

MEMO

2026

위험물산업기사 필기

위험물 필수 암기 NOTE

김앤북
KIM&BOOK

PART 01

제1류 위험물

01 제1류 위험물의 일반적인 성질

① 산소를 포함하고 있는 산화성 고체로 자체로는 불연성 물질이다.
② 상온에서는 고체 상태이고 무색 결정 또는 백색의 분말이다.
③ 가열, 충격, 마찰, 충격을 주면 폭발할 수 있다.
④ 분해되면 산소를 방출한다.
⑤ 비중은 1보다 크며 질산염류과 같이 조해성이 있는 것도 있다.
⑥ 무기과산화물은 물과 반응하여 산소와 열을 발생시킨다.

02 제1류 위험물의 품명, 지정수량

품명	지정수량
아염소산염류	50kg
염소산염류	50kg
과염소산염류	50kg
무기과산화물	50kg
브로민산염류	300kg
질산염류	300kg
아이오딘산염류	300kg
과망가니즈산염류	1,000kg
다이크로뮴산염류	1,000kg

03 자주 출제되는 제1류 위험물의 화학식

① 아염소산나트륨(아염소산염류): $NaClO_2$
② 염소산칼륨(염소산염류): $KClO_3$, 염소산나트륨(염소산염류): $NaClO_3$
③ 과염소산나트륨(과염소산염류): $NaClO_4$

④ 과산화칼륨(무기과산화물): K_2O_2, 과산화나트륨(무기과산화물): Na_2O_2
⑤ 질산칼륨(질산염류): KNO_3, 질산암모늄(질산염류): NH_4NO_3
⑥ 과망가니즈산칼륨(과망가니즈산염류): $KMnO_4$

04 제1류 위험물의 소화방법

① 무기과산화물을 제외하고는 다량의 물을 사용하여 소화한다.
② 무기과산화물은 물을 만나면 산소와 열을 발생시킨다.

> 과산화나트륨과 물의 반응식: $2Na_2O_2 + 2H_2O \longrightarrow 4NaOH + O_2\uparrow$
> 과산화칼륨과 물의 반응식: $2K_2O_2 + 2H_2O \longrightarrow 4KOH + O_2\uparrow$

③ 무기과산화물에서 화재가 발생한 경우 탄산수소염류분말 소화기, 건조사(마른모래), 팽창질석 또는 팽창진주암으로 소화한다.

05 제1류 위험물의 저장 및 취급방법

① 가연물, 직사광선 및 화기를 피하고 통풍이 잘 되는 차가운 곳에 저장한다.
② 저장 및 취급 중에 충격, 마찰 등을 가하지 않는다.
③ 무기과산화물인 경우 물과의 접촉을 피한다.
④ 환원제, 산화되기 쉬운 물질, 제2류, 제3류, 제4류, 제5류 위험물과의 접촉 및 혼합을 금지한다.
⑤ 강산(HCl 등)과의 접촉을 금한다.

PART 02 제2류 위험물

01 제2류 위험물의 일반적인 성질

① 가연성 고체로서 낮은 온도에서도 착화하기 쉽다.
② 대체로 비중은 1보다 크고 물에 녹지 않는다.
③ 산소를 포함하지 않는 강한 환원성 물질이고 대부분 무기화합물이다.
④ 산화되기 쉽고 산소와 쉽게 결합한다.
⑤ 철분, 금속분, 마그네슘은 물과 산과의 접촉을 피해야 한다.

02 제2류 위험물의 품명, 지정수량

품명	지정수량
황화인	100kg
적린	100kg
황	100kg
철분	500kg
금속분	500kg
마그네슘	500kg
인화성 고체	1,000kg

03 제2류 위험물의 세부사항

① 금속분: 알칼리금속·알칼리토류금속·철 및 마그네슘 외의 금속의 분말을 말하고, 구리분·니켈분 및 150마이크로미터의 체를 통과하는 것이 50중량퍼센트 미만인 것은 제외한다.
② 인화성 고체: 고형알코올, 그 밖에 1기압에서 인화점이 40℃ 미만인 고체이다.
③ 황: 순도가 60중량퍼센트 이상인 것을 말하며, 순도 측정을 하는 경우 불순물은 활석 등 불연성 물질과 수분으로 한정한다.

④ 철분: 철의 분말로서 53마이크로미터의 표준체를 통과하는 것이 50중량퍼센트 미만인 것은 제외한다.

04 황화인

① 삼황화인(P_4S_3), 오황화인(P_2S_5), 칠황화인(P_4S_7)의 세 가지 종류가 있다.

② 오황화인(P_2S_5), 칠황화인(P_4S_7)은 조해성이 있지만 삼황화인(P_4S_3)만 조해성이 없다.

③ 오황화인(P_2S_5)이 물과 반응하면 독성이 있고 가연성도 있는 황화수소(H_2S)가 발생한다.

$$P_2S_5 + 8H_2O \longrightarrow 2H_3PO_4 + 5H_2S\uparrow$$

④ 오황화인이 물과 반응하여 생성된 황화수소(H_2S)는 썩은 달걀냄새가 나고 가연성, 유독성이 있다.

⑤ 오황화인(P_2S_5)이 연소되면 이산화황(SO_2)과 오산화인(P_2O_5)이 발생한다.

$$2P_2S_5 + 15O_2 \longrightarrow 10SO_2 + 2P_2O_5$$

05 제2류 위험물의 소화방법

① 황은 물에 의한 냉각소화가 가능하다.

② 금속분, 철분, 마그네슘에서 화재가 발생한 경우 물을 부으면 수소 기체가 발생하여 폭발 위험이 있으므로 주의해야 한다.

③ 금속분, 철분, 마그네슘에서 화재가 발생한 경우 탄산수소염류분말 소화설비, 건조사, 팽창질석 또는 팽창진주암을 이용하여 소화한다.

④ 적린은 물에 의한 냉각소화가 가능하다.

⑤ 인화성 고체는 물에 의한 냉각소화가 가능하다.

PART 03 제3류 위험물

01 제3류 위험물의 일반적인 성질

① 대부분 고체 상태이지만 알킬알루미늄과 같은 액체 상태인 위험물도 있다.
② 황린은 물과 위험한 반응을 하지 않아 물속에 보관한다.
③ 황린을 제외하고는 모두 물과 위험한 반응을 하고, 물과 만나서 가연성 가스를 발생시킨다.

02 제3류 위험물의 품명, 지정수량

품명	지정수량
칼륨	10kg
나트륨	10kg
알킬알루미늄	10kg
알킬리튬	10kg
황린	20kg
알칼리금속(칼륨 및 나트륨을 제외) 및 알칼리토금속	50kg
유기금속화합물(알킬알루미늄 및 알킬리튬은 제외)	50kg
금속의 수소화물	300kg
금속의 인화물	300kg
칼슘 또는 알루미늄의 탄화물	300kg

03 금속 칼륨(K)과 나트륨(Na)의 일반적인 성질

① 은백색의 연한 금속으로 칼로도 자를 수 있다.
② 물과 반응하면 수소 기체(H_2)가 발생한다.

나트륨과 물의 반응: $2Na+2H_2O \longrightarrow 2NaOH+H_2\uparrow$
칼륨과 물의 반응: $2K+2H_2O \longrightarrow 2KOH+H_2\uparrow$

③ 물보다 비중이 작아 물에 뜬다.

④ 물과의 접촉을 차단하기 위해 등유, 경유, 파라핀과 같은 보호액 속에 저장한다.

⑤ 알코올과 반응하면 수소 기체(H_2)가 발생한다.

나트륨과 알코올의 반응: $2Na + 2C_2H_5OH \longrightarrow 2C_2H_5ONa + H_2\uparrow$

칼륨과 알코올의 반응: $2K + 2C_2H_5OH \longrightarrow 2C_2H_5OK + H_2\uparrow$

04 황린(P_4)의 일반적인 성질

① 황린(P_4)은 산소와 친화력이 강하고 발화온도가 약 34℃ 정도로 낮기 때문에 자연발화하기 쉽다.

② 황린(P_4)이 공기 중에서 연소하면 오산화인(P_2O_5)이 발생한다.

$$P_4 + 5O_2 \longrightarrow 2P_2O_5\uparrow$$

③ 황린(P_4)이 수산화나트륨 수용액과 반응하면 인화수소(PH_3)가 발생한다.

$$P_4 + 3NaOH + 3H_2O \longrightarrow PH_3\uparrow + 3NaH_2PO_2$$

④ 황린(P_4)을 밀폐용기 속에서 가열하면 적린(P)이 된다.

05 제3류 위험물의 소화방법

① 황린은 초기화재 시 물로 소화가능하다.

② 황린을 제외하고는 건조사, 팽창질석, 팽창진주암, 탄산수소염류 소화약제로 소화한다.

PART 04

제4류 위험물

01 제4류 위험물의 일반적인 성질

① 상온에서 액체이며 인화하기 쉬운 인화성 액체이다.

② 사이안화수소(HCN)를 제외하고는 발생된 증기는 공기보다 무겁다.

③ 전기의 부도체이므로 정전기 발생을 제거할 수 있는 조치를 해야 한다.

02 제4류 위험물의 품명, 지정수량

품명		지정수량
특수인화물		50L
제1석유류	비수용성 액체	200L
	수용성 액체	400L
알코올류		400L
제2석유류	비수용성 액체	1,000L
	수용성 액체	2,000L
제3석유류	비수용성 액체	2,000L
	수용성 액체	4,000L
제4석유류		6,000L
동식물유류		10,000L

03 특수인화물, 제1석유류제4석유류의 기준

① 특수인화물: 이황화탄소, 다이에틸에터, 그 밖에 1기압에서 발화점이 100℃ 이하인 것 또는 인화점이 −20℃ 이하이고 비점이 40℃ 이하인 것

② 제1석유류: 아세톤, 휘발유, 그 밖에 1기압에서 인화점이 21℃ 미만인 것

③ 제2석유류: 등유, 경유, 그 밖에 1기압에서 인화점이 21℃ 이상 70℃ 미만인 것

④ 제3석유류: 중유, 크레오소트유, 그 밖에 1기압에서 인화점이 70℃ 이상 200℃ 미만인 것
⑤ 제4석유류: 기어유, 실린더유, 그 밖에 1기압에서 인화점이 200℃ 이상 250℃ 미만인 것

04 동식물유류의 구분

구분	내용
건성유	아이오딘값 130 이상 예 해바라기유, 동유, 아마인유, 들기름, 정어리기름
반건성유	아이오딘값 100～130 예 참기름, 목화씨기름, 채종유
불건성유	아이오딘값 100 미만 예 올리브유, 피마자유, 야자유, 땅콩유

05 제4류 위험물의 소화방법

① 제4류 위험물은 대체로 비중이 물보다 작기 때문에 물을 이용하여 소화하면 제4류 위험물이 물 위에 떠서 이동하면서 화재면이 확대될 수 있어 위험성이 더 커진다.
② 소량의 위험물에서 화재가 발생한 경우 이산화탄소 소화설비 또는 포소화설비 등을 이용하여 질식소화하는 것이 효과적이다.
③ 수용성 위험물의 경우 수성막포 소화약제를 사용하여 소화하면 거품(포)가 파괴되어 소화효과가 떨어지므로 내알코올형포 소화약제를 사용해야 한다.
④ 제4류 위험물 중 수용성인 것: 아세톤(CH_3COCH_3), 피리딘(C_6H_5N), 사이안화수소(HCN), 산화프로필렌(CH_3CHOCH_2), 하이드라진(N_2H_4), 메틸알코올(CH_3OH), 에틸알코올(C_2H_5OH) 등

PART 05 제5류 위험물

01 제5류 위험물의 일반적인 성질

① 위험물 내에 산소를 함유하고 있어 외부로부터의 산소의 공급 없이도 가열, 충격 등에 의해 연소, 폭발을 일으킬 수 있다.

② 연소의 형태 기준으로 보면 자기연소가 가능한 위험물이다.

③ 연소속도가 대단히 빠르고 가열, 충격, 마찰에 의해 폭발할 수 있다.

④ 장시간 저장하면 자연발화를 일으킬 수 있다.

02 제5류 위험물의 품명, 지정수량

품명	지정수량
유기과산화물	제1종: 10kg 제2종: 100kg
질산에스터류	
나이트로화합물	
나이트로소화합물	
아조화합물	
다이아조화합물	
하이드라진 유도체	
하이드록실아민	
하이드록실아민염류	

03 나이트로화합물과 질산에스터류

구분	종류
나이트로화합물	• 트리나이트로톨루엔(TNT) • 트리나이트로페놀(TNP) • 테트릴
질산에스터류	• 나이트로셀룰로오스 • 질산메틸 • 질산에틸 • 나이트로글리콜 • 나이트로글리세린

04 제5류 위험물의 보관방법

① 나이트로셀룰로오스는 햇빛, 열에 의한 자연발화의 위험성이 있으므로 운반 시 물 또는 알코올에 습면하고 안정제를 가해서 냉암소에 보관해야 한다.

② 셀룰로이드는 제5류 위험물 중 질산에스터류에 해당되고, 자연발화의 위험성이 있으므로 통풍이 잘 되는 곳에 보관해야 한다.

③ 트리나이트로페놀은 철, 구리와 같은 금속을 부식시키는 성질이 있기 때문에 철, 구리로 만든 용기에 저장해서는 안 된다.

05 제5류 위험물의 소화방법

① 자기연소가 가능한 위험물이기 때문에 이산화탄소 소화설비, 분말 소화설비 등에 의한 질식소화는 적당하지 않다.

② 다량의 물을 이용하여 냉각소화하는 것이 효과적이다.

③ 소화설비 기준으로 보면 물통 또는 수조, 스프링클러설비, 옥내·옥외소화전설비 등이 적응성이 있다.

PART 06 제6류 위험물

01 제6류 위험물의 일반적인 성질

① 산화성 액체로 자체로는 불연성 물질이다.

② 비중이 1보다 크다.

③ 모두 산소를 포함하고 있으며 다른 물질을 산화시킨다.

④ 가연물, 유기물과 혼합하면 발화할 수 있으므로 주의가 필요하다.

⑤ 과산화수소를 제외하고는 강산성 물질이며 모두 물에 잘 녹는다.

⑥ 과산화수소를 제외하고 물과 접촉하면 많은 열을 발생시키나 자체적으로 연소하지는 않는다.

02 제6류 위험물의 품명, 지정수량

품명	지정수량
과염소산	300kg
과산화수소	300kg
질산	300kg

03 제6류 위험물이 위험물에 해당하는 조건

① 과염소산($HClO_4$)은 특별한 조건 없이 위험물로 해당된다.

② 과산화수소(H_2O_2)는 그 농도가 36중량퍼센트 이상인 것이 위험물로 해당된다.

③ 질산(HNO_3)은 그 비중이 1.49 이상인 것이 위험물로 해당된다.

04 과산화수소의 일반적인 성질

① 물보다 무거운 무색의 액체이다.
② 산화제 및 환원제로도 사용되며 표백, 살균작용을 한다.
③ 상온에서도 서서히 분해되어 산소를 발생시킨다.

$$2H_2O_2 \longrightarrow 2H_2O + O_2 \uparrow$$

④ 이산화망간(MnO_2), 금속분말 등과 혼합되면 분해가 촉진된다.
⑤ 농도가 클수록 위험성이 크므로 인산, 요산과 같은 분해방지 안정제를 넣어 산소로 분해되는 것을 억제한다.
⑥ 발생한 산소가 배출될 수 있도록 구멍 뚫린 마개에 저장한다.
⑦ 물, 알코올, 에터에 잘 녹고 벤젠에 녹지 않는다.

05 제6류 위험물의 소화방법

① 포소화기, 건조사(마른모래)를 사용하여 소화한다.
② 과산화수소에서 화재가 발생한 경우 다량의 물을 이용하여 희석소화 할 수 있다.
③ 소량이 누출된 경우에는 다량의 물을 이용하여 희석하여 소화할 수 있지만 물과 반응하여 발열하므로 주수소화를 할 경우 주의가 필요하다.
④ 제6류 위험물은 원칙적으로는 불연성 물질이지만 산소를 공급하는 물질이므로 화재 시에는 가연물과 격리해야 한다.
⑤ 적응성이 있는 소화설비: 옥내·옥외소화전설비, 스프링클러설비, 포소화설비, 건조사(마른 모래) 등

PART 07 위험물 관련 기준

01 위험물의 위험등급

구분	종류
위험등급 Ⅰ	• 제1류 위험물 중 아염소산염류, 염소산염류, 과염소산염류, 무기과산화물, 그 밖에 지정수량이 50kg인 위험물 • 제3류 위험물 중 칼륨, 나트륨, 알킬알루미늄, 알킬리튬, 황린, 그 밖에 지정수량이 10kg 또는 20kg인 위험물 • 제4류 위험물 중 특수인화물 • 제5류 위험물 중 지정수량이 10kg인 위험물 • 제6류 위험물
위험등급 Ⅱ	• 제1류 위험물 중 브로민산염류, 질산염류, 아이오딘산염류, 그 밖에 지정수량이 300kg인 위험물 • 제2류 위험물 중 황화인, 적린, 황, 그 밖에 지정수량이 100kg인 위험물 • 제3류 위험물 중 알칼리금속(칼륨 및 나트륨 제외) 및 알칼리토금속, 유기금속화합물(알킬알루미늄 및 알킬리튬 제외), 그 밖에 지정수량이 50kg인 위험물 • 제4류 위험물 중 제1석유류 및 알코올류 • 제5류 위험물 중 위험등급 Ⅰ 외의 것
위험등급 Ⅲ	위험등급 Ⅰ, Ⅱ에 해당되지 않는 것

02 위험물의 성질에 따라 특별한 조치를 하는 경우

구분	위험물
차광성이 있는 피복	• 제1류 위험물 • 제3류 위험물 중 자연발화성물질 • 제4류 위험물 중 특수인화물 • 제5류 위험물 • 제6류 위험물
방수성이 있는 피복	• 제1류 위험물 중 알칼리금속의 과산화물 또는 이를 함유한 것 • 제2류 위험물 중 철분 · 금속분 · 마그네슘 또는 이들 중 어느 하나 이상을 함유한 것 • 제3류 위험물 중 금수성 물질
온도 관리	제5류 위험물 중 55℃ 이하의 온도에서 분해될 우려가 있는 것은 보냉 컨테이너에 수납하는 등 적정한 온도 관리를 할 것

03 유별을 달리하는 위험물의 혼재기준

구분	제1류	제2류	제3류	제4류	제5류	제6류
제1류		×	×	×	×	○
제2류	×		×	○	○	×
제3류	×	×		○	×	×
제4류	×	○	○		○	×
제5류	×	○	×	○		×
제6류	○	×	×	×	×	

04 위험물안전관리자 선임 및 제조소 폐지기준

① 안전관리자가 퇴직한 때에는 해임하거나 퇴직한 날부터 30일 이내에 다시 안전관리자를 선임하여야 한다.

② 제조소 등의 용도를 폐지한 때에는 14일 이내에 시·도지사에게 신고하여야 한다.

05 제조소의 안전거리 기준

구분	기준
주거용 건물	10m 이상
학교, 병원, 극장	30m 이상
지정문화유산 및 천연기념물	50m 이상
고압가스, 액화석유가스 또는 도시가스를 저장 또는 취급하는 시설	20m 이상
사용전압이 7,000V 초과 35,000V 이하의 특고압가공전선	3m 이상
사용전압이 35,000V를 초과하는 특고압가공전선	5m 이상

06 위험물제조소의 보유공지 기준

취급하는 위험물의 최대수량	공지의 너비
지정수량의 10배 이하	3m 이상
지정수량의 10배 초과	5m 이상

기출 CBT 모의고사
이용 가이드

1

엔지니어랩 사이트 접속 후 회원 가입

www.**engineerlab**.co.kr

QR코드 또는 PC에서 엔지니어랩 접속

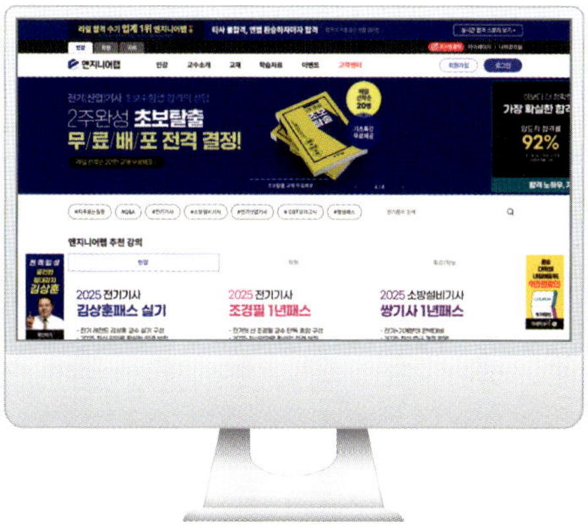

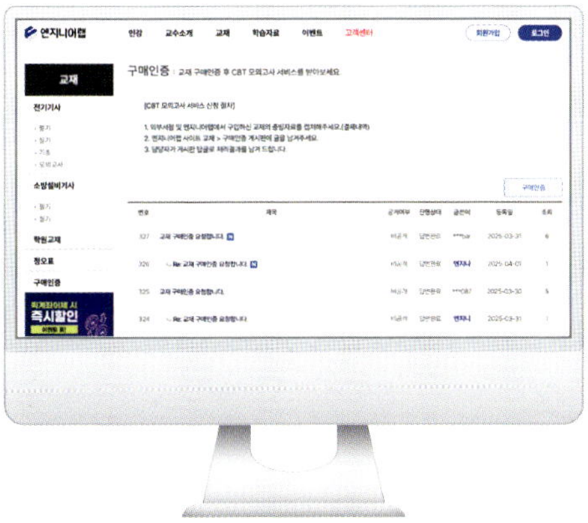

2

'교재' ▸ '구매인증' 카테고리를 선택 후 구매 인증을 진행

① 구매 인증 게시글을 통해 관리자에게 승인 요청
② 관리자가 CBT 서비스를 이용할 수 있는 권한 부여

3

기출 CBT 모의고사 서비스 페이지를 통해 학습 진행

① PC에서 '나의 강의실 - 나의 모의고사' 카테고리 선택
② 기출 CBT 모의고사 3회 학습
③ 전체 총점과 과목별 점수를 확인

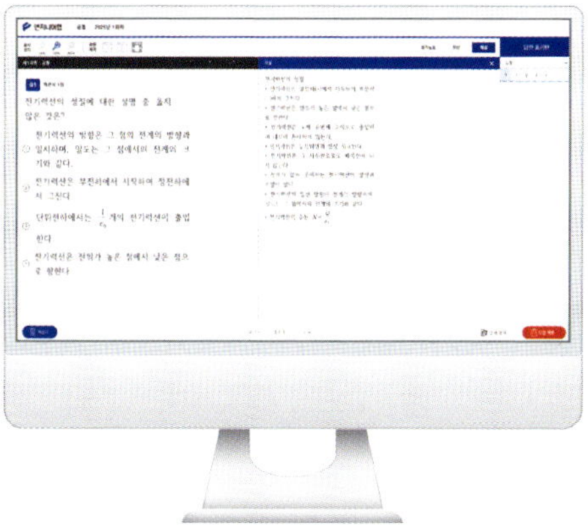

교재 구매 시 제공되는 서비스!

❶ 기초화학 무료특강 20회 ❷ 위험물 무료특강 10회 ❸ 기출복원 CBT 모의고사 ❹ 특별부록 위험물 필수 암기노트

위험물 산업기사

필기 핵심이론 + 유형별 10개년 기출

前 출제위원 박동기 기술사 추천

4년간 위험물 분야 출제 및 검토위원 역임

산업위생관리기술사
인간공학기술사
KOSHA-MS 심사원
ISO 45001 심사원
한국산업안전보건공단 27년 근무
현) 대한산업보건협회 중대재해예방실 실장

단기합격을 위한 5단계 구성

- 1단계 시험에 나오는 내용만 압축한 핵심이론으로 개념 정리
- 2단계 유형별로 분류한 10개년 기출문제로 개념 확인
- 3단계 기출복원 모의고사로 실력 점검
- 4단계 단계별 맞춤 해설로 학습 완성
- 5단계 온라인 CBT 모의고사로 최종 점검

무료특강 수강방법	김앤북 네이버 카페(https://cafe.naver.com/kimnbook) 가입 ➡ 교재 구매인증 ➡ 자료실 ➡ 위험물산업기사 강의 수강

메가스터디교육그룹 아이비김영의 NEW 도서 브랜드 〈김앤북〉
여러분의 편입 & 자격증 & IT 취업 준비에
빛이 되어 드리겠습니다.
www.kimnbook.co.kr